U0066141

world CHEESE BOOK

世界起司圖鑑大全

TK

world CHEESE BOOK

世界起司圖鑑大全

茱麗葉哈博 **Juliet Harbutt** 主編

起司專家撰文

CONTRIBUTORS

ANDROUET • MARTIN ASPINWALL • VINCENZO BOZZETTI • KEVIN JOHN BROOME

RAN BUCK • SAGI COOPER • DIANNE CURTIN • JIM DAVIES • SHEANA DAVIS • ANGELA GRAY

RIE HIJIKATA • RUMIKO HONMA • KATIE JARVIS • MONIKA LINTON • GURTH PRETTY

HANSUELI RENZ • RICHARD SUTTON • WILL STUDD • JOE WARWICK • AAD VERNOOIJ

系列名稱 / MASTER
書　　名 / 世界起司圖鑑大全
作　　者 / 茱麗葉哈博 Juliet Harbutt
出版者 / 大境文化事業有限公司
發行人 / 趙天德
總編輯 / 車東蔚
文　　編 / 編輯部
美　　編 / R.C. Work Shop
翻　　譯 / 胡淑華
地址 / 台北市雨聲街 77 號 1 樓
TEL /(02)2838-7996
FAX /(02)2836-0028
初版日期 / 2012 年 8 月
定　　價 / 新台幣 1250 元
ISBN / 9789570410938
書　　號 / MASTER 02

讀者專線 /(02)2836-0069
www.ecook.com.tw
E-mail / service@ecook.com.tw
劃撥帳號 / 19260956 大境文化事業有限公司

原著作名 world CHEESE BOOK
作者　Juliet Harbutt
原出版者　Dorling Kindersley Limited

World Cheese Book
Copyright© Dorling Kindersley Limited, 2009
I.S.B.N.: 978-1-4053- 3681-9

This edition published by arrangement with Dorling Kindersley Limited,
All rights reserved.

國家圖書館出版品預行編目資料
世界起司大全
茱麗葉哈博 Juliet Harbutt 著；-- 初版 .-- 臺北市
大境文化，2012[民 101] 352 面；22×28 公分 .
(MASTER：02)
ISBN 9789570410938(精裝)
1. 乳酪 2. 烹飪
439.6131　　101013052

尊重著作權與版權，禁止擅自影印、轉載或以電子檔案傳播本書的全部或部分。

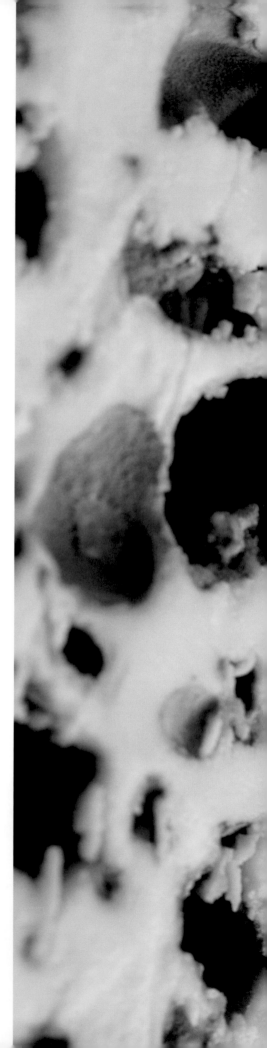

CONTENTS 目錄

Introduction 序言 6
Understanding Cheese 認識起司 8
Using this Book 如何使用本書 9
Fresh Cheeses 新鮮起司 10
Aged Fresh Cheeses 熟成過的新鮮起司 12
Soft White Cheeses 軟質白起司 14
Semi-soft Cheeses 半軟質起司 16
Hard Cheeses 硬質起司 18
Blue Cheeses 藍黴起司 20
Flavour-added Cheeses 加味起司 22
The Perfect Cheeseboard 完美的起司盤 24

France 法國 26
Special Features 主要特色
    Beaufort 蒲福 38
    Brie de Meaux 莫區的布里 46
    Comté 孔提 56
    Epoisses de Bourgogne 勃根地的伊泊斯 64
    Reblochon de Savoie 薩瓦的勒布羅雄 74
    Roquefort 洛克福 82
    Sainte-Maure de Touraine 杜蘭的聖莫爾 92

Italy 義大利 102
Special Features 主要特色
    Gorgonzola 戈根佐拉 110
    Mozzarella di Bufala 水牛莫札里拉 120
    Parmigiano-Reggiano
      帕米吉安諾 - 雷吉安諾 130
    Taleggio 塔雷吉歐 138

Spain and Portugal
西班牙和葡萄牙 146
Spain 西班牙 148
Portugal 葡萄牙 167
Special Features 主要特色
    Mahón 馬翁 154
    Manchego 曼切可 162

Great Britain and Ireland
大不列顛和愛爾蘭 170
England 英格蘭 172
Scotland 蘇格蘭 207
Wales 威爾斯 213
Ireland 愛爾蘭 219
Special Features 主要特色
    Cheddar 切達 180
    Stilton 史帝頓 192
    Yarg Cornish Cheese 雅格康瓦耳起司 200
    Caboc 凱伯克 210
    Caerphilly 卡菲利 216

Low Countries 低地國 226
Belgium 比利時 227
The Netherlands 荷蘭 230
Special Features 主要特色
    Gouda 豪達 232

Germany, Austria and
Switzerland 德國、奧地利和瑞士 234
Germany 德國 235
Austria 奧地利 238
Switzerland 瑞士 240
Special Features 主要特色
    Emmentaler 艾蒙達 242

Scandinavia
斯堪地那維亞 (北歐) 246
Denmark 丹麥 247
Norway 挪威 249
Sweden 瑞典 250
Finland 芬蘭 253

Eastern Europe and
the Near East 東歐和近東 254
Greece 希臘 256
Hungary 匈牙利 260
Slovakia 斯洛伐克 260
Turkey 土耳其 261
Cyprus 賽普勒斯 261
Lebanon 黎巴嫩 264
Israel 以色列 264
Special Features 主要特色
    Feta 菲塔 258
    Halloumi 哈魯米 262

The Americas 美洲 266
USA 美國 270
Canada 加拿大 312
Mexico 墨西哥 320
Brazil 巴西 321
Argentina 阿根廷 321
Special Features 主要特色
    Monterey Jack 蒙特里傑克 286

Japan 日本 322

Australia and New Zealand
澳洲和紐西蘭 326
Australia 澳洲 328
New Zealand 紐西蘭 335

Glossary 專業用語解說 342
Resources 資源 344
Index 索引 346
Contributors 撰文專家 351
Acknowledgments 致謝 352

Introduction 序言

人類開始製作起司的證據，可以遠溯至西元前 2800 年，
我們可以推測，起司的產生緣自幸運的巧合。未食用完的鮮奶，放置在火堆旁溫熱著，
或是儲存在由動物的胃所製成的袋囊中，使鮮奶裡的固體物質（凝乳）和液體物質（乳清）分離開來，也就是凝乳化。
人類因此發現了，他們最珍貴的食品—鮮奶，可以透過起司的形式長期保存，
並且進而瞭解，產奶動物的胃裡所含的凝乳酶（rennet）就是凝乳劑（coagulant）。

The Story of Cheese
起司的故事

5000 年後的今日，在全球各地都可以看到，由不同種類的鮮奶所製作出來的起司，包括瑞典拉普蘭（Lapland）的馴鹿奶、澳洲的水牛奶和不丹王國的犛牛（yak）奶。起司最不可思議的地方在於，儘管全世界的鮮奶味道都大致相同，但製作出來的起司，其質感、味道和香氣卻擁有無窮盡的變化。全世界各地也都能夠生產出各種不同種類的起司。然而，起司的大小、形狀和原料奶，受到各種外在因素的影響，如歷史事件、數世紀的實驗結果、宗教信仰和地形；另一方面，起司本身的風味和質地，也受到原料和技術的左右，包括動物的種類和品種、土壤、牧草飼料、氣候、微氣候和起司製作者的技術。

歐洲的起司，先得益於希臘人具有的知識，後有羅馬人隨著帝國的擴張，將製作方法傳播到歐洲各地—在現代歐洲，仍可清楚看到這個影響。中古世紀時，各修院團體增加並分散到歐洲各地，包括英國和愛爾蘭，尤其是聖本鐸修會（Benedictine）和晚期的西妥會（Cistercian）修士，他們發展出今日所謂的隱修會（Trappist）或修道院風格起司，法國北部的馬胡瓦司（Maroilles）起司，大概是其中最早出現的一款。

傳統上起司的大小，決定於鮮奶的多寡，和到達最近市場的距離。因此，高山起司通常較大，因為農夫會將他們收集的鮮奶集中起來，製成慢熟成（slow-ripening）的起司，等到夏末，

牛群回到山谷裡時，就可以上市販賣。在山谷或是大型市場附近的地點，所製作的起司相對較小，熟成較快，可以在每週一次的市場裡販賣。起司的形狀，則和製作者的技術和模型的材料有關—編織草籃、燒過的黏土或是木頭。

今日歐洲的傳統起司，通常都是在其法定區（designated areas），由多家傳統手工起司（artisan）生產商製作，其總量之高，使我們在全球各地都能購買到該種起司。經典的例子，就是法國諾曼第產的卡門貝爾（Camembert de Normandie）起司（見 44 頁），只有 5 家製造商負責生產，而義大利帕爾馬所產的帕米吉安諾 - 雷吉安諾（Parmigiano-Reggiano）起司（見 130 頁），則來自約 830 家小型製造商。然而，在近 30 年來才創作出來的傳統手工（artisan）起司，通常是由單獨的起司製作者所發展出來，即使是大量製造，也很難在原產地，或原產國以外的地區看到。

起司製作的古老技藝，在這張彩色瑞士木刻畫裡，生動而真實地呈現出來。

The Raw Materials
原料

每款起司獨特的風味和特質，會受到幾項天然因素的影響。

氣候和地形，包括土壤裡的礦物結構，都會影響植被的形成，因此決定了產奶動物所吃的食物，並進而影響了原料奶的風味。即使是最遲鈍的人，也不難用視覺和味覺，來分辨青草、野生酢醬草、野花與壓實的乾草料及蕪菁的區別。礦物質也會影響起司熟成的速度、質感和風味。

動物的種類和進食習性，又增加另一層因素。嬌縱的乳牛，喜歡肥沃的平原、青翠的山谷和溫暖的高山草原。山羊和乳牛、綿羊不同，喜歡移往樹籬叢、崎嶇的山頂、滿佈碎石的山谷地，甚至是農夫自家整理得漂漂亮亮的花園，一點一點啃食稀疏但充滿香氣的植物。牠們所生產的鮮奶，充滿了芳香的植物氣息(herbaceous)，如同氣味清冽、混合了香草植物(herbs)的白葡萄酒，隨著時間，轉變成杏仁糖(marzipan)或杏仁粉的味道。

綿羊奶近似焦糖般的香甜味，數千年來，一直在歐洲和中東地區受到珍視。牠們已演化出許多品種，並且似乎能夠適應任何環境，甚至是在極為貧瘠的植被環境之下，一天只能生產出數公升的鮮奶，而其中仍然蘊含了牠們所啃食的野生花草的香氣和風味。

動物的品種也會產生差別。例如，和高生產量的菲伊申乳牛(Friesian)相比，娟姍種(Jersey)乳牛或更賽種(Guernsey)乳牛所生產的鮮奶，含有較大的脂肪球，因此能生產出質地較為濃郁滑順、呈鮮黃色的起司；而蒙貝利亞爾(Montbéliarde)品種的乳牛，則因其鮮奶香甜滑順的特質，在法國的薩瓦(Savoie)地區大行其道。

鮮奶本身，和起司育成室所形成的微氣候(microclimate)，是最後影響起司風味的因素。每一批富含蛋白質的凝乳，就彷彿是大自然的畫布，任由許多細小、隨風散播的黴菌和酵母，開始產生作用，形成傑作。然而，也有許多天然產生的細菌，比較愛好室內溫暖的環境，來發揮它們的魔法。這些微生菌使鮮奶裡的糖分，也就是乳糖，轉變成乳酸，因此開始了發酵的過程。最初只是自然產生的意外，現在我們的起司製造者，已多數能加以控制，並預估最終的成果。這些微小的細菌，和鮮奶本身所蘊含的微妙成分，在高溫殺菌(pasteurized)後就會完全喪失，因此，必須再度以人工的方式注入配方菌(starter culture)，可惜的是，這種用實驗室培養出來的細菌，無法比擬大自然所賦予的複雜風味。

How cheese is made
起司的製造過程

製造起司的設備和方法，因人而異，但其基本原則數千年來都是一致的。

1 The milk 鮮奶處理　理想上，擠出的鮮奶應直接由輸送管通到奶酪場(diary)。在檢測純度和淨度後，便可進行高溫殺菌，通常是以73℃（163 ℉）殺菌15秒。接著鮮奶便被倒入大鋼槽(vat)內，並進行加熱，直到達到適合該種起司的製作酸度為止。

2 Coagulation or curdling 凝結或凝乳化　達到理想的酸度後，便可添加配方乳酸菌(lactic bacteria)或是配方菌(starter culture)。這個過程可以將乳糖轉變成乳酸，同時也影響了起司的質感、香氣和風味。（如果酸度太低或太高，都無法產生完美的起司。）大部分的起司，在製造過程中，都會加入凝乳酶(rennet，由哺乳動物的胃所萃取出來)，或另一種凝乳劑，以確保原料奶中的蛋白質和脂肪結合在一起，而不致流失到乳清裡。

凝乳化，是起司製造中關鍵的一步，因為凝乳化的程度，會決定起司最後的溼潤度，因此也影響了發酵期的長短。

3 Separation of curds and whey 分離凝乳和乳清　剛形成的凝乳，看起來像白色的果凍，而乳清則是介於黃與綠色之間的液體。如果輕輕地將凝乳從乳清中分離出來，就會得到柔軟溼潤的起司，若是切割凝乳，則會流失出較多的乳清，因此形成質地較硬的起司。凝乳切得越細，最後的起司就會越硬、質地越細(finer-grained)。一旦達到理想的酸度後，乳清就會被濾出。

4 Shaping and salting 定型和加鹽　接著將凝乳裝入模型或圈模(hoops)內，在脫模前，可再經過擠壓。脫模後，以塗抹或撒上的方式，將起司進行加鹽的程序，或是浸在鹽水中，然後移入陰涼的房間或地窖進行熟成。

5 Ageing and the affineur 熟成　熟成的過程，是起司製作的藝術和科學所在，因為它會使原料奶本身的特色，以及動物所啃食的植被風味發揮出來。一個優秀的熟成師(affineur)，能夠使最簡單的起司，依然產生出其中完整的豐富風味。傳統手工(artisan)起司，在每一天都會產生一點不同的變化，植被、產季、起司育成室的環境和起司製作者，都會產生影響。因此和葡萄酒不同的是，對起司來說，每天都可以算做一個vintage(採收年份)，這就是起司獨特的魅力所在。

Understanding Cheese 認識起司

FRESH CHEESES 新鮮起司
（見 10-11 頁）

AGED FRESH CHEESES
熟成過的新鮮起司（見 12-13 頁）

SOFT WHITE CHEESES
軟質白起司（見 14-15 頁）

SEMI-SOFT CHEESES
半軟質起司（見 16-17 頁）

HARD CHEESES
硬質起司（見 18-19 頁）

BLUE CHEESES
藍黴起司（見 20-21 頁）

FLAVOUR-ADDED CHEESES
加味起司（見 22-23 頁）

辨認起司的種類，並沒有一套放諸四海皆準的標準。每個出產起司的國家，都有自己的一套制度，並且套用專業的術語如，半硬質（semi-hard）、半熟（semi-cooked）、壓縮未熟（pressed uncooked）、塗抹熟成（smear-ripened）或洗浸凝乳等，對喜愛起司的人說，有時是毫無意義並且覺得混亂的。

本書另闢蹊徑，我們的主編，根據起司形成的外皮和其質感，建立了一套簡單的系統來區分起司的種類。

此種分類法之所以可行，是因爲起司內所留存的水分或是乳清，不但決定了起司內部的質感，也決定了起司所形成的外皮和生長出黴菌的種類。少數的例子，可以同時歸納到兩種類型裡，但大部分的起司種類，都可以一眼判斷出來。

我們的主編分類法（見 10-23 頁），將起司分爲七種不同類型：新鮮起司 **Fresh**、熟成過的新鮮起司 **Aged Fresh**、軟質白起司 **Soft White**、半軟質起司 **Semi-soft**、硬質起司 **Hard**、藍黴起司 **Blue** 和加味起司 **Flavour-added**。

使用這種分類法，只要迅速地觀察和用手輕輕擠壓，您就可以辨認出百分之九十九的起司類型，不論這個起司來自法國的傳統市場，或是紐約的起司專賣店。只要透過一點練習，您就可以判斷出該種起司的基本特質、口味強度、料理後的變化，甚至是其熟成度以及品質的好壞。

Denomination and Designation of Origin 法定產區制

有些起司的名稱，獲得法律的保障，因此限定了法定產區。將產地列入法律保護，就代表認定了「風土」（法文是 terrior，義大利文是 tipicità）對產品的影響，也就是說，每一種以傳統方式所生產的食品，都是在一連串複雜的土壤、植被系和氣候，與傳統的生產方法，和原料等因素的交互作用下，所形成的結果，因此帶有其獨特風味—這種種的變因組合，不可能在地球的另一個地方被複製出來。全世界有許多種國家法定產區制，如法國的 AOC（Appellation d'Origine Contrôlée）、義大利的 DOC（Denominazione d'Origine Controllata），和歐洲共同體的 PDO（Protected Designation of Origin），適用於歐洲共同體內各區域所生產的傳統葡萄酒和食品。

在 1666 年，Roquefort 成爲第一款受法律保障的起司，是法國 AOC 國家法定產區制的先驅。

Using this book 如何使用本書

本書能夠引領起司愛好者，進入一個令人興奮的起司世界。本書的主要部分，由各章節組成，介紹來自各國的起司，
詳述其發源地、品嚐筆記、和最佳享用方法。特別著名以及地位重要的起司，另外有深入的介紹。
每款起司所附上的資訊表，都包含了瞭解這款起司的關鍵資訊，請見以下的說明。

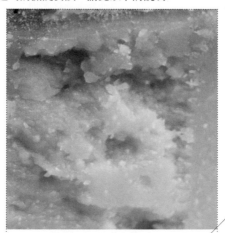

Pecorino Siciliano PDO

這款起司早在西元前 900 年，荷馬史詩－
奧德賽(Homer's Odyssey)裡寫到奧德
修斯(Odysseus)遇見獨眼巨人(Cyclops
Polyphemus)時，就有記載。如同古時一
樣，現在這款起司仍是使用小羊的凝乳酶，
手工製造。淡棕色的外皮，印有燈芯草籃編
織的圖案。

TASTING NOTES 品嚐筆記
黃色的起司，有時含有整顆黑胡椒粒，質地
結實易碎，帶有飽滿而持久的刺激鹹味。

HOW TO ENJOY 享用方式
熟成淺的可搭配蔬菜，熟成久的可搭配麵包
和橄欖，或加在義大利麵上。搭配多娜佳塔
安西莉亞(Anthilia Donnafugata)，或帶
甜味的日利伯(Zibibbo)。

義大利 Sicilia	
熟成期 4-12 個月	
重量和形狀 4-12kg(9-26½lb)，車輪形	
尺寸 D. 14-38cm(5½-15in)，H. 10-18cm(4-7in)	
原料奶 綿羊奶	
種類 硬質	
製造商 多家	

Region 產地
有些起司在全國都有製造，
但有些起司則只限於某地域，
由多家製造商所生產。
若是該起司只由三家以下的製造商，
在某地生產，則該城市或城鎮的名稱也會列出。
產地名稱也就揭露了該種起司的風土(terroir)，
因此也可推測出該地所飼養的
動物和其植被環境。

Age 熟成期
該起司品質最佳的熟成期。

Weight and Shape 重量和形狀
有些起司只以一種固定的重量和形狀出產，
但大部分的起司都有數種可能性，
我們會盡量詳細列出。

Size 尺寸
列出該種起司的大小尺寸，視形狀而定，通常以
直徑(D)、高度(H)、長度(L)和寬度(W)來標示。
若是市面上有數種尺寸通行，
亦會加以列出。
若是缺乏市面通行尺寸的資訊，
則列出照片裡起司的尺寸。

Milk 原料奶
列出該種起司所使用的鮮奶來源。
有時候，因產季和產量不足之故，
原料奶可能是來自不同動物的混合奶。

Classification 分類
每一種起司都會以主編分類法，
歸入七種起司類型之一(見 10-23 頁)。

Producer 生產商
我們會列出，最多三家的傳統手工(artisan)
起司製造商。
"多家"(various)則代表生產商超過三家。

Name 名稱
我們會以起司產地的語言，列出該種起司
的名稱，如果有國家法定產區認證，也會
一併列出。

Introduction 簡介
簡單描述該種起司的特色，包括製作者和
來源。

Tasting Notes 品嚐筆記
描述該起司的香氣、味道、質感和後味
(finish)。

How to Enjoy 享用方式
列出享用該種起司的最佳方式，如烹調方式
以及與葡萄酒的搭配。

Map 地圖
在該起司生產國的地圖上，有紅點標示出
生產商的位置或區域，若無紅點，
則代表該起司在全國各地都有製造。

Photograph 照片
為了易於辨認，我們的照片顯示出該種
起司準備上市時的外觀，
通常從這張照片，
可以看到該起司的內部和外部狀態。

Scale 比例
這個標誌可以讓你一眼看出，該款起司的
大小，以及它和一隻正常尺寸手掌的
比例關係。若該起司的尺寸資訊為"數種"，
則這個標誌代表的是照片上起司的大小。
若是沒有這個標誌，
則代表缺乏該起司的尺寸資訊，
或是該起司是以罐裝(tubs or pots)販賣。

Fresh Cheeses
新鮮起司

無外皮．高溼潤度．口味溫和．新鮮．帶檸檬味

新鮮起司在剛做好的數天甚至是數小時之內就可食用，它們還來不及醞釀出原料乳中的深厚內涵，
因此我們所嚐到的味道常被描述成，帶有乳酸味（lactic）和鮮奶味、有甜味、檸檬味、清新、有柑橘味
（citrus）或帶酸度（acidic）。不過這並不表示，新鮮起司口味平淡。正好相反，技術高超的起司製作者，
能夠將原料奶中微妙的風味發揮出來：牛奶裡的香甜青草味（grassy）；山羊奶的香氣（aromatic）
和草本清香（herbaceous），帶有白酒和碎杏仁的風味；綿羊奶裡的濃郁，可以感受到巴西豆（Brazil
nuts）、焦糖化洋蔥和烤小羊排香；還有水牛奶裡所隱含的皮革味與土質味。

哈魯米
HALLOUMI

Defining Features 主要特色

新鮮起司很容易辨認，因為它們的顏色潔白，
通常帶有光澤，沒有外皮。
然而除了以下列出的共同特徵外，它們其實有許多變化，
特別是在質感上（見下一頁的著名例子）。

MOIST 質地溼潤 *新鮮起司的溼潤度極高，因此嚐起來十分柔軟。*

TEXTURE 質地 *變化極大——柔軟、易碎（crumbly）、可抹勻、慕斯狀、奶油般滑順、如莫札里拉（Mozzarella）般的富有彈性，或是如哈魯米（Halloumi）般結實可切片。*

AGE 熟成時間 *短為1~7天，以鹽水或油浸泡時，可長達12個月。*

RIND 外皮 *沒有外皮，所以外部和內部成分差別不大。*

COLOUR 顏色 *白色，通常非常潔白。*

FLAVOUR 味道 *鮮奶味中帶有一絲溫和的酸度，如清新檸檬味，或如優格或酸奶油般略帶尖銳感。*

FAT CONTENT 脂肪含量 *這是所有起司中，脂肪含量最低的——每100g 約為19~21%。*

MOISTURE 溼潤度 *這是所有起司中溼潤度最高的，因此保存期很短。*

How They're Made
製作過程

最普遍的新鮮起司，如法式鮮乳酪（fromage frais）和鄉村（cottage）起司，是先將鮮奶加熱，再加入配方菌（starter culture），使鮮奶呈凝乳化。將多餘的乳清濾出後，將凝乳倒入紗布（cheesecloth）或小模型裡，數小時後倒出加鹽。以下介紹的是另一種類似的方法，可從乳清裡提煉出新鮮起司，如瑞可達（Ricotta）。

首先，將製作完硬質起司剩下的乳清加熱，加入一點醋以提升其酸度，使蛋白質浮到表面，形成凝塊。

凝塊定型後，舀入網織模型中。

這些凝乳裡的水分會慢慢濾出。最後成品的產量很低，1加侖的乳清只能做出數盎司的起司。

將這些脆弱的凝乳翻面一次，仍留在模型裡，脫模後，表面便會印上模型網編的痕跡。

Excellent Examples
著名範例

Halloumi 哈魯米

比其他的新鮮起司，具有更結實、堅硬的質感，因為凝乳已經過揉捏（kneaded）。用來浸泡保存的鹽水，賦予該起司一股鹹味。（見 262-263 頁）

Ricotta 瑞可達

一種質地柔軟溼潤而脆弱的乳清起司。（見 135 頁）

Feta 菲塔

質地結實柔滑而易碎，浸泡在鹽水裡保存，因此帶有鹹味。

Mozzarella 莫札里拉

因為新鮮的凝乳是放在熱水中，因此這種起司富有彈性，可以拉扯塑成不同形狀。（見 120-121 頁）

How to Enjoy
享用方式

UNCOOKED 未經加熱烹調 新鮮起司內，所含的微脂肪球能夠吸收、集中其他食材的味道，將簡單的材料轉變成經典食譜，如希臘沙拉裡的菲塔（Feta）起司、搭配煙燻鮭魚的奶油起司（cream cheese），以及提拉米蘇（tiramasu）裡的馬斯卡邦（Mascarpone）起司。因此，新鮮起司常用來增加一道菜色的口感，而非轉變其口味。擺放在起司盤上的新鮮起司，常會撒上或滾上樹灰（ash）、香草（herbs）或辛香料來裝飾，以提升其外觀和風味。

COOKED 烹調方式 最適合料理新鮮起司的方法，是使用爐烤（grill）或烘烤（bake）的方式，如經典的菠菜起司派（spanakopita）裡的菲塔（Feta）、義大利餃（ravioli）的瑞可達（Ricotta），和披薩上的莫札里拉（Mozzarella）。因其富含水分質地鬆弛，若是放入醬汁中烹煮，容易斷裂，爐烤太久也會變得過硬。

WITH DRINKS 飲料搭配 因其酸度頗高，新鮮起司適合搭配清新的白酒或蘋果酒（cider）。若是不含酒精的飲料，則可選用蘋果汁或接骨木花露（elderflower cordial）。然而，當新鮮起司和其他食材搭配上菜時，選用的葡萄酒，應該要能和最強烈味道的食材做搭配。

Mascapone 馬斯卡邦起司

帶有甜味，是將奶脂（cream），而非鮮奶，加熱製成。（見 122 頁）

Aged Fresh Cheeses
熟成過的新鮮起司

外皮薄而充滿皺摺・粒狀或滑順的質地・白色、灰色和藍色的黴菌層

如同其名稱所示，這種起司是由新鮮起司，放置在具特定溫度濕度控制的洞穴或地窖，熟成了一段時間後，使水分蒸發，鼓勵不同的黴菌和酵母在外皮生長而製成的。最知名的例子來自法國的羅亞爾河地區(the Loire)，就是你在法國傳統市集常常可以看到，放在搖搖晃晃的木桌上，擺在鋪著稻草的木盒裡，有小圓形、金字塔、錐形、鐘形和圓木形的起司。然而現在，在全球各地，有越來越多的人開始製作這種起司。熟成過的新鮮起司，質地滑順，香氣十足，多以山羊奶為原料，然後以樹灰(ash)、香草(herbs)或香料覆蓋，或以葡萄葉或栗樹葉包裹起來，讓黴菌在上面生長。如果原料使用牛奶或綿羊奶，質地會更柔軟，生長的黴菌侵略性較低、口感會更香甜滑順。

CLOCHETTE
格羅雪

Defining Features 主要特色

它最大的特色，在於其薄而起皺的外皮，上面覆蓋著大量的黴菌和酵素(其中最強烈的，是帶有鐵灰色或藍色的黴菌，稱為灰綠青黴菌(Penicillium glaucum)，表面還有一層白色的青黴菌(Penicillium candidum)或 Geotricium candidum。質地較稀鬆的起司，外皮較軟，黴菌也較少，其下的起司幾乎呈流動狀。在熟成的過程中，起司的質地會變得黏稠凝結狀(claggy)，容易黏在口腔上方。

WRINKLES 起皺外皮 隨著起司逐漸熟成，皺摺會逐漸加深，而內部的起司，質地會呈易剝落狀(flaky)。

MOISTURE 溼潤度 *在熟成的過程中會因喪失水分而縮小。經過約4週後，會失去原重量的50%。*

FAT CONTENT 脂肪含量 *它的脂肪含量為每100g含有22~23%。*

TEXTURE 質地 *隨著起司逐漸熟成，內部的起司質地會從溼潤、略呈易碎狀，轉變成緊密易剝落的片狀。*

AGE 熟成時間 *經過10~30天後，可視為完全熟成。*

RIND 外皮 *薄而起皺的外皮，表面覆有白色黴粉，以及灰、藍色的黴斑。*

COLOUR 顏色 *大部分為山羊奶製成，因此內部的起司色澤極淡，幾乎呈白色。*

FLAVOUR 味道 *熟成度淺的起司口感滑順，隨著時間增加，會轉變成帶有碎杏仁般的堅果味，然後轉為濃烈而尖銳的山羊味。*

How They're Made
製作過程

以天然的方式熟成時，通常置於陰涼的地窖裡，新鮮起司的表面因為富含蛋白質，便會吸引數種天然的微生菌孳生，它們全都影響了熟成的過程。在技術純熟的熟成師（affineur）手下，這些起司能夠優雅地熟成，根據顧客的口味和喜好，在不同的熟成階段都可上市販賣。每一款起司都會發展出自己獨特的風味，和製作者、原料奶、植被、產季和製作與熟成環境 等都有關係。以下列出這種起司所經歷的一般生產過程。

細緻而純白的凝乳，小心地用人工舀入一個個的模型內，裝填到幾乎要滿出為止。凝乳的重量，可以迫使多餘的乳清自然瀝出。

2 等到表面的凝乳下降，就撒上鹽，加速多餘乳清的排出。

3 數小時後，凝乳變硬能夠維持其形狀，就從模型中倒出移至網架上。這個階段仍屬於新鮮起司。

4 過了幾天，起司的表面，會形成一層薄而半透光的柔軟外皮，它會逐漸收縮，產生皺摺。

5 經過了9~12天，開始形成一層白色的青黴菌（Penicillium candidum），和灰藍色的黴層，覆蓋了起司的表面，使顏色變深。

How to Enjoy
享用方式

UNCOOKED 未經加熱烹調 雖然因其口感和外皮的因素，熟成過的新鮮起司不適合用來抹麵包或做成蘸醬，但所有符合標準的起司盤，都一定要有這種外表純樸但風味絕佳的起司。

COOKED 烹調方式 "Chèvre Salad" 在全法國都很普遍，但它不像很多廚師所認為的，只是一道「羊奶起司沙拉」。事實上，它是由某種熟成過的新鮮起司做成的，通常是切片後的夏維諾的柯騰起司（Crottin de Chavignol）（見54頁），淋上橄欖油，再放在切片的枴杖麵包（baguette）上爐烤（grill）。使用任何其他種類的起司，都是一種愚蠢的模仿，因為這種起司經過爐烤或烘烤後特有的堅果香，將無法重現。

WITH DRINKS 飲料搭配 一支清爽的白蘇維翁（Sauvignon Blanc）、維歐尼耶（Viognier）或粉紅酒（rosé），都是絕佳搭配，尤其是來自同一區域的產品。當然也可以來瓶淡的艾爾型啤酒或一般啤酒（light ale or beer），帶出起司裡的堅果味和啤酒花的風味。

Excellent Examples
著名範例

Valençay 未隆雪
這個像缺了頂的金字塔型起司，白粉狀的外皮佈滿著藍與灰色的黴層，內部的山羊奶起司卻是純白色的。（見97頁）

Clochette 格羅雪
這個來自法國的鐘形起司，外皮帶有一層淡淡的白黴粉。（見52頁）

Vicky's Spring Splendour 維琪的春之風華
來自加拿大的圓木形起司，質地滑順，外皮下方的起司更為柔軟。（見319頁）

Ketem 柯騰起司
來自以色列，以法國熟成新鮮起司做為範本，柯騰起司（Ketem）的出現，說明了此類型起司受歡迎的程度。（見264頁）

St Tola Log 聖托拉格
來自愛爾蘭的起司，呈大尺寸的圓木形，口感如絲般滑順。（見225頁）

Soft White Cheeses
軟質白起司

柔軟的白色外皮・質地滑順綿密・蘑菇味

在全世界所生產的眾多軟質白起司中，諾曼第的卡門貝爾(Camembert de Normandie)和
莫區的布里(Brie de Meaux)是最著名的例子，也是最初範本。軟質白起司的特色，
在於其白色的外皮、介於粗粒狀和濃稠綿密之間的質感，以及帶有絕妙的蘑菇香氣。
口味較淡的種類，帶有乾草和小蘑菇的香氣；而味道最強烈者，嚐起來像濃郁的野蘑菇湯，
餘味帶有蒲公英般的辛辣，土質般的氣味帶有陰涼地窖的泥土味，和奶油香煎蘑菇的氣息。
以綿羊奶所製成的，有一股細微的甜味，帶一絲烤羊排或羊毛脂(lanolin)的氣息；
以山羊奶製成的，則有杏仁或杏仁糖(marzipan)的味道。

CAPRICORN GOA
魔羯座

Defining Features 主要特色

工廠製造的種類，會產生天鵝絨般較厚的外皮，
感覺像是起司外表的一層包裝，而非整體起司的一部分。
相形之下，由傳統手工(artisan)起司製作者所創作生產的版本，
白色外皮較薄，甚至還帶有紅色調的黴斑或黃灰色的黴塊。
這層外皮可以防止起司水分流失太快，也可加速熟成過程，
因此這些起司也被稱為黴層熟成起司(mould-riped cheeses)。

MILK 原料乳 製作時所使用的原料乳，決定了
內部起司的色澤。

RIND 外皮 薄而硬脆，上
面有一層白黴粉，使內裡質
地濃郁如天鵝絨般滑順。

MOISTURE 溼潤度
這種起司的溼潤度很高，
因此脂肪含量低。

FAT CONTENT 脂肪含
量 脂肪含量低，每 100g 為
24~26%，若加了額外的乳脂
(cream)，則會升高到 75%。

COLOUR 顏色 這種起司可
以牛奶、山羊奶、綿羊奶、水牛
奶或甚至是駱駝奶做為原料。顏
色並因此產生變化，山羊奶做成
的呈雪白色，由娟姍種(Jersey)
或更賽種(Guernsey)乳牛的牛
乳做成的，則呈奶油般的黃色。

AGE 熟成時間 依大小
尺寸而定，一般來說，
21 天後就算是熟成。

FLAVOUR 味道 依原
料乳而定，可以嚐到野蘑
菇、杏仁、烤羊肉和羊毛
脂等味道。

TEXTURE 質地
剛上市時帶細粒感，
隨著時間推移，熟成
後會變得滑順綿密。

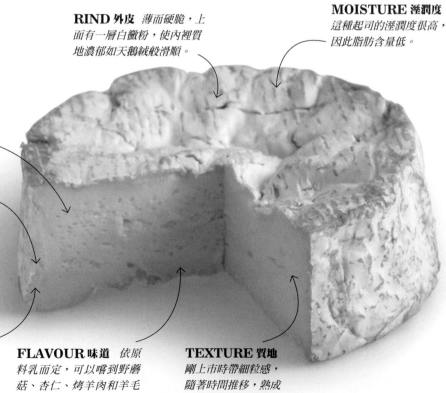

How They're Made
製作過程

為了產生高溼度的質地，Soft White Cheeses 軟質白起司必須使用高比例的乳清。也就代表，凝乳必須要小心地舀入模型內。在這個過程中完全仰賴凝乳本身的重量，來排出多餘的乳清。接著起司的表面，會完全佈滿一層白色而綿密的白色的青黴菌（Penicillium candidum），這是由上百萬個微小的青黴屬（Penicillin）真菌所組成的，蘑菇的味道和氣息，也是因此而來。

1 軟乎乎，像果凍般的凝乳，從大鋼槽小心地一層一層地舀入圓形的高模型內，直到裝滿為止。

2 一旦定型後，起司從模型內倒出，放上一片圓盤，以協助排出多餘的乳清。

3 撒上鹽後就移到熟成室，使其接觸白色黴菌（有時候還包括其它種類的黴菌）。

4 起司的表面溼潤而富含蛋白質，因此黴菌會自然地被吸引，逐漸擴展到全部表面。

5 二週後，表面形成了一層天鵝絨般的白色外皮。其它顏色的黴菌可能也會產生，但大多數的起司製造商，只鼓勵純白色的種類。

How to Enjoy
享用方式

UNCOOKED 未經加熱烹調　最適合享用這種美味起司的方法，就是在室溫下搭配一杯葡萄酒和香脆的麵包，一起食用。

COOKED 烹調方式　有一種受歡迎的作法，將一小塊軟質白起司用烤箱烤約 15 分鐘，然後用麵包塊或生蔬菜，來舀起裡面融化的起司享用。這種起司也可以爐烤（grill），可以和烤甜椒或甜酸醬（sweet chutney），一起疊在可頌麵包上品嚐，不過要先切掉起司四周的外皮，因為烤過會變硬而帶苦味。

WITH DRINKS 飲料搭配　法國人會用蘋果酒（cider）來搭配卡門貝爾（Camembert），用夏多內（Chardonnay）白酒來搭配莫區的布里（Brie de Meaux），用香檳來搭配夏爾斯起司（Chaource）。一般的原則是，山羊奶或綿羊奶製成的起司，也很搭配類似的葡萄酒。或者，也可以用陳年波特酒（tawny port），來搭配某種口味濃烈的軟質白起司。啤酒花味重的淡啤酒（pale ale），相較於苦味重的種類，更適合搭配口味較溫和而帶甜味的白起司。

Excellent Examples
著名範例

Brie de Melun 默倫區的布里
和大多數的布里起司（Brie）一樣，它有著濃郁的蘑菇香味，但不如莫區的布里（Brie de Meaux）出名。（見 42 頁）

Camembert de Normandie 諾曼第的卡門貝爾
法國另一種舉世聞名的軟質白起司，裝在木盒裡上市。充分熟成的起司，外皮會帶點粉紅或棕色。（見 44 頁）

Sharpham 夏芬
內部的起司，呈金鳳花（buttercup）般的鮮黃色，是由於娟姍種（Jersey）乳牛牛奶裡的高含量胡蘿蔔素所致。（見 195 頁）

Brillat-Savarin　布里亞 - 薩瓦蘭
牛乳裡加入了額外的乳脂（cream），脂肪含量達到每 100g 為 75%，是平常的 3 倍，因此嚐起來分外濃郁。（見 42 頁）

Capricorn Goat 魔羯座
英格蘭的第一批山羊奶軟質白起司，內部的起司呈雪白色，是典型的山羊奶起司特色。（見 175 頁）

Semi-Soft Cheeses
半軟質起司

薄而乾或橙色帶黏性的外皮‧溫和或刺激的口味‧橡膠般有彈性的質感或呈流動狀

半軟質起司的外觀和質地，是所有起司種類中變化最大的，但還是能分成兩種。具有乾燥外皮的起司熟成較慢，口味從有彈性、溫和、帶甜味、帶堅果味，和幾乎尚未形成的外皮；到橡膠般的質地、有花香味、刺鼻味和皮革般的外皮。用山羊奶製成的，口味通常溫和帶堅果味，與一絲杏仁糖（marzipan）的氣息。外皮呈橙色富黏性的種類，稱作洗浸外皮起司（washed-rind cheeses），質地柔軟，帶有刺激的、農地的、煙燻鹹味，甚至還有肉味。質地通常呈細粒狀，外皮下方的部位較為柔軟，熟成後，質地變得柔軟豐潤。洗浸外皮起司包括隱修會（Trappist）或修道院風格（monastery-style）起司。

LANGRES
朗格

Defining Features 主要特色

所有半軟質起司，都經過在鹽水裡洗浸的程序，以減少不要的黴菌。乾燥外皮（dry rind）的起司，可能具有薄而不明顯的外皮，也可能生長出色彩豐富的灰黴層，雜有紅、黃和白色的黴塊，長在粉紅色皮革般的外皮上。定期以鹽水洗浸的洗浸外皮起司，外皮潮溼有黏性、呈橙至紅色。洗浸的次數越多，外皮就越柔軟，黏性和氣味越強。

LIQUID 液體狀 *某些洗浸外皮起司在熟成後，呈現幾乎流動的液體狀。*

FLAVOUR 味道 *視外皮種類而定，有些如奶油般的濃郁，有些則是煙燻的肉味。*

FAT CONTENT 脂肪含量 *每100g為22~30%。*

RIND 外皮 *包括尚未成形、如皮革般的灰色厚皮，到有光澤和黏性的橙色外皮。*

AGE 熟成時間 *從3週到3個月，都算是熟成期。*

COLOUR 顏色 *內部起司呈淡稻草色至鮮黃色。*

TEXTURE 質地 *不論是乾燥外皮或洗浸外皮，它們都會軟化很多。半軟質起司的質地，從橡膠般、有彈性到豐潤、甚至呈流動狀。*

MOISTURE 溼潤度 *溼度很高，因為只有經過輕微的擠壓。洗浸程序將外皮封住，因此也鎖住了溼度。*

How They're Made
製作過程

半軟質起司經過數種不同的方式洗浸，每一種都會創造出不同的外皮。若是浸在鹽水中數小時或數天後再風乾的，會出現幾乎尚未形成的淡色、如皮革般的帶粉紅色外皮。若是用潑灑或噴灑的方式洗浸，則會形成薄而黏的淡橙色外皮，如以下所示的臭畢夏（Stinking Bishop）起司，若是經過更多次的洗浸，黏性會更高，顏色也會更明顯。用雙手將起司用鹽水浸泡或擦洗的，稱為塗抹熟成起司（smear-ripened）。

鮮乳裡加入凝乳酶，促成凝乳化。再加上配方菌（starter culture），凝乳和乳清便會分離開來。

有細孔的模型使乳清得以濾出，然而某些半軟質起司會再經過一點擠壓。

脫模後，將起司圍上一片木條，再以人工使用鹽水和梨酒（perry）（或發酵的西洋梨汁）的混合液洗浸。

白色黴菌長出後，會一再重複洗浸程序，5～6週後，外皮變得十分柔軟。

最後，起司會形成一層薄而有黏性的金色外皮，質地十分柔軟，切開時起司幾乎會流動出來。

How to Enjoy
享用方式

UNCOOKED 未經加熱烹調　溫和口味的半軟質起司，如伊丹起司（Edam）或哈瓦帝起司（Havarti）常用來作為早餐；口味較強烈者，則是標準起司盤上的必備品。

COOKED 烹調方式　乾燥外皮（dry rind）的版本，非常適合爐烤（grill），因為橡膠般的質地會延伸但不變形，但也正因如此，不能做成醬汁。洗浸外皮起司剛好相反，很適合融化做成醬汁，一點點的量就足

夠了。如果整個放入烤箱烘烤，甜味和鹹味都會增加，成為很棒的開胃菜。

WITH DRINKS 飲料搭配　味道溫和的半軟質起司，適合搭配夏多內白酒（Chardonnay）、清淡的紅酒如梅洛品種（Merlot），或啤酒，但酸味較重的葡萄酒，會使起司嚐起來偏酸。口味較濃烈的洗浸外皮起司，可搭配啤酒、蘋果酒（cider）、和較甜的葡萄酒，如麗絲玲（Riesling）或格烏茲塔明那（Gewürztraminer）。這種葡萄酒，可以帶出它們隱藏在粗曠鄉土味底下的花果香。

Excellent Examples
著名範例

Taleggio
塔雷吉歐

質地細緻的乾燥外皮，摸起來粗粗的，雜有灰色和白色的黴斑，上面還蓋有品質保證的戳印。（見138-139頁）

Stinking Bishop
臭畢夏（臭主教）

這種洗浸外皮起司，是以鹽水和梨酒的混合液潑洗或擦洗過的。它的名稱來自於用來釀造梨酒的西洋梨品種。（見198頁）

Langres 朗格

亮麗的顏色，是多次洗浸以及置於潮溼地窖內熟成的結果。外皮會隨著時間而皺縮，也可能帶有白粉狀的黴層。（見63頁）

Edam 伊丹

它是一種洗浸外皮起司（見19頁），有甜味，質地富彈性。外皮極薄，包上了一層保護的紅蠟。（見230頁）

Vacherin Mont d'Or 維切卡孟朵

它的外皮很厚，可避免內部水分散失，使內部起司呈幾乎流動的液體狀。（見245頁）

Hard Cheeses
硬質起司

外皮粗糙或光滑・質地易碎・口味複雜

在所有具有製作起司傳統的國家裡，都可見到大車輪形、圓柱形或圓鼓形的硬質起司，它們通常是以牛奶、山羊奶或綿羊奶製成。具有變化很大的外皮，從光滑到如月球表面般的粗糙坑洞狀都有。它的口味會隨著熟成變得更趨複雜；熟成度深的如：帕米吉安諾 - 雷吉安諾起司（Parmigiano-Reggiano）和熟成乾傑克（Dry Jack），會形成粒狀質地，咬到嘴裡有粗粒感（crunchy feel）。經典的綿羊奶硬質起司，如蒙契格起司（Manchego）和沛克利諾起司（Pecorino），帶有密實、略呈細粒狀的質地，和油脂般但乾燥的口感，以及特有的香甜焦糖洋蔥味，與使人聯想到烤羊排或潮濕羊毛的氣味。硬質山羊奶起司，則帶有一種微妙的杏仁味。

MANCHEGO
蒙契格

Defining Features 主要特色

硬質起司的外觀變化很大。傳統的英國硬質起司，多為以紗布包裹的圓鼓形或高圓柱形。荷蘭和瑞士則多為大車輪尺寸，帶有光滑或蠟質的外皮。西班牙的起司，表面多留有用來濾水的草編或木製模型痕跡。法國和義大利的製造商，則生產上百種不同的硬質起司，包括光滑的桶形沛克利諾起司（Pecorino），到龐大的車輪形蒲福起司（Beaufort），外皮薄而粗糙。

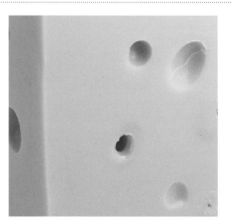

BUBBLES 氣泡 *瑞士風格起司裡的孔洞，是當起司移到溫暖的空間進行第二次熟成時，啟動了配方菌（starter culture）後產生氣體所形成的氣孔。*

FLAVOUR 味道 *新鮮時帶有略為刺激的酸味，或是奶油般的甜味。熟成後，隨著水分的散失，味道會變得強烈，帶果香和刺激酸味。*

COLOUR 顏色
依季節變化：動物吃的是冬季的乾草料時呈淡黃色；若吃的是夏季新鮮青草，則轉成亮黃色。

MOISTURE 溼潤度 *排出的乳清多寡，決定了起司的溼潤度。排出的水分越多，就需要越長的時間熟成，最後的風味也越複雜。*

TEXTURE 質地
質地變化極廣，從平滑綿密到富彈性或易碎。

FAT CONTENT 脂肪含量 *每100g 為 28~34%。*

AGE 熟成時間 *數週至三年之間。*

RIND 外皮 *差異很大，有薄而呈皮革狀的，也有厚而粗糙的。有些種類會加蠟、磨光、或包上紗布。*

How They're Made
製作過程

硬質起司可分為兩種。一種是未加熱但擠壓過的，經過數小時的擠壓後，再過一週即可食用，口味仍很溫和滋潤。另一種是加熱並擠壓過的，是連同乳清加熱後再擠壓。不同的加熱溫度，會產生不同的結果。另外還有：在切割、擠壓凝乳前先壓磨過（mill），以排出多餘的乳清，產生較細緻的質感；用鹽水浸泡以形成厚皮；用近乎滾燙的熱水清洗凝乳，使質地柔軟有彈性。

1

凝乳形成後，用不同尺寸鋒利的鋼齒梳切割。

2

要製作如豪達（Gouda）的清洗凝乳（washed-curd）起司時，熱水會加入凝乳槽中，因此產生這種起司的甜味。

3

有些起司，如帕米吉安諾-雷吉安諾起司（Parmigiano-Reggiano），會浸泡在鹽水中長達 21 天，鹽分能夠排除更多的乳清。

4

擠壓的步驟通常是以人工進行。壓力要漸進地慢慢施加，以免一下子排出太多乳清。

5

為了避免熟成期間水分的散失，有些起司會以蠟質密封、或是以紗布包裹起來，有時候則抹上豬油（lard）。

How to Enjoy 享用方式

UNCOOKED 未經加熱烹調 硬質起司是所有起司中用途最廣的。它們適合做成起司盤、也可以削片或磨碎，加入沙拉、蘸醬和調味汁（dressing）中，例如帕米吉安諾-雷吉安諾起司（Parmigiano-Reggiano）可加入青醬（pesto）中。

COOKED 烹調方式 硬質起司和當地的飲食文化有緊密的連繫。以中溫加熱處理（Thermized）過的起司（參見右側的艾蒙達起司 Emmentaler），如格律耶爾（Gruyère）和蒲福（Beaufort），在加熱後伸展性大，因此適合用來爐烤（grill）或做成起司鍋（fondues），而不宜做成醬汁。還有某些硬度較高且會完全融化的種類，如米吉安諾-雷吉安諾起司（Parmigiano-Reggiano），則會完全溶解，為食物增添了一股微妙風味，但不影響口感；這兩種起司都很適合加入醬汁、義大利麵和濃湯中。

WITH DRINKS 飲料搭配 因為脂肪含量高、口味強烈，硬質起司最適合搭配紅酒。它們能夠吸收新酒的尖銳，也能緩和如卡貝納蘇維翁（Cabernet Sauvignon）或巴羅洛（Barolo）裡的單寧。白酒能帶出這種起司裡的果香，啤酒和蘋果酒（cider）的天然酸味，也能做很好的搭配。

Excellent Examples
著名範例

Manchego 蒙契格

內部充滿小孔，並帶有硬質綿羊奶起司特有的光澤。用來放置起司使乳清排出的木板，在它的底部留下了痕跡。（見 162-163 頁）

Emmentaler 艾蒙達

原料乳以 54℃（129 °F）加熱過，稱為中溫處理（thermizing），產生了這種起司所特有的果香甜味與彈性質地。（見 242-243 頁）

Grana Padano 葛拉那帕達諾

凝乳切割成米粒般大小，使其質地易碎。在鹽水裡浸泡 21 天後，形成了硬而厚的外皮，帶有如熟鳳梨般的甜味。（見 119 頁）

Cheddar 切達

凝乳以 40℃（104 °F）加熱過，再經過壓磨（mill）與擠壓的程序，因而產生了滑順綿密的質感，以及生洋蔥般的刺激鹹味。（見 180-181 頁）

Mimolette 米摩雷

乾燥堅硬的外皮，常常受到無害的乾酪蟲（cheese mites）的攻擊，使外皮變得像生鏽的金屬砲彈。（見 68 頁）

Blue Cheeses
藍黴起司

黏性或硬脆的外皮•帶有藍黴紋路•具辛辣刺激味

這裡的藍色黴菌，也是青黴(penicillin)家族裡的一員，但和白色的黴菌不同，它們是生長在起司內部。這種細菌，似乎能夠創造出無數種風味絕妙的起司，包括口感密實滑順的史帝頓(Stilton)和帶有甜味、口感奢華辛辣的戈根佐拉(Gorgonzola)。由綿羊奶製成的藍黴起司如洛克福(Roquefort)，保有綿羊奶獨特的焦糖甜香，平衡了後味所帶來的強烈鹹味。大多數的歐洲藍黴起司，包裹在錫箔紙中，以維持外皮的濕潤和黏性，以利於大量黴菌生長；傳統的英國藍黴起司，則帶有乾而粗、橙棕色的外皮，雜有藍和灰色的黴斑。

Stilton
史帝頓

Defining Features 主要特色

藍黴起司的口味和質感變化很大，但它們共同的特色是，
具有一種辛辣的、偏金屬感的氣味，比一般起司的鹹味重，
它們含有的多彩黴菌，發散出強烈的氣味。
外皮潮濕的藍黴起司，內部滋潤，藍黴形成了不規則的條紋和氣孔；
乾燥外皮的藍黴起司，則有密實的質地，內部形成較細長的條紋，
切開來像瓷器般的裂紋。市面上也有藍黴版的軟質白起司，
具有白色的外皮和藍色的黴塊。

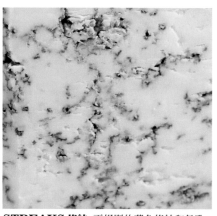

STREAKS 條紋 *不規則的藍色條紋和氣孔，是這種起司的特色。*

FLAVOUR 味道 *有的綿密圓潤，有的較為香甜、帶著草本芳香；而高酸度和濕度的種類，通常呈現粗粒口感，後味帶有濃烈鹹味。*

FAT CONTENT 脂肪含量 *一般來說，每100g為28~34%。*

COLOUR 顏色 *各種藍黴會為起司創造出獨特的外表。*

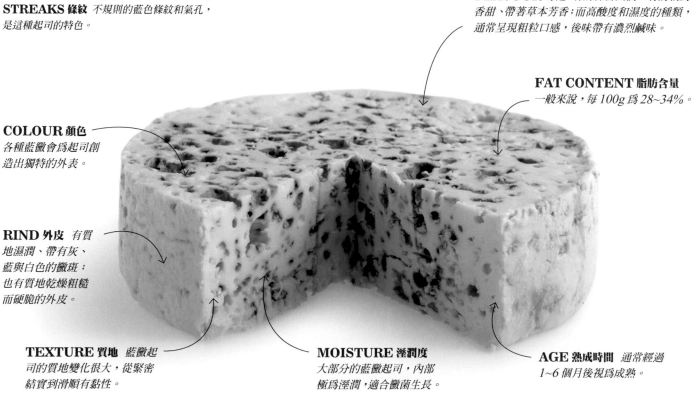

RIND 外皮 *有質地濕潤、帶有灰、藍與白色的黴斑；也有質地乾燥粗糙而硬脆的外皮。*

TEXTURE 質地 *藍黴起司的質地變化很大，從緊密結實到滑順有黏性。*

MOISTURE 溼潤度 *大部分的藍黴起司，內部極為溼潤，適合黴菌生長。*

AGE 熟成時間 *通常經過1~6個月後視為成熟。*

How They're Made
製作過程

從前人們的做法，是將起司放在洞穴、石窖和穀倉內熟成，這是特別適合藍黴的環境，黴菌會從起司外皮的裂縫，進入溫暖的內部，在新鮮凝乳的縫隙中生長。今日，一般的作法是，將粉末狀的藍黴加入原料乳中，然後在剛形成的起司上穿洞，讓空氣進入，使黴菌轉變成藍色。軟質白起司必須以注射的方式，注入黴菌，因為它的質地過於綿密，黴菌無法自然蔓延。

2 藍黴起司是不經過擠壓的。凝乳之間要有足夠的縫隙，使藍黴能夠生長蔓延。

4 數週後，剛做好的起司會用鋼絲穿透，使內部充滿隧道般的細孔。藍黴接觸到了空氣，便會在這些孔洞中蔓延生長。

1 混合了配方菌(starter culture)的青黴屬(Penicillin)黴菌，加入還是溫熱的原料乳中，或是剛形成的凝乳中(如圖所示)。

3 2 或 3 週後，大多數的藍黴起司會將四周的邊緣抹平，封住縫隙，再抹上鹽。

5 要檢查藍黴擴散的程度和質地，起司分級者(grader)便會用一根起司棒(cheese iron)取出一點起司檢視，再放回去。

Excellent Examples
著名範例

Stilton 史帝頓
具有多數英國藍黴起司共有的乾燥外皮。內部綿密細緻的質地，使藍黴呈細條紋狀發展。（見 192-193 頁）

Roquefort 洛克福
這是全球聞名的綿羊奶藍黴起司，因其內部濕潤多空隙，利於洛克福青黴(Penicillium roqueforti)呈細條紋狀擴散，並蔓延到氣泡內。（見 82-83 頁）

Gorgonzola 戈根佐拉
內部充滿藍綠色的粗條紋和黴塊，它的外皮薄而濕，帶有黏性，覆有一層白黴，是傳統歐洲藍黴起司的典型。（見 110-111 頁）

Bavaria Blu 巴伐利亞藍
這是由軟質白起司加工的藍黴起司。氣泡裡的藍黴(而非呈條紋狀)，是藍黴直接被注入質地綿密緊實起司裡的結果。（見 236 頁）

How to Enjoy 享用方式

UNCOOKED 未經加熱烹調 藍黴起司是所有起司盤裡，不可缺少的要角，並且，除了布里風格(brie-style)的藍黴起司外，也能為沙拉增添另一層的風味，尤其是捏碎加在沙拉裡，混合笛豆(flageolet)、核桃和帶胡椒味的芝麻葉(rocket)上，佐以蜂蜜油醋調味汁。核桃麵包尤其適合搭配藍黴起司，一點蜂蜜能夠帶出起司的微妙風味。

COOKED 烹調方式 少量混入義大利麵、濃湯和醬汁裡，能夠做出經典菜餚如：芹菜和史帝頓(Stilton)濃湯、松子與戈根佐拉(Gorgonzola)義大利麵，或是烤牛排佐藍黴起司醬。

WITH DRINKS 飲料搭配 用單一年份的頂級波特酒(vinatge port)或年份波特酒(LBV-late bottled vintage)來搭配，會比甜而不複雜的陳年波特酒(tawny port)或紅寶石波特酒(ruby port)來得好，因為後者容易凌駕多數藍黴起司的味道。如果您不喜歡波特酒，可以試試甜味或不甜的麗絲玲(Riesling)。餐後甜酒索甸(Sauternes)只適合搭配口味最濃烈、刺激、鹹味重，但蘊有一絲甜味的藍黴起司，如洛克福(Roquefort)。

Flavour-added Cheeses
加味起司

外皮多彩具異國風味・硬質或半軟質・鹹味或帶甜味

在全世界的起司櫃台裡，都可以看到成排顏色豐富的加味起司。煙燻起司的歷史悠久，
當人類學會製作硬質起司，並將之貯存於營火旁時就開始了。十六世紀時，
來自東印度群島的熱帶辛香料傳入歐洲，荷蘭的起司製造商就開始將它們運用在
伊丹（Edam）和豪達（Gouda）起司上，產生多種風味。今天大多數的加味起司，
都是將知名的硬質或半軟質起司，混合了水果、辛香料和香草植物而製成。

HEREFORD HOP
外皮沾裹上一層烘烤過的
酥脆啤酒花

Defining Features
主要特色

加味起司可分成四種：天然煙燻起司具有棕色至
焦糖色的外皮，但內部的顏色不受影響。
傳統製法的起司（根據荷蘭傳統作法，
添加的材料會和新鮮凝乳一起熟成），
並強化吸收添加物的香氣和風味。
外皮加味的起司，則是將各種材料如葡萄葉、
烤過的啤酒花或葡萄漿（grape-must）等，
壓在外皮上。然而，多數的加味起司屬於
重組起司，也就是將剛形成的起司打碎，
混入添加物，再重組起來。

一種灰白色的黴菌長在起司表面，
強化了蕁麻（nettles）的顏色。

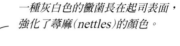

Yarg Cornish Cheese
雅格康瓦耳起司

這大概是英國最知名外皮加味起司的
例子。由重疊的深綠色蕁麻所形成的
外皮，不但優雅，也發散出一股微妙
的風味。（見 200-201 頁）

Wensleydale with Cranberries
文斯利代爾佐蔓越莓

最成功的重組型加味起司，將香甜的乾燥水
果混入年輕、低酸度的起司中。這裡圖示的
是，新鮮的硬質文斯利代爾（Wensleydale）
和蔓越莓重組製成。（見 204 頁，文斯利代爾
Wensleydale）

Taramundi 塔拉蒙地

這種傳統風格的西班牙起司，
帶有半軟質的口感，加入了
當地的碎核桃和榛果。
（見 164 頁）

少數添加了堅果的
起司之一。

經過擠壓後，這款重組起司比
原來的版本更柔軟。

How to Enjoy 享用方式

UNCOOKED 未經加熱烹調 加入起司裡的材料，可依製造商的創意盡情發揮。添加了乾燥水果的加味起司，一般做為甜點，只有加了大蒜、香草植物、細香蔥的起司和煙燻起司，會加入沙拉裡。不尋常的組合，如巧克力、醃漬品、和乾燥水果蛋糕（fruitcake）等，最好是留給有勇氣嘗試新口味的人。

COOKED 烹調方式 傳統製法的半軟質或硬質加味起司，可以按照同種類未加味起司的方法來烹調，為簡單的烤馬鈴薯或義大利麵增添風味—煙燻起司尤其適合。另外的烹調法，可以在後述的個別起司欄內找到。

WITH DRINKS 飲料搭配 添加了洋蔥、細香蔥、大蒜、橡木煙燻和辣椒的鹹味起司，很適合搭配啤酒；帶甜味的甜點起司，則適合搭配蘋果酒（cider）或夏多內白酒（Chardonnay）。紅酒裡的單寧和紅莓味，通常會和大部分的加味起司衝突，只有硬質起司如加了大蒜的切達（Cheddar），和加了胡椒粒的豪達（Gouda）是例外。

Nagelkaas 表示「指甲起司 nail cheese」，源自塞入起司內的丁香（cloves）形狀。

Nagelkaas 指甲起司

這種傳統製法的加味起司，來自荷蘭，根據豪達（Gouda）起司的作法添加了丁香。橘色來自添加的胭脂樹紅染劑 annatto（一種萃取自胭脂樹 Bixa orellana 種籽的天然染劑），恰好和棕色的丁香形成美麗的對比。（見 231 頁）

絕佳的煙燻培根味和堅果般棕色的外皮。

Idiazábal 伊的亞薩瓦爾

標準的天然煙燻起司。傳統上，貯存在西班牙北部牧羊人茅屋裡的橡木屋橡（rafters）上，使剛形成的起司能夠吸收營火的味道。現在，這種起司會放置在特殊的房間裡，冷煙燻數天。（見 157 頁）

How They're Made 製作過程

煙燻起司是放在自然火堆上方所熟成的。傳統的加味起司，則是在半軟質或硬質起司的凝乳裡，混入調味的材料。外皮加味起司則是在起司經過擠壓後，才覆蓋上調味材料。重組起司，則是將剛形成的起司打碎，和不同的加味材料揉合後，再進行重組和擠壓。

Herbs & Garlic 香草植物和大蒜

新鮮的香草植物，置於潮濕的起司內，容易腐敗，因此多使用乾燥品。常用的有鼠尾草（sage）、蕁麻（nettles）、羅勒（basil）、迷迭香（rosemary）和薰衣草（lavender）。大蒜和細香蔥（chives）亦很常見。

Nuts 堅果

堅果並不是常見的材料，但核桃有時會用來加入新鮮起司中，因為它們的酸度高，熟成較快。

Spices 辛香料

小茴香（cumin）、葛縷子（caraway seeds）、黑或紅胡椒粒、匈牙利紅椒粉（paprika）和丁香（cloves）較為普遍，因為它們正好適合搭配硬質起司裡的鹹味。

Dried Fruit 乾燥水果

加入水果是現代才開始的潮流。最受歡迎的是糖漬柑橘、乾燥莓果、蘋果片、無花果和杏桃。

The Perfect Cheeseboard
完美的起司盤

我們沒有一種既定的規則，可以幫你決定使用那一種起司，但這裡提供了一些基本原則，可以協助你創造出令人印象深刻的起司盤。如果起司盤是要和正餐搭配著吃的，記得要在主菜之後、甜點之前上桌。

THE BASICS 基本準則

買 盡量留到最後一刻再採購，
因為放在冰箱裡的起司，風味並不會增加。
商店 在能夠試吃的地方購買。
支持 本地的起司製造商。
尋找 歐洲起司可以選擇獲獎的種類，
或是有標記 AOC、DOC 和 PDO 者。
回溫 至少在上桌前一小時，
就要從冰箱取出，使其回復到室溫。

THE BOARD 盛裝盤

一塊優雅的**木板**、一片**漂流木**、
或一隻**鋪上亞麻布的藤籃**，都可以營造
新鮮而自然的設計。
石板很漂亮：**大理石**和**花崗石**很美麗，
但是太重了。
裝飾用一些野花、香草植物或
當季葉來裝飾起司盤。
或者，將小塊起司放在不同的盤子上。

ACCOMPANIMENTS 關於配菜
**碳烤蔬菜、乾燥水果、蘋果、和醃漬核桃
(pickled walnuts)**，幾乎能和所有種類的
起司相得益彰。
芹菜和葡萄，能夠搭配藍黴和口味強烈的
硬質起司。
外皮酥脆的麵包或**果香味麵包(fruity bread)**，
比餅乾更能讓你感受到起司在嘴裡的口感。

**FLAVOUR-ADDED
加味起司**
*Yarg Cornish Cheese
p200-201*

QUINCE 榲桲糕

**SEMI-SOFT
半軟質起司**
Taleggio p138-139

**AGED FRESH
熟成過的新鮮起司**
*Saint-Maure de
Touraine p92-93*

**DRIED FIGS
乾燥無花果**

THE CHEESE 關於起司

整塊：一大塊的上等起司，比分成 3~4 小塊來得好，因爲小塊起司容易變乾。

色彩和形狀：應該從如何安排不同起司之間的組合，來考量加強色彩和形狀所創造的效果，而不是著重在裝飾上。

分量：每人每種起司的所需分量，可估算爲 55 公克（2 盎司）。

多樣化：爲了提供多樣化的選擇，應選用不同質感的起司。使用 10-23 頁的分類資訊，來協助你了解質感的變化。

變換口味：爲了變換口味，至少提供一種山羊奶起司，而不要全部都是牛乳起司。

預切：將其中的 1 或 2 種起司，預先切下一片，使客人能夠觀察其熟成度。你可以先切下藍黴和硬質起司的外皮，以避免客人切錯方向。

THE WINE 關於搭配的葡萄酒

關於葡萄酒和起司的搭配，已經有無數的報章專欄討論過，哪些是天作之合，哪些是絕對不能碰在一起的怨偶。事實上，這中間並沒有絕對的對錯。有些組合就是會讓你全身的感官風靡陶醉；有些就是沒有任何效果。

Fresh, Aged Fresh and Soft White
新鮮起司、熟成過的新鮮起司和軟質白起司
較適合搭配不甜、清洌、帶果香的葡萄酒或蘋果酒（cider），因其風味溫和，不會喧賓奪主。

Semi-Soft 半軟質起司
特別是外皮經過洗浸的種類，需要一支個性鮮明而香氣濃郁的白酒，或是白蘭地（eau de vie）來襯托它們的甜度。

Hard 硬質起司
和紅酒是最佳拍檔。起司越硬、顏色越深，就要搭越口味越濃郁、顏色越深的紅酒。

Blue 藍黴起司
和香甜的甜點酒（pudding wine）或香氣足的白酒搭配，妙得其趣。酒裡的甜味，能夠中和起司的濃鹹口感。

Flavour-Added 加味起司
視添加的材料而定，可以和不同種類的葡萄酒作嫁。

HARD 硬質起司
Berkswell p173

SOFT WHITE 軟質白起司
Camembert de Normandie p44

BLUE 藍黴起司
Valdeón p166

FRESH 新鮮起司
Innes Button p184

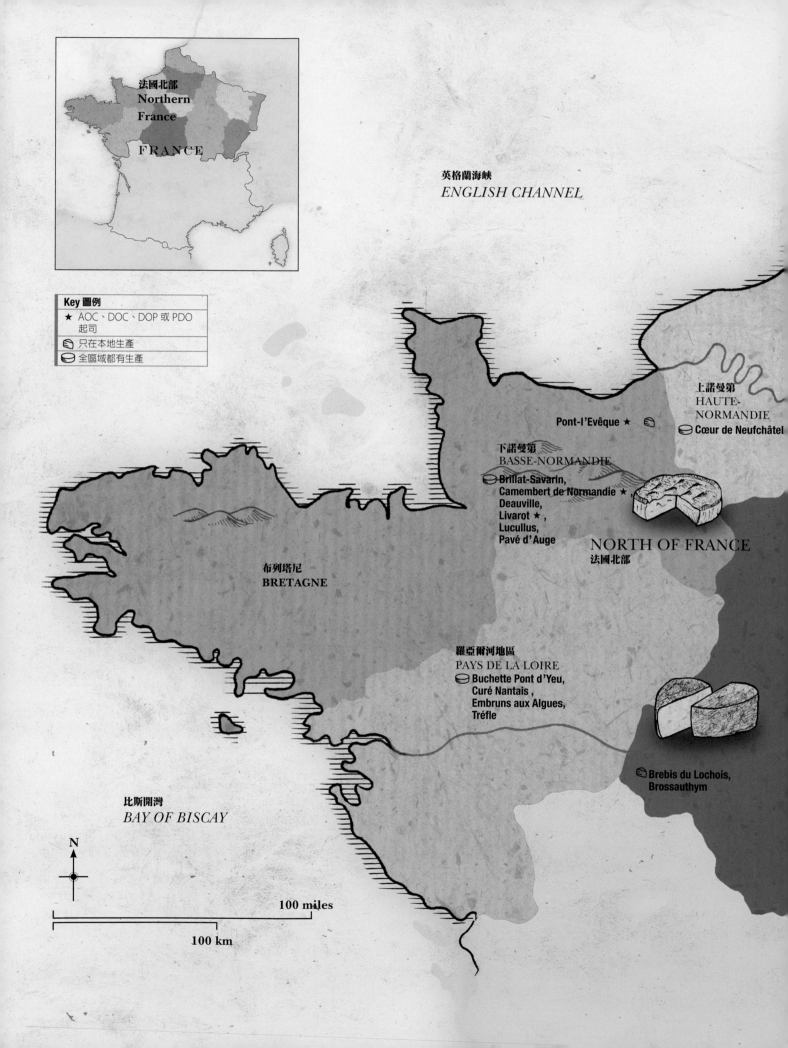

法國北部
Northern
France

FRANCE

英格蘭海峽
ENGLISH CHANNEL

Key 圖例
★ AOC、DOC、DOP 或 PDO
起司
只在本地生產
全區域都有生產

上諾曼第
HAUTE-
NORMANDIE
Cœur de Neufchâtel

Pont-l'Evêque ★

下諾曼第
BASSE-NORMANDIE
Brillat-Savarin,
Camembert de Normandie ★
Deauville,
Livarot ★,
Lucullus,
Pavé d'Auge

NORTH OF FRANCE
法國北部

布列塔尼
BRETAGNE

羅亞爾河地區
PAYS DE LA LOIRE
Buchette Pont d'Yeu,
Curé Nantais,
Embruns aux Algues,
Tréfle

Brebis du Lochois,
Brossauthym

比斯開灣
BAY OF BISCAY

N

100 miles

100 km

FRANCE 法國

世界起司的歷史，和法國歷史息息相關，它受到歷史人物的影響，和宗教的角色有直接的關係，並參予了科學的進化。在德國佔領期間，邱吉爾曾說：「能夠創造出 360 種起司的國家不會亡。」更加肯定了起司對法國人的重要性。

法國境內起司種類的繁多，一直到近日，才有足以匹敵者，更說明了這個國家旺盛的創造力。在前總統尼可拉‧薩科奇 Nicolas Sarkozy 提出要對法國美食文化，申請聯合國教科文人類文化遺產（the UNESCO heritage of humanity）之後，首席起司製造商 Androuët 也在 2008 年 6 月，於法國參議院大聲疾呼提倡維護起司的文化價值。

Sablé de Wissant
Crémet du Cap Blanc-Nez
Abbaye du Mont des Cats ★
Boulette d'Avesnes
Crayeux de Roncq

NORD-PAS-DE-CALAIS 北加萊海峽
Abbaye de Troisvaux,
Bergues,
Boulette de Cambrai,
Boulette de Papleux,
Ch'ti Roux,
Dauphin,
Forme d'Antoine,
Fort de Béthune,
Fruité du Boulonnais,
Maroilles ★,
Mimolette,
Pavé du Nord,
Vieux-Boulogne,
Vieux-Lille

PICARDIE 皮卡第
Baguette Laonnaise,
Rollot

Coulommiers,
Gratte-Paille,
Pierre-Robert

巴黎大區
ÎLE-DE-FRANCE
Saint-Jacques
Brie de Meaux ★,
Brie de Melun ★,
Brie de Nangis,
Fougerus,
Lucullus

香檳
CHAMPAGNE-ARDENNE
Carré de l'Est,
Epoisses de Bourgogne ★

洛林
LORRAINE
Carré de l'Est,
Munster ★

阿爾薩斯
ALSACE
Munster ★
Tomme de Bargkas

Chaource ★

Saint-Florentin

Langres ★

央
ENTRE
Berrichon,
Cœur de Touraine,
Crottin de Chavignol ★,
Feuille de Dreux,
Olivet,
Pavé Blésois,
Pithiviers,
Pouligny-Saint-Pierre ★,
Sainte-Maure de Touraine ★,
Selles-sur-Cher ★,
Valençay ★

Cendré de Vergy,
Soumaintrain
Abbaye de la Pierre-qui-Vire

勃根地
BOURGOGNE
Bouton-de-Culotte,
Brillat-Savarin,
Charolais,
Dôme de Vézelay,
Epoisses de Bourgogne ★,
Mâconnais ★,
Morvan,
Racotin

Cendré de Vergy,
Palet de Bourgogne

Abbaye de Cîteaux

Ami du Chambertin,
Plaisir au Chablis,
Soumaintrain

FRANCHE-COMTÉ 弗朗什‧孔提
Bleu de Gex Haut-Jura ★,
Comté ★,
Mont d'Or ★,
Morbier ★

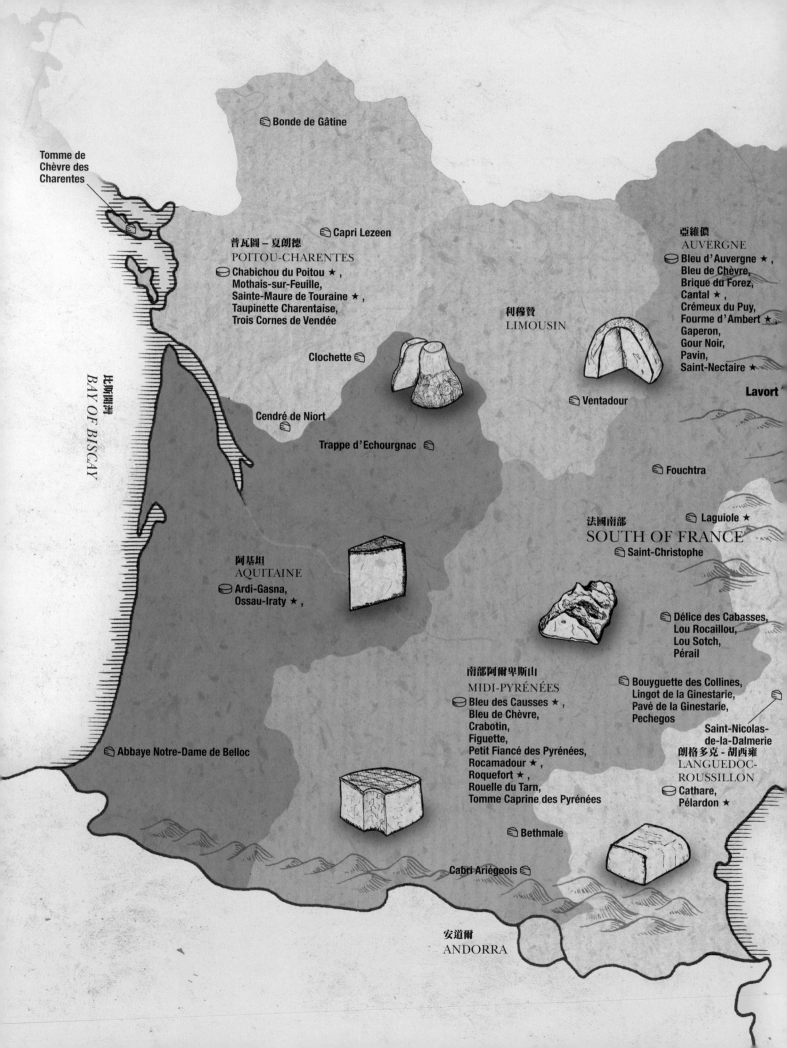

🧀 Bonde de Gâtine

Tomme de
Chèvre des
Charentes

🧀 Capri Lezeen

普瓦圖－夏朗德
POITOU-CHARENTES
🧀 Chabichou du Poitou ★ ,
Mothais-sur-Feuille,
Sainte-Maure de Touraine ★ ,
Taupinette Charentaise,
Trois Cornes de Vendée

亞維儂
AUVERGNE
🧀 Bleu d'Auvergne ★ ,
Bleu de Chèvre,
Brique du Forez,
Cantal ★ ,
Crémeux du Puy,
Fourme d'Ambert ★ ,
Gaperon,
Gour Noir,
Pavin,
Saint-Nectaire ★

利穆贊
LIMOUSIN

Clochette 🧀

比斯開灣
BAY OF BISCAY

Cendré de Niort 🧀

Trappe d'Echourgnac 🧀

🧀 Ventadour

Lavort

🧀 Fouchtra

🧀 Laguiole ★

法國南部
SOUTH OF FRANCE

🧀 Saint-Christophe

阿基坦
AQUITAINE
🧀 Ardi-Gasna,
Ossau-Iraty ★ ,

🧀 Délice des Cabasses,
Lou Rocaillou,
Lou Sotch,
Pérail

🧀 Bouyguette des Collines,
Lingot de la Ginestarie,
Pavé de la Ginestarie,
Pechegos

南部阿爾卑斯山
MIDI-PYRÉNÉES
🧀 Bleu des Causses ★ ,
Bleu de Chèvre,
Crabotin,
Figuette,
Petit Fiancé des Pyrénées,
Rocamadour ★ ,
Roquefort ★ ,
Rouelle du Tarn,
Tomme Caprine des Pyrénées

Saint-Nicolas-
de-la-Dalmerie
朗格多克－胡西雍
LANGUEDOC-
ROUSSILLON

🧀 Cathare,
Pélardon ★

🧀 Abbaye Notre-Dame de Belloc

🧀 Bethmale

Cabri Ariégeois 🧀

安道爾
ANDORRA

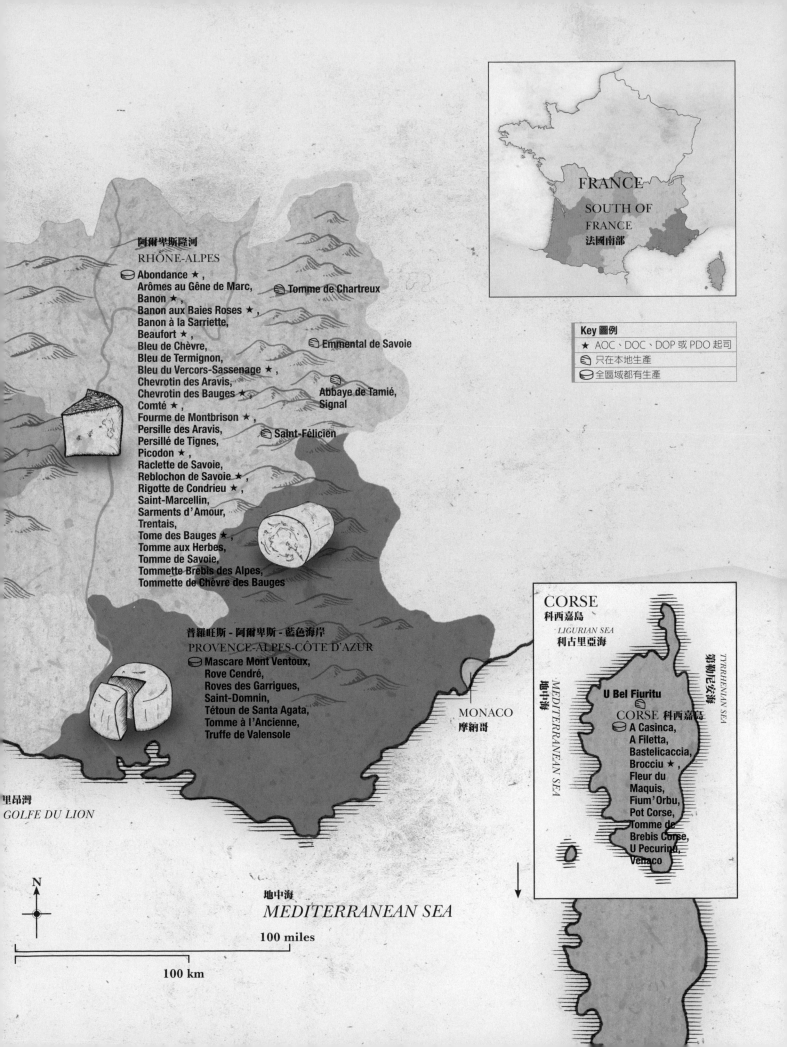

FRANCE

SOUTH OF
FRANCE
法國南部

Key 圖例
★ AOC、DOC、DOP 或 PDO 起司
🧀 只在本地生產
🧀 全區域都有生產

阿爾卑斯隆河
RHÔNE-ALPES
🧀 Abondance ★ ,
Arômes au Gêne de Marc,
Banon ★ ,
Banon aux Baies Roses ★ ,
Banon à la Sarriette,
Beaufort ★ ,
Bleu de Chèvre,
Bleu de Termignon,
Bleu du Vercors-Sassenage ★ ,
Chevrotin des Aravis,
Chevrotin des Bauges ★ ,
Comté ★ ,
Fourme de Montbrison ★ ,
Persille des Aravis,
Persillé de Tignes,
Picodon ★ ,
Raclette de Savoie,
Reblochon de Savoie ★ ,
Rigotte de Condrieu ★ ,
Saint-Marcellin,
Sarments d'Amour,
Trentais,
Tome des Bauges ★ ,
Tomme aux Herbes,
Tomme de Savoie,
Tommette Brebis des Alpes,
Tommette de Chèvre des Bauges

🧀 Tomme de Chartreux

🧀 Emmental de Savoie

🧀 Abbaye de Tamié,
Signal

🧀 Saint-Félicien

普羅旺斯 - 阿爾卑斯 - 藍色海岸
PROVENCE-ALPES-CÔTE D'AZUR
🧀 Mascare Mont Ventoux,
Rove Cendré,
Roves des Garrigues,
Saint-Domnin,
Tétoun de Santa Agata,
Tomme à l'Ancienne,
Truffe de Valensole

CORSE
科西嘉島
LIGURIAN SEA
利古里亞海

U Bel Fiuritu

CORSE 科西嘉島
🧀 A Casinca,
A Filetta,
Bastelicaccia,
Brocciu ★ ,
Fleur du
Maquis,
Fium'Orbu,
Pot Corse,
Tomme de
Brebis Corse,
U Pecurina,
Venaco

TYRRHENIAN SEA
第勒尼安海

地中海
MEDITERRANEAN SEA

MONACO
摩納哥

里昂灣
GOLFE DU LION

N

地中海
MEDITERRANEAN SEA

100 miles

100 km

Abbaye de Cîteaux

St Nicolas de Cîteaux 修道院創立於 900 年前，但直到 1925 年，隱修會（Trappist）的修士，才開始製作這種美味而稀有的起司。因爲每年只取 70 頭蒙貝利亞爾（Montbéliarde）品種乳牛的牛奶，製作成 60 噸的起司，在外地很難見到。

TASTING NOTES 品嚐筆記
它的外皮呈灰黃色，口味香甜滑順而綿密，值得您特地尋訪。和其它隱修會風格洗浸外皮起司相比，它的味道算是頗爲溫和。

HOW TO ENJOY 享用方式
和果香濃而清淡的紅酒搭配，能彰顯其美味，如薄酒萊（Beaujolais）或勃根地（Bourgogne）。

法國 Dijon, Bourgogne	
熟成期 2 個月	
重量和形狀 750g（1lb 10oz），圓形	
尺寸 D. 18cm（7in），H. 4cm（1½in）	
原料奶 牛奶	
種類 半軟質	
製造商 Abbey of St Nicolas de Cîteaux	

Abbaye du Mont des Cats

Mont des Cats，是一種半軟質的洗浸起司，自 1890 年起，由法國北部 Saint-Marie-du Mont 修道院的修士開始生產，原料乳來自鄰近農場所生產的牛乳。

TASTING NOTES 品嚐筆記
皮革般的橙色薄皮，包覆著淡黃色、豐潤而有彈性的內部起司。入口即化，散發出微妙卻明顯的奶香，以及鄉野的乾草糧香氣。

HOW TO ENJOY 享用方式
搭配啤酒，或是清淡富果香的葡萄酒最爲美妙，如羅亞爾河地區（Loire）的紅酒，或是不甜的卡棣（cadet）白酒。

法國 Godewaersvelde, Nord-Pas-de-Calais	
熟成期 2 個月	
重量和形狀 2kg（4lb 6oz），圓形	
尺寸 D. 25cm（10in），H. 3.5cm（1½in）	
原料奶 牛奶	
種類 半軟質	
製造商 Abbaye de Mont des Cats	

Abbaye Notre-Dame de Belloc

是一種濃郁的農舍起司（fermier），由當地一種紅鼻子綿羊的羊奶所製成，它也是少數僅存，由修道院裡的修士遵照傳統方法，所製成的隱修會風格（Trappist）起司之一。

TASTING NOTES 品嚐筆記
它的熟成期長，因此質感濃郁，帶有明顯的焦糖般果香。在其硬脆的灰棕色外皮下，起司感覺結實而豐潤，比大多數巴斯克省（Basque）所生產的綿羊奶起司柔軟，味道出乎意料的溫和。

HOW TO ENJOY 享用方式
避免口味強烈濃郁的紅酒，以免掩蓋了起司的風味。最好搭配香甜的白酒，如維克必勒帕歇漢克（Pacherenc du Vic-Bilh）。

法國 Urt, Aquitaine	
熟成期 6 個月左右最佳	
重量和形狀 5.5kg（12lb），圓形	
尺寸 D. 25cm（10in），H. 8.5cm（3½in）	
原料奶 綿羊	
種類 硬質	
製造商 Abbaye de Belloc	

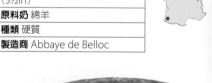

Abbaye de la Pierre-qui-Vire

位於約納(Yonne)地區的聖本鐸(Bene-dictine)修道院，是在 1850 年由一位叫做東穆亞(Dom Muard)的牧師所創建，自1920 年起，它也開始以自製的美味半軟質洗浸起司聞名。這種起司和 Epoisses 起司類似，原料來自修士們飼養的 40 頭乳牛。

TASTING NOTES 品嚐筆記
外皮呈磚紅色，內部的起司柔軟滑順而滋潤，帶有獨特的鄉野風味和濃厚香氣。

HOW TO ENJOY 享用方式
放在起司盤上，或是混入馬鈴薯泥中爐烤(grill)。可和任何一種豐沛飽滿的勃根地(Burgundy)紅酒搭配，如博納(Beaune)。

法國 Bourgogne, Saint-léger-Vauban	
熟成期 6-10 週	
重量和形狀 200g(7oz)，圓形	
尺寸 D. 10cm(4in)，H. 2.5cm(1in)	
原料奶 牛奶	
種類 半軟質	
製造商 Abbaye de la Pierre-qui-Vivre	

Abbaye de Tamié

在位處薩瓦(Savoie)山脈裡的 Abbaye of Tamié 修道院裡，修士們所製作的起司，類似於知名的 Reblochon，但味道較為溫和。做好的起司，會用藍色的紙張包裹起來，上面並印有白色十字架(cross of Malta)圖案。

TASTING NOTES 品嚐筆記
這是一種半軟質的洗浸起司，擁有皮革般的橙色薄皮，質地柔嫩有彈性，口味溫和，帶香甜的奶味。

HOW TO ENJOY 享用方式
這款帶有優雅微妙風味的起司，可以光榮地站在起司盤上，應搭配薩瓦(Savoie)地區，清淡富果香的紅酒、白酒，或粉紅酒，如阿普勒蒙(Apremont)或蒙得斯(Mondeuse)。

法國 Savoie, Rhône-Alpes	
熟成期 1-2 個月	
重量和形狀 750g(1lb 10oz)，圓形	
尺寸 D. 18cm(7in)，H. 4.5cm(2in)	
原料奶 牛奶	
種類 半軟質	
製造商 Abbaye de Tamié	

Abondance AOC

自 1990 年起就受到 AOC 制度的保護，這款起司，只能採用 3 種當地的乳牛品種，由多家製造商所生產。這些乳牛品種以其優質的鮮乳聞名，包括蒙貝利亞爾(Montbéliardes)、塔玲(Tarines)和阿蒙多斯(Abondance)品種。為了維持鮮乳品質和風味，這些乳牛不以過季或發酵的乾草料(silage or fodder)餵養。

TASTING NOTES 品嚐筆記
氣味濃烈，帶有一股立即、微妙的風味，依產季和製造商的不同，而有清淡至飽滿的滋味變化。

HOW TO ENJOY 享用方式
這款滑順豐潤的起司，可以搭配當地的白酒，最好是不甜(dry)的，或是薄酒萊(Beaujolais)。

法國 Rhône-Alpes	
熟成期 2-3 個月最佳	
重量和形狀 5kg-15kg(11-33lb)，車輪形	
尺寸 D. 40-46cm(14-18in)，H. 7.5-10cm(3-4in)	
原料奶 牛奶	
種類 硬質	
製造商 多家	

A Casinca

健壯、幾乎算是野生的科西嘉山羊,在廣大的山野之間自由徜徉,牠們的羊乳也因此融合了各種自然的芳香。用人工塑型的 A Casinca,就是這種羊乳所生產出品質最佳的洗浸起司之一。

TASTING NOTES 品嚐筆記
雖然味道強烈,氣味濃郁,但並不表示這款起司不夠優雅。逐漸熟成後,當地溫和的氣候提升了它的風味,產生一種獨特的堅果味。

HOW TO ENJOY 享用方式
若要製造異國風情,可搭配如康度優(Condrieux)的白酒,是使用生長在氣候溫暖地區的葡萄所釀造的。

法國 Corse	
熟成期 1½ − 4 個月	
重量和形狀 400g(14oz),圓形	
尺寸 D. 15cm(6in),H. 3cm (1in)	
原料奶 山羊奶	
種類 半軟質	
製造商 多家	

A Filetta

它的名稱即道盡了這種自牧起司(artisanal cheese)的根源:a filetta 是科西嘉(Corsican)語,也就是蕨類的意思。彷彿是提醒大家這種起司的起源,這種半軟質起司,常常會在表面放一片蕨葉作為裝飾。

TASTING NOTES 品嚐筆記
這是一款十分獨特的起司,加上了蕨葉和地窖的氣息,有些人可能覺得口味太重,但絕對值得嘗試。這些綿羊在半野生的地域裡覓食,因此生產出來的成品,比多數起司多了一股個性和大自然的風味。

HOW TO ENJOY 享用方式
搭配無花果醬,可完美地平衡它獨特而濃烈的味道,再加上一支科西嘉(Corsican)的紅酒或白酒。

法國 Corse	
熟成期 約6週	
重量和形狀 350g(12oz),圓形	
尺寸 D. 10cm(4in),H. 3cm (1in)	
原料奶 綿羊奶	
種類 半軟質	
製造商 多家	

Ami du Chambertin

雷蒙戈哥瑞(Raymond Gaugry)在 1950 年,特別創造出了這款起司,以搭配鄰近生產的著名葡萄酒,哲維瑞香貝丹(Gevrey Cham-bertin)。雖然它是在現代化的工廠進行凝乳分離,但大半的製作程序都是使用人工。

TASTING NOTES 品嚐筆記
外皮以當地的渣釀白蘭地(Marc de Bur-gogne)洗浸過,因此形成橙色和強烈的味道。內芯起司是無比滑順的美味。

HOW TO ENJOY 享用方式
品嚐 Ami du Chambertin 的最佳方式,就是搭配一杯哲維瑞香貝丹(Gevrey Chambertin)或夏珊蒙哈榭(Chassagne Montrachet)—這兩支酒都很芳香美味,餘味很長。

法國 Brochon, Burgogne	
熟成期 2 個月	
重量和形狀 250g(9oz),圓形	
尺寸 D. 8.5cm(3½in),H. 4.5cm (2in)	
原料奶 牛奶	
種類 半軟質	
製造商 Gaugy dairy	

Ardi-Gasna

Ardi-Gasna 在當地的巴斯克語，是「綿羊的起司」之意。由此可知這款硬質起司，來自放牧於庇里牛斯山（Pyrénées）高山草原的綿羊。終年都有生產，但最好的起司來自享用春夏豐美青草的綿羊奶。

TASTING NOTES 品嚐筆記
口味會隨著熟成的程度變得濃烈，但是即使是剛熟成的起司，也帶有一種微妙的堅果味和愉悅的香氣。

HOW TO ENJOY 享用方式
富果香的紅酒，適合搭配剛熟成的起司。經過長時間的熟成而轉為濃烈的起司，可以搭配酒體飽滿的紅酒。也適合搭配果醬、蜂蜜或核桃食用。

Arômes au Gêne de Marc

這種農舍（fermier）起司，是使用一種古老的方式來保存與熟成起司。起司一旦熟成，就會放入木桶裡和 marc 混合— marc 是指葡萄壓榨後所剩餘的潮濕果皮、籽和果梗—它們會逐漸地滲透進起司內。

TASTING NOTES 品嚐筆記
風味強烈，帶苦甜味，含有酵母味。隨著熟成程度的增加，質地會由柔軟滑順轉變為堅硬。

HOW TO ENJOY 享用方式
最理想的搭配就是，一支清爽的鄉村薄酒萊（Beaujolais-village），或香甜的甜點酒如威尼斯伯恩蜜思卡（Muscat de Beaumes de Venise）。

Baguette Laonnaise

一種特別的起司，有單獨在凝乳分離工廠製作的，也有大量工業生產的，通常為磚塊形，但也有作成拐杖麵包形狀的。正因為此種特色，以及其生產地為拉昂（Laon）市，故以此為名。

TASTING NOTES 品嚐筆記
它有紅色濕潤的洗浸外皮，味道非常特別，類似 Maroilles 起司。

HOW TO ENJOY 享用方式
您可以用任何一種酒體飽滿而有特色的紅酒，來搭配這種半軟質起司，甚至一杯啤酒也很適合。

法國 Aquitaine	
熟成期 2-24 個月，5 個月時最佳。	
重量和形狀 5kg(10lb)，圓形	
尺寸 D. 32.5cm(13in)，H. 7.5cm(3in)	
原料奶 綿羊奶	
種類 硬質	
製造商 多家	

法國 Rhône-Alpes	
熟成期 1 個月	
重量和形狀 80-120g(3-4oz)，小碟形	
尺寸 D. 6-7cm(2½-3in)，H. 2-3cm(¾-1in)	
原料奶 牛奶	
種類 熟成過的新鮮起司	
製造商 多家	

法國 Picardie	
熟成期 2-3 個月	
重量和形狀 450g(1lb)，磚形	
尺寸 15cm(6in)，H. 4.5cm(2in)	
原料奶 牛奶	
種類 半軟質	
製造商 多家	

Banon AOC

普羅旺斯約爾（Lure in Provence）山區的特產，這種起司是裹在一層層的栗樹葉裡，並用棕櫚（raffia）綁縛起來販賣，帶有濃厚的鄉村氣息。自 2003 年起就受到 AOC 制度的保護。

TASTING NOTES 品嚐筆記
剛熟成時，味道溫和帶乳酸味（lactic），隨著時間增加轉為堅果味。等到葉片變乾，黴菌開始生長，內部起司就會變軟，堅果味更濃，並帶有明顯的山羊味。

HOW TO ENJOY 享用方式
和好友共享的絕妙起司。搭配任何一種果香濃而有活力的普羅旺斯（Provençal）紅酒、白酒或粉紅酒（rosé）。

法國 Rhône-Alpes	
熟成期 2 週 -2 個月	
重量和形狀 90-120g（3-4oz），圓形	
尺寸 D. 6-7cm（2½-3in），H. 2.5-3cm（1in）	
原料奶 山羊奶	
種類 熟成過的新鮮起司	
製造商 多家	

Banon aux Baies Roses

普羅旺斯製作山羊奶起司的歷史悠久，甚至可追溯到羅馬時期，有人甚至說，羅馬帝國的第一個皇帝，安東尼皮斯（Antoninus Pius）曾經品嚐過 Banon 起司。這款新鮮起司，是以粉紅色的胡椒粒，也就是乾燥的 Baies rose 莓果，作為裝飾。

TASTING NOTES 品嚐筆記
起司本身的味道溫和帶堅果味，和粉紅胡椒粒香甜獨特的八角（anise）味，形成對比。

HOW TO ENJOY 享用方式
放在起司盤上是美麗的點綴，更可搭上一杯新鮮的粉紅酒（rosé）陪襯。

法國 Rhône-Alpes	
熟成期 2-8 週	
重量和形狀 90-120g（3-4oz），圓形	
尺寸 D. 6-7cm（2½-3in），H. 2.5-3cm（1in）	
原料奶 山羊奶	
種類 新鮮	
製造商 多家	

Banon à la Sarriette

普羅旺斯的氣候，為數種世界上最美好芬芳的花草，如薰衣草、百里香等，提供了絕佳的生長環境，而在此種環境覓食吃草的山羊，體內的羊乳也浸淫了此種芳香。在這款 Banon 起司裡，香草植物的風味，又為成品增加了另一層深度。

TASTING NOTES 品嚐筆記
這些香草帶有強烈的刺激風味，為質地滑順，略帶堅果味的起司，增加另一層味覺深度。

HOW TO ENJOY 享用方式
搭配一支氣味芳香的葡萄酒食用，如格烏茲塔明那（Gewürztraminer）。

法國 Rhône-Alpes	
熟成期 2-8 週	
重量和形狀 90-120g（3-4oz），圓形	
尺寸 D. 6-7cm（2½-3in），H. 2.5-3cm（1in）	
原料奶 山羊奶	
種類 新鮮	
製造商 多家	

FRANCE

34

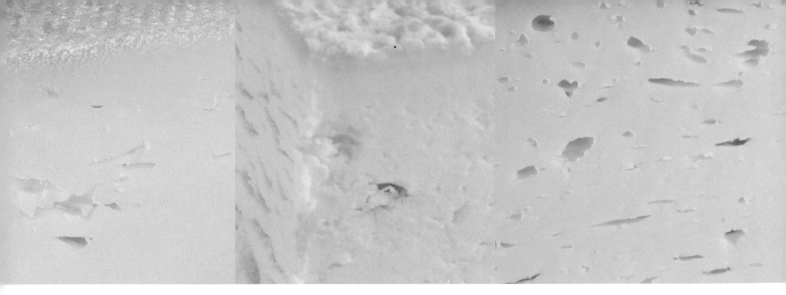

Bergues

這種農舍(fermier)起司是以其發源的小鎮命名，今日，在佛洛的達格斯(Bergues in Flandres)（距比利時邊界 12 公里，即 7.5 英哩處），仍然繼續生產著。它在法國北部各處都很受歡迎。

TASTING NOTES 品嚐筆記
在熟成過程中，這種半軟質起司持續地用鹽水和啤酒來洗浸，因此在豐潤有彈性的質地外，又增添了一種獨特而濃烈的風味。

HOW TO ENJOY 享用方式
可以磨碎(grated)使用，也可和蔬菜、濃湯和義大利麵搭配爐烤(grill)或烘烤(bake)。最適合和冰啤酒一起享用。

法國 Nord-Pas-De-Calais	
熟成期 2 個月以上	
重量和形狀 2kg(4lb 6oz)，圓形	
尺寸 D. 20cm(8in)，H. 4.5cm (2in)	
原料奶 牛奶	
種類 半軟質	
製造商 多家	

Berrichon

自十六世紀起，松塞爾(Sanceree)地區便開始成功地培育出山羊，因而造就了多種優質山羊奶起司，如 Berrichon（另名為Sancerrois），它是另一種起司 Crottin de Chavignol 的近親。

TASTING NOTES 品嚐筆記
隨著熟成度的增加，外皮會產生皺摺，並發展出灰藍色的黴斑，內部的質地也從有彈性呈細粒狀，轉為堅實緊密，味道也變得刺激，略帶山羊味。

HOW TO ENJOY 享用方式
和當地所生產的不甜(dry)白酒一起搭配，會產生絕佳的風味。

法國 Centre	
熟成期 3-5 週	
重量和形狀 300g(3½oz)，圓形	
尺寸 D. 6cm(2½in)，H. 6cm (2½in)	
原料奶 山羊奶	
種類 熟成過的新鮮起司	
製造商 多家	

Bethmale

產於庇里牛斯山區(Pyrénées)，這是該地最知名的牛奶起司之一，並以生產的村莊為名。上面還有皇家核定的戳章，因為相傳它曾在十二世紀時，受到路易六世的喜愛。

TASTING NOTES 品嚐筆記
它的味道會因製造方式的不同，而有變化。工業化製造的種類，味道較為溫和。農舍起司(fermier)則具有較突出的風味。

HOW TO ENJOY 享用方式
適於搭配所有富果香而飽滿的非圖(Fitou)、科比埃(Corbières)、胡西雍(Roussillon)和馬第宏(Madiran)。

法國 Foix, Midi Pyrénées	
熟成期 3-4 個月	
重量和形狀 5kg-7kg(11lb-15lb)，圓形	
尺寸 D. 30-40cm(12-16in)，H. 4.5-7.5cm(2-3in)	
原料奶 牛奶	
種類 硬質	
製造商 多家	

Bleu d'Auvergne AOC

它的名稱來自其生產省份,自 1975 年起就受到 AOC 制度的保護。它和 Roquefort 很類似,只不過原料用的是牛奶,而非綿羊奶。

TASTING NOTES 品嚐筆記
這種藍黴起司有強烈迷人的味道,以夏秋豐美的青草為食物,因而產出的牛乳所製成的為最上等。

HOW TO ENJOY 享用方式
可以製成沙拉調味汁,或加入剛煮好的義大利麵中,都很美味。也可搭配菊苣(chicory)、堅果和生蘑菇,並佐以一支飽滿的紅酒或香甜的白酒。

法國 Auvergne	
熟成期 2-3 個月	
重量和形狀 2.5kg(5½lb),圓鼓形	
尺寸 D. 20cm(8in),H. 10cm (4in)	
原料奶 牛奶	
種類 藍黴	
製造商 多家	

Bleu des Causses AOC

和 Roquefort 一樣,這種起司是利用高斯山脈(the Causses)石灰岩高原內的天然洞穴(稱為 fleurines),做為熟成起司的場所。它是以牛乳製成的,比大部分的藍黴起司熟成更久。自1979年起便受到 AOC 的保護。

TASTING NOTES 品嚐筆記
會隨著產季不同而產生口味的變化。夏季的淡黃色起司,會比口味強烈的冬季白色起司來得溫和。

HOW TO ENJOY 享用方式
非常適合放在沙拉裡,或作成起司盤。適合搭配所有味道平衡、芳香而富活力的紅酒,如科爾納斯(Cornas)、利哈克(Lirac)和朱朗松(Jurançon)。

法國 Midi-Pyrénées	
熟成期 3-6 個月	
重量和形狀 2.3kg-2.6kg(5lb 3oz- 5lb 13oz),圓鼓形	
尺寸 D. 18-20cm(7-8in), H. 7.5-10cm(3-4in)	
原料奶 牛奶	
種類 藍黴	
製造商 多家	

Bleu de Chèvre

這是稀有的山羊奶藍黴起司,大部分在法國生產的藍黴起司,都是由牛奶製成,少部分如 Roquefort 是由綿羊奶製成。此款起司只有幾家小型農場生產,且多位於山區,因此不易為外人所知。

TASTING NOTES 品嚐筆記
質地密實,佈滿不規則的藍黴。入口即化,帶有山羊奶所特有的微妙而強烈的青草香,比牛奶和綿羊奶製的藍黴起司溫和。

HOW TO ENJOY 享用方式
搭配新鮮的無花果和一杯香甜的威尼斯伯恩蜜思卡(Muscat de Beaue de Venise)享用。

法國 Auvergne, Rhône Alpes, Midi-Pyrénées	
熟成期 2 個月	
重量和形狀 3.6kg(8lb),圓形	
尺寸 D. 19cm(7½in),H. 10cm (4in)	
原料奶 山羊奶	
種類 藍黴	
製造商 多家	

Bleu de Gex Haut-Jura AOC

這種藍黴起司，在 1977 年即晉升至 AOC 等級，它的質地十分緊密，近乎堅硬，是由小型而傳統的奶酪場(dairies)生產的，提供原料的乳牛，漫遊在吉哈(Jura)山區的青草地上啃食。

TASTING NOTES 品嚐筆記
佈滿山區花草之間的微生物和黴菌，藉由牛乳傳遞到起司內，因此質地柔軟的起司充滿了藍色的黴斑，並帶有微苦鹹的口味。將表面白粉狀的黴層擦拭後，再食用。

HOW TO ENJOY 享用方式
向當地人學習：搭配水煮馬鈴薯和本地果香味濃的紅酒，如薄酒萊(Beaujolais)或勃根地(Burgundy)。

法國 Franche-Comté	
熟成期 約 2-3 個月	
重量和形狀 5-6kg(11lb-13lb 3oz)，車輪形	
尺寸 D. 30cm(12in)，H. 7.5-10cm (3-4in)	
原料奶 牛奶	
種類 藍黴	
製造商 多家	

Bleu de Termignon

這種起司的製造規定很嚴格，只有 4 家生產商能夠在夏季生產，提供原料的乳牛，必須放牧於法國阿爾卑斯山脈 1300 公尺(4265 英呎)以上的草原。起司內部不規則的藍黴，並非經由人工穿刺後產生，而是天然的黴菌透過外皮的縫隙滲入自然形成。

TASTING NOTES 品嚐筆記
在棕黃色粗糙硬脆的外皮下，內部的起司質地緊密而易碎，味道強烈，近乎辛辣刺激，帶有土質味而又細緻。

HOW TO ENJOY 享用方式
搭配這款美味起司，需要一杯貝哲宏(Bergeron)或其他圓潤的葡萄酒如托凱(Tokay)。

法國 Rhône-Alpes	
熟成期 4-5 個月	
重量和形狀 7kg(15½lb)，圓鼓形	
尺寸 D. 29cm(11.8in)，H. 15cm (6in)	
原料奶 牛奶	
種類 藍黴	
製造商 多家	

Bleu de Vercors-Sassenage AOC

自 1998 年起即受到 AOC 的保護，它的名稱來自於薩松娜莒(Sassenage)這個城鎮，在十四世紀時，當地的生產商被規定必須要付起司稅。和大部分傳統藍黴起司不同的是，它曾受過輕度的擠壓，因此質感較有彈性。

TASTING NOTES 品嚐筆記
外皮薄而粗糙，呈棕色，內部起司為淡黃色，質地結實而柔軟，佈滿不規則的條狀和塊狀藍黴。在藍黴起司中，口味偏於細緻，後味帶有一點苦味。

HOW TO ENJOY 享用方式
搭配一杯飽滿有活力的鄉村薄酒萊(Beaujolais-Villages)和鄉村隆河谷(Côte-du-Rhône-Villages)享用。

法國 Rhône-Alpes	
熟成期 2-3 個月	
重量和形狀 5-6kg(11lb-13lb 4oz)，車輪狀	
尺寸 D. 15cm(12in)，H. 7.5cm (3in)	
原料奶 牛奶	
種類 藍黴	
製造商 多家	

Beaufort AOC
國家法定產區制的蒲福起司

在世界上眾多優越的起司當中，蒲福(Beaufort)起司可說是囊括了所有能夠使其品質超凡出眾的一切要素，同時也展現了，人類如何在艱困的山區環境下，順應大自然四季的變化，成功創造出第一流的美食。

在十四～十五世紀時，法國阿爾卑斯山區，薩瓦蒲福特(Savoie-Beaufortain)區域的地方教會和地主，發動了一項計畫，將大塊的林地清除，開發出依山起伏的草原地，這些草原就像莫內的印象畫一樣美麗多彩，不經過人工犁田，也不圍籬，並含有上千種野生的本地香草、野花和青草。夏季時，這就是本地的阿蒙多斯(Abondance)和塔玲(Tarines)品種乳牛可以啃食的新鮮食物，冬季時，也可作成充滿香氣的乾燥糧草。這樣生產出來的牛乳，香甜芬芳帶有堅果味，並具有複雜的風味。

一輪蒲福(Beaufort)起司需要35頭乳牛的鮮奶才能製成，因此從古時候，當地的農夫就集合起來，形成公社，分攤牧牛、擠奶、起司製作和熟成等各項工作。

用夏季鮮美的青草為食所生產出的起司，稱為牧場的蒲福(Beaufort d'Alpage)起司：由放牧於1500公尺(4921英呎)以上草原的單一牧群所生產的起司，稱為牧場的農舍(Chalet d'Alpage)，是世界上體型最大的傳統手工(artisan)起司之一。冬季生產的起司顏色較淡，稱為冬季的蒲福(Beauford d'Hiver)起司，乳牛吃的是夏季時割下集中的乾草糧。

蒲福(Beaufort)起司受到AOC制的保護，生產地僅限於隆河－阿爾卑斯地區(Rhône-Alpes)的蒲福特(Beaufortain)、塔朗泰斯(Tarentaise)、馬格耶(Marienne)山谷，和一部分的阿爾利山谷(Val d'Arly)裡，約450,000公頃(1112英畝)的範圍內。

TASTING NOTES 品嚐筆記
熟成不久的蒲福(Beaufort)起司，質地結實但不堅硬。入口即化，帶有濃郁香甜而複雜的味道。牧場的農舍(Chalet d'Alpage)起司熟成較久，帶有明顯的蜂蜜花香味，停留在口中的帶鹹餘味較久。

HOW TO ENJOY 享用方式
這不是用來放在吐司上，或作成三明治的起司(雖然這樣吃一樣是人間美味)，更不能可憐兮兮地只買小小幾片！你必須要大口大口地享受，搭配你所能買得起最上等的黑皮諾(Pinot Noir)葡萄酒。薩瓦(Savoie)整區都有生產的新鮮核桃，也是好搭檔。蒲福(Beaufort)起司所散發的濃郁香甜，也適合搭配香檳、夏多內(Chardonnay)和麗絲玲(Riesling)，但要避免不甜(dry)的白酒，以免喧賓奪主。

The MILK 原料乳來自塔玲(Tarentaise)和阿蒙多斯(Abondance)品種乳牛，牠們所吃的食物受到嚴格控制。

法國 Rhône-Alpes	
熟成期 5-18 個月	
重量和形狀 20-70kg(44lb-154lb 3oz)，圓形	
尺寸 D. 35-75cm(14-27½in)，H. 11-16cm(4½-6in)	
原料奶 牛奶	
種類 硬質	
製造商 多家	

A CLOSER LOOK
放大檢視
蒲福(Beaufort)起司自1968年起就受到AOC的保護，每個生產階段都受到嚴格的控制，包括使用的原料奶未經過高溫殺菌、獨特的圓凹形，以及各項熟成步驟。

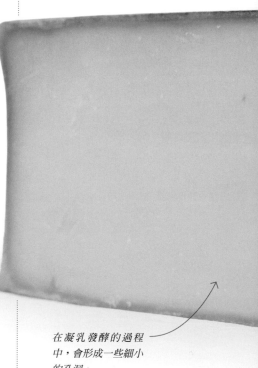

在凝乳發酵的過程中，會形成一些細小的孔洞。

刮下熟成過久的起司和乳清，加入鹽水裡，
用來擦洗裹在紗布裡的外皮，因此形成赤褐
色細粒狀的硬殼，可防止內部起司變乾。

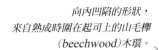

向內凹陷的形狀，
來自熟成時圍在起司上的山毛櫸
（beechwood）木環。

外部

COAGULATION 凝乳化

這個步驟費時 20~30 分鐘。接著將凝
乳進行切割，並加熱至近乎沸點（scald
the milk），使凝乳中多餘的水分排出。
接著將凝乳裝入紗布中堆疊起來，小心
地從大鍋子裡移出。

PRESSING 加壓
將凝乳圍上一
"木圈 cercle"，也就是山毛櫸做成的木
環，加壓 20 小時。這個階段的起司會
定時地加以翻面。

內部

在漫長的熟成期中，靠近邊緣處會
產生水平狀的小裂縫，因為外皮乾
燥的比內部快。

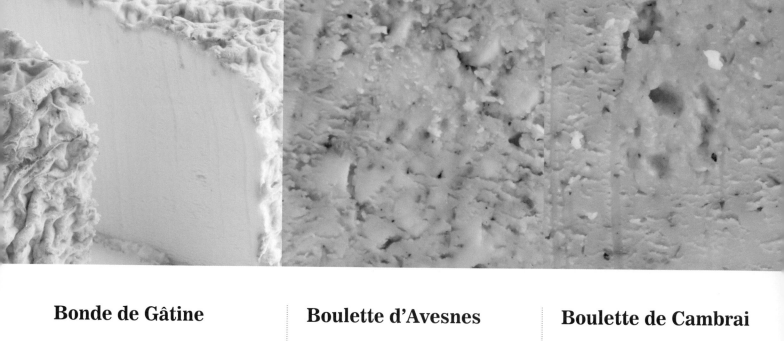

Bonde de Gâtine

生產於普瓦圖的葛廷(Gâtine area of Poitou)沼澤區，這是一種高品質的山羊奶農舍(fermier)起司，2公升的鮮奶只能做出一個400公克(14盎司)的起司。外皮薄而多皺摺，佈滿藍色、灰色和白色的粉狀黴層。

TASTING NOTES 品嚐筆記
綿密的內部起司，有強烈的酸味和鹹味，入口即化，留下濃郁的餘味。

HOW TO ENJOY 享用方式
搭配不甜富果香的葡萄酒，如松塞爾(Sancerre)白酒，可以平衡綿密、帶酸味與果香味的起司味道。

法國 Gâtire, Poitou-Charentes	
熟成期 6-10 週	
重量和形狀 400g(14oz)，圓鼓形	
尺寸 D. 4.5cm(2in)，H. 7cm(3in)	
原料奶 山羊奶	
種類 熟成過的新鮮起司	
製造商 Patrick Cantet	

Boulette d'Avesnes

在過去，這種農舍起司(fermier)是完全使用白脫鮮奶(buttermilk)製成，今日則已改用新鮮的馬胡瓦司(Maroilles)凝乳，再加入巴西里(parsley)、茵陳蒿(tarragon)、丁香(cloves)和胡椒一起搗碎。手工塑形後，再以胭脂紅(annatto)染色，並撒上匈牙利紅椒粉(paprika)。

TASTING NOTES 品嚐筆記
外皮上的紅椒粉帶來一股刺激的辛辣味，內部半軟的象牙色起司，則帶有辛辣、草本(herbaceous)而尖銳的風味。

HOW TO ENJOY 享用方式
搭配任何一種飽滿強烈的紅酒都好，如卡奧爾(Cahors)。一小杯的琴酒(gin)，也可以帶出起司裡獨特而多樣的滋味。

法國 Flandre-Hainaut, Nord-Pas-De-Calais	
熟成期 3 個月	
重量和形狀 200-300g(7-10oz)，圓錐形	
尺寸 D. 7.5cm(3in)，H. 10cm(4in)	
原料奶 牛奶	
種類 加味	
製造商 Pont de Loup, Fauquet 和 Leduc	

Boulette de Cambrai

來自靠近比利時邊境的寇伯利(Cambrai)，以手工生產，這款牛奶起司在當地一直很受歡迎。它混合了美味的法式鮮奶酪(fromage frais)、茵陳蒿(tarragon)、巴西里(parsley)、細香蔥(chives)和其他調味。和 Boulette d'Avesnes 不同的是，它必須趁新鮮時享用。

TASTING NOTES 品嚐筆記
這種無外皮的新鮮起司，氣味溫和，帶有迷人的香草味，但若存放太久就會發展出苦味。

HOW TO ENJOY 享用方式
抹在香脆麵包上，並搭配清爽果香濃的紅酒，如薄酒萊(Beaujolais)。

法國 Nord-Pas-de-Calais	
熟成期 1-5 天	
重量和形狀 280g(10oz)，圓錐形	
尺寸 D. 7.5cm(3in)，H. 10cm(4in)	
原料奶 牛奶	
種類 新鮮	
製造商 多家	

Bouton-de-Culotte

Bouton-de-Culotte，即「褲子的鈕扣」，這是將小型的 Mâconnais 起司在秋季時貯存起來，以備冬天使用，外皮會變硬而呈深棕色。這款山羊奶起司可磨碎(grated)，做成當地的焗烤起司堡(fromage fort)。

TASTING NOTES 品嚐筆記
帶有獨特的山羊味，和一絲磨碎的堅果味，入口偏乾，帶有尖銳刺激的後味。

IIOW TO ENJOY 享用方式
搭配各式飽滿有力的馬貢內(Mâconnais)和夏隆內丘(Côte Chalonnaise)的年份葡萄酒。

法國 Bourgogne	
熟成期 2 個月	
重量和形狀 60g(2oz)，很小的圓鼓形	
尺寸 D. 底部 5cm(2 in)，頂部 4cm(1½in)，H. 3.5cm(1.5in)	
原料奶 山羊奶	
種類 熟成過的新鮮起司	
製造商 多家	

Bouyguette des Collines

這款手工塑形的山羊奶起司，外皮呈象牙白色，柔軟而有皺褶，上面還點綴著一根迷迭香(rosemary)，因此很適合放在起司盤上。外皮極薄，因此內部起司柔軟易碎而質地綿密。

TASTING NOTES 品嚐筆記
帶有一絲的百里香(thyme)和迷迭香味。最初的味道溫和柔順，經過 20 天的熟成後，呈現出較明顯的風味。

HOW TO ENJOY 享用方式
最好搭配一支不甜的(dry)白酒，如松塞爾(Sancerre)、麗絲玲(Riesling)或席儂(Chinon)，但也可和粉紅酒(rosé)一起享用。

法國 Tarn, Midi-Pyrénées	
熟成期 2-3 週	
重量和形狀 150g(5½oz)，橢圓形	
尺寸 L. 20cm(8in)，H. 4cm(1½in)	
原料奶 山羊奶	
種類 熟成過的新鮮起司	
製造商 Segalafrom	

Brebis du Lochois

這是一款現代的綿羊奶起司，產自法國中部(傳統上這個區域出產山羊)，該地的山羊擁有極佳的草原可以啃食。只要是撒上樹灰(ash)的起司，都稱爲 Cendré Lochois。

TASTING NOTES 品嚐筆記
味道溫和滋潤，帶有平滑如奶油般的口感和香草的香氣。樺木樹灰(beech ash)增添了一股木質煙燻氣息。

HOW TO ENJOY 享用方式
搭配無花果和果醬十分美味，亦適合和杜蘭(Touraine)地區的白酒一起享用，如松塞爾(Sancerre)或蒙路易(Montlouis)。

法國 Touraine, Centre	
熟成期 2 週	
重量和形狀 110g(4oz)，圓形	
尺寸 D. 7.5cm(3in)，H. 2.5cm(1in)	
原料奶 綿羊奶	
種類 熟成過的新鮮起司	
製造商 Brebis du Lochois	

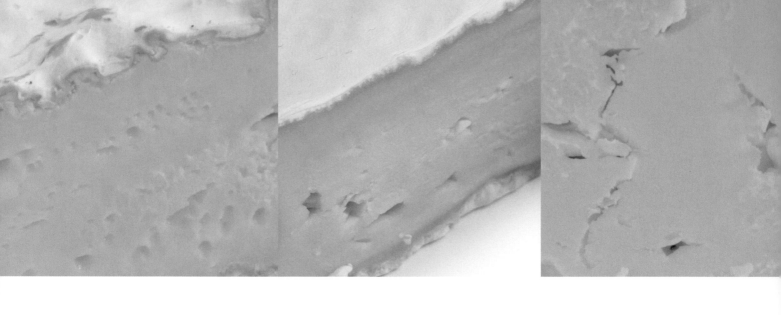

Brie de Melun AOC

和其他 Brie 不同的是，這款牛奶起司的凝乳化過程很慢，因爲主要依賴乳酸發酵（lactic fermentation），而不使用凝乳酶（rennet）。這樣形成的凝乳極厚，並發展出有厚度而硬脆的白色外皮，帶有紅、黃和棕色的色素和黴斑。

TASTING NOTES 品嚐筆記
這是種市面上可買到的新鮮起司，口味偏酸而帶甜味；完全熟成的起司，果香味十足，帶有強烈的發酵味。

HOW TO ENJOY 享用方式
和所有酒體飽滿有活力、香氣足的勃根地（Burgundy）、波爾多（Bordeaux）和隆河丘區（Côtes-Du-Rhône）的紅酒都可搭配。

法國 Ile-de-France	
熟成期 2 個月時最佳	
重量和形狀 1.5kg(3lb 5oz)，車輪形	
尺寸 D. 24cm(9½in)，H. 3.5cm (1½in)	
原料奶 牛奶	
種類 軟質白起司	
製造商 多家	

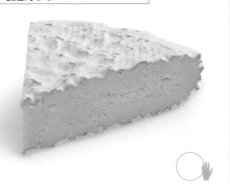

Brie de Nangis

最初產於巴黎東南方的諾吉(Nangis)，這款 Brie 起司曾一度幾乎完全被 Brie de Melun 取代而消失，然而現在由 Tournan-en-Brie 的一家製造商將其復興，且忠於原味。當原料奶來自啃食春夏鮮草的乳牛時，風味最佳。

TASTING NOTES 品嚐筆記
和 Brie de Melun 一樣，這款起司具有白色的黴層外皮和柔軟滑順的內部起司。但和 Brie de Melun 不同的是，它的果香味濃郁，而不似前者的鹹味或肉味(meaty)風格。

HOW TO ENJOY 享用方式
搭配一支飽滿有活力的勃根地(Burgundy)、波爾多(Bordeaux)或隆河丘區(Côtes-Du-Rhône)葡萄酒。

法國 Ile-de-France	
熟成期 4-5 週	
重量和形狀 1kg(2¼lb)，圓形	
尺寸 D. 23cm(9in)，H. 5cm (2in)	
原料奶 牛奶	
種類 軟質白起司	
製造商 Rouzaire	

Brillat-Savarin

雖然以十八世紀著名的老饕和美食作家命名，布里亞 - 薩瓦蘭(Brillat-Savarin)其實是知名起司製作者和熟成師亨利奧德耶(Henri Androuët)在 1930 年的創作。此起司含有三倍乳脂(cream)，每 100 公克(3½ 盎司)含 75% 的脂肪，節食者不宜。

TASTING NOTES 品嚐筆記
剛熟成時的起司無外皮，口感如同極濃郁的鮮奶油(crèam fraîche)。等到形成薄薄的外皮後，內部的起司變得柔軟，口感轉爲香濃醇郁。

HOW TO ENJOY 享用方式
和所有清爽帶果香的葡萄酒，都可以搭配，尤其是富有特色的香檳酒。

法國 Basse-Normandie and Bourgogone	
熟成期 2-4 週	
重量和形狀 500g(1 lb 2oz)，圓形	
尺寸 D. 12cm(5in)，H. 3.5cm(1½in)	
原料奶 牛奶	
種類 軟質白起司	
製造商 Lincet	

Brique de Forez

來自亞維儂(Auvergne)區域的傳統起司，其名稱來自磚頭般的外形。它薄薄的白色外皮帶有藍灰色調，是其特色。傳統的原料是混合牛乳和羊乳製成，現在則完全只使用牛乳。

TASTING NOTES 品嚐筆記
白色的外皮聞起來有蘑菇味，氣味尖銳，內部起司柔軟滑順，幾乎呈液體狀，帶有堅果味，留在口腔裡的後味很長。

HOW TO ENJOY 享用方式
適合搭配清爽帶果香、來自亞維儂(Auvergne)、歐荷拉(Roanne)和薄酒萊(Beaujolais)的白酒、粉紅酒(rosé)和紅酒。

法國 Auvergne	
熟成期 2-3 個月	
重量和形狀 350-400g(12-14oz)，磚形	
尺寸 L. 12-13cm(5-5½in)，W. 3.5-5.5cm(1½-2½in)，H. 2.5cm (1in)	
原料奶 牛奶	
種類 軟質白起司	
製造商 多家	

Brocciu AOC

這款著名的科西嘉島(Corsican)新鮮起司，其製造過程有些特殊：乳清被加入而不是被去除，因此產生了獨特的口感，也因此含有一些珍貴的營養素。接著再裝入稱為"canestres"的小型燈芯草(rush)籃裡濾水。

TASTING NOTES 品嚐筆記
新鮮的 Brocciu，口味溫和柔順；熟成後的 Brocciu(亦稱為 Brocciu Pasu)口味強烈而帶點辛辣。

HOW TO ENJOY 享用方式
可以做成許多料理，如沙拉、蛋包(omelettes)和起司蛋糕等。佐以一點鹽、糖、迷迭香或蜂蜜，搭配一支清爽的葡萄酒也很美味。

法國 Corse	
熟成期 2-3 天	
重量和形狀 675g-1.3kg (1½-3lbs)，草藍裝	
尺寸 多種	
原料奶 綿羊奶	
種類 新鮮	
製造商 多家	

Brossauthym

這款起司頗為獨特，一般認為它是羅亞爾河地區(Loire)唯一的綿羊奶起司。它有天然形成的外皮和橢圓形外觀，並以百里香(thyme)調味，很適合放在起司盤上。

TASTING NOTES 品嚐筆記
這款新鮮起司十分美味，帶有百里香的氣息，並有圓潤、入口即化的後味。

HOW TO ENJOY 享用方式
搭配香氣濃郁的紅酒，如層次豐富的阿雅克修(Ajaccio)或酒體飽滿的帕第莫紐(Patrimonio)。

法國 Touraine, Centre	
熟成期 1 個月	
重量和形狀 225g(8oz)，橢圓形	
尺寸 L. 11cm(4½in)，H. 4.5cm (2in)	
原料奶 綿羊奶	
種類 熟成過的新鮮起司	
製造商 M. Froideveaux	

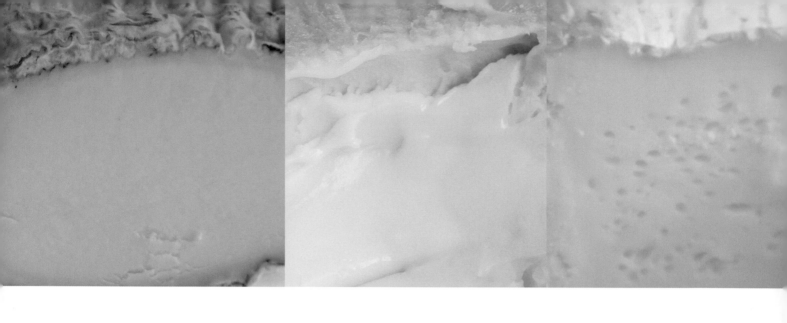

Buchette Pont d'Yeu

這款圓木狀的山羊奶起司，得名自法國旺德地區永(Yeu in the Vendée)的小島。它有天然形成並撒滿樹灰(wood ash)的外皮。

TASTING NOTES 品嚐筆記
這款濃郁起司的風味，會隨著熟成程度的不同而有變化。剛熟成時(約三週)帶有堅果味，熟成越久，就會發展出一種刺鼻的胡椒味。

HOW TO ENJOY 享用方式
可放在起司盤上，搭配外皮酥脆的麵包、莓類和果醬。最適合搭配富果香的白酒，如利萊(Lillet)。

法國	Pays de la Loire
熟成期	3-8 週
重量和形狀	200g(7oz)，圓木形
尺寸	L. 10cm(4in)，H. 5cm (2in)
原料奶	山羊奶
種類	熟成過的新鮮起司
製造商	多家

Cabri Ariégeois

阿利耶(Ariége)地區積極熱誠的農夫，創造了這款現代的法國起司，成為市面上最好的山羊奶起司之一。仿照聞名的 Mont d'Or 起司，這款起司也用一條雲杉(spruce)樹皮包裹著。

TASTING NOTES 品嚐筆記
質地非常綿密滑順，這款洗浸起司具有強烈刺鼻的味道，帶有一絲樹皮散發的松木香。

HOW TO ENJOY 享用方式
和一支酒體飽滿有層次而富莓香的紅酒搭配，如胡西雍丘(Côtes du Roussillon)，最能顯出此款起司的特色。

法國	Ariège, Midi-Pyrénées
熟成期	自 4-6 週起
重量和形狀	500g(11lb 2oz)，圓形
尺寸	D. 11cm(4½in)，H. 6cm(2½in)
原料奶	山羊奶
種類	半軟質
製造商	Fromagerie Fermier Cabrioulet

Camembert de Normandies AOC

這是舉世聞名的法國起司之一，據說為一住在卡門貝爾(Camembert)的農婦瑪麗哈耶爾(Marie Harel)，在 1791 年所創造。它最重要的創新之舉，其實在於用來包裝的木盒，使 Camembert 得以行銷世界各地。1983 年獲得 AOC 制保護，並規定必須以生乳製造。

TASTING NOTES 品嚐筆記
富果香，帶有一絲蘑菇和黴菌的氣味。當地人喜歡趁內芯呈白色，而還沒變成流動狀時享用。

HOW TO ENJOY 享用方式
可搭配富果香而優雅的勃根地(Burgundy)或隆河丘(Côtes-du-Rhône)紅酒，或一支傳統的諾曼地蘋果酒(cider)。

法國	Basse-Normandie
熟成期	1 個月左右最佳
重量和形狀	250g(9oz)，圓形
尺寸	D. 11cm(4½in)，H. 3.5cm (1½in)
原料奶	牛奶
種類	軟質白起司
製造商	多家

Cantal AOC

自 1956 年起即受到 AOC 的保障，此款起司是亞維儂（Auvergne）地區所有起司的始祖。它是所有法國起司中，唯一在製造過程中，使用了英格蘭傳統硬質起司遵循的巧達處理法（cheddaring process）。

TASTING NOTES 品嚐筆記
在不同的熟成階段各有風味：充分熟成後的起司，味道濃烈；剛熟成的則帶有溫和的堅果和鮮奶味。

HOW TO ENJOY 享用方式
適合搭配清爽富果香的葡萄酒，如亞維儂丘（Côtes d'Auvergne）、何內思丘（Côtes Roannaises）或薄酒萊（Beaujolais）。

法國 Auvergne	
熟成期 3-6 個月最佳	
重量和形狀 35-45kg(77-99lb)，圓柱形	
尺寸 D. 35-46cm(14-18in)，H. 35-39cm(14-16in)	
原料奶 牛奶	
種類 硬質	
製造商 多家	

Capri Lezéen

此款農舍（farmhouse）山羊奶起司，是由位於普瓦圖（Poitou）沼澤地區的 GAEC du Capri Lezéen 所製造的。它的黃色外皮充滿黏性，並帶有淡藍色的黴紋，用栗樹葉包裹起來，再裝在木盒裡販賣，成爲它的註冊標誌。

TASTING NOTES 品嚐筆記
外皮柔軟，內部的起司綿密幾乎呈流動狀，帶有一絲堅果味，和極細微的山羊味。

HOW TO ENJOY 享用方式
可搭配不甜（dry）的白酒，如松塞爾（Sancerre）或維歐尼耶（Viognier）。佐以新鮮的無花果和莓果，亦極美味。

法國 Lezay, Poitou-Charentes	
熟成期 2-3 週	
重量和形狀 175g(6oz)，圓形	
尺寸 D. 8cm(3¼in)，H. 1.5cm(½in)	
原料奶 山羊奶	
種類 熟成過的新鮮起司	
製造商 GAEC du Capri Lezéen Patrick Cantet	

Carré de l'Est

如其名所示（東方的方形），此款洗浸外皮起司呈方形，並在法國東部洛林的阿登（Lorraine, the Ardennes）和香檳區（Champagne）享有盛名，合作社（co-operative）和工業化企業都有生產。

TASTING NOTES 品嚐筆記
剛熟成時，質地柔軟而帶細粒狀，充分熟成後幾乎呈流動狀。帶有強烈鹹味。有黏性的橘色外皮，發散出一股濃烈的煙燻培根味。外皮覆滿白色黴層的版本，味道較爲溫和。

HOW TO ENJOY 享用方式
將這種半軟質起司抹在麵包上，就是美味的點心，再搭配一支清爽富果香的葡萄酒，如教皇新堡（Châteauneuf-du-Pâpe）或吉貢達（Gigondas）。

法國 Champagne 和 Lorraine	
熟成期 約 3 週	
重量和形狀 125-250g(4½-9oz)，方形	
尺寸 L. 10cm(4in)，H. 3.5cm(1½in)	
原料奶 牛奶	
種類 半軟質	
製造商 多家	

Brie de Meaux AOC
國家法定產區制默倫區的布里

默倫區的布里(Brie de Melun)出產於巴黎東方50公里(31英哩)處的巴黎大區(Ile-de-France)，其歷史可以追溯到西元774年的查理曼大帝(Emperor Charlemagne)，他曾在他的編年史(Chronicles)中提及布里(Brie)之美味。

1814年，在維也納國會時 (Congress of Vienna)，默倫區的布里 (Brie de Melun) 被封為「起司之王」。

在1814年的美食競賽中，維也納國會將默倫區的布里(Brie de Melun)封為"起司之王 Le Roi des Fromages"，因此奠定了它全球性的聲譽。當然，其產地巴黎大區(Ile-de-France)剛好可以就近供應巴黎的市場，加上迷人的木盒包裝，都有助於提升它受歡迎的程度。

全法國只有46種起司受到AOC的保護，默倫區的布里(Brie de Melun)是其中之一。列為AOC等級的起司，品質受到保障，但其產地和製作方法也受到了限制(見第8頁)。AOC規定布里(Brie)只能在某些區域生產，並使用小牛凝乳酶和25公升(6.6加侖)的未殺菌生乳製成。凝乳必須用人工舀入模型中，每輪起司都必須要手工抹鹽(dry salted)，並在一定的溫度和濕度下緩慢地熟成。

很多人認為默倫區的布里(Brie de Melun)和諾曼第的卡門貝爾(Camembert de Normandie)（見44頁）很相似，但這兩款起司受尺寸、當地菌群、氣候、草料等因素影響，其實各自有獨特的風味。

TASTING NOTES 品嚐筆記

默倫區的布里(Brie de Melun)大概是所有軟質白起司中，風味最強烈的。你可以聞到黴菌、潮濕的葉子和蘑菇的香味，時間越長，味道越濃。充分熟成時，內部的起司變得柔軟，呈亮黃色至淡黃色，呈現令人難以抗拒的流動狀。它濃郁的風味像是用牛高湯做成的煙燻野蘑菇湯。帶有濃烈的阿摩尼亞味時，留在口中的味道不會十分愉悅，但每個人偏好的口味都有不同。

如果你喜歡流動狀的布里(Brie)勝過還未完全熟成的凝乳狀布里，可以挑選接近保存期限的。不需要擔心表面的白色黴層，這只是表示這款起司非常健康，能夠保存內部起司所含的水分。保存時，最好用原來的蠟紙包好，保鮮膜會使起司無法呼吸，熟成過程中所釋放出來的阿摩尼亞因而無法逸失，一兩天後，起司就會開始冒汗(sweat)。

HOW TO ENJOY 享用方式

等到默倫區的布里(Brie de Melun)回復到室溫後，就可選用隆河丘(Côtes-du-Rhône)、波爾多(Bordeaux)、勃根地(Bourgogne)等地的紅酒來搭配，當然起司之王也該搭配一杯年份香檳(vintage Champagne)，除此以外的搭配方式都算是暴殄天物。

A CLOSER LOOK
放大檢視

從巴黎到秘魯，全世界都愛默倫區的布里(Brie de Melun)。令人驚訝的是，生產商卻屈指可數。這款起司大多是由特別的熟成師(affineurs)來熟成並陳年，而他們每一位都能創造出獨特的風格。

THE LADLE 勺子 為了避免脂肪和蛋白質從乳清中流失，同時使起司內部能夠如卡士達(custard)般滑順，製造商必須使用一種細孔勺子（稱為 pelle à brie，自十二世紀起開始使用），來處理脆弱易碎的凝乳。

RIND 外皮 外皮下方的起司最為柔軟，因為黴層會加速凝乳的熟成。

法國 Ile-de-France	
熟成期 6-8週	
重量和形狀 3kg(6½lb)，車輪形	
尺寸 D. 25cm(10in)，H. 8cm (3¼in)	
原料奶 牛奶	
種類 軟質白起司	
製造商 多家	

SALTING 加鹽 以手工為起司抹鹽，可密封起司，同時助於排出水分。

RIPENING 熟成

將起司置於特別的地窖中至少4週，並定時翻面。最初出現的是一些紅棕色的黴點(稱為 ferment du rouge)，接著活動力旺盛的白色的青黴菌(Penicillium candidum)和卡門貝爾特青黴菌(penicillium camemberti)會逐漸覆滿表面，形成天鵝絨般的白色外皮。

脂肪含量約為26%，比一些硬質起司(如切達 *Cheddar*，見180-181頁)少很多。

切下了一片的整塊起司

Cathare

此款山羊奶起司特殊之處，在於覆滿炭灰的外皮上，有著奧西丹十字架（Occitan cross）的圖案，它從十二、十三世紀卡特里派宗教運動（Cathar heresies）起，就成為朗格多克（Languedoc）地區的標誌，同時，它也代表南法某些地區和西班牙北部仍在使用的奧西丹語（Occitain language）。

TASTING NOTES 品嚐筆記
這是近代才創造出來的起司，質感柔細滑順，帶有微妙的山羊味，熟成越久味道越顯著。

HOW TO ENJOY 享用方式
和酒體飽滿富果香的酒最為搭配，如蓋亞克（Gaillac）。

法國 Languedoc-Rousillon	
熟成期 2 週	
重量和形狀 200g（7oz），扁平圓形	
尺寸 D. 15cm（6in），H. 1.5cm（½in）	
原料奶 山羊奶	
種類 熟成過的新鮮起司	
製造商 La ferme de Cabriole	

Cendré de Niort

Cendré 本來指的是某種熟成起司的方法，也就是將起司置於一盒樹灰（ash）裡，待其外皮形成，而不是直接將樹灰撒在表面上。這種起司大多出產於釀酒區，當鮮奶供應充足時製造，然後放在樹灰裡保存，等到葡萄採收季時，再拿出來供飢餓的採收農夫享用。

TASTING NOTES 品嚐筆記
此款農舍（fermier）起司有著真正的鄉村氣息，富鮮奶味。用來包裹的栗樹葉，更增添了一股樸拙風。

HOW TO ENJOY 享用方式
最好搭配一支充滿果香並清爽的紅酒，如席儂（Chinon）或阿爾薩斯（Alsace）的黑皮諾（Pinot Noir）。

法國 La Frangnée, Poitou-Charentes	
熟成期 6 週	
重量和形狀 125g（4½oz），圓形	
尺寸 D. 8cm（4in），H. 2.5cm（1in）	
原料奶 山羊奶	
種類 熟成過的新鮮起司	
製造商 Patrick Cantet	

Cendré de Vergy

這是另一款用樹灰盒來熟成一個月的起司。其他可使用這種方式來生產的起司，還包括 Epoisses de Bourgogne。Aisy Cendré 和其類似，只是製造商不同。

TASTING NOTES 品嚐筆記
此款傳統手工（artisan）起司的味道，混合了香甜濃烈的風味，略帶煙燻味，質感滑順綿密—要用湯匙來吃！

HOW TO ENJOY 享用方式
搭配一支梅索（Meursault）或香波蜜思（Chambole Musigny）—味道豐富的美酒，並有很長的後味。

法國 Bourgogne（Epoisses and Gevrey Chambertin）	
熟成期 2 週	
重量和形狀 100g（8½oz），圓形	
尺寸 D. 10cm（4in），H. 3.5cm（1½in）	
原料奶 牛奶	
種類 半軟質	
製造商 Berthault and Gaugry dairies	

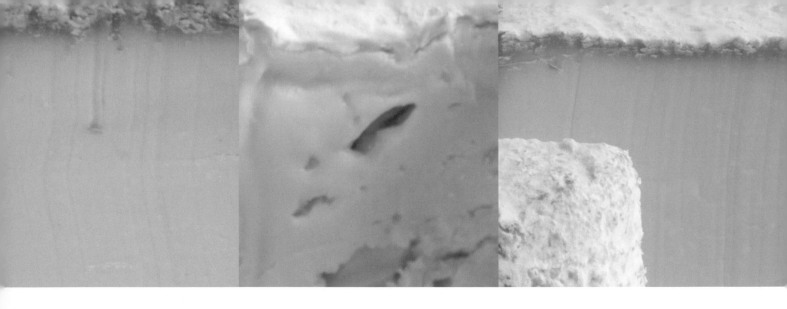

Chabichon du Poitou AOC

此款起司來自羅亞爾河地區，法國大多數的山羊奶起司都來自這裡，它的外皮是天然形成的。自 1990 年即受到 AOC 制的保護，可以由農舍(fermier)、合作社或工業生產。

TASTING NOTES 品嚐筆記
白色的薄薄外皮，佈滿了黃色和藍色的黴斑，其下的起司有特別的香氣，和其他的山羊奶起司相比，味道相對濃烈。

HOW TO ENJOY 享用方式
最好搭配來自納維爾德普瓦圖(Neuville-de-Poitou)、迪賽(Dissay)、和聖馬丁拉里維爾(Saint-martin-la-rivière)地區，活力十足且富果香的紅酒。

法國 Poitou-Charentes	
熟成期 3 週	
重量和形狀 100g(3½oz)，圓柱形	
尺寸 D. 6cm(2½in)，H. 5cm (2½in)	
原料奶 山羊奶	
種類 熟成過的新鮮起司	
製造商 多家	

Chaource AOC

此款白色外皮起司，據說是由朋地尼(Pontigny)地區的僧侶所創造出來，它的名稱來自該地區中心城鎮的名字。以前是以新鮮起司的版本上市，現在通常等到成熟後才販賣。自 1970 年起即受到 AOC 的保護。

TASTING NOTES 品嚐筆記
硬脆呈絨毛狀的白色外皮，會隨著熟成生出棕色斑點。起司的質感滑順，帶有果香和鮮奶味，以及一絲蘑菇味，熟成越久味道越濃，鹹味也更顯著。

HOW TO ENJOY 享用方式
搭配富果香的白酒，如聖布斯了維路(Saint-Bris-le-Vineux)、夏布利(Chablis)、和伊朗希(Irancy)，或是富果香的紅酒和粉紅酒(rosé)。

法國 Saligny, Bourgogne	
熟成期 2 週 -2 個月	
重量和形狀 600g(1lb 5oz)，小圓柱形	
尺寸 D. 12cm(5in)，H. 6cm(2½in)	
原料奶 牛奶	
種類 軟質白起司	
製造商 Lincet	

Charolais AOC

此款來自勃根地(Bourgogne)地區的農舍(fermier)起司，由山羊奶製成。它的外形獨特，呈小圓桶形，帶有藍灰色的外皮。

TASTING NOTES 品嚐筆記
起司的口感堅實有彈性，外皮是天然形成的。帶有明顯的鮮奶和杏仁味，並散發出一絲酸味。

HOW TO ENJOY 享用方式
佐以栗子和核桃，或是一條天然酵母麵包(sourdough)享用。富果香的酒如浮羅日(Fleurie)，是搭配此款起司的首選。

法國 Bourgogne	
熟成期 2-6 週	
重量和形狀 120g(4oz)，圓桶形	
尺寸 D. 4.5cm(2in)，H. 7.5cm (3in)	
原料奶 山羊奶	
種類 熟成過的新鮮起司	
製造商 多家	

PERSILLÉ DE TIGNES

灰、棕和白色的黴紋會逐漸發展出來，
像交互錯織的蜘蛛網，起司製造商會
積極地鼓勵這些黴紋，因其助於起司
凝乳的分解。（見 76 頁）

Chevrotin des Aravis AOC

少數的洗浸外皮山羊奶起司之一，它的名稱來自於原料奶的種類，以及出產地的名稱，Vallée des Aravis。外表和質感類似於 Reblochon，橘黃色的外皮濕潤，佈滿了細微的白色黴粉。2002 年提升到 AOC 等級，成為第 40 個受到保護的起司。

TASTING NOTES 品嚐筆記
味道溫和，帶一絲山羊味。內部的起司質地細密，邊緣幾乎呈流動狀。

HOW TO ENJOY 享用方式
最適合搭配味道濃烈的紅酒，如蒙得斯（Mondeuse）或席南貝哲宏（Chignin-Bergeron）。

法國 Rhône-Alpes	
熟成期 2 個月	
重量和形狀 600-675g（1lb 5oz-1lb 8oz），圓形	
尺寸 D. 9-12cm（3½-5in），H. 4cm（2in）	
原料奶 山羊奶	
種類 半軟質	
製造商 多家	

Chevrotin des Bauges AOC

此款農舍（fermier）起司產自薩瓦（Savoie）山區，該地以其秀麗美景和天然多樣化的草原聞名，也生產出許多法國人最喜愛的起司，如 Reblochon。此款起司和其類似，不同處只在於原料使用的是山羊奶。

TASTING NOTES 品嚐筆記
有厚度而看似樸拙的外皮之下，包藏著質地滑潤綿細的起司，其中含有不規則的微小氣孔。在綿密香甜的口感下，帶有一絲的山羊味。

HOW TO ENJOY 享用方式
搭配一支富果香不甜的薩瓦（Savoie）白酒，如胡賽（Roussette）。

法國 Rhône-Alpes	
熟成期 21 天	
重量和形狀 300g（10½oz），圓形	
尺寸 D. 9-11.5cm（3½-4½in），H. 4cm（1½in）	
原料奶 山羊奶	
種類 半軟質	
製造商 多家	

Ch'ti Roux

它亮麗的橘色，是在牛奶裡加入了胭脂紅（roucous 又稱 annatto）的結果，外皮也經過黑啤酒和胭脂紅混合液的洗浸。這是北加萊海峽（Nord-Pas-de-Calais）地區，伯納德 - 維渥耶華（Bernard-Wierre Effroy）家族所生產的眾多起司之一，原料來自自家所畜養的牛群。

TASTING NOTES 品嚐筆記
質地結實，帶有強烈而辛辣的鹹味，後味很長，帶胡椒味。

HOW TO ENJOY 享用方式
來自勃根地（Bourgogne）地區的黑啤酒或葡萄酒，如博納丘（Côtes de Baune）或薄酒萊（Beaujolais），可搭配此款風味獨具的起司。

法國 Nord-Pas-de-Calais	
熟成期 4 個月	
重量和形狀 400g（14oz），磚形	
尺寸 L. 11cm（4½in），W. 2.5cm（1in），H. 4.5cm（2in）	
原料奶 牛奶	
種類 半軟質	
製造商 Saint Godeleine Farm（M. Bernard）	

Clochette

此款山羊奶起司的名稱，來自其獨特的外觀— clochette 就是「小鐘」的意思。它產自普瓦圖夏朗德（Poitou-Charentes）地區，該地也出產另一款知名的山羊奶起司 Chabichou。Clochette 的外皮是天然形成的，粗硬而乾，但其下的起司卻結實細緻。

TASTING NOTES 品嚐筆記
帶有愉悅的乾草和山羊氣味，是受到其上的黴層和熟成地窖的影響。質地滑順，帶有溫暖有力的風味。

HOW TO ENJOY 享用方式
加熱後搭配橄欖和堅果，以及一支酒體飽滿的勃根地（Burgundy）享用。

法國 Roullet-Sainte-Estéphe, Poitou-Charentes	
熟成期 2-3 週	
重量和形狀 225g（8oz），鐘形	
尺寸 D. 7.5cm（3in），H. 10cm（4in）	
原料奶 山羊奶	
種類 熟成過的新鮮起司	
製造商 GAEC Jouseaume	

Cœur de Neufchâtel AOC

產自上諾曼第（Haute-Normandie）地區的牛奶起司，自 1969 年即受到 AOC 的保護。如其名所示，它的外表呈心形，但也可買到小圓柱形或磚形的版本，就簡單地稱爲 Neufchâtel。

TASTING NOTES 品嚐筆記
天鵝絨般的白色外皮乾而易碎，帶有蘑菇氣味。內部起司結實呈細粒狀，帶有微妙的鮮奶味和明顯的鹹味。

HOW TO ENJOY 享用方式
搭配香脆可口的麵包，可充分享受其美味；當地人喜歡抹在熱麵包上融化了，當作早餐。

法國 Haute-Normandie	
熟成期 8-10 週	
重量和形狀 200g（7oz），心形	
尺寸 L. 10cm（4in），H. 2.5cm（1in）	
原料奶 牛奶	
種類 軟質白起司	
製造商 多家	

Cœur de Touraine

羅亞爾河地區（Loire）不是只有漂亮的古堡而已，當地的山羊奶起司亦名聞遐邇。這一款心形起司（其名稱爲 "Heart" of Touraine 杜蘭之心），外皮覆滿樹灰（ash），極受歡迎。

TASTING NOTES 品嚐筆記
像所有羅亞爾河地區（Loire）的傳統山羊奶起司一樣，內部起司的口感帶有一點黏性，外皮可食—包括富鹹味的（savoury）黴層。整體風味頗爲溫和：鹹味略重，但十分美味。

HOW TO ENJOY 享用方式
搭配堅果或葡萄乾麵包是無上妙品，最好再來一支白酒如蒙路易（Montlouis）。

法國 Centre	
熟成期 至少 3 週	
重量和形狀 150g（5½oz），心形	
尺寸 W. 9cm（3½in），H. 4cm（1½in）	
原料奶 山羊奶	
種類 熟成過的新鮮起司	
製造商 多家	

Coulommiers

此款起司產自巴黎附近的巴黎大區(Ile-de-France)，是 Brie 家族中體型較小的，有農舍(fermier)和工業化生產的種類。白色的細絨狀外皮佈滿紅色調的黴斑，質地豐潤。

TASTING NOTES 品嚐筆記
它的味道明顯而強烈，後味悠長。淡黃色的起司質地細緻，入口即化。

HOW TO ENJOY 享用方式
適合做為晚餐後享用的起司盤，或當作午餐。搭配有活力富果香的紅酒，如博納丘(Côtes des Beaune)。

法國 Seine-et-Marne, Ile-de-France	
熟成期 4-8 週	
重量和形狀 500g(1lb 2oz)，圓形	
尺寸 D. 12cm(5in)，H. 2.5cm(1in)	
原料奶 牛奶	
種類 軟質白起司	
製造商 Nugier, Dongé dairies	

Crayeux de Roncq

農夫兼起司製造商瑪麗-泰瑞莎庫耶(Marie-Theresa Couvreur)，和起司熟成師菲利普奧立佛(Philippe Olivier)聯手創造出此款起司，並以其白色粉質狀(chalky)的內芯命名為 crayeux。經過鹽水和啤酒不斷的洗浸，產生獨特的香味，橘色外皮下的起司有著溫和綿密的口感。產量極少，不易在外地見到。

TASTING NOTES 品嚐筆記
具有微妙的堅果味，介於甜與酸之間，帶有不同尋常的愉悅後味。

HOW TO ENJOY 享用方式
最好的搭配是有層次的紅酒，如梅多克(Médoc)或格拉夫(Graves)。

法國 Roncq, Nord-Pas-de-Calais	
熟成期 2 個月	
重量和形狀 425g(15oz)，方形	
尺寸 L. 10cm(4in)，W. 10cm(4in)，H. 4.5cm(2in)	
原料奶 牛奶	
種類 半軟質	
製造商 Marie-Therese Couvreur	

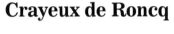

Crémeux de Puy

這款軟質起司產於亞維儂(Auvergne)地區，該地以出產優質起司著稱。它的藍黴是人工注入的，有厚度的藍色外皮上佈滿了細緻的白色黴層。

TASTING NOTES 品嚐筆記
味道綿密細緻，帶有一絲蘑菇味，與熟成洞穴的氣味。

HOW TO ENJOY 享用方式
味道豐富，口感類似 Reblochon，可當作起司盤上受歡迎的一員，搭配新鮮香脆的麵包和一杯隆河丘(Côtes-du-Rhône)葡萄酒。

法國 Auvergne	
熟成期 6-8 週	
重量和形狀 50g(1¾oz)，碟形	
尺寸 D. 8cm(3in)，H. 5cm(2in)	
原料奶 牛奶	
種類 藍黴	
製造商 多家	

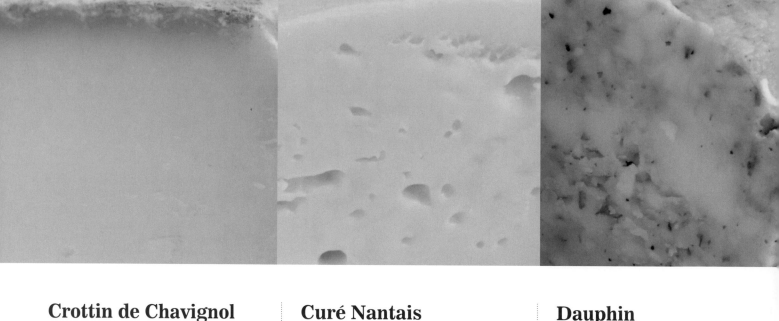

Crottin de Chavignol AOC

它的名稱很不幸地並不好聽，因為 crottin 就是馬糞的意思，不過這其實指的是當這款起司充分熟成時，所呈現的形狀和顏色。市面上大都趁其剛熟成時即開始販賣，外皮是淡棕偏白色。自 1976 年起受 AOC 保護。

TASTING NOTES 品嚐筆記
它的味道是出名的辛辣刺激，因此在不同的熟成階段都可享用。剛熟成時質感滑嫩，熟成久後，變得乾硬易碎，味道也變得刺激。

HOW TO ENJOY 享用方式
搭配酒體飽滿活力十足的葡萄酒，才能充分享受酒和起司的風味。

法國 Centre	
熟成期 2 個月左右最佳	
重量和形狀 60g（2oz），小圓鼓形	
尺寸 D. 5cm（2in），H. 2cm（¾in）	
原料奶 山羊奶	
種類 熟成過的新鮮起司	
製造商 多家	

Curé Nantais

一般認為這款起司，是由一位弗第恩（Vendéen）的僧侶，引入羅亞爾河地區（Pays de la Loire）的，當時正值法國大革命，食物嚴重短缺。現在由一家尊重傳統作法的奶酪場所製造，也有人叫它 Fromage du Pays Nantais dit du Curé。

TASTING NOTES 品嚐筆記
味道濃烈，淡黃色的起司柔軟帶點彈性，含有一些細小孔洞。

HOW TO ENJOY 享用方式
佐以香脆麵包和洋蔥甜酸醬（onion relish）十分美味。搭配一支富果香的蜜思卡（Muscadet），像是白甜瓜（Melon Blanc）品種的葡萄酒。

法國 Pays de la Loire	
熟成期 1 個月	
重量和形狀 400g（14oz），圓形	
尺寸 D. 10cm（4in），H. 5cm（2in）	
原料奶 牛奶	
種類 半軟質	
製造商 Curé Nantais diary	

Dauphin

據說當路易十六和他的兒子及繼承人多夫（Dauphin），旅經埃諾（Hainaut）地區（位於今日的比利時），對這款起司讚不絕口，並要求當地的起司製造商，將這款起司以他的兒子來命名。洗浸外皮呈橘紅色，下方是半軟質的起司。

TASTING NOTES 品嚐筆記
屬於 Maroilles 起司家族的一員，風味強烈辛辣，氣味濃烈，以茵陳蒿（tarragon）、巴西里（parsley）、胡椒和丁香（cloves）調味過。

HOW TO ENJOY 享用方式
這款味道豐富的起司，能夠為任何一種起司盤增添有趣的風味，最好是搭配一支風味飽滿的酒，如隆河丘（Côtes-du-Rhône）。

法國 Nord-Pas-de-Calais	
熟成期 2-3 個月	
重量和形狀 400g（14oz），海豚形	
尺寸 L. 12.5cm（5in），H. 3.5cm（1½in）	
原料奶 牛奶	
種類 加味起司	
製造商 多家	

Deauville

這款現代的法國起司，融合了兩種諾曼第地區(Normandie)最著名洗浸外皮起司的特質：Pont l'Evêque 和 Livarot。然而，Deauville 仍帶有自己的風格和特色。

TASTING NOTES 品嚐筆記
在這款略帶鮮奶味的半軟質起司裡，可以嚐到牛群所啃食鮮草的濃郁芳香，帶有濃郁富黏性的口感。

HOW TO ENJOY 享用方式
蘋果果醬和一杯新鮮的蘋果酒(cider)，可和這款美味起司作完美的搭配。

法國 Normandie	
熟成期 7 週	
重量和形狀 225g(8oz)，圓形	
尺寸 D. 12cm(5in)，H. 4cm (1½in)	
原料奶 牛奶	
種類 半軟質	
製造商 Fromagerie Thebault	

Délice des Cabasses

"délice"就是"delight 喜悅"的意思，由此可窺見這款起司的特質。來自庇里牛斯山區，是非常新鮮柔軟的綿羊奶起司，美味名符其實。

TASTING NOTES 品嚐筆記
味道溫和卻不平淡，這款新鮮起司充滿細緻的甜美。在春夏之季享用最佳。

HOW TO ENJOY 享用方式
這款起司可以搭配任何一餐，從果香到鹹味皆宜，添上一支新鮮清爽、味道簡單的葡萄酒最爲合宜。

法國 Aveyron, Midi-Pyrénées	
熟成期 2 週	
重量和形狀 85g(3oz)，圓形	
尺寸 D. 6cm(2½in)，H. 3.5cm (1in)	
原料奶 綿羊奶	
種類 新鮮	
製造商 M. Dombres	

Dôme de Vézelay

這是一款由生乳製成的農舍(fermier 起司)，產量極少，因此難以在約納(Yonne)以外的地區見到。外觀獨特，也就是如其名所暗示的圓頂形。

TASTING NOTES 品嚐筆記
Vézelay 的外皮是天然形成，起司的味道細緻圓潤，帶有一股微妙的風味，以及略帶辛辣的後味。

HOW TO ENJOY 享用方式
它和甜味食品，如蜂蜜和無花果醬等很搭調，也適合搭配香氣足富果香的白酒，如夏布利(Chablis)、馬貢內白酒(Mâcon blanc)或梅索(Meursault)。

法國 Bourgogne	
熟成期 至少 10 天	
重量和形狀 120g(4oz)，圓頂形	
尺寸 D. 7.5cm(3in)，H. 4.5cm (2in)	
原料奶 山羊奶	
種類 新鮮	
製造商 多家	

Comté AOC
國家法定產區制的孔提起司

八個多世紀以來，這款古老的法國起司，一直是由村莊裡的小型奶酪合作社(fruitière)所生產，這種生產制度一直維繫著地方上的使命感和榮譽感，並將傳統的小規模製造方法保存下來，直到今天，孔提(Comté)仍是法國最受歡迎的起司之一。

當地的熟成師(affineurs)將剛做好的起司，從合作社(frutière)取出後，依靠著對起司熟成技藝的熱愛，以及數世紀知識的傳承，將每個起司內最美好的風味顯現出來。

製造出一輪的孔提(Comté)，需要 530 公升(120 加侖)的鮮奶—30 頭乳牛一天的總產量。一般來說，每家奶酪合作社在方圓 8 英里的範圍內，包含了 19 位會員或是囊括地方上的奶酪場。

孔提(Comté)的製造方法和產地，數世紀以來都沒有改變，現在 AOC 明令規定，產地限於吉哈的山地(Massif de Jura)，區內起伏的山巒和寬闊的草原，也就是涵蓋了吉哈(the Jura)、杜省(the Doubs)（這兩地都位於法國孔提地區 Franche-Comté 內），和安省(the Ain)（在隆河阿爾卑斯地區 the Rhône-Alpes 內）。

該地區內多樣而豐富的山區植被，以及明顯的四季變化，賦予了孔提(Comté)獨特的風格，另一層關鍵因素是，必須使用兩種當地乳牛：本土的蒙貝利亞爾

(Montbéliarde)品種乳牛，以其香濃的鮮乳著稱，佔有約 95% 的總牛群比例；以及佔剩餘比例的法國西門塔爾(French Simmental)乳牛。

春季開始，牛群從冬天侷限在村子的生活釋放出來，漫步在野花盛開的草原上，到處可以聽到牛群身上鈴鐺的清脆響聲。冬天時，牠們的飼料是從夏季草原上割下的乾草糧。

RIND 外皮 淡棕色的薄皮是孔提(Comté)的特色。

TASTING NOTES 品嚐筆記
每家奶酪合作社，都會創造出自己獨特的風味—融化的奶油、牛奶巧克力、榛果、牛奶糖(fudge)風味，到烤吐司、李子果醬、皮革、胡椒以及黑巧克力的香氣。每種風味都反映出土壤、氣候和牛群啃食的植被等因素的影響。有的還有使人聯想到奶油糖(butterscotch)、榛果和甜橙的風味。

HOW TO ENJOY 享用方式
法國人的一天三餐都可以用到孔提(Comté)。它可以融化後加入鹹派、濃湯、塔(tarts)、焗烤盤(gratins)、起司鍋(fondue)和沙拉等法國菜餚。質感綿密滑順，帶有清新果香，因此適合搭配魚和白肉，以及當地的吉哈(Jura)白酒—夏多內(Chardonnay)、白桑儂(Chenin Blanc)或維歐尼耶(Viognier)。

蒙貝利亞爾(Montbéliarde)品種的牛乳以香甜著稱。

法國 Franche-Comté 和 Rhône-Alpes	
熟成期	4-18 個月
重量和形狀	35-40g(77-88lb)，車輪形
尺寸	D. 60-70cm(24-28in)，H. 10cm（4in）
原料奶	牛奶
種類	硬質
製造商	多家

GRADING 分級 每一批完全熟成的起司，都會根據口味、質感和外觀，以 20 分制來評分，15 分以上的得到綠色 Comté Extra 的標籤，12-14 分的則是棕色的 Comté 標籤，12 以下的則無法獲得 AOC Comté 標籤。

THE AFFINAGE 熟成 熟成師必須根據每輪起司的狀況，來決定其風味最佳的時刻。定期的翻面、刷抹鹽水等，都是製造過程中不可或缺的步驟。

質地結實而少水分，略呈細粒狀，比切達 (Cheddar) 來得緊密。

內部

外部

綠色的 Extra 標籤，表示這輪起司得到 20 分制裡 15 分以上的分數。

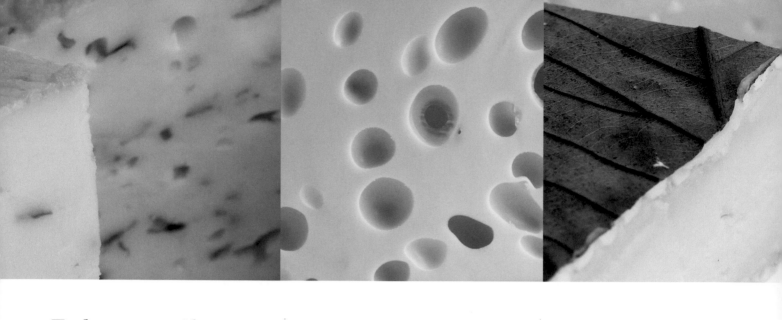

Embruns aux Algues

你的賓客會對這款起司印象深刻，它和 Curé Nantais 的製作方法相同，只是外觀是圓形的，凝乳裡參雜了海草，使外皮呈現帶粉紅的橙色並具黏性。

TASTING NOTES 品嚐筆記
風味濃烈。經過特殊鹽水液的噴灑，使起司帶有強烈的味道與鹹味，另外並散發出獨特的大海氣味。

HOW TO ENJOY 享用方式
和新鮮的麵包和洋蔥甜酸醬(onion relish)一起食用，十分美味。搭配一支具果香的蜜思卡(Muscadet)，如白甜瓜(Melon Blanc)品種的酒。

Emmental de Savoie

這款十分常見的硬質起司，起源於十九世紀的法國，多虧了當時德國和瑞士起司製作者的創意。外表獨特，結實呈象牙黃色的起司內佈滿了 1.5-3 公分(½-1 英吋)大小的洞。

TASTING NOTES 品嚐筆記
質地平滑，味道溫和愉悅一有果香，也有香甜的堅果味。

HOW TO ENJOY 享用方式
常被用來作成起司盤，當然也可以磨碎來作菜，或是直接切成小塊當開胃小點(canapé)。和所有清爽富果香的葡萄酒都很搭。

Feuille de Dreux

這是一款很有歷史而特殊的傳統手工(artisan)起司，以前是供給田地裡工作的人當點心吃，今日仍然由當地農夫享受其美味。表面的栗樹葉除了做為裝飾，還有實際的功能一避免堆疊在一起的起司互相沾黏。

TASTING NOTES 品嚐筆記
這款軟質白起司有著果香和蘑菇味，在愉悅的白黴味外，還有栗樹葉散發的一絲清香。

HOW TO ENJOY 享用方式
可以擺上正式的起司盤，或是搭配餅乾和麵包當簡單的點心。配上富果香有活力的紅酒，如席儂(Chinon)。

法國 Pays de la Loire	
熟成期 1 個月	
重量和形狀 200g(7oz)，圓形	
尺寸 D. 8.5cm(4in)，H. 3.5cm (1½in)	
原料奶 牛奶	
種類 加味	
製造商 Curé Nantais dairy	

法國 Savoie, Rhône-Alpes	
熟成期 6 個月	
重量和形狀 80-99kg (176lb-220lb)，車輪形	
尺寸 多種，D. 87cm(34in)，H. 25cm(10in)（如圖所示）	
原料奶 牛奶	
種類 硬質	
製造商 多家	

法國 Centre	
熟成期 約 2 個月	
重量和形狀 500g(1lb 2oz)，圓形	
尺寸 D. 18cm(7in)，H. 2.5cm (1in)	
原料奶 牛奶	
種類 軟質白起司	
製造商 多家	

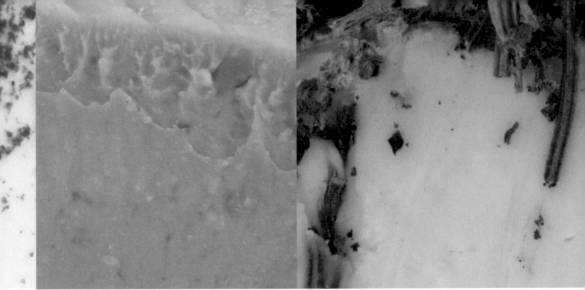

Figuette

這款小而迷人的無花果形起司，來自庇里牛斯山區(Pyrénées)，有時候表面會覆滿乾草、樹灰(ash)或如圖所示的匈牙利紅椒粉(paprika)，看起來更使人垂涎欲滴。

TASTING NOTES 品嚐筆記
帶有甜味和乳酸味(lactic)。甜美的香氣來自表面沾裹的香料。

HOW TO ENJOY 享用方式
搭配一點蜂蜜，可加強起司的甜味並緩和其山羊味。清爽的貝格拉克(Bergerac)是絕佳的搭檔。

法國 Midi-Pyrénées	
熟成期 1-3 週	
重量和形狀 175g(6oz)，無花果形	
尺寸 H. 4.5cm（2in），D. 8cm（3in）	
原料奶 山羊奶	
種類 新鮮	
製造商 多家	

Fium'Orbu

這款外皮有黏性的自牧起司(artisanal cheese)，是以科西嘉島(Corse)上某處鮮為人知的小河命名的。如同其他產自這個山巒起伏地中海小島的起司，它複雜的味道和特殊風格，得利於溫暖的氣候、健壯的本地牧群以及天然而多樣的植被。

TASTING NOTES 品嚐筆記
柔軟綿密如奶油般的口感，帶有複雜的草本(herbaceous)氣味，來自綿羊所啃食的芳香花草。經過洗浸，使這款半軟質起司帶有悠長的刺激肉味(meaty)。

HOW TO ENJOY 享用方式
科西嘉的本地居民，會搭配無花果醬和富果香的紅酒食用。

法國 Corse	
熟成期 8-12 週	
重量和形狀 450g(16oz)，塊狀	
尺寸 L. 8.5cm(3½in)，W. 8cm（3in），H. 3cm(1in)	
原料奶 綿羊奶	
種類 半軟質	
製造商 多家	

Fleur du Maquis

表面覆滿了香草和辣椒，這款特別的傳統手工(artisan)起司，稱為「flower of the maquis 科西嘉之花」，maquis 指的是科西嘉的天然景色。不只看起來比別款起司美麗，香味亦頗迷人，又稱為 Brindamour。

TASTING NOTES 品嚐筆記
因為比例調配得當，香草和辣椒並沒有壓過起司的原味，口感軟嫩，帶有蜂蜜般的香甜。

HOW TO ENJOY 享用方式
風味豐富，應在飯後單獨食用，搭配一支當地的紅酒，如科西嘉角(Cap Corse)。

法國 Corse	
熟成期 3 個月	
重量和形狀 750g(1lb 10oz)，圓形	
尺寸 D. 12cm(5in)，H. 4.5cm（2in）	
原料奶 綿羊奶	
種類 熟成過的新鮮起司	
製造商 多家	

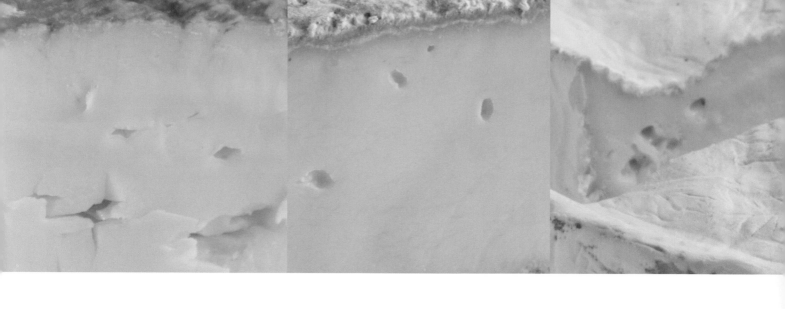

Forme d'Antoine

這款近來才創作出來的半軟質起司,來自北加萊海峽地區(Nord-Pas-de-Calais)。呈現不尋常而迷人的圓頂形,橙色的硬脆外皮,是經過6週定期的洗浸而形成。

TASTING NOTES 品嚐筆記
味道強烈,但其中的鮮奶和辛香味可以與之平衡。起司呈半軟質,有鮮奶香氣。

HOW TO ENJOY 享用方式
搭配酒體飽滿的酒如博納丘(Côtes de Beaune)或薄酒萊(Beaujolais),或是甜酒如格烏茲塔明那(Gewürztraminer)。

法國 Nord-Pas-de-Calais
熟成期 4 個月
重量和形狀 400g(14oz),圓頂形
尺寸 D. 12cm(5in),H. 4.5cm (2in)
原料奶 牛奶
種類 半軟質
製造商 M. Bernard

Fouchtra

它的外皮和Cantal以及St Nectaire相像,上面佈滿了白、紅、硫黃色的黴層,味道溫和微妙,反映了產區火山地形的特殊植被。使用牛奶製成。

TASTING NOTES 品嚐筆記
質地意外的柔軟滑順。味道獨特,在口中留下一股杏仁餘味,令人難忘。

HOW TO ENJOY 享用方式
要搭配這款美味的起司,挑選酒體飽滿有層次的紅酒,如聖喬瑟夫(Saint Joseph)或瓦給哈斯(Vacqueyras)。

法國 Cantal, Auvergne
熟成期 3 個月
重量和形狀 6kg(13lb 4oz),車輪形
尺寸 D. 36cm(14in),H. 7cm (3in)
原料奶 山羊奶或牛奶
種類 半軟質
製造商 多家

Fougerus

這款傳統手工(artisan)起司,原本只是供應自家消耗,然而自二十世紀初便開始量產上市。體型比近親 Brie 和 Coulommier 略大。

TASTING NOTES 品嚐筆記
用來裝飾的蕨葉,散發出森林的清香,外皮有黴菌、蘑菇般的氣味。質感柔軟,入口即化,帶有明顯而強烈的味道。

HOW TO ENJOY 享用方式
這款美麗的起司,可裝飾任何一種起司盤。搭配有活力富果香的紅酒,如博納丘(Côte de Beaune)。

法國 Ile-de-France
熟成期 3-4 週
重量和形狀 500g(1lb 2oz),圓形
尺寸 D. 15cm(6in),H. 4cm (1½in)
原料奶 牛奶
種類 軟質白起司
製造商 多家

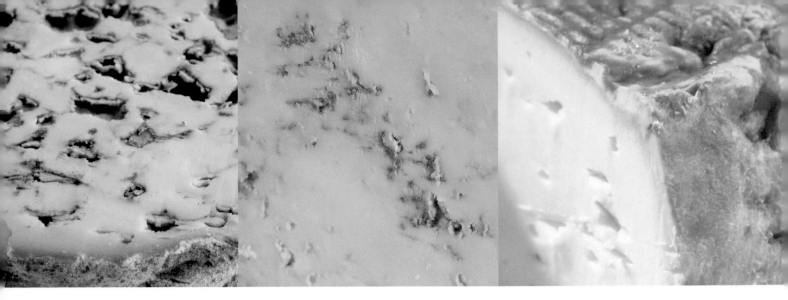

Fourme d'Ambert AOC

法國歷史最悠久的起司之一，這款藍黴起司發源自羅馬時期。1972 年即受到 AOC 保護，此後它的製造流程也加快了效率，以跟上它 AOC 夥伴 Fourme de Montbrison 的腳步。

TASTING NOTES 品嚐筆記
味道獨特，帶點苦味。質地濃郁滑順，散發出熟成地窖的氣味。

HOW TO ENJOY 享用方式
搭配亞維儂丘(Côtes d'Auvergne)、何內思丘(Côtes Roannaises)，和酒體飽滿的薄酒萊(Beaujolais)，或是一支帶甜味的索甸(Sauternes)或巴紐斯(Banyuls)。

法國 Auvergne	
熟成期 3 個月	
重量和形狀 1.5kg(3lb 5oz)，圓柱形	
尺寸 D. 12cm （5in），L. 17cm (7in)	
原料奶 牛奶	
種類 藍黴	
製造商 多家	

Fourme de Montbrison AOC

Fourme d'Ambert 和 Fourme de Montbrison，如其名所示，來自不同的城鎮，但由於彼此相似，因此共用一個 AOC。Fourme 是拉丁文的 forma，意指來源或形狀。

TASTING NOTES 品嚐筆記
Montbrison 和 Fourme d'Ambert 相比，通常沒有那麼滑順，味道比較強烈複雜，具有長而辛辣的後味。淡黃色的內部起司，佈滿不規則的藍紋。

HOW TO ENJOY 享用方式
搭配本地出產的葡萄酒，如亞維儂丘(Côteaux d'Auvergne)或何內思丘(Côtes Roannaises)，或是帶甜味的酒。

法國 Rhône-Alpes	
熟成期 3 個月	
重量和形狀 1.5kg(3lb 5oz)，圓柱形	
尺寸 D. 12cm(5in)，H. 21cm(8in)	
原料奶 牛奶	
種類 藍黴	
製造商 多家	

Fruité du Boulonnais

近來才出現的起司，但已受到許多好評，內部起司質感特殊而美味，橙色的硬脆外皮，是經過 8 週的定期洗浸才形成的。

TASTING NOTES 品嚐筆記
不同的熟成階段都值得品嚐，由滑順溫和轉變為強烈有力。具有愉悅的鮮奶香氣。

HOW TO ENJOY 享用方式
在北加萊海峽地區(Nord-Pas-de-Calais)開始興盛的小型啤酒釀造廠裡，挑選一支法國愛爾型啤酒(real ale 編註：頂層發酵啤酒的統稱)來搭配，如 Castelain Brewery 的啤酒。

法國 Nord-Pas-de-Calais	
熟成期 4 個月	
重量和形狀 350g(120z)，圓柱形	
尺寸 D. 15cm(6in)，H. 5cm (2in)	
原料奶 牛奶	
種類 半軟質	
製造商 M. Bernard	

Gaperon

在過去，農夫在自家廚房懸掛的起司數量，暗示了他的財富，也就代表了給女兒嫁妝的多寡。這款來自亞維儂（Auvergne）的特別起司，本來是混合白脫鮮奶（buttermilk）和新鮮牛奶做為原料，現在已不使用白脫鮮奶了，但仍然以懸掛的方式熟成。

TASTING NOTES 品嚐筆記
在乾燥堅硬的外皮下，有彈性的起司含有大蒜和胡椒，風味獨特，因為懸掛風乾並燻過，因此帶有煙燻味。

HOW TO ENJOY 享用方式
當作點心十分美味。搭配酒體飽滿而健壯的酒，如隆河丘（Côtes-du-Rhône）。

法國 Auvergne	
熟成期 1-2 個月	
重量和形狀 350g-500g（12½oz-1lb 2oz），壓扁的球形	
尺寸 D. 9cm（3½in），H. 6cm-7.5cm（2½-3in）	
原料奶 牛奶	
種類 半軟質	
製造商 多家	

Gour Noir

這款美味的傳統手工（artisan）起司，原料是山羊奶，上面撒滿了樹灰（ash），由亞維儂（Auvergne）地區的農夫製作出來，他們對自己的起司製作技藝，有堅定的執著。同一批製作者，也創作出另一款不加樹灰的版本－Gour Blanc。

TASTING NOTES 品嚐筆記
在軟而起皺的外皮下，起司的風味會隨著熟成的程度而變化。從香甜到辛辣，都是可能性，但風味總是細緻，並散發出一股微妙的山羊奶氣息。

HOW TO ENJOY 享用方式
配上一片簡單的鄉村麵包。清爽的羅亞爾河地區（Loire）葡萄酒，如梅揚城堡（Chateaumeillant），也可作完美的搭配。

法國 Auvergne	
熟成期 2-6 週	
重量和形狀 200g（7oz），橢圓形	
尺寸 L. 10cm（4in），H. 3.5cm（1in）	
原料奶 山羊奶	
種類 熟成過的新鮮起司	
製造商 La Fromagerie Corbreche	

Gratte- Paille

創造於 1970 年代的白色外皮起司，對於不怕胖的人來說，是一大享受，它含有三倍乳脂（cream）（每 100 克的起司含 70% 的乳脂），外皮上可看到熟成時墊在底下的稻草的印痕。

TASTING NOTES 品嚐筆記
因為含有三倍乳脂，Gratte-Paille 具有十分濃郁的奶香，口感滑細滋潤，有時帶有蘑菇味。

HOW TO ENJOY 享用方式
磨碎加在蔬菜和雞肉料理上。和草莓一起吃十分美味。搭配紅酒，如松塞爾紅酒（Sancerre Rouge）或香檳（Champagne）。

法國 Seine-et-Marne, Ile-de-France	
熟成期 約 4 週	
重量和形狀 300g（10½oz），磚形	
尺寸 H. 7.5cm（3½in），W. 6cm（2½in）	
原料奶 牛奶	
種類 軟質白起司	
製造商 Rouzaire dairy	

Laguiole AOC

又名爲 Fourme de Laguiole,這是一款有數世紀歷史之久的起司,最初是由奧布拉克(Aubrac)山區的修道院僧侶所創作出來。自 1961 年即受到 AOC 保護。

TASTING NOTES 品嚐筆記
質地結實平滑,香味強烈獨特,味道溫和富奶香,帶有一絲刺激的辛辣味。熟成越久,更增加其美味。

HOW TO ENJOY 享用方式
可以當作點心,或是做爲一餐結束後的起司盤。可以搭配所有富果香,來自馬克亞克(Marcillac)、費爾(Fel)和尼姆丘(Costières de Nîmes)的葡萄酒。

法國 Laguiole, Midi-Pyrénées	
熟成期 4-6 個月	
重量和形狀 30-40kg(66-88lb),圓柱形	
尺寸 D. 40cm(16in),H. 35cm-40cm(14-16in)	
原料奶 牛奶	
種類 硬質	
製造商 Jeune Montagne cooperative	

Langres AOC

外皮呈橙紅色,和 Epoisses de Bourgogne 類似,它的名稱來自傳統產區名,也就是香檳地區(Champagne)的朗格(Langres)高原。外皮的顏色來自用來洗浸的胭脂紅(annatto)。自 1991 年起即受到 AOC 保護。

TASTING NOTES 品嚐筆記
味道濃烈,具有刺鼻的獨特氣味,剛熟成時帶點辛辣。質感會隨著熟成的程度變成細粒狀,呈現平滑帶黏性、入口即化的口感。

HOW TO ENJOY 享用方式
要搭配其濃烈風味,應選用勃根地(Bourgogne)地區富果香而飽滿的紅酒。

法國 Langres, Champagne Ardenne	
熟成期 2-3 個月	
重量和形狀 300g(10oz),頂部塌陷的圓柱形	
尺寸 D. 10cm(4in),H. 5cm(2in)	
原料奶 牛奶	
種類 半軟質	
製造商 Schertenleib Dairy and Reumillet	

Lavort

這款綿羊奶起司,創作於二十世紀晚期,像火山口的形狀,是爲了向亞維儂(Auvergne)地區的火山地形致敬。最早的作法,會有 5 條燈芯草綁在起司外圍,避免起司在熟成的過程中塌陷。

TASTING NOTES 品嚐筆記
起司的質地綿密細緻,佈滿細小孔洞,風味會隨著熟成的程度而有不同。在後味裡,可以嚐到一絲微妙的榛果味。

HOW TO ENJOY 享用方式
非常適合作成爽脆的沙拉,因此可以在許多當地的沙拉菜餚裡,看到它的身影。

法國 Puy Guillaume, Auvergne	
熟成期 3-6 個月	
重量和形狀 500g(1lb 2oz),圓鼓形	
尺寸 D. 15cm(6in),H. 11cm(4½in)	
原料奶 綿羊奶	
種類 硬質	
製造商 Fromagerie de Terre-Dieu	

Epoisses de Bourgogne AOC
國家法定產區制勃根地的伊泊斯起司

根據傳說，這款起司是在十六世紀，由伊泊斯(Epoisses)村莊當地的僧侶所創。他們是根據西元960年，法國北部昂第拉許(Thiérache)的馬胡瓦司修道院(Maroilles Abbey)，第一款洗浸起司的作法而製成。

僧侶在齋戒期間不得吃肉，而齋戒日一年多達100多天(這還不算必須吃魚的星期五)，因此起司是他們日常飲食極重要的一部分。這款帶有強烈刺鼻肉味的洗浸起司，在當時必定像是天賜的禮物。修道院關閉後，僧侶製作起司的方法卻保留了下來，此後便是由母親代代相傳給女兒，後來竟至失傳。直到1956年，羅伯特和西蒙貝司多(Robert and Simone Berthaut)決定重新復興它的傳統作法，其他的製造商也相繼加入這個行列，在1991年，伊泊斯(Epoisses)起司獲得了AOC的保護。

要符合AOC的規定，產地限制在金丘(Côtes d'Or)、伊凡(the Yvonne)或上馬恩(the Haute Marne)和有名的第戎(Dijon)西邊的一小塊地區。雖然只有4家

製造商生產，在美國、中國和澳洲都可見到它的身影。

TASTING NOTES 品嚐筆記

新鮮的伊泊斯起司(Epoisses Frais)，須經過30天的熟成，質地結實濕潤略帶細粒狀，在薄而呈淡橙色外皮之下的部分，正開始軟化，味道溫和有乳酸味(lactic)，帶有微妙的酵母鹹味。40天熟成的伊泊斯(Epoisses Affinée)，有起皺帶黏性的橘紅色外皮、刺鼻辛辣的香氣以及平滑柔順的質感。當外皮要開始崩落時，內部起司也近乎融化，而其香氣，有些人描述爲像臭襪子，可以和那濃烈而奇妙的肉味相抗衡。

HOW TO ENJOY
享用方式

所有的起司盤，都應有一款洗浸起司，而伊泊斯(Epoisses)是最好的洗浸起司之一。可以抹在堅果或葡萄乾麵包上吃，或者，如果真的喜歡味道濃烈的起司，可加以烘烤，搭配香脆麵包或放在馬鈴薯片上一起烘烤。用加熱的方法可帶出這款起司的甜味，但因其味道太過濃烈，要酌量使用。質感滑順，氣味濃郁，必須搭配一支上等的勃根地(Burgundy)、黑皮諾(Pinot Noir)紅酒，或是一支濃郁滑順的夏多內(Chardonnay)，當然也可選用辛辣、香氣足的麗絲玲(Riesling)，或渣釀白蘭地(Marc de Bourgogne)。

FRANCE

64

伊泊斯(Epoisses)的原料奶，來自伯納(Brune)、法國西門塔爾(French Simmental)和蒙貝利亞爾(Montbéliarde)品種的乳牛。

法國 Bourgogne 和 Champagne Ardenne	
熟成期 4-6週	
重量和形狀 250g(9oz)，圓形	
尺寸 D. 16.5cm(6in)，3cm(1in)	
原料奶 牛奶	
種類 半軟質	
製造商 多家	

A CLOSER LOOK
放大檢視

伊泊斯(Epoisses)獨特的顏色，來自於固定將起司以白蘭地及鹽水(brine)洗浸，也因此讓它成爲洗浸外皮起司(washed-rind)中口味最刺激辛辣的。

APPLYING BRANDY
白蘭地的應用 伊泊斯(Epoisses)地區的僧侶，因爲鄰近勃根地(Burgundy)的優質葡萄園，便使用當地的一種高酒精渣釀白蘭地，稱爲"marc"來洗浸起司，因而賦予了獨特的酒氣和帶黏性的橙色外皮。

SMEAR-RIPENING 塗抹熟成
每天剛成形的起司，都要用鹽水和一種叫做"brevibacterium linens"（亞麻短桿菌）特殊菌的混合液洗浸，這個手續要持續4~6週，叫作塗抹熟成。

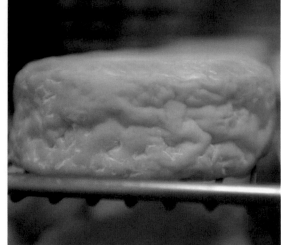

PACKAGING 包裝 起司包裝在圓形的木盒裡，木片來自吉哈(Jura)山區的樹林。傳統上，木盒會墊上栗樹葉，但現在因為衛生規定而被禁止了，而改用棕色紙張。起司上架販賣時，木盒上會用有孔的膠片包起來，是為了避免顧客用手去感覺起司的熟度，要對此作出判斷，可以觀察起司的顏色來決定。

YELLOWING 外皮轉黃 塗抹熟成的過程，使外皮逐漸從淡黃色轉變為有光澤的橙紅色，黏性也越見顯著，表面並有一層細粉狀的白黴。

洗浸外皮呈黃橙至紅橙色，味道刺鼻強烈。

移除了一小塊的圓形起司

內部濕潤而呈淡黃色。

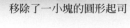

Lingot de la Ginestarie

這款體型小的新鮮綿羊奶起司,由庇里牛斯山(Pyrénées)地區,來自波蘭的農夫特羅司基(M. Teosky)所創作出來,在他的草原上同時飼養了綿羊和山羊。

TASTING NOTES 品嚐筆記
這款農舍(farmhouse)起司,質地柔軟,熟成久後幾乎呈現流動狀,味道香甜,帶有新鮮而愉悅的鄉村氣息。

HOW TO ENJOY 享用方式
磚形的外觀,可為起司盤增添風格,其新鮮微妙的風味,可搭配清爽的紅酒,如席儂(Chinon)。

法國 Tarn, Midi-Pyrénées	
熟成期 2 週	
重量和形狀 140g(5oz),磚形	
尺寸 L. 10cm(4in),W. 5cm(2in),H. 5cm(2in)	
原料奶 綿羊奶	
種類 熟成過的新鮮起司	
製造商 M. Teosky	

Livarot AOC

這是諾曼第(Normandie)地區最古老的起司之一,大概是由當地的僧侶所發明。它的曙稱是上校(the Colonel),因包圍著洗浸外皮的 5 條莎草(sedge),像是部隊制服上標示軍階的條紋。

TASTING NOTES 品嚐筆記
上等的 Livarot,應具有結實、橙黃色而略帶黏性的外皮,以及強烈的辛辣味。

HOW TO ENJOY 享用方式
完全熟成的起司,應搭配酒體健壯的紅酒,但也可和來自諾曼第(Normandie)等區的蘋果酒(cider)相配,或是來一支帶甜味晚收(late harvest)的阿爾薩斯(Alsace)酒。

法國 Basse-Normandie	
熟成期 3 個月	
重量和形狀 500g(1lb 2oz),圓鼓形	
尺寸 D. 12 cm(5in),H. 5cm(2in)	
原料奶 牛奶	
種類 半軟質	
製造商 Fromagerie E Graindorge; Fromagerie Thebault	

Lou Rocaillou

Lou Rocaillou 在當地的方言裡,就是「那崎嶇的起司」之意,指的是梅尚喀斯(the causse Méjean),一個大型的石灰岩高原,供應此款起司原料奶的綿羊,就是在該地放牧。

TASTING NOTES 品嚐筆記
具有白色的黴層外皮,內部的起司結實滑順,滋潤柔細,幾乎入口即化,不論在那個熟成階段食用,都帶著香甜味。

HOW TO ENJOY 享用方式
可單獨食用,或是抹在新鮮麵包上,都是可口的點心。放在起司盤上,可取代常見的味道濃烈的起司,增加新鮮感。

法國 Aveyron, Midi-Pyrénées	
熟成期 2 週	
重量和形狀 85g(3oz),圓形	
尺寸 D. 5cm(2in),H. 3.5cm(1½in)	
原料奶 綿羊奶	
種類 熟成過的新鮮起司	
製造商 M. Dombres	

Lou Sotch

這款體型小、呈橢圓狀的綿羊奶起司，來自阿維隆(Aveyron)地區的喀斯國家公園(the Grands Causses Nature Park)。薄而起皺的外皮，覆滿粉狀白黴，有點像另一款小型的山羊奶起司 Rocamadour，但 Lou Sotch 的滋味更為豐富。

TASTING NOTES 品嚐筆記
外皮鮮嫩，質地滑順，帶有濃厚的堅果味，所有愛好山羊奶起司的人，都會歡迎這不同一般的特殊風味。

HOW TO ENJOY 享用方式
佐以不甜的甜酸醬(chutneys)，並搭配一支冰過的不甜(dry)白酒，可作為理想的開胃菜。

法國 Aveyron, Midi-Pyrénées
熟成期 12-20 週
重量和形狀 30g(1oz)，橢圓形
尺寸 L. 15cm(6in)，H. 1.5cm (½in)
原料奶 綿羊奶
種類 熟成過的新鮮起司
製造商 M. Dombres

Lucullus

此款軟質白起司產自諾曼第(Normandie)，以一位知名的羅馬將領兼美食家來命名。在凝乳形成前，添加了大量乳脂(cream)，因為比其他的軟質白起司含有更高的乳脂含量，所以能在冰箱存放較久。

TASTING NOTES 品嚐筆記
柔軟的白色外皮帶有蘑菇香氣。在嘴裡，可以感受到那幾近奢華的絲般香濃，以及堅果味。別顧慮它的脂肪含量了，就好好享受吧！

HOW TO ENJOY 享用方式
搭配餅乾或香脆麵包食用，再來上一支清爽具果香的好酒，如布日(Bouzy)紅酒。

法國 Ile-de-France 和 Normandie
熟成期 3-4 週
重量和形狀 225g(8oz)，圓鼓形
尺寸 D. 7.5cm(3in)，H. 5cm(2in)
原料奶 牛奶
種類 半軟質
製造商 多家

Mâconnais AOC

原料乳可使用純粹的山羊奶，或是混合山羊奶和牛奶，後者終年都可取得。來自勃根地(Bourgogne)地區，在 2005 年獲得 AOC 等級。

TASTING NOTES 品嚐筆記
風味獨特：帶有一絲山羊味和堅果味，以及細緻的春天香草香氣。剛熟成時，質地呈白色而滑順，熟成越久，就會變硬而略帶鹹味。

HOW TO ENJOY 享用方式
最好搭配不甜(dry)富果香的馬貢內(Mâconnais)地區白酒，如薄酒萊(Beaujolais)和馬貢(Mâcon)。

法國 Bourgogne
熟成期 1-2 週
重量和形狀 60g(2oz)，截頂圓錐形
尺寸 D. 底部 5cm(2in)，頂部 3.5cm(1.5in)，H. 3.5cm(1.5in)
原料奶 山羊奶和牛奶
種類 熟成過的新鮮起司
製造商 多家

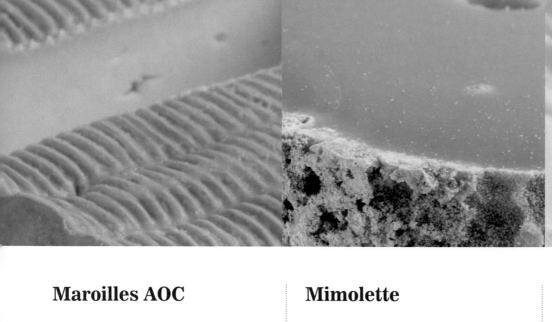

Maroilles AOC

這款法國北部最有名的起司，是在西元 962 年由僧侶發明的。定期的翻面和洗浸，去除了天然的白黴，卻促使了另一種菌的生長，因此形成這獨特的淡褐色外皮。

TASTING NOTES 品嚐筆記
內部起司呈淡黃色，柔軟而帶有油質，具有濃郁的香氣和味道，以及在口中徘徊不去、香甜的後味。

HOW TO ENJOY 享用方式
當地最常見的做法之一，是做成醬汁來料理雞肉，可搭配所有香濃有活力的紅酒，如教皇新堡(Châteauneuf-de-Pâpe)。

法國 Nord-Pas-de-Calais	
熟成期 4 個月	
重量和形狀 800g(1¾lb)，方形	
尺寸 L. 13cm(5in)，W. 13cm (5in)，H. 4cm(1½in)	
原料奶 牛奶	
種類 半軟質	
製造商 多家	

Mimolette

這款硬質起司來自荷蘭，但自十七世紀起，法國北部也開始製作。其製作方法和 Edam 相同，但用了胭脂紅(annatto)來染色，並需要熟成 3 個月以上。

TASTING NOTES 品嚐筆記
成熟時，起司的顏色會從亮橘色轉成淺褐色，質感也變得易碎。口味溫和，但會隨著時間逐漸變濃烈。

HOW TO ENJOY 享用方式
當作開胃菜食用。搭配任何一種清爽富果香的酒，如博納丘(Côtes de Beaune)，但也常和啤酒、波特酒(port)，或馬德拉酒(Madeira)一起享用。

法國 Nord-Pas-de-Calais	
熟成期 3-24 個月	
重量和形狀 2.5kg-2.7kg(5½lb-6lb)，球形	
尺寸 D. 16cm(6in)，H. 13cm (5in)	
原料奶 牛奶	
種類 硬質	
製造商 多家	

Mont d'Or AOC

金色山脈(Mont d'Or)位於瑞法邊界，此款起司便是生產於此，在每年的八月底到來年的三月中之間製造。數世紀以來，這兩國都有製造這種起司，但是法國人獲得了 AOC 的標誌(在 1981 年)。

TASTING NOTES 品嚐筆記
質地滑順，風味細緻，用來包裝的雲杉木(spruce)，是為了預防起司在熟成的過程中塌落，也散發出一股清香。

HOW TO ENJOY 享用方式
在一餐飯後，用湯匙舀來吃，或是放入烤箱融化，像瑞士起司鍋(fondue)般的吃法。

法國 Franche-Comté	
熟成期 1 個月	
重量和形狀 115g(4oz)，圓形	
尺寸 D. 7.5cm(3in)，H. 1 cm (½in)	
原料奶 牛奶	
種類 半軟質	
製造商 多家	

Morbier AOC

這款起司是由吉哈(Jura)山區,製造孔提(Comté)的起司師傅所製作。起司的中央有一條水平直線,為其特色。傳統上,柴火裡的黑灰(soot)要撒在早晨的凝乳上,再蓋上傍晚擠壓出來的鮮乳。現在,生產商使用樹灰(ash)來呈現這種效果。

TASTING NOTES 品嚐筆記
起司柔軟細緻,風味獨特,帶有溫和的鮮奶香氣。熟成越久,味道越濃郁香甜。

HOW TO ENJOY 享用方式
搭配當地的阿爾布瓦(Arbois)酒,或是清爽富果香的酒,如薄酒萊(Beaujolais)或吉哈(Jura)。

法國 Franche-Comté	
熟成期 2-3 個月	
重量和形狀 5-9 kg(11lb-19lb 13oz),車輪形	
尺寸 D. 36-41cm(14-16in),H. 7.5-10cm(3-4in)	
原料奶 牛奶	
種類 半軟質	
製造商 多家	

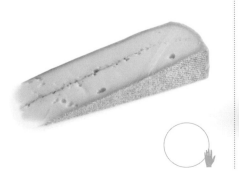

Morvan

這款軟質起司通常在春夏兩季食用,這是來自勃根地(Bourgogne)地區的農舍(fermier)起司,以莫爾旺(Morvan)地區的公園命名,該地遍布樹木、森林和山丘,風景秀麗。

TASTING NOTES 品嚐筆記
最好是趁新鮮時食用,略帶堅果味與一絲山羊氣息。

HOW TO ENJOY 享用方式
搭配新鮮當季的莓果食用。清爽的白酒也很適合,如馬貢內(Mâconnais),薄酒萊(Beaujolais)或馬貢(Mâcon)。

法國 Bourgogne	
熟成期 3 週	
重量和形狀 115g(3½oz),圓鼓形	
尺寸 D. 7cm(3in),H 4cm(1½in)	
原料奶 山羊奶	
種類 熟成過的新鮮起司	
製造商 多家	

Mothais-sur-Feuille

山羊是由摩爾人在十五世紀時引進普瓦圖(Poitou)地區的,現在成為當地經濟重要的角色。這款農舍(farmhouse)起司,具有不同一般山羊起司的作法:起司會放在一片栗樹葉上,然後在高濕度的環境下熟成,不同於一般空氣要保持乾燥的要求,因此起司得以維持濕潤。

TASTING NOTES 品嚐筆記
外皮柔軟帶黏性,質地滑順,氣味清淡帶黴菌味,後味悠長而細緻。

HOW TO ENJOY 享用方式
用酒體飽滿的普瓦圖(Poitou)當地紅酒,來搭配這款入口即化的起司。

法國 Poitou-Charentes	
熟成期 2 週	
重量和形狀 225g-250g(8-9oz),圓形	
尺寸 D. 10cm(4in),H. 2.5cm(1in)	
原料奶 山羊	
種類 熟成過的新鮮起司	
製造商 多家	

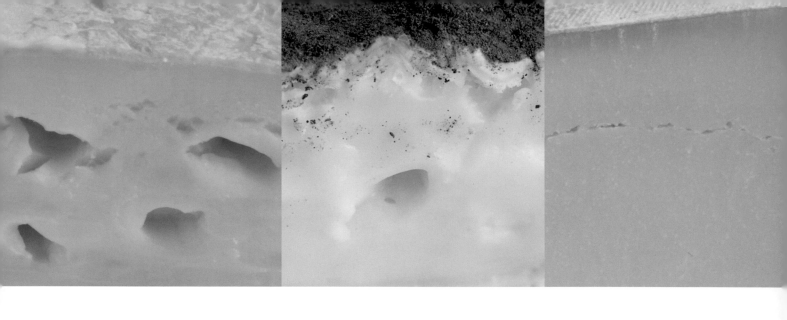

Munster AOC

根源於中古世紀的修道院，這款古老的洗浸起司，若是產自洛林(Lorraine)地區，亦名為Géromé。在1969年獲得AOC等級。

TASTING NOTES 品嚐筆記
充分熟成時，帶有強烈刺鼻的氣味，以及濃郁鮮奶的味道。市面上也可看到以小茴香(cumin)調味的版本。

HOW TO ENJOY 享用方式
學習當地人的吃法：搭配加了小茴香的水煮馬鈴薯。剛熟成的起司，可搭配格烏茲塔明那(Gewürztraminer)；熟成後期的起司則適合酒體飽滿的紅酒，如羅帝丘(Côtes Rôtie)或上梅多克(Haut-Médoc)。

法國 Alsace and Lorraine	
熟成期 2-3 個月	
重量和形狀 280g-1.5kg(10oz-3lb 3oz)，圓形	
尺寸 D. 13-19cm(5-7in)，H. 2.5-8cm(1-3in)	
原料奶 牛奶	
種類 半軟質	
製造商 多家	

Olivet

這款起司最初來自羅亞爾河上的同名小鎮，現在則有不同的外觀和種類。Cendré(如圖所示)沾裹上樹灰來熟成，有砂礫狀、灰褐色的外皮；au Foin的外皮呈白色，包上幾條乾草；若是Poivre則是裹滿了壓碎的胡椒。

TASTING NOTES 品嚐筆記
Olivet 有微妙的鹽味和蘑菇味，帶有一絲黴菌味。

HOW TO ENJOY 享用方式
搭配當地的粉紅酒(rosé)，如奧里耶呢(Orléanais)的美涅皮諾(Pinot Meunier)，或任何一種具果香的紅酒，如布爾蓋伊(Borgueil)。

法國 Centre	
熟成期 1 個月	
重量和形狀 300g(10½oz)，圓形	
尺寸 D. 12cm(5in)，H. 2.5cm(1in)	
原料奶 牛奶	
種類 軟質白起司	
製造商 多家	

Ossau-Iraty AOC

這款硬質起司的名稱，來自必亞(Béarn)地區的奧索(Ossau)山谷，以及巴斯克(Basque Country)的伊拉蒂(Iraty)森林。這個名稱也包括了其他的數種優質起司，都是以放牧於這風景美麗地區的馬內許(Manech ewes)綿羊鮮奶所製成的。

TASTING NOTES 品嚐筆記
味道刺激，帶堅果味，外皮堅硬，尤其是經過長時間熟成的更是如此。如果喜歡重口味，不妨試試伊斯普列(Espelette)辣椒口味。

HOW TO ENJOY 享用方式
根據傳統的吃法，搭配itxassou(一種當地的黑櫻桃果醬)，能夠平衡起司的刺激風味。當地也有好幾種菜餚，都用它來入味。

法國 Pays Basques	
熟成期 至少 3 個月	
重量和形狀 2-7kg(4½lb-15lb 7oz)，圓形	
尺寸 D. 18-28cm(7-11in)，H. 7-15cm(3-4½in)	
原料奶 綿羊奶	
種類 硬質	
製造商 多家	

Palet de Bourgogne

由勃根地(Burgundy)知名的起司師傅雷蒙戈哥瑞(Raymond Gaugry)，在二十世紀發表的創作。以 Epoisses 為基礎，每 2 天以鹽水和渣釀白蘭地(Marc de Bourgogne)洗浸一次，因此起司變得濕潤並帶紅橙色。

TASTING NOTES 品嚐筆記
味道濃烈，質地細緻滑順，味道濃郁有力，和 Epoisses 及 Ami du Chambertin 起司相似，不過略為溫和。

HOW TO ENJOY 享用方式
這款風味濃郁的起司，最好搭配一支清爽的紅酒，如薩維尼萊博納(Savigny-les-Beaune)。

法國 Gevrey-Chamberti, Bourogne	
熟成期 4 週	
重量和形狀 125g(4½oz)，圓形	
尺寸 D. 9cm(3½in), H. 3.5cm(1in)	
原料奶 牛奶	
種類 半軟質	
製造商 Fromagerie Gaugry	

Pavé d'Auge

這款半軟質起司是 Pont-l'Evêque 的另一種變化體，歷史也很悠久，現在則成為數款奧格(Auge)產地的方形洗浸起司的通稱，包括帕唯的馬優 Pavé de Moyaux(地名)、Pavé du Plessis(一家奶酪場的名稱)，和特魯維(Trouville 一個海邊小鎮名)。Pavé 是法文，指的是許多古城鎮都可見到的石子路。

TASTING NOTES 品嚐筆記
味道辛辣，具有刺激的風味，可能會帶點苦味。

HOW TO ENJOY 享用方式
搭配強烈、酒體飽滿有特色的紅酒：布爾蓋伊(Bourgueil)、浮羅日(Fleurie)或波美侯(Pomerol)。

法國 Basse-Normandie	
熟成期 2 個月	
重量和形狀 750g(1lb 10oz)，方形	
尺寸 L. 11cm(4½in), W. 11cm(4½in), H. 5cm(2in)	
原料奶 牛奶	
種類 半軟質	
製造商 多家	

Pavé Blésois

這款傳統手工(artisan)起司，有方形和長方形的版本。乾燥的表面覆滿了優雅而有趣的灰藍色黴層。產自羅亞爾河(Loire)附近的布雷斯瓦(Blésois)地區。

TASTING NOTES 品嚐筆記
具有山羊奶起司的香氣。內部起司白淨滑順，帶有榛果味和引人入勝的後味。

HOW TO ENJOY 享用方式
這是一款絕佳的鄉村起司，可以加在簡單的沙拉裡，最好搭配不甜而簡單的清爽型白酒，如席儂(Chinon)。

法國 Centre	
熟成期 6 週	
重量和形狀 方形為 250g(9oz)，長方形為 300g(10oz)	
尺寸 方形:L. 8cm(3in), W. 8cm(3in), H. 4cm(1½in)；長方形:L. 12cm(5in), W. 7cm(3in), H. 3.5cm(1½in)	
原料奶 山羊奶	
種類 熟成過的新鮮起司	
製造商 多家	

Pavé de la Ginestarie

這是由庇里牛斯山區的山羊奶製成的，詳細的製作方法從不外傳，因此使 Pavé de la Ginestarie 成為很特殊的起司。從外皮可以看到稻草的痕跡，因此可以知道稻草所產生的細菌，參與了成熟的過程。

TASTING NOTES 品嚐筆記
這款有機、具白色外皮的起司，顏色極淡，帶有一絲稻草味。風味細緻，後味悠長。

HOW TO ENJOY 享用方式
美味的搭配選擇，是新鮮的黑莓或醋栗（currants），可帶出這細緻起司的真正甜美風味。

法國 Tarn, Midi-Pyrénées	
熟成期 3 週	
重量和形狀 30g（1oz），方形	
尺寸 L. 9cm（3½in），W. 9cm（3½in），H. 2 cm（¾in）	
原料奶 山羊奶	
種類 熟成過的新鮮起司	
製造商 M. Teosky	

Pavé du Nord

又名為 Pavé de Roubaix，以法國北部的紡織城魯貝（Roubaix）為名，因為傳統上，紡織商的餐桌上一定有這款起司。它漂亮的紅蘿蔔色，像 Mimolette 一樣，來自製造過程中使用的胭脂紅（annatto）。

TASTING NOTES 品嚐筆記
外皮十分堅硬，呈橙色至褐色，內部起司的質地密實而堅硬，帶有幾個小孔，後味濃烈而刺激。

HOW TO ENJOY 享用方式
削片或切薄片，搭配啤酒當開胃菜，或是加在起司醬汁裡，增添風味。

法國 Nord-Pas-de-Calais	
熟成期 6-24 個月	
重量和形狀 4kg（8lb 13oz），磚形	
尺寸 L. 27cm（11in），W. 13cm（5in），H. 8cm（3in）	
原料奶 牛奶	
種類 硬質	
製造商 多家	

Pavin

這款半軟質的起司，產自佛黑斯（Forez）山區，是以亞維儂（Auvergne）地區的一座湖來命名，製作方法和 Saint-Nectaire 類似，用鹽水和胭脂紅（annatto）的混合液洗浸後，形成帶黏性、覆滿白黴粉的橙色外皮。

TASTING NOTES 品嚐筆記
內部起司呈淡黃色，帶有蘑菇氣息以及榛果味。

HOW TO ENJOY 享用方式
搭配酒體飽滿的勃根地（Bourgogne）酒，如波瑪（Pommard）或梅谷黑（Mercurey）。

法國 Auvergne	
熟成期 約 8 週	
重量和形狀 450g（1lb），圓形	
尺寸 D. 13cm（5in），H. 4cm（1½in）	
原料奶 牛奶	
種類 半軟質	
製造商 多家	

Pechegos

這款起司的名稱，來自塔恩(Tarn)地區的
一座高原。生產原料生乳的山羊，就是在此
處啃食。完全熟成的洗浸起司，外皮帶有特
別的古銅色，並以雲杉樹皮綁縛。

TASTING NOTES 品嚐筆記
以有名的 Mont d'Or 起司爲基礎，但相較
之下，這款起司的口感非常滑順，充滿了各
種不同的蘑菇和松露風味，是一場味覺的
盛宴。

HOW TO ENJOY 享用方式
可佐以馬鈴薯或蛋，搭配一支酒體飽滿的
白酒，如朱朗松(Jurançon)或像馬第宏
(Madiran)的紅酒。

法國 Tarn, Midi-Pyrénées	
熟成期 8 週	
重量和形狀 300g(10oz)，圓形	
尺寸 D. 10cm(4in)，H. 4cm (1½in)	
原料奶 山羊奶	
種類 半軟質	
製造商 Le Pic Cooperative	

Pélardon AOC

阿爾卑斯山(Alps)的附近，是法國的塞文
(Cevennes)地區，Pélardon 是產自該地的
小型山羊奶起司的通稱，包括了 Pélardon
des Cévennes(如圖所示)、Pélardon
d'Anduze 和 Pélardon d'Altier。

TASTING NOTES 品嚐筆記
質地緊實滑順，具有濃郁的奶香和堅果味，
以及悠遠的後味。起皺的外皮幾乎尚未形
成，薄而柔軟，熟成後會產生天然的黴層。

HOW TO ENJOY 享用方式
可稍加爐烤或烘烤，並搭配一支尼姆丘
(Costières de Nîmes)紅酒，或酒體飽滿
的隆河丘(Côtes-du-Rhône)，如吉貢達
(Gigondas)或瓦給哈斯(Vacqueyras)。

法國 Lanquedoc-Roussillon	
熟成期 2-3 週	
重量和形狀 85-125g(3-4½oz)，碟形	
尺寸 D. 6-7.5cm(2½-3in)，H. 2.5cm(1in)	
原料奶 山羊奶	
種類 熟成過的新鮮起司	
製造商 多家	

Pérail

此款起司已存在數世紀之久，當初只是爲了
不浪費，將製作 Roquefort 起司後剩下的
少量鮮奶妥善利用，現在的 Pérail 卻被視
爲一道特別的珍品。

TASTING NOTES 品嚐筆記
和大多數的綿羊奶起司相比，味道相對溫
和，也許是因爲熟成期很短。外皮柔軟，
內部起司平滑柔順，具有溫和卻明顯的堅
果味。

HOW TO ENJOY 享用方式
搭配玫瑰果(hip)果醬。可和所有南法地
區、充滿活力的紅酒相得益彰。

法國 Aveyron, Midi-Pyrénées	
熟成期 2 週左右最佳	
重量和形狀 85-140g(3-5oz)，碟形	
尺寸 D. 8-10cm(3-4in)，H. 2cm(1in)	
原料奶 綿羊奶	
種類 熟成過的新鮮起司	
製造商 M. Dombres	

Reblochon de Savoie AOC
國家法定產區制薩瓦的勒布羅匈起司

雖然自從十三世紀起，在夏天的阿爾卑斯山草原，就有人開始製作勒布羅匈(Reblochon)起司，但一直到法國大革命之後，外界的人才知道這款起司。這款起司如此隱密的原因，和開始徵稅有關。在十四世紀時，只要將牛群放牧在俯瞰安錫(Annecy)湖，美麗的上薩瓦(Haute-Savoie)草原上，就必須根據牛乳產量的多寡來繳稅。

爲了避免課稅，農夫在稅務官面前只擠出部分的鮮奶，等到稅務官離開了，才又擠壓出另一部分的鮮奶，這額外的「免稅」鮮奶，便製作成勒布羅匈(Reblochon)起司—在薩瓦(Savoie)地區的古方言裡，reblocher就是再度擠奶的意思—供自家消耗。

法國大革命後，這個稅制被取消了，農夫們可以自由地販賣做好的起司。勒布羅匈(Reblochon)起司自1976年起，即受到AOC的保護，AOC規定，原料乳只能來自原產的阿蒙多斯(Abondance)、塔玲(Tarines)和蒙貝利亞爾(Montbéliarde)品種的乳牛，並且其草料僅限於夏季的阿爾卑斯草原，冬季時只能吃從這些草原割下的乾草糧。餵食青貯飼料(silage)或濃縮飼料(concentrates)是受到禁止的，因爲這會影響鮮奶的甜味，另外還規定原料必須是生乳(unpasteurized milk)，如此即確保了製作的地點，不能離原料來源太遠。

勒布羅匈(Reblochon)起司必須在上薩瓦(Haute-Savoie)和薩瓦(Savoie)地區的東北部製作和熟成，生產商可以是個人的農夫(fermier)、合作社(fruitière)或是工業化生產的奶酪場(industriel)，後者由地方上的農場供應原料乳。

TASTING NOTES 品嚐筆記
剛熟成時，這款起司帶有水果的甜味。越接近充分熟成時，甜味消失，取而帶之的是剛醃漬好的酥脆核桃味，並帶有一絲高山野花香。質感濕潤綿密，入口之後，如英國的溫熱卡士達(custard)一般輕挑味蕾。農舍(fermier)起司的口味會更濃烈複雜，並帶有農場的氣息，但可別因此而卻步。

內部的起司完整保留了，上薩瓦(Haute-Savoie)山區野花和野草的香氣。

HOW TO ENJOY 享用方式
傳統上，搭配酥脆的鄉村麵包pain de campagne(一種天然酵母麵包)、幾片香甜的jambon de pays(風乾火腿)，和酸黃瓜一起食用。然而融化後的起司妙處無窮，可放在麵包上爐烤、或和馬鈴薯和鮮奶油(cream)一起烘烤，或加入普羅旺斯燉菜(ratatouille)裡。

當地的一款清冽白酒阿普勒蒙(Apremont)、淡啤酒或蘋果酒(cider)，都可作很好的搭配，或是選用一支低單寧而柔和的紅酒，如梅洛(Merlot)。

上薩瓦(Haute-Savoie)草原和安錫(Annecy)湖。

法國 Rhône-Alpes	
熟成期 4-12 週	
重量和形狀 240-550g（9oz-1¼lb），圓形	
尺寸 D. 9-12cm（3½-5in），H. 3cm（1in）	
原料奶 牛奶	
種類 半軟質	
製造商 多家	

A CLOSER LOOK
放大檢視

勒布羅匈(Reblochon)起司是歷史的見證，反映出當地獨特的地理環境、原生乳牛品種，以及其製作者的影響。

THE CASEIN LABLE 酪蛋白標章
貼在外皮上的圓形綠色酪蛋白標章，代表這是農舍起司(fermier)，產自阿爾卑斯山的小木屋(chalet)，或是托那(Thônes)地區的農場。紅色的標章代表是工廠生產，或是原料乳來自較大範圍內2個以上的牧群。

圓形的勒布羅匈(Reblochon)起司

滋潤的內部起司在外皮下，幾乎呈流動狀。

PRESSING 擠壓 一大塊的紗布拉開來,舖緊在一整組的起司模上,接著將凝乳舀入模型裡,再蓋上一小塊的木蓋子,用來稍微擠壓凝乳。

FORMING THE RIND 形成外皮
在陰涼的地窖裡(通常位於小木屋底下,鑿山形成的地下室),外皮會形成灰色和白色的黴層,定期用鹽水刷洗可將它去除。外皮應呈乾燥狀而不潮濕,平滑無裂痕,感覺有彈性。

外皮在剛熟成時,
呈粉紅色調的淡黃色,
接著會轉變成淡橙色,
通常會佈滿白色的黴粉。

PACKAGING 包裝 勒布羅匈(Reblochon)
起司的底部會墊上一塊木片,有時頂部也有,因此必須靠賣家告知顧客起司的熟度。

外皮的不規則皺褶處,是來自擠壓過程中卡在凝乳裡的紗布痕。

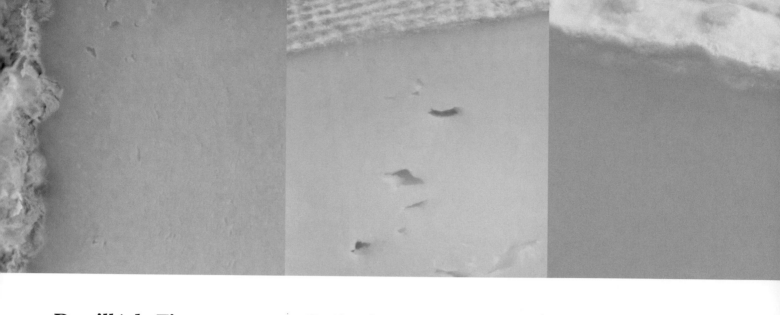

Persillé de Tignes

雖然 Persillé 的翻譯是巴西里(parsley)，它指的卻是起司內部自然生成的藍綠色黴層，和經過人工植入的藍黴不同。外皮上芥末色的斑點，一般認為和供應原乳的山羊在富硫磺的土地上啃食有關。

TASTING NOTES 品嚐筆記
帶有微酸奶味和植物的香氣，夏秋兩季的味道較濃。充分熟成後，質地會變得乾硬、帶辛辣味，味道會更濃烈而易碎。

HOW TO ENJOY 享用方式
可搭配所有具果香而清爽的紅酒，如可琫(Crépy)或莎繆(Saumure)。

法國 Rhône-Alpes	
熟成期 2-6 個月	
重量和形狀 900g(2lb)，圓柱形	
尺寸 D. 11cm(4½in)，H. 9cm (3½in)	
原料奶 山羊奶	
種類 硬質	
製造商 多家	

Petit Fiancé des Pyrénées

在 1989 年首次發表，這款起司是以未殺菌的生乳製造的，來源是一種阿爾卑斯山區的山羊。待乳清從凝乳裡濾出後，起司周圍會圍上一圈白蠟木(ash wood)，並在熟成的過程中定期洗浸，維持 6 週。

TASTING NOTES 品嚐筆記
洗浸的程序使起司保持濕潤，白蠟木片則增添了一股清香。充分熟成的起司，嚐起來豐潤，入口即化。

HOW TO ENJOY 享用方式
最適合的搭配是富果香的白酒，如康度優(Condrieux)。

法國 Midi-Pyrénées	
熟成期 6 週	
重量和形狀 300g(10oz)，圓形	
尺寸 D. 12cm(5in)，H. 3.5cm (1in)	
原料奶 山羊奶	
種類 半軟質	
製造商 Fromagerie Fermier Cabrioulet	

Picodon AOC

生產原料乳的山羊，徜徉於阿爾代什(Ardeche)和德龍(Drome)地區的山丘之間，啃食其中充滿香氣和多樣風味的青草和灌木，因此生產出高品質的鮮奶。自 1983 年起即受到 AOC 的保護。

TASTING NOTES 品嚐筆記
山羊的草食賦予這款起司一股辛辣味，內部起司的質地十分乾硬，最好是以含著慢慢吸允的方式，才能得其真味。

HOW TO ENJOY 享用方式
加入沙拉中十分美味，搭配隆河丘(Côtes-du-Rhône)地區有活力、酒體飽滿的的紅酒和白酒皆可。

法國 Rhône-Alpes	
熟成期 1 個月	
重量和形狀 115g(4oz)，圓形	
尺寸 D. 7.5cm(3in)，H. 2.5cm (1in)	
原料奶 山羊奶	
種類 熟成過的新鮮起司	
製造商 多家	

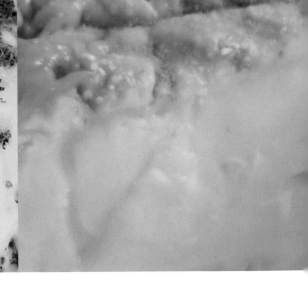

Pierre-Robert

名稱來自當初的創作者，羅伯特胡薩而 (Robert Rouzaire)，和他的好友皮耶 (Pierre)。現在這款軟質白起司，由胡薩而(Rouzaire)的兒子接手製作。這可不適合注意體重的人，其中含有額外添加的乳脂(cream)，脂肪含量是每100g含有75%，因此帶有豪華濃郁的風味。

TASTING NOTES 品嚐筆記
剛熟成時質地如奶油般滑順，帶有微酸的奶味，入口即化。熟成越久變得更濃郁，味道也變得刺激。

HOW TO ENJOY 享用方式
佐以西洋梨十分可口，搭配一支酒體飽滿的勃根地(Bourgogne)，如波瑪(Pommard)或梅谷黑(Mercurey)。

法國 Seine-et-Marne, Ile-de-France	
熟成期 1 個月	
重量和形狀 450g(1lb)，圓形	
尺寸 D. 12cm(5in)，H. 5cm(2in)	
原料奶 牛奶	
種類 軟質白起司	
製造商 Fromagerie Rouzaire	

Pithiviers

產自奧耳良(Orléans)附近的 Bondaroy，這款起司從前只在夏季鮮奶供應充足時製作，然後貯存在稻草裡熟成到秋季。現在終年都有銷售，不過起司上面還是可以看到鋪滿了乾稻草屑、香草和野花。

TASTING NOTES 品嚐筆記
白色的外皮佈滿了稻草屑，內部的起司柔軟，帶有一絲蘑菇和白黴的氣息，味道略帶刺激。

HOW TO ENJOY 享用方式
搭配奧耳良(Orléanais)地區的皮諾(Pinots)淡紅酒，也可選用奧耳良(Orléans)和杜蘭(Touraine)地區有活力富果香而清爽的紅酒(如席儂 Chinon 和布爾蓋伊 Bourgeuil)。

法國 Centre	
熟成期 4-5 週	
重量和形狀 300g(10½oz)，圓形	
尺寸 D. 12cm(5in)，H. 2.5cm(1in)	
原料奶 牛奶	
種類 軟質白起司	
製造商 多家	

Plaisir au Chablis

它的名稱「Chablis 夏布利之歡愉」，來自製作過程中所用的酒，這款半軟質起司，和 Epoisses de Bourgogne 屬於同一家族。又名為 Affidélis，質地軟黏滑順，通常裝在木盒裡販售。

TASTING NOTES 品嚐筆記
一週用夏布利(Chablis)(一支清爽的白酒)洗浸一次，使這款起司帶有富果香的酒味。如同所有的洗浸起司一樣，它的味道頗為強烈。

HOW TO ENJOY 享用方式
就像它的名稱所明示的，最好搭配一支清爽的白酒，如夏布利(Chablis)。

法國 Brochon, Bourgogne	
熟成期 6 週	
重量和形狀 180g(6½oz)，圓形	
尺寸 D. 8cm(3in)，H. 3.5cm(1in)	
原料奶 牛奶	
種類 半軟質	
製造商 Fromagerie Gaugry; Fromagerie Berthault	

Pont-l'Evêque AOC

這款洗浸起司，大概是法國最古老的起司之一，它最初的名稱是 Angelot，在十三世紀基洛姆德洛利思(Guillaume de Lorris)所作的寓言詩"羅馬玫瑰 Roman de la Rose"裡還提到它。在 1976 年受到 AOC 的保護。

TASTING NOTES 品嚐筆記
質地柔軟滑順的淡黃色起司，在熟成過程中，會產生細小孔洞，具有綿長的甜味。熟成越久味道會變得強烈。

HOW TO ENJOY 享用方式
搭配一杯司陶特啤酒(stout)或是酒體飽滿，來自波爾多(Bordeaux)、勃根地(Burgundy)或隆河丘(Côtes-du-Rhône)地區的紅酒。

FRANCE

法國 Pont-l'Eveque, Basse Normandie	
熟成期 5-6 週	
重量和形狀 350g(12oz)，方形	
尺寸 L. 10cm(4in)，W. 10cm (4in)，H. 2.5cm(1in)	
原料奶 牛奶	
種類 半軟質	
製造商 Fromagerie E Graindorge, Fromagerie Thebault	

Pot Corse

這是一種味道濃郁的起司抹醬(fromage fort)，是法國人為了將製作起司剩下的原料用完，而發明出來的另一種產品。將剩餘的綿羊奶起司，和一點白酒、大蒜、辛香料，也許再加上一點香草，混合在一起即成，可以像奶油一樣抹在麵包上吃。產自科西嘉島(Corsican)的版本，是用小玻璃罐裝著。

TASTING NOTES 品嚐筆記
濃烈有力，充滿奶油般的風味，帶一點植物的香味。

HOW TO ENJOY 享用方式
像科西嘉島的本地居民一樣，用來搭配辛辣菜餚和一支酒體飽滿的紅酒。它漂亮的外觀還能加分不少。

法國 Corse	
熟成期 20 週	
重量和形狀 300g(10oz)，罐裝	
尺寸 無	
原料奶 綿羊奶	
種類 新鮮	
製造商 多家	

Pouligny-Saint-Pierre AOC

這款山羊奶起司自 1972 年即受 AOC 保護，因其外觀，又暱稱為金字塔或艾菲爾鐵塔。它糾結狀的乾燥外皮呈白色至淡紅色，佈滿藍灰色的黴層。

TASTING NOTES 品嚐筆記
起司的質地柔軟濕潤而易碎，味道會從酸到鹹再到甜味。帶有稻草的香氣，以及阿爾卑斯山羊所產羊乳的氣味。

HOW TO ENJOY 享用方式
可以做為起司盤，或是拿來爐烤(grill)。搭配來自杜蘭(Touraine)和貝利(Berry)地區具果香的桑儂(Chenin)或蘇維翁(Sauvignon)酒。

法國 Centre	
熟成期 3-5 週	
重量和形狀 200g(7oz)，金字塔形	
尺寸 D. 7.5cm(3in)，H. 8cm (3½in)	
原料奶 山羊奶	
種類 熟成過的新鮮起司	
製造商 多家	

Raclette de Savoie

這款起司的名稱來自法文裡的動詞 racler，也就是刮削(scrape)的意思，因為傳統上，人們會把這個起司放在壁爐前，等它融化後再刮下來塗在熱馬鈴薯或麵包上。它也有不同的口味，如 Raclette fumée 是煙燻山毛櫸(beech wood)口味，au vin blanc 是抹過白酒，la moutarde 則含有芥末籽。

TASTING NOTES 品嚐筆記
滋潤有彈性的內部起司，融化後十分美味，原本的甜味也會更顯著。

HOW TO ENJOY 享用方式
切片後放在馬鈴薯上爐烤(grill)，搭配煮熟的肉類和富果香的紅酒，或是薩瓦(Savoie)地區的白酒。

法國 Rhône-Alpes	
熟成期 至少 2 個月	
重量和形狀 4.5-7kg(8¾lb-15lb 7oz)，車輪形	
尺寸 D. 28-36cm(11-14in)，H. 5.5-7.5cm(2-3in)	
原料奶 牛奶	
種類 半軟質	
製造商 多家	

Racotin

外皮呈藍白色有皺褶，在製造過程中，這款山羊奶起司的凝乳經過乳清濾出的程序，鮮奶裡天然的花草成份，為成品增添了一絲黃色調。它和 Charolais 相似，但體型較小，是由位於勃根地(Bourgogne)地區著名的熟成師伯納西為諾(Bernard Sivignon)，所負責熟成的。

TASTING NOTES 品嚐筆記
它的質地緊密結實，略呈細粒狀，帶有山羊味以及一絲胡椒與奶油的氣息。

HOW TO ENJOY 享用方式
新鮮的覆盆子和堅果麵包可美麗地搭配這款起司，再加上一支清冽的白酒。

法國 Bourgogne	
熟成期 3-4 週	
重量和形狀 100g(3½oz)，圓柱形	
尺寸 D. 5cm(2in)，H. 6cm (2½in)	
原料奶 山羊奶	
種類 熟成過的新鮮起司	
製造商 多家	

Rigotte de Condrieu AOC

這是一款少見的農舍(farmhouse)起司，因為大多數的 rigotte 起司是以牛乳製成的，而這一款的原料卻是山羊乳。它的歷史悠久，在 2008 年時獲得 AOC 等級。

TASTING NOTES 品嚐筆記
嚐起來有鮮奶味，但風味並不明顯。它有天然形成的外皮，內部質地堅實，以及蜂蜜和金合歡(acacia)的香氣。

HOW TO ENJOY 享用方式
可完美地搭配里昂那丘(Côtes du Lyonnais)、薄酒萊(Beaujolais)和隆河丘(Côtes du Rhône)地區，清爽帶果香的酒。

法國 Rhône-Alpes	
熟成期 2 週	
重量和形狀 60g(2oz)，圓形	
尺寸 D. 4cm(1½in)，H. 3cm (1in)	
原料奶 山羊奶	
種類 熟成過的新鮮起司	
製造商 多家	

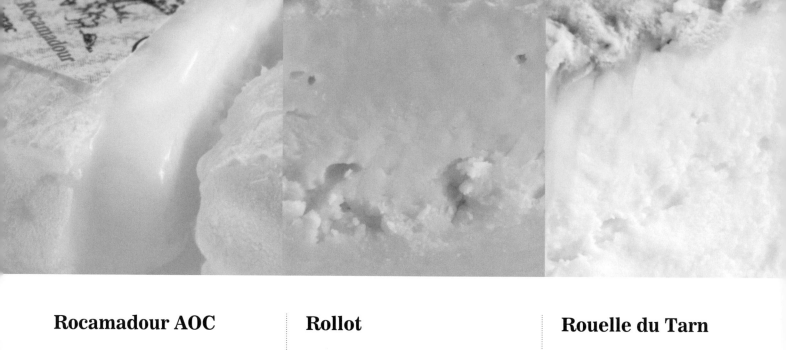

Rocamadour AOC

這款山羊奶起司原名爲 Cabécou de Roca-madour，但自 1996 年取得 AOC 等級後更名爲 Rocamadour，也就是該地區最知名的市場名稱。更名的原因，是爲了避免和其他並非出自侯卡馬度(Rocamadour)地區的 Cabécou 起司混淆，因爲後者無法得到 AOC 的標章。

TASTING NOTES 品嚐筆記
質地柔軟滑順，味道溫和帶點鮮奶味，後味香甜帶堅果味。

HOW TO ENJOY 享用方式
搭配無花果食用，可以選擇一支富果香而健壯的紅酒，最好是產自卡奧爾(Cahors)地區。

法國 Lot, Midi-Pyrénées	
熟成期 1-3 週	
重量和形狀 30g(1oz)，碟狀	
尺寸 D. 4.5cm(2in)，H. 1.5cm (½in)	
原料奶 山羊奶	
種類 熟成過的新鮮起司	
製造商 多家	

Rollot

這款半軟質起司本來都是圓形的，但近年來有一款工廠製的版本，叫做 Cœur de Rollot，則是做成心形。

TASTING NOTES 品嚐筆記
這款起司的風味強而有力，嚐起來有點像 Maroilles(見 68 頁)，帶一絲辛辣。質地柔軟有黏性。

HOW TO ENJOY 享用方式
心形的版本，可放在飯後的起司盤上，十分美麗。宜於搭配所有有活力富果香的酒，如聖愛美儂(Saint-Emilion)、羅第丘(Côtes Rôtie)和薩維尼萊博納(Savigny-les-Beaune)。

法國 Picardie	
熟成期 6-8 週	
重量和形狀 200-300g(7-10oz)，圓形或心形	
尺寸 D. 7.5cm(3in)，H. 4cm (1½in)	
原料奶 牛奶	
種類 半軟質	
製造商 多家	

Rouelle du Tarn

這款山羊奶起司，是在 1984 年由來自塔恩(Tarn)地區的一位農夫發明的。在製造過程中，將凝乳舀入一個中間有洞的模型裡，因而造就了它的獨特形狀，外面再撒上樹灰，形成了白灰色的外皮。這些技巧使這款起司具有迷人的特殊外觀，可點綴任何一種起司盤。

TASTING NOTES 品嚐筆記
Rouelle du Tarn 有著滑順鮮美的奶味，帶有一絲榛果味。

HOW TO ENJOY 享用方式
適合搭配任何一種清爽具果香的紅酒，特別是莎繆(Saumur)或席儂(Chinon)。

法國 Midi-Pyrénées	
熟成期 1 個月	
重量和形狀 250g(9oz)，圓形	
尺寸 D. 10cm(4in)，H. 1cm (½in)	
原料奶 山羊奶	
種類 熟成過的新鮮起司	
製造商 多家	

Rove Cendré

Rove Cendré 的表面撒滿大量的樹灰，其生產的農場擁有約 200 隻魯夫(Rove)品種山羊，這些山羊擁有特殊的長角以及紅色毛皮。起司只在三月至十二月之間生產，但山羊會繼續留在戶外，啃食野生而充滿香氣的青草、莓果和矮灌木叢。

TASTING NOTES 品嚐筆記
質地柔軟滑順，味道充滿野生花草的氣息。

HOW TO ENJOY 享用方式
佈滿樹灰的外表和新鮮檸檬般的風味，使這款起司成為理想的開胃菜。搭配新鮮的無花果和莓果，以及一杯普羅旺斯的粉紅酒(Provençal rosé)。

法國 Provence-Alpes-Côtes D'Azur	
熟成期 2 週	
重量和形狀 75g(2½oz)，橢圓形	
尺寸 D. 5cm(2in)，H. 3cm(1in)	
原料奶 山羊奶	
種類 熟成過的新鮮起司	
製造商 多家	

Rove des Garrigues

這款軟質起司是以原產於地中海地區的魯夫(Rove)品種山羊命名，這種山羊現在的數量已經不多，牠們每天生產的羊乳很少(只有 2 公升，其他的品種可以生產 5 公升)，但這少量的鮮奶，味道卻極為濃郁香醇。

TASTING NOTES 品嚐筆記
這純白色的起司，柔軟鮮美，入口即化，帶有新鮮檸檬的氣息，並混有一絲百里香(thyme)和野生香草味。

HOW TO ENJOY 享用方式
最適合搭配榅桲糕(quince paste)以及一杯旺杜丘(Côtes du Ventoux)紅酒。

法國 Provence-Alpes-Côtes D'Azur	
熟成期 1-2 週	
重量和形狀 75g(2½oz)，圓形	
尺寸 D. 5cm(2in)，H. 4cm (1½in)	
原料奶 山羊奶	
種類 新鮮	
製造商 多家	

Sablé de Wissant

這款半軟質的起司，是近來才在法國北海岸的維桑(Wissant)製作出來的，外層沾裹上麵包粉(breadcrumbs)，形成沙粒狀(sablé)粗糙的外皮，可以吸收用來洗浸的本土淡啤酒。

TASTING NOTES 品嚐筆記
質地滋潤，佈滿細孔，嚐起來滋味濃郁滑順。帶有啤酒的香氣和味道—有酵母味與一絲甜味，以及刺激的農場味。

HOW TO ENJOY 享用方式
因其特殊的外觀，很適合放在起司盤上。如同其他的洗浸起司一樣，在烹調上要酌量使用。搭配一支淡的愛爾型啤酒(light ale 編註：ale 指頂層發酵啤酒)或一杯香檳(Champagne)。

法國 Wissant, Nord-Pas-de-Calais	
熟成期 7 週	
重量和形狀 350g(13oz)，方形	
尺寸 L. 12cm(5in)，H. 5cm(2in)	
原料奶 牛奶	
種類 半軟質	
製造商 Bernard Brothers	

Roquefort AOC
國家法定產區制洛克福起司

傳說，洛克福(Roquefort)起司是在 2000 年前創造出來的，當時有一個戀愛中的牧羊人，在談情說愛之餘，忘記了他看管的羊群，也把自己的午餐，一片麵包和起司，遺忘在休息的山洞裡。數天後，他重返當地，發現起司已經從中央長出綠色的黴菌。

從此以後，一代代的牧羊人就開始在貢巴魯(Cambalou)地區的石灰岩山洞裡，熟成起司。數世紀以來，在這微妙平衡的天然環境裡，持續地生產出世界上最頂級的起司之一，沒有任何的化學成分、人工注入的黴菌或不鏽鋼架加以干擾。這天然的洞穴約為 300 公尺(984 英呎)寬，並向地底延伸四至五層。

當地的氣候嚴酷，炎熱的夏季漫長而乾，冬天寒冷。崎嶇多岩的地形，數世紀以來，已演化出當地適應性強的綿羊，牠們產乳的季節是十二月至七月，以高山草和野生香草為食，每隻綿羊可以生產約 2-3 公升(3½-5 品脫)濃郁味醇的鮮奶。一輪 3 公斤(6 磅 6 盎司)的起司，就需要 6-8 隻綿羊的產量。

早從 1411 年起，查理六世(Charles VI)簽署的大憲章(charter)，就明令授權洛克福許修頌(Roquefort-sur-Soulzon)地區製造洛克福(Roquefort)起司的權利。在 1926 年，它成為第一個獲得國家法定產區制(AOC)等級保護的起司。只有對製造過程不了解的人，才會試圖拿其他的綿羊奶起司來和洛克福(Roquefort)相提並論。

TASTING NOTES 品嚐筆記

充分熟成時，黴菌會以氣孔狀和條狀延伸到起司外圍，味道強烈帶有辛辣味，勾引食慾。遺憾的是，有些洛克福(Roquefort)起司尚未熟成便上市，藍黴都還來不及出現，質地易碎沒有黏合性，口感欠缺深度。

HOW TO ENJOY 享用方式

分成小塊，搭配天然酵母麵包是人間美味，做成醬汁、加在沙拉和義大利麵上，美味更是無與倫比。傳統上，搭配波特酒(port)或是索甸(Sauternes)，但是任何一種甜點酒都很適宜，因為酒中的甜味會穿透起司濃烈的鹹味，帶出羊奶的香甜。

洛克福特青黴菌(Penicillium roqueforti)使洛克福(Roquefort)起司產生藍灰色黴紋的菌種。

法國 Midi-Pyrénées	
熟成期 3 個月	
重量和形狀 2.5-2.9kg(5½-6¼lb)，圓鼓形	
尺寸 D. 20cm(8in)，H. 8.5-10.5cm(3-4in)	
原料奶 綿羊奶	
種類 藍黴	
製造商 多家	

A CLOSER LOOK
放大檢視

全世界只有 7 家洛克福(Roquefort)起司的製造商，每家都遵照相同的基本作法，卻能發展出各自獨特的風格。最大的製造商是 Roquefort Société。

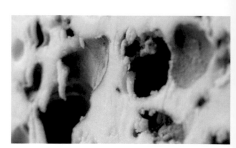

藍黴氣孔

THE CAVES 洞穴 石灰岩洞穴裡的無數裂縫，使冷空氣和原生黴菌能自由流通。為了促使洛克福青黴菌(Penicillium roqueforti)大量繁殖，洞穴裡也會擺上本地生產的黑麥麵包(rye bread)，三個月後，麵包上會覆滿一層灰色的細毛狀黴菌，使其乾燥後成粉狀，便用來撒在剛成型的起司上。

FOIL WRAPPING 包上錫箔 在洞穴放置4週後，便用錫箔紙將起司包起來，避免外皮上有更多的黴菌生長。

一旦經過穿刺，充滿孢子的空氣，便會流進質地疏鬆的凝乳內部孔洞裡，形成美味的藍黴氣孔。

外皮鬆軟多氣孔。

切除了四分之一塊的圓鼓形起司

Saint-Christophe

此款山羊奶起司的製造方法,和 Saint-Maure de Touraine(見 92-93 頁)完全一樣,因爲產地不在 AOC 規定的區域內,因此必須使用不同的名稱。市面上有原味和加了樹灰(ash)的版本(如圖所示)。

TASTING NOTES 品嚐筆記
因爲在十分潮濕的環境內熟成,因此外皮柔軟、起皺,質地滑順。帶有明顯的山羊味與堅果味,與一絲淡淡的黴菌氣味。

HOW TO ENJOY 享用方式
可搭配任何一種清爽的羅亞爾河(Loire)地區白酒,或是席儂(Chinon)區清淡的紅酒。

法國 Saint-Christophe-Vallon, Midi-Pyrénées
熟成期 2-3 週
重量和形狀 280g(10oz),圓木形
尺寸 L. 14cm(5½in),W. 5.5cm (2in),H. 4.5cm(1½in)
原料奶 山羊奶
種類 熟成過的新鮮起司
製造商 Pavé Jacquin

Saint-Domnin

這是一款富有特色的阿爾卑斯山區山羊奶起司。來自阿爾卑斯上普羅旺斯(Alpes-de-Haute-Provence)地區,附近就是古老的西斯特(Sisteron),起司上裝飾著數莖薰衣草,這在當地多岩石的山區地形欣欣向榮。又稱爲 Carré Saint-Domnin。

TASTING NOTES 品嚐筆記
質地滑順,入口即化,蘊含著薰衣草的芳香,以及來自這片陽光土地的微妙風味。

HOW TO ENJOY 享用方式
可做爲豐盛午餐的完美句點,搭配普羅旺斯的粉紅酒(Provençal rosé)或香甜的威尼斯博納的蜜思卡(Muscat de Beaumes-de-Venise)。

法國 Provence-Alpes-Côtes-D'Azur
熟成期 2 週
重量和形狀 150g(5½oz),方形
尺寸 L. 10cm(4in),W. 10cm (4in),H. 3cm(1in)
原料奶 山羊奶
種類 熟成過的新鮮起司
製造商 多家

Saint-Félicien

外皮是天然形成的,從前以山羊奶製成但現今已改用牛奶。來自阿爾卑斯隆河(Rhône-Alpes)地區,和 Saint-Marcellin 類似,但體型較大。

TASTING NOTES 品嚐筆記
外皮柔軟多皺摺而質地滑順,內部起司從質地結實轉變爲流動狀而滑順,帶有細緻的堅果味。

HOW TO ENJOY 享用方式
搭配一支辛辣而口味強烈的紅酒,如聖愛(Saint Amour),或一支吉哈(Jura)地區的麥桿酒(Vin de Paille)。

法國 Saint-Félicien, Rhône-Alpes
熟成期 2 週
重量和形狀 200g(7oz),圓形
尺寸 D. 12cm(5in),H. 1cm (½in)
原料奶 牛奶
種類 熟成過的新鮮起司
製造商 Etoile du Vercors Dairy

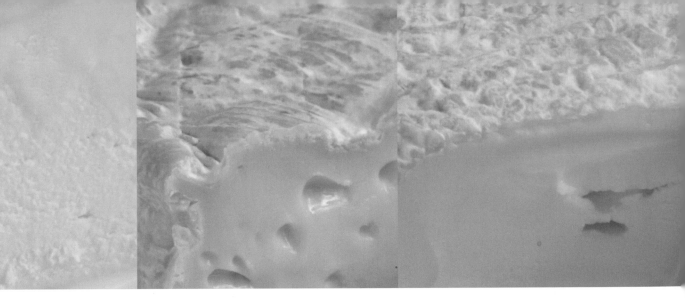

Saint-Florentin

Saint-Florentin，是有名的產酒區夏布利(Chablis)附近的一個小鎮，同時也位於全法國最佳奶酪帶之一的中心。這款帶紅色調的棕色硬皮傳統起司，已日漸稀少，取而代之的是顏色偏淡、工業化生產、剛熟成即上市的版本。

TASTING NOTES 品嚐筆記
平滑有光澤的外皮帶有強烈的刺鼻味，內部起司則帶有新鮮略鹹的風味，有時十分辛辣。

HOW TO ENJOY 享用方式
加在新鮮沙拉裡十分美味。最適合搭配酒體飽滿的勃根地(Burgundy)。

法國 Bourgogne	
熟成期 2 個月	
重量和形狀 450g(1lb)，圓形	
尺寸 D. 12cm(5in)，H. 2.5cm(1in)	
原料奶 牛奶	
種類 半軟質	
製造商 Fromagerie Lincet	

Saint-Jacques

生產這款軟質白起司的農場，位於知名的宏布耶(Rambouillet)森林邊緣，在巴黎附近。該農場本來只有一小群乳牛，主要製造穀麥片，現在奶酪製品反而成為主流，一週六天，使用自家生產的牛乳來手工製作起司。

TASTING NOTES 品嚐筆記
外皮薄而柔軟，內部起司質地滑順，從結實轉變成流動狀，帶有微妙的蘑菇香氣。

HOW TO ENJOY 享用方式
搭配一支口味柔和溫順的紅酒，如波美侯(Pomerol)，以免蓋過這款起司的風味。

法國 Ile-de-France	
熟成期 4-5 週	
重量和形狀 350g(12½oz)，圓形	
尺寸 D. 13cm(5in)，H. 3cm(1in)	
原料奶 牛奶	
種類 軟質白起司	
製造商 Ferme de la Tremblaye	

Saint-Marcellin

這軟淡色綿密的起司產自都芬內(Dauphiné)地區，傳統上由自家或小型農場生產，已有數世紀的歷史。本來的原料使用山羊奶，現在大多已用牛奶取代。

TASTING NOTES 品嚐筆記
根據熟成的方式，它的外觀、質地和口味有很大的差異，其中最上等者，外皮帶有橙色調，內部起司柔軟。質地從結實，轉變到柔軟綿密而至幾乎呈流動狀，帶有一絲微妙的清新檸檬和堅果香。

HOW TO ENJOY 享用方式
烘烤過後極美味，搭配一支清爽富果香的薄酒萊(Beaujolais)或隆河丘(Côtes du Rhône)。

法國 Rhône-Alpes	
熟成期 2-6 週	
重量和形狀 85g(3oz)，圓形	
尺寸 D. 7.5cm(3in)，H. 2.5cm(1in)	
原料奶 牛奶或山羊奶	
種類 熟成過的新鮮起司	
製造商 多家	

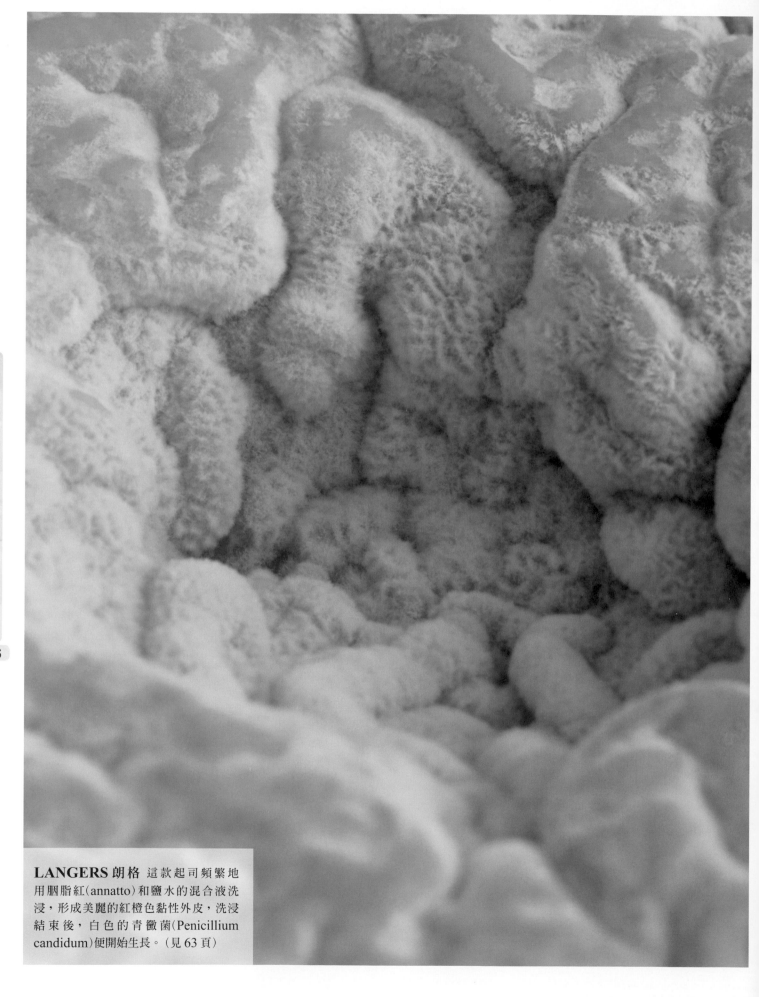

LANGERS 朗格 這款起司頻繁地
用胭脂紅（annatto）和鹽水的混合液洗
浸，形成美麗的紅橙色黏性外皮，洗浸
結束後，白色的青黴菌（Penicillium
candidum）便開始生長。（見 63 頁）

Saint-Nectaire AOC

這是法國最棒的起司之一。原料乳來自謝爾（Salers）乳牛，牠們啃食的是亞維儂（Auvergne）地區火山地質山丘上肥沃富香氣的草原。其傳統的製造方法，自 1955 年即受到 AOC 的保護。

TASTING NOTES 品嚐筆記
充分熟成後，有厚度的外皮，會散發出微妙而略為刺鼻的稻草和蘑菇氣味。內部起司應帶有明顯的堅果、鮮奶和豐沃草原的風味。

HOW TO ENJOY 享用方式
單獨食用，或搭配香脆麵包和任何一種清爽富香的葡萄酒，尤其像亞維儂丘（Côteaux d'Auvergne）和何內思丘（Côtes Roannaises）。

法國 Auvergne	
熟成期 8-10 週	
重量和形狀 1.5kg（3lb 5oz），車輪形	
尺寸 D. 20cm（8in），H. 4cm（1½in）	
原料奶 牛奶	
種類 半軟質	
製造商 多家	

Saint-Nicolas-de-la Dalmerie

在創立於 1965 年的 St Nicolas 修道院，修士們靠著自己的農地和畜養的山羊自給自足。使用未經殺菌的生乳所製成的起司，香氣濃郁，散發出百里香（thyme）氣息。外皮形成後，會從淡橙色轉為栗子色，內部起司是純白色。

TASTING NOTES 品嚐筆記
刺激、富果香，氣味悠長，具備了上等山羊奶起司的一切特質，質地摸起來結實，但入口即化。

HOW TO ENJOY 享用方式
搭配一杯富果香的不甜（dry）白酒。

法國 Languedoc, Languedoc-Roussillon	
熟成期 3 週	
重量和形狀 100g（3½oz），棒形（bar）	
尺寸 L. 8.5cm（3½in），W. 4cm（1½in），H. 3cm（1in）	
原料奶 山羊奶	
種類 熟成過的新鮮起司	
製造商 Le Monastère Orthodoxe Saint-Nicolas	

Sarments d'Armour

數世紀以來，里昂（Lyon）區四周的葡萄園，就是製造這款起司的山羊所遊蕩啃食的家園。這款現代法國起司上所裝飾的"愛的枝椏 branch of love"，靈感就是來自這些葡萄園。插在起司上的葡萄枝，為外觀增添了幾許興味。

TASTING NOTES 品嚐筆記
白色的起司質地密實，口感豐潤，帶有微妙而明顯的山羊氣味。

HOW TO ENJOY 享用方式
迷人的外表和迷你的體型，適合當作開胃菜：搭配一支清冽的粉紅酒（rosé）或是氣泡酒（sparkling wine）皆可。

法國 Rhône-Alpes	
熟成期 1 週	
重量和形狀 30g（1oz），圓柱形	
尺寸 多種	
原料奶 山羊奶	
種類 熟成過的新鮮起司	
製造商 多家	

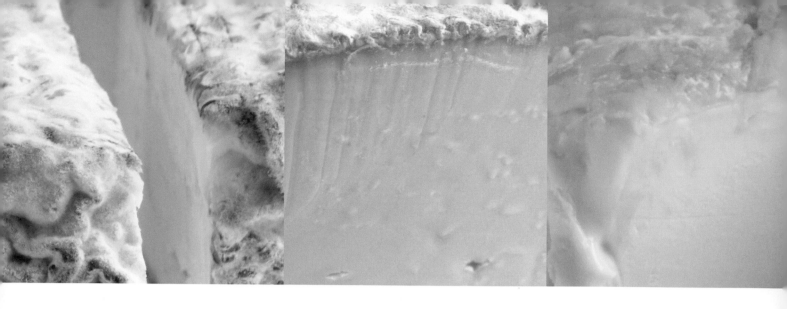

Selles-sur-Cher AOC

這款受歡迎的山羊奶起司，自1975年起即受到 AOC 的保護，以確保其傳統手工 (artisan) 的製造過程能夠維持下去。製作一個 Selles-sur-Cher 起司，需要 1.3 公升的羊奶，接著還必須覆上一層樹灰，使藍黴在上面生長。

TASTING NOTES 品嚐筆記
質地結實，但入口即化。味道混合了酸、鹹和甜。當地人會連外皮一起食用，相信如此才能品嚐真正風味。

HOW TO ENJOY 享用方式
可搭配所有不甜的白酒、布雷斯瓦 (Blésois) 的粉紅酒 (rosé)，和杜蘭 (Touraine) 地區清爽富果香的紅酒，如席儂 (Chinon) 和布爾蓋伊 (Bourgueil)。

法國 Centre	
熟成期 10-21 天	
重量和形狀 125-140g(4½-5oz)，圓形	
尺寸 多種。D. 7.5cm(3in)，H. 2.5cm(1in)(如圖所示)	
原料奶 山羊奶	
種類 熟成過的新鮮起司	
製造商 多家	

Signal

此款季節性的起司，只在每年的三月至十一月之間生產，提供原料的山羊，放牧於薩瓦 (Savoie) 地區的奧可布雷 (Lac d'Aiguebellette) 附近。這是法國第三大湖泊的所在地，風景如畫，圍繞著草原、森林和皮那 (Epine) 山區，也就是西元前218年，漢尼拔 (Hannibal) 率領他的軍隊和37隻大象跨越過的地方。

TASTING NOTES 品嚐筆記
質地密實濃郁，類似 Charolais 起司 (見49頁)，帶有一絲山區野花氣息。

HOW TO ENJOY 享用方式
這款起司的風味濃郁，適合搭配成熟的新鮮水果，如西洋梨和山區莓果。

法國 Savoie, Rhône-Alpes	
熟成期 3 週	
重量和形狀 150g(5½oz)，圓形	
尺寸 多種	
原料奶 山羊奶	
種類 熟成過的新鮮起司	
製造商 La Chèvrerie du Signal	

Soumaintrain

這款以鹽水洗浸的起司，屬於 Epoisses 家族的一員，但其體型較大，並通常在熟成初期，帶有薄薄的橙色外皮時即上市。夏天起司的味道新鮮滑順，熟成到冬季的版本外皮稍硬。

TASTING NOTES 品嚐筆記
外皮才剛形成，質地濕潤呈橙色，內部的起司柔軟呈細粒狀，熟成越久便變得滑順。帶有辛辣刺鼻的香氣。

HOW TO ENJOY 享用方式
可以酒體飽滿的勃根地 (Burgundies) 來搭配這款年輕的起司，如夜丘 (Nuits) 和博納 (Beaune)。

法國 Bourgogne	
熟成期 6 週	
重量和形狀 350g(12oz)，圓形	
尺寸 D. 12cm(5in)，H. 2.5cm(1in)	
原料奶 牛奶	
種類 半軟質	
製造商 Fromagerie Berthault; Fromagerie Gaugry	

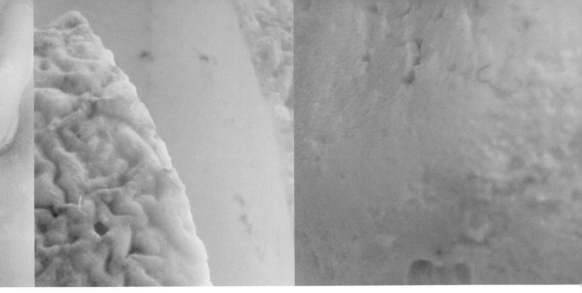

Tarentais

這款真正的農舍起司(fermier)，源自義大利邊境山區的塔朗泰斯(Tarentaise)山谷。它用當地的一種白酒來洗浸，其中最上等的起司，是由尚貝里(Chambéry)地區的熟成師丹尼斯波凡(Denis Provent)經手熟成的。

TASTING NOTES 品嚐筆記
奶油般和花香的風味，後味悠長。通常趁新鮮時食用，也可等到熟成發展出辛辣味後再享用。

HOW TO ENJOY 享用方式
爐烤(grill)的效果很棒，搭配麵包或是榅桲醬(quince paste)，亦可搭配沙拉或烤各式蔬菜。

法國 Rhône-Alpes	
熟成期 15 天 -3 個月	
重量和形狀 240g(8½oz)，圓柱形	
尺寸 D. 15cm(6in)，H. 8.5cm (3½in)	
原料奶 山羊奶	
種類 熟成過的新鮮起司	
製造商 多家	

Taupinette Charentaise

春季的版本最佳。製造時，凝乳用勺子舀入圓頂型的模型裡熟成。成品的灰白色多皺摺外皮，像極了球狀的珊瑚。

TASTING NOTES 品嚐筆記
口味溫和，有時帶有堅果味，熟成越久，黴菌蔓延得越多，味道越飽滿強烈。熟成初期的質地滑順綿密。

HOW TO ENJOY 享用方式
搭配如黑皮諾(Pinot Noir)或聖喬瑟夫(Saint Joseph)的紅酒。

法國 Poitou-Charentes	
熟成期 3 週	
重量和形狀 250g(9oz)，球狀	
尺寸 D. 7.5cm(3in)，H. 5cm (2in)	
原料奶 山羊奶	
種類 熟成過的新鮮起司	
製造商 多家	

Tétoun de Santa Agata

這是近期才創作出來的起司，它的名稱是「聖塔阿格塔的乳頭 Santa Agata's nipple」，起源自起司頂端的胡椒粒。底部蘸滿了香草植物細末，和香甜的普羅旺斯橄欖油，使其外表和口味充滿特色。

TASTING NOTES 品嚐筆記
綿密細滑的白色起司，和橄欖油及香草形成對比，也為這款口味細緻的起司，增添了十足香氣。

HOW TO ENJOY 享用方式
要品嚐完整風味，應單獨食用、抹在麵包上，或稍加爐烤。搭配普羅旺斯清爽的粉紅酒(rosé)，風味絕佳。

法國 Provence-Alpes-Côtes D'Azur	
熟成期 1-2 週	
重量和形狀 125g(4½oz)，圓錐形	
尺寸 底部 D. 6cm(2½in)， H. 6cm(2½in)	
原料奶 山羊奶	
種類 新鮮	
製造商 多家	

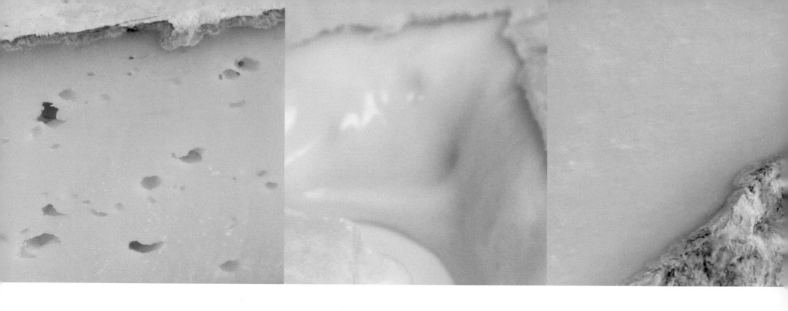

Tomme des Bauges AOC

這款半軟質起司的原料,來自阿爾卑斯山博吉自然公園(Natural Park of Bauges)草原的乳牛,野花遍地的植被,提供了乳牛豐沃的飼草,反映在這款起司香甜而複雜的風味上。

TASTING NOTES 品嚐筆記
這是 Tomme de Savoie 起司中最美味之一,以全脂鮮奶製成並略加擠壓,使其質地滋潤含細孔。熟成越久,外皮會變厚起皺並轉成灰色。

HOW TO ENJOY 享用方式
搭配榛果和洋李乾(prunes),或加入蛋包(omelettes)、濃湯或球莖茴香(fennel)和苦苣(endive)沙拉中。

法國 Rhône-Alpes	
熟成期 約5週	
重量和形狀 75g(2½oz),圓形	
尺寸 D. 18cm(7in),H. 4cm (1½in)	
原料奶 牛奶	
種類 半軟質	
製造商 多家	

Tomme à l'Ancienne

由住在貝濃(Banon)小鎮附近的一對夫婦所創作出來,這款起司由純山羊奶製成,用手工將凝乳舀入碟型模型內,以創造出細緻的柔軟質地。

TASTING NOTES 品嚐筆記
這款起司加入了一種強烈的當地白蘭地調味—eau de vie(生命之水)—以及一些胡椒、丁香、百里香和月桂葉,這樣多元的組合,產生了複雜豐富的風味。

HOW TO ENJOY 享用方式
搭配新鮮無花果和堅果,無比美味。搭配一杯白蘭地(eau de vie)或本地的粉紅酒(rosé)。

法國 Provence-Alpes-Côtes D'Azur	
熟成期 2週-2個月	
重量和形狀 100g(3½oz),碟形	
尺寸 D. 8cm(3in),H. 3cm(1in)	
原料奶 山羊奶	
種類 半軟質	
製造商 多家	

Tomme de Brebis Corse

這款典型的科西嘉硬質起司,具有拙樸的多皺棕色外皮,以綿羊奶製成。和巴斯可地區(Basque)的起司 Ossau-Iraty 相似。

TASTING NOTES 品嚐筆記
含有各種微妙的科西嘉島香氣,如胡椒和當地香氣濃郁的矮樹;又稱爲"maquis"(指的是科西嘉的天然景色)。

HOW TO ENJOY 享用方式
無花果果醬可以做爲美味的搭檔。斟上一杯上好的科西嘉葡萄酒、席儂(Chinon)、莫那圖薩隆(Menetou Salon)或佛日爾(Faugères)。

法國 Corse	
熟成期 3個月	
重量和形狀 2.5kg(5½lb),圓柱形	
尺寸 D. 19cm(7½in),H. 9cm (3½in)	
原料奶 綿羊奶	
種類 硬質	
製造商 多家	

Tomme Caprine des Pyrénées

這款農舍(fermier)山羊奶起司,產自庇里牛斯(Pyrénées)山區,該地最富盛名的其實是綿羊奶起司。這款硬質起司中品質最好,產自春夏兩季,因爲那時山區的草原最爲鮮綠豐美。

TASTING NOTES 品嚐筆記
味道濃郁有奶油味,入口即化,迷人的香氣有野花香和異國風味。

HOW TO ENJOY 享用方式
這款鄉村氣息的山羊奶起司,可搭配香甜的朱朗松(Jurançon)酒。

法國 Midi-Pyrénées	
熟成期 6-8 週	
重量和形狀 2.7kg(6lb),車輪形	
尺寸 D. 18cm(7in),H. 7.5cm (3in)	
原料奶 山羊奶	
種類 硬質	
製造商 多家	

Tomme de Chartreux

Chartreux 是 Tomme de Savoie 家族的一員,Tomme de Savoie 只是對於薩瓦(Savoie)地區起司的統稱,隨著製造商的不同而生產出不同的起司。這款起司帶有山區香草植物的風味,具有類似 Swiss Raclette(見 241 頁)的特質,只是多了一股刺激味。這種相似並不令人意外,因爲製造者的家族起源於瑞士。

TASTING NOTES 品嚐筆記
風味多變,從溫和轉變爲帶堅果味,帶有濃郁而刺激的鹹味,和迷人的農地香氣。

HOW TO ENJOY 享用方式
搭配新鮮水果,和一支清爽富果香的薩瓦(Savoie)葡萄酒,或較濃郁的地區酒,如蒙得斯(Mondeuse)。

法國 Alex, Rhône-Alpes	
熟成期 8-16 週	
重量和形狀 多種	
尺寸 多種	
原料奶 牛奶	
種類 半軟質	
製造商 Schmidhauser Dairy	

Tomme de Chèvre des Charentes

唯一的製造商,是拉候謝爾(La Rochelle)附近一個名爲吉(Ré)的小島農夫。這款山羊奶起司,一週用鹽水和一款當地白酒的混合液洗浸兩次,因此產生了獨特而知名的複雜風味和香氣。

TASTING NOTES 品嚐筆記
風味濃郁,帶有小島周圍大西洋海風的鹹味,外皮堅硬。

HOW TO ENJOY 享用方式
放在香脆麵包上,稍加爐烤,佐以蘋果、核桃,也可搭配一支圓潤的白酒,如蜜思卡(Muscat)。

法國 Ile de Ré, Poitou-Charentes	
熟成期 3 個月以上	
重量和形狀 3.6kg(8lbs),車輪形	
尺寸 D. 30cm(12in),H. 6cm (2½in)	
原料奶 山羊奶	
種類 半軟質	
製造商 M. Barthélémy	

Sainte-Maure de Touraine AOC
國家法定產區制杜蘭的聖莫爾起司

山羊是在西元八世紀時，由薩拉森人（the Saracens）引進羅亞爾河（Loire）地區，他們也留下了起司製作的技巧，一直流傳到後代。今天，羅亞爾河地區的"山羊奶起司 the Chèvre"，被全世界的起司愛好者公認為，所有熟成過的新鮮山羊奶起司，所應效法的標竿。

這包括了六款 AOC 起司—普瓦圖的高雪維爾 Chabichou du Poitou（49頁）、夏維諾的克羅汀 Crottin de Chavignol（54頁）、普利尼-聖-皮耶 Pouligny-Saint-Pierre（78頁）、珊兒-蘇-雪 Selle-sur-Cher（88頁）、未隆雪 Valençay（97頁），和杜蘭的聖莫爾 Sainte-Maure de Touraine。這些起司的形狀各異，有小鈕扣形、鐘形、梨形、磚形、圓形、圓柱形、圓木形和金字塔形。每一種都是經典，然而傳統上稱為長形的山羊奶起司（le long Chèvre）的杜蘭的聖莫爾起司（Sainte-Maure de Touraine），是最受歡迎的一種。外皮撒滿了樹灰（ash），覆滿叢生的藍黴、灰色的黴塊，雜有粉紅色和黃色。炎熱多雨的夏季、豐美的草原、林地、寬廣的河流，和羅亞爾河區起伏的山丘，提供了適合山羊的環境，羊乳產量多、優質並充滿香氣。品質最佳者，是產自復活節後到十一月初萬聖節之間的時節。

阿爾卑斯（Alpine）品種和薩嫩（Saanen）品種的山羊，提供了製作聖莫爾（Sainte-Maure）起司的原料乳。

法國 Centre and Poitou Charentes	
熟成期	10-28 天
重量和形狀	250g（9oz），圓木形
尺寸	D. 4cm（1½in），H. 18cm（7in）
原料奶	山羊奶
種類	熟成過的新鮮起司
製造商	多家

TASTING NOTES 品嚐筆記

樹灰（ash）和內部純白、略呈細粒狀的起司，形成強烈對比。隨著黴層的生長，起司的口味變得濃郁，帶有檸檬般的清新，原有的一絲堅果味會轉成香氣更濃的草本味（berbaceous），這是羅亞爾河區山羊奶起司的典型特色。然而，這時起司不該有多數人不喜歡麝香般（musky）的山羊味，這要等到外皮的皺摺更深，並佈滿深灰和紅色黴斑時才會產生。

HOW TO ENJOY 享用方式

和所有羅亞爾河區山羊奶起司（Chèvre）一樣，它的形狀特殊，因此適合擺在起司盤上。它也是法國常見的山羊奶起司沙拉（Chèvre Salad）裡的重要材料，切厚厚的一塊鋪在香脆麵包上再爐烤—可發揮出它濃郁芳香、富堅果味的特殊風味。可惜的是，世界各地的大廚似乎以為，任何一種山羊奶起司都可做成山羊奶起司沙拉（Chèvre Salad），但事實上山羊奶起司（Chèvre）專指羅亞爾河地區當地風格（Loire-style）的山羊奶起司。清爽的白酒、清淡的紅酒，或羅亞爾河區富果香的紅酒，都可成為理想的搭配。

A CLOSER LOOK
放大檢視

如同大多數的熟成過的新鮮起司，聖莫爾起司（Sainte-Maure）最好是讓專業的熟成師（affineur）來熟成，他會根據顧客的喜好，販賣不同熟成度的起司。

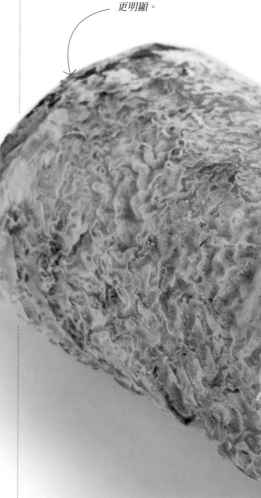

起司熟成越久，皺摺會加深變得更明顯。

SHAPING 塑形 柔軟濕潤而脆弱的凝乳，用手工舀入圓木型的模型裡濾水並定型。

THE STRAW 麥桿

插入麥桿（*paille*），代表這塊起司是以傳統手工（*artisan*）方式製成，也可以用來抬起起司，但通常都會破成數大塊。

表面覆滿粉末狀的藍灰色黴層。

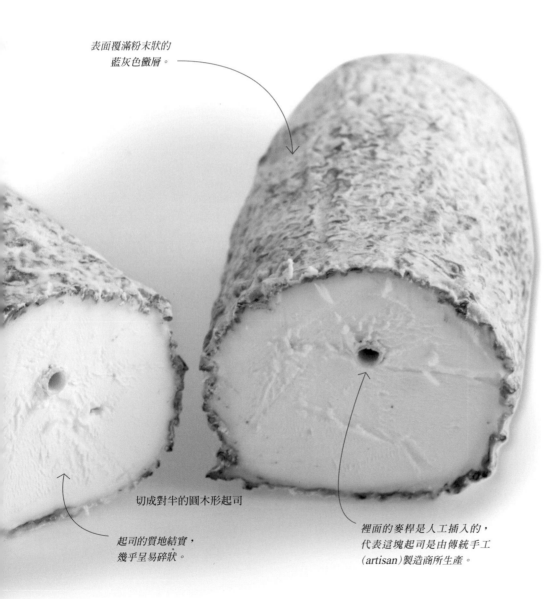

切成對半的圓木形起司

起司的質地結實，幾乎呈易碎狀。

裡面的麥桿是人工插入的，代表這塊起司是由傳統手工（*artisan*）製造商所生產。

THE ASH 樹灰 在圓木形起司上撒上混合的鹽和樹灰。從前只使用樹灰來覆蓋潔白濕潤的凝乳。根據 AOC 的規定，必須熟成至少 10 天才能販賣。

AGEING 熟成 起司會逐漸失去水分，柔軟而有皺摺的外皮開始形成，表面開始長出數種黴菌。最初是熟悉的白色的青黴菌（Penicillium candidum），然後在 12 天左右，另一種細緻的藍色黴粉則會後來居上。

Tomme aux Herbes

屬於知名的法國 tomme 起司大家族的一員。外皮上壓滿了薄薄一層的香草植物。

TASTING NOTES 品嚐筆記
質地豐潤緊實，比多數的 tomme 起司更具奶油味。吸收了外皮上香草的芬芳，主要是百里香(thyme)和迷迭香(rosemary)。

HOW TO ENJOY 享用方式
沒有什麼比得上來塊當地土產的 tomme 起司，搭配剛出爐的香脆麵包，和一支當地紅酒，如科爾納斯(Cornas)。

法國 Rhône-Alpes	
熟成期 3 個月	
重量和形狀 1.8kg(4lb)，圓形	
尺寸 D. 20cm(8in)，H. 6cm (2½in)	
原料奶 牛奶	
種類 半軟質	
製造商 多家	

Tomme de Savoie

Tomme de Savoie 是薩瓦(Savoie)地區起司(tommes)的統稱，會因製造商、生產的村莊和季節，而有不同的風味。有些會以香草或辛香料如小茴香(cumin)來調味，或是放在厚厚的一層"marc"(製酒過程中，葡萄擠壓後剩下殘餘的皮渣)下熟成。

TASTING NOTES 品嚐筆記
味道從溫和、鮮奶味到堅果味，帶一絲刺激的鹹味。帶有草本(herbaceous)或農地(farmyard)的香氣。標籤上有四顆紅心，是品質的保證。

HOW TO ENJOY 享用方式
烘烤或爐烤，十分美味。可以搭配清爽富果香的薩瓦(Savoie)葡萄酒，或是有活力的蒙得斯(Mondeuse)或雷阿比姆(les Abymes)。

法國 Rhône-Alpes	
熟成期 1-2 個月	
重量和形狀 1.35-2.7kg(3-6lbs)，圓形	
尺寸 D. 18-30cm(7-12in)，H. 5-8cm(2-3in)	
原料奶 牛奶	
種類 半軟質	
製造商 多家	

Tommette Brebis des Alpes

其產地屬於高海拔山區，因此擁有鮮美的高山草原，進而賦予了該地起司的美妙風味。這款起司產量稀少，棕紅色的外皮是其特色。它名稱裡的"Brebis"代表使用了綿羊奶作為原料。

TASTING NOTES 品嚐筆記
這款起司混雜了各種細緻香氣和鮮草味，是來自阿爾卑斯高山草原的影響。

HOW TO ENJOY 享用方式
醋栗(gooseberry)是頗為迷人的搭配，也可選用一支富果香而酒體飽滿的紅酒，如席儂(Chinon)或莫那圖薩隆(Menetou Salon)。

法國 Rhône-Alpes	
熟成期 2-4 個月	
重量和形狀 1.35kg(3lb)，圓形	
尺寸 D. 11.5cm(5in)，H. 4cm (1½in)	
原料奶 綿羊奶	
種類 半軟質	
製造商 多家	

94

Tommette de Chèvre des Bauges

這是一款很少生產的真正山羊奶起司，起源自薩瓦(Savoie)地區的博吉(Bauges)山區。Tommette 意指小型的 tommes — 也就是法語裡，通常由山區的小農場所生產的小型起司。外皮堅硬而乾呈灰棕色。

TASTING NOTES 品嚐筆記
內部起司略帶溼潤，柔軟而有黏性，在口中散發出高山風味。擁有微妙而有層次的香氣。

HOW TO ENJOY 享用方式
這款山羊奶起司應搭配一支富果香、酒體飽滿的康度優(Condrieux)白酒。

法國 Rhône-Alpes	
熟成期 2 個月	
重量和形狀 675g(1½lb)，圓形	
尺寸 D. 11cm(4½in)，H. 7.5cm (3in)	
原料奶 山羊奶	
種類 半軟質	
製造商 多家	

Trappe d'Echourgnac

自從 1868 年起，the Abbaye d'Echourgnac 裡的修女，就開始利用鄰近農場所生產的牛奶，來製作、熟成這款傳統手工(artisan)起司。少量生產，但值得特別尋訪。

TASTING NOTES 品嚐筆記
用核桃利口酒(walnut liquor)洗浸的結果，使外皮呈現迷人的深棕色。內部起司質地豐潤，帶有煙燻味和一種簡單平衡的風味。

HOW TO ENJOY 享用方式
加熱後會呈流動狀和富彈性的絲狀，特別適合包在自製的義大利餃(ravioli)裡。搭配蘋果酒(cider)，或來自卡奧爾(Cahors)地區的紅酒或粉紅酒(rosé)。

法國 Dordogne, Aquitaine	
熟成期 2 個月	
重量和形狀 300g(10½oz)，圓形	
尺寸 D. 10cm(4in)，H. 5cm (2in)	
原料奶 牛奶	
種類 半軟質	
製造商 Abbaye d'Echourgnac	

Trèfle

The Association des Fromagers Caprins Perche et Loir 是由 7 位起司製作者和山羊農夫在 2002 年所組成的團體，他們想要用自己所生產的山羊奶做出一種新起司。這款起司的形狀像四葉酢漿草，法文叫做 Trèfle，因此為名。

TASTING NOTES 品嚐筆記
在柔軟、覆滿藍灰色黴層的薄皮下，起司的質地柔軟，嚐起來有胡椒味，風味悠長。

HOW TO ENJOY 享用方式
搭配香甜的無花果和新鮮的莓果，以及 ·支蘇維翁(Sauvignon)白酒。

法國 Pays de la Loire	
熟成期 2 週	
重量和形狀 125g(4½oz)，四葉酢漿草形	
尺寸 D. 9cm(3½in)，H. 3.5cm(1in)	
原料奶 山羊奶	
種類 熟成過的新鮮起司	
製造商 多家	

Trois Cornes de Vendée

停產數年後，這款新鮮山羊奶起司在 1980 年代的海邊城市馬朗 (Marans) 恢復生產了。它有獨特的三角形外觀，其名稱來自塞坎先生 (Monsieur Sequin) 書中著名的山羊角的形狀，他是法國作家阿爾封斯都德 (Alphonse Saudet) 所創作故事裡的一個角色。

TASTING NOTES 品嚐筆記
起司的風味大膽濃郁，帶點苦而微甘的味道。最好趁新鮮食用，但也可存放 1~2 週。

HOW TO ENJOY 享用方式
搭配不甜的羅亞爾河白酒，如松塞爾 (Sancerre) 或席儂 (Chinon)。

法國 Poitou-Charentes	
熟成期 1 個月	
重量和形狀 225g(8oz)，三角形	
尺寸 W. 9cm(3½in)，H. 2.5cm (1in)	
原料奶 山羊奶	
種類 熟成過的新鮮起司	
製造商 多家	

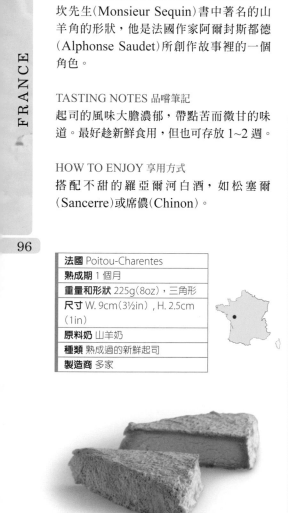

Truffe de Valensole

上普羅旺斯 (Haute-Provence) 地區的瓦倫索 (Valensole) 村莊附近，是出名的松露 (Truffe) 產區。這款手工塑形的起司，上面鋪滿了一層細細的黑煤灰，模擬香氣濃郁而珍貴的黑松露，反映出和產區的聯繫。

TASTING NOTES 品嚐筆記
質地柔軟幾乎呈慕斯狀，帶有細緻的清新檸檬味，後味含有一絲香草味。

HOW TO ENJOY 享用方式
要體會完全奢華的享受，混合一些新鮮松露的薄片，一起加入義大利麵裡攪拌。搭配一支清淡的白酒，如瓦爾丘 (Côteaux Varois)，或是一支清爽富果香的紅酒，如薄酒萊 (Beaujolais)。

法國 Provence-Alpes-Côtes D'Azur	
熟成期 約 2 週	
重量和形狀 100g(3½oz)，球狀	
尺寸 多種	
原料奶 山羊奶	
種類 熟成過的新鮮起司	
製造商 多家	

U Bel Fiuritu

這款洗浸外皮起司的橙色外皮，有厚度而帶點黏性，參雜白灰色的黴點，散發出刺鼻的農地氣味。它是少數科西嘉島 (Corsican) 所產，以殺菌過的綿羊奶所做成的起司。

TASTING NOTES 品嚐筆記
質地豐潤滑順而綿密，淡黃色的起司裡散佈著細小氣孔。香甜的氣味，反映出科西嘉島的自然環境，和當地羊群所哨食的野生香草與植被。

HOW TO ENJOY 享用方式
可搭配一支酒體飽滿有層次的紅酒，如科西嘉角的蜜思卡 (Muscat du cap Corse)，或是一支 12 年的方特提那 (Frontignan)。

法國 Venaco, Corse	
熟成期 4-10 週	
重量和形狀 400g(14oz)，圓形	
尺寸 D. 11cm(4½in)，H. 4cm (1½in)	
原料奶 綿羊奶	
種類 半軟質	
製造商 Pierucci Dairy	

U Pecurinu

這是一款來自科西嘉島(Corse)的洗浸外皮起司，質地密實，因當地氣候溫暖，擁有健壯的土產羊群和野生而多樣化的植被，而能生產出獨特、充滿風味的起司，並以此聞名於世。

TASTING NOTES 品嚐筆記
這款半軟質起司質地柔軟如奶油般滑順，帶有複雜的草本(herbaceous)風味，與一絲植物(vegetal)氣息。頻繁的洗浸，使起司帶有刺鼻的肉味(meaty)和農地(farmyard)氣味。

HOW TO ENJOY 享用方式
當地人常搭配無花果醬食用；一支富果香的紅酒是最佳搭配。

法國 Corse	
熟成期 2-16 週	
重量和形狀 400g(14oz)，圓形	
尺寸 D. 11cm(4½in)，H. 4cm (1½in)	
原料奶 綿羊奶	
種類 半軟質	
製造商 多家	

Valençay AOC

據說，這款起司的外形本為金字塔狀，但拿破崙一看到就大為光火，因為提醒了他在埃及的戰敗，一氣之下，他用劍削下起司的頂端，使其成為截頂狀。自從 1998 年起即受到 AOC 的保護。

TASTING NOTES 品嚐筆記
外皮是天然生成的，上面佈滿加了鹽的煤灰。內部起司柔軟濕潤，味道溫和，帶有一絲堅果味。

HOW TO ENJOY 享用方式
搭配任何一種法國貝利(Berry)和杜蘭(Touraine)地區，富果香有活力的白酒，都很適合，尤其是松塞爾(Sancerre)。

法國 Centre	
熟成期 5 週	
重量和形狀 200-250g(7-9oz)，截頂的金字塔形	
尺寸 底部 D. 6-7cm(2½-3in)，頂部 3.5-4cm(1-1½in)，H. 6-7cm(2½-3in)	
原料奶 山羊奶	
種類 熟成過的新鮮起司	
製造商 多家	

Venaco

這是科西嘉島(Corse)最知名的起司之一，其名稱來自島上中部一座景色優美的小鎮，曾是這款起司的產地。屬於洗浸外皮農舍(fermier)起司，品質最佳者產自春天至秋天之間，因為那時的草原最為鮮美，因此能生產出優質的原料乳。

TASTING NOTES 品嚐筆記
在薄而帶黏性的橙色外皮下，起司的質地密實柔軟帶黏性，口味飽滿而辛辣。

HOW TO ENJOY 享用方式
和香草、大蒜和橄欖油，一起酌量抹在麵包上，就是美味的點心。辛辣而有好滋味，最適合搭配有分量的紅酒，如吉貢達(Gigondas)。

法國 Corse	
熟成期 3-4 個月	
重量和形狀 500g(1lb 2oz)，圓形	
尺寸 D. 10cm(4in)，H. 4cm (1½in)	
原料奶 綿羊奶	
種類 半軟質	
製造商 多家	

SELLES-SUR-CHER 在細細的一層樹灰上，白色的青黴菌（Penicillium candidum）黴層，雜有灰綠青黴菌（Penicillium glaucum）黴斑。隨著水分的散失，外皮也會乾縮而起皺。（見 88 頁）

Ventadour

這款起司起源自科雷茲(Corrèze)，屬於利穆贊(Limousin)的一部分，該地擁有5000公里(3106英哩)的河流，包括科雷茲省(the Corrèze)。這裡仍然維持著不受汙染的自然風貌，因此像薩維爾科內(Xavier Cornet)這樣對起司製作充滿熱情的農夫，能夠全心投入，他在1977年創立了這家信譽卓著的奶酪場。

TASTING NOTES 品嚐筆記
這款山羊奶起司的風味，會隨著熟成度而有不同。味道可能是香甜或辛辣，然而滋味總是豐富，帶有一絲微妙的山羊味。

HOW TO ENJOY 享用方式
搭配一支羅亞爾河(Loire)地區白酒，如松塞爾(Sancerre)。

法國 Corrèze, Limousin	
熟成期 3-6 週	
重量和形狀 140g(5oz)，圓形	
尺寸 D. 8cm(3in)，H. 6cm (2½in)	
原料奶 山羊奶	
種類 熟成過的新鮮起司	
製造商 Xavier Cornet	

Vieux-Boulogne

被視為是世界上氣味最重的起司之一，Vieux-Boulogne在製造過程中，用啤酒洗浸過好幾次。雖然氣味逼人，嚐起來的味道卻不會過於刺激或強烈。

TASTING NOTES 品嚐筆記
外皮呈橙色，起司有橡膠般的質感，並佈滿小細孔。令人意外的是，味道並不尖銳，反而具有濃郁圓潤的風味。

HOW TO ENJOY 享用方式
氣味強烈，不宜入菜，最好是搭配香脆麵包和幾種飲料，品質好的啤酒、香檳(Champagne)或酒體飽滿的紅酒皆可。

法國 Nord-Pas-de-Calais	
熟成期 7-9 週	
重量和形狀 600g(1lb 5oz)，方形	
尺寸 L. 10.5cm(4in)，W. 10.5cm (4in)，H. 4cm(1½in)	
原料奶 牛奶	
種類 半軟質	
製造商 多家	

Vieux-Lille

因其農地氣味逼人，暱稱為"Puant de Lille"－也就是"里爾的臭起司 the smelly cheese of Lille"的意思，曾經是在地底挖礦的礦工愛吃的起司。和Maroilles(見68頁)有些類似，但它是浸在鹽水裡，而不是只有擦洗而已，同時熟成期也較長。

TASTING NOTES 品嚐筆記
味道強烈，有時帶辛辣感與鹹味，淡橙色的外皮極薄，略具黏性，質地密實有彈性而略乾。

HOW TO ENJOY 享用方式
搭配杜松子(juniper berries)酒和各式飲料，如啤酒、黑咖啡或是清淡的葡萄酒。嚐起來的味道比聞起來的溫和。

法國 Nord-Pas-de-Calais	
熟成期 3-4 個月	
重量和形狀 675g(1½lb)，方形	
尺寸 L. 12cm(5in)，W. 12cm (5in)，H. 5cm(2in)	
原料奶 牛奶	
種類 半軟質	
製造商 多家	

More Cheeses of France
更多的法國起司

以下所列出的起司極爲稀有，因爲只在固定季節生產，或是產地極爲偏遠。總之，使我們無法取得其相片，但因爲仍屬於法國起司中重要且精釆的種類，因此仍列表如下。

那麼，請您好好欣賞、享受與尋訪。

Abbaye de Troisvaux

這是生產於 Abbaye de Troisvaux 的數種起司之一。此款半軟質的洗浸外皮起司，是以像 Trappe de Beval 一樣的隱修會風格（Trappist-style）起司爲基礎。另一種像這樣的起司是 Losange de Saint-Paul，這也是一種洗浸外皮起司，但塑成菱形。

TASTING NOTES 品嚐筆記
有彈性的外皮，在熟成過程中以啤酒洗浸，因此呈橘紅色。內部起司柔軟滑順，不帶絲毫苦味，香氣溫和。

HOW TO ENJOY 享用方式
搭配一支清淡富果香的紅酒，如薄酒萊（Beaujolais）或勃根地（Bourgogne）。

法國 Nord-Pas-de-Calais	
熟成期	5-6 週
重量和形狀	480g(17oz)，圓形
尺寸	D. 25cm(10in)，H. 4cm (1½in)
原料奶	牛奶
種類	半軟質
製造商	Abbaye de Troisvaux

Bastelicaccia

這款綿羊奶起司，源自科西嘉島南部，外皮薄而脆弱。製作時添加了一點凝乳酶（rennet），因此凝乳能維持較久，起司質地也變得柔軟滑順。

TASTING NOTES 品嚐筆記
傳統的 Bastelicaccia 只在冬季生產，質地細緻脆弱而滑順。越新鮮、熟成越淺的起司，越有風格。大多數的生產商會熟成較久，因此產生強烈風味。

HOW TO ENJOY 享用方式
因爲是稀有種類，所以值得放在起司盤上。搭配清淡紅酒，如席儂（Chinon）。

法國 Corse	
熟成期	2-8 週
重量和形狀	400g(14oz)，圓鼓形
尺寸	D. 13cm(5in)，H. 4cm (1½in)
原料奶	綿羊奶
種類	半軟質
製造商	多家

Boulete de Papleux

以 Boulette d'Avesnes 爲基礎的變化體起司，它的原料不是新鮮的凝乳，而是以熟成淺、不完美的 Maroilles 起司作成的，然後混合胡椒、丁香、茵陳蒿（tarragon）和巴西里（parsley）一起搗碎。

TASTING NOTES 品嚐筆記
經啤酒洗浸的深紅色外皮，覆滿匈牙利紅椒粉（paprika），內部起司呈象牙白色，帶有香草碎粒。味道和香氣都頗爲強烈辛辣。

HOW TO ENJOY 享用方式
味道濃烈，屬於溫暖的冬季起司。適合搭配啤酒、酒體飽滿的紅酒，如卡奧爾（Cahors）或波伊（Brouilly），或一小杯琴酒（gin）。

法國 Nord-Pas-de-Calais	
熟成期	2-3 個月
重量和形狀	200g(7oz)
尺寸	D. 7.5cm(3in)，H. 10cm (4in)
原料奶	牛奶
種類	加味
製造商	多家

Crabotin

遺憾的是，很少人聽過這一款山羊奶起司。其名稱源自奧西丹（Occitan）語，crabot 即是 caprine，也就是山羊的意思。這款起司在熟成時以鹽水洗浸，因此產生獨特的橙色外皮。

TASTING NOTES 品嚐筆記
美味的起司，內部質地溫和綿密，帶有果香及強烈的山羊香氣。

HOW TO ENJOY 享用方式
搭配新鮮的香脆麵包和果醬，十分美味。和馬第宏（Madiran）葡萄酒很合搭。

法國 Aquitaine and Midi-Pyrénées	
熟成期	6 週
重量和形狀	500g(1lb 2oz)，圓形
尺寸	D. 15cm(6in)，H. 2.5cm(1in)
原料奶	山羊奶
種類	半軟質
製造商	多家

Crémet du Cap Blanc-Nez

其名稱來自布洛涅海濱（Boulogne-sur-Mer）和加萊（Calais）之間的白色黏土懸崖白鼻角（Cap Blanc-Nez），這是一款美麗而少見的白色外皮農舍（farmhouse）起司，含雙倍乳脂（cream）。

TASTING NOTES 品嚐筆記
高比例的乳脂含量，使其質地濃郁、餘韻深遠。帶有海風所引出的鹹味。

HOW TO ENJOY 享用方式
搭配麵包和蜂蜜極爲美味。選用香檳或富果香的白酒，如羅亞爾河山谷的路易山（Mont Louis）。

法國 Wiere Effroy, Nord-Pas-de-Calais	
熟成期	3 週
重量和形狀	450g(1lb)，圓頂形
尺寸	多種
原料奶	牛奶
種類	軟質白起司
製造商	Saint Godeleine Farm

Fort de Béthune

來自北加萊海峽地區(Nord-Pas-de-Calais)的起司是出名的重口味，而其中最強勢之一就是這款 Fort de Béthune。這款牛奶起司曾是礦工們的最愛，通常搭配當地的啤酒一起享用。製作時，是將當地風味刺激的 Maroilles 起司，放在鹽水裡浸泡3個月。

TASTING NOTES 品嚐筆記
特殊的發酵過程，產生如絲般滑順的質感，但風味卻出奇的濃烈而刺激。

HOW TO ENJOY 享用方式
抹在麵包上，搭配一支酒體飽滿的紅酒，如來自朗格多克(Languedoc)地區的佛日爾(Faugères)，或是白蘭地(eau de vie)。

法國 Nord-Pas-de-Calais	
熟成期 3 個月	
重量和形狀 多種	
尺寸 多種	
原料奶 牛奶	
種類 多種	
製造商 多家	

Mascare

這款山羊奶起司，來自貝濃(Banon)地區的普羅旺斯阿爾卑斯山區。它的外皮是天然形成且薄，並用栗樹葉包裹起來。這是季節性的起司，且只有一家生產商，因此不易在外地看到。

TASTING NOTES 品嚐筆記
在柔軟綿密的外皮下，內部起司有溫和的乳酸味與堅果味，在成熟的過程中，接近外皮處會變得柔軟呈流動狀。

HOW TO ENJOY 享用方式
最好吃的搭配，就是佐以購自當地市場的新鮮香脆麵包，和一支富果香有活力的紅酒、白酒或粉紅酒，最好是旺杜山(Mont Ventoux)或朵昂司(Durance)地區的。

法國 Provence-Alpes-Côtes D'Azur	
熟成期 3 週	
重量和形狀 100g(3½oz)，方形	
尺寸 D. 7.5cm(3in)，H. 2.5cm (1in)	
原料奶 山羊奶	
種類 熟成過的新鮮起司	
製造商 Fromagerie de Banon- M Greggo	

Mont Ventoux

這款山羊奶起司外形十分獨特，圓錐形的外觀是模擬旺杜山(Mont Ventoux)，呂貝宏(Luberon)地區最壯觀知名的一座山。起司的上半部是白色的，代表這座山的石灰岩部分，下半部則是黑色的(佈有樹灰)，代表森林。

TASTING NOTES 品嚐筆記
口味溫和柔細，具有真正的農地(farm-land)風味和氣息。

HOW TO ENJOY 享用方式
外表獨特，可放在起司盤上，配上一支酒體飽滿的當地泛克魯斯(Vaucluse)紅酒，如吉貢達(Gigondas)或旺杜山(Mont Ventoux)。

法國 Provence-Alpes-Côtes D'Azur	
熟成期 10 天	
重量和形狀 30g(1oz)，圓錐形	
尺寸 多種	
原料奶 山羊奶	
種類 熟成過的新鮮起司	
製造商 多家	

Nîmois

可做為起司盤上有趣的點綴，這款新創作出來的山羊奶起司，以當地的尼姆丘(Costières de Nîmes)紅酒洗浸過，因而產生深紅色的外皮，十分獨特。

TASTING NOTES 品嚐筆記
味道濃烈而強勢，因此最好不要搭配其他食物。

HOW TO ENJOY 享用方式
單獨享用，或配上紅酒尼姆丘(Costières de Nîmes)或聖狼峰(Pic St Loup)。

法國 Languedoc-Roussillon	
熟成期 3 週	
重量和形狀 50g(1¾oz)，圓形	
尺寸 D. 5cm(2in)，H. 5cm(2in)	
原料奶 山羊奶	
種類 熟成過的新鮮起司	
製造商 多家	

Persillé des Aravis

名稱來自起司上不規則的深綠色條紋，看起來像巴西里(parsley)，法文稱為Persillé。這款山羊奶起司，產自上薩瓦(Haute-Savoie)地區的艾和維村(Aravis Valley)。附近的山谷也生產兩款類似的起司：Persillé des Grand-Bornand 和 Persillé des Thônes。

TASTING NOTES 品嚐筆記
帶有濃厚的鹹味，刺激辛辣，後味強勁。質地類似熟成過的 Cheddar，產自夏秋兩季的品質最佳。

HOW TO ENJOY 享用方式
適於搭配所有的酒體飽滿紅酒，如蒙得斯(Mondeuse)、鄉村薄酒萊(Beujolais-Village)和席儂(Chinon)。

法國 Rhône-Alpes	
熟成期 2 個月	
重量和形狀 1kg(2¼lb)，圓柱形	
尺寸 D. 10cm(4in)，H. 15cm (6in)	
原料奶 山羊奶	
種類 硬質	
製造商 多家	

Tomme de Bargkas

來自洛林(Lorraine)地區的孚日(Vosges)山區，Barg 代表山，kass 在當地方言裡，是起司的意思。這裡的農夫也生產Munster 起司。

TASTING NOTES 品嚐筆記
質地柔軟有彈性，有孔洞。散發出清淡柔軟的香氣，有榛果味和略酸的後味。

HOW TO ENJOY 享用方式
當地人常常搭配天然酵母黑麵包(black sourdough)，可選用一支勃根地(Bourgogne)，如波瑪(Pommard)，或是隆河(Rhône)地區的酒，如教皇新堡(Châteauneuf-de-Pâpe)。

法國 Vosges, Alsace-Lorraine	
熟成期 6 個月	
重量和形狀 1.4kg(3lb)，圓形	
尺寸 D. 30cm(12in)，H. 6cm (2½in)	
原料奶 牛奶	
種類 硬質	
製造商 M. Minoux	

ITALY 義大利

在羅馬時期之前，起司就已是義大利人生活重要的一部分。後來羅馬人則將硬質起司的製造技術，傳播到許多歐洲國家。義大利起司種類的深度和廣度（牛奶、山羊奶、綿羊奶和水牛奶），在全世界只有法國可以望其項背。

許多義大利的原料乳來製作，仍然在阿爾卑斯草原，以少數土產品種的原料乳來製作，並受到歐盟 PDO 製的保護，某些最古老、最珍貴的傳統手工 (artisan) 起司，則納入人慢食協會 (Slow Food Presidium) 的保護傘之下。

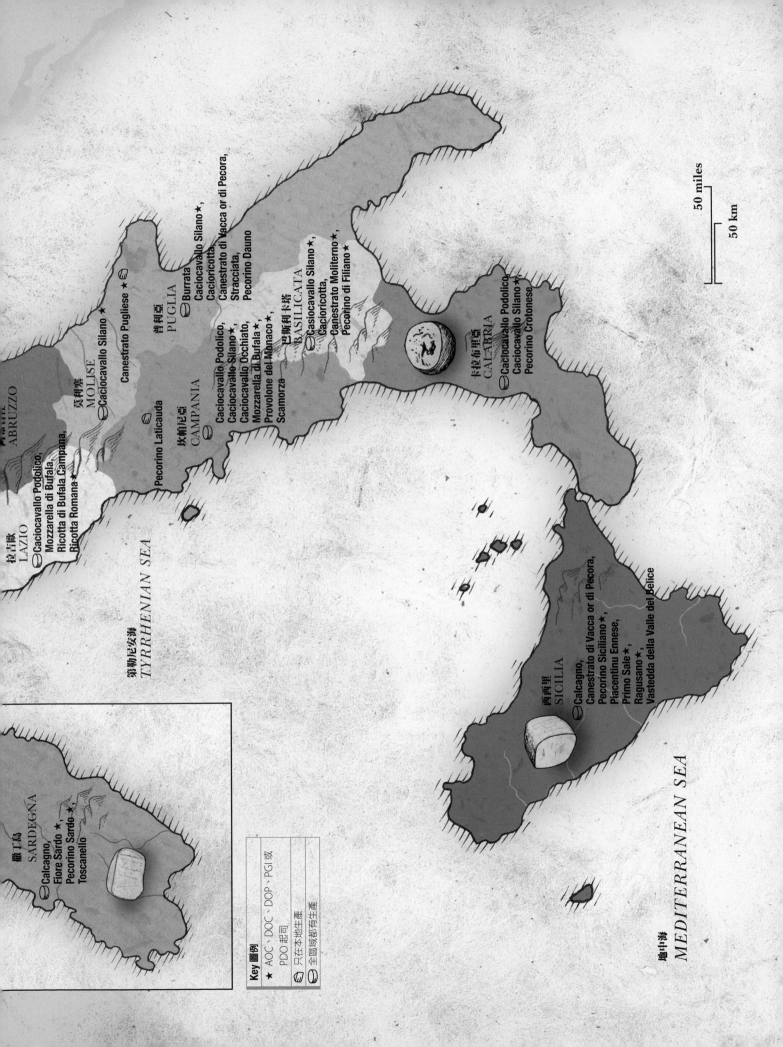

拉吉歐
LAZIO
🧀Caciocavallo Podolico,
Mozzarella di Bufala,
Ricotta di Bufala Campana,
Ricotta Romana★

ABRUZZO

莫利斯
MOLISE
🧀Caciocavallo Silano ★

Canestrato Pugliese ★

普利亞
PUGLIA 🧀Burrata
Caciocavallo Silano ★,
Cacioricotta,
Canestrato di Vacca or di Pecora,
Stracciata,
Pecorino Dauno

坎帕尼亞
CAMPANIA
Caciocavallo Podolico,
Caciocavallo Silano ★,
Caciocavallo Occhiato,
Mozzarella di Bufala ★,
Provolone del Monaco ★,
Scamorza

巴斯利卡塔
BASILICATA
🧀Caciocavallo Silano ★,
Cacioricotta,
Canestrato Moliterno ★,
Pecorino di Filiano ★

卡拉布里亞
CALABRIA
🧀Caciocavallo Podolico,
Caciocavallo Silano ★,
Pecorino Crotonese

Pecorino Laticauda

第勒尼安海
TYRRHENIAN SEA

撒丁島
SARDEGNA
🧀Calcagno,
Fiore Sardo ★,
Pecorino Sardo ★,
Toscanello

Key 圖例
★ AOC、DOC、DOP、PGI 或
PDO 起司

🧀 只在本地生產

🧀 全國域都有生產

西西里
SICILIA
🧀Calcagno,
Canestrato di Vacca or di Pecora,
Pecorino Siciliano ★,
Piacentinu Ennese,
Primo Sale ★,
Ragusano ★,
Vastedda della Valle del Belice

地中海
MEDITERRANEAN SEA

50 miles

50 km

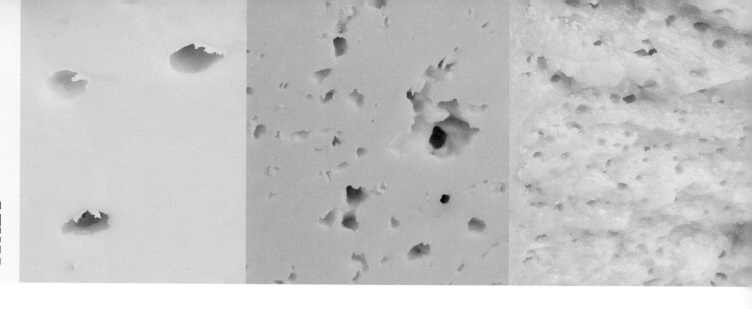

Almkäse

這款起司是波爾查諾(Bolzano)地區最古老的起司之一,它的名稱起源自德語的 Alm,也就是阿爾卑斯草原(Alpine pasture)之意。含有一半的全奶脂(full cream),以及另一半的脫脂(skimmed)生乳。持續 3 個月,每天都經過翻面、刮削、刷洗的手續,使起司呈象牙白至淡黃色,並充滿小孔洞(eyes)。

TASTING NOTES 品嚐筆記
質地結實,帶有明亮的甜味而不刺激,散發出阿爾卑斯草原般的花香味。

HOW TO ENJOY 享用方式
可磨碎(grate)後加熱,效果很好。包在嫩煎過的(sautéed)茄子薄片裡,搭配橄欖麵包和灰斯查瓦(Schiava Grigia)白酒享用。

義大利 Trentino-Alto Adige	
熟成期 6-8 個月	
重量和形狀 7-14kg(15lb 7oz-31lb),扁平車輪形	
尺寸 D. 35-40cm(14-15½in),H. 8-10cm(3-4in)	
原料奶 牛奶	
種類 硬質	
製造商 多家	

Asiago PDO

只在法定認可的產區生產,這款起司的名稱來自同字同音,而異義的阿夏戈(Asiago)高原。市面上有兩種:Asiago Pressato 來自低地草原,半軟質,具有不規則的孔洞;Asiago d'Allevo 屬於硬質起司,並以高山草原生產的牛乳製成。

TASTING NOTES 品嚐筆記
Asiago Pressato 的質地滋潤有彈性,香氣足,略鹹,帶點辛辣味。Asiago d'Allevo 的質地較乾易碎,帶有鹹而辛香的風味。

HOW TO ENJOY 享用方式
適合搭配來自東方山丘的弗留利(Friuli's Colli Oreientali)或托科拉多瑪古蘭(Torcolato Maculan)的卡本內蘇維翁(Cabernet Sauvignon)。

義大利 Trentino-Alto Adige	
熟成期 20-40 天	
重量和形狀 11-15kg(24¼-33lb),圓形	
尺寸 D. 30-40cm(12-16in),H. 11-15cm(4½-6in)	
原料奶 牛奶	
種類 半軟質	
製造商 多家	

Bagòss

Bagòss 是對於布雷西亞(Bagolino)居民的當地暱稱。原料乳來自啃食高山草原的牛群,這款起司必須熟成 12 個月以上,而事實上常等到 24~36 個月之後才上市。熟成過程中,會刷上生亞麻籽(linseed)油,因此外皮呈現深棕色。

TASTING NOTES 品嚐筆記
具有番紅花(saffron)、野花遍開的草原和乾草香氣。初入口的清新草本味,混合著淡淡的杏仁味,後味帶刺激感。

HOW TO ENJOY 享用方式
當作餐桌起司(table cheese)使用,或磨碎撒在義大利麵上,選用一支強健的紅酒,如阿瑪羅尼(Amarone)。

義大利 Lombardia	
熟成期 12 個月以上	
重量和形狀 14-22kg(30-48½lb),扁平車輪形	
尺寸 D. 40-50cm(16-20in),H. 12-14cm(5-5½in)	
原料奶 牛奶	
種類 硬質	
製造商 多家	

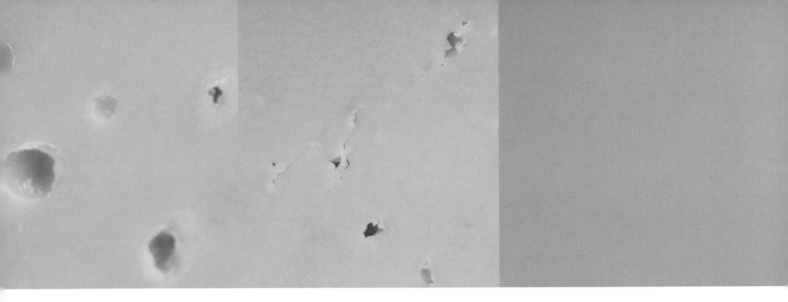

Bastardo del Grappa

產自夏季格拉巴(Grappa)周圍的山間奶酪小屋,其名為 Bastardo,因為原料混合了牛奶、山羊奶和綿羊奶,視供應情形調整。外皮呈深芥末色,帶有棕色斑點。

TASTING NOTES 品嚐筆記
清淡的淺稻草色起司,會隨著熟成度增加而加深色澤,其上佈滿小孔。帶有花香氣息,口味飽滿,散發出一股野生香草氣息,時間越久,風味越濃。

HOW TO ENJOY 享用方式
搭配杜蘭小麥粗粒小麥粉(semolina)製成的義大利麵或馬鈴薯餃子(gnocchi),選用一支卡本內弗朗(Cabernet Franc)或氣泡夏多內(sparking Chardonnay)。

義大利 Veneto	
熟成期 6 個月	
重量和形狀 2.5-5kg(5½-11lb),車輪形	
尺寸 D. 25-30cm(10-12in),H. 2-8cm(¾-3in)	
原料奶 牛奶、山羊奶和綿羊奶	
種類 半軟質或硬質	
製造商 多家	

Bettelmatt

傳說這款暗紅色外皮起司的風味,來自一種名為 mottolina 的香草,它只在奧索拉谷(Val'd'Ossola)的高山草原上生長,但事實上它獨特的風味,應來自乳牛啃食的鮮美植被。只在夏季生產,以波爾高山牛(Brawn Mountain cattle)群的生乳為原料,製作方法和 Gruyère 起司類似。

TASTING NOTES 品嚐筆記
有時佈滿不規則的中型氣孔,香氣濃烈、有鮮奶和香草味,口味香甜、帶鹹味,後味可嚐到土味(earthy)。

HOW TO ENJOY 享用方式
傳統上當作餐桌起司使用,適合搭配玉米糕(polenta),或作為義大利餃(agnolotti)的填充餡料。

義大利 Piemonte	
熟成期 2-6 個月	
重量和形狀 8-10kg(17lb 10oz-22lb),扁平車輪形	
尺寸 D. 45-55cm(18-21½in),H. 8cm(3in)	
原料奶 牛奶	
種類 半軟質和硬質	
製造商 多家	

Bitto PDO

以流速快的必圖(Bitto)河來命名,這款起司是在夏季的山間奶酪場或 calecc(石造露天小屋,產季時會在屋頂蓋上帆布)製作。熟成的手續在這裡進行,然後移到山谷裡的起司店裡,熟成期可達 10 年之久。

TASTING NOTES 品嚐筆記
剛熟成時帶有溫和的香氣,接著轉變為明顯的堅果味,經過 6 個月以上的熟成,則會逸出一絲焦糖(caramel)氣息。

HOW TO ENJOY 享用方式
加入當地的菜餚,如 pizzoccheri(一種扁平義大利麵)和 sciatt(小型蕎麥製油炸餡餅)裡食用。

義大利 Lombardia	
熟成期 70 天 -1 年	
重量和形狀 8-25kg(17lb 10oz-·55lb),扁平車輪形,邊緣凹陷	
尺寸 D. 50cm(20in),H. 9-12cm(3½-5in)	
原料奶 牛奶和山羊奶	
種類 硬質	
製造商 多家	

106

CANESTRATO MOLITERNO

凝乳是以手工壓入燈芯草籃（rush basket）
裡，取出後抹上橄欖油，有時也抹上醋，
以產生像這樣蠟質而光滑的外皮，上面有
棕色和白色的黴粉。（見 112 頁）

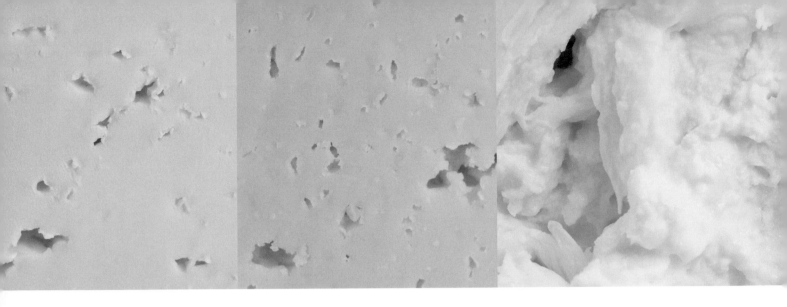

Bra PDO

以著名的城鎮布拉(Bra)來命名，慢食協會(Slow Food organisation)固定在此舉辦起司慶典。一般通稱的 Bra 起司，是以低地奶酪場的牛奶製成，可能含有少量的綿羊奶或山羊奶。Bra Tenero 是熟成 45~60 天的半軟質起司；Bra Duro 則必須熟成 180 天以上。

TASTING NOTES 品嚐筆記
Bra Tenero(如圖所示)柔軟溫和充滿香氣；Bra Duro 則帶有一種甜美的刺激感，濃厚的風味幾乎刺痛味蕾。

HOW TO ENJOY 享用方式
Bra Tenero 可做爲主食；Bra Duro 可以削成薄片撒在義大利麵上。搭配紅酒巴瑞可的烏齊來(Bricco dell'Uccellone)，或白酒加維地加維(Gavi dei Gavi)。

義大利 Piemonte	
熟成期 1-2 個月；8-9 個月	
重量和形狀 5-9kg(11-19lb 13oz)，扁平車輪形	
尺寸 D. 30-40cm(12-16in)，H. 7-9cm(3-3½in)	
原料奶 牛奶	
種類 半軟質	
製造商 多家	

Branzi

起源自同名村莊，此款起司的原料來自波爾高山牛(Brawn Mountain cattle)。從前只在夏季的阿爾卑斯奶酪小屋生產，現在則是終年都有。它是根據 formai de mut 起司作出的變化，內部起司呈淡黃色，佈滿微小氣孔，包裹在淺棕色硬皮之內。

TASTING NOTES 品嚐筆記
剛熟成時，帶有香甜的牛奶味和一絲青草香氣。熟成較久後可磨碎食用，風味會更濃烈刺激，帶堅果味。

HOW TO ENJOY 享用方式
加入 polenta taragna(起司奶油玉米糕)中，也可搭配栗子粉(chestnut flour)作成的馬鈴薯餃(gnocchi)。選擇瓦卡勒皮奧紅酒(Valcalepio Rosso)作爲搭配。

義大利 Lombardia	
熟成期 1-7 個月	
重量和形狀 5-15kg(11-33lb)，扁平車輪形	
尺寸 D. 40-45cm(16-18in)，H. 9cm(3½in)	
原料奶 牛奶	
種類 硬質	
製造商 多家	

Burrata

和 mozarella 類似的紡絲型(pasta filata)起司，不同之處在於製造過程中延伸凝乳的技巧，以及裡面含有從乳清提煉出來的乳脂(cream)。Burrata 在義大利文裡是"像奶油般(buttered)"的意思，而這款起司的確名符其實。

TASTING NOTES 品嚐筆記
在室溫下趁新鮮食用。帶有飽滿的奶油香氣，口味溫和香甜，具有 mozarella 起司般的柔軟質感。

HOW TO ENJOY 享用方式
和酪梨、番茄與橄欖油拌在一起食用，或是搭配醃製鹹味火腿。配酒上，選用芒多利亞的皮米提歐(Primitivo di Manduria)或格拉地的蜜斯卡多(Moscato di Trani)。

義大利 Puglia	
熟成期 24-48 小時	
重量和形狀 250-500g(9oz-1lb 2oz)，球形	
尺寸 多種	
原料奶 牛奶	
種類 新鮮	
製造商 多家	

ITALY

108

Caciocavallo

這款半軟質起司，是義大利起司技術中紡絲型(pasta filata)起司，也就是「延伸凝乳」的典範。通常產於義大利南部，有很多地區性的差異。原料有綿羊奶、山羊奶、牛奶和水牛奶，也有煙燻的版本。

TASTING NOTES 品嚐筆記
熟成中的最初 30 天，口味香甜，帶鮮奶和奶油味。過了 90 天，氣味變得刺鼻，帶有油味(oily)和野禽味(gamey)。

HOW TO ENJOY 享用方式
搭配鄉村麵包和一支氣泡白酒(sparking white)食用。

義大利 各地	
熟成期 自數天至一年不等	
重量和形狀 1-10kg(2¼-22lb)，球形	
尺寸 D. 11-20cm(4½-8in)，H. 23cm(9in)	
原料奶 牛奶、水牛奶、綿羊奶和山羊奶	
種類 半軟質或硬質	
製造商 多家	

Caciocavallo Occhiato

這款紡絲型(pasta filata)起司，含有許多圓形氣孔，就如同其名稱 occhio 所暗示的。生產原料乳的乳牛，放牧在坎帕尼亞(Campania)的山區草原上。

TASTING NOTES 品嚐筆記
通常具有明顯的丙酸(propionic)香氣，剛熟成時富有彈性，充分熟成後則變得易碎。帶有豐富的甜味和一點刺激味(tangy)，並含有一絲柑橘與花香味。

HOW TO ENJOY 享用方式
單獨食用，或加在沙拉和蔬菜裡。搭配艾格尼科蘇連多(Agliancio Sorrentino)葡萄酒，喜歡甜味的人，可嘗試維蘇威的拉柯利馬克里斯蒂(Lacryma Christi del Vesuvio)。

義大利 Campania	
熟成期 3-6 個月	
重量和形狀 8-12kg(17lb 10oz-26½lb)，橢圓形或球形	
尺寸 D. 30cm(12in)，H. 33cm(13in)	
原料奶 牛奶	
種類 半軟質或硬質	
製造商 多家	

Caciocavallo Podolico

這款全脂起司，在剛熟成時呈半硬質，4 個月熟成後質地變硬。這是一種典型的 Caciocavallo 起司，提供原料的波多里亞(Podolian)乳牛放牧於阿皮耶尼(Appenine)山區的草原上。

TASTING NOTES 品嚐筆記
香氣十足，帶有高山花草的氣味。帶有基本的甜味，入口即化，帶有持續的堅果味和一絲辛辣感。

HOW TO ENJOY 享用方式
充分熟分的版本，可澆上一點橄欖油食用。適合搭配產自帕特尼斯特(Paternoster)弗度雷的帕拉尼可(Aglianico del Volture)或薩蘭蒂諾的蜜斯卡多(Moscato di Saracene)。

義大利 Lazio, Campania, and Calabria	
熟成期 1 個月 -1 年	
重量和形狀 2-3kg(4½-6½lb)，橢圓形或球形	
尺寸 D. 15cm(6in)	
原料奶 牛奶	
種類 硬質	
製造商 多家	

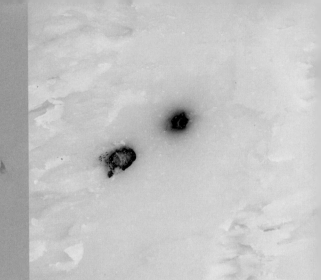

Caciocavallo Silano PDO

這款半軟質牛奶起司源自中古世紀，在十四世紀時即十分聞名，現在仍大受歡迎。剛熟成時呈淡黃色，充分熟成後則轉為棕色。

TASTING NOTES 品嚐筆記
典型的混合質地起司，含有少數細孔。剛熟成時香氣足（aromatic），具有明顯的甜味，並帶有鮮奶和奶油味，長期熟成後，味道變得強烈（pungent）。

HOW TO ENJOY 享用方式
傳統上做為主菜，或作為義大利餃的填充餡料，適合搭配梅麗莎的格瑞比阿科（Greco Biano di Melissa）或思卡尼亞的羅沙多（Rosato di Scavigna）。

義大利 Basilicata, Calabria, Campania, Molise, and Puglia	
熟成期 1 個月 -1 年	
重量和形狀 1-2.5kg（2¼-5½lb），多種形狀（圖示為橢圓形）	
尺寸 D. 19cm（7½in），H. 9cm（3½in）	
原料奶 牛奶	
種類 半軟質	
製造商 多家	

Caciotta

最受歡迎的義大利起司之一，全國各地都有生產，使用各種原料乳—通常是混合乳。市面上有新鮮和半軟質的版本，也可繼續熟成到硬質。

TASTING NOTES 品嚐筆記
用牛乳製成時，口味溫和香甜，帶有牛奶和乳脂的香氣。原料是綿羊奶或山羊奶，或兩種混合時，味道會變得濃烈，有如奶油般的蘑菇味。

HOW TO ENJOY 享用方式
當作點心食用。和許多義大利傳統方式瓶中釀造的氣泡酒（Spumante Classico）都能搭配得很好，亦可選用年輕清新的紅酒，如法蘭恰寇兒塔（Rosso di Franciacorta），或是新酒（Vino Novello）（買得到的話）。

義大利 各地	
熟成期 自數天至 2-3 個月	
重量和形狀 1kg（2¼lb），圓柱形	
尺寸 D. 20cm（8in），H. 5cm（2in）	
原料奶 牛奶、綿羊奶或山羊奶	
種類 多種	
製造商 多家	

Calcagno

這款傳統的綿羊奶起司，是將黑胡椒粒加入新鮮的凝乳中，然後放入手編的燈芯草籃裡濾出水分，加鹽後再熟成 3 個月以上。淡棕色的外皮因此留下燈芯草籃的痕跡。

TASTING NOTES 品嚐筆記
質地會因熟成的時間，轉成細粒狀，味道也會變得刺激（pungent），帶鹹味而辛辣，綿羊味會更明顯。

HOW TO ENJOY 享用方式
熟成度淺的版本適於搭配烤甜椒，熟成久的可磨碎加在義大利麵或蔬菜料理上。可搭配陶樂加諾紅酒（Torgiano Rosso）或遲摘（late harvested）的白酒。

義大利 Sardegna and Sicilia	
熟成期 3-10 個月	
重量和形狀 10-15kg（22lb-33lb），圓柱形	
尺寸 D. 26-40cm（10-15½in），H. 16cm（6in）	
原料奶 綿羊奶	
製造商 多家	

Gorgonzola PDO
受保護原產地名的戈根佐拉起司

關於戈根佐拉(Gorgonzola)起司的一切都是性感的─那純樸而優雅的外表、那豪華滑順的口感、那麝香般的香氣,和那香甜辛辣的口味。甚至是它的名字聽起來就很誘人。一般認為,它是世界上第一種藍黴起司,其起源帶有鄉野民俗與傳說的色彩。

最迷人的一種說法是,有個為愛分神的年輕人,將一籃濕潤的凝乳掛在潮濕地窖的勾子上,一整晚都忘了取回,第二天為了掩蓋他所犯的錯誤,他將凝乳倒入早晨剛生產出來的凝乳裡混合。過了數週,他發現起司的中心處有綠色的黴菌擴散出來,好奇之下嚐了一口,發現竟是無比的美味,因此再一次重覆相同的作法,戈根佐拉(Gorgonzola)起司就這麼誕生了。

戈根佐拉(Gorgonzola)本名為Stracchino di Gorgonzola,來自義大利文"stracca",也就是疲累之意,因為它是在秋季生產,正當疲累的牛群從高山草原歸來,回到倫巴底(Lombardia)多雨草原之時。數世紀以來,戈根佐拉(Gorgonzola)一直是這個地區主要的貿易城市。

今天的戈根佐拉(Gorgonzola)起司,是由40家左右的小型家庭農場和大型工廠,遵守嚴格的規定所製造出來的。少數的傳統手工(artisan)起司製作師,仍使用未殺菌的生乳為原料,並遵守傳統的「兩天凝乳」方法,讓凝乳自然地吸收黴菌,再加入早晨剛完成的凝乳裡混合。然而自1900年代中期,大多數的戈根佐拉(Gorgonzola)起司都是在工廠裡製作,使用殺菌過的鮮乳,並利用「一天凝乳」法,以人工將藍黴加入凝乳中,比起傳統的方法,這樣形成的藍黴看起來較均勻,但風味不及傳統的強烈。

戈根佐拉(Gorgonzola)起司是以大圓鼓形製作,成熟時周圍鼓出像即將崩塌的河岸。周圍部分可能會帶一點淺灰色,但不應該是棕色的,因為這就代表了起司過度乾燥,製作過程有瑕疵。

TASTING NOTES 品嚐筆記
質地濃郁滑順的起司裡,不規則的藍黴斑點和條紋,散發出尖銳辛辣的口味。整體風味比史帝頓(Stilton)起司柔軟滑細,甜味也較明顯,但強度近似;而洛克福(Roquefort)起司又比它更為濃烈、辛辣,鹹味也略重。

HOW TO ENJOY 享用方式
大方地抹在核桃麵包上,或拌入熱呼呼的義大利麵裡,混入一點鮮奶油(cream)或馬斯卡邦(Mascarpone)起司和烤松子。和日曬番茄乾、笛豆(flageolet),一起拌入沙拉中,用蜂蜜調味。亦可作成醬汁和蘸醬。澆上一點蜂蜜,搭配大多數帶甜味的酒,包括馬莎拉酒(Marsala)、酒體健壯的紅酒和粉紅酒(rosé),都是天堂般的美味。

每個模型上都有屬於每個製造商專屬的號碼,會印記在起司的外皮上。

義大利	Lombardia and Piedmont
熟成期	3-6 個月
重量和形狀	6-13kg (13lb 4oz-28½lb),圓鼓形
尺寸	D. 25-30cm (10-12in), H. 15-20cm (6-8in)
原料奶	牛奶
種類	藍黴
製造商	多家

A CLOSER LOOK
放大檢視

在1970年,為了確保戈根佐拉(Gorgonzola)起司只使用指定產區的原料乳,並由認可的製造商所生產,義大利人組成了一個聯合會(Consortium)。只有通過嚴格標準控管的起司,才能蓋上代表聯合會的G字印章。

WOODEN BELT 木製圈套 當起司成型並從模型取出後,以塗抹或沾滾的方式加鹽,或節省人力直接以鹽水浸泡,再套進由薄木片交疊製成的寬闊圈套裡,等待熟成。

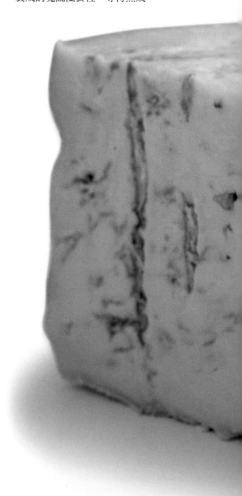

MATURING 熟成 傳統的作法，是放在天然洞穴（casere）裡熟成，可使黴菌自然生長，但現在都放在特別打造的儲存室，以符合今日市場對品質一致的要求。

PIERCING AND GRADING

鑽孔和分級 熟成 4 週時，每塊起司會以粗鋼針鑽孔，以促使藍黴蔓延。進行這項手續的場所稱為 ” Purgatory 煉獄”，裡面的溫度控制在 22℃左右，濕度則在 95%。分級者接著取出一點起司，檢查藍黴是否均勻擴散。

FOIL WRAPPING 包上鋁箔 避免藍黴進一步的擴散，同時避免水分流失太快，每塊起司都會包上鋁箔。

內部起司呈幾乎透明的象牙白色，比其他的藍黴起司顏色都淡。

一旦接觸到空氣，藍黴就會沿著棒針鑽出的孔洞生長。

四分之一的圓鼓形起司

帶有黏性的白色外皮，佈滿橙、棕、紅和藍色的黴種。

Canestrato Moliterno PGI

這款硬質起司,使用萃取自小山羊的凝乳酶來形成凝乳,然後裝入燈芯草籃裡定型、濾出水分,再放到海拔 700 公尺以上,稱爲 "fondachi 儲藏室" 的儲藏空間裡熟成。

TASTING NOTES 品嚐筆記
Primitivo 的熟成期不足 6 個月,香甜帶鹹味;stagionato 的熟成期是 6~12 個月,味道刺激而鹹;extra 則是熟成 12 個月以上,質地堅硬易碎,味道濃烈而鹹。

HOW TO ENJOY 享用方式
剛熟成的起司,可搭配蘋果片。熟成度中等的,可磨碎使用。適合搭配一杯陳年弗度雷的帕拉尼可(Aglianico del Volture Riserva)。

義大利 Basilicata	
熟成期 2-18 個月	
重量和形狀 2-3kg(4½-6lb),圓柱形	
尺寸 D. 20-25cm(8-10in),H. 10-15cm(4-6in)	
原料奶 綿羊奶或山羊奶	
種類 硬質	
製造商 多家	

Canestrato Pugliese PDO

如同所有的 Canestrato 起司一樣,這款羊奶起司的名稱來自濾水用的蘆葦籃(reed baskets)。熟成時,外皮會抹上橄欖油和葡萄酒醋,因此外皮呈金黃色。

TASTING NOTES 品嚐筆記
質地結實呈淡黃色,帶有小孔洞。有牛奶的香甜,熟成越久,轉變爲刺激的濃烈口味,帶有一絲烤羊肉的氣息。

HOW TO ENJOY 享用方式
磨碎加在義大利麵上、當地的朝鮮薊菜餚裡,或填充烤羊肉與嫩煎小牛肉。搭配紅酒如黑達沃拉(Nero d'Avola),或一支帶甜味的芒多利亞的皮米提歐(Primitivo di Manduria Dolce Naturale)。

義大利 Corato, Puglia	
熟成期 2-12 個月	
重量和形狀 7kg(15½lb),圓柱形	
尺寸 D. 25cm(10in),H. 10cm(4in)	
原料奶 綿羊奶	
種類 硬質	
製造商 Caseificio Pugliese, Corato	

Caprino Fresco

這款起司的名稱就說明了它的特色:capra 是山羊之意,fresco 則是新鮮。它是以一種古老的製造方法生產的:只使用一點點的凝乳酶,讓凝乳在 24 小時內形成。義大利各地至少有 10 種以上的變化種類。

TASTING NOTES 品嚐筆記
這款脆弱的起司,充滿香氣,帶有一絲新鮮檸檬的酸味,和堅果與細微的山羊氣味。

HOW TO ENJOY 享用方式
通常搭配麵包和餅乾,但也可用來填充義大利餃或風乾牛肉片(bresaola)。搭配一杯法蘭恰寇兒塔年份氣泡酒(Franciacorta Millesimato)

義大利 各地	
熟成期 2-5 天	
重量和形狀 50-150g(1¾-5½oz),小圓木形	
尺寸 D. 3-5cm(1-2in),L. 10-15cm(4-6in)	
原料奶 山羊奶	
種類 新鮮	
製造商 多家	

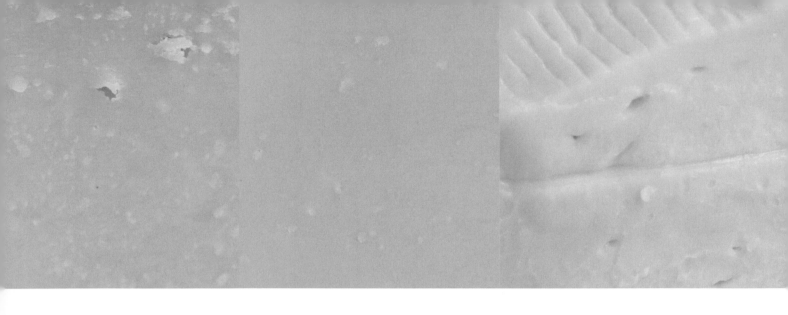

Caprino Stagionato

義大利各地都有生產，但多在土壤貧瘠之地，因為山羊和乳牛及綿羊不同，性喜在崎嶇多岩的植被區啃食。

TASTING NOTES 品嚐筆記
外皮有細粉狀的白黴，相間生有灰、藍色的黴種。內部起司呈象牙白色，熟成越久，風味越佳，帶有堅果味和明顯的山羊氣息和口味。

HOW TO ENJOY 享用方式
適合做為餐桌起司，磨碎在義大利麵上十分美味。搭配一杯托羅薩扎的梅洛（Merlot di Torre Rosazza）。

義大利	各地	
熟成期	1-6 個月	
重量和形狀	2-3kg（4½-6lb），圓柱形	
尺寸	D. 20-25cm（8-10in），H. 10-15cm（4-6in）	
原料奶	山羊奶	
種類	硬質	
製造商	多家	

Carnia

這款硬質起司的原料，來自在阿爾卑斯草原上放牧的布魯諾（Bruna Alpina）乳牛。品質最佳者，是由生乳製成並熟成 1 年以上的版本，但大多數的製造商為了確保收入，多在熟成 6 個月左右時即上市。

TASTING NOTES 品嚐筆記
剛熟成時帶甜味，熟成越久，香氣越足。然而其香氣與口味，也會隨著乳牛啃食的植被而變化，有時是草本味（berbaceous），有時則帶果香。

HOW TO ENJOY 享用方式
通常用在一種當地名為"frico"像蛋餅的菜餚上，最適合搭配當地的葡萄酒，如弗留利的瑞弗斯可依索諾（Refosco Isonzo del Friuli）或泛多菲拉諾甜酒（Verduzzo Friulano Passito）。

義大利	Friuli-Venezia Giulia	
熟成期	6-12 個月或以上	
重量和形狀	8kg（17lb 10oz），車輪形	
尺寸	D. 30cm（12in），H. 6cm（2½in）	
原料奶	牛奶	
種類	硬質	
製造商	多家	

Casatella Trevigiana PDO

這款新鮮起司的名稱裡，有家（casa）這個字，就代表了它的起源。原本只是在家裡製作，供自家消耗，現在在這個地區到處都有小型的合作社，進行商業製作與販賣。

TASTING NOTES 品嚐筆記
柔軟細緻充滿光澤而質地滑順，帶有鮮奶與奶油味，入口即化，可能會看到微小不規則的氣孔。

HOW TO ENJOY 享用方式
傳統上用來填充風乾牛肉片（Bresaola rosettes），作為一道冬季溫暖的義大利菜餚。可搭配一杯普西扣年份氣泡酒（Prosecco Millesimato Bisol），一種氣泡酒。

義大利	Veneto	
熟成期	5-10 天	
重量和形狀	400g-2.2kg（14oz-5lb），車輪形	
尺寸	D. 8-22cm（3-9in），H. 4-6cm（1½-2½in）	
原料奶	牛奶	
種類	新鮮	
製造商	多家	

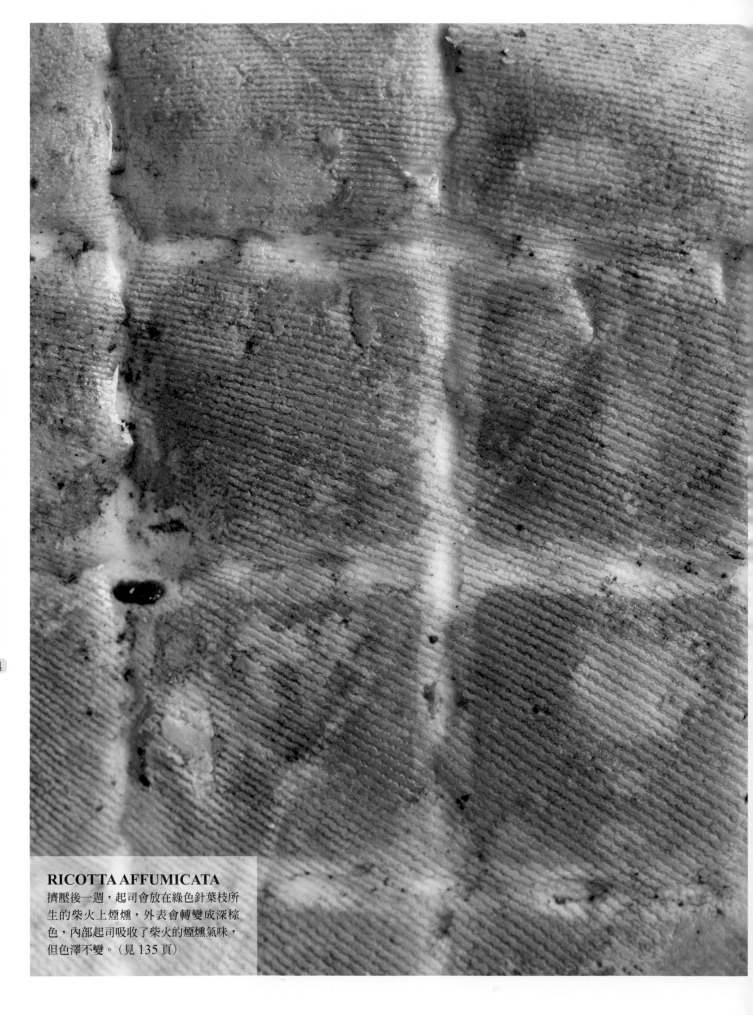

RICOTTA AFFUMICATA
擠壓後一週，起司會放在綠色針葉枝所
生的柴火上煙燻，外表會轉變成深棕
色，內部起司吸收了柴火的煙燻氣味，
但色澤不變。（見 135 頁）

Casciotta d'Urbino PDO

這款歷史悠久的起司，可追溯到 1545 年，當時的蒙提費羅(Montefeltro)公爵在書寫中提到它，據說也是米開朗基羅(Michelangelo)最喜愛的起司。屬於半軟質起司，原料在綿羊奶裡混合了一點牛奶。

TASTING NOTES 品嚐筆記
呈白色或淡黃色，質地有彈性，香氣和風味帶有蔬菜般的(vegetal)香甜。

HOW TO ENJOY 享用方式
傳統上做為餐桌起司，可搭配卡薩蒂雪拉白酒(Verdicchio dei Casteli di Jeesi Casal Serra)或利帕里的馬爾維薩葡萄酒(Malvasia delle Lipari)。

義大利 Montemaggiore al Matauro, Marche
熟成期 20-30 天
重量和形狀 800g-1.2kg(1¾lb-2¾lb)，小圓柱形
尺寸 D. 12-16cm(5-6in)，H. 5-7cm(2-3in)
原料奶 綿羊奶和牛奶
種類 半軟質
製造商 Fattorie Marchigiane Cons. Coop

Casolet

產自阿達曼羅(Adamello)山區，"Casolet" 是小型起司之意。外皮有玫瑰圖樣(Rosa Camuna)的戳印，這是在橋峽(Capo di Ponte)的岩石印刻上發現的古老玫瑰圖案。

TASTING NOTES 品嚐筆記
橙色的薄皮上，佈滿白、灰色的黴層。內部起司呈淡紅色，質地滋潤滑順，帶有發酵水果般的香氣，因植被變化，也會產生香甜的各式草本味(herbaceous)。

HOW TO ENJOY 享用方式
搭配乾燥無花果蜜餞(dried fig conserve)，與一杯延遲採收的凱未特(Vendemmia Tardiva Cavit)或法蘭恰寇兒塔年份氣泡酒(Franciacorta Millesimato Bellavista)。

義大利 Lombardia and Trentino-Alto Adige
熟成期 2-12 個月
重量和形狀 1.3-2kg(3-4¾lb)，三角形
尺寸 D. 20-25cm(8-10in)，H. 5-8cm(2-3in)
原料奶 牛奶
種類 半軟質
製造商 多家

Castelmagno PDO

一款古老的起司，由皮埃蒙特(Piedmontese)乳牛的牛奶製成，傳統上，農夫會等待藍黴穿透外皮的裂縫和凝乳間縫隙自然生成。現在通常在天然藍黴形成前，就早已上市販賣。

TASTING NOTES 品嚐筆記
外皮有皺摺，內部起司呈淡黃色。起司的中央處質地易碎，熟成淺時，口味細緻，之後會轉變為濃烈帶鹹味。

HOW TO ENJOY 享用方式
傳統上單獨食用，或搭配巴羅洛(Barolo)、用在起司鍋(fondues)或濃滑的起司醬汁(veloutees)中。搭配蜂蜜極為美味。

義大利 Piemonte
熟成期 2-6 個月
重量和形狀 2-7kg(4½-15½lb)，圓鼓形
尺寸 D. 15-25cm(6-10in)，H. 12-20cm(5-8in)
原料奶 牛奶
種類 硬質
製造商 多家

Crescenza

這款新鮮起司的名稱,來自拉丁文的
"carsenza",為扁平麵包之意,當起司置
於溫暖處時,會像麵包一樣發酵膨脹,撐破
薄薄的外皮。

TASTING NOTES 品嚐筆記
新鮮細緻,帶有平衡的甜味,具有令人愉悅
的香氣,帶有檸檬味、鮮奶味和乳脂味。內
部起司濕潤有黏性。

HOW TO ENJOY 享用方式
在義大利,有時會和栗子一起用來作成一
種特別的醬汁,也可用在起酥派皮點心
(puff-pastry)上。可搭配黑皮諾(Pinot
Nero)或瓦卡勒皮奧紅酒(Valcalepio
Rosso)。

116

義大利 Lombardia	
熟成期 5-10 天	
重量和形狀 1.8-2kg(4lb-4½lb), 長方形	
尺寸 L. 16-20cm(6-8in), H. 4-5cm(1½-2in)	
原料奶 牛奶	
種類 新鮮	
製造商 多家	

Dobbiaco

和多數義大利起司不同的是,這款起司呈長
方形或大磚形,易於切割。牛乳來自美麗的
普斯特利亞谷(Val Pusteria)地區的山城 —
多皮耶可(Dobbiaco)。

TASTING NOTES 品嚐筆記
外皮為淡棕至橙紅色,有黏性。起司呈淡黃
色有彈性,佈有少數不規則的小孔。最初的
新鮮檸檬味,會隨著熟成轉為甜味,帶有奶
油、蔬菜和堅果的香氣。

HOW TO ENJOY 享用方式
放在起司盤上,搭配黑裸麥麵包和富香氣
的葡萄酒,或搭配玉米糕(polenta)一起
上桌。

義大利 Trentino-Alto Adige	
熟成期 3-5 個月	
重量和形狀 5kg(11lb),長磚形	
尺寸 H. 10cm(4in), W. 10cm (4in), L. 40cm(15½in)	
原料奶 牛奶	
種類 半軟質	
製造商 Latteria di Dobbiaco	

Fiore Sardo PDO

這款起司,大概可追溯到銅器時代,現在有
些仍然是由牧羊人在山間小屋的壁爐煙燻製
成,再存放到屋橡(rafters)上,繼續吸收
煙燻味。

TASTING NOTES 品嚐筆記
抹過橄欖油的棕色外皮,具有獨特的香氣和
外觀。質地堅硬易碎,帶有獨特的綿羊奶甜
味,後味悠長,帶刺激的煙燻鹹味。

HOW TO ENJOY 享用方式
搭配新鮮蠶豆(broad bean),作為開胃
菜,熟成久的可磨碎加入義大利麵和其他
菜餚上。

義大利 Sardegna	
熟成期 3-6 個月	
重量和形狀 1.5-4kg(3⅓-8lb 13oz),圓鼓形	
尺寸 D. 15-25cm(6-10in), H. 10-15cm(4-6in)	
原料奶 綿羊奶	
種類 硬質	
製造商 多家	

Fontal

混合了兩種優質起司：有名的高山起司 Fontina 和 Emmental。在義大利北部的大多數地區，終年都有工業化的生產，不似 Fontina 只在夏季生產。

TASTING NOTES 品嚐筆記
外皮呈紅棕色，內部淡黃色的起司質地密實滑順，略帶彈性。香氣濃郁，帶有鮮奶及奶油味，與一絲杏仁味。

HOW TO ENJOY 享用方式
適合加熱融化，因此可以作成起司鍋（fondues）或拿來爐烤（grill），特別是搭配野生蘑菇。配酒有皮力普的皮諾羅（Pignolo di Filiputti）和特拉帕尼的泰瑞阿加塔（Terre d'Agata di Salaparuta）。

義大利 Gottolengo, Lombardia	
熟成期 45-60 天	
重量和形狀 8-10kg（17lb 10oz-22lb），車輪形	
尺寸 D. 30-40cm（12-15½in），H. 7-10cm（3-4in）	
原料奶 牛奶	
種類 半軟質	
製造商 Scuola Casearia Pandino, Caseificio Foresti, Gottolengo	

Fontina PDO

這是一款美妙的起司，產自白朗峰（Mount Blanc）山腳下的瓦古司塔那（Valdostana）乳牛，一天生產兩次。這款半軟質起司，可溯源自中古時期，它的名稱一般認為來自附近的一個家族姓氏"方廷（Fontin）"。

TASTING NOTES 品嚐筆記
洗浸過的外皮呈紅橙色，帶有黏性，內部起司有彈性，佈有小氣孔。口味溫和，帶堅果味與一絲牛群所啃食草原的清香。

HOW TO ENJOY 享用方式
最知名的做法是做成起司鍋（fonduta），也就是將起司和雞蛋、鮮奶油（cream）一起攪拌。可搭配酒體飽滿的紅酒。

義大利 Saint-Cristophe, Valle D'Aosta	
熟成期 3 個月	
重量和形狀 8-12kg（17lb 10oz-26½lb），扁平車輪形	
尺寸 D. 30-40cm（12-15½in），H. 7-10cm（3-4in）	
原料奶 牛奶	
種類 半軟質	
製造商 Cooperativa Produttori Latte e Fontina, Saint-Cristophe, Aosta	

Formaggella del Luinese PDO

原料乳來自放牧於阿爾卑斯山草原的山羊，和多數山羊奶起司不同的是，鮮奶先在大型作業槽（vats）內以 4℃ / 39 °F 儲存 30 小時，再形成凝乳，然後切割成小塊，使質地柔軟密實。

TASTING NOTES 品嚐筆記
白色的外皮有皺摺，內部起司滋潤易碎。具有很棒的山羊香氣，混雜了香草和羊毛的氣味，主要為甜味。

HOW TO ENJOY 享用方式
一款絕佳的起司，可搭配沃爾克的卡本內蘇維翁（Cabernet Sauvignon di Walch）或蜜斯卡多史特里甜酒（Moscato Strevi Passito）。

義大利 Lombardia	
熟成期 20-30 天	
重量和形狀 700-900g（1¾-2lb），扁平圓柱形	
尺寸 D. 13-15cm（5-6in），H. 8-12cm（3-5in）	
原料奶 山羊奶	
種類 熟成過的新鮮起司	
製造商 多家	

Formaggio di Fossa di Sogliano PDO

Fossa 是洞的意思，因為在製造過程中，起司存放在薩吉阿諾（Sagliano）地區的洞穴山壁裡敲鑿出來的孔洞中，再用白色粉漿（chalk paste）封好，以確保起司熟成期間能保持一定的溫度。

TASTING NOTES 品嚐筆記
外皮覆滿綠、黃和白色的黴種，口味有所變化，但通常帶有刺鼻的（pungent）氣味，和尖銳略苦的口味。

HOW TO ENJOY 享用方式
適合磨碎後加在當地的義大利麵上，如 passatelli 或 tortelloni，和義大利雜菜湯（minestrone soup）。搭配羅馬涅的卡尼那（Cagnina di Romagna）風味極佳，換成艾爾巴那甜酒（Albana Passito）更好。

118

義大利 Emilia Romagna, and Marche	
熟成期 3-4 個月	
重量和形狀 多種	
尺寸 多種	
原料奶 綿羊奶、牛奶，或兩種混合	
種類 半軟質	
製造商 多家	

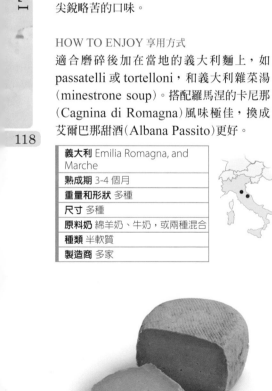

Formaggio Ubriaco

Ubriaco 是"drunken 醉"的意思，指的是將剛做好的起司，和製酒剩下的破碎葡萄皮和葡萄籽，一起放在酒桶裡，過了 2~3 天起司便會沾染上酒漬，然後繼續熟成一週以上，使其變硬。

TASTING NOTES 品嚐筆記
質地濃郁細緻的起司，和獨特的葡萄酒香氣很搭配，每家製造商都有自己喜好的葡萄酒風味。

HOW TO ENJOY 享用方式
適合搭配烘烤馬鈴薯、玉米糕（polenta）和蘑菇。可嘗試香氣濃郁的葡萄酒。

義大利 Veneto	
熟成期 2-12 個月	
重量和形狀 2.5-5kg（5½-11lb），圓鼓形	
尺寸 D. 20-25cm（8-10in），H. 5-8cm（2-3in）	
原料奶 牛奶	
種類 加味	
製造商 Latteria di Soligo, La Casara di Roncolato Romano	

Formai de Mut dell'Alta Val Brembana PDO

Mut 是"山區起司"之意，指的是提供原料的乳牛所啃食的阿爾卑斯草原。這款硬質起司，在夏季的 40 個山區奶酪場（casere）製作，冬季時則在溫暖的山谷生產 2500 個。

TASTING NOTES 品嚐筆記
在薄而呈象牙白色的外皮下，起司的質地密實有彈性，滿佈小氣孔。細緻的風味帶有草料（forage）的香氣。

HOW TO ENJOY 享用方式
可做成一種當地菜餚"polenta taragna"玉米粥。可搭配歐瓦達的多切托（Dolcetto d'Ovada）。

義大利 Lombardia	
熟成期 7 週 -6 個月	
重量和形狀 8kg（17lb 10oz），車輪形	
尺寸 D. 30cm（12in），H. 8cm（3in）	
原料奶 牛奶	
種類 硬質	
製造商 多家	

Grana Padano PDO

這款起司是在十二世紀，由 Chiaravalle Abbey 的修道院的西妥會（Cistercian）修士所創作出來，今日在帕達那谷（Padana Valley）到處都有奶酪廠生產，是所有 PDO 起司中體型最大的。

TASTING NOTES 品嚐筆記
厚厚的外皮呈淺棕色，內部起司質地堅硬呈白色至淡黃色，脆弱易碎。帶有香甜的果香味、芳香的奶油氣息和一絲乾燥水果味。

HOW TO ENJOY 享用方式
傳統上用來製作各種美味彈牙的義大利麵、義大利餃（ravioli），和其他數百種菜餚。適合搭配有特色的紅酒、白酒和氣泡酒。

義大利 Lombardia		
熟成期 1-2 年		
重量和形狀 24-40kg（53-88lb），圓鼓形		
尺寸 D. 35-45cm（14-17½in），H. 18-25cm（1-10in）		
原料奶 牛奶		
種類 硬質		
製造商 多家		

Italico

由艾吉紐加伯尼（Egidio Galbani）和 Bel Paese 一起在 1906 年所創作出來，今日 Italico 在義大利北部的多家奶酪場，和其他知名的起司如 Bella Italia, Bella Milano 或 Cacio Reale 一起生產。

TASTING NOTES 品嚐筆記
淡黃色的外皮平滑，內部起司口味溫和細緻，帶有不規則氣孔。入口即化，帶有香甜的鮮奶味，咀嚼時，可感受到一股愉悅的彈性口感。

HOW TO ENJOY 享用方式
完美的餐桌起司，可搭配生洋蔥或芹菜。搭配氣泡白酒，如卡沛妮酒莊的泰利托年份氣泡酒（Talento Millesimato di Carpene Malvolti）。

義大利 Lombardia, Piemonte, 和 Veneto		
熟成期 60 天		
重量和形狀 1-2kg（2¼-4½lb），小圓柱形		
尺寸 D. 15-20cm（6-8in），H. 8-12cm（3-5in）		
原料奶 牛奶		
種類 半軟質		
製造商 多家		

Letteria

這款起司創作於 Latteria Turnaria，那裡的股東都是起司製造師傅，可以自由地利用奶酪場設備，輪流製作出富有個人特色的起司。

TASTING NOTES 品嚐筆記
熟成淺時，起司帶有鮮奶和奶脂的香氣，隨著熟成度的增加，轉變成花香和稻草香。味道香甜帶有鹹味，質地有彈性，熟成 2~3 個月後，質地變得密實呈粉質（floury）。

HOW TO ENJOY 享用方式
搭配麵包、橄欖油、奧瑞岡（oregano）和一杯紅酒：可選擇帶煙燻味的皮力普的伊巴司尼（I Balzini di Filiputti），或酒體飽滿的凡波尼切拉區的阿瑪羅尼（Amarone di Valpolicella）。

義大利 Lomardia, Veneto, 和 Friuli		
熟成期 1-12 個月		
重量和形狀 6-8kg（13-17lb 10oz），車輪形		
尺寸 D. 25-35cm（10-14in），H. 5-8cm（2-3in）		
原料奶 牛奶		
種類 半軟質或硬質		
製造商 多家		

Mozzarella di Bufala PDO
受保護原產地名的水牛莫札里拉起司

世界各地都可看到莫札里拉(Mozzarella)起司的身影，包括多汁味美的純白球狀，和適合做成家庭式披薩的淡黃色橡膠塊狀牛奶製起司。其中等級最高的，理所當然是產自美麗坎帕尼亞(Campania)的水牛莫札里拉(Mozzarella di Bufala)起司。

那普勒斯(Naples)南部多水澤，西元七世紀時義大利將水牛引進該地，作為耕田的動物，隨著羅馬帝國的消亡，該地的河流和排水系統也堵塞了，當流行病大肆蔓延時，這些水牛和土地都被人廢棄遺忘。直到十二世紀，才有水牛乳被利用作成起司的紀錄。

十八世紀時，水澤地被大規模整頓，流行病停息已久，原本是野生的水牛被馴良成家畜，莫札里拉(Mozarella)起司開始在義大利南方的坎帕尼亞(Campania)大行其道。它的製造方法是從地中海東部和中東地區傳來的，在以色列和賽普勒斯(Cyprus)，還可以看到其他紡絲型起司(pasta filata)的蹤影。

莫札里拉(Mozzarella)起司含有大量的鈣質、蛋白質、維他命、礦物鹽，十分營養且易消化，並且21%的脂肪量十分低脂(270大伴／100公克)。在義大利和歐盟的法律保護下，莫札里拉(Mozzarella)起司受到嚴格的控管，以確保其品質和產地。事實上，真正的莫札里拉(Mozzarella)起司只能在中南方義大利的7個省份製造：卡塞塔(Caserta)、薩萊諾(Salerno)、一部分的貝內文托(Benevento)、那普勒斯(Naples)、佛羅西諾內(Frosinone)、拉蒂那(Latina)和羅馬(Rome)。

坎帕尼亞(Campania)地區的水牛。

TASTING NOTES 品嚐筆記

切開來，可看到細粒狀的質地有多層結構，像煮熟的雞肉，珍珠狀的乳清會隨之流溢出來。口味溫和，非常香甜，像陳放一段時間的鮮奶(但沒有發酵)，帶有泥土、苔癬般的氣味，味道使人聯想到新製皮革。最初的質地富有彈性，會變得柔軟，但絕不會起皺、呈橡膠狀或帶鹹味，只有過度熟成時，才會帶有苦味和酸味。

義大利 Campania and Lazio
熟成期 1 天起
重量和形狀 多種
尺寸 多種
原料奶 水牛奶
種類 新鮮
製造商 多家

HOW TO ENJOY 享用方式

基本上用來增添菜餚的口感而非味道，它多層濃膩的凝乳結構，能夠鎖住、吸收、強化菜餚裡的湯汁和材料，因此產生我們的味覺經驗中最難忘的某些組合。完美的例子有，作為披薩的表面餡料、與帶藤番茄、羅勒、橄欖油和巴沙米可醋(balsamic vinegar)組成義大利三色沙拉、以一層一層的茄子和莫札里拉(Mozzarella)，以及番茄醬汁作成的 Melanzane alla Parmigiana、或是作成 corrozza(夾心)，夾在兩片麵包之間，裹上麵糊油炸。使用新鮮的莫札里拉(Mozzarella)起司鋪在披薩上，或作成披薩餃(calzone)時，最好切片後放在濾籃裡數小時，使乳清濾乾，麵皮才不易軟爛。

A CLOSER LOOK
放大檢視

水牛莫札里拉(Mozzarella di Bufala)起司獨特的延展性質地，用途極廣，因此受到世界各地的歡迎。然後因其價昂、保存期短，不易在歐洲以外的地區買到，因此市面上以牛奶製成的替代品更為常見。如果製作方法得宜，口感可以到達類似的程度，但少了那股水牛奶特有的泥土、苔癬和新皮革味。

THE CURD 凝乳 剛形成的凝乳會先靜置數小時，使其發酵，然後切成塊狀，送入磨具撕裂成小塊，接著倒入滾燙的熱水。

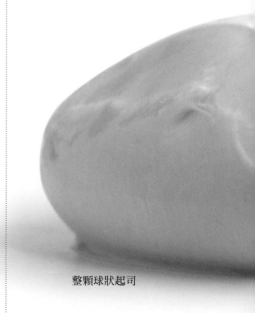

整顆球狀起司

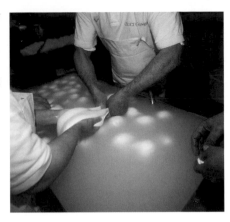

STRETCHING 延展 在稱爲紡絲型 (*pasta filata*)起司的過程中，凝乳被旋轉、拉長、塑成球狀、小球狀(bocconcini) 或其他不同大小。這個過程使得起司內部形成像煮熟雞肉般的多層結構，並將小顆粒狀的乳清鎖住。

THE TEXTURE 質地 爲了達到理想的質地，將橡膠般的凝乳和滾水攪拌均勻，使小塊凝乳變成塑膠般光滑的一大團。

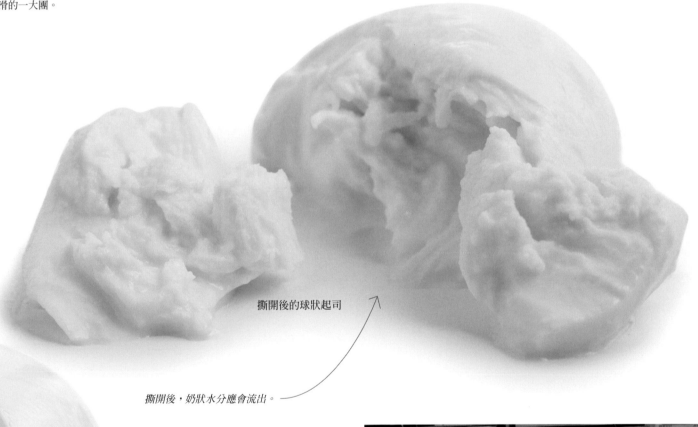

撕開後的球狀起司

撕開後，奶狀水分應會流出。

撕開時，不應是軟爛扁塌的狀態，應該是充滿結構和彈性，用手指輕壓時，會恢復原形。

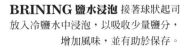

BRINING 鹽水浸泡 接著球狀起司放入冷鹽水中浸泡，以吸收少量鹽分，增加風味，並有助於保存。

Marzolino

Marzolino 是"little March 短暫的三月"之意,因為傳統上這款綿羊奶起司,只在三月初泌乳期開始時製作。當 14 歲的凱薩琳梅迪奇(Catherine De'Medici)在 1533 年成為國王亨利二世的皇后(Queen Consort),這款起司被特別運送到法國宮廷內,以紓解她的思鄉之苦。

TASTING NOTES 品嚐筆記
內部起司呈淡黃色或白色,具有不規則的氣孔,充滿香甜的花香和蔬菜氣息。

HOW TO ENJOY 享用方式
Bomboloni(就是"甜甜圈")是由 Marzolino、麵包、油和胡椒做成的。適合搭配阿根塔里歐的安索尼卡(Ansonica Costa dell'Argentario)或薩干丁諾甜酒(Sagrantino Passito)。

義大利	Roccalbegna Grosseto, Toscana
熟成期	15-90 天,30 天左右最佳
重量和形狀	500g-1.5kg b(1lb 2oz-3lb3oz),橢圓形
尺寸	D. 15-22cm(6-8½in),H. 9-13cm(3½-5in)
原料奶	綿羊奶
種類	半軟質
製造商	Caseificio"Il Fiorino",Roccalbegna Grosseto

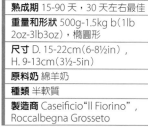

Mascarpone

這款新鮮起司,是利用敲打乳脂(cream)的方式,讓天然的酸性逐漸逐漸與之分離,呈凝乳化,再濾出乳清。可以追溯到十二世紀,一般為人所知是拿破崙最喜愛的起司。

TASTING NOTES 品嚐筆記
純白的鮮奶色澤,質感柔細,像濃郁的雙倍乳脂(double cream),具有明顯的香甜檸檬味,與飽滿持久的奶油般香氣。

HOW TO ENJOY 享用方式
製作提拉米蘇(tiramisù)和夏露蕾特(Charlottes)不可或缺的材料,也可加上糖和檸檬,搭配蘋果片。與經典的甜點酒搭配,有最完美的效果。

義大利	各地
熟成期	1 天起
重量和形狀	100-200g(3½-7oz),罐裝(pots)
尺寸	無
原料奶	牛奶
種類	新鮮
製造商	多家

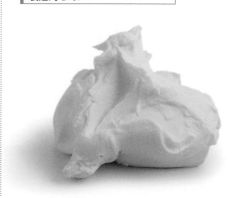

Montasio PDO

由 Moggio Abbey 一位不知名的修士,在十三世紀創作出來,這款硬質起司的製作方法,自 1987 年起即受到蒙塔西歐聯合會(the Montasio consortium)的保護,現在則被包括在 PDO 制之下。

TASTING NOTES 品嚐筆記
風味隨熟成程度而異:可分成新鮮、中度和重度熟成。熟成度淺時,有鮮奶和奶油味;熟成久了則轉成鹹味帶香氣。可能會看到微小孔洞。

HOW TO ENJOY 享用方式
可以搭配大型義大利餃(ravioli)和蘆筍。配酒來上一杯費古加的沙索特(Sassò di Felluga),取其辛辣,或是香甜的可里歐皮科列葡萄酒(Picolit del Collio)。

義大利	Veneto
熟成期	2-12 個月
重量和形狀	6-8kg(13lb 4oz-17lb 10oz),車輪形
尺寸	D. 30-35cm(12-14in),H. 8cm(3in)
原料奶	牛奶
種類	硬質
製造商	Consorzio per la Tutela del Formaggio Montasio

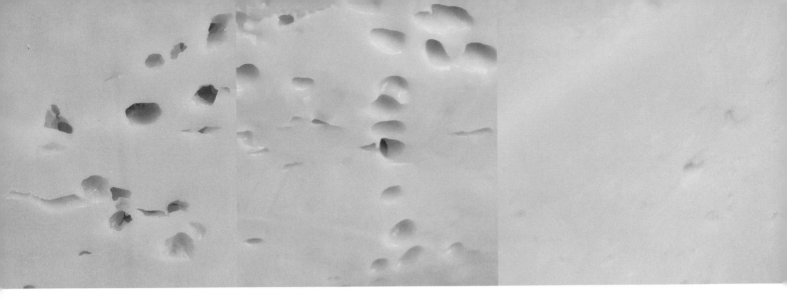

Monte Veronese PDO

創作於1273年，當時巴斯隆梅主教(Bishop Bartholomeus)授權辛布里(Cimbri)的牧羊人，居住在阿爾卑斯利斯尼亞(Lessinia Alpes)的權利。直到今天，該地的草原和牛群仍是這款傳統起司的基本要素。

TASTING NOTES 品嚐筆記
外皮呈棕色(有時會用油處理過)，內部起司在剛熟成時，質地密實有彈性，帶有香甜的香草味，中度熟成時，變得易碎帶花香氣，重度熟成時，則變得辛辣有果香。

HOW TO ENJOY 享用方式
很適合搭配水果和堅果。選用一支酒體飽滿的紅酒，如薄切拉的雷西多甜酒(Recioto della Valpoicella)，重度熟成的版本，應搭配香甜的托科拉多瑪古蘭(Torcolato Maculan)。

義大利 Veneto	
熟成期 2, 4, 或 8 個月	
重量和形狀 6-9kg(13lb 4oz-19lb 3oz)，車輪形	
尺寸 D. 25-35cm(10-14in)，H. 7-11cm(3-4½in)	
原料奶 牛奶	
種類 硬質	
製造商 多家	

Morlacco

這款起司以莫拉司(Morlachs)遊牧民族來命名，他們從巴爾幹半島(the Balkans)和格拉巴(Grappa)河，來到義大利當牧羊人，這款起司原來是以脫脂牛奶製成的，因為乳脂(cream)可做成奶油販賣，現在它是以半脫脂鮮奶製成。

TASTING NOTES 品嚐筆記
薄薄的外皮，帶有模型籃的痕跡，象牙白色的起司柔軟易碎，帶有細緻的花香和果香調。

HOW TO ENJOY 享用方式
以胡椒和橄欖油調味食用，或和馬鈴薯餃(gnocchi)一起煮食。可搭配特里維吉安尼的梅洛(Merlot dei Colli Trvigiani)，這是一種紅寶石色、酒體飽滿、重單寧而平衡的酒。

義大利 Cesiomaggiore, Veneto	
熟成期 3-5 個月，3 個月左右最佳	
重量和形狀 4-8kg(9lb-17lb 10oz)，圓形	
尺寸 D. 20-30cm(8-12in)，H. 7-12cm(3-5in)	
原料奶 牛奶	
種類 半軟質	
製造商 Caseificio Montegrappa, Pove del Grappa, Formaggio di Spelonca	

Murazzano PDO

Robiolas 起司家族的一員，在羅馬時期，大普林尼(Pliny the Elder)就有對它的敘述。今日仍是一款真正的農舍起司(farmhouse)，有許多小型奶酪場繼續生產。

TASTING NOTES 品嚐筆記
外皮呈偏白的黃色，質地滑順細緻有彈性，味道巧妙地平衡了甜味和酸味，帶有乳脂和蔬菜的(vegetal)香氣。

HOW TO ENJOY 享用方式
著名的 Murazzano's timbale(夾心烤餡餅)需要它，也用來製作 Bruss(一種混合了辛香料、渣釀白蘭地(Grappa)或其他烈酒的乳脂)。能完美搭配的酒有高茲的朗格弗雷伊(Langhe Freisa di Cozzo)或濃郁的維都諾佩拉維加(Verduno Pelaverga)紅酒。

義大利 Piemonte	
熟成期 4-10 天	
重量和形狀 300-400g(10-14oz)，圓形	
尺寸 D. 10-15cm(4-6in)，H. 3-4cm(1-1½in)	
原料奶 綿羊奶，或綿羊奶混合牛奶	
種類 半軟質	
製造商 多家	

Ossolano

這款傳統起司產自夏季的山區小屋，以啃食於奧索拉(Ossola)阿爾卑斯山草原的布魯諾(Bruna Alpina)乳牛的鮮奶製成。它獨特風味的秘密，在於只生長於當地的mottolina 香草。

TASTING NOTES 品嚐筆記
外皮呈棕色，起司呈淡黃色，有時有細小孔洞出現。帶有甜味與強烈的香草氣息，略帶苦味。

HOW TO ENJOY 享用方式
一種特別的做法是，放在火雞雞胸肉上融化。可搭配扎內特的西扎諾(Sizzano di Zanetta)，它帶有一絲紫羅蘭的香氣，或是葛玫(Ghemme)產的紅酒。

義大利 Corato, Piemonte
熟成期 2-6 個月
重量和形狀 5-7kg(11-15lb 7oz)，車輪形
尺寸 D. 30-40cm(12-16in)，H. 6-8cm(2½-3in)
原料奶 牛奶
種類 半軟質
製造商 Latteria Sociale Antigoriana

Paglierine

又 稱 為 Braculina 或 Paglietta，其 名 稱來自"paglia"（稻草之意），因為傳統上這款起司是放在稻草上使多餘的乳清濾出。在 1891 年，由巴雅(Quaglia)先生在都靈(Turin)附近的聖方濟(San Francesco al Campo)創作出來。

TASTING NOTES 品嚐筆記
白色粉狀的外皮底下，是柔軟滑順細緻的起司，入口即化，帶有新鮮、蘑菇的香氣和口味。

HOW TO ENJOY 享用方式
搭配堅果、葡萄乾、白胡椒和辣椒，是義大利式的吃法，或搭配芝麻和 speck(以杜松子調味的生火腿)。配酒用酒體平衡的紅酒，如阿斯蒂的多切托(Dolcetto d'Asti)或濃烈的羅歐白酒(Roero)。

義大利 Rifreddo, Piemonte
熟成期 15-20 天
重量和形狀 300-500g(10oz-1lb 2oz)，小圓柱形
尺寸 D. 10-15cm(4-6in)，H. 3-4cm(1½-2in)
原料奶 牛奶
種類 軟質白起司
製造商 Caseificio Oreglia

Pannarello

這是少數在凝乳形成前，在鮮奶裡添加額外乳脂(cream)的義大利起司之一。這種製造技巧反映在其名稱裡，panna 就是乳脂(cream)的意思。

TASTING NOTES 品嚐筆記
嚐起來細緻滑順，帶有熱牛奶的香氣和口味，咬下一口時幾乎可以感覺到其彈性，是種愉悅的口感。

HOW TO ENJOY 享用方式
作成起司鍋(fondues)很完美，或搭配綜合莓果果醬。可選用富果香的氣泡白酒(Prosecco Cartizze Bisol)，或新鮮帶青草味的羅歐阿內白酒(Roero Arneis)。

義大利 Giavera del Montello, Veneto
熟成期 1-2 天
重量和形狀 5-9kg(11-19lb 2oz)，圓柱形
尺寸 D. 25-30cm(10-12in)，H. 6-8cm(2½-3in)
原料奶 牛奶
種類 新鮮
製造商 Latteria Montello, Latteria Modolo Dino

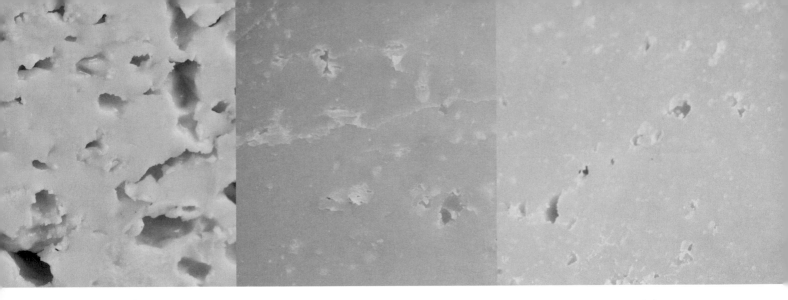

Pannerone

和大多數起司不同的是，它沒有添加鹽，因此其風味完全來自天然細菌的作用。慢食協會希望能擴展這款牛奶起司的產量。

TASTING NOTES 品嚐筆記
質地柔軟，充滿無數小孔，帶有持續性的酒香，初入口時口味溫和，但後味帶有明顯的杏仁味和一絲刺激苦味，因此使這款起司漸漸稀少。

HOW TO ENJOY 享用方式
聖誕夜不可或缺的要角，用來加入蒸煮蔬菜中。可搭配香氣足的烏曼尼隆基（Pelago Umani Ronchi），或濃烈略帶苦味的萊弗斯科紅酒（Refosco dal Peduncolo Rosso）。

義大利 Pandino, Lombardia	
熟成期 15-20 天	
重量和形狀 10-13kg（22-29lb），圓柱形	
尺寸 D. 28-30cm（11-12in），H. 20cm（8in）	
原料奶 牛奶	
種類 半軟質	
製造商 Caseificio Uberti 1896, Pandino Carena, Caselle Lurani	

Pecorino Crotonese

製作這款起司的技術，早在 1759 就記載在書上。這款硬質起司的名稱，來自貢多尼司（Crontonese）城，使用啃食高山草原的綿羊奶和山羊奶製成。黃棕色的外皮，有用來濾出乳清的燈芯草籠的印痕。

TASTING NOTES 品嚐筆記
淡黃色的內部起司，質地結實易碎，有時帶有細小孔洞。味道濃烈帶甜味與蔬菜般的香氣。

HOW TO ENJOY 享用方式
磨碎加在通心粉（macaroni）上，十分美味，亦可和絞肉和茄子一起爐烤（grill）。可搭配酒體飽滿的席羅（Ciro），或富果香的比弗吉白酒（Bivongi Bianco）。

義大利 Calabria	
熟成期 2-12 個月	
重量和形狀 1.5-2.5kg（3lb 3oz-5½lb），圓柱形	
尺寸 D. 15-20cm（6-8in），H. 12-15cm（5-6in）	
原料奶 綿羊奶和山羊奶	
種類 硬質	
製造商 多家	

Pecorino Dauno

亦稱為 Canestrato Foggiano，這款綿羊奶起司是利用蘆葦編成的籃狀模型來塑型，並利用小綿羊和小山羊萃取的凝乳酶來協助凝乳過程。凝乳切割成米粒大小，使質地變得堅硬密實。

TASTING NOTES 品嚐筆記
棕色外皮下的起司呈淺黃色。嚐起來帶甜味，並有蜂蜜和烤種籽的香氣。

HOW TO ENJOY 享用方式
一種典型的當地菜餚，是由 Pecorino Dauno 和管麵（penne sparie）組成的一佐以蘆筍、番茄、雞蛋、黑胡椒和橄欖油的義大利麵。也可搭配萊切黑馬爾維薩葡萄酒（Malvasia Nera di Lecce）或阿雷亞提克利口酒（Aleatico di Puglia Liquoroso）。

義大利 Puglia	
熟成期 6 個月	
重量和形狀 3-5kg（6½-11lb），圓柱形	
尺寸 D. 25-30cm（10-12in），H. 15-20cm（6-8in）	
原料奶 綿羊奶	
種類 硬質	
製造商 多家	

PRIMO SALE
許多古老的義大利起司，都是以燈芯
草編織成的籃子來濾出水分，因此在
起司上留下了美麗的印痕，同時也可
用來辨識製造商。（見 129 頁）

Pecorino di Pienza

這款古老的起司,又名爲 Pecorino delle crete senesi(creta 是一種黏土)。遺憾的是,現在它多由殺菌過的綿羊奶製成。外皮的顏色不一,因爲在熟成過程中,外皮塗抹過油和番茄或黏土的混合液。

TASTING NOTES 品嚐筆記
味道很甜,質感有彈性,熟成越久會變得結實易碎。帶有果香和花香的風味,充分熟成時,帶有一絲烤榛果味。

IIOW TO ENJOY 享用方式
通常用來填充甜椒和朝鮮薊,或是磨碎加在烤羊肉上。可完美搭配歌利仙尼的奇揚弟(Chianti dei Colli Senesi)葡萄酒。

義大利 Toscana	
熟成期 1-4 個月	
重量和形狀 1-2kg(2¼lb-4½lb),圓形	
尺寸 D. 15-20cm(6-8in),H. 6-8cm(2½-3in)	
原料奶 綿羊奶	
種類 硬質	
製造商 多家	

Pecorino Romano PDO

在西元前 100 年,這款起司曾被庫斯-特倫提烏斯-瓦羅(Marcus Terentius Varro)描述爲羅馬軍隊必須的補給品,因爲它富含脂肪、蛋白質和鹽,能夠供給不斷行進中的士兵足夠的體力。現在仍然使用小羊萃取出的凝乳酶來凝乳化。

TASTING NOTES 品嚐筆記
質地結實緊密的起司呈易碎狀,帶有綿羊奶特有的香甜,與一絲鹹味和羊脂(lanolin)的刺激感。

HOW TO ENJOY 享用方式
可磨碎加在義大利麵和義式燉飯(risottos)上,佐以 Carasau 麵包(乾麵包),與一杯蒙特索迪奇揚弟(Montesodi Chianti Rùfina)或維蒙蒂諾薩達(Vernaccia Sarda)。

義大利 Toscana	
熟成期 5-12 個月	
重量和形狀 20-35kg(8-14in),圓柱形	
尺寸 D. 25-35cm(10-14in),H. 25-40cm(10-15½in)	
原料奶 綿羊奶	
種類 硬質	
製造商 多家	

Pecorino Sardo PDO

Pecorino Sardo Dolce 是用小牛的凝乳酶製成的;Maturo 則是用小羊的凝乳酶。兩者的原料,都是以自由放牧的方式(而非圈養在農舍)所生產出的綿羊奶。

TASTING NOTES 品嚐筆記
Dolce 是熟成淺、有彈性的白色起司,帶有奶油和花香氣味。Maturo 的口味較爲濃烈,充滿愉悅的刺激鹹味。可能也會嚐到肉湯般的味道。

HOW TO ENJOY 享用方式
極適合作成洋蔥湯和羊肉料理。同時也是當地菜餚"culingiones"(一種包了 ricotta 起司和各式香草的義大利餃)的基本原料。可搭配多利亞尼的多切托(Dolcetto di Dogliani)和卡利亞里的盧來古思(Nuragus di Cagliari)。

義大利 Sardegna	
熟成期 Dolce 1-2 個月,Maturo 8 個月	
重量和形狀 1-2.3kg(2¼-2¾lb),圓鼓形	
尺寸 D. 15-20cm(6-8in),H. 8-13cm(3-5in)	
原料奶 綿羊奶	
種類 硬質	
製造商 多家	

Pecorino Siciliano PDO

這款起司早在西元前 900 年，荷馬史詩－奧德賽(Homer's Odyssey)裡寫到奧德修斯(Odysseus)遇見獨眼巨人(Cyclops Polyphemus)時，就有記載。如同古時一樣，現在這款起司仍是使用小羊的凝乳酶，手工製造。淡棕色的外皮，印有燈芯草籃編織的圖案。

TASTING NOTES 品嚐筆記
黃色的起司，有時含有整顆黑胡椒粒，質地結實易碎，帶有飽滿而持久的刺激鹹味。

HOW TO ENJOY 享用方式
熟成淺的可搭配蔬菜，熟成久的可搭配麵包和橄欖，或加在義大利麵上。搭配多娜佳塔安西莉亞(Anthilia Donnafugata)，或帶甜味的日利伯(Zibibbo)。

義大利 Sicilia		
熟成期 4-12 個月		
重量和形狀 4-12kg(9-26½lb)，車輪形		
尺寸 D. 14-38cm(5½-15in)，H. 10-18cm(4-7in)		
原料奶 綿羊奶		
種類 硬質		
製造商 多家		

Pecorino Toscano PDO

歷史悠久的一款起司，羅馬時期的大普林尼(Pliny the Elder)稱之爲"Caseus Lunensis"；在 1832 年，伊涅歐馬萊諾蒂(Ignazio Malenotti)在他的書 Manuale del Pecoraio 裡，提到它是使用來自茉薊(Cynara cardunculus)花朵的素食凝乳酶所製成的。

TASTING NOTES 品嚐筆記
抹過油的外皮呈黃色或淡棕色。內部起司是黃色或白色的，帶有香甜鮮奶味。熟成久的起司，變得易碎，鹹味顯著，帶有乾燥水果香氣。

HOW TO ENJOY 享用方式
搭配萵苣或苦苣沙拉(lettuce or chicory)，配上一杯斯坎薩諾的莫雷利諾(Morellino di Scansano)或孟特西諾的莫斯卡托(Moscadello di Montalcino)葡萄酒。

義大利 Toscana		
熟成期 1-6 個月		
重量和形狀 1-3.5kg(2¼-7lb 110z)，圓鼓形		
尺寸 D. 15-22cm, H. 7-12cm		
原料奶 綿羊奶		
種類 硬質		
製造商 多家		

Piacentinu Ennese

又名爲 Maiorchino，最早在羅馬時期即有文字的記載。它以番紅花和黑胡椒調味，並以傳統的蘆葦籃塑型，製造商目前正在申請 PDO 制的認可。

TASTING NOTES 品嚐筆記
因爲添加了番紅花，起司裡外都是明顯的鮮黃色。略帶甜味，但也有番紅花和黑胡椒帶來的刺激感。

HOW TO ENJOY 享用方式
適於爐烤(grill)，常用來和朝鮮薊心做成 Bucatini 義大利麵。可搭配艾塔紅酒(Etna Rosso)或維多利亞的切拉索羅(Cerasuolo di Vittoria)。

義大利 Sicilia		
熟成期 2-4 個月		
重量和形狀 4.5kg(9lb 9oz)，圓柱形		
尺寸 D. 20cm(8in)，H. 14cm(5in)		
原料奶 綿羊奶		
種類 加味		
製造商 多家		

Piave PDO

這款起司在皮亞維(Piave)河四周的區域都有生產,製造商是 Latteria —小型的合作社,每個起司製造師傅,都可共用製造設備,但又能夠做出自己獨特風格的起司。目前正在申請 PDO 等級認可。

TASTING NOTES 品嚐筆記
淡黃色的外皮,會隨著熟成轉成淺棕色。質地則會從有彈性,轉變成結實、緊密而易碎。帶有濃郁的果香甜味,熟成久了,香氣越濃。

HOW TO ENJOY 享用方式
當作點心、放在起司盤上或磨碎使用,都很美味。搭配酒體飽滿富果香的紅酒,如黑皮諾(Pinot Noir)。

義大利 Belluno, Veneto	
熟成期 Fresco 1-2 個月,Mezzano 2-6 個月,Vecchio 6 個月以上	
重量和形狀 6-7kg(13lb 4oz-15lb 7oz),車輪形	
尺寸 D. 30-34cm(12-13½in),H. 8cm(3in)	
原料奶 牛奶	
種類 硬質	
製造商 Lattebusche, Busche-Cesiomaggiore	

Primo Sale PDO

在義大利南方的西西里島,這款起司也稱為 Picurino,就是"小羊"之意。

TASTING NOTES 品嚐筆記
帶有濃烈的酸味,但又蘊有甜味。質地易碎,具有排出乳清的不規則氣孔。濃烈的香氣含有香草調。

HOW TO ENJOY 享用方式
切成薄片,以橄欖油、鹽、黑胡椒和切碎的薄荷葉調味,上桌品嚐。也常用在魚類料理中。和當地葡萄酒很合,或嘗試以黑皮諾(Pinot Noir)搭配。

義大利 Sicilia	
熟成期 7-10 天	
重量和形狀 多種	
尺寸 多種	
原料奶 綿羊奶	
種類 新鮮	
製造商 多家	

Provolone

這是一種紡絲型(pasta filata)起司,和 Caciocavallo 一樣,傳統上是屬於窮人的食物,因為只要一小片,就能帶來很濃的風味。源自義大利南部,在十九世紀末,由瑪久得(Margiotta)和阿文奇歐(Auricchio)家族引進義大利北部。

TASTING NOTES 品嚐筆記
由小牛的凝乳酶製成時,口味溫和帶有鮮奶的香甜,若是由小羊的凝乳酶製成時,風味則會變得濃烈。

HOW TO ENJOY 享用方式
熟成度淺的 Dolce,可以用來爐烤(grill),Piccante 或熟成久的,可以加在燉飯(risotto)上。搭配波加列羅的古圖尼歐(Gutturnio di Poggiarello)或羅席的克優紅酒(Collio Rosso di Russiz)。

義大利 各地	
熟成期 1-12 個月	
重量和形狀 2-10kg(4½-22lb),多種	
尺寸 多種	
原料奶 牛奶	
種類 半軟質	
製造商 多家	

Parmigiano-Reggiano PDO
受保護原產地名的
帕米吉安諾-雷吉安諾起司

品嚐一小片的帕米吉安諾 - 雷吉安諾起司(Parmigiano-Reggiano)，又稱為帕馬善(Parmesan)，就等於嚐到了一部分的義大利地理、美食和文化史。這款起司受到產地土壤、植被、氣候和乳牛品種的影響，並受到聯合會(Consortium)嚴格的控制，其製作方式自十二世紀起，幾乎毫無改變。

聯合會(the Consorzio)的官方戳印。

在 1955 年，帕米吉安諾 - 雷吉安諾地區的起司聯合會(the Consorzio del Formaggio Parmigiano-Reggiano)制訂保護"Parmigiano-Reggiano"這個名稱，後來也包括"Parmesan"，規定生產省份只限於摩典那(Modena)、 帕馬(Parma)、雷吉諾艾米利亞(Reggio Emilia)、艾米利亞 - 羅馬涅(Emilia-Romagna)地區的波隆納(Bologna)，以及倫巴底(Lombardia)地區的蒙多拉(Montova)。同時也規定了生產原料乳的乳牛，不能餵食青貯飼料(silage)，只能吃新鮮青草、乾草(hay)或紫花苜蓿(alfalfa)。因此，起司的風味會隨著季節而有微妙的變化。

帕米吉安諾 - 雷吉安諾(Parmigiano-Reggiano)起司是以脫脂鮮奶(skimmed milk)製成的，因此脂肪量減少，熟成後質地十分堅硬，比切達(Cheddar)起司的水分含量低很多。在義大利販賣時，是用鑿子在具有發亮光澤、大車輪狀的起司上，鑿下顧客要求的分量。

TASTING NOTES 品嚐筆記
帕米吉安諾 - 雷吉安諾(Parmigiano-Reggiano)起司絕不會帶有酸味，嚐起來應該像新鮮鳳梨般，帶有新鮮香甜的果香味。味道濃郁但不應過鹹，更不會帶有刺鼻的苦味。春季生產的起司呈淡黃色，帶有細緻的香草風味，是受到乳牛啃食的野花影響。夏季生產的起司，會滲出脂肪(butterfat)，因此質地較乾，味道也較濃烈；秋季生產的，酪蛋白(casein)含量較高。冬季受到乳牛所食草料影響，起司的顏色偏淡，但味道濃郁。帕米吉安諾 - 雷吉安諾(Parmigiano-Reggiano)起司的質地易碎，不是塑膠般的質地，也沒有彈性，淡黃色的起司，只要一小塊就能維持數週，一小片就能帶來風味無限。

HOW TO ENJOY 享用方式
分成小塊後可直接食用，它大概是全世界在烹飪上用途最廣的起司。經過加熱後便會融解，產生一種帶甜而刺激的果香味。可以使用在任何鹹味菜餚上，如麵包、醬汁、沙拉和義大利麵。

帕米吉安諾 - 雷吉安諾(Parmigiano-Reggiano)起司可在冰箱保存數週，但粗糙的表面可能會長黴，將其刮除即可。或者，如果你買的是很大的尺寸，又不常使用(我很難想像)，可放在冷凍庫保存，要用時再磨碎(grate)，它會很快地融解在熱食中。它的風味飽滿，可搭配清爽的白酒、強健的紅酒，甚至還有甜點酒(dessert wines)。

義大利 Emilia-Romagna 和 Lombardia	
熟成期 18-36 個月	
重量和形狀 38kg(83lb)，圓鼓狀	
尺寸 D. 50cm(20in)，H. 45cm(18in)	
原料奶 牛奶	
種類 硬質	
製造商 多家	

A CLOSER LOOK
放大檢視

帕米吉安諾 - 雷吉安諾(Parmigiano-Reggiano)起司是由 500 家的農場生產出來的，一年大約是 350 萬輪的產量。大約需要 160 加侖(727 公升)的鮮奶，才能製作出 1 個 38 公斤的圓鼓形起司，而每一輪起司都必須通過起司聯合會嚴格的品質控管。

DRAINING 濾出水分 需要使用銅製大鍋來製作這款起司。凝乳經過切割後，鍋底會形成一大塊的凝乳，需要兩個人用一塊質地結實的布將它抬起，布的兩角綁在一根木棒上打結固定住，由另一個人將凝乳切成兩半，繼續懸在布上 24 小時，使多餘乳清濾出。

BRANDING 蓋上戳記 通過重重測試的起司，會烙上"Parmigiano-Reggiano"的戳章，表示可繼續熟成 2 年以上。若是再加上"Mezzano"的印記，則表示能夠馬上食用。過了一段時間，有些起司能夠蓋上"Extra"的戳記，代表它們通過另一項額外的測試，或是"Export"，代表品質屬於第一等。沒有通過品質測試的起司，其戳記會被磨平，以"Grana"等級販售，義大利文裡，Grana 只代表硬質起司。

從這獨特的號碼可辨識出
生產的奶酪場。

外皮的周圍蓋滿這個戳記，
因此每一部分的起司都可看
出這是眞正的帕米吉安諾 -
雷 吉 安 諾(Parmigiano-
Reggiano)起司。

外部

代表起司聯合會品質
認定的戳記。

製造日期

內部

這獨特易碎的質
地，是重度熟成
起司的特色。

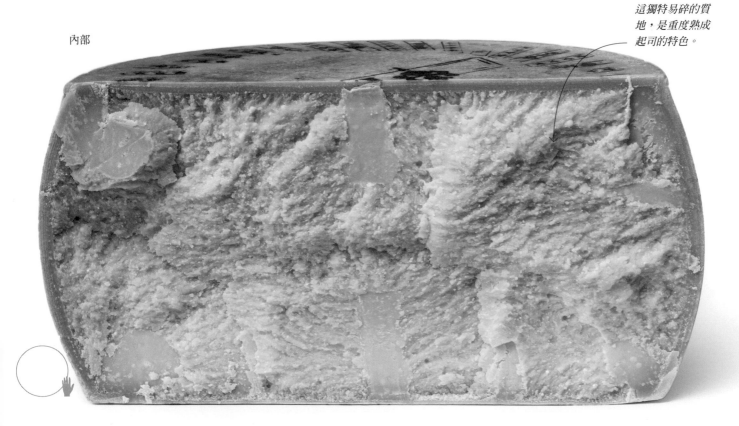

Provolone del Manaco PDO

傳說這款起司是由一位來訪的修士所創作出來的，其原料乳來自名為阿吉羅斯(Agerolese)品種的乳牛，由波旁王朝(the House of Bourbon)在十八世紀時配種而成。這款起司是置於天然礦泉附近的天然洞穴(tufa)裡熟成。

TASTING NOTES 品嚐筆記
塔利(Lattari)山區草原各種充滿香氣的香草植物，如百里香(thyme)、奧瑞岡(oregano)、馬鬱蘭(marjoram)等，賦予原料奶和成品起司美妙的風味。

HOW TO ENJOY 享用方式
搭配橄欖油和新鮮香草，如野生球莖茴香(fennel)、巴西里和羅勒食用。配酒用健壯的紅酒或香甜的馬莎拉酒(Marsala)。

義大利 Campania	
熟成期 1-2 個月，或在洞穴裡 2 年	
重量和形狀 1.5-3kg(3lb 3oz-6lb 6oz)，西洋梨形或香腸形	
尺寸 多種	
原料奶 牛奶	
種類 硬質	
製造商 多家	

Provolone Valpadana PDO

這款紡絲型(pasta filata)起司有兩種：用小牛液態凝乳酶製成的稱為 Dolce；用小山羊的膏狀凝乳酶製成的則是 Piccante。

TASTING NOTES 品嚐筆記
Dolce 的質地平滑綿密有彈性，帶有香甜略鹹的鮮奶和奶油味。Piccante 質地密實，呈顆粒狀，味道濃烈，帶有一絲小荳蔻(nutmeg)的鹹味。

HOW TO ENJOY 享用方式
可用堅果和梨子搭配，Dolce 可用在口味溫和的菜餚上；Piccante 則能配合口味較重的食物。搭配菲莎阿斯迪(Freisa d'Asta)或藍沐斯氣泡酒(Lambrusco Secco di Sorbara)（一種氣泡紅酒）。

義大利 Emilia-Romagna	
熟成期 1-12 個月	
重量和形狀 1-100g(2¼-220lb)，酒瓶、臘腸、乾肉腸、西洋梨、甜瓜或柑橘狀	
尺寸 多種	
原料奶 牛奶	
種類 半軟質	
製造商 多家	

Puzzone di Moena

"Puzzone"是很臭的意思，指的是這款起司的濃烈氣味。這是一款特殊的硬質起司，外皮每週都用溫鹽水洗浸過。當地稱為 Spretz Tzaori，意為" savoury cheese 開胃可口的起司"。

TASTING NOTES 品嚐筆記
這款氣味濃烈的起司，外皮呈黃色帶黏性，內部起司呈白色，質地有彈性，入口即化。甜、酸、苦味有很好的平衡，後味帶有一絲柑橘味。

HOW TO ENJOY 享用方式
當地人搭配水煮馬鈴薯、橄欖油、鹽、醋和切碎的細香蔥食用。很適合搭配塔瑞戈洛他里歐紅酒(Teroldego Rotaliano Rosso)，或黑皮諾(Pinot Noir)。

義大利 Fassa Valley, Trentino-Alto Adige	
熟成期 5-10 個月	
重量和形狀 9kg(19lb 13oz)，車輪形	
尺寸 D. 35-45cm(14-17½in)，H. 10-25cm(4-10in)	
原料奶 牛奶	
種類 半軟質	
製造商 Caseificio Sociale Predazzo e Moena, Predazzo, Trento	

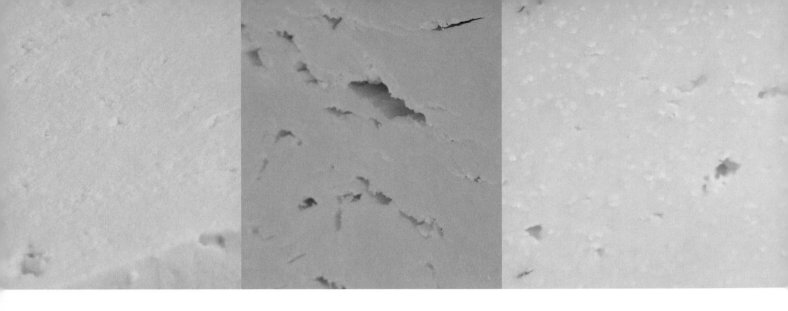

Quartirolo Lombardo PDO

傳統上，提供這款起司原料乳的乳牛，是餵食秋季開始所割下，充滿香氣與甜味的乾草(hay)—是多季開始前第四次(quartirola)也是最後一次的收割。但現在終年都有生產。

TASTING NOTES 品嚐筆記
裡外都呈象牙白色，質地呈易碎的細粒狀。同時帶有酸味和些許甜味，口味清新，帶有一絲優格和野生香草的香氣。

HOW TO ENJOY 享用方式
用在特殊料理"Quartirolo pie"起司酥餅裡，或搭配芹菜和巴西里(parsley)食用。可選擇聖科隆巴諾的瓦第莎拉(Valbissera di San Colombano)或利帕里的馬爾維薩(Malvasia delle Lipari)葡萄酒。

義大利 Lombardia	
熟成期 5-10 天	
重量和形狀 1.5-3.5kg(3lb 3oz-7lb 11oz)，扁平方形	
尺寸 L. 18-22cm(7-8½in)，W. 4-8cm (1½in-3in) . H. 4-8cm(1½-3in)	
原料奶 牛奶	
種類 半軟質	
製造商 多家	

Ragusano PDO

這是一種紡絲型(pasta filata)起司，也是西西里島奶酪業的象徵。獨特的啞鈴形，是為了便利山區的騾子將起司運送到村莊裡，因此也產生了 Quarttrofacce"four faces四面臉"這個名稱。這可不是稱讚的話，因為有四面臉的人，被視爲是不可信賴的！

TASTING NOTES 品嚐筆記
黃色的起司有小氣孔，帶有甜、酸、鹹的刺激味，並有蔬菜和動物的氣息。

HOW TO ENJOY 享用方式
用大蒜和橄欖油醃過，再以白醋和奧瑞岡(oregano)調味。以格里卡尼柯(Grecanico)葡萄酒搭配。

義大利 Sicilia	
熟成期 3-12 個月	
重量和形狀 10-16kg(22-35lb)，啞鈴形	
尺寸 L. 43-55cm(17-21½in)，W. 15-18cm(6-7in)，H. 15-18cm(6-7in)	
原料奶 牛奶	
種類 硬質	
製造商 多家	

Raschera PDO

一種經典的山區起司，Pantaleona da Confienza 在 1477 年即有相關的紀錄，提到如何將小羊的胃囊切成條狀，浸在水中，以提煉天然的凝乳酶。

TASTING NOTES 品嚐筆記
薄而如皮革般的棕色外皮，覆有白色霉粉，近白色的內部起司質地滑順有彈性，帶有少數不規則的氣孔。口味溫和，帶有甜酸味，與一絲如青草、乾草、花椰菜般的蔬菜氣息。

HOW TO ENJOY 享用方式
很適合作成起司鍋(fondues)，同時也是很棒的小型酥盒(vol-au-vent)餡料。搭配一杯內比奧羅阿爾巴(Nebilo d'Alba)或夏克特拉(Sciacchetra)極爲美味。

義大利 Piemonte	
熟成期 1-3 個月	
重量和形狀 5-8kg(11lb-17lb 10oz)，帶鈍角的方形	
尺寸 D. 30-40cm(12-16in)，H. 6-9cm(2½-3½in)	
原料奶 牛奶	
種類 硬質	
製造商 多家	

THE ROSE CAMUNA 這著名的
玫瑰印痕，起源自倫巴底的橋峽(Capo
di Ponti,Lombardy)所發現的岩石雕
紋上古老的玫瑰圖案。圖中所示為花瓣
形的 Rosa Camuna 起司，是小型起司
(Casolet)的一種。（見 115 頁）

Ricotta Affumicata

一般來說，ricotta 是由製作大型硬質起司剩下的乳清製成的。濾出水分後，凝乳碎塊經過稍微的擠壓和抹鹽（dry-salt）手續，再置於綠色針葉木所生成的柴火上方煙燻一週，才可食用。熟成一週的起司，可磨碎（grate）使用。

TASTING NOTES 品嚐筆記
因起司的濕潤度相對的高，外皮呈溫暖的深棕色。質地柔軟細緻而易碎，帶有清淡新鮮微妙的風味與一絲松香。

HOW TO ENJOY 享用方式
搭配藍莓果醬、洋槐樹蜜（acacia honey）和裸麥黑麵包最適宜。可搭配淡雅清冽的白葡萄酒。

義大利 Friuli-Venezia Giulia 和 Veneto	
熟成期 15-30 天	
重量和形狀 0.2-0.5kg（7oz-1lb 2oz），錢袋形	
尺寸 多種	
原料奶 牛奶	
種類 加味	
製造商 多家	

Ricotta di Pecora

"ricotta"意為「二次加熱」。鮮奶經過第一次的加熱以製成起司，接著剩下的乳清再加熱一次，使裡面的固體成分浮出表面，然後將這些凝乳碎塊舀入燈芯草籃或塑膠模型裡。

TASTING NOTES 品嚐筆記
這些脆弱的白色碎狀起司，帶有微酸的鮮奶味與一絲檸檬般的香氣，這是因為凝乳在加熱前，加入了一些額外的酸奶（sour milk）所致。

HOW TO ENJOY 享用方式
可用在傳統菜餚 Tortelloni di ricotta ed erbette（義大利麵餃），和甜點 Cannoli siciliani（瑞可塔起司捲）裡。搭配一支新鮮不甜（dry）的白酒，加維的哥維（Davi di Gavi），或一支義大利傳統方式瓶中釀造的氣泡酒（Spumante Classico Italiano）。

義大利 各地	
熟成期 1-2 天	
重量和形狀 0.5-3kg（1lb 2oz-6½lb），籃形	
尺寸 多種	
原料奶 綿羊奶	
種類 新鮮	
製造商 多家	

Robiola d'Alba

關於這款起司名稱的來歷，有兩種說法：一是來自羅比盧米利亞（Robbio Lomellina），數世紀以來生產這款起司的地方；二是來自 rubeola（紅色），這是用來形成其外皮細菌的顏色。

TASTING NOTES 品嚐筆記
質地細緻滑順，口味溫和，濃郁香甜中帶一絲酸味。奶油般的香氣，含有蔬菜和花香調。

HOW TO ENJOY 享用方式
傳統的一道料理，是用 Robiola d'Alba 作成的蛋包（omelette）。最適合搭配不甜的（dry）紅酒，如阿拉巴達的巴貝拉阿爾巴（Alabarda Barbera d'Alba），或多切托阿爾巴（Dolcetto d'Alba）。

義大利 Piemonte	
熟成期 6-7 天	
重量和形狀 300-500g（10oz-1lb 2oz），圓形	
尺寸 D. 10-12cm（4-5in），H. 3-4cm（1½-2in）	
原料奶 牛奶、綿羊奶或山羊奶	
種類 新鮮	
製造商 多家	

Robiola di Roccaverano PDO

一般認為是由在西元 1000 年左右，定居在利古利亞(Liguria)的塞爾特人(the Celts)所引進的。其名稱來自村莊名洛可拉諾(Roccaverano)。洛可拉諾(Roccaverano)品種的山羊現已十分稀少，因多已被高產量的其他品種所取代。

TASTING NOTES 品嚐筆記
外皮呈白色至淡棕色，帶有灰色黴粉，內部起司柔軟滑順，具有甜、酸、鹹微妙的平衡，帶有一絲綿羊奶特有的綿羊油香(lanolin)。

HOW TO ENJOY 享用方式
單獨食用，或以橄欖油和充滿香氣的香草來調味。可搭配酒香十足的紅酒，如巴巴瑞斯可(Barbaresco)。

義大利 Piemonte	
熟成期 7-10 天	
重量和形狀 250-400g(9-14oz)，圓形	
尺寸 D. 10-14cm(4-5½in)，H. 4-5cm(1½-2in)	
原料奶 山羊奶和牛奶和/或綿羊奶	
種類 半軟質	
製造商 多家	

Robiola della Valsassina

像其他的 Ribiola 起司一樣，其名稱來自拉丁文的"ruber"，即紅色之意，指的是形成外皮的紅色細菌。傳統上是以山羊奶製作，但現已改用牛奶。

TASTING NOTES 品嚐筆記
紅棕色的外皮，佈有灰藍色的霉粉，白色或黃色的內部起司，質地細緻滋潤，微帶細粒狀，滋味香甜，帶有細緻的蘑菇和鮮奶味。

HOW TO ENJOY 享用方式
用來填充馬鈴薯，或和當地的辣味香腸做成蛋包(omelette)。可搭配因分諾(Inferno)，或薩西拉涅格里(Sassella Negri)。

義大利 Cremeno, Lomardia	
熟成期 20-30 天	
重量和形狀 400-500g(14oz-1lb 2oz)，方形	
尺寸 L. 10cm(4in)，W. 10cm (4in)，H. 4cm(1½in)	
原料奶 牛奶	
種類 半軟質	
製造商 Invernizzi Daniele	

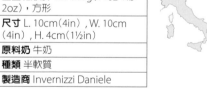

Salva Cremasco PDO

名稱裡的 Salva，來自"salvare"（意指儲存、儲蓄），因此款起司傳統產於五月，正是牛奶產量極豐沛時，因而為農夫創造另一筆額外可觀的收入。

TASTING NOTES 品嚐筆記
洗浸外皮呈灰、綠或紅色調，但內部起司為白色。質地易碎呈細粒狀，味道酸甜平衡。優格般的香氣裡，含有一絲柑橘味。

HOW TO ENJOY 享用方式
搭配牛肝蕈燉飯(porcini risotto)享用。與拉索巴的卡本內蘇維翁(Cabernet Sauvignon La Stoppa)，或香甜的坎地亞的馬爾維薩(Malvasia di Candia)都很適合。

義大利 Trescore Cremasco, Lombardia	
熟成期 2 個月，1 年以上最佳	
重量和形狀 3-4kg(6½-9lb 9oz)，方形	
尺寸 L. 17-19cm(6½-7½in)，W. 17-19cm(6½-7½in)，H. 9-15cm(3½-6in)	
原料奶 牛奶	
種類 半軟質	
製造商 Caseificio San Carlo, Coccaglio, Brescia Az. Agr. Eredi Carioni	

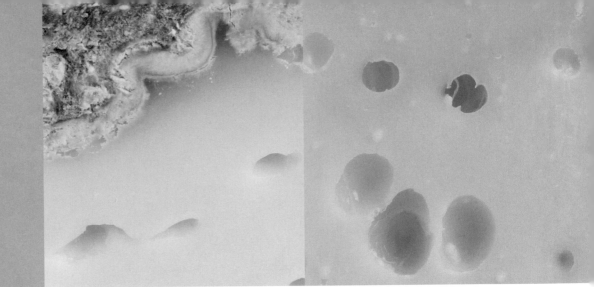

Scamorza

又名爲 Mozzarella Passita（枯萎的莫札里拉），Scamorza 是一種紡絲型(pasta filata)起司，在義大利南部終年都有生產。它是以手工塑形成兩顆球狀，一球比另一球略小。Scamorza Affumicata，是掛在木柴或稻草所生的火堆上煙燻過的版本。

TASTING NOTES 品嚐筆記
外皮呈白色至淡黃色，內部起司的質地有彈性，帶甜味，有鮮奶般的香氣。Scamorza Affumicata 的外皮呈棕色，內部爲黃棕色，煙燻的香味使甜味更突出。

HOW TO ENJOY 享用方式
趁新鮮食用，或用來爐烤(grill)。搭配弗萊斯科巴爾蒂的波米諾紅酒(Pomino Rosso Frescobaldi)，或是義大利傳統方式瓶中釀造的氣泡酒(Spumante Classico Italiano)。

義大利 Campania	
熟成期 2-10 天	
重量和形狀 200-500g(7oz-1lb)，球形或大西洋梨形	
尺寸 多種	
原料奶 牛奶	
種類 半軟質	
製造商 多家	

Sora

又名爲巫婆起司，因爲據說最初的製造者就是巫婆身份的起司師(witch cheese-maker)。然而其名稱在當地的方言是"鞋"的意思，因爲它的形狀扁平，又帶有用來擠壓的紗布印痕，看起來就像鞋底一般。

TASTING NOTES 品嚐筆記
柔軟密實而滑順，帶有小氣孔。具有原料乳中微妙而複雜的味道，包括花香、果香或柑橘調。產於夏季的品質最好。

HOW TO ENJOY 享用方式
包裹在煙燻火腿(specks)中食用十分美味，或用來做成起司鍋(fondues)和醬汁。可搭配任何一種不甜的(dry)當地科地斯(Cortese)白酒。

義大利 Piemonte	
熟成期 1-3 個月	
重量和形狀 1.8-2kg(4-4½lb)，扁平方形	
尺寸 D. 15-20cm(6-8in)，W. 15-20cm(6-8in)，H. 4-5cm(1½-2in)	
原料奶 綿羊奶、牛奶或山羊奶	
種類 半軟質	
製造商 多家	

Spressa della Giudicarie PDO

一種古老的山區起司，傳統上使用脫脂多次的鮮奶製成，因爲農夫可將乳脂(cream)做成價錢更好的奶油販售。今天通常以半脫脂鮮奶(partially skimmed milk)製成。

TASTING NOTES 品嚐筆記
外皮呈淡黃至棕色，脂肪度較低的版本嚐起來較乾；脂肪度高時，色澤會較飽滿，味道也較甜，帶有奶油味。濃烈的香氣，來自牛群啃食的草原影響。

HOW TO ENJOY 享用方式
單獨食用，或搭配大麥(barley)湯。可選用富果香的紅酒。

義大利 Trentino-Alto Adige	
熟成期 4-12 個月	
重量和形狀 8-10kg(17lb 10oz-22lb)，車輪形	
尺寸 D. 30-35cm(12-14in)，H. 10-11cm(4-4½in)	
原料奶 牛奶	
種類 硬質	
製造商 多家	

Taleggio PDO
受保護原產地名的塔雷吉歐起司

遠在十～十一世紀，就有進行塔雷吉歐(Taleggio)起司交易的記錄。然而一直到二十世紀之後，這個名稱才開始用來代表，生產於貝加莫(Bergamo)地區，塔雷吉歐村(the Val Taleggio)的這款起司，該地亦生產其他知名的優質起司如格拉那帕達那(Grana Padano)起司(見119頁)，和戈根佐拉(Gorgonzola)起司(見110-111頁)。

塔雷吉歐(Taleggio)起司是由製造商或熟成師(affineur)，放在當地洞穴或特殊熟成室內熟成，裡面的溫度、濕度和天然的黴菌種類，都扮演著重要的角色。

外皮上的黴菌所產生的酵素，會從外部滲入，開始分解裡面的凝乳，這個過程稱爲黴菌熟成(mould-ripening)。

位於義大利北部倫巴底(Lombardia)，貝加莫(Bergamo)省分裡的塔雷吉歐村(the Val Taleggio)，於阿爾卑斯山谷壯觀的自然美景。

創作塔雷吉歐(Taleggio)起司的目的是要保存當地牛乳，位於倫巴底立可(Lecco, Lombardia)的瓦撒西亞(Valsassina)天然洞穴，則提供了完美的熟成空間。洞穴裡的裂縫和缺口夠深，提供了天然的冷藏環境，自然流動的微風，則有助於生長在外皮上黴菌的擴散。由於塔雷吉歐(Taleggio)起司現在受到越來越多人的喜愛，除了生乳外，也開始使用殺菌過的牛乳製造，並且大型工廠也加入小型奶酪場的行列，其製作方式已隨著現代科技而做過調整，但爲了維持其純正風味，仍堅持某些傳統的步驟。

其中品質最上等者，當然是以產自阿爾卑斯山草原的生乳所製造，並以天然洞穴來熟成的種類。

每塊起司的表面，都會印上獨特的塔雷吉歐起司保護聯合會(the Consorzio Tutela Taleggio)四葉戳印。即使將起司分塊販售，仍可辨識其上的戳印。這是一種品質和產地的保證，即使是用來包裝的紙，也必須是某種特定款式，並印有同種戳印。

TASTING NOTES 品嚐筆記
外皮上的黴菌和酵素，加速了凝乳的分解，促使起司從外圍開始向中心部分逐漸熟成。帶有一股溫和但持續的草本(herbaceous)氣味，包括發酵水果、乾草和高山野花的氣息，如同一碗濃郁的綠花椰菜濃湯。食用或料理前，不需將外皮切除，但外皮帶有粗粒感，所以可先用刀子稍微刮除。

遺憾的是，塔雷吉歐(Taleggio)起司常在未充分熟成的情形下販售或食用，或是沒有先回復到室溫，如此一來，它的味道會變得平淡、呈橡膠狀和具粗粒感，其真實的風味會因爲過度的冷藏而消失，或是隱晦未顯。

HOW TO ENJOY 享用方式
這是一款絕佳的餐桌起司，可單獨食用，因爲融化得快，也適合用在不同的菜餚內。通常在餐後，和蘋果、梨子或無花果一起上桌享用，或是加在義大利麵、燉飯、濃湯、蛋包(omelette)、沙拉和某些披薩及可麗餅(crêpes)裡。最宜搭配當地法蘭恰寇兒塔(Franciacorta)所產的葡萄酒，如 Terre di Franciacorta DOC，這是一款由卡本內(Cabernet)、巴貝拉(Barbera)和內比奧洛(Nebbiolo)葡萄品種製成的飽滿紅酒。亦可選擇精采的 Franciacorta DOCG 等級的瓶內發酵(bottle-fermented)氣泡酒。

外皮底下的起司質地柔軟，幾乎呈流動狀。

義大利 Lombardia, Piedmont, 和 Veneto	
熟成期 25-40 天	
重量和形狀 1.7-2kg(3½-4½lb)，方形	
尺寸 D. 40cm(16in)和 70cm(28in)，H. 10cm(4in)	
原料奶 牛奶	
種類 半軟質	
製造商 多家	

ITALY

138

DRAINING 濾水 起司放在稱爲 "*spersori*"的特殊桌子上濾出乳清，然後裝入鈍角模型內定型。代表協會認定的戳章和製造商的號碼，會一起印在柔軟的起司上。

SALTING 加鹽 每塊起司都會抹上鹽，或是在鹽水中浸泡 8~12 小時，然後放置於可以盛裝 8 塊起司的木盒中。

THE IMPRINT 戳印 代表聯合會(the Consorzio)認可的四葉戳印，會隨著熟成的增加而更明顯，因爲生長在外皮上的灰色和白色黴粉，會沾在圖案的邊緣。

橘色外皮會隨著熟成的增加而變深。

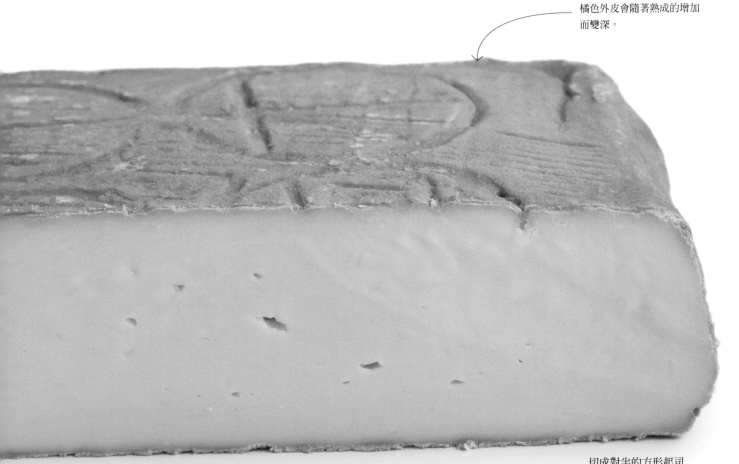

切成對半的方形起司

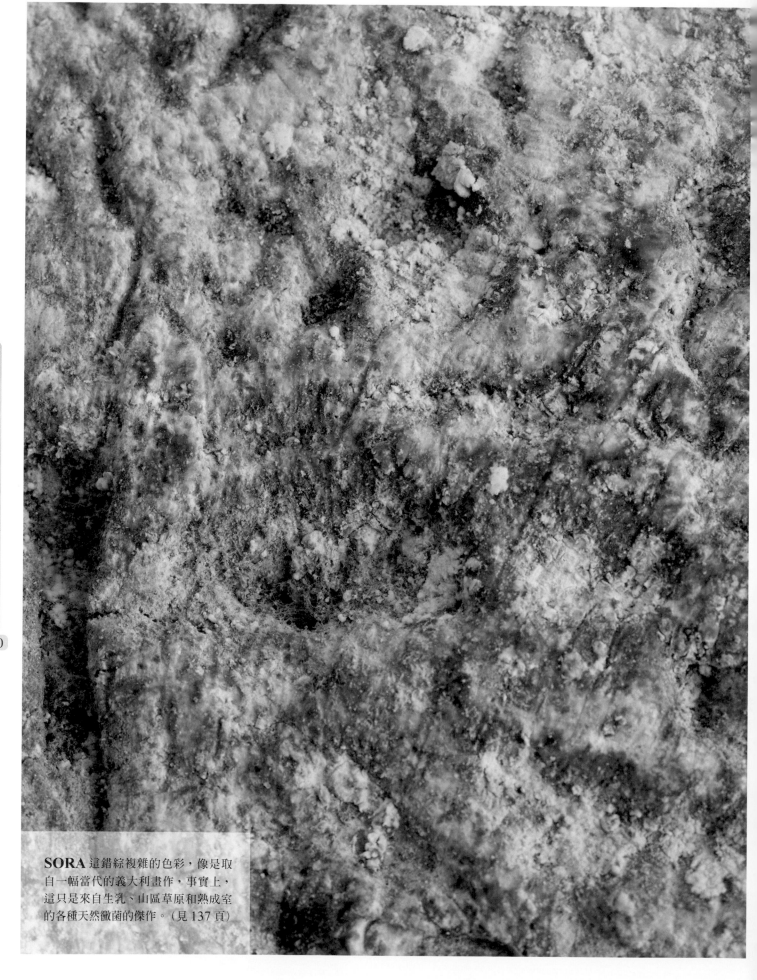

SORA 這錯綜複雜的色彩，像是取自一幅當代的義大利畫作，事實上，這只是來自生乳、山區草原和熟成室的各種天然黴菌的傑作。（見 137 頁）

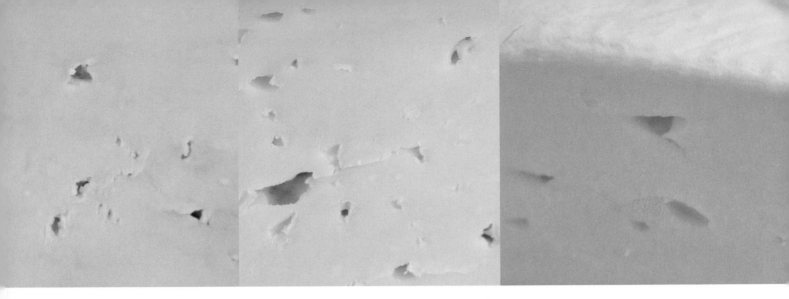

Strachìtunt

從 1800 年代晚期即有生產，使用阿爾卑斯草原上放牧的布魯諾（Bruna Alpina）乳牛的鮮乳製成，最近開始有一群製造商，組成一個小型聯合會（consortium），大力推動 Strachìtunt 的復興。現在他們的產量約為一週 50 個。

TASTING NOTES 品嚐筆記
和多數義大利藍黴起司不同的是，質地十分密實，帶有細而不規則的藍紋，外皮堅硬而乾縮。帶有甜味，與一絲辛辣的蘑菇味。

HOW TO ENJOY 享用方式
要獲得真正的風味，可以用來搭配馬鈴薯餃（gnocchi）和玉米糕（polenta）。搭配一支簡單的紅酒，如質地滑順的特級瓦爾泰利納（Valtellina Superiore），或帶甜味的遲摘（late-harvest）白酒。

義大利 Lombardia	
熟成期 3-5 個月	
重量和形狀 4-5kg(9-11lb)，車輪形	
尺寸 D. 24-28cm(9½-11in)，H. 15-18cm(6-7in)	
原料奶 牛奶	
種類 藍黴	
製造商 Arrigoni Valtaleggio	

Toma Piemontese PDO

源自羅馬時期，Toma 可能是法國 Tomme 起司（產自附近的薩瓦 Savoie 地區）的義大利版本。這是一款用途很廣的行家美味起司。

TASTING NOTES 品嚐筆記
因其重量、熟成度和製作者技巧的不同，Toma Piemontese 可以有一百種不同的風味！帶有甜味，易於融化，帶有蔬菜和木質的香味。

HOW TO ENJOY 享用方式
磨碎加在 Bruss、Pastasciutta 上，或融化在其他數種菜餚裡。可搭配不甜（dry）的馬莫司朗格夏多內（Magnus Langhe Chardonnay），或清淡不甜的汽泡紅酒蒙費拉托的巴貝拉（Barbera del Monferrato）。

義大利 Piemonte	
熟成期 1-4 個月	
重量和形狀 2-8kg(4½-17lb 10oz)，車輪形	
尺寸 D. 15-35cm(6-14in)，H. 6-12cm(2½-5in)	
原料奶 牛奶	
種類 半軟質	
製造商 多家	

Tome and Tomini

總共有 20~30 種不同的 Tome and Tomini，每一塊小起司都有自己獨特的風味。其中最知名的一種是 Tomino di Melle，使用全脂牛奶製成，由一位起司製作者和她的侄兒，共同在 1889 年創作出來。

TASTING NOTES 品嚐筆記
質地滋潤有彈性，口味溫和，帶有微甜酸性。口感滑順，有時帶有蔬菜、堅果或木質的氣味。

HOW TO ENJOY 享用方式
通常用來製作"Bagnet"一種由巴西里（parsley）、大蒜、碎鯷魚和番茄製成的醬汁。可以完美地搭配有活力的紅酒，如多切托阿爾巴（Rocca Giovino Dolcetto d'Alba），或美妙的特級丹諾阿爾巴（Diano d'Alba Superiore）。

義大利 Arona, Piemonte	
熟成期 1-3 天，有時為 10 天	
重量和形狀 50-500g(1¾-1lb 2oz)，圓形或圓柱形	
尺寸 多種	
原料奶 牛奶，或混合	
種類 軟質白起司	
製造商 Luigi Guffanti 1876, Arona, Novara	

More Cheeses of Italy
更多的義大利起司

以下所列出的起司極爲稀有，因爲只在固定季節生產，或是產地極爲偏遠。總之，使我們無法取得其相片，但仍屬於義大利起司中重要且精采的種類，因此仍列表如下。

那麼，請您好好欣賞、享受與尋訪。

ITALY

Trentingrana PDO

1926 年，來自塔倫提諾(Toren-tino)的酪農，迎娶了一名女酪農，她來自米蘭多拉(Mirandola)，也就是 Parmigiano-Reggiano 的產地。這位新娘將製作葛拉那起司(grana cheese)的技術，傳入了諾谷(the Non Valley)，Trentingrana 從此誕生。今天，這種起司的生產由傳統起司聯合會(the Trentin-grana Cheese Consortium)所控制。

TASTING NOTES 品嚐筆記
黃色厚皮下，起司的質地易碎，帶有果香般的甜味，和一絲加熱奶油與辛辣肉湯的香味。

HOW TO ENJOY 享用方式
削下加入沙拉裡，或磨碎加入義大利麵或蔬菜菜餚中。搭配陳年氣泡白酒(Ferrari Riserva)，或香甜的諾西拉的溫桑托(Vin Santo di Nosiola)。

義大利 Emilia-Romagna	
熟成期 1-2 年	
重量和形狀 35kg(77lb)，圓鼓形	
尺寸 D. 35-38cm(14-15in)，H. 20-22cm(8-8½in)	
原料奶 牛奶	
種類 硬質	
製造商 多家	

Vezzena

在奧匈帝國時期，Vezzena 是哈布斯堡王朝(the House of Habsburg)所喜愛的起司，奧地利的弗朗茨約瑟夫一世(Franz Joseph I)的餐桌上一定少不了它。一直到今天，生產這款起司原料乳的乳牛，仍然放牧於海拔 1000~1500 公尺以上的草原上。

TASTING NOTES 品嚐筆記
黃至淺棕色的外皮，保護著淡黃色而堅硬的內部起司，內有細小孔洞。嚐起來香甜，香氣十足，帶有蔬菜和發酵的青草香，以及一絲的烤種籽氣息。

HOW TO ENJOY 享用方式
熟成久的 Vezzena，可以搭配水果或單獨食用。配酒可以用諾西拉薩巴紐利(Nosiola Spagnolli)，或瑞芬諾羅甜酒(Refronolo Passito)。

義大利 Lavarone, Trentino-Alto Adige	
熟成期 4-12 個月	
重量和形狀 8-12kg(17lb 10oz-26½lb)，圓形	
尺寸 D. 30-40cm(12-16in)，H. 9-12cm(3½-5in)	
原料奶 牛奶	
種類 硬質	
製造商 Caseificio degli Altipiani del Vezzena di Lavarone	

Agrì di Valtorta

在製作這款起司已達數世紀之久的這個小村莊外，很難看到它的蹤影。鮮奶裡加入了已略發酸的乳清，待凝乳成形後，則倒入小型 ricotta 模型籃中濾出水分，再以手工抹鹽。

TASTING NOTES 品嚐筆記
質地柔軟，有鮮奶香氣，帶有乳牛啃食高山草原中，各種香草植物的香氣。質地細緻，帶有略酸而鹹的滋味。

HOW TO ENJOY 享用方式
單獨搭配蔬菜食用，或是抹在新鮮麵包上。可搭配香氣足的瓦卡勒皮奧白酒(Bianco Valcalepio)。

義大利 Valtorta, Lombardia	
熟成期 3 天起	
重量和形狀 50-100g(1¾-3½oz)，矮圓錐形	
尺寸 D. 3-4cm(1½-2in)，H. 8-10cm(3-4in)	
原料奶 牛奶，山羊奶，生乳	
種類 新鮮	
製造商 Latteria Sociale, Monaci Sebastiano	

Bela Badia

這款柔軟的起司，具有平滑堅硬的外皮，是最近才被創作出來的。其名稱來自生產地的巴尼亞谷(Badia valley)，具有很高的乳酸菌含量。

TASTING NOTES 品嚐筆記
淡黃色而清淡的內部起司，會隨著熟成而變得濃郁，帶有新鮮而綿密的甜味。咬下時，可以感受到明顯的鮮奶和青草氣息。

HOW TO ENJOY 享用方式
可加以爐烤(grill)，搭配一杯麗絲玲瑞納諾(Riesling Renano)，或陳年奧斯曼杜許氣泡酒(Brut Hausmannhof Riserva)。

義大利 Trentino-Alto Adige	
熟成期 2 個月	
重量和形狀 2kg(4½lb)，扁平車輪形	
尺寸 D. 7cm(3in)，H. 8-10cm(3-4in)	
原料奶 牛奶	
種類 新鮮或半軟質	
製造商 多家	

Bernardo

這是一款經典的夏季新鮮起司，只使用產自阿爾卑斯山草原的鮮乳製作。幾乎無外皮，凝乳中添加了一點番紅花粉，使起司呈淡橘色。也可繼續熟成，形成淺棕色的外皮，並發展出濃郁的香氣。

TASTING NOTES 品嚐筆記
添加的番紅花，為這款細緻的起司增添了一股花香味，和一絲略苦的甜味。

HOW TO ENJOY 享用方式
抹在香脆麵包上趁新鮮食用。可搭配紅酒或一支瓦卡勒皮奧(Valcalepio)白酒。

義大利 Lombardia	
熟成期 10-15 天	
重量和形狀 0.5-1kg(1lb 2oz-2¼oz)，扁平車輪形	
尺寸 D. 15cm(6in)，H. 5cm(2in)	
原料奶 牛奶	
種類 新鮮	
製造商 多家	

Cacioricotta

因其圓而扁的外型，南部義大利人暱稱爲"the hockey puck 曲棍球圓盤"，根源於強烈的義大利農舍(farmhouse)起司傳統。它的名稱也反映了其混血性格：一半的 ricotta，加上一半的新鮮起司，原料乳也混合了綿羊和山羊奶。

TASTING NOTES 品嚐筆記
新鮮時，氣味溫和帶香甜鮮奶味，熟成後，帶有濃烈而刺激的柑橘味。

HOW TO ENJOY 享用方式
通常趁新鮮使用在地中海沙拉裡，或熟成後磨碎加在義大利麵裡。可搭配可搭配里翁卡斯特(Leone de Castris)的梅莎比亞(Massapia)，或泰瑞阿什的馬莎拉(Marsala Vergine de Terre Arse)。

義大利 Puglia and Basilicata	
熟成期 2-3 週起，直到 2-3 個月止	
重量和形狀 0.4-1kg(14oz-2lb¼oz)，圓柱形或截頂圓錐形	
尺寸 D. 13-24cm(5½-9½in)，H. 4-7cm(1½-3in)	
原料奶 山羊奶和綿羊奶	
種類 新鮮，成熟後呈硬質	
製造商 多家	

Canestrato di Vacca and di Pecora

名稱來自製作時使用的燈芯草籃(canestro)，它是用小山羊凝乳酶(kid rennet)來刺激凝乳形成的。其手工處理凝乳的傳統方式可追溯至羅馬時期。

TASTING NOTES 品嚐筆記
牛奶製成的 Canestrato 帶有甜味，熟成後轉爲鹹味和堅果味；Pecora(綿羊奶版本)香氣較明顯，並在熟成 6 個月左右時帶有堅果味。

HOW TO ENJOY 享用方式
加入沙拉、磨碎加在義大利麵裡、作成奶油白醬(béchamel)或蔬菜的內餡。可搭配圖福格萊克(Greco di Tufo)，或清淡富果香的紅酒。

義大利 Puglia and Sicilia	
熟成期 2-10 個月	
重量和形狀 1.5-8kg(3lb 3oz-17lb 10oz)，圓柱形	
尺寸 D. 20-35cm(8-14in)，H. 6-10cm(2½-4in)	
原料奶 牛奶	
種類 硬質	
製造商 多家	

Lagundo

質地會隨熟成度的不同，呈半軟質到結實的狀態。使用牛奶製成，外皮經過洗浸呈深棕色。Lagundo 是這款起司最初生產的村莊名，但又名爲"Bauernkäse"，也就是德文裡農夫起司之意。

TASTING NOTES 品嚐筆記
白色或淡黃色的內部起司，佈有不規則的氣孔，口味飽滿，帶有香而苦的氣味，與一絲刺激味(tang)。

HOW TO ENJOY 享用方式
可搭配裸麥麵包，或融化在馬鈴薯上。搭配白皮諾(Pinot Bianco)(Weissburgunder)，或蜜斯卡多加羅(Moscato Giallo)(Goldenmuskateller)。

義大利 Trentino-Alto Adige	
熟成期 2 個月，6 個月以上最佳	
重量和形狀 8kg(17lb 10oz)，磚形	
尺寸 多種	
原料奶 牛奶	
種類 半軟質和硬質	
製造商 多家	

Pecorino di Filiano PDO

一種產自巴斯利卡塔(Basilicata)地區的古老起司，使用當地品種普利亞的堅提耶(gentile di puglia)品種的綿羊奶製成。存放在當地的洞穴中熟成。

TASTING NOTES 品嚐筆記
外皮呈金黃至淡棕色，印有籃狀模型的痕跡。淡黃色的起司，質地結實易碎，含有微小氣孔。剛熟成時帶有甜味和奶油味，熟成久後，變得刺激帶鹹味，香氣越濃。

HOW TO ENJOY 享用方式
做成當地菜餚"Pecorino maritato 歡樂的沛克里諾"，或磨碎加在水煮蠶豆上。可搭配當地紅酒。

義大利 Basilicata	
熟成期 6 個月以上	
重量和形狀 2.5-5kg(5½-11lb)，圓鼓形	
尺寸 D. 15-25cm(6-10in)，H. 8-18cm(3-7in)	
原料奶 綿羊奶	
種類 硬質	
製造商 多家	

Pecorino Laticauda

其名稱來自拉蒂卡達(Laticauda)品種綿羊，牠們是在十八世紀從非洲引進的，再和當地的帕利羅拉(Pagliarola)品種交配。

TASTING NOTES 品嚐筆記
薄薄的臘質外皮呈黃色，底下的象牙白起司，呈易碎的細粒質地。帶有甜味和鹹味，散發出剛修剪過的青草、野花和柑橘香氣。

HOW TO ENJOY 享用方式
趁新鮮當作餐桌起司食用、用來填充朝鮮薊或作成美味的當地起司派。可搭配亞維納希白酒(Vino Bianco Avignonesi)，和蒙特普爾恰諾貴族葡萄酒(Vino Nobile di Montepulciano)。

義大利 Faicchio, Campania	
熟成期 3-6 個月	
重量和形狀 2kg(4½lb)，圓鼓形	
尺寸 D. 20cm(8in)，H. 12cm (5in)	
原料奶 綿羊奶	
種類 硬質	
製造商 Azienda Torre Vecchia	

Pusteria

它的義大利名稱是 Pusteria，但因來自雙語區，也有德語 Pustertaler, Bergkäse 或 Hocpustertaler 等名稱。產自普斯特谷(the Puster Valley)地區，主要由普斯特斯聘司(Pustertaler Sprinzen)品種的牛乳製成。在 1800 年以前，只在夏季生產。

TASTING NOTES 品嚐筆記
黃色外皮下，白色的起司質地有彈性，佈有不規則氣孔。帶有甜味，會轉變成帶苦味並變得刺激。具有溫和的蔬菜和花香調。

HOW TO ENJOY 享用方式
常加在德國手工麵(Spätzle con Pustertalerspecial)的麵條裡，和奶油一起爐烤。可搭配穆勒圖爾高(Muller Thurgau)葡萄酒。

義大利 Bolzano, Trentino-Alto Adige	
熟成期 60-70 天	
重量和形狀 9kg(20lb)，車輪形	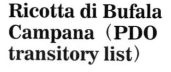
尺寸 D. 35cm(14in)，H. 9cm (3½in)	
原料奶 牛奶	
種類 半軟質	
製造商 Milkon Alto Adige, Bolzano	

Ricotta di Bufala Campana（PDO transitory list）

在義大利的某些地區，鮮奶的來源是水牛而非乳牛。水牛對潮濕的氣候和貧瘠的土壤，適應力較強。這款起司，使用製作 Mozzarella di Bufala Campana 剩下的乳清製成。

TASTING NOTES 品嚐筆記
帶有清新的略酸甜味，和一種微妙的顆粒狀口感。

HOW TO ENJOY 享用方式
可以用在許多義大利菜餚上。可搭配法蘭維那氣泡酒(Falanghina Spumante)，或巴魯莫那甜酒(Palummo Passito)。

義大利 Lazio	
熟成期 1-2 天	
重量和形狀 500g-2.5kg(1lb 2oz-5½lb)，籃狀模型	
尺寸 多種	
原料奶 水牛奶	
種類 新鮮	
製造商 多家	

Ricotta Romana PDO

西元前二世紀，老加圖(Cato the Elder)就提到這款細緻的綿羊奶乳清起司，其製作方式則分別由西元一世紀的可慮美拉(Columella)，和西元二世紀佩加蒙的蓋倫(Galen of Pergamum)記錄下來。今天，它已晉升到歐盟 PDO 的保護等級之內。

TASTING NOTES 品嚐筆記
這款清新的起司具有細緻滑順、細粒狀的質地，甜中帶微酸，帶有柑橘香氣。其風味會隨著綿羊啃食的植被不同，而產生變化。

HOW TO ENJOY 享用方式
它是甜點"Fingers of Apostle 十二門徒的手指"的主要原料。搭配特級弗拉斯卡蒂(Frascati Superiore)。

義大利 Lazio	
熟成期 1 天	
重量和形狀 500g-2kg(1lb 2oz-4½lb)，截頂圓錐形	
尺寸 多種	
原料奶 綿羊奶	
種類 新鮮	
製造商 多家	

Silter

這款擁有塞爾特語(Celtic)名稱的起司，可追溯到十七世紀。市面上有兩種：產自高山草原的，和產自溫暖河谷的。

TASTING NOTES 品嚐筆記
淺棕色外皮下是淡黃色的起司，熟成後質地會變得易碎。高山起司帶有較多的蔬菜和野花香氣；山谷起司則有乾草和乾燥水果的香氣。

HOW TO ENJOY 享用方式
是"Cannelloni alla zucca"（裝有南瓜和 Silter 起司的義大利麵捲）中美味的食材。可搭配法蘭恰寇兒塔年份氣泡酒(Franciacorta Millesimato)，或薩干丁諾甜酒(Sagrantino Passito)。

義大利 High Camonica and Sebino Valley, Lombardia	
熟成期 4-12 個月	
重量和形狀 10-20kg(22-44lb)，車輪形	
尺寸 D. 35-40cm(14-15½in)，H. 10-15cm(4-6in)	
原料奶 牛奶	
種類 硬質	
製造商 Romelli Giacomo, Pedena-Breno	

Squacquarone di Romagna

西元一世紀，佩特羅尼烏斯(Gaius Petronius Arbiter)，Satyricon 小說作者，稱這款起司為 Caseum mollem，在當地方言中，就是"沒有硬度"，因為它的質地如慕斯，入口即化。

TASTING NOTES 品嚐筆記
散發著光澤的白色起司，質地柔軟，極為濕潤，帶有綿密的奶油香氣，平衡的酸甜口味，並帶有一絲柑橘味。

HOW TO ENJOY 享用方式
傳統上，和牛骨髓一起用來填充義大利麵食，但也可直接加在新鮮沙拉裡。可搭配不甜的白酒羅馬尼亞的阿巴那(Albana di Romagna)，或一支紅酒如陳年珊卓維西(Sangiovese Superiore)。

義大利 Bologna, Emilia-Romagna	
熟成期 1-4 天	
重量和形狀 1-3kg(2¼-6½lb)	
尺寸 多種	
原料奶 牛奶	
種類 新鮮	
製造商 Caseificio Pascoli, Savignano sul Rubiconde(FC) Granarolo, Bologna	

Stelvio PDO

這款洗浸外皮起司的名稱，來自最高的阿爾卑斯山口，從中古時期起，已開始在提洛爾(Tirol)販售。因爲產自雙語地區，又名爲"Stilfser"。

TASTING NOTES 品嚐筆記
外皮呈黃色至淡棕色，內部的帶黃色起司，具有不規則的氣孔，質地密實滋潤有彈性。甜 - 酸的味道之中，有時帶有愉悅的苦味，含有乾草和水煮蔬菜的香氣。

HOW TO ENJOY 享用方式
常融化在玉米糕(polenta)上，或加在大麥(barley)和小扁豆(lentil)湯之中。可搭配梅洛肯澤(Merlot Kretzer)，或萊格來多肯(Lagrein Dunkel)葡萄酒。

義大利 Stelvio National Park, Lombardia	
熟成期 2-4 個月	
重量和形狀 8-10kg(17lb 10oz-22lb)，圓柱形	
尺寸 D. 36-38cm(14½-15in)，H. 8-10cm(3-4in)	
原料奶 牛奶	
種類 半軟質	
製造商 Milkon Alto Adige, Bolzano	

Valle D'Aosta Fromadzo PDO

這款起司在十五世紀時即已聞名，使用清晨和傍晚擠出的鮮奶製作，使其靜置一會兒，再撇出乳脂(cream)，有些起司會混合高達10%的山羊奶。

TASTING NOTES 品嚐筆記
常常以杜松子(juniper)、小荳蔻(cumin)或野生球莖茴香(fennel)調味，質地滋潤，帶有細小孔洞，具有一點甜味，熟成久後，味道會變得強烈，香氣越濃。

HOW TO ENJOY 享用方式
磨碎加在烤肉或濃湯裡，如菠菜或包心菜(cabbage)湯。可搭配不甜的紅酒，如安弗達維(Enfer d'Arvier)，或當納斯達奧斯塔村(Vallee d'Aosta Donnas)。

義大利 Valle D'Aosta	
熟成期 2-10 個月	
重量和形狀 1-7kg(2¼-15½in)，車輪形	
尺寸 D. 15-30cm(6-12in)，H. 5-20cm(2-8in)	
原料奶 牛奶	
種類 硬質	
製造商 多家	

Stracciata

這款傳統手工(artisan)起司，是將凝乳切割撕碎後，再拉扯成長條狀後摺疊塑型。成品就是香甜新鮮多脂的起司，可直接販售，或是用來填充 Burrara 起司。

TASTING NOTES 品嚐筆記
白色有光澤而綿密，口味溫和香甜，帶有新鮮乳酸味(larctic)。入口即化，在口齒間留下加熱融化後奶油的香味。

HOW TO ENJOY 享用方式
這款清新的夏季起司，可搭配新鮮沙拉和番茄作爲主菜，並搭配一杯洛克洛同多氣泡酒(Locorotondo Spumante)，或阿雷亞提克利口酒(Aleatico di Puglia Liquoroso)。

義大利 Puglia	
熟成期 1-2 天	
重量和形狀 200-500g(7oz-1lb 2oz)，高圓柱形或球形	
尺寸 多種	
原料奶 牛奶	
種類 新鮮	
製造商 多家	

Valtellina Casera PDO

產於瓦爾泰利納(Valtellina)，阿爾卑斯山一處偏遠的山谷，使用放牧的布魯諾(Bruna Alpina)品種的牛乳製成，以其優質香甜的特質聞名。

TASTING NOTES 品嚐筆記
黃色的薄皮下，是質地密實滑順的內部起司，佈有小而不規則的氣孔。熟成久後，原本的甜 - 酸味會產生鹹味。帶有蜂蜜和野花的香氣，有時後味中會含一絲苦味。

HOW TO ENJOY 享用方式
製作"Pizzoccheri"（蕎麥義大利麵）基本的原料，也用來填充"Sciatt"，一種炸的蕎麥丸。最適於搭配薩西拉涅格里紅酒(Sassella Negri)。

義大利 Lombardia	
熟成期 2-4 個月	
重量和形狀 7-12kg(15lb 7oz-26½lb)，車輪形	
尺寸 D. 30-45cm(12-17½in)，H. 8-10cm(3-4in)	
原料奶 牛奶	
種類 硬質	
製造商 多家	

Toscanello

又名爲 Caciotta di Pecora，屬於 Caciotta 起司種類之一，"Toscanello"爲"little Toscany 小托斯卡尼"之意，也就是這款古老起司起源之處，之後其生產業才移至薩丁島。

TASTING NOTES 品嚐筆記
剛熟成時有溫和的甜和酸味，質地滋潤，帶有蔬菜和鮮奶香。熟成久後，有明顯的甜和鹹味，質地變得易碎，並帶有花香和果香調。

HOW TO ENJOY 享用方式
島上居民會搭配"Mallureddu"（薩丁島義大利麵）食用，或加在"risotto al Toscanello"（起司燉飯）中，可搭配撒瓦那紅酒(Sovana Rosso)，或薩拉酒堡蘇維翁(Sauvignon Castello della Sala)。

義大利 Sardegna	
熟成期 1-6 個月	
重量和形狀 1.5-2.5kg(3-5½in)，圓形	
尺寸 D. 18-20cm(7-8in). H. 8-10cm(3-4in)	
原料奶 綿羊奶	
種類 半軟質	
製造商 多家	

Vastedda della Valle del Belice（PDO transitory list）

和其他紡絲型(pasta filata)義大利起司不同的是，它是以綿羊奶製成的，而且是來自當地的伯利茲(Belice)品種。Vastedda 源自"vasta"，指（起司菜餚的基本 the base of the cheese-shaping dish）。

TASTING NOTES 品嚐筆記
細緻的白色外皮下，是淡黃色有光澤的內部起司，質地滋潤柔軟。帶有甜酸味，經過數天，香氣越濃，帶有香草和花香調。

HOW TO ENJOY 享用方式
搭配一杯阿美利塔的塔斯卡雷加利(Regaleali Tasca d'Almerita)葡萄酒，作爲開胃菜食用。

義大利 Sicilia	
熟成期 2-3 天	
重量和形狀 500-700g(1lb 2oz-1lb 7oz)，圓柱形	
尺寸 D. 15-17cm(6-6½in)，H. 3-4cm(1-1½in)	
原料奶 綿羊奶	
種類 新鮮	
製造商 多家	

比斯開灣
BAY OF BISCAY

La Peral ★

阿斯圖里亞斯 ASTURIAS
Cebreiro ★
Afuega'l Pitu ★,
Ahumado de Pría,
Cabrales ★,
Casín ★,
Gamonedo ★,
Taramundi

埃塔布里亞
CANTABRIA
Cantabria ★,
Liébana ★,
Picón Bejes Tresviso ★
Pasiego de
las Garmillas

加利西亞
GALICIA
Arúza-Ulloa ★,
San Simón da Costa ★,
Tetilla ★

Valdeón ★

PAÍS
VASCO
巴斯克

納瓦拉
NAVARRA
Idiazábal ★,
Roncal ★

拉利奧哈
LA RIOJA

Castellano,
Ibérico,
Pata de Mulo,
Zamorano ★

Camerano ★

CASTILLA-LEÓN
卡斯蒂利亞-萊昂

維亞納堡
VIANA DO
CASTELO
布拉加
BRAGA

維拉勒奧
VILA
REAL

波多
PORTO

布拉甘薩 BRAGANÇA
Cabra Transmontano ★

Cabra Transmontano ★

Beato de Tábara

Cañarejal

阿拉貢
ARAGÓN
Tronchón

阿威羅
AVEIRO

維塞烏
VISEU

葡萄牙
PORTUGAL

瓜爾達
GUARDA

Serra da Estrela ★

Zamorano ★

Monte Enebro

西班牙
SPAIN

MADRID
馬德里

孔布拉
COIMBRA

萊理亞
LEIRIA

布朗庫堡
CASTELO
BRANCO
Castelo Branco ★

Los Montes de Toledo

卡斯蒂利亞-拉曼查
CASTILLA-LA MANCHA
Ibérico,
Manchego ★

聖塔倫
SANTARÉM

波塔萊格雷
PORTALEGRE
Nisa ★

埃斯特雷馬杜拉
EXTREMADURA
Ibores ★,
Tortas Extremeñas

里斯本
LISBOA

埃舞拉
ÉVORA
Évora ★

塞圖巴爾
SETÚBAL
Azeitão ★

Cabra Rufino

Murcia al Vino

貝雅
BEJA
Serpa ★

Payoyo

安達魯西亞
ANDALUCÍA

MURCIA
穆爾西亞

法羅
FARO

Azores
亞速爾群島 ←

GOLFO DE
CÁDIZ
加迪斯海灣

Costa del Sol
太陽海岸

大西洋
ATLANTIC OCEAN

馬德拉群島 加那利群島
Madeira Islas Canarias
↓   ↓

陽光海岸
COSTA DE LA LUZ

直布羅陀
GIBRALTAR

MEDITERRANEAN SEA
地中海

SPAIN AND PORTUGAL
西班牙和葡萄牙

SPAIN 西班牙 在九世紀時，許多農夫帶領他們的家畜投靠修道院，當時修士們便成爲主要的起司生產者。當家畜的數量增加，修道院便需要更大的草原以供應其糧食所需，因此便開始了游牧時期。隨著牧群和牧人四處遷徙，起司的製造技術也傳播開來。我們可以從許多起司的形狀或圖案，看到當地容易取得的材料：利旺提(the Levante)地區的瓷碗、梧桐葉、彫刻過的木頭或是草編的繩帶。這四十年來，游牧已幾乎完全消失了，但在1900年代晚期，起司又歷經了再一次的復興，只是傳統手工(artisan)起司的製造，已幾乎完全被大型合作社所取代。

PORTUGAL 葡萄牙 由於西有大西洋，東有高山的庇護，葡萄牙免於哥德人(Goths)、汪達爾人(the Vandals)和摩爾人(Moors)的侵略。因爲有了這層隔絕，再加上嚴酷的氣候，使得起司一直沒有在葡萄牙的食物文化中，佔有重要地位。然而那些少數存在的起司，口味皆不同凡響。當地品種的綿羊韌性極強，其濃郁的羊乳大多利用(今日仍然如此)薊花(thistle or Cardoon)來形成凝乳。

自1960年代以來，葡萄牙的經濟和觀光業快速成長，起司製造業和傳統手工(artisan)起司也得到復興，並開始引進大型製造廠，現在國內已有10種起司，被納入PDO和PGI的保護範圍內。

100 miles

100 km

安道爾
ANDORRA

Tou del Til•lers

Bauma Carrat

Benasque Benabarre

L'Alt Urgell y La Cerdanya ★

加泰羅尼亞
CATALUÑA

Garrotxa, Tupì

MEDITERRANEAN SEA
地中海

Mahón

ILLES BALEARS
帕爾馬

Peña Blanca de Corrales

GOLFO DE VALENCIA
瓦倫西亞灣

巴倫西亞
PAÍS VALENCIANO

Tronchón

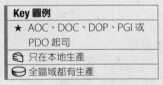

Key 圖例
★ AOC、DOC、DOP、PGI 或 PDO 起司
只在本地生產
全區域都有生產

ISLAS CANARIAS 加那利群島

LANZAROTE

Palmero ★ TENERIFE

LA PALMA

Majorero ★

GOMERA Flor de Guía FUERTEVENTURA

Herreño

HIERRO GRAN CANARIA

ATLANTIC OCEAN

MOROCCO

MADEIRA 馬德拉群島

PORTO SANTO

São Jorge ★

MADEIRA

DESERTA GRANDE

ATLANTIC OCEAN

BUGIO

AZORES 亞速爾群島

CORVO

FLORES GRACIOSA

Ilha Graciosa

TERCEIRA

FAIAL SÃO JORGE

ATLANTIC OCEAN

SÃO MIGUEL

SANTA MARIA

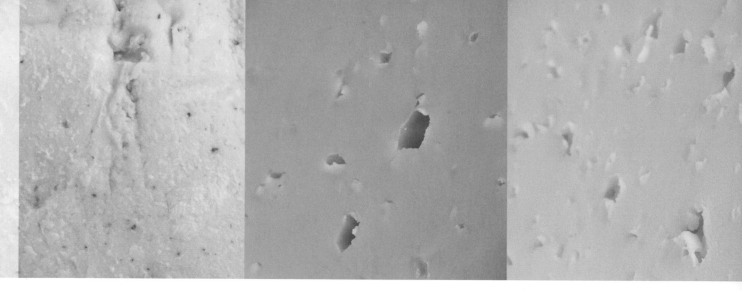

Afuega'l Pitu DOP

一款小型有皺摺的起司，外表有黏性，呈圓錐或南瓜形，以紗布包裹後手工塑型。最特別的一種，是內部凝乳以辛辣的 pimentón（西班牙煙燻紅椒粉）調味過，再熟成 2 週。

TASTING NOTES 品嚐筆記
其名稱的意思爲"stick in the throat 卡在喉嚨"，因其質地綿密而帶尖銳酸味，它是由酸化的(acidified)白色凝乳製成的。含有 pimentón(西班牙煙燻紅椒粉)的版本，後味十分辛辣。

HOW TO ENJOY 享用方式
新鮮呈白色的 Afuega'l Pitu，具有濃稠如優格般的口感，可搭配果醬或蜂蜜；辛辣的版本可搭配一杯不甜(dry)的雪利酒(sherry)。

148

西班牙 Asturias	
熟成期 新鮮的 7 天；含有 pimentón 的 2 個月	
重量和形狀 200-600g(7oz-1lb 5oz)，圓錐或南瓜形	
尺寸 D. 8-14cm(3-5½in)，H. 8-12cm(3-5in)	
原料奶 牛奶	
種類 加味	
製造商 多家	

Ahumado de Pría

這款帶有深棕色外皮的起司，質地滑順，稍微經過煙燻，本來產自高山草原裡的牧羊人小屋，當地亦生產知名的香甜奶油。

TASTING NOTES 品嚐筆記
熟成 2 個月後，再以松木或橡木小火煙燻，使添加的綿羊奶脂(cream)香味，能夠充分調和高山草原所孕育出的濃郁鮮奶香氣。

HOW TO ENJOY 享用方式
適合作爲開胃菜，可以搭配富果香的加利西亞(Galicia)白酒，或是沾裹上肉桂粉、小荳蔻粉(cumin)和麵包粉(breadcrumbs)再油煎，搭配麝香葡萄果醬(muscatel grape jelly)上菜。

西班牙 Asturias	
熟成期 2-6 個月	
重量和形狀 600g(1lb 5oz)，圓柱形	
尺寸 D. 12cm(5in)，H. 10cm(4in)	
原料奶 牛奶，添加了綿羊奶脂(cream)	
種類 加味	
製造商 多家	

L'Alt Urgell y La Cerdanya DOP

這款口味溫和的起司，來自高海拔的庇里牛斯山嘉達蘭區(Catalan Pyrenees)，由一家製造 Cadí 奶油而聞名的奶酪合作社所生產。由鹽水洗浸過，因而形成薄而如皮革狀的橘色外皮，淡色的內部起司也含有細小孔洞。

TASTING NOTES 品嚐筆記
帶有草原的香氣，質地有彈性，初步印象是溫和帶奶油味，然而又擁有出乎意料的深度。

HOW TO ENJOY 享用方式
適合融化用來做成焗烤料理(gratins)，和蔬菜、魚類料理的醬汁。很適合搭配冰過不甜的傳統製造氣泡酒(cava)，或是富果香(或香甜的)白酒。

西班牙 La Seu d'Urgell, Cataluña	
熟成期 6-12 週	
重量和形狀 2-2½kg(4½-5½lb)，圓形	
尺寸 D. 19.5-20cm(7½-8in)	
原料奶 牛奶	
種類 半軟質	
製造商 La Cooperativa del Cadí	

Arzúa-Ulloa DOP

這款優雅的圓形起司，帶有乾淨的黃色蠟皮，質地柔軟滑順，是加利西亞(Galicia)最受歡迎的起司之一。靠近烏拉(Ulla)河附近，有許多傳統手工起司(artisan)生產商，故以此為名。

TASTING NOTES 品嚐筆記
質地意想不到的溫和，幾乎不像起司而更接近奶油，香氣十足，香甜的鮮奶味在舌頭上平穩地蔓延開來。

HOW TO ENJOY 享用方式
用麵包棒(breadsticks)來享受其溫和口味，或是像奶油一樣，抹在全麥、天然酵母或黑麥麵包上。可搭配一支貝里多(Rebeiro)區的白酒。

西班牙 Galicia	
熟成期 15-30 天	
重量和形狀 500g-3.5kg(1lb 2oz-7lb 11oz)，圓形	
尺寸 D. 10-26cm(4-10in)，H. 5-12cm(2-5in)	
原料奶 牛奶	
種類 半軟質	
製造商 多家	

Bauma Carrat

東妮丘達(Toni Chueca)和蘿瑟拉斯(Rose Heras)在 1980 年，開始用自家生產的鮮奶來製造起司，但她們現在為了專注全力生產起司，使用來自單一農夫的優質鮮奶。

TASTING NOTES 品嚐筆記
質地柔細，外觀特殊，深色的樹灰外皮保護著內部濕潤而平滑的白色起司。質地新鮮而帶有奢華的濃郁綿密感，具有明顯的山羊味但不會太強烈。

HOW TO ENJOY 享用方式
成熟的番茄就是最好的搭配，最佳的嘉達蘭區(Catalan)起司搭檔，就是"escalivada"(爐烤茄子、青椒和阿拉貢 Aragón 橄欖)，和一支富果香的白酒，如阿雷亞(Alella)。

西班牙 Borreda, Cataluña		
熟成期 15-21 天		
重量和形狀 400g(14oz)，方形		
尺寸 L. 10cm(4in)，W. 10cm(4in)，H. 3cm(1in)		
原料奶 山羊奶		
種類 熟成過的新鮮起司		
製造商 Formatge Bauma SL		

Beato de Tábara

聖地牙哥路卡斯萊昂(Santiago Lucas León)和他的兒子們，在古利文納的西耶拉(Sierra de la Culebra)擁有自己的羊群，受到 San Martin de Tábara 修道院手繪經文的啟發，而以手工製作出這款傳統手工(artisan)起司。

TASTING NOTES 品嚐筆記
帶有清涼的口感，灰色的外皮和地窖的氣味，彷彿將你轉移到陰暗的地底空間，潔白的起司又將人喚醒至青草原上。這是一款優雅而獨特的起司。

HOW TO ENJOY 享用方式
為了響應這純粹的修院靈感，最好單獨食用，或在餐後，搭配一支清新的麗絲玲(Riesling)。

西班牙 San Martin de Tábara, Castilla-León	
熟成期 60-100 天	
重量和形狀 500g-1kg(1lb 2oz-2¼lb)，圓柱形	
尺寸 D. 10-15cm(4-6in)，H. 6-7cm(2½-3in)	
原料奶 山羊奶	
種類 硬質	
製造商 Santiago León Lucas	

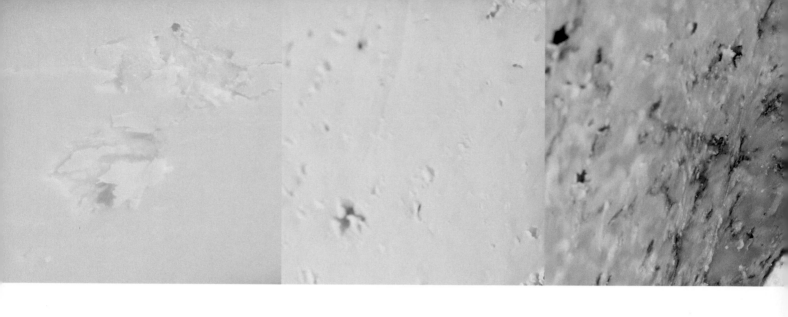

Benabarre

這家奶酪場的景色絕美,座落於庇里牛斯山(Pyrenees)腳下,面對著阿朗(Aran)山谷,也就是自家羊群放牧之處。起司的形狀像南瓜,大小和重量都像一小塊石頭。

TASTING NOTES 品嚐筆記
放在地窖中熟成,並有清新的山區空氣循環流通,外皮上天然形成的黴層,帶有新鮮蘑菇的氣味。起司的質地密實,帶有榛果、橡實和香草植物的風味。

HOW TO ENJOY 享用方式
簡單地搭配一支上好的索蒙塔諾(Somontano)紅酒,和一碗深色阿拉貢(Aragón)橄欖。

西班牙 Benabarre, Aragón	
熟成期 14-60 天	
重量和形狀 500g(1lb 2oz)或 3kg(6½lb),方形	
尺寸 L. 11-23cm(4½ -9in),W. 11-23cm(4½ -9in),H. 5-8cm (2-3in)	
原料奶 山羊奶	
種類 半軟質	
製造商 Quesos Benabarre	

Benasque

來自庇里牛斯山中心的美麗巴斯克(Benasque)山谷,亦稱為"Valle Esconido 隱秘的山谷",由一家庭農場所生產。牛群在天然的高山草原上啃食,輔以乾燥食物,以確保鮮奶品質終年一致。

TASTING NOTES 品嚐筆記
手工塑型後,置於地底地窖內緩慢熟成,質地滋潤但易碎,帶有一絲鹹味,與飽滿而濃烈的刺激後味。

HOW TO ENJOY 享用方式
這款口味飽滿的起司,最好簡單地搭配新鮮香脆白麵包即可,配上一杯當地的索蒙塔諾(Somontano)酒。

西班牙 Huesca, Aragón	
熟成期 3-6 個月	
重量和形狀 1kg(2¼lb),圓形	
尺寸 D. 12cm(5in),H. 5-7cm (2-3in)	
原料奶 牛奶	
種類 硬質	
製造商 Quesería el Benaques	

Cabrales DOP

這是一款出名嚴格遵照傳統手工(artisan)製法的藍黴起司,產自孤立的歐洲之巔(Picos de Europa)山區,該地擁有天然的香草草原,然後放在富有天然黴菌的洞穴裡熟成。傳統上以楓葉覆蓋,現已改用綠色的錫箔紙。

TASTING NOTES 品嚐筆記
柔軟的灰色薄皮下,質地綿密的起司佈滿了藍黴條紋和不規則的氣孔。雖然氣味略嫌刺鼻,仍可感到一絲濃郁奶味。

HOW TO ENJOY 享用方式
這款口味強烈的起司,最好等到餐後,搭配一支不甜的阿斯圖里亞斯蘋果酒(Asturian cider)享用。即使是熟成度淺的,也很難找到適合搭配的選擇。

西班牙 Asturias	
熟成期 至少 3 個月	
重量和形狀 600g-4kg(1lb 5oz-8lb 13oz),圓鼓形	
尺寸 D. 15-22cm(6-8½in),H. 7-10cm(3-4in)	
原料奶 牛奶、綿羊奶和山羊奶	
種類 藍黴	
製造商 多家	

Cabra Rufino

四十年來，洛非諾（Rufino）家族一直在熟成這款 5 天的卡尼塔（five-day-old tortas）起司（編註：torta 意指小圓餅狀）。每一塊起司都經過每日例行的翻面、洗浸和檢查。品質最佳者產自秋季，因為山羊享用了當地的橡實，生產出來的起司特別綿密。全名為 Quesco de Cabra Rufino。

TASTING NOTES 品嚐筆記
產季和熟成度會影響其風味，質地從密實到滋潤而易碎，口味從刺激的辛辣，轉變至秋季的滑順綿密。

HOW TO ENJOY 享用方式
最理想的方式是，在當地的酒吧，搭配鄉村麵包和一支濃烈的葡萄酒或啤酒享用。

西班牙 Oliva de la Frontera, Extremadura	
熟成期 60-120 天	
重量和形狀 600g（1lb 5oz），圓形	
尺寸 多種	
原料奶 山羊奶	
種類 半軟質	
製造商 Quesos Artesanos Rufino	

Camerano DOP

亦稱為 La Aulaga Camerano，這是莫妮卡菲戈羅拉（Monica Figuerola）的創作。以傳統的藤籃定型，再熟成 2 個月，只在春夏兩季生產，這是一款絕對忠實的傳統手工（artisan）起司。

TASTING NOTES 品嚐筆記
天然形成的外皮，帶有強烈的蘑菇氣味。質地密實，在舌頭上融化後，釋出微妙的山羊和高山香草氣息。

HOW TO ENJOY 享用方式
熟成淺時，搭配蜂蜜、葡萄或榅桲糕（quince），作為布丁（pudding）食用，或直接搭配烤開心果（pistachios）、鄉村麵包和一支淺齡的利奧哈（Rioja）葡萄酒。

西班牙 Munilla, La Rioja	
熟成期 新鮮的為 7 天；熟成過的為 60 天	
重量和形狀 500g-1kg（1lb 2oz-2¼lb），圓鼓形	
尺寸 D. 11.5-15cm（4½-6in），H. 5.5-10cm（2-4in）	
原料奶 山羊奶	
種類 半軟質	
製造商 Quesería la Aulaga	

Cañarejal

這款傳統手工（artisan）的小圓餅狀（torta）起司，是另一款較知名的起司 Torta La Serena 的現代北部版本。這是當地飼養綿羊的山托斯（Santos）家族的創作。原料乳來自自家的健壯阿瓦西（Awassi）綿羊，在當地的青草地哨食。

TASTING NOTES 品嚐筆記
使用薊花（thistle）凝乳酶製成，是所有小圓餅狀（tortas）起司中，質地最綿密細緻的。香氣十足，帶有柔軟、土質的風味，後味帶有典型的苦味。

HOW TO ENJOY 享用方式
切開後，用小湯匙或麵包棒（breadsticks）舀出質地滑順的內部起司來吃。亦可融化在鮮嫩牛排上，搭配焦糖化的洋蔥食用。

西班牙 Pollos, Castilla-León	
熟成期 2-3 個月	
重量和形狀 250-500g（9oz-1lb 2oz），圓形	
尺寸 D. 10-12cm（4-5in），H. 5-6cm（2-2½in）	
原料奶 綿羊奶	
種類 半軟質	
製造商 Cañarejal SL	

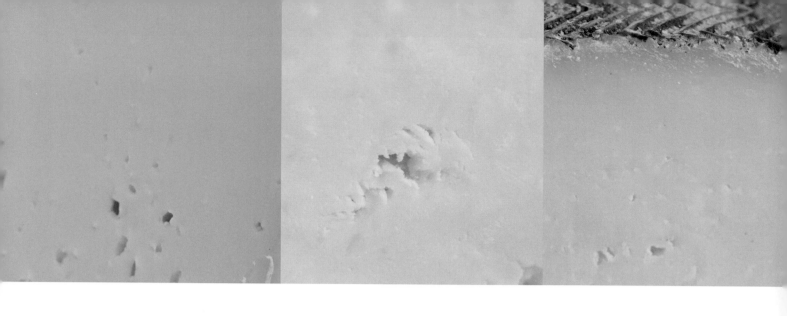

Cantabria DOP

亦稱爲 Queso Nata de Cantabria，原本產自 the Cóbreces Cistercian 西妥會修道院，但現在由許多小型和中型的家庭奶酪場所生產，牛群在有遮蔭的綠色山谷裡啃食，鮮奶量豐富。

TASTING NOTES 品嚐筆記
光滑的蠟質外皮底下，淡黃色的起司質地結實有彈性，口味圓潤香甜有鮮奶味，後味有時帶一絲刺激酸味(tart)。

HOW TO ENJOY 享用方式
放在香脆土司上，搭配栗子蜂蜜、榲桲糕(quince)或蘋果醬。理想的野餐起司，搭配沙拉和一支不甜的白酒，或淺齡的紅酒。

西班牙 Cantabria	
熟成期 至少 15 天	
重量和形狀 5kg(11lb)，圓形	
尺寸 D. 20cm(8in)，H. 10cm (4in)	
原料奶 牛奶	
種類 半軟質	
製造商 多家	

Casín DOP

卡西那(Casina)牛群放牧於鮮美的高山草原上，其鮮奶用來製成阿斯圖里亞斯(Asturias)地區最古老的起司之一。製造方法特殊，在第一週時，凝乳必須經過反覆的擀(Rolling)，再擠壓成形，因此產生其特殊細粒狀的質地。

TASTING NOTES 品嚐筆記
氣味濃烈，像變質的奶油(rancid butter)，味道如油般濃郁滑順，而帶辛辣感。質地密實的黃色起司，呈特殊的的細粒狀。

HOW TO ENJOY 享用方式
起司上，蓋有製造商名稱的木製戳印，因此適合整塊放在起司盤上。最適合搭配啤酒或蘋果酒(cider)。

西班牙 Asturias	
熟成期 60 天	
重量和形狀 多種。2.5kg(5½lb)，圓形(如圖所示)	
尺寸 D. 10-20cm(4-8in)，H. 4-7cm(1½-3in)	
原料奶 牛奶	
種類 半軟質	
製造商 多家	

Castellano

這款起司通常以其商標名爲人所知，很少人知道它叫做 Castellano 起司，若是製作的方法得宜，品質可以在水準以上，因爲卡斯蒂利亞—萊昂(Castilla-León)地區生產全西班牙最優質純郁的綿羊奶。

TASTING NOTES 品嚐筆記
以生乳製成並熟成 6 個月以上，會發展出辛辣味(piquancy)，質地細密滑順，帶有獨特的焦糖洋蔥般的綿羊味，和濃烈的後味。

HOW TO ENJOY 享用方式
這款開胃菜起司，很適合搭配有特色的紅酒，如索蒙塔諾(Somontano)，也適合搭配不加鹽的堅果、乾燥水果、榲桲糕(quince jelly or paste)或新鮮西洋梨和蘋果。

西班牙 Castilla-León	
熟成期 2-6 個月	
重量和形狀 2-3kg(4½-6½lb)，圓鼓形	
尺寸 D. 11-19cm(4½-7½ in)，H. 8-10cm(3-4in)	
原料奶 綿羊奶	
種類 硬質	
製造商 多家	

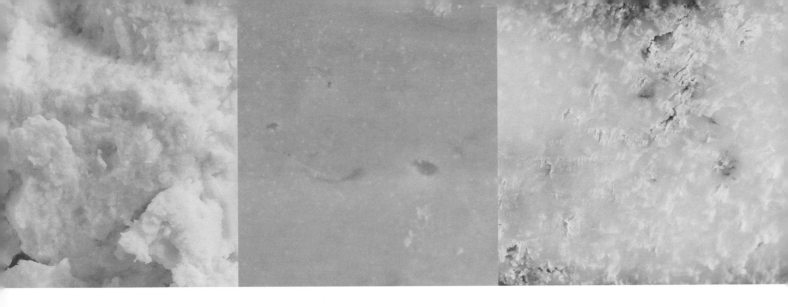

Cebreiro DOP

外形像是廚師帽或矮胖的蘑菇(stout mushroom)，這款起司很難得在加利西亞(Galicia)山區產地以外看到。它獨特的外型是因為，當凝乳裝入籃子後，會套上一個圈環(hoop)使其定位，但因為圈環的高度不夠，凝乳便溢出。

TASTING NOTES 品嚐筆記
新鮮的白色起司，質地濕潤緊密呈細粒狀。帶有新鮮略酸的優格味，與加熱過奶油的香氣。

HOW TO ENJOY 享用方式
搭配蜂蜜、水果果醬，或用來做成焗烤料理(gratins)和奶油白醬(béchamel)。可搭配冰過的淺齡阿爾巴利諾(Albariño)白酒。

西班牙 Lugo, Galicia	
熟成期 3-7 天	
重量和形狀 300g-2kg(10oz-4½lb)，廚師帽形	
尺寸 D. 9-15cm(3½-6in)，H. 7cm(3in)	
原料奶 牛奶	
種類 新鮮	
製造商 Queixerias Castelo de Branas; Carmen Arrojo Valcarcel Xan Busto	

Flor de Guîa

這是一款少見而特殊的起司，只由女性製作，它的名稱是 Flor de Guîa(thistle flower)，來自當地用來凝乳的薊花。以草編的圈環塑型，因此起司的邊緣呈鈍角圓形。

TASTING NOTES 品嚐筆記
它是所有 Canarian 起司中，質地最綿密滑順的。質地如油般濃郁，入口即化，發出略酸的香氣，後味帶有薊花凝乳酶特有的苦味。

HOW TO ENJOY 享用方式
這款稀有的珍貴起司，可搭配富果香的加利西亞(Galicia)白酒、香蕉等熱帶水果與莓果等製成的果醬。

西班牙 Gran Canaria, Islas Canarias	
熟成期 2-3 週	
重量和形狀 2-5kg(4½-11lb)，車輪形	
尺寸 D. 22-30cm(8½-12in)，H. 4-6cm(1½-2½in)	
原料奶 綿羊奶和牛奶	
種類 半軟質	
製造商 多家	

Gamonedo DOP

這款山區藍黴起司，常被鄰近的 Cabrales 起司(見 150 頁)掩蓋其名聲，但它其實擁有個人風格。置於天然洞穴熟成前，曾稍微加以煙燻，優雅的外皮較為堅硬密實，內部藍黴條紋也較不顯著。

TASTING NOTES 品嚐筆記
在堅硬乾燥的外皮附近，有稀疏的藍黴條紋。溫和的辛辣感裡可嚐到潮濕蘑菇、鹽、和一絲榛果的後味。

HOW TO ENJOY 享用方式
享受這款來自歐洲之嶺(Picos de Europa)山區起司的樸拙風味。Gamonedo del Valle 是較為溫和、風味較細緻的版本。

西班牙 Asturias	
熟成期 3-5 個月	
重量和形狀 500g-7kg(1lb 2oz-15lb 7oz)，圓鼓形	
尺寸 D. 10-30cm(4-12in)，H. 6-15cm(2½-6in)	
原料奶 牛奶，帶有一些綿羊奶或山羊奶	
種類 藍黴	
製造商 多家	

Mahón DO
法定產區的馬翁起司

來自美諾尼卡的巴利阿里島(the Belearic Island of Menorca)，在 1985 年晉升到法定產區(Granted Denomination of Origin)等級。這座小島擁有豐富的歷史，曾經受到迦太基人(the Carthegians)、羅馬人、阿拉伯人、法國人和最後十八世紀時英國人的侵略，英國人同時也引進了菲伊申種(the Friesian)乳牛。

美諾尼卡的馬翁港(Port of Mahón,Menorca)，這款起司名稱的由來。

資料顯示，馬翁(Mahón)起司在十三世紀左右就在地中海地區進行貿易。然而它開始在國際間聞名是在 1800 年代晚期，當地的商人開始以這款農夫起司(farmers' cheese)來交換貨物。這些商人又稱爲"recogedor-afinador"(意爲熟成採集者)，他們將做好的起司放在地底洞穴裡熟成，那裡的氣流、溫度和濕度，提供了獨特的微氣候。現在這種方式仍然持續著，由約 300 家的家庭奶酪場，將自家的鮮奶販賣給大型合作社。今天最知名的 afinador(熟成師)是尼可拉斯卡多那(Nicolas Cardona)。

TASTING NOTES 品嚐筆記

熟成 20~60 天左右，質地有彈性，帶奶油味，口味溫和；2~5 個月是半熟成期，質地變硬，風味漸濃；5~10 個月是完全熟成(añejo)，質地堅硬，略呈細粒狀，有點像帕米吉安諾-雷吉安諾起司(Parmigiano-Reggiano)起司(見 130-131 頁)，帶有杏桃(peach)的香氣和風味，與一絲海風後味。

綠標的馬翁(Mahón)起司，是由小型農場的生乳手工製成，並由熟成師(afinador)來熟成，使每塊起司的風味能完全發揮。質地堅硬，口味辛辣的(piquant)紅標橘皮起司，由合作社製造，帶有令人驚訝的辛辣感與刺激味。

HOW TO ENJOY 享用方式

傳統上作爲開胃菜，淋上橄欖油，放上一支新鮮的迷迭香。搭配一杯雪利酒(sherry)，可引出這款起司的豐富風味。然而像所有的硬質起司一樣，它的用途很廣，可加入西班牙蛋包(omelette)、西班牙小菜(tapas)和點心(pastries)中。熟成久的馬翁(Mahón)起司，可以用來搭配啤酒，或甚至是日本清酒。

A CLOSER LOOK
放大檢視

有經驗的*熟成師(afinadores)*會買入剛做好的一般起司，再根據自己的方法和風格，來細心地照顧並熟成出優質馬翁(Mahón)起司。

內部

THE RACKS 木架 起司放在地底洞穴裡的木架上，熟成師會小心地控制其中的溫度、濕度和氣流。

西班牙 Menorca	
熟成期 20 天 -10 個月	
重量和形狀 1.5kg(3lb 4oz)，方枕形	
尺寸 L. 20cm(8in)，W. 20cm(8in)，H. 5cm(2in)	
原料奶 牛奶	
種類 硬質	
製造商 多家	

所有熟成的馬翁(Mahón)起司都帶有
細小不規則的氣孔，這是由熟成時的
發酵作用所造成的。

CLOTH PRESSING 擠壓
剛做好的傳統手工(artisanal)起司用紗布
(fogasser)加以包裹，四角被綁縛起來，以
人工擠壓的方式，排出多餘的乳清，並形成
獨特的枕形。

熟成後的傳統手工(artisanal)
馬翁(Mahón)起司，表面帶
有紗布皺摺的圖案。

外部

爲了改善外觀、預防黴菌生成，
外皮抹上了奶油、匈牙利紅椒粉
(paprika)和橄欖油，因而形成黃
橘色。

Garrotxa

這是近年來頗為興盛的新世代西班牙傳統手工(artisan)起司之一,帶有微妙的山羊味,與深灰色的光滑外皮(pell florida)。在 1981 年首度由單一製造商創作出來,現在該地其他的傳統手工(artisan)起司製造商也都開始生產。

TASTING NOTES 品嚐筆記
切開來可看到西班牙起司中不常見的白色粉質感(chalky),風味使人聯想到高山香草、核桃和蘑菇。後味悠長,帶有明顯的山羊濃郁奶味。

HOW TO ENJOY 享用方式
做為西班牙小菜(tapas)十分理想,或是餐後食用,搭配杏仁、核桃和一支健壯的普里奧拉(Priorat)區的白酒。

西班牙 Cataluña	
熟成期 2-4 個月	
重量和形狀 1kg(2¼lb),圓形	
尺寸 D. 15cm(6in),H. 7cm(3in)	
原料奶 山羊奶	
種類 半軟質	
製造商 多家	

Herreño

在這些多岩的小島上,到處都有生產與之類似的起司,並分別以該島命名,但這款 Herreño 的質地和風味,尤為特殊。煙燻過的版本,外皮上會有木架造成的美麗打磨印痕。

TASTING NOTES 品嚐筆記
熟成淺時,呈潔白色,帶有清新的酸味。煙燻過的版本,風味細緻,可平衡清淡的煙燻味,通常以無花果或梨樹枝所生出的柴火來煙燻。

HOW TO ENJOY 享用方式
熟成淺時,可搭配白酒或粉紅酒;熟成久的,最好搭配紅酒。稍微爐烤後,風味使人驚艷,可搭配紅或綠的莫霍醬汁(mojo sauce),或做成起司蛋糕。

西班牙 El Hierro, Islas Canarias	
熟成期 10-60 天	
重量和形狀 350g-4kg(12oz-8lb 13oz),圓柱形	
尺寸 D. 8.5-25.5cm(3½-10in),H. 6-8.5cm(2½-3½in)	
原料奶 山羊奶、牛奶和綿羊奶	
種類 半軟質	
製造商 Sociedad Cooperativa Ganaderos de El Hierro; Valverde	

Ibérico

像許多西班牙傳統起司一樣,Ibérico 的原料乳混合了牛奶、山羊奶和綿羊奶,上面留有編織籃狀模型的痕跡,佔了全國起司消耗量的一半以上。

TASTING NOTES 品嚐筆記
外皮的顏色會隨熟成度轉變,綜合原料乳將每一種鮮乳的特質都發揮出來:有牛奶的圓潤細緻、綿羊奶的香甜與堅果味,和山羊奶的草本清香(herbaceous)。

HOW TO ENJOY 享用方式
起司的風味,會隨著產季而有微妙的變化,但不論何時,加在烤三明治裡或做成焗烤料理(gratins),總是美味可口。

西班牙 Castilla-La Mancha and Castilla-León	
熟成期 最少 1 個月	
重量和形狀 1-3½kg(2¼-7lb 11oz),圓鼓形	
尺寸 D. 9-22cm(3½-8½in),H. 7-12cm(3-5in)	
原料奶 牛奶、綿羊奶和山羊奶	
種類 硬質	
製造商 多家	

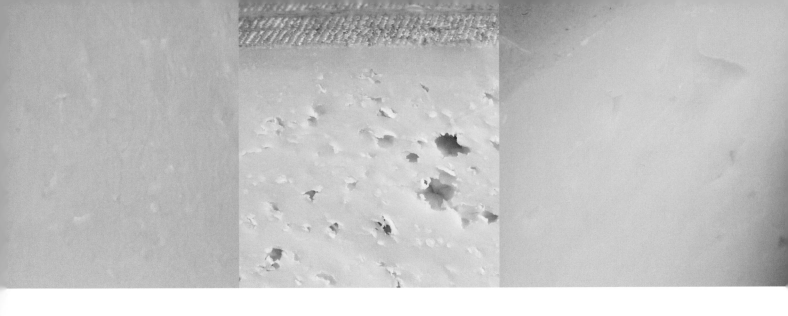

Ibores DOP

這款風味樸拙的起司，根源自四處遷徙的本地耶維塔（Verata）和瑞提那（Retina）品種山羊，和當地的野生植被及橡木林。市面上有原味，以及刷上橄欖油和煙燻過的匈牙利紅椒粉（pimentón）的版本。

TASTING NOTES 品嚐筆記
白色的起司質地結實，帶有金雀花（broom）、薰衣草和百里香的香氣，橘紅色的 pimentón 外皮所發散出的溫暖感，正和其刺激後味相呼應。

HOW TO ENJOY 享用方式
切下一塊起司後，撒上一點煙燻過的匈牙利紅椒粉（pimentón），烤一下（toast），作為開胃菜食用，或搭配沙拉當輕食晚餐。可搭配清冽的不甜白酒，和未加鹽的堅果。

西班牙 Caceres, Extremadura	
熟成期 至少 2 個月	
重量和形狀 650g-1.2kg（1lb-7oz-2½lb），圓鼓形	
尺寸 D. 11-15cm（4½-6in），H. 5-9cm（2-3½in）	
原料奶 山羊奶	
種類 半軟質	
製造商 Queserías de las Villuercas; Berrocales Trujillanos	

Idiazábal DOP

這款古老的起司，來自巴斯可（Basque）山區，夏季時牧羊人留在高山草原上，秋季時則帶著起司回到村莊。一整個夏季，起司儲存在牧羊人小屋的屋椽（rafters）上，因此沾染上木頭煙燻的氣味。

TASTING NOTES 品嚐筆記
堅硬而呈橡膠般的口感，帶有細小氣泡和古銅色外皮，經過山毛櫸（beech wood）的煙燻，為獨特的綿羊奶焦糖般的香甜，增添了一絲煙燻味。傳統手工（artisan）的版本是難得的珍品。

HOW TO ENJOY 享用方式
嘗試巴斯可當地的吃法，如烏賊和 Idiazábal 燉飯，或直接搭配泰孔（Txacoli）或巴斯可蘋果酒（Basque cider）。

西班牙 Navarra	
熟成期 3-6 個月	
重量和形狀 1-3kg（2¼-6½lb），圓鼓形	
尺寸 D. 10-30cm（4-12in），H. 8-12cm（3-5in）	
原料奶 綿羊奶	
種類 加味	
製造商 多家	

Liébana DOP

在名為歐洲之巔（the Picos de Europa）山腳下的每個村莊裡，都有生產小型起司。大部分為新鮮或半軟質，有時為煙燻過的口味，由牛奶製成，有時也使用綿羊奶或山羊奶。

TASTING NOTES 品嚐筆記
新鮮時有檸檬味，多半有彈性和奶油味，用綿羊奶製成時，帶有香氣和一絲焦糖香。外皮薄而粗糙，呈淡黃色，新鮮時呈潔白色。煙燻後增添辛辣感。

HOW TO ENJOY 享用方式
和乾燥水果、堅果一起放在起司盤上，佐以一些淺齡酒。熟成淺的起司，搭配高山蜂蜜十分味美。

西班牙 Cantabria	
熟成期 最少 2 週	
重量和形狀 400-500g（14oz-1lb 2oz），圓形	
尺寸 D. 8-12cm（3-5in），H. 3-10cm（1-4in）	
原料奶 牛奶，有時是綿羊奶和山羊奶	
種類 新鮮或半軟質	
製造商 多家	

Majorero DOP

富埃特文圖拉(Fuerteventura)的沙漠矮樹地景，正適合適應力強的山羊，並因此生產出這款絕佳起司。抹了橄欖油的外皮，帶有棕櫚圈環(palm frond belt)的痕跡。有些種類也抹上了匈牙利紅椒粉(paprika)或烤玉米粉(gofio)。

TASTING NOTES 品嚐筆記
質地從豐潤到結實，口味從新鮮的滑順綿密，轉變到微妙的山羊味，再到更為濃烈的堅果與杏仁香甜味。

HOW TO ENJOY 享用方式
傳統上，磨碎後加入蔬菜濃湯或夏季沙拉裡，搭配一支當地的礦泉白酒(minerally white)。熟成淺的 Majorero，可做成以柑橘皮(zest)調味的起司鍋(fondue)。

西班牙 Fuerteventura, Islas Canarias	
熟成期 最少 20 天	
重量和形狀 1-6kg(2¼lb-13lb 4oz)，圓形	
尺寸 D. 15-35cm(6-14in)，H. 6-9cm(2½-3½in)	
原料奶 山羊奶	
種類 硬質	
製造商 SAT Ganaderos de Fuerteventura	

Monte Enebro

在大多數人選擇退休的時候，羅非貝茲(Rafael Báez)卻決定創作出這款 pata de mulo，也就是騾蹄形的山羊奶起司，外皮覆滿了灰色和黑色的黴層，極富特色。這是西班牙第一款受到國際認可的現代傳統手工(artisan)起司。

TASTING NOTES 品嚐筆記
密實的凝乳經過溫和的擠壓，其風味隨著熟成，從清淡的柑橘味轉變成較濃烈的辛辣感。

HOW TO ENJOY 享用方式
搭配蜜思卡(muscatel)甜點酒、加入甜菜根(beetroot)沙拉或包裹上天婦羅麵糊油炸，搭配橘花蜂蜜和一支清淡的曼查(La Mancha)白酒。

西班牙 Avila, Castilla-León	
熟成期 6-8 週	
重量和形狀 1.4kg(3lb)，騾蹄形	
尺寸 L. 23cm(9in)，W. 12cm (5in)，H. 6.5cm(2½in)	
原料奶 山羊奶	
種類 熟成過的新鮮起司	
製造商 Queserías del Tietar	

Los Montes de Toledo

這是一位富有活力女性安娜瑪莉亞 - 布永(Anna Maria Rubio)的創作。托雷多(Toledo)山區鄰近伊伯伊斯(Ibores)，正是山羊興盛之地，因此當地的農夫集合起來加入合作社，提供山羊奶製作出這款柔軟獨特的小圓餅狀起司(torta)。

TASTING NOTES 品嚐筆記
清新的香氣，絲般的質地，口味隨產季而不同，從酸 - 鹹到春季的香甜，口味溫和。

HOW TO ENJOY 享用方式
抹在香脆白麵包上，搭配水果和堅果，如開心果(pistachios)、蘋果和榲桲糕(quince paste)。搭配富果香的白酒，或冰過不甜的非諾(fino)。

西班牙 Navalmorales, Castilla-La Mancha	
熟成期 2-3 個月	
重量和形狀 1kg(2¼lb)，圓形	
尺寸 D. 17cm(6½in)，H. 4cm (1½in)	
原料奶 山羊奶	
種類 半軟質	
製造商 La Merendera Sociedad Cooperativa	

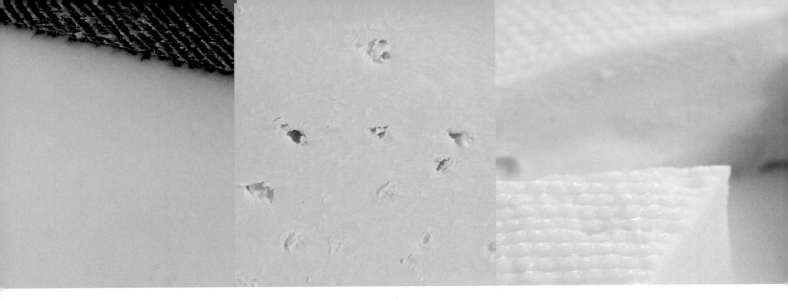

Murcia al Vino DOP

西班牙的穆爾西亞(Murcia)地區，有越來越發達的起司產業，他們仰賴已經過數代基因選擇培育的本土山羊品種，穆爾西亞諾 - 格那丁斯(Murciano-Granadinas)。起司的外皮用當地的普米利亞(Jumilla)和耶克拉(Yecla)紅酒洗浸，也有未經洗浸的版本。

TASTING NOTES 品嚐筆記
這款洗浸外皮起司，質地有彈性，帶有獨特的香味，含有濃郁鮮奶所散發出的杏仁味，後味帶有一點酒香與發酵水果的氣味。

HOW TO ENJOY 享用方式
加入沙拉裡、稍微油煎或是放在吐司上爐烤，搭配普米利亞(Jumilla)和耶克拉(Yecla)的淺齡白酒或粉紅酒(rosé)。

西班牙 Murcia	
熟成期 至少 3 週	
重量和形狀 300g-2kg(10oz-4½lb)，圓鼓形	
尺寸 D. 7-18cm(3-7in)，H. 6-9cm(2½-3½in)	
原料奶 山羊奶	
種類 半軟質	
製造商 多家	

Palmero DOP

西班牙最大型的起司，來自加納利群島(Canary Islands)中最有綠意的一個。當地的帕美洛(Palmero)山羊自由啃食於豐美的草原上，天氣變暖時，便逐漸往高處移動。

TASTING NOTES 品嚐筆記
多樣化而鮮美的植被，使這款淡煙燻起司帶有濃郁風味。質地易碎，帶鹹味、土質味和一點酸度，並帶有烘烤香氣。

HOW TO ENJOY 享用方式
因為易於捏碎，所以常用在當地菜餚裡，可磨碎作成莫霍醬汁(mojo sauce)，或是切片搭配魚類、蔬菜和馬鈴薯料理。可單獨食用，搭配當地的馬爾維薩(Malvasia)礦泉酒。

西班牙 La Palma, Islas Canarias	
熟成期 1-3 個月	
重量和形狀 7-15kg(15lb 7oz-33lb)，車輪形	
尺寸 D. 12-60cm(5-23½in)，H. 6-15cm(2½-6in)	
原料奶 山羊奶	
種類 半軟質	
製造商 多家	

Pasiego de las Garmillas

這款看起來原始而脆弱的起司，原本產自帕斯山谷(Pas valley)。現在已改以現代化的標準製作，在阿姆佩羅(Ampuero)鎮的每週市集都有販售。

TASTING NOTES 品嚐筆記
十分新鮮，外皮幾乎還未形成，內部起司柔軟多脂，帶有新鮮優格和高山泉水的香氣。

HOW TO ENJOY 享用方式
細緻香甜的風味可搭配香脆麵包、鹹味鯷魚和柿子椒(piquillo pepper)。可搭配當地的不甜(dry)蘋果酒(cider)。可用來製作成當地甜點"quesada pasiega"(酥皮點心)。

西班牙 Ampuero, Cantabria	
熟成期 15-20 天	
重量和形狀 500g(1lb 2oz)，扁平碟形	
尺寸 D. 14cm(5½in)，H. 2cm(¾in)	
原料奶 牛奶	
種類 新鮮	
製造商 Queso Las Garmillas	

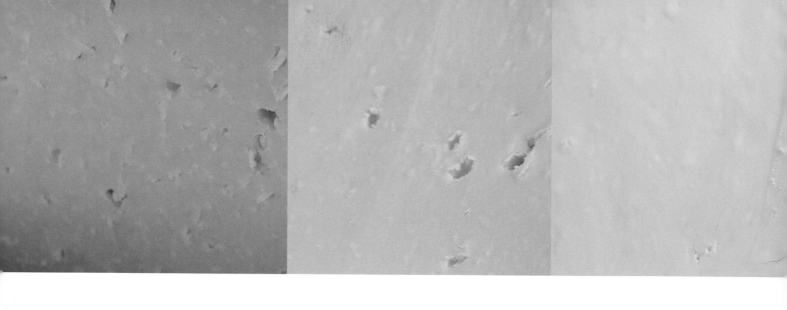

Pata de Mulo

根據外形，取名爲「騾蹄」，傳統上以起司紗布包裹後加以手工塑型，放在桌上滾動直到形成理想的形狀。本來幾乎完全消失，幸好在 1990 年代晚期得到復興。

TASTING NOTES 品嚐筆記
這款富有卡斯蒂利亞（Castilian）風格（卡斯蒂利亞意指西班牙）的熟成綿羊奶起司，口味圓潤，質地呈細粒狀，帶有堅果香氣，具有輕微的油脂口感（light oil），後味悠長。起皺的外皮呈淡黃色。

HOW TO ENJOY 享用方式
可切片加入沙拉，或放在起司盤上。可搭配淺齡的斗羅河岸（Ribera del Duero）或納瓦拉（Navarra）紅酒或粉紅酒（rosé）。

西班牙 Castilla-León	
熟成期 2-6 個月	
重量和形狀 2kg(4½lb)，壓扁的橢圓圓木形	
尺寸 L. 23cm(9in)，W. 13cm (5in)，H. 8cm(3in)	
原料奶 綿羊奶	
種類 硬質	
製造商 多家	

Payoyo

生產商是在 1997 年，由十四個農夫所組成的合作社，原料來自當地的塔就就（Payoyo）山羊和稀有的格拉茲拉瑪（Grazalema）綿羊，牠們自由放牧於海拔 900 公尺高的格拉茲拉瑪山（Sierra de Grazalema）青翠草原上。

TASTING NOTES 品嚐筆記
嚴格遵守傳統手工起司（artisan）製造方法，凝乳酶也來自塔就就（Payoyo）山羊。原味外皮也可抹上豬油（lard）或匈牙利紅椒粉（paprika），質地結實，帶有柔軟圓潤的堅果味與一絲太妃糖（toffee）香氣。

HOW TO ENJOY 享用方式
可作爲理想的開胃菜。搭配杏仁和一支不甜的曼查尼亞（Manzanilla）雪利酒（sherry），或是一杯冰涼的啤酒。

西班牙 Sierra de Grazalema, Andalucía	
熟成期 6-12 週	
重量和形狀 1-2.5kg(2¼-5½lb)，圓柱形	
尺寸 D. 12-17cm(5-6½in)，H. 8-10cm(3-4in)	
原料奶 山羊奶	
種類 硬質	
製造商 Quesos Artesanales de Villaluenga	

Peña Blanca de Corrales

這款極富特色的綿羊奶起司，帶有橘紅色外皮和土黃色黴斑，它使用自然乳酸凝乳法（lactic coagulation）。其風味完美呈現了伊斯波達山區（the Sierra de Espadas）的產地特色。

TASTING NOTES 品嚐筆記
香氣使人聯想到 Cabrales 起司（見 150 頁），但質地密實，帶有新鮮凝乳的口感，並含有皮革、焦糖洋蔥和羊毛的香氣。

HOW TO ENJOY 享用方式
它內斂的辛辣感，適合搭配非諾（fino）或帕羅高塔多雪利酒（palo cortado sherry）、黑橄欖、特級橄欖油和香脆麵包。

西班牙 Almedíjar, Valencia	
熟成期 90 天	
重量和形狀 2.2kg(5lb)，圓柱形	
尺寸 D. 19cm(7½in)，H. 8cm (3in)	
原料奶 綿羊奶	
種類 硬質	
製造商 Quesería Los Corrales	

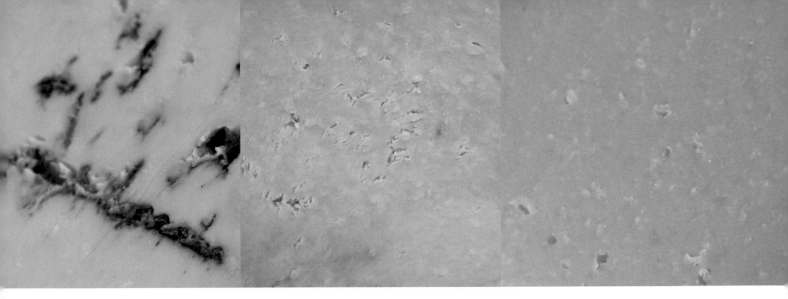

La Peral

這款用錫箔包裝的藍黴起司,來自阿斯圖里亞斯(Asturias),是近代的創作,現已由創作者安東尼歐萊昂(Antonio León)的第三代家族生產,產量少但品質可靠,因此這款美味起司的價格頗爲可親。

TASTING NOTES 品嚐筆記
在有黏性的黃色外皮下,淡黃色的起司佈有藍黴條紋,散發出溫和的奶油味。帶有光澤、凝乳般的起司,具有細緻的鹹味,會逐漸轉變成乾淨新鮮溫和的藍黴風味。

HOW TO ENJOY 享用方式
搭配黑莓和核桃來享用這款起司,搭配阿斯圖里亞斯蘋果酒(Austurian cider)或佩德羅希梅內斯雪利酒(Pedro Ximenez sherry)。

西班牙 Illas, Asturias	
熟成期 60-150 天	
重量和形狀 2kg(4½lb),高圓柱形	
尺寸 D. 18cm(7in),H. 9cm (3½in)	
原料奶 牛奶加上綿羊奶脂	
種類 藍黴	
製造商 Herederos de Antonio León	

Picón Bejes Tresviso DOP

這款古老起司,來自歐洲之巔(the Picos de Europa)山區的 2 個村莊畢和斯(Bejes)和特雷斯維索(Tresviso)。帶有該地特有的濃郁高山風味,廢棄的礦坑和天然洞穴提供了絕佳的熟成空間。

TASTING NOTES 品嚐筆記
帶有橘色調的淡灰色外皮底下,具有顯著的藍紋,氣味刺激,但和鮮奶味及苦味取得了很好的平衡。

HOW TO ENJOY 享用方式
撒上榛果碎末或搭配洋李乾(prunes)食用。可搭配蜜思卡(muscatel)或帶甜味的普里奧拉(Priorat)區紅酒。

西班牙 Cantabria	
熟成期 3-6 個月	
重量和形狀 500g-3kg(1lb 2oz-6½lb),圓鼓形	
尺寸 D. 10-21cm(4-8in),H. 6-13cm(2½-5in)	
原料奶 牛奶、山羊奶和綿羊奶	
種類 藍黴	
製造商 多家	

Roncal DOP

這款來自庇里牛斯山的綿羊奶起司,早在十三世紀便有記載,其中也述及羊群在季節轉換時來回菩羅蓋(Roncal)山谷的路線,使羊群能夠找到適合的草原啃食。以起司紗布包裹後擠壓濾出水分並熟成。

TASTING NOTES 品嚐筆記
質地密實,外皮光滑呈淡黃-灰色,留有紗布的印痕。隨著熟成度的增加,帶有乾燥水果的香味,辛辣感(piquancy)變得明顯,後味悠長。

HOW TO ENJOY 享用方式
簡單地搭配香脆白麵包,和一支上好的納瓦拉(Navarra)紅酒或蘋果酒(cider)。用 Roncal 來焗烤朝鮮薊,是常見的當地料理。

西班牙 Navarra	
熟成期 至少 4 個月	
重量和形狀 1-3kg(2¼-6½lb),圓鼓形	
尺寸 D. 15-20cm(6-8in),H. 10-11cm(4-4½in)	
原料奶 綿羊奶	
種類 硬質	
製造商 多家	

Manchego DOP
國家法定產區的曼切可起司

它的名稱來自乾燥的曼查(La Mancha)高原，位於馬德里南方，托雷多(Toledo附近)。阿拉伯人稱之為"Al Mansha"(無水之地)，那裡的地形寬闊平坦而乾燥，幾乎沒有樹木，高溫可達50℃，降雨量極少。可看到歷史遺跡、乾瘦的羊群和因唐吉軻德(Don Quixote)而聞名的風車。

曾經充滿原生矮樹叢、橡樹、黑刺李(blackthorn)、野豌豆和野草的"dehesa"(意指未開化之地)，因現代灌溉工程的發達，已經被一望無際的葡萄園、橄欖樹、向日葵和農作物所取代，然而在高山上、林地裡、河岸邊和平原上，仍有足夠的天然植被供適應力強的羊群啃食。牠們濃郁充滿香氣的鮮奶，賦予了曼切可(Manchego)起司最主要的特色。在秋冬兩季，農夫使用葡萄樹的捲鬚、收成農作物和乾草剩下的殘莖，來補充羊群的飲食。

現代的曼切可(Manchego)起司通常由工廠來生產，但仍多以人工擠奶。看到牧羊人為這一大群的母羊(一次多達700隻)，井然有序地進行擠奶，是頗為壯觀的景象。農夫必須抬起每隻母羊的後腿，使漲滿乳汁的乳房能夠容納進擠奶桶內。牠們一天的產量只有幾公升，但每一滴乳汁都蘊含了牠們所吃下野生百里香、各種野生香草和橡實的精華，這香甜的乳汁就是造就曼切可(Manchego)起司獨特風味的秘密。

TASTING NOTES 品嚐筆記

雖然每塊起司風味的深度和廣度，會因熟成度而異，但它們都含有明顯而濃郁的巴西豆(Brazil nuts)和焦糖的味道，並有獨特的羊毛脂和烤羊肉的香氣，以及略帶鹹味的後味。質地乾硬但綿密滑順，表面有時帶點油脂感(oily)，略帶油脂的口感(greasy)更增添其風味。每一口裡都可嚐到西班牙的文化、歷史和美食史。

熟成久的起司，後味帶一點胡椒般的辛辣感，切成小塊，用當地濃烈的綠橄欖油調味，更強化其風味。

HOW TO ENJOY 享用方式

和所有的硬質起司一樣，曼切可(Manchego)起司可保存很久，可單獨使用，也可用在多種料理上，可增添一股香甜的堅果味。

曼切可(Manchego)起司會吸收單寧，因此最好搭配強健的或淺齡的紅酒(rough)或清冽白酒，最好的搭配可能是雪利酒(sherry)，帶甜味(sweet)或不甜的(dry)皆可。

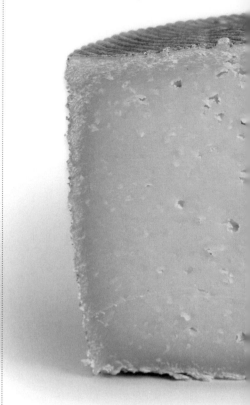

A CLOSER LOOK
放大檢視

大部分的曼切可(Manchego)起司，都是以殺菌過的鮮乳在現代化的工廠製成，並符合歐盟規範，製造者同時盡一切努力，使成品能夠接近傳統手工製版本的風味。

廣大而乾燥的曼查(La Mancha)高原。

PRESSING AND AGEING 擠壓和熟成 凝乳裝入模型內後，便放在水平的擠壓檯上，排出多餘乳清。傳統手工的版本(artisan)，會放在石造穀倉內熟成，有時和石灰岩山丘相連。工廠製的版本，則放在通風良好的大型穀倉內熟成。

西班牙 Castilla La Mancha	
熟成期 6-18 個月	
重量和形狀 3kg(6½lb)，圓鼓形	
尺寸 D. 20cm(8in)，H. 10cm (4in)	
原料奶 綿羊奶	
種類 硬質	
製造商 多家	

MARKING 印痕 符合 DOP 品質的起司，周圍要有這特殊的交錯斜紋印痕，頂部和底部要有"花朵 flor"圖案。這圖案本來是因為新鮮凝乳會用茅草（esparto）編的帶子圍起來，再放在手刻的木架上濾出乳清。可惜的是，木架和草帶已由印有斜紋圖案的塑膠模型所取代。

ESPAÑA
Denominación de Origen
MANCHEGO
74979
FO

象牙色的內部起司，質地密實乾硬而又濃郁綿密。

內部

外觀特殊的外皮呈黃色至淡棕色，會長出多種黴菌，販售前必須清洗擦拭過，甚至上蠟。

外部

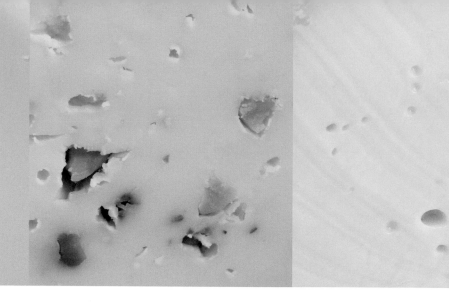

San Simón da Costa DOP

外觀呈大淚滴形，頂部有一小顆乳頭，一般認為這款起司其源自塞爾特(Celtic)文化。特殊的黃銅色外皮，是以白樺木(birch wood)小火慢燻的結果。

TASTING NOTES 品嚐筆記
奶油般的味道和香氣之中，含有一絲煙燻味，整體的口味溫和，略帶鹹味，後味可以嚐到美妙平衡的酸-甜味。

HOW TO ENJOY 享用方式
適合用來融化，可加入米飯、義大利麵、蔬菜料理和沙拉中。搭配一杯淺齡的瓦地歐瑞斯(Valdeorras)區紅酒和一些花生，十分美味。

西班牙 Galicia	
熟成期 3 週	
重量和形狀 800g-1.5kg(1¾lb-3lb 3oz)，大圓錐形	
尺寸 D. 12-15cm(5-6in)，H. 13-18cm(5-7in)	
原料奶 牛奶	
種類 加味	
製造商 多家	

Taramundi

靈感來自甜味較濃、質地較有彈性的瑞士起司，Taramundi 是由分裂出來的一家小型合作社所創作出來的，他們想要回應對於當地起司日漸增加的需求，並使用該地濃郁的高山鮮奶來製作。

TASTING NOTES 品嚐筆記
除了原味之外，也有添加了核桃或榛果的口味。風味特殊而迷人，混合了烤吐司、奶油和甜味，質地有彈性。

HOW TO ENJOY 享用方式
和法式蔬菜沙拉(crudités)搭配，可作為理想的開胃菜，具有和 Raclette 同樣好的融化性。可搭配淺齡富果香的葡萄酒或蘋果酒(cider)。

西班牙 Asturias	
熟成期 2-3 個月	
重量和形狀 500g-1kg(1lb 2oz-2¼lb)，車輪形	
尺寸 D. 10-20cm(4-8in)，H. 4-6cm(1½-2½in)	
原料奶 牛奶和山羊奶	
種類 加味	
製造商 多家	

Tetilla DO

產自西班牙西北部，其圓潤風味和獨特外形，使其名聲已超越國界。"Tetilla"為小乳房之意。傳統的農舍生產(farmhouse)，已被強大的奶酪工業所取代。

TASTING NOTES 品嚐筆記
熟成 7 天即可食用，深黃色的起司香甜乾淨，帶有油脂味和奶油味；熟成較久後，質地會變得結實有彈性，後味會帶一點酸度。

HOW TO ENJOY 享用方式
餐後搭配榲桲糕(quince paste)或酸甜蘋果泥，十分完美。

西班牙 Galicia	
熟成期 至少 7 天	
重量和形狀 500g-1.5kg(1lb 2oz-3lb 3oz)，壓扁的圓錐形	
尺寸 D. 9-15cm(3½-6in)，H. 9-15cm(3½-6in)	
原料奶 牛奶	
種類 半軟質	
製造商 多家	

Tortas Extremeñas

曾經被認為等級不高，只適合鄉野村夫食用，最近卻風靡歐洲。幾乎呈液體狀的內部起司，是其獨特魅力所在。市面上有三種種類，Torta de Barros（如圖所示）、Torta del Casar 和 Torta La Serena。

TASTING NOTES 品嚐筆記
使用了薊花（thistle）凝乳酶，因此帶有獨特的土質味，後味帶一點溫和的苦味，起司的質地柔軟濃郁，含有一絲乾草香氣。

HOW TO ENJOY 享用方式
送入烤箱，加熱到完全溫熱，在表面切出一個洞，用小湯匙或麵包棒舀出來吃。

西班牙 Extremadura	
熟成期 8 週起	
重量和形狀 500g-1.3kg(1lb 2oz-3lb)，圓形	
尺寸 D. 11-16cm(4½-6in)，H. 5-6cm(2-2½in)	
原料奶 綿羊奶	
種類 半軟質	
製造商 多家	

Tou del Til·lers

這款細緻的軟質起司具有白黴外皮，是一家創立於 1995 年奶酪場的現代創作。工廠位於庇里牛斯山區中心地帶的帕亞斯司谷拉（Pallars Sobirà），多樣植被的高山草原，提升了原料乳的水準。

TASTING NOTES 品嚐筆記
外皮散發出淡淡的阿摩尼亞氣味，在新鮮蘑菇和濃郁奶味中，可嚐到強烈的黏稠風味。

HOW TO ENJOY 享用方式
具有濃厚的個人風格，最好搭配質地厚實的鄉村白麵包食用，搭配一支濃郁的紅酒，如索蒙塔諾高地（Terra Alta Somontano）所產的。

西班牙 Sort, Cataluña	
熟成期 6-12 週	
重量和形狀 450-500g(1lb-1lb 2oz)和 1kg(2¼lb)，圓形	
尺寸 D. 13 和 22cm(5in 和 8½in)，H. 3 和 4cm(1 和 1½in)	
原料奶 牛奶	
種類 軟質白起司	
製造商 Tros de Sort	

Tronchón

這款可愛的火山形起司，帶有牧羊人製作的原始木製模型所留下的痕跡。混合山羊和綿羊群，一起放牧到馬司特拉索山（Sierra del Maestrazgo）的傳統，也延伸到塔拉格那（Tarragona）、特魯埃爾（Teruel）和卡斯特里翁（Castellón）等省份。

TASTING NOTES 品嚐筆記
這款柔軟、奶油般的起司，有新鮮和熟成過的版本，帶有來自高山草原的薰衣草和奧瑞岡（oregano）清香。

HOW TO ENJOY 享用方式
新鮮的綿羊奶 Tronchón 起司，可搭配香脆麵包和綠橄欖；熟成過的山羊奶版本，味道較濃烈，最好搭配淺齡紅酒。

西班牙 Aragón and País Valenciano	
熟成期 45 天起	
重量和形狀 500g-2kg(1lb 2oz-4½lb)，火山坑形	
尺寸 D. 10-15cm(4-6in)，H. 7-10cm(3-4in)	
原料奶 綿羊奶或山羊奶，或混合	
種類 半軟質到硬質	
製造商 多家	

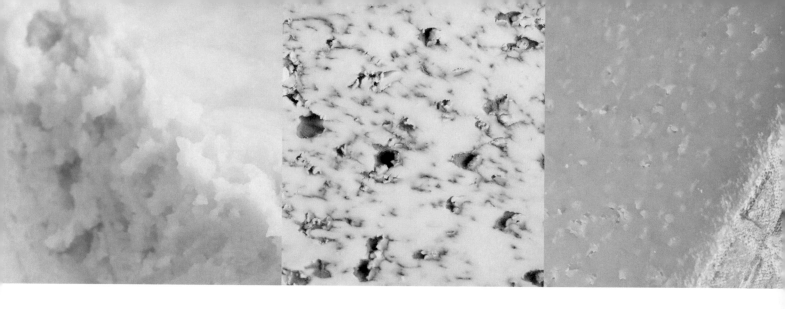

Tupí

這款根據古老牧羊人方法製作的起司抹醬，再度回到了現代嘉達蘭（Catalan）區的起司清單上，原料來自第二次發酵的新鮮和加熱過（cured）的起司，並加入橄欖油和白蘭地或利口酒（liqueur）混合。

TASTING NOTES 品嚐筆記
裝在小型陶罐裡熟成，這是一款會令人上癮的起司。如麥片粥般的質地，味道濃烈辛辣（piquant），帶一絲臭味（fetid），後味卻驚人地有滿足感。

HOW TO ENJOY 享用方式
質地柔軟，可塗在乾麵包上作成西式小點（canapés），但口味保守者不宜。可搭配冰涼啤酒和蘋果酒（cider）。

西班牙 Cataluña	
熟成期 數週	
重量和形狀 160g（5½oz）和 200g（7oz），罐裝	
尺寸 無	
原料奶 牛奶	
種類 熟成過的新鮮起司	
製造商 多家	

Valdeón DO

在靠近萊昂（León）的歐洲之巔（Picos de Europa）山區，富有創意的阿龍索（Alonso）兩兄弟，多麥斯（Tomás）和哈維爾（Javier），創作了這款起司。巴迪恩（Valdeón）的氣候不如皮孔（Picon）來得潮濕，黴菌種也不那麼兇猛，因此口味比類似的藍黴起司溫和。Valdeón 通常以歐洲之巔（Picos de Europa）的名稱販售。

TASTING NOTES 品嚐筆記
富滿黴層的外皮，粗糙有黏性，包覆在楓葉（sycamore leave）下，味道辛辣但不會過度強烈，帶有一點鹹味，後味優雅。

HOW TO ENJOY 享用方式
搭配榛果、核桃、洋李乾（prunes）和波特酒（port）或蘋果酒（cider）。亦可做成很棒的醬汁。

西班牙 León, Castilla-León	
熟成期 2-3 個月	
重量和形狀 2.5kg（5½lb），圓鼓形	
尺寸 D. 19cm（7½in），H. 9cm（3½in）	
原料奶 牛奶，有時混合山羊奶	
種類 藍黴	
製造商 Queserías Picos de Europa	

Zamorano DO

西班牙（Castilla 卡斯蒂利亞）北部的乾燥草原，影響了這款起司的複雜風味。隨著季節轉換來遷徙羊群，已有悠久的歷史，壯麗的景色也代表了植被和氣候的多樣性。

TASTING NOTES 品嚐筆記
綿羊奶的特質和風味，使這款起司適於長期熟成，進而發展出濃烈複雜的風味，帶一點酸度和堅果味，散發出明顯的綿羊味。

HOW TO ENJOY 享用方式
挑選一支陳放 12 個月的特選格蘭（Gran Reserva），在餐後單獨食用，或是搭配一點榲桲糕（quince paste）和當地的多羅（Toro）區葡萄酒。

西班牙 Castilla-León	
熟成期 至少 100 天	
重量和形狀 2-4kg（4½-8lb 10oz），圓鼓形	
尺寸 D. 20-24cm（8-9½in），H. 9-14cm（3½-5½in）	
原料奶 綿羊奶	
種類 硬質	
製造商 多家	

Azeitão DOP

這款包在薄紗裡、外表樸拙的起司,來自阿谷畢達(Arrabida)山腳下青草豐美之地,當地的土壤和植被狀況,大大影響了這款起司的風味。

TASTING NOTES 品嚐筆記
凝乳以紗布定型,外皮以鹽水洗浸,內部起司呈淡黃色。帶有甜味,微酸,風味細緻,後味含有油脂辛辣味。

HOW TO ENJOY 享用方式
切開頂部,舀出幾乎呈流動狀的起司,放在小酥殼(cooked pastry shells)上,撒上奧瑞岡(oregano),作成開胃菜。也可搭配堅果麵包,和一支坦帕尼優(Tempranillo)品種或阿博里諾(Albarinho)品種的葡萄酒。

葡萄牙 Setúbal	
熟成期 20-30 天	
重量和形狀 100-250g(3½-9oz),柔軟圓形	
尺寸 D. 5-11cm(2-4½in),H. 2-6cm(¾-2½in)	
原料奶 綿羊奶	
種類 半軟質	
製造商 多家	

Cabra Transmontano DOP

來自著名的波特酒產區,這款起司的原料乳來自適應力強的薩瓦那(Serrana)山羊。隨著冬季來臨,羊群從高處往低地遷移,春天來臨時便是擠奶的季節,也是生產起司的時候。

TASTING NOTES 品嚐筆記
富含奶脂(butterfat)和蛋白質,質地結實,略帶油脂感(unctuous)。帶有檸檬般的清新與一絲土質味。

HOW TO ENJOY 享用方式
磨碎或直接捏碎,加入夏日沙拉裡,風味絕佳。亦可當作餐桌起司使用,搭配一支陳年波特酒(tawny port)或富果香的白酒。

葡萄牙 Bragança and Vila Real	
熟成期 60 天	
重量和形狀 600-900g(1lb 5oz-2lb),圓形	
尺寸 D. 12-19cm(5-7½in),H. 3-6cm(1-1½in)	
原料奶 山羊奶	
種類 半軟質	
製造商 多家	

Castelo Branco DOP

這款 DOP 起司,亦稱為 Beira Baixa,涵蓋了三種使用薊花(thistle)凝乳酶製成的起司。Castelo Branco 是一款白色綿羊奶起司,是最常見的一種;另外還有混合了山羊奶的黃色起司,以及另一種熟成較久,味道較辛辣的版本。

TASTING NOTES 品嚐筆記
味道刺激,後味含一絲苦味,熟成到 60 天左右時,會變得較為辛辣。熟成淺的起司,質地柔軟,會隨著熟成度的加深,變得結實有彈性。

HOW TO ENJOY 享用方式
全部種類都很適合做成起司盤,可搭配乾燥水果和堅果。搭配紅酒如黑皮諾(Pinot Noir)。

葡萄牙 Castelo Branco	
熟成期 45-60 天	
重量和形狀 750g-1kg(1lb 10oz-2¼lb),高圓形	
尺寸 D. 12-16cm(5-6in),H. 6-7cm(2½-3in)	
原料奶 綿羊奶	
種類 半軟質	
製造商 多家	

Évora DOP

這款手工塑型的洗浸外皮起司，來自著名的圍牆古城艾佛拉（Évora），在古時候這款起司一度當作貨幣來使用。瑪莉諾（Merino）綿羊的鮮奶和薊花（cardoon thistle）凝乳酶，創造出同種類品質最佳的起司之一。

TASTING NOTES 品嚐筆記
淡黃色的起司質地易碎，帶點微酸而辛辣的果香，後味有鹹味，十分美味。產於春季者，受豐美鮮草影響，質地更為綿密濃郁而富果香。

HOW TO ENJOY 享用方式
傳統上，切成薄片，搭配橄欖、醃肉和淋上橄欖油的天然酵母麵包（sourdough）食用。亦是絕佳的沙拉起司。搭配山吉歐維榭（Sangiovese）葡萄酒。

葡萄牙 Évora	
熟成期 30-90 天	
重量和形狀 120-300g（4-10oz），圓柱形	
尺寸 D. 7-10cm（3-4in），H. 3-3.5cm（1in）	
原料奶 綿羊奶	
種類 半軟質	
製造商 多家	

Ilha Graciosa

來自亞述爾（the Azores）最北的小島，這款起司的製作方法，是由數世紀前島上的開墾者傳承下來的。它和 São Jorge 類似，但熟成期較短。

TASTING NOTES 品嚐筆記
島上肥沃的火山土壤和潮濕氣候，孕育出青翠的草原，創造出這款淡黃色起司的獨特風味。質地結實，帶有強烈的乾淨辛辣感和香氣。

HOW TO ENJOY 享用方式
Graciosa 起司，可在餐前或餐後享用，搭配當地的礦泉白酒（minerally white wines）或甘蔗蘭姆酒（rum）。熟成久的版本，適合磨碎加在焗烤料理（gratin）上。

葡萄牙 Ilha Graciosa, Azores	
熟成期 90 天	
重量和形狀 10kg（22lb），圓柱形	
尺寸 D. 30cm（12in），H. 15cm（6in）	
原料奶 牛奶	
種類 硬質	
製造商 多家	

Nisa DOP

這款傳統起司，受到農夫和當地居民多年來的歡迎，本土的瑪瑞那布蘭卡（Merina Branca）綿羊提供濃郁的原料乳，並以當地的薊花（thistle）凝乳酶形成凝乳，接著將起司放入稱為"talhas"的橄欖油陶罐裡保存。

TASTING NOTES 品嚐筆記
起司呈淡黃色，有明顯的外皮，質地密實，帶有小氣孔。具有甜味，十分濃郁，細緻綿密。

HOW TO ENJOY 享用方式
葡萄牙最受歡迎的起司之一，可放在起司盤上，搭配李子和杏桃等水果，和一支清冽的白酒。

葡萄牙 Portalegre	
熟成期 3-4 個月	
重量和形狀 200g-1.3kg（7oz-3lb），圓形	
尺寸 D. 10-13cm（4-5in），H. 12-16cm（5-6in）	
原料奶 綿羊奶	
種類 半軟質	
製造商 多家	

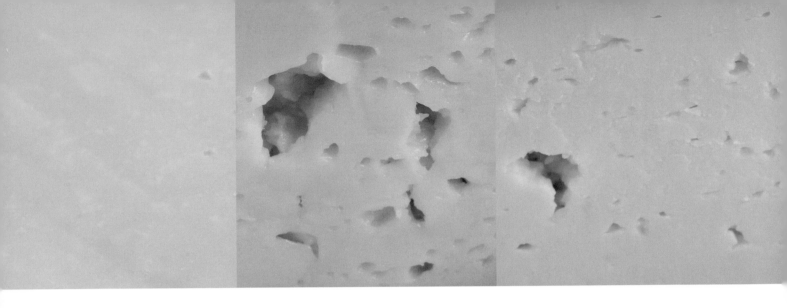

São Jorge DOP

這款起司可追溯至十五世紀,當時定居於馬德拉(Medeira)島的一批佛蘭德人(Flemish)水手,創作出這款像豪達風格(Gouda-style)的起司。

TASTING NOTES 品嚐筆記
青蔥的鮮草和帶鹹味的草原,使這款起司具有濃烈的辛辣感、清新的香氣和乾硬易碎的質地。像是切達(Cheddar)和豪達(Gouda)之間的混種,帶有細小氣孔。

HOW TO ENJOY 享用方式
適合作為起司鍋(fondues),亦可作為傳統起司盤的一員,搭配洋梨和蜜斯卡(muscatel)麝香葡萄等新鮮水果。

葡萄牙 São Jorge, Madeira	
熟成期 4-6 個月	
重量和形狀 10-11kg(22lb-24¼lb),圓柱形	
尺寸 D. 30cm(12in),H. 12.5cm(5in)	
原料奶 牛奶	
種類 硬質	
製造商 多家	

Serpa DOP

和 Serra 起司類似,但以拉孔涅(Laconne)綿羊奶製成,而不是使用波地列塔(Bordeleira)品種。乾燥炎熱的氣候,和充滿香氣但稀疏的植被,使這款起司帶有濃郁富果香的氣味。

TASTING NOTES 品嚐筆記
口味飽滿綿密,嚼起來柔軟乾淨,略帶鹹味,後味有明顯的刺激感(tangy)。其中所含的薊花(cardoon or thistle)凝乳酶,使後味增添了一絲酸度和苦味。

HOW TO ENJOY 享用方式
搭配紅酒作為開胃菜十分理想。用麵包棒舀出內部起司,在起司殼填上味道溫和的洋蔥和馬鈴薯,再進行烘烤,令人滿足的風味。

葡萄牙 Beja	
熟成期 30 天	
重量和形狀 200g-1.5kg(7oz-3lb 3oz),圓形	
尺寸 D. 10-18cm(4-7in),H. 12-20cm(5-8in)	
原料奶 綿羊奶	
種類 半軟質	
製造商 多家	

Serra da Estrela DOP

以薩以耶拉山的波地列塔(Bordeleira Serra da Estrela)品種的綿羊奶製成,它的歷史悠久,可回溯至羅馬時期。羊群在北部山區的各處草原移動,哨食野生的香草、花朵和青草。

TASTING NOTES 品嚐筆記
呈淡黃色的起司,質地滋潤滑順,以薊花(thistle)作為凝乳酶,因此帶有一絲溫和的酸度,具有太妃糖的甜味,與一絲草莓和百里香的氣息。

HOW TO ENJOY 享用方式
回復至室溫,切除頂部,用麵包棒或湯匙舀來吃,搭配柑橘果醬(marmalade)或榅桲糕(quince paste)。

葡萄牙 Guarda	
熟成期 45 天	
重量和形狀 500g 和 1kg(1lb 2oz-2¼lb),圓形	
尺寸 D. 10-18cm(4-7in),H. 12-20cm(5-8in)	
原料奶 綿羊奶	
種類 半軟質	
製造商 多家	

GREAT BRITAIN AND IRELAND
大不列顛和愛爾蘭

SCOTLAND 蘇格蘭 蘇格蘭的氣候酷酷多變化，漫長的冬季酷寒而夜長，夏季短暫，因此最初只有氏族或部落（clan）裡的老人和小農場的農夫（crofters）製作起司，供自家食用。其創作的靈感來源多元，包括維京人（Vikings）和愛爾蘭人。

今天，蘇格蘭大約有 20 家左右的傳統手工（artisan）起司製造商，使用牛奶、山羊奶和綿羊奶，來製作傳統而有特色的起司。

IRELAND 愛爾蘭 愛爾蘭的降雨量高，草原繁茂，地理上接近歐洲，常見海外僧侶前來遊訪，因此早在數世紀前就有起司的製作。1976 年，維若尼卡斯蒂爾（Veronica Steele）創作出 Milles，愛爾蘭的第一款現代農舍起司，之後數十年，愛爾蘭的起司製造業便興起一股復興農舍（farmhouse）起司的風潮。

牛奶、山羊奶和綿羊奶的生乳，以及殺菌過的原料乳，都用來製作成各式各樣的起司，包括上等的柔軟新鮮起司、藍黴起司，硬質切達（Cheddar）起司、以及荷蘭（Dutch）和瑞士風格（Swiss style）起司。愛爾蘭農舍起司協會（the Ireland Farmhouse Cheese Association）（簡稱 CAIS），列出全國有 40 多家的農舍起司製造商。

Key 圖例	
★ AOC、DOC、DOP、PGI 或 PDO 起司	
🧀 只在本地生產	只在本地生產
🧀 全國或都有生產	全國或都有生產

大西洋
ATLANTIC OCEAN

北海
NORTH SEA

100 miles
100 km

N

NORTHERN IRELAND
北愛爾蘭

GREAT BRITAIN
大不列顛

SCOTLAND
蘇格蘭

Orkney

Blue Monday,
Caboc,
Crowdie,
Strathdon Blue
Cuillin Goats

Clava Brie

Iona Cromag

Dunlop

Bishop Kennedy

Cairnsmore Ewes

Kebbuck

Lanark Blue

Doddington

Northumberland

Allerdale

愛爾蘭
IRELAND

REPUBLIC
OF IRELAND
愛爾蘭共和國

Corleggy
Bellingham Blue
Glebe Brethan
Grace
Mossfield Organic
Knockdrinna Gold, Lavistown
Cooleeney
Cashel Blue, Crozier Blue
St Gall Extra Mature
Mount Callan
Tola Log
Baylough Cheddar
Ardsallagh
Ardrahan
Coolea
Durrus
Beenoskee
Milleens
Desmond, Gubbeen

愛爾蘭海
IRISH SEA

Ffteys
Gorau Glas
威爾斯 WALES
Caerphilly
Hafod
Perl Las
Pont Gar
Cerwyn
Saval, Teifi Farmhouse
Talley Mountain Goat's Cheese, Talley Mountain Mature Cheese
Campscott
Cheddar
Vulscombe
Quickes Hard Goat
Curworthy
Cornish Blue
Norsworthy, Posbury
Keltic Gold
St Endellion
Yarg Cornish Cheese
Beenleigh Blue
Sharpham, Sharpham Rustic, Ticklemore Goat
Pant-Ys-Gawn
Dragons Back

Ribblesdale Original Goat
Tickton
Lancashire
Blacksticks Blue
英格蘭 ENGLAND
Cheshire
Whitehaven
White Stilton
Innes Button
Cheshire
Fowlers Forest Blue
Finn, Perroche, Ragstone
Lincolnshire Poacher
Stichelton
Shropshire Blue, Stilton, White Stilton
Stilton
Red Leicester, Shropshire Blue, Stilton, White Stilton
Sage Derby
Berkswell
St Eadburgha, St Oswald
Snodsbury Goat
Hereford Hop, Stinking Bishop
Windrush
Birdwood Blue Heaven
Cerney Pyramid
Suffolk Gold
Shipcord
Daylesford Cheddar, Penyston
Double Gloucester, Single Gloucester
Oxford Isis
Barkham Blue
Waterloo
Duddleswell, Sussex Slipcote
Lord of the Hundreds
Fairlight
Wealden, Wealdway
Flower Marie, Golden Cross
Tunworth
New Forest Blue, Old Sarum
Old Winchester, Rosary Plain
Isle of Wight Blue

Little Ryding
Tymsboro
Bath Soft Cheese, Wyfe of Bath
Wedmore
Pendragon
Black-eyed Susan
Farleigh Wallop, Little Wallop
Blissful Blue Buffalo
Village Green
Capricorn Goat
Exmoor Blue
Ogleshield
Dorset Blue Vinney
Woolsery English Goat
Cheddar
Caerphilly, Rachel, Cheddar

WALES 威爾斯 威爾斯充滿了多樣的田園景色，有高山和青草鮮美的低地，以及溫和多變的氣候。當地的牛群和羊群所啃食的青草、野生青草和野花，賦予了當地鮮奶獨特的風格。數世紀前，威爾斯即開始生產簡單的起司，是現今最著名的是卡菲利（Caerphilly）起司，最初只在低地農場生產，供採礦人口消耗。

過去 25 年來，興起了一股強大的農舍起司復興運動。市面上因而出現許多種類的傳統和現代起司，包括羅和緻密的山羊奶起司和濃烈的藍紋起司。

ENGLAND 英格蘭 從知名的切達（Cheddar）、蘭開斯郡（Lancashire）和紅萊斯特（Red Leicester）等起司，就可以看出英格蘭的地理和歷史概況。在過去 25 年來，小型的傳統手工（artisan）起司也開始有進一步發展的趨向。增加了當地起司的種類和複雜度，也確保了某些稀有的本地品種的延續。起司能夠展現出製造者的技藝和熱情，因此獨有的微妙風味和品質。起司正是他們造就了手工起司所英格蘭起司也是當地天然環境、人民和牧群的反映。

Allerdale

卡洛琳費比恩（Carolyn Fairbairn）的第一
款起司，創作於 1979 年，正值她的奶酪事
業發展的初期，生產於老家的地下室，原料
乳來自自家山羊牧群。現在她和女兒莉奧妮
（Leonie），一起將坎布里亞（Cumbria）鮮
美青草的風味，轉換成滋味無窮的起司。

TASTING NOTES 品嚐筆記
甜美而滋潤，帶有乾淨的杏仁香氣，質地和
Cheshire 類似，包在紗布裡熟成數月，因
此蘊含出不同層次的風味。

HOW TO ENJOY 享用方式
送進烤箱烘烤（bake）或爐烤（grill），再放
在一床菠菜嫩葉上，澆上一點油，配上一杯
飽滿的白酒。

英格蘭 Thursby, Cumbria	
熟成期 3-5 個月	
重量和形狀 2.5kg（5½lb），圓桶形	
尺寸 D. 14cm（5½in），H. 14cm（5½in）	
原料奶 山羊奶	
種類 硬質	
製造商 Thornby Moor Dairy	

Barkham Blue

海峽群島（Channel Island）所出產的鮮奶，
帶有奶油般的質地，做出來的起司也呈現奶
黃色。這款起司看起來和嚐起來同樣超凡出
眾。外觀呈菊石形（ammonite），具有迷人
的樸拙外皮，上面覆滿了黴層，內部起司
佈有藍綠色的洛克福青黴菌（Penicillium
roqueforti）黴紋。

TASTING NOTES 品嚐筆記
濃郁滑順，入口即化，令人驚訝的是沒有
一般藍黴的刺鼻辛辣味，但仍達到令人滿
意的味覺深度。一般不碰藍黴的人都應嘗
試看看。

HOW TO ENJOY 享用方式
單獨食用或加入濃湯裡，也可和洋梨、綜合
沙拉葉和調味汁作成沙拉。

英格蘭 Barkham, Bershire	
熟成期 6-8 週	
重量和形狀 1.3kg（3lb），菊石形（ammonite）	
尺寸 D. 18cm（7in），H. 7.5cm（3in）	
原料奶 牛奶	
種類 藍黴	
製造商 Two Hoots Cheese	

Bath Soft Cheese

葛拉翰帕福得（Graham Padfield）是第三
代的農夫，他在 1993 年就開始製作起司。
Bath Soft 的製作方法可回溯到納爾遜將軍
（Admiral Lord Nelson）時期，他在 1801
年收到父親寄來的一些起司作為禮物。今天
這款有機起司以羊皮紙（parchment）加以
包裝，上面並有特殊的紅蠟戳印。

TASTING NOTES 品嚐筆記
這款口味溫和的起司，使人聯想到圓潤熟成
的 Brie，最初帶有一絲新鮮的青蔥味，熟成
久後便轉變成奶香綿密、較濃烈的蘑菇味。

HOW TO ENJOY 享用方式
食用前一小時從冰箱取出作為起司盤，搭配
巴斯橄欖比司吉（Bath Olive Biscuits）和
小麥啤酒（wheat beer）。

英格蘭 Bath, Somerset	
熟成期 4-6 週	
重量和形狀 225g（8oz），方形	
尺寸 L. 10cm（4in），W. 10cm（4in），H. 3cm（1¼in）	
原料奶 牛奶	
種類 軟質白起司	
製造商 Bath Soft Cheese Company	

Beenleigh Blue

極少數以綿羊奶製成的英國藍黴起司之一（只生產於八月至一月之間），創作者是技藝嫻熟的藍黴起司狂熱者，羅賓康登（Robin Congdon），他的奶酪場位於達特（Dart）河岸附近。

TASTING NOTES 品嚐筆記
濃郁香甜，略呈易碎狀，有藍 - 綠色的黴紋分佈，帶有一絲焦糖味，證明這是一款最上等的綿羊奶起司。粗糙的外皮帶一點黏性。

HOW TO ENJOY 享用方式
加入沙拉或單獨食用，搭配一杯甜味的得文蘋果酒（Devon cider）。

英格蘭 Sharpham Barton, Devon	
熟成期 5 個月以上	
重量和形狀 3-3.5kg（6½-7½lb），圓鼓形	
尺寸 D. 20cm（8in），H. 10-13cm（4-5in）	
原料奶 綿羊奶	
種類 藍黴	
製造商 Ticklemore Cheese	

Berkswell

英國起司獎（British Cheese Awards）的常勝軍，這款起司由史帝芬佛萊徹（Stephen Fletcher）和他的母親一起創作出來，他們十六世紀的農場，位於巴克斯威爾（Berkswell）村莊附近。現在由他們的起司製作者玲達道區（Linda Dutch）負責生產，使用自家的東弗斯蘭（East Friesland）品種綿羊。

TASTING NOTES 品嚐筆記
根源自傳統的製作方法，這款起司風格特殊，口感豐富。質地結實，帶有堅果和焦糖的甜香，後味有出乎意料的刺激感（tangy）。

HOW TO ENJOY 享用方式
它的質地很適合用來磨碎，加入菜餚中；加熱後，會形成一層美味的酥皮。

英格蘭 Berkswell, West Midlands	
熟成期 4-6 個月	
重量和形狀 3kg（6½lb），飛碟形	
尺寸 D. 20cm（8in），H. 9cm（3½in）	
原料奶 綿羊奶	
種類 硬質	
製造商 Ram Hall Diary Sheep	

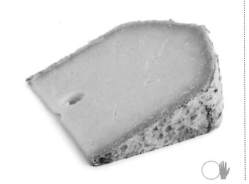

Birdwood Blue Heaven

由喬納翰（Jonathan）和梅莉莎瑞文豪（Melissa Ravenhill）所擁有的 Diary Shorthorns，畜養了一批年輕牛群，放牧於明奇漢普頓 - 科明（Minchinhampton Common）貧瘠的石灰岩草地上。梅莉莎添加了洛克福青黴菌（Penicillium roqueforti），創作出這款半軟質的藍黴起司。

TASTING NOTES 品嚐筆記
柔軟滑順的內部起司，充滿了藍黴條紋，帶有美味的辛辣感，硬殼般的外皮佈有天然的黴層。

HOW TO ENJOY 享用方式
適合作成西式小點（canapés）或放在起司盤上，搭配香脆麵包和一點特級初榨橄欖油。可搭配一支科茨沃爾德小麥啤酒（Cotswold Brewery wheat beer）。

英格蘭 Minchinhampton, Gloucestershire	
熟成期 6-8 週	
重量和形狀 400g（14oz）和 1.5kg（3lb 3oz），扁平圓形	
尺寸 D. 5cm（2in）和 20cm（8in），H. 5cm（2in）和 15cm（6in）	
原料奶 牛奶	
種類 藍黴	
製造商 Birdwood Farmhouse Cheesemakers	

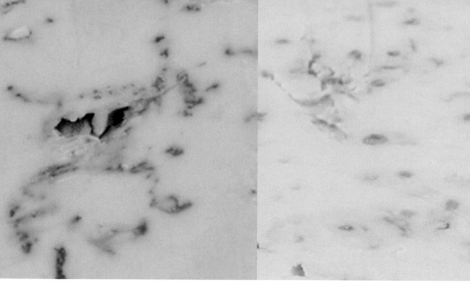

Black-eyed Susan

這款起司的名稱來自一種雛菊,是以這家奶酪場剛熟成的 Goldilocks 起司,帶有(Brie-like)布里風格製作而成的。黑胡椒粒磨碎得恰到好處—還帶一點粗糙的口感—滾在起司表面,再進行熟成。

TASTING NOTES 品嚐筆記
內部奶黃色的起司已呈流動狀,它和辛辣外皮之間的口感對比,是這款起司成功之處。由娟姍種(Jersey)乳牛的鮮乳製成,內部起司使人聯想到濃郁的娟姍奶脂(Jersey cream)。

HOW TO ENJOY 享用方式
搭配消化餅食用,配上你喜歡的夏多內(Chardonnay)或蘋果酒(cider)。

英格蘭 North Brewham, Somerset	
熟成期 4 週	
重量和形狀 150g(5½oz),圓形	
尺寸 D. 10cm(4in),H. 2.5cm(1in)	
原料奶 牛奶	
種類 半軟質	
製造商 Daisy and Co.	

Blacksticks Blue

它的名稱來自一叢栗樹,它們在冬季時像是黑色的棍子。這款起司本來是創作出來供應餐廳所需。因大受歡迎,而開始在店面販售。這是一款現代軟質藍黴起司,比其他的英國藍黴起司如 Stilton 等,來得溫和細緻。

TASTING NOTES 品嚐筆記
它先討好你的味覺,再挑逗你的味蕾,最後,略帶辛辣的風味久久徘徊在你的舌尖上。

HOW TO ENJOY 享用方式
搭配溫熱的塗了奶油的愛爾蘭蘇打麵包(soda bread),或做成濃郁醬汁,搭配烤牛排或義大利麵。

英格蘭 Inglewhite, Lancashire	
熟成期 9-12 週	
重量和形狀 2.5kg(5½lb),圓鼓形	
尺寸 D. 21cm(8¼in),H. 6cm(2½in)	
原料奶 牛奶	
種類 藍黴	
製造商 Butlers Farmhouse Cheese	

Blissful Blue Buffalo

伊恩阿奈特(Ian Arnett)曾經從事地毯業,但現在成為起司製造商的他,對於水牛啃食的漢普郡(Hampshire)草地更有興趣。不輕言妥協的他,可生產出十分有力的藍黴起司。

TASTING NOTES 品嚐筆記
濃郁滑順,是少數由英國水牛奶製成的藍黴起司之一。質地溼潤滑順清爽帶點酸度,可嚐到水牛奶的香甜和鄉間濃郁風味。

HOW TO ENJOY 享用方式
這款特別的起司最好單獨食用。可搭配一支上好紅酒。

英格蘭 Lydeard St Lawrence, Somerset	
熟成期 4-6 週	
重量和形狀 1kg(2¼lb),圓鼓形	
尺寸 D. 13cm(5in),H. 9cm(3½in)	
原料奶 水牛奶	
種類 藍黴	
製造商 Exmoor Blue Cheese Company	

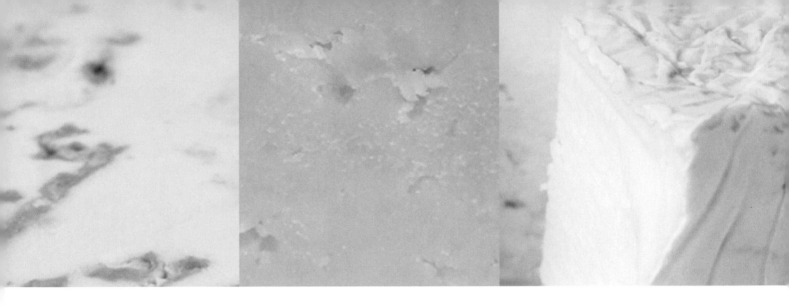

Buffalo Blue

來自約克郡(Yorkshire)唯一的水牛奶藍黴起司製造商，利用當地水牛奶手工製作。茱蒂貝爾(Judy Bell)使用綿羊奶和水牛奶的目的之一，是要幫助對牛奶過敏的人，恰好也順便創作出十分特別的起司。

TASTING NOTES 品嚐筆記
看起來清爽柔軟而滑順，實際嚐起來也是清淡口味，雖然，其略帶鹹味的堅果味提醒我們，這還是一款藍黴起司。

HOW TO ENJOY 享用方式
在打碎馬鈴薯濃湯前，先加入一大匙起司和一勺雙倍鮮奶油(double cream)，可做出濃郁而滑順的湯底。

英格蘭 Newsham, North Yorkshire	
熟成期 8-10 週	
重量和形狀 3kg(6½lb)，圓鼓形	
尺寸 D. 20cm(8in)，H. 20cm(8in)	
原料奶 水牛奶	
種類 藍黴	
製造商 Shepherds Purse Cheeses	

Campscott

位於得文(Devon)的 Middle Campscott Farm，擁有俯瞰大西洋的大片草原，專營有機綿羊奶和山羊奶起司，這款口味飽滿的 Campscott，熟成 2 個月以上，才能形成淡黃色的結實起司與薄薄的灰色外皮。

TASTING NOTES 品嚐筆記
未經殺菌的生乳才能表達出季節性的特色：夏季的口感較乾，帶堅果味，冬季的質地較滑順綿密，帶甜味。

HOW TO ENJOY 享用方式
熟成淺的可單獨食用，滋味可口；熟成久的，可用來磨碎或爐烤，或撒在沙拉和義大利麵上。

英格蘭 Lee, Devon	
熟成期 2-3 個月	
重量和形狀 1kg(2¼lb)和 2kg (4½lb)，圓柱形	
尺寸 D. 10.5cm(4¼in)和 14cm(5½in)，H. 10cm(4in)和 15cm(6in)	
原料奶 綿羊奶	
種類 硬質	
製造商 Middle Campscott Farm	

Capricorn Goat

Lubborn Creamery 位於青翠的桑摩塞(Somerset)山谷之中，專營歐陸風格起司。這款起司必須熟成 7 週，因此形成一層薄薄的細緻外皮。

TASTING NOTES 品嚐筆記
如同提供原料的山羊一樣，這款起司也會隨著時間產生風格的變化。熟成淺的具有淡淡的堅果味，充分熟成時，轉變成微鹹的甜味，起司質地也更柔軟綿密。

HOW TO ENJOY 享用方式
熟成淺的可捏碎加入沙拉裡，或用來爐烤。熟成久的應單獨享受，搭配一杯白蘇維翁(Sauvignon Blanc)。

英格蘭 Cricket St Thomas, Sometset	
熟成期 7 週	
重量和形狀 120g(4¼oz)，圓柱形	
尺寸 D. 6cm(2½in)，H. 4cm (1½in)	
原料奶 山羊奶	
種類 軟質白起司	
製造商 Lubborn Creamery	

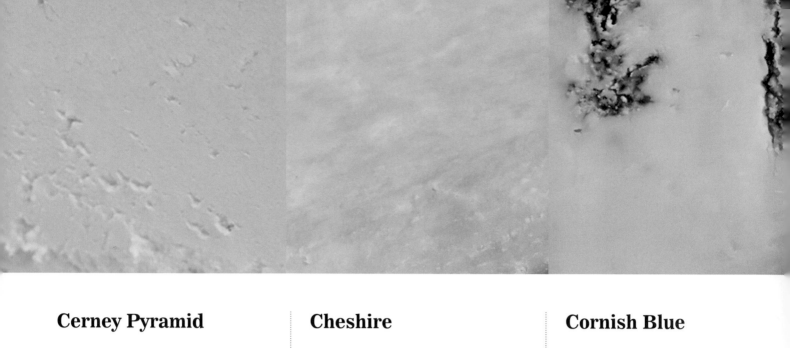

Cerney Pyramid

這款外型出眾的起司，不但美麗新鮮，而且根據塞尼(Cerney)的安古斯夫人(Lady Angus)調整的製作方式來手工製作。屬於全脂未隆雪風格(Valençay-type)起司，製作時添加了特別的配方菌(starter culture)製成。外表沾裹上橡木樹灰和海鹽，再塑型成截頂金字塔形。

TASTING NOTES 品嚐筆記
奢華的滑順口感，質地細緻綿密，新鮮乾淨的風味中，帶一絲花香調。比一般想像中的山羊奶起司溫和得多，但會隨著熟成度增加其強度。

HOW TO ENJOY 享用方式
這款黑白分明的起司，放在起司盤上，可產生令人驚艷的效果，搭配餅乾和不甜的白酒，就是人間美味。

英格蘭 South Cerney, Gloucestershire	
熟成期 1 個月	
重量和形狀 250g(9oz)，金字塔形	
尺寸 D. 6cm(2½in)，H. 4cm(1½in)	
原料奶 山羊奶	
種類 新鮮	
製造商 Cerney Cheese	

Cheshire

和英格蘭歷史緊密連結的一款起司，Cheshire 在末日審判書(the Domesday Book)裡即有記載。因為牛群放牧在鹽分高的水澤地，因此起司的鹽分較高，熟成較慢，並產生硬脆的質地。市面上可以買到白色的版本，但常見的是以胭脂紅(annatto)染色過的。

TASTING NOTES 品嚐筆記
質地密實細緻，略乾易碎，帶有一絲新鮮溫和的酸度，刺激的鹹味(Salty tang)會在舌上徘徊不去。

HOW TO ENJOY 享用方式
爐烤(像傳統"Welsh Rarebit 威爾斯烤起司麵包"的做法)、烘烤或捏碎加在濃湯和沙拉裡，也可直接搭配一杯愛爾型啤酒(real ale 編註：頂層發酵啤酒的統稱)。

英格蘭 Cheshire, Shropshire, 和 Wales	
熟成期 2-6 個月	
重量和形狀 22kg(48½lb)，圓柱形	
尺寸 D. 30cm(12in)，H. 26cm (10½in)	
原料奶 牛奶	
種類 硬質	
製造商 多家	

Cornish Blue

在 2001 年時，菲利普和卡羅史坦非(Philip and Carol Satnsfield)想要讓自家的奶酪場推出新的產品，他們注意到市面上沒有國產的淺齡藍黴起司，可以和進口的版本競爭，於是推出了這款溫和的藍黴並且自此贏得了許多獎項。

TASTING NOTES 品嚐筆記
質地如 Gorgonzola 般綿密滑順，雖然充滿了粗曠的藍紋，口味卻出乎意料的溫和，熟成越久，風味越濃烈辛辣。

HOW TO ENJOY 享用方式
非常適合用來提味，又不致搶味，可做成義式燉飯、醬汁、開胃菜等；和水果及香檳搭配亦是美不勝收。

英格蘭 Liskeard, Cornwall	
熟成期 14 週	
重量和形狀 6kg(13¼lb)，圓形	
尺寸 D. 28cm(11in)，H. 18cm (7in)	
原料奶 牛奶	
種類 藍黴	
製造商 Cornish Cheese Company	

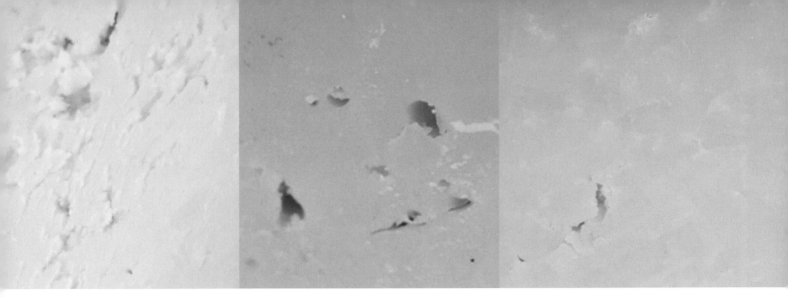

Cotherstone

在自然美麗的潘寧斯(Pennines)，Cotherstone 和其他類似的起司曾一度十分常見，但現在只剩下提司(Tees)河岸旁 Quarry Farm 的喬娜寇斯(Joan Cross)為唯一的製造商，她的母親將製造方法傳給了她。

TASTING NOTES 品嚐筆記
淡黃色的內部起司質地溼潤，易成碎塊，富油脂感，在奶油般的濃郁奢華味道中，帶有一絲刺激的果香後味。

HOW TO ENJOY 享用方式
其獨特的刺激味，可搭配數種不同的葡萄酒，但在代爾(the Dales)的當地人，認為一杯黑司陶特啤酒(dark stout)是必備搭檔。

英格蘭 Teesdale, Durham	
熟成期 1-3 個月	
重量和形狀 500g-3kg(1lb 2oz-6½lb)，石磨形	
尺寸 D. 7.5-22cm(3-8½in)，H. 7.5cm(3in)	
原料奶 牛奶	
種類 硬質	
製造商 Cotherstone Cheese	

Curworthy

這款傳統的 Curworthy 源自一款十七世紀的起司，有天然外皮和較特別的黑蠟外皮版本，使用農場自家菲伊申乳牛(Friesian)的牛乳製成。這是瑞秋史蒂芬(Rachel Stephens)位於得文(Devon)的 Stockbeare Farm，所生產的 6 種起司之一。

TASTING NOTES 品嚐筆記
質地密質，有咀嚼感，熟成淺的，有愉悅的奶油味，隨著時間轉變成較刺激辛辣的風味。

HOW TO ENJOY 享用方式
可放在起司盤上，或搭配阿爾薩斯的格烏茲塔明那(Alsace Gewürztraminer)，因其可以平衡 Curworthy 奶油般的新鮮風味。

英格蘭 Okehampton, Devon	
熟成期 2-6 個月	
重量和形狀 450g-2.2kg(1-5lb)，圓鼓形	
尺寸 D. 9-20cm(3½-8in)，H. 6-10cm(2½-4in)	
原料奶 牛奶	
種類 硬質	
製造商 Curworthy Cheese	

Daylesford Cheddar

這款起司是在 2001 年，由喬史耐德(Joe Schneider)為班福特夫人(Lady Bamford)所創作出來的，這家現代奶酪場就位於 the Daylesford Farmshop 隔壁，原料來自科茨沃爾德(Cotswolds) the Daylesford estate 的有機鮮奶。遵照傳統 Cheddar 的製作方法，這款起司已贏得不少獎項，包括 2002 年的最佳英國起司獎。

TASTING NOTES 品嚐筆記
質地雖硬但有彈性，香濃飽滿帶一點刺激感，轉變成圓潤而悠遠的後味，帶有一絲青草和太妃糖(toffee)風味。

HOW TO ENJOY 享用方式
在烹飪上的用途很廣，也夠資格放在起司盤上，搭配的紅酒單寧不應過重，如黑皮諾(Pinot Noir)或梅洛(Merlot)。

英格蘭 Daylesford, Gloucestershire	
熟成期 9-18 個月	
重量和形狀 9kg(20lb)，圓桶形	
尺寸 D. 25cm(10in)，H. 40cm(16in)	
原料奶 牛奶	
種類 硬質	
製造商 Daylesford Organic Creamery	

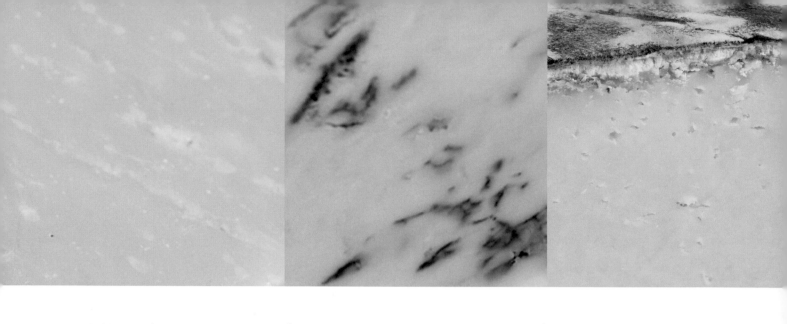

Doddington

Doddington Diary 位 於 奇 維 特 丘(the Cheviot Hills)山腳下，所有人尼爾和傑克麥斯威爾(Neill and Jackie Maxwell)是這款起司的製作者，並描述這款起司介於 Leicester 和 Cheddar 之間。他們從荷蘭和法國學藝歸來後，從 1990 年開始便持續生產冰淇淋和起司。

TASTING NOTES 品嚐筆記
漂亮的磚紅色外皮底下，起司的質地硬而密實，略乾，帶有濃郁香甜焦糖味，和雋永的堅果味。

HOW TO ENJOY 享用方式
搭配水果和堅果、夾在熱麵包裡或磨碎加入沙拉或義大利麵裡，搭配一支飽滿的紅酒如梅洛(Merlot)。

英格蘭	Wooler, Northumberland
熟成期	12-14 個月
重量和形狀	5kg 和 10kg，圓鼓形
尺寸	D. 23cm(9in)和 32cm (12½in)，H. 11cm(4½in)
原料奶	牛奶
種類	硬質
製造商	Doddington Diary

Dorset Blue Vinny

以前在多塞特(Dorset)，每個有自尊的小農場都會生產這款起司，這是有效利用製作奶油後剩餘牛奶的絕佳方法。但隨著時間推移，這古老的製作方法也漸漸消失，直到 1980 年代，邁克戴維斯(Mike Davies)將其復興，他混合了全脂和脫脂牛奶，因此成品比傳統版本來得滋潤。

TASTING NOTES 品嚐筆記
以未殺菌的生乳製成，因此乳脂(butterfat)含量會隨著產季變化，質地也有易碎到柔軟滑順的不同。帶有堅果味，但不會過於濃烈。

HOW TO ENJOY 享用方式
嘗試搭配傳統的多塞特球型餅乾(Dorset knob biscuits)，和一支甜味的蘋果酒(cider)。

英格蘭	Stock Gaylard, Dorset
熟成期	12-14 週
重量和形狀	6kg(13lb)，圓形
尺寸	D. 25cm(10in)，H. 30cm (12in)
原料奶	牛奶
種類	藍黴
製造商	Woodbridge Farm

Double Gloucester

這款經典起司可追溯至十五世紀，塞文威爾(Severn Vale)的農夫會使用著名的科茨沃爾德(Cotswold)綿羊奶來製作，但這逐漸被格爾司特(Gloucester)所產的牛奶所取代，起司的質地也變得均勻而美味。今天全英格蘭都有生產這款起司，但不一定使用格爾司特(Gloucester)鮮奶。

TASTING NOTES 品嚐筆記
這款硬質起司有皮革般的外皮，和圓潤帶鹹味的口感。原料是全脂牛奶，並以胭脂紅(annatto)染色。

HOW TO ENJOY 享用方式
單獨食用、用在烹飪上或在每年五月時到格爾司特(Gloucester)，看著它從庫波丘(Coopers Hill)滾下來，這是傳統。

英格蘭	各地
熟成期	約 4 個月
重量和形狀	多種，車輪形
尺寸	多種
原料奶	牛奶
種類	硬質
製造商	多家

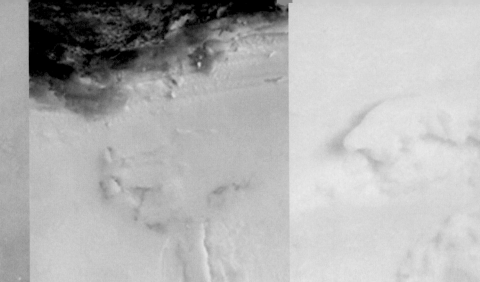

Duddleswell

如果這家農場位於官方認定的傑出自然景觀區(Area of Outstanding Natural Beauty)，你會期待他們生產的起司也一定美味可口。哈迪(Hardy)家族在1988年時，在景色優美的亞士頓森林(Ashdown Forest)創立了High Weald Diary；Duddleswell保存了傳統山谷起司的一些特質，含有綿羊奶的一切營養素。

TASTING NOTES 品嚐筆記
質地平滑細緻，帶有甜美的堅果香，經過重度擠壓，具有薄而如皮革般的天然外皮。

HOW TO ENJOY 享用方式
放在起司盤上，或代替pecorino起司使用，可搭配義大利麵或加入沙拉中。

英格蘭 Horsted Keynes, West Sussex	
熟成期 3-4 個月	
重量和形狀 3.2kg(7lb)，圓桶形	
尺寸 D. 24cm(9½in)，H. 7-8cm (2¾-3¼in)	
原料奶 綿羊奶	
種類 硬質	
製造商 High Weald Diary	

Exmoor Blue PGI

伊恩阿奈特(Ian Arnett)使用草本凝乳酶、本地牛奶、綿羊奶、山羊奶和水牛奶，來手工製作各種傳統的硬質和軟質藍黴起司。Exmoor Blue 是唯一具有PGI(Protected Geographical Indication)等級的，製作中必須符合各項嚴格的規定，包括原料必須使用本地未經殺菌的娟姍種(Jersey)鮮奶。

TASTING NOTES 品嚐筆記
這款半軟質藍黴起司的秘訣，在於平衡。在藍紋濃烈的風味之中，仍可嚐到其他細緻溫和的不同風味。

HOW TO ENJOY 享用方式
放在起司盤上好好品嚐，或是搭配桑摩塞蘋果酒白蘭地(Somerset cider brandy)，如果你找得到的話。

英格蘭 Taunton, Somerset	
熟成期 4-5 週	
重量和形狀 500g(1lb 2oz)和 1.25kg(2¾lb)，扁平圓形	
尺寸 D. 12cm(4¾in)和18cm (7in)，H. 6cm(2½in)	
原料奶 牛奶	
種類 藍黴	
製造商 Exmoor Blue Cheese Company	

Fairlight

這家小型農場擁有的山羊，主要為英國薩嫩(British Saanen)品種，採取自由放牧和生機互動(biodynamic)原則，以傳統的方法生產出一種不含鹽的新鮮起司。每日新鮮製造，包在紗布裡懸掛起來，溫和而純粹的風味，使人感到愉悅。

TASTING NOTES 品嚐筆記
新鮮乾淨的風味，柔軟如絲般的質地，也可買到滾上有機碎胡椒的口味"Peasmarsh"、大蒜、胡椒、巴西里和鹽粒混合口味"Icklesham"，以及新鮮細香蔥口味"Winchelsea"。

HOW TO ENJOY 享用方式
抹在餅乾上、加在沙拉或其他烹飪裡，或作成起司蛋糕。

英格蘭 Hastings, East Sussex	
熟成期 6 天	
重量和形狀 200g(7oz)，圓木形	
尺寸 L. 7.5cm(3in)，H. 4cm (1½in)	
原料奶 山羊奶	
種類 新鮮	
製造商 Hollypark Organics	

Cheddar
切達起司

切達（Cheddar）起司的故事可追溯至羅馬時期，羅馬人首先將硬質起司引入英格蘭。然而一直到中古時期，體型大而豐滿的傳統英國起司才發展起來，因為當時的封建制度（feudal system），使大部分的土地集中在少數人的手裡，因此富裕的領主才有能力製作大型起司。

一直到了十六世紀，產自曼迪丘（the Mendip Hills）（位於桑摩塞 Somerset 的切達恭吉 Cheddar Gorge 附近）的硬質起司，才被人稱為切達（Cheddar）起司。青翠的草原、起伏的山巒和天然洞穴，不但提供了大批牧群理想的活動空間，也使起司製作者得以生產需 2~3 年熟成的大型起司 27-54 公斤（60-120 磅）。

切達（Cheddar）起司所在地，英格蘭的西南部（West Country）青翠的草原。

從此以後，世界各地競相推出切達（Cheddar）起司，尤其在加拿大、澳洲和紐西蘭，在這些地方，多是以大塊包裝（blocks）販售，而不是優雅的圓柱形紗布包裝。然而，只有那些以英格蘭青翠山巒孕育出的新鮮牛乳所製造的，才真正配得上切達（Cheddar）之名。

英格蘭 Dorset, Devon, Somerset	
熟成期 6-24 個月	
重量和形狀 26kg（56lb），圓柱形或大塊狀	
尺寸 D. 32cm（12½in），H. 26cm（10½in）	
原料奶 牛奶	
種類 硬質	
製造商 多家	

TASTING NOTES 品嚐筆記

品嚐一口紗布包裝的切達（Cheddar）起司，未殺菌的生乳裡還留有新鮮青草、酢醬草、金鳳花（buttercups）和小雛菊的風味，就像是嚐到了一小塊真正的英格蘭。口感結實，但如巧克力般滑順，帶有土質味與略鹹的氣味。整體風味會隨著生產商的不同而異，但一定可以感受到牛乳的香濃和經典的微酸味，有時帶有堅果味，常常可以感覺到口中有多種味道同時併散開來，後味悠長，帶有起司和洋蔥的刺激味（tang）。

HOW TO ENJOY 享用方式

好幾世代以來，切達（Cheddar）起司已經成為英格蘭當地飲食的一部分，可作成三明治、速成點心、農地午餐、或放在起司盤上、裝飾"Cox's Pippins"（一種以蘋果烤焙出的點心）、醃核桃和香脆麵包。也適合作成醬汁、融化在烤馬鈴薯上、或磨碎加在不同的蔬菜菜餚和爐烤食物上。最適合搭配梅洛（Merlot）或黑皮諾（Pinot Noir）。

FARMHOUSE CHEDDAR
農舍起司

雖然近年來大塊狀的切達（Cheddar）起司，其質地和品質已進步許多，其硬度和味覺深度，仍無法與單一農場以生乳手工製作的切達（Cheddar）起司相比。以下我列出這些優質農舍切達（Cheddar）起司的主要生產農場：

Ashley Chase Diary, Dorset
Cheddar Gorge Cheese Company, 桑摩塞（Somerset）
Denhay Cheddar, 多塞特（Dorset）
Green's of Glastonbury, 桑摩塞（Somerset）
Keen's, 桑摩塞（Somerset）
Montgomery's, 桑摩塞（Somerset）
Quickes Traditional Cheeses, 得文（Devon）
Westcombe Cheddar, 桑摩塞（Somerset）

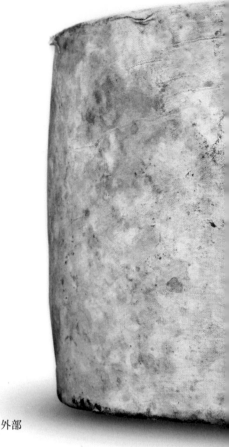

外部

起司紗布外長滿了細細的灰色黴層，如此可以減少水分散失，使內部起司能夠形成堅硬密實而細緻的質地，並醞釀出土質般的香氣。

A CLOSER LOOK
放大檢視

切達（Cheddar）起司在熟成 6 個月時即可上市，質地柔軟，口味溫和，帶有奶油般的風味。12 個月時，質地變得結實，幾乎帶有咀嚼感，味道也變得濃烈。18 個月時，質地更乾，有時帶有顆粒狀的鈣結晶，鹹味加深。

一小塊切面

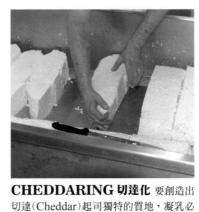

CHEDDARING 切達化 要創造出切達(Cheddar)起司獨特的質地，凝乳必須裝入磚塊大小的模型裡塑型，然後將兩個模型堆起，每15~20分鐘就要重複這個步驟，直到磚塊形凝乳變平，酸度增加，更多的乳清被排出。

MILLING 磨碎 扁平後的磚塊形凝乳，加以磨碎或絞成手指大小的碎塊，以人工用大叉子夾起通風冷卻，再進行加鹽的手續。

內部起司呈陽光般的淡黃色，隨著熟成，邊緣處會轉成淡橘色。

內部

Farleigh Wallop

由 Whites Lake Cheeses 桑摩塞(Somerset)的彼得漢姆菲(Peter Humphries)所生產,由艾力克斯詹姆斯(Alex James)(Blur 樂團的貝斯手)和茱麗葉哈博(Juliet Harbutt)(英國起司獎的發起人)所創作出來,這款可愛的卡門貝爾風格起司,表面有一根百里香點綴著,深深印入天鵝絨般的外皮裡。

TASTING NOTES 品嚐筆記
不複雜但也不單純,這漂亮的起司會隨著熟成變得柔軟呈流動狀,發散出蘑菇和百里香氣味,後味帶有溫和的杏仁堅果味。

HOW TO ENJOY 享用方式
單獨食用—享受這美好的視覺印象—或加在輕飄飄的舒芙蕾上,也可爐烤加在烤甜菜根上,搭配一支不甜的紐西蘭麗絲玲(Riesling)。

英格蘭 Glastonbury, Somerset	
熟成期 4-6 週	
重量和形狀 125g(4oz),圓形	
尺寸 D. 8cm(3¼in),H. 3cm (1¼in)	
原料奶 山羊奶	
種類 軟質白起司	
製造商 White Lake Cheeses	

Finn

查理溫特司罕(Charlie Westhead)、海頓羅伯特(Haydn Roberts)與其團隊,在多斯頓丘(Dorstone Hill)山頂上的奶酪場製作起司,那裡可以俯瞰美麗的瓦伊谷(Wye Valley)景色,一直延伸到黑山(Black Mountains)。像法國雙倍奶脂(double cream)起司一樣,鮮奶中先添加了額外的10% 奶脂,再開始製作過程,因此成品十分濃郁。

TASTING NOTES 品嚐筆記
在其淡黃白的外皮下,起司柔軟但結實,帶一點奶脂的酸度,有鹹、甜混合的風味,以及一絲蘑菇味。

HOW TO ENJOY 享用方式
用來烘烤,或用餅乾完美地搭配這額外的濃郁風味。

英格蘭 Dorstone, Herefordshire	
熟成期 3 週	
重量和形狀 300g(10½oz),圓形	
尺寸 D. 10cm(4in),H. 5cm (2in)	
原料奶 牛奶	
種類 軟質白起司	
製造商 Neal's Yard Creamery	

Flower Marie

凱文和艾麗森保蘭特(Kevin and Alison Blunt)創作出這款獨特的綿羊奶起司,外皮柔軟,內部滋潤,使人聯想到融化的冰淇淋。他們從 1989 年就開始在農場製作起司,這一款正如其名,外表看似端莊,卻帶一絲調皮,含有檸檬般的清新味。

TASTING NOTES 品嚐筆記
綿羊奶的甜味引出一股微妙的焦糖香,溫和而滋潤,外皮有蘑菇的味道及香氣。

HOW TO ENJOY 享用方式
抹在新鮮柔軟的香脆麵包上,搭配一杯上好波特酒(port)。

英格蘭 Whitesmith, East Sussex	
熟成期 4-5 週	
重量和形狀 200g(7oz),方形	
尺寸 D. 6cm(2½in),H. 5cm (2in)	
原料奶 綿羊奶	
種類 軟質白起司	
製造商 Golden Cross Cheese Company	

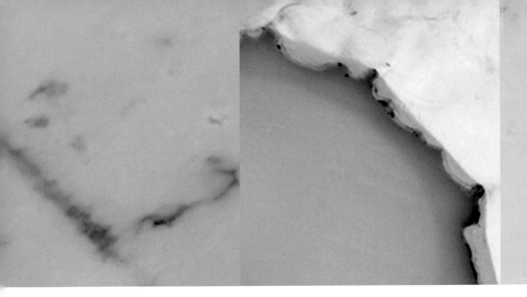

Fowlers Forest Blue

福勒(Fowlers)家族可榮登英格蘭最古老的起司製造家族榜首，他們握有數代相傳的製作秘方，還有 300 公尺鑽出富鈣質的礦泉水，這也影響了起司的風味和質感。

TASTING NOTES 品嚐筆記
手工製作的傳統藍黴起司，放在控制溼度的地窖裡熟成。外皮柔軟，質地結實而綿密，帶有稀疏的藍紋，含有鹹味與溫和的刺激味（tangy）。

HOW TO ENJOY 享用方式
加入伍斯特愛爾型啤酒（Warwickshire ale）和伍斯特辣醬油（Worcestershire sauce）後，一起融化，抹在吐司上。

英格蘭 Earlswood, West Midlands	
熟成期 3 個月	
重量和形狀 5kg(11lb)，圓柱形	
尺寸 D. 20cm(8in)，H. 15cm (6in)	
原料奶 牛奶	
種類 藍黴	
製造商 Fowlers of Earlswood	

Golden Cross

凱文和艾麗森保蘭特(Kevin and Alison Blunt)的 300 頭山羊，整個夏天都自由在外啃食，終年享有乾草的補充，使他們的起司連連獲得英國起司獎(the British Cheese Awards)。這款 St Maure 風格的起司，便是以這種鮮乳製成，每塊圓木形起司都撒上一點炭灰(charcoal)，再熟成發展出綿密飽滿的風味。

TASTING NOTES 品嚐筆記
出乎意料的香甜，柔軟細緻，使人聯想到山羊啃食過的青草地。

HOW TO ENJOY 享用方式
適合搭配芹菜，放在起司盤上，因其質地絕佳，也可做成數種菜餚。

英格蘭 Whitesmith, East Sussex	
熟成期 3-4 週	
重量和形狀 225g(9oz)，圓木形	
尺寸 L. 14cm(5½in)，H. 5cm (2in)	
原料奶 山羊奶	
種類 軟質白起司	
製造商 Golden Cross Cheese Company	

Hereford Hop

稍微烤過的啤酒花(hops)，帶給這款起司出色的外型，但表面下起司的品質則完全依靠傳奇性起司師傅查理馬特勒(Charles Martell)的技藝。他協助保存了稀有的格爾司特(Gloucester)品種乳牛，並重新開啟大眾對梨酒 perry(類似蘋果酒 cider，但使用發酵的西洋梨)的興趣。

TASTING NOTES 品嚐筆記
在外層啤酒花的味道和香氣後，可嚐到圓潤的甜味並聞到一絲啤酒味。

HOW TO ENJOY 享用方式
可作為起司盤上的一員，並搭配一勺自製的蘋果甜酸醬(chutney)。

英格蘭 Dymock, Gloucestershire	
熟成期 10-12 週	
重量和形狀 2.2kg(5lb)，圓形	
尺寸 D. 22cm(8½in)，H. 7cm (2¾in)	
原料奶 牛奶	
種類 加味	
製造商 Charles Martell & Son	

Innes Button

這款小型的山羊奶起司以未殺菌生乳製成，是第一款在英國起司獎(British Cheese Awards)裡贏得兩次最高冠軍(Supreme Champion)的起司。現在則是星級名廚安東莫西曼(Anton Mosimann)和奈傑史萊特(Nigel Slater)等人的最愛。

TASTING NOTES 品嚐筆記
只有完美兩字可以形容—柔軟如慕斯般的質地，入口即化，釋放出清新的檸檬味，接著可感受到飄逸的核桃和白酒冠味。可以買到樹灰(ash)、粉紅胡椒粒、堅果粒和香草(如圖所示)等口味。

HOW TO ENJOY 享用方式
單獨享用、抹在柔軟的熱麵包上或是爐烤後搭配白蘇維翁(Sauvignon Blanc)或維歐尼耶(Viognier)。

英格蘭 Tamworth, Straffordshire	
熟成期 3-7 天	
重量和形狀 50g(1¾oz)，鈕扣形	
尺寸 D. 5cm(2in)，H. 2.5cm (1in)	
原料奶 山羊奶	
種類 新鮮	
製造商 Innes Cheese	

Isle of Wight Blue

這款起司雖然帶有刺激味，依然圓潤，其綿密滑順的質感，來自懷特島(Isle of Wight)肥沃的阿頓谷(Arreton Valley)上鮮美草原所孕育出的格恩西(Guernsey)牛奶。理查何吉森(Richard Hodgson)放棄了影片剪輯的工作，追求起司製作的夢想，他的媽媽茉莉(Julie)則賣掉了家族經營的小旅館，加入他的工作團隊。

TASTING NOTES 品嚐筆記
帶有灰色黴層厚皮，風味圓潤帶堅果味，質地滑順，帶一點藍黴的辛辣感。

HOW TO ENJOY 享用方式
單獨享用、放在起司盤上或和切片的洋梨堆疊起來，作成特殊的西式小點(canapés)。

英格蘭 Sandown, Isle of Wight	
熟成期 3-5 週	
重量和形狀 230g(8oz)，圓鼓形	
尺寸 D. 9cm(3½in)，H. 4.5cm (1¾in)	
原料奶 牛奶	
種類 藍黴	
製造商 Isle of Wight Cheese Company	

Keltic Gold

風味濃厚，具有強烈的獨特風格，這款產自蘇普高得福(Sue Proudfoot)的起司，一週用當地的蘋果酒(cider)與鹽水洗浸 3 次，直到完全成熟爲止。不要忽略了因此形成的淡橘色黏性外皮，它也是享用過程中不可少的一部分。

TASTING NOTES 品嚐筆記
準備感受層次豐富的美味體驗，從培根到酵母，中間還有堅果味，最後是農地般的後味。

HOW TO ENJOY 享用方式
用蘋果、洋蔥和鼠尾草(sage)將 Keltic Gold 包起來，作成素食版的"Cornish pastry"(康瓦耳烘餅)，或是加一點現磨小茴香(nutmeg)，融化作成阿爾卑斯山起司鍋(fondues)。

英格蘭 Bude, Cornwall	
熟成期 4-6 週	
重量和形狀 1.5kg(3lb 3oz)，圓鼓形	
尺寸 D. 20cm(8in)，H. 7.5cm(3in)	
原料奶 牛奶	
種類 半軟質	
製造商 Whalesborough Farm Foods	

Lancashire

英格蘭最棒的本國起司(territorial cheeses)之一，Lancashire 有 3 種版本：creamy、tasty 和 crumbly。最後一種是快速熟成、高酸度的版本，屬於最近的創作。這款起司的歷史可追溯到十三世紀，當時每個農婦都懂得如何利用剩餘的鮮奶。

TASTING NOTES 品嚐筆記
收集連續 3 天的凝乳製成，外表斑駁，嚐在口中的味道柔軟，略帶粗塊感，奶油般的濃郁和洋蔥的辛辣，取得很好的平衡。

HOW TO ENJOY 享用方式
質地滑順細緻，均勻的質感適合多種用途，包括放在吐司上或作成美味的派。

英格蘭 Around the Forest of Bowland, Lancashire	
熟成期 'creamy' 為 4-12 週，'tasty' 為 12 週以上	
重量和形狀 20kg(44lb)，圓柱形	
尺寸 D. 31cm(12¼in)，H. 23cm (9in)	
原料奶 牛奶	
種類 硬質	
製造商 多家	

Lincolnshire Poacher

曾經是一首傳統民謠，現在是由賽門瓊恩(Simon Jones)所創作，由兄弟提姆(Tim)所製作的一款起司。本來是為了消耗自家荷斯登(Holsteins)乳牛豐沛的春季鮮乳想出的好點子，現在成為廣受歡迎的現代英國起司。這是 1996 年英國起司獎(British Cheese Awards)的最高冠軍(Supreme Champion)得主。

TASTING NOTES 品嚐筆記
類似充分熟成的切達風格(Cheddar-style)起司。質地堅硬有彈性，風味活潑複雜，提供圓滿的味覺體驗。

HOW TO ENJOY 享用方式
單獨食用、加以磨碎或爐烤，或加入洋蔥、培根和馬鈴薯做成焗烤料理(gratin)。

英格蘭 Alford, Lincolnshire	
熟成期 12-24 個月	
重量和形狀 20kg(44lb)，圓柱形	
尺寸 D. 30cm(12in)，H. 23cm (9in)	
原料奶 牛奶	
種類 硬質	
製造商 FW Read & Sons	

Little Ryding

最初由汀姆斯平(Timsbury)的瑪麗何布魯克(Mary Holbrook)所創作出來，但她決定專心經營山羊奶起司，因此將製作法賣給巴克勒(Bartlett)兄弟，也就是現在的製作者。2004 年，詹姆斯(James)和大衛(David)使用自家的綿羊奶做出第一個 Little Ryding 起司，得到大眾肯定。

TASTING NOTES 品嚐筆記
手工製作，外皮類似 Camembert，內部起司綿密滑順，嚐起來有焦洋蔥、烤羊肉味與一絲焦糖甜香，就像是英國傳統的週日午餐。

HOW TO ENJOY 享用方式
搭配薄片餅乾，和一點自製焦糖洋蔥甜酸醬(chutney)。

英格蘭 North Wootton, Somerset	
熟成期 3-8 週	
重量和形狀 200g(7oz)，圓形	
尺寸 D. 10cm(4in)，H. 3cm (1¼in)	
原料奶 綿羊奶	
種類 軟質白起司	
製造商 Wootton Organic Dairy	

Little Wallop

對茱麗葉哈博（Juliet Harbutt），英國起司獎（the British Cheese Awards）的發起者來說，創作出自己的起司品牌可是人生一大步，因爲專家身分的她可不能搞砸了。和專欄作家兼 Blur 樂團貝斯手艾力克斯詹姆斯（Alex James）搭檔，這就是他們創作出來的成果。

TASTING NOTES 品嚐筆記
由 White Lake Cheese 特別爲他們製作，Little Wallop 使用當地的蘋果白蘭地（cider brandy）洗浸，並用葡萄葉包裹起來。熟成淺時，帶有溫和新鮮的細緻奶味，熟成增加則轉變爲堅果味，和明顯的山羊複雜風味。

HOW TO ENJOY 享用方式
這款美麗的起司，能夠點亮任何一個起司盤。

英格蘭	Glastonbury, Somerset
熟成期	3-6 週
重量和形狀	115g（4oz），圓形
尺寸	D. 8cm（3¼in），H. 4cm（1½in）
原料奶	山羊奶
種類	天然外皮
製造商	White Lake Cheese

Lord of the Hundreds

石門（Stonegate）小村莊外，就是美麗的羅得谷（Rother Valley）緩坡，當地秀麗的景色，也在這款起司微妙的風味裡留下痕跡。起司製作商克理夫戴博（Cliff Dyball）放棄了倫敦的保險業務工作，追求另一種截然不同的事業成就。

TASTING NOTES 品嚐筆記
外皮樸拙，帶淡橘色調，佈滿灰色黴粉，質地密實。想想 pecorino 起司：乾而帶細粒狀的質地，在濃郁的焦糖甜香外伴隨著溫和的堅果味。

HOW TO ENJOY 享用方式
製作者推薦榲桲果凍（quince jelly）爲完美的搭檔。

英格蘭	Stonegate, East Sussex
熟成期	6-8 個月
重量和形狀	2.5-4.8kg（5½-10½lb），方形
尺寸	D. 18-24cm（7-9½in），H. 7.5-11cm（3-4½in）
原料奶	綿羊奶
種類	硬質
製造商	the Traditional Cheese Dairy

New Forest Blue

葛妮和妮斯威廉斯（Gwyn and Ness Williams）使用純粹的艾爾郡（Ayrshire）鮮奶，牛群放牧於下漢普郡（the Hampshire Downs），她們說這是「我們喝過最棒的鮮奶，而且最適合做成起司」。她們生產的起司，包括這一款，都是爲了帶出這種鮮奶特殊而迷人的風情。

TASTING NOTES 品嚐筆記
清淡的藍黴口味，濃郁的藍黴刺激味中有一絲愉悅的辛辣感。

HOW TO ENJOY 享用方式
加在義式燉飯中、捏碎加入沙拉或以其他簡單的搭配方式，來品嚐艾爾郡（Ayrshire）的完整風味。

英格蘭	Redlynch, Wiltshire
熟成期	6-8 週
重量和形狀	1.5kg（3lb 3oz），圓柱形
尺寸	D. 17cm（6¾in），H. 11cm（4½in）
原料奶	牛奶
種類	藍黴
製造商	Loosehanger Cheeses

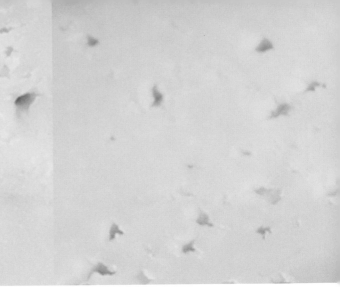

Norsworthy

本來是海軍工程師，戴夫強生(Dave Johnson)現在在得文(Devon)有自己的150頭山羊，並開始製作各式硬質和軟質起司。Norsworthy 以荷蘭製法為基礎，使用未殺菌的生乳，和荷蘭洗浸外皮起司製作法製成。

TASTING NOTES 品嚐筆記
溫和愉悅的味道深長雋永。熟成1個月後，形成淺棕色硬皮，內部的白色起司，會隨著熟成轉變成易碎質地。

HOW TO ENJOY 享用方式
搭配一塊新鮮香脆的鄉村麵包十分美味，再搭配一杯英格蘭淡啤酒(pale ale)或梅洛(Merlot)。

英格蘭 Norsworthy, Devon	
熟成期 1個月	
重量和形狀 2.5kg(4½-5½lb)，圓形	
尺寸 D. 18cm(7in)，H. 11cm (4½in)	
原料奶 山羊奶	
種類 半軟質	
製造商 Norsworthy Dairy Goats	

Northumberland

因為一本關於綿羊和綿羊奶起司的書，馬克羅伯森(Mark Robertson)在1984年走上了傳統手工(artisan)起司的道路，因為受到眾多鼓勵和肯定，他開始擴展到山羊奶和牛奶起司的領域。創作靈感十分廣泛。

TASTING NOTES 品嚐筆記
這款豪達風格(Gouda-style)的起司，滋潤溫和綿密，帶有一絲青草和紅洋蔥清香，也有出售其他口味的版本。

HOW TO ENJOY 享用方式
製作傳統 "Northumberland pan haggerty" (諾森伯蘭傳統榮餅)的完美材料，裡面由層疊的馬鈴薯、洋蔥和磨碎起司組成。

英格蘭 Blagdon, Northumberland	
熟成期 12週	
重量和形狀 2.3kg(5lb)，圓形	
尺寸 D. 20cm(9in)，H. 3cm (7½in)	
原料奶 牛奶	
種類 硬質	
製造商 Northumberland Cheese Company	

Ogleshield

當 Cheddar 製作者傑米蒙哥馬利(Jamie Montgomery)招待2名美國人作客時，他們一起利用傑米(Jamie)的鮮奶愉快地進行各種「實驗」。Jersey Shield 就此誕生。Neal's Yard Dairy 的比爾歐根弗(Bill Oglethorpe)接著開始進行另一串實驗，使用洗浸外皮的製作技術，製作出這款起司。

TASTING NOTES 品嚐筆記
帶黏性的橘色外皮下，鮮黃色的起司有著和味道一樣濃烈的氣味—洋蔥湯和酵母麵包。這是一款值得品嚐的起司。

HOW TO ENJOY 享用方式
想想 Raclette 起司；這是來自西南部(West Country)的替代品，很適合融化。

英格蘭 North Cadbury, Somerset	
熟成期 4-5個月	
重量和形狀 5kg(12¼lb)，車輪形	
尺寸 D. 32cm(12½in)，H. 9cm (3½in)	
原料奶 牛奶	
種類 半軟質	
製造商 JA & E Montgomery	

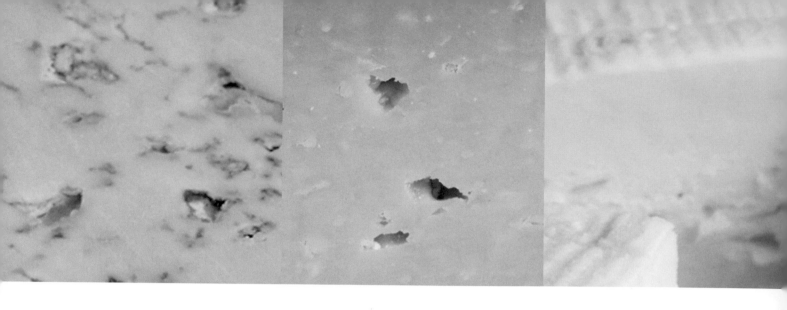

Old Sarum

這家奶酪場使用艾爾郡(Ayrshire)鮮奶，所生產的起司都有著質地如天鵝絨般滑順的特點。Old Sarum 呈優雅的高圓柱外形，帶有天然的灰棕色外皮，內部的黃色起司質地溼潤，帶有藍灰色的黴紋。

TASTING NOTES 品嘗筆記
這款帶甜味的藍黴起司，根源於義大利軟質藍黴起司 Dolcelatte 的傳統，入口即化，有濃郁帶辛辣味的奶油般質感。

HOW TO ENJOY 享用方式
作爲一頓奢華的午餐，搭配酥脆培根，一起夾在香脆的法國拐杖麵包裡。

英格蘭 Redlynch, Wiltshire	
熟成期 6-8 週	
重量和形狀 1.5kg(3lb 3oz)，高圓柱形	
尺寸 D. 17cm(6¾in)，H. 11cm (4½in)	
原料奶 牛奶	
種類 藍黴	
製造商 Loosehanger Cheeses	

Old Winchester

邁克和茱蒂史邁爾(Mike and Judy Smales)已經製作了 8 年的起司，他們推出這款 Old Winchester—質地仍然滑順綿密，但帶有「微妙的堅果味」—以滿足尋求飽滿口感起司的顧客。亦名爲 Old Smales。

TASTING NOTES 品嘗筆記
堅硬光滑的外皮，可保護內部質地堅硬幾呈易碎狀的暖黃色起司。帶有獨特的堅果味和悠長的鹹 - 甜後味。

HOW TO ENJOY 享用方式
當作餐桌起司，或當作義大利硬質起司的素食替代品。

英格蘭 Landford, Wiltshire	
熟成期 16 個月	
重量和形狀 4kg(9lb)，巨石形	
尺寸 D. 23cm(9in)，H. 7.5cm (3in)	
原料奶 牛奶	
種類 硬質	
製造商 Lyburn Farmhouse Cheesemakers	

Oxford Isis

由哈利包傑(Harley Pouget)和他的父親一起創作出來，後者曾創作出著名的 Oxford Blue，這款起司以當地 5 年份口味飽滿、在瓶內持續陳年的蜂蜜酒"mead"（用發酵蜂蜜製成）稍微洗浸過。

TASTING NOTES 品嘗筆記
帶黏性的橙色外皮，散發出辛辣刺激而獨特的濃郁氣味，內部起司滑順綿密，幾乎呈流動狀，帶有蜂蜜酒的香甜氣味。

HOW TO ENJOY 享用方式
搭配香脆麵包放在起司盤上，和一杯蜂蜜酒（mead），如果找得到的話。

英格蘭 Oxford, Oxfordshire	
熟成期 6-8 週	
重量和形狀 225g(8oz)，圓形	
尺寸 D. 10cm(4in)，H. 2.5cm (1in)	
原料奶 牛奶	
種類 半軟質	
製造商 Oxford Cheese Company	

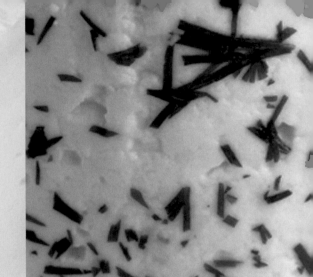

Pendragon

菲利普倫伯(Philip Rainbow)創造出這款質地結實的切達風格(Cheddar-style)起司,他是英國少數使用水牛奶為原料的製造商之一。其名稱來自桑摩塞(Somerset)和亞瑟王(Arthurian)故事緊密相連的歷史因素。也可買到淡煙燻口味的。

TASTING NOTES 品嚐筆記
淡黃色的起司質地堅硬呈蠟質,帶有溫和的甜味,內斂的風味可吸引喜歡乾淨風味的人。令人驚喜的是,使用水牛奶為原料因此膽固醇含量低。

HOW TO ENJOY 享用方式
可放在充滿牛奶和山羊奶起司的起司盤上,作為變化。

英格蘭 Ditcheat, Somerset	
熟成期 4-12 個月	
重量和形狀 2kg(4½lb)和 3.5kg (7½lb),圓形	
尺寸 D. 18cm(7in)和 25cm (10in),H. 7cm(2¾in)	
原料奶 水牛奶	
種類 硬質	
製造商 Somerset Cheese Company	

Penyston

Daylesford Organic 位於英格蘭彷彿帶有永恆靜謐氣氛的角落,他們的菲伊申(Friesian)乳牛,放牧於乾淨而不受汙染的草原上,起司裡甚至可以嚐到四季的風味。Penyston 可能會使人聯想到知名的諾曼第起司 Pont l'Evêque,但它有自己獨特的風味,屬於溫和的洗浸外皮起司。

TASTING NOTES 品嚐筆記
被形容為釋放出「多層風味」,這款起司隨著熟成,從帶肉味的香氣轉變成風味飽滿,並形成帶黏性的橙色外皮。

HOW TO ENJOY 享用方式
作成高級的起司番茄三明治,最好使用有機的鄉村麵包。

英格蘭 Daylesford, Gloucestershire	
熟成期 8 週	
重量和形狀 300g(10½oz),方形	
尺寸 D. 10cm(4in),H. 3cm (1¼in)	
原料奶 牛奶	
種類 半軟質	
製造商 Daylesford Creamery	

Perroche

這款優雅的圓柱形起司,原料乳來自格爾司特郡(Gloucestershire)附近農場 Ashleworth 的鮮奶,有原味和新鮮香草兩種口味。現在由查理溫特司罕(Charlie Westhead)和海頓羅伯特(Haydn Roberts)及其團隊所製作,但其名稱來自前任經理佩瑞詹姆斯(Perry James)和畢亞翠蓋瑞茲(Beatrice Garroche)。

TASTING NOTES 品嚐筆記
溫和的製作過程,產生輕盈如慕斯般的質地,可聞到微妙的山羊味和乾淨的杏仁後味。

HOW TO ENJOY 享用方式
蒂莉亞史密斯(Delia Smith 編註:美食烹飪專家)認為這是一款溫和而美麗的起司,適合爐烤。

英格蘭 Dorstone, Herefordshire	
熟成期 1 週	
重量和形狀 150g(5½oz),圓柱形	
尺寸 D. 底部 6cm(2½in) 頂部 5cm(2in),H. 7cm(2¾in)	
原料奶 山羊奶	
種類 新鮮	
製造商 Neal's Yard Creamery	

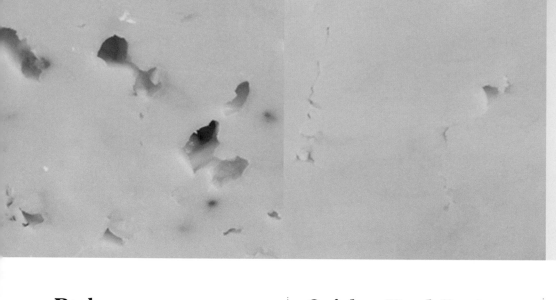

Posbury

這是一款以戴夫強生(Dave Johnson)的 Norsworthy(見 189 頁)為基礎所創作的荷蘭風格起司。以大蒜、洋蔥、辣根(horseradish)和匈牙利紅椒粉(paprika)調味,這款加味起司能夠平衡其中不同風味。

TASTING NOTES 品嚐筆記
橘色外皮底下的白色起司,佈有小氣孔和橘色小斑點。口味溫和細緻,辣根則增添了一絲溫暖的辛辣感。

HOW TO ENJOY 享用方式
絕佳的三明治起司,最好使用全麥麵包,也可為烘烤馬鈴薯增添新鮮風味。

英格蘭 Norsworthy, Devon	
熟成期 4 週以上	
重量和形狀 2-2.5kg(4½-5½lb),圓形	
尺寸 D. 18cm(7in),H. 11cm (4½in)	
原料奶 山羊奶	
種類 加味	
製造商 Norsworthy Dairy Goats	

Quickes Hard Goat

魁克(Quick)家族經營這塊農地已有 450 多年的歷史了。約在 40 年前,約翰爵士(Sir John)和他的妻子琵兒(Prue)興建奶酪場,現在由他們的女兒瑪麗(Mary)來生產起司,包括這一款最近推出的切達風格(Cheddar-style)山羊奶起司。

TASTING NOTES 品嚐筆記
質地結實,幾乎有咀嚼感,帶有微妙的山羊風味,濃郁的杏仁香味裡帶一絲新鮮酸味的刺激感。對牛奶過敏的人來說,這是絕佳的替代品。

HOW TO ENJOY 享用方式
非常適合烹飪使用。用一點熱水將蕁麻(nettle)嫩葉或類似的野菜稍微燙過,加入混合了鮮奶的米糊(rice flour roux),再加一點這個起司然後打成泥狀。

英格蘭 Newton St Cyres, Devon	
熟成期 6-10 個月	
重量和形狀 24kg(53lb),圓桶形	
尺寸 D. 35.5cm(14in),H. 30cm (12in)	
原料奶 山羊奶	
種類 硬質	
製造商 Quickes Traditional	

Rachel

彼得漢姆菲(Peter Humphries)製作 2 款洗浸外皮起司:牛奶製成的 Morn Dew,和這款山羊奶的版本。它的外形出眾,橙色如皮革般的外皮上,佈有白、灰甚至是黃色的黴粉,這是他最受歡迎的起司。

TASTING NOTES 品嚐筆記
曲線玲瓏,味道香甜,略帶堅果味,充滿各種味覺體驗:濃郁帶有酸味的刺激,有肉味與鹹味,有柑橘的尖銳清香和堅果般的香甜後味。

HOW TO ENJOY 享用方式
單獨食用,或加入沙拉裡,搭配一杯松塞爾(Sancerre)或單一品種的蘋果酒(cider)。

英格蘭 Pylle, Somerset	
熟成期 3 個月	
重量和形狀 2kg(4½lb),圓形	
尺寸 D. 18cm(7in),H. 7cm (2¾in)	
原料奶 山羊奶	
種類 半軟質	
製造商 White Lake Cheeses	

Ragstone

另一款由查理溫特司罕(Charlie Westhead)所生產的優質起司。Ragstone 本來創作於他的第一家奶酪場,位於肯特(Kent)附近的七橡(Sevenoaks),鄰近的硬石山脈(Ragstone Ridge)成爲這款起司命名的靈感。

TASTING NOTES 品嚐筆記
有皺摺的外皮,使人聯想到 Brie,外型可愛,內部起司綿密細緻,卻有清淡的口感,帶有一絲蘑菇氣味和檸檬酸味。

HOW TO ENJOY 享用方式
絕佳的爐烤起司。也可澆上一點橄欖油,用烤箱烘烤到接近融點(melting point)。趁熱放在鋪好的沙拉葉上,讓起司流出。

英格蘭 Dorstone, Herefordshire	
熟成期 3 週	
重量和形狀 300g(10½oz),圓木形	
尺寸 L. 15cm(6in),H. 5cm(2in)	
原料奶 山羊奶	
種類 軟質白起司	
製造商 Neal's Yard Creamery	

Red Leicester

這款傳統的英格蘭起司以城市萊斯特(Leicester)爲名,它的製作方式類似 Cheddar,但用胭脂紅(annatto)染色。十八世紀晚期前產量很多,其品質受到當地鮮美植被的助益。在 1900 年代中期前,農舍製作(farmhouse)已幾乎絕跡,一直到 2005 年萊斯特郡手工起司公司(the Leicestershire Handmade Cheese Company)成立,才有復興的跡象。

TASTING NOTES 品嚐筆記
獨特的深橘色起司,質地密實呈蠟質,口感綿密,帶有香甜圓潤的堅果味,熟成越久越突出。

HOW TO ENJOY 享用方式
放在吐司上或塔(tart)裡,或爲起司盤增添色彩。

英格蘭 Leicestershire	
熟成期 4-5 個月	
重量和形狀 10kg(22lb)和20kg(44lb),車輪形	
尺寸 D. 35.5cm(14in)和46cm(18in),H. 13cm(5in)和18cm(7in)	
原料奶 牛奶	
種類 硬質	
製造商 多家	

Ribblesdale Original Goat

已故的伊恩席爾(Iain Hill)和妻子克麗斯汀(Christine)創作出這款新鮮細緻的起司,現在他們的姪女愛歐娜(Iona)接手製造的工作。來自約克郡代爾瑞波谷(Yorkshire Dales' Ribble Valley),天然草原和高降雨量,提供了絕佳的放牧山羊環境。

TASTING NOTES 品嚐筆記
質地接近熟成淺的 Gouda,淡色的蠟質外皮下,是潔白色的內部起司。

HOW TO ENJOY 享用方式
單獨食用、磨碎或爐烤,還有和無花果一起烘烤。可搭配夏多內(Chardonnay)或梅洛(Merlot)。

英格蘭 Horton-in-Ribblesdale, North Yorkshire	
熟成期 8-12 週	
重量和形狀 2kg(4½lb),巨石形	
尺寸 D. 20cm(8in),H. 6cm(2½in)	
原料奶 山羊奶	
種類 硬質	
製造商 Ribblesdale Cheese Company	

Stilton PDO
受保護原產地名的史帝頓起司

在十八世紀早期，小鎮史帝頓(Stilton)是從倫敦到約克的官方道路上主要驛站之一。那裡有一家大鐘小館(the Bell Inn)，老闆開始販售一種柔軟的藍紋起司，生產於附近的萊斯特郡(Leicestershire)小城米爾頓莫布威(Melton Mowbray)。

結果這款起司大受歡迎，有賺錢頭腦的古柏松希爾(Cooper Thornhill)，也就是酒店的老闆，很快地在 1700 年代中期前，就開始運送起司到倫敦，有時多達一週 1000 個的發售量。結果這款起司的名稱和產地無關，而是以使其大為聞名的史帝頓(Stilton)鎮為名。

最初只在小型農場裡製作，但其複雜耗時的製作過程，使製作商開始團結起來。1875 年，第一個手工製作的史帝頓(Stilton)起司開始在一家小工廠生產。1910 年，史帝頓起司職人協會(the Stilton Makers Association) 正式註冊其商標，確立了產地僅限於諾丁漢郡(Nottinghamshire)、德比郡(Derbyshire)和萊斯特郡(Leicestershire)。這項決定使史帝頓(Stilton)起司免於消亡絕跡──這是許多其他英格蘭當地(territorial)起司的命運。

今天史帝頓(Stilton)起司是少數獲得歐盟 PDO 等級的英國起司之一（見第 8 頁），只有 7 家奶酪場有權生產史帝頓(Stilton)起司。

TASTING NOTES 品嚐筆記
每家製造商都有自己獨特的風味，相同的是，在尚未完全熟成前食用，會感受到尖銳而刺激的味道，充分熟成後會轉成圓潤濃郁，辛辣的奶油味裡，帶有一絲可可後味，有時帶一點核桃味或一絲刺激酸度。

HOW TO ENJOY 享用方式
適合作為醬汁、調味汁和濃湯，尤其是綠花椰菜或芹菜湯。可和菠菜做成鹹派(quiche)或塔(tart)，可捏碎加在爐烤牛排上，也可加入沙拉，搭配香甜的巴沙米可醋(balsamic)調味汁。

年份波特酒(vintage Port)濃郁的香甜會蓋過史帝頓(Stilton)起司原味，最好搭配陳年波特酒(tawny Port)或清冽帶甜味的葡萄酒，如蒙巴奇雅克(Montbazillac)，但不要用索甸(Sauternes)，會太甜。也可搭配富香氣、不甜(dry)的麗絲玲(Riesling)或淡啤酒。

古時候將波特酒倒入史帝頓(Stilton)起司的傳統，是為了消毒堆積在史帝頓起司鐘狀(Stilton bells)底部的細菌等。現在冷藏技術已很發達，沒有必要毀了史帝頓(Stilton)起司的味道，又浪費上好的波特酒。

大鐘小館(The Bell Inn)，位於英格蘭彼得伯勒(Peterborough)的史帝頓(Stilton)鎮上。

A CLOSER LOOK
放大檢視
要創造出史帝頓(Stilton)起司獨特的柔軟滑順質地，剛濾出乳清的凝乳要先經過一夜的熟成，比多數其他起司都來得久。

交錯的藍紋從中央往外圍擴散，像破裂的瓷紋。

英格蘭 Nottinghamshire, Derbyshire, 和 Leicestershire
熟成期 9-14 週
重量和形狀 7.5kg(17lb)，高圓柱形
尺寸 D. 20cm(8in) , H. 30cm (12in)
原料奶 牛奶
種類 藍黴
製造商 多家

SALTING 加鹽 凝乳先絞碎，再倒入一定容量的大鍋子裡，加入鹽後用手攪拌均勻。

MOULDING 塑型 凝乳裝在高而無蓋的不鏽鋼圓柱模型內，放在木架上，重力和凝乳本身的重量，會使多餘的乳清從兩側和底部的孔洞排出。77公升（17加侖）的鮮乳，才能做出1塊7.5公斤的史帝頓（Stilton）起司。一旦起司能夠自行站立，便加以脫模，靜置一整晚使乳清濾出。

PIERCING 穿刺 過了6週左右，每塊起司都被放在一種特殊的架子上，以18~20根不鏽鋼絲來穿刺，使空氣能進入起司內部。

GRADING 評等 上市販售前，要先分級。用一根鐵棒（iron）鑽入，取出一點起司，分級師可從外觀和氣味來決定是否符合標準。

四分之一的
圓柱形起司

內部起司應呈稻草黃色，
不應是棕色或黯沉。

外皮乾而粗糙，質地堅硬，可看到穿刺過的孔洞。

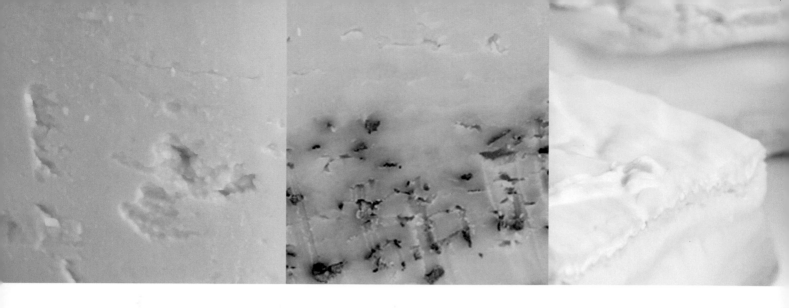

194

Rosary Plain

克里斯和克萊兒穆迪(Chris and Clair Moody)在 1986 年開始製作起司，他們最初使用自家生產的少量山羊奶。因大受歡迎，他們決定另行購買另一批純種的薩嫩(Saanen)品種羊奶。他們的新鮮起司 Rosary Plain 是英國起司獎(British Cheese Awards)的常勝軍。

TASTING NOTES 品嚐筆記
溼潤新鮮、入口即化的柔軟，帶有令人愉悅的香氣，還有其他口味如大蒜和香草、胡椒和樹灰(ash)。

HOW TO ENJOY 享用方式
可做爲餐桌起司、用來融化或當作抹醬，或在起鍋前加在鬆軟的蛋包(omelette)上。

英格蘭 Landford, Wiltshire	
熟成期 3 天	
重量和形狀 100g(3½oz)，圓形	
尺寸 D. 5cm(2in)，H. 4cm (1½in)	
原料奶 山羊奶	
種類 新鮮	
製造商 Rosary Goats Cheese	

Sage Derby

Derby 是英格蘭最古老最知名的起司之一。認爲有益健康，而在新鮮的凝乳裡加入切碎鼠尾草(sage)的傳統，始自十七世紀。今天大多爲工廠製造。但位於英格蘭中部地區的艾爾斯伍(Earlswood, West Midlands)的福勒(Fowlers)家族，仍以傳統的方法製作。

TASTING NOTES 品嚐筆記
質地比 Cheddar 柔軟，淡黃色的起司有融化奶油的味道，以及鼠尾草令人愉悅的微妙清香。

HOW TO ENJOY 享用方式
因其佈滿香草的美麗外表，可爲任何一種起司盤增添美感。

英格蘭 West Midlands	
熟成期 10-20 週	
重量和形狀 1.5kg(3lb 3oz)，圓形	
尺寸 D. 20cm(8in)，H. 10cm (4in)	
原料奶 牛奶	
種類 加味	
製造商 多家	

St Eadburgha

史戴西(Staceys)家族已在科茨沃爾德(Cotswolds)山腳下經營農場達 35 年之久，這款 Camembert 風格起司以阿爾弗雷德大帝(Alfred the Great)的曾孫女來命名，因當地教堂就是獻給她的。原料來自蒙貝利亞爾(Montbéliarde)和菲伊申(Friesian)乳牛的鮮乳，牠們在梨樹之間和豐美的草原上自由啃食。

TASTING NOTES 品嚐筆記
品質最佳時，是在中央已變軟幾乎呈流動狀的時候，味道會變得較刺激，帶有肉味。

HOW TO ENJOY 享用方式
最好加熱過使中央呈流動狀時食用，或放在起司盤上搭配一支淡的愛爾型啤酒(light ale)，或酒體飽滿的紅酒。

英格蘭 Broadway, Worcestershire	
熟成期 4-12 週	
重量和形狀 175g-3kg(6oz-6½lb)，圓形	
尺寸 D. 9-35cm(3½-13¾in)，H. 4cm(1½in)	
原料奶 牛奶	
種類 軟質白起司	
製造商 Gorsehill Abbey Farm	

St Endellion

由兩個經營農場的家族在 1996 年創立，這家俯瞰大西洋海岸的奶酪場，以前衛的起司製作方法確立名聲。這是一款以康瓦耳(Cornish)雙倍乳脂(double cream)製成的布里風格(Brie-style)起司。

TASTING NOTES 品嚐筆記
完全的豪華感。充分熟成後內部起司會變軟，呈滑順綿密的質感，口味飽滿，帶有新鮮的一絲酸味和蘑菇味。

HOW TO ENJOY 享用方式
放在起司盤上，但在數小時前要先稍微包起來回復室溫。搭配一支辛辣的白酒特別美味。

英格蘭 Trevarrian, Cornwall	
熟成期 6 週	
重量和形狀 200g(7oz)和 1kg(2 lb 3oz)，圓形	
尺寸 D. 20cm(8in)和 90cm (35½in)，H. 3cm(1in)和 3.5cm(1½on)	
原料奶 牛奶	
種類 軟質白起司	
製造商 Cornish Country Larder	

St Oswald

這是另一款由 St Eadburgha 起司的製作者米奇史戴西(Mike Stacey)，所創作出來的起司。以前任伍斯特主教(Bishop of Worcester)來命名。先用鹽水洗浸，再熟成 1 個月以上，外皮會在熟成時由黃色轉成帶黏性的橘色。這是這家奶酪場最新的產品。

TASTING NOTES 品嚐筆記
平滑豐潤的質地，會變得幾乎呈流動狀，帶有飽滿濃郁的肉味，與日漸濃烈的洋蔥味。

HOW TO ENJOY 享用方式
搭配一支酒體飽滿的上好紅酒和乾燥水果，單獨食用，或在馬鈴薯薄片裡舀上幾勺，再烘烤。

英格蘭 Broadway, Worcestershire	
熟成期 1-3 週	
重量和形狀 350g(12oz)和 2.5kg (5½lb)，圓形，	
尺寸 D. 11cm(4½in)和 35cm (13¾in)，H. 4.5cm(1¾in)	
原料奶 牛奶	
種類 半軟質	
製造商 Gorsehill Abbey Farm	

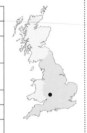

Sharpham

使人聯想到小型的 Brie，其製造商是英國最早製作這種風格起司的奶酪場之一。在 1980 年，便開始根據自己的作法，使用自家莊園所生產的娟姍種(Jersey)鮮奶手工製作，這些乳牛放牧於通特(Totnes)附近的達特(Dart)河岸草原上。

TASTING NOTES 品嚐筆記
質地柔軟綿密而美味(最初質地結實，會隨著熟成而變軟)，風味濃烈而獨特，具有深度，帶有一點蘑菇氣息。

HOW TO ENJOY 享用方式
可單獨食用，外表出眾也可放在起司盤上。適合搭配來自東夏普罕(the Sharpham Estate)的紅酒。

英格蘭 Totnes, Devon	
熟成期 4-8 週	
重量和形狀 250g-1kg(9oz-2¼lb)，方形和圓形	
尺寸 D. 9.5cm(3¾in)和 19cm (7¼in)，H. 4cm(1½in)和 4.5cm (1¾in)	
原料奶 牛奶	
種類 軟質白起司	
製造商 Sharpham Partnership	

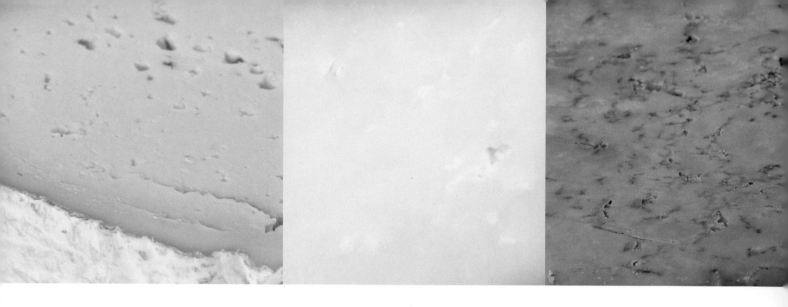

Sharpham Rustic

這是少數由著名酒莊生產的起司之一。使用香甜濃郁的娟姍種(Jersey)鮮乳製成。凝乳不經擠壓，放在濾籃裡熟成，因此產生特別的外型與粗糙的外皮。也有加味的版本。

TASTING NOTES 品嚐筆記
天然黴層外皮下的起司呈深黃色，質地溼潤綿密，奶油般的香甜，和新鮮溫和的酸度間，有很好的平衡。

HOW TO ENJOY 享用方式
單獨食用，捏碎加在蘆筍上，或加入烤甜菜根(beetroot)和豌豆苗沙拉裡。搭配一杯蘋果酒(cider)或富果香的紅酒。

英格蘭 Totnes, Devon	
熟成期 6-8 個月	
重量和形狀 1.7kg(3¾lb)，橢圓形	
尺寸 D. 18cm(7in)，H. 9cm (3½in)	
原料奶 牛奶	
種類 半軟質	
製造商 Sharpham Partnership	

Shipcord

薩福克(Suffolk)不是傳統知名的起司產區，因此當原是奶農的李察(Richards)家族，決定開始在 2006 年製作起司時，當地的起司愛好者一片叫好。每塊起司都以農場上的一片流域草原命名。

TASTING NOTES 品嚐筆記
凝乳和乳清先以滾水燙過(scaled)，令人聯想到法國的 tommes，起司的質地因此變得密實，產生悠長的細緻奶油味和堅果味，熟成久後，會發展出一股刺激的酸味。

HOW TO ENJOY 享用方式
柔軟滑順的質地，可以當作完美的點心，搭配餅乾、芹菜、蘋果或葡萄。也適合用來融化和爐烤。

英格蘭 Baylham, Suffolk	
熟成期 6-12 個月	
重量和形狀 4.3-4.8kg(9½-10½lb)，車輪形	
尺寸 D. 25cm(10in)，H. 10cm (4in)	
原料奶 牛奶	
種類 硬質	
製造商 Rodwell Farm Dairy	

Shropshire Blue

它的名字似乎不太正確，因爲首先是在 1970 年蘇格蘭的因凡尼斯(Inverness)被創作出來的，以 Stilton 起司爲基礎，添加了胭脂紅(annatto)染成美麗的橘紅色，後來 Stilton 的製作者也採用這種方式。

TASTING NOTES 品嚐筆記
比 Stilton 起司溫和，質地同樣細緻綿密，藍紋襯在橘紅的底色裡，十分顯眼。在辛辣的藍黴刺激味中，帶有一絲焦糖香甜。

HOW TO ENJOY 享用方式
捏碎加在沙拉裡，或融化加在濃湯裡都十分出色，也可放在起司盤上，搭配一杯波特酒或棕色愛爾型啤酒(brown ale)。

英格蘭 Leicestershire 和 Nottinghamshire	
熟成期 10-13 週	
重量和形狀 8kg(17½lb)，圓柱形	
尺寸 D. 20cm(8in)，H. 25cm (10in)	
原料奶 牛奶	
種類 藍黴	
製造商 多家	

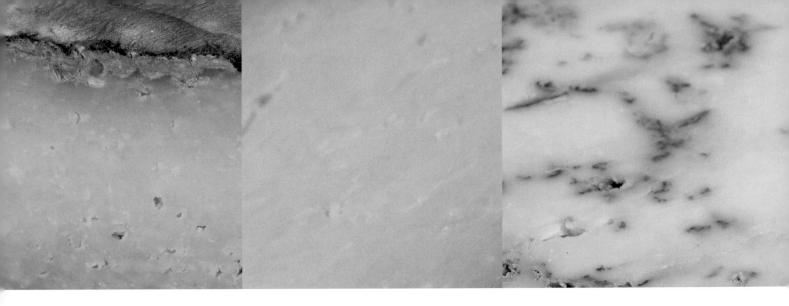

Single Gloucester PDO

少數具有 PDO 等級的英格蘭起司之一，由以 Stinking Bishop 起司享有聲望的查理馬特勒（Charles Martell）拯救其絕跡命運。傳統上，晚上擠出的鮮奶經過脫脂做成奶油後，混合第二天早晨擠出的全脂鮮奶，製成這款起司。製作者必須擁有至少一頭的格爾司特（Gloucester）乳牛。

TASTING NOTES 品嚐筆記
質地結實但滑順，具有溫和的奶油風味，以及一絲微妙的香草（vanilla）和堅果味，帶一點溫和的酸度。

HOW TO ENJOY 享用方式
最好搭配蘋果或梨，和醃核桃（pickled walnuts），搭配梨酒 perry（一種傳統用西洋梨發酵的酒）享用。

英格蘭 Gloucestershire	
熟成期 2-3 個月	
重量和形狀 2.25kg（5lb），車輪形	
尺寸 D. 22cm（8½in），H. 7cm（2¾in）	
原料奶 牛奶	
種類 硬質	
製造商 多家	

Snodsbury Goat

科林和艾莉森安斯蒂（Colin and Alyson Anstey）在伍斯特（Worcester）的農場，根據當地傳統起司的製法，生產各種硬質牛奶起司。在 2005 年，他們決定擴充產品，創造出這款以 Double Gloucester 起司為基礎，以紗布包裹熟成的山羊奶起司。

TASTING NOTES 品嚐筆記
質地密實，滑順綿密，帶有明顯的杏仁堅果味，蓋過了一般軟質山羊起司含有的獨特山羊味，後味帶有一絲菊苣（chicory）和野生香草味。

HOW TO ENJOY 享用方式
放在餅乾上，搭配自製醃漬品（pickle）享用，或磨碎加在沙拉和濃湯裡。

英格蘭 Worcester, Worcestershire	
熟成期 4-6 個月	
重量和形狀 1.8kg（4lb），圓鼓形	
尺寸 D. 20cm（8in），H. 10cm（4in）	
原料奶 山羊奶	
種類 硬質	
製造商 Anstey's of Worcester	

Stichelton

Stichelton 是小鎮史帝頓（Stilton）的原名，它提供了著名的起司製作者喬史耐德（Joe Schneider）創作這款起司的靈感。在 Daylesford Cheddar 獲得成功後，他在 2006 年創立自己的奶酪場製作藍黴起司。以 Stilton 起司為基礎，但因為使用生乳為原料，所以不能使用 Stilton 為名稱。

TASTING NOTES 品嚐筆記
淡黃色起司裡有明顯的的藍紋，滋味複雜而美味，從果香到帶辛辣的甜味，都在綿密細緻的口感中釋放出來。

HOW TO ENJOY 享用方式
放在起司盤上，搭配餅乾和波特酒（port）。

英格蘭 Cuckney, Nottinghamshire	
熟成期 12-14 週	
重量和形狀 7kg（15½lb），圓柱形	
尺寸 D. 20cm（8in），H. 22cm（8½in）	
原料奶 牛奶	
種類 藍黴	
製造商 Stilchelton Dairy	

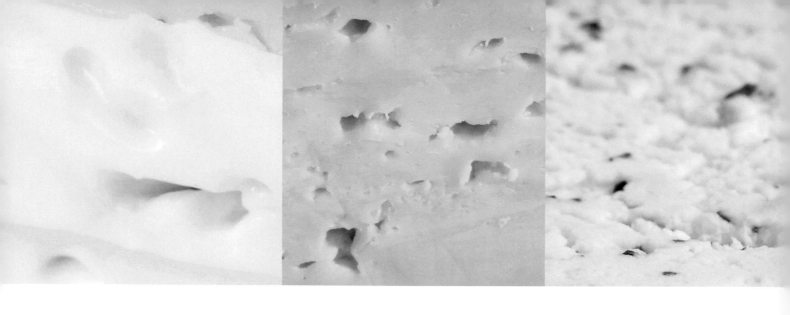

Stinking Bishop

以一款古老品種的西洋梨來命名，它用來製作成"perry"（西洋梨酒 pear cider），並用來洗浸這款起司。由查理馬特勒（Charles Martell）在 1972 年創作出來。如今它是最有名也最受喜愛的英格蘭洗浸外皮起司之一，甚至還在尼克帕克（Nick Park）的酷狗寶貝（Wallace and Gromit）電影裡出現過。

TASTING NOTES 品嚐筆記
濃郁帶有肉味，隱含一絲香甜，嗜起來的味道比氣味溫和，起司的質地溼潤，帶黏性的黃橘色外皮用一圈薄木片圍著。，

HOW TO ENJOY 享用方式
可放在起司盤上，搭配洋梨和一支強健的紅酒。

英格蘭 Dymock, Gloucestershire	
熟成期 5-8 週	
重量和形狀 500g(11lb 2oz)和 1.5kg(3lb 3oz)，圓形	
尺寸 D. 13cm(5in)和 21cm (8¼in)，H. 4.5cm(1¾in)和 5cm(2in)	
原料奶 牛奶	
種類 半硬質	
製造商 Charles Martell & Son	

Suffolk Gold

這款起司的濃郁原料乳，來自自家一小群的格恩西（Guernsey）乳牛（擁有 Madge、Armilla 等別名），稍微擠壓過再經熟成，以形成金黃色的外皮。創立於 2004 年的這家奶酪場是家族企業，也生產軟質白起司、藍黴起司和新鮮起司。

TASTING NOTES 品嚐筆記
格恩西（Guernsey）牛乳的高乳脂（butter-fat）含量，使這款起司產生溫和的甜味和金黃色澤，質地結實佈有小孔。

HOW TO ENJOY 享用方式
搭配燕麥餅(oakcake)和蘋果，或用來爐烤。

英格蘭 Coddenham, Suffolk	
熟成期 10-12 週	
重量和形狀 3kg(6½lb)，車輪形	
尺寸 D. 20cm(8in)，H. 5cm (2in)	
原料奶 牛奶	
種類 半軟質	
製造商 Suffolk Farmhouse Cheeses	

Sussex Slipcote

名稱來自古英文"little 小"（slip）塊的"cottage 農舍"（cote）起司之意。位於亞士頓森林（Ashdown Forest）邊緣的這家奶酪場，親自挑選用來製造這款起司的有機鮮乳。傳統上是用牛奶製作，但這裡的綿羊奶增添了一股香甜。有不同口味可供選擇，如大蒜和香草，和胡椒口味。

TASTING NOTES 品嚐筆記
質地非常溼潤，幾乎像慕斯，帶有新鮮檸檬的刺激味，和香甜後味。

HOW TO ENJOY 享用方式
最好抹在麵包或餅乾上，也可搭配烘烤馬鈴薯和義大利麵。

英格蘭 Horsted Keynes, West Sussex	
熟成期 10 天	
重量和形狀 100g(3½oz)，鈕扣形	
尺寸 D. 5.5cm(2¼in)，H. 4.5cm (1¾in)	
原料奶 綿羊奶	
種類 新鮮	
製造商 High Weald Dairy	

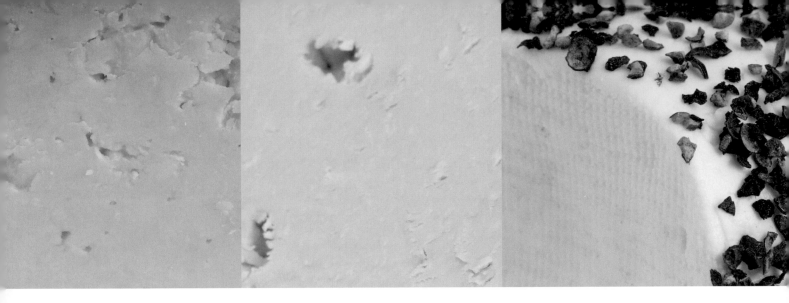

Swaledale Goat

大衛和曼蒂理得(David and Mandy Reed)在 1987 年創立自己的起司製作公司，使用一種在斯威爾戴(Swaledale)農夫之間世代相傳的製法，可能可以追溯到十一世紀，由來自諾曼第(Normandy)的西妥會(Cistercian)僧侶傳入。

TASTING NOTES 品嚐筆記
結實的白色起司，味道香甜，帶有一絲浸泡鹽水的殘留氣味，以及溫和的山羊味。它會形成棕色的天然外皮，或者在熟成 3 天時會上蠟，使其質地稍微柔軟。

HOW TO ENJOY 享用方式
加在舒芙蕾(sofflé)和塔(tarts)裡，增添一股微妙風味，或放在原味餅乾上，搭配一支清淡的愛爾型啤酒(ale 編註：頂層發酵啤酒的統稱)。

英格蘭 Gallowfields, North Yorkshire	
熟成期 6-12 週	
重量和形狀 2.5kg(5½lb)，圓形	
尺寸 D. 16cm(6½in)，H. 8cm(3¼in)	
原料奶 山羊奶	
種類 硬質	
製造商 Swaledale Cheese Company	

Ticklemore Goat

最初由 Ticklemore Cheeses 的羅賓康登(Robin Congdon)所創作出來，現在由獲獎肯定的起司製造師黛比芒佛(Debbie Mumford)來製作，黛比(Debbie)是他的前任同事，負責生產的 Sharpham Estate farm，十分美麗，擁有千年歷史，並且同時生產牛奶起司。

TASTING NOTES 品嚐筆記
潔白的起司質地細緻易碎，佈有細孔，帶有草本香的(berbaceous)山羊味，含有一絲杏仁糖(marzipan)氣味。

HOW TO ENJOY 享用方式
適合加入舒芙蕾(soufflés)和塔(tarts)裡，也可放在起司盤上，搭配富果香的紅酒，或一杯夏普罕粉紅酒(Sharpham rosé)。

英格蘭 Totnes, Devon	
熟成期 2-3 個月	
重量和形狀 1.5kg(3lb 3oz)，籃形	
尺寸 D. 18cm(7in)，H. 8cm(3¼in)	
原料奶 山羊奶	
種類 硬質	
製造商 Sharpham Partnership	

Tickton

湯姆和珊雅瓦爾(Tom and Tricia Walls)發現他們的孫女無法消化乳糖(lactose intolerant)，便開始在自家農場實驗製作山羊奶起司。現在他們開始小規模生產，包括 Tickton 在內的各式起司。

TASTING NOTES 品嚐筆記
味道新鮮，有鮮乳和蘑菇味與溫和的山羊味。略呈細粒狀的質地，像棉花糖(marshmallows)般入口即化。外表的胡椒粒賦予一股溫暖的辛辣味，但不會過度強烈。

HOW TO ENJOY 享用方式
一支清冽白酒是它的完美搭配，因外皮極薄，也適合加在根莖類蔬菜、牛排或雞肉上爐烤或烘烤。

英格蘭 Cottingham, East Yorkshire	
熟成期 2-6 週	
重量和形狀 170g(6oz)，圓木形	
尺寸 L. 8.5cm(3½in)，H. 4.5cm(2in)	
原料奶 山羊奶	
種類 軟質白起司	
製造商 Lowna Dairy	

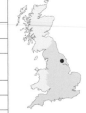

Yarg Cornish Cheese
雅格康瓦耳起司

自從 1980 年代早期，英國傳統手工(artisan)起司復興運動以來，這是最特別也最迷人的一款起司。創作者是艾倫和珍妮格雷(Alan and Jenny Gray)住在康瓦耳博明摩爾(Bodmin Moor, Cornwall)邊緣的溫塞俄(Withiel)，為了替這款起司命名，他們決定使用自己的姓氏，但倒過來拼成 Yarg(雅格)，因為聽起來有當地康瓦耳的(Cornish)風味，也有獨特性。

1984 年，在附近經營農場的哈爾(Horrell)家族，開始製作雅格(Yarg)起司，後來與凱薩琳和班梅得(Catherine and Ben Mead)一起聯合生產，他們在西康瓦耳(West Cornwall)自家的農場以外，新開了奶酪場，Pengreep Dairy。哈爾(Horrell)家族退休後，所有的起司現在都由 Pengreep Dairy 來製作。

這對夫婦離開了倫敦的工作，投入家族農場經營—凱薩琳(Catherine)負責起司製作，班(Ben)應付奶酪牧群。班接著投資了大量的時間和資源，創造出最好的土壤與最多元的植被環境，使他們的艾爾許種(Aryshore)、娟姍種(Jersey)和菲伊申(Friesian)牛群，能生產出高品質的鮮奶。他們的投入令人讚嘆，奶酪場以永續經營為裡念，一年生產 200 公噸(440,000 磅)的起司。

TASTING NOTES 品嚐筆記

在熟成過程中，外表的蕁麻(nettle)會開始分解外皮，使其變軟，質地綿密。細緻易碎的內部起司，也會發展出新鮮綿密的風味，可食的蕁麻發散出一種細緻、帶一點蘑菇味的香氣，產生近似菠菜或蘆筍的好味道。狂野大蒜雅格(Wild Garlic Yarg)是另一款類似的起司，但質地較軟，帶有微妙的大蒜味。

HOW TO ENJOY 享用方式

毫無疑問的，Yarg(雅格)起司可為所有的起司盤增添特色和風格。它的融化點低，加在烤麵包塊(crotinis)、法國麵包、烘烤馬鈴薯、義大利麵和焗烤料理(gratins)裡，都可增添風味。味道不會太過濃烈，因此能夠搭配魚類料裡，也是最理想的蔬菜派材料。梅得(Meads)家族用溫和的愛爾型啤酒(ale 編註：頂層發酵啤酒的統稱)，或一種當地的梨酒，"Perry"(一種發酵的西洋梨果汁)來搭配。但幾乎任何一種葡萄酒都可相配，尤其是富果香的白酒，或甚至是甜點酒。

A CLOSER LOOK
放大檢視

每塊起司都是由專注的起司製作者，在開放式的大鋼槽內，用心手工製作。起司外皮上所包裹的蕁麻(nettle)葉，每片都是手工摘採—不帶莖梗、無破洞、無灰礫，也沒有被灼傷的痕跡。

蕁麻(nettles) 是在每年五月，當葉片還不帶刺人的毒液時，由人工採摘，再冷凍起來，留到之後使用。

英格蘭 Truro, Cornwall	
熟成期 6-12 週	
重量和形狀 3.3kg(7lb)，車輪形	
尺寸 D. 28cm(11in)，H. 9cm (3½in)	
原料奶 牛奶	
種類 加味	
製造商 Lynher Dairies	

MATURING 熟成

起司在熟成時，受到嚴格的監控，
確保白黴能均勻分佈，
使每塊起司都是大自然和人工技藝
結合的完美傑作。

NETTLING 包上蕁麻葉

剛定型的的淺象牙白色起司，會
移到手工包葉片的作業室裡，葉
片之間互相交疊，以確保沒有一
點起司會暴露在外。

THE RIND 外皮 在熟成時，綠色葉片
的鋸齒狀邊緣，會開始長出細粉狀的白黴，
形成美麗出色的外皮設計。

口味溫和，質地易碎，
帶有蕁麻的微妙風味。

蕁麻和白黴的結合，
會加速外皮底下凝乳的分解。

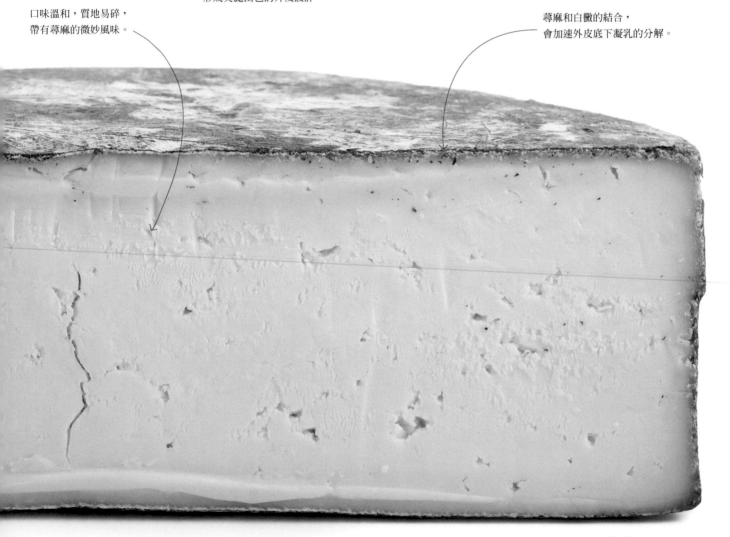

內部

Tunworth

好友史戴西海格(Stacey Hedges)和茱莉錢尼(Julie Cheyney)，使用放牧於下漢普郡(Hampshire Downs)的本地菲士登(Holstein)鮮奶，來製作這款大受肯定的卡門貝爾風格(Camembert-style)起司。雖然這項事業始於她們的自家廚房，現在已經進展到將家族農場改造為奶酪場。

TASTING NOTES 品嚐筆記
起皺並佈滿黴粉的外皮底下，起司的質地豐腴滑順，帶有溫暖的蘑菇味。

HOW TO ENJOY 享用方式
要體驗完整而奢華的入口即化，可將起司以烤箱加熱到幾乎呈流動狀，或者將整塊木片包裝的起司帶到郊外野餐。

英格蘭 Herriard, Hampshire	
熟成期 6-8 週	
重量和形狀 250g(9oz)，圓形	
尺寸 D. 11cm(4½in)，H. 3cm (1¼in)	
原料奶 牛奶	
種類 軟質白起司	
製造商 Hampshire Cheeses	

Tymsboro

前考古學家瑪麗何布魯克(Mary Holbrook)，使用自己放牧於曼迪丘(the Mendip Hills)的羊群創造出這款起司。遵照傳統，山羊奶的產季限制在野外放牧的春到秋季之間。灰白色的外皮沾裹上炭灰(charcoal)和鹽，十分出眾。

TASTING NOTES 品嚐筆記
靠近外皮的部分，質地滑順，中央部分質地較乾而密實，滋味較濃。帶有檸檬和杏仁的微妙風味，熟成越久，更顯濃郁。

HOW TO ENJOY 享用方式
搭配新鮮水果，或融化在糖煮西洋梨上。

英格蘭 Timsbury, Somerset	
熟成期 3-8 週	
重量和形狀 250g(9oz)，截頂金字塔形	
尺寸 D. 底部 8cm(3¼in)；頂部 4cm(1½in)，H. 7.5cm(3in)	
原料奶 山羊奶	
種類 熟成過的新鮮起司	
製造商 Sleight Farm	

Village Green

以綠色為名，以綠色為形，鮮亮色彩的蠟質外皮下是潔白色的起司，由位於桑摩塞(Somerset)的奶酪場 Cornish Country Larder 所生產。帶有香甜的堅果味，是入門山羊奶起司的首選。

TASTING NOTES 品嚐筆記
潔白色的內部起司，略帶易碎性，具有清新的檸檬刺激味，後味可嚐到山羊奶特有的微妙香氣。

HOW TO ENJOY 享用方式
在烹飪上的用途很廣，也可放在起司盤上代替 Cheddar，搭配一片蘋果和一杯波特酒(port)。

英格蘭 North Bradon, Somerset	
熟成期 3-18 個月	
重量和形狀 1.25kg(2¾lb)，大塊形	
尺寸 D. 9cm(3½in)，H. 7cm (2¾in)	
原料奶 山羊奶	
種類 硬質	
製造商 Cornish Country Larder	

Vulscombe

由喬瑟芬和葛拉罕湯森（Josephine and Graham Townsend）在 1982 年創作出來，這是首度上市的英格蘭山羊奶起司之一。不用凝乳酶（rennet），而利用乳糖發酵（lactic fermation）的技術製作，因此 Vulscombe 的口感比其他相似的起司更為濃稠。

TASTING NOTES 品嚐筆記
和多數新鮮起司不同的是，它的口感相當濃稠，不似一般的清爽，但同時帶有一絲新鮮的柑橘味，和極細微的草本（herbaceous）山羊刺激味（goaty tang）。

HOW TO ENJOY 享用方式
表面以一片月桂葉裝飾，很適合放在起司盤上。易於抹勻在餅乾或麵包上，或加在可分為二次烘烤的舒芙蕾裡（soufflé）。

英格蘭 Cruwys Morchard, Devon	
熟成期 長達 5 週	
重量和形狀 170g（6oz），圓形	
尺寸 D. 7.5cm（3in），H. 4cm（1½in）	
原料奶 山羊奶	
種類 新鮮	
製造商 Vulscombe Cheese	

Waterloo

它的名字並非來自巧合，這款起司最初就是在威靈頓公爵（Duke of Wellington）的莊園上，使用格恩西（Guernsey）鮮奶製作出來的。現在的溫摩爾（Wigmore）家族則使用本地鮮奶，自家後方就是一個很棒的奶酪場，由工作坊和馬廄改造而成。

TASTING NOTES 品嚐筆記
咬進柔軟帶有黴層的外皮，可嚐到淡黃色柔軟起司的溫和綿密風味，熟成久後，會轉變成濃郁如奶油般的口味。

HOW TO ENJOY 享用方式
在室溫下搭配冰涼的白葡萄十分美味，也可充分加熱後，搭配刺激的紅洋蔥甜酸醬（chutney）。

英格蘭 Riseley, Berkshire	
熟成期 4-10 週	
重量和形狀 675g（1½lb），圓形	
尺寸 D. 16cm（6½in），H. 4.5cm（1¾in）	
原料奶 牛奶	
種類 軟質白起司	
製造商 Village Maid Cheese	

Wealden

Nut Knowle Farm 成立於 1979 年。它生產的各式起司，使用素凝乳酶和自家生產的羊乳製成。他們純種的英國土根堡（British Toggenburg）和英國薩嫩（British Saanen）山羊，以天然的穀物和鮮美的乾草為食。

TASTING NOTES 品嚐筆記
Wealdon 有兩款：柔軟新鮮、帶有溫和綿密的山羊刺激味（tang）；以及熟成 3~4 週後，味道轉得刺激（pungent）帶土質味，具有可食的起皺外皮。

HOW TO ENJOY 享用方式
切成對半，刷上蛋汁（egg wash）和麵包粉後油炸，搭配碳烤嫩鹿肉、辣椒醬（chilly jam）和沙拉。

英格蘭 Gun Hill, East Sussex	
熟成期 1-4 週	
重量和形狀 80g（2¾lb），圓形	
尺寸 D. 5cm（2in），H. 5cm（2in）	
原料奶 山羊奶	
種類 軟質白起司	
製造商 Nut Knowle Farm	

Wealdway

這是另一款來自 Nut Knowle Farm 的山羊奶起司，呈小圓木型，有原味和沾裹香草和種籽的版本，另外還有較大型的熟成版本，沾裹上炭灰（charcoal）。凝乳以手工舀入模型內後，不經擠壓，以自身重量自然濾出乳清。

TASTING NOTES 品嚐筆記
基本款的 Wealdway，質地柔軟而乾，帶有溫和的山羊味，因為未經熟成，帶有一股刺激的辛辣感。

HOW TO ENJOY 享用方式
善用其圓木外形（適合晚餐宴會），可切成小片，爐烤後當作開胃菜。

英格蘭 Gun Hill, East Sussex	
熟成期 3 週	
重量和形狀 150g（5½oz），圓木形	
尺寸 D. 5.5cm（2¼in），L. 14cm（5½in），H. 5.5cm（2¼in）	
原料奶 山羊奶	
種類 新鮮	
製造商 Nut Knowle Farm	

Wedmore

創作者是以製作出正宗風味的 Caerphilly 起司聞名的克里斯達格（Chris Duckett），Wedmore 是一種 Caerphilly，添加了薄薄一層切碎的細香蔥後熟成。最初是在溫德摩（Wedmore）村莊，達格（Duckett）的農場裡製作出來，現在由 Westcombe Dairy 的傑明馬科得（Jemima Cordle）負責生產，投以同樣的熱情和對品質的要求。

TASTING NOTES 品嚐筆記
Wedmore 熟成 2 週後即可食用，外皮呈蠟質，但內部濕潤而易碎。溫和的鹹味，和細香蔥的酸味互相平衡。

HOW TO ENJOY 享用方式
可單獨食用，或搭配當地的蘋果酒（cider），也可搭配一片蘋果，會提升起司的甜度。

英格蘭 Westcombe, Somerset	
熟成期 2 週	
重量和形狀 2kg（4½lb），車輪形	
尺寸 D. 17cm（6¾in），H. 7.5cm（3in）	
原料奶 牛奶	
種類 加味	
製造商 Duckett's Caerphilly	

Wensleydale

由法國僧侶在十一世紀時引進，而由酷狗寶貝（Wallace and Gromit）電影在二十世紀時奠定其地位，最初是由綿羊奶製成的，但在十七世紀前已被牛奶取代。Wensleydale Dairy Products 是唯一位於約克郡（Yorkshire）的生產商裡，販售 Real Yorkshire Wensleydale。

TASTING NOTES 品嚐筆記
起司呈淡黃色，結實緊密，帶一點易碎的片狀，具有微妙的野生蜂蜜口味，和其清新的酸度取得很好的平衡。

HOW TO ENJOY 享用方式
搭配餅乾。在約克郡（Yorkshire），當地人也喜歡搭配一片蘋果派。

英格蘭 Wnsleydale, North Yorkshire	
熟成期 6-12 週	
重量和形狀 5kg（11lb），圓柱形	
尺寸 D. 18cm（7in），H. 18cm（7in）	
原料奶 牛奶，或綿羊奶	
種類 硬質	
製造商 Wensleydale Dairy Products	

Whitehaven

生產於 Ravens Oak Dairy，現在由 Butlers Farhouse Cheeses 所擁有。現在這款起司仍然以手工小量製作，以確保其滑順柔軟的質地和農舍起司風味。

TASTING NOTES 品嚐筆記
白色黴層的外皮柔軟滑順，熟成淺時，Whitehaven 帶有微妙的杏仁味，熟成久後，會轉變成濃烈的山羊刺激味。

HOW TO ENJOY 享用方式
可加以烘烤，使外表變得滑順綿密，但內部仍涼。若要享受真實的山羊奶原味，可以等到起司熟成到幾乎呈流動狀。

英格蘭 Burland, Cheshire	
熟成期 6-8 週	
重量和形狀 150g(5½oz)，圓形	
尺寸 D. 7.5cm(3in)，H. 4cm (1½in)	
原料奶 山羊奶	
種類 軟質白起司	
製造商 Ravens Oak Dairy	

White Nancy

彼得漢姆菲(Peter Humphries)曾在 Bath Soft Cheese Company 工作，後來和羅傑朗文(Roger Longman)合夥。這款手工起司，使用羅傑(Roger)所擁有的 60 多隻山羊的山羊奶製成。使用中溫加熱技術(thermization)來製作，也就是經過加熱但不至於到高溫殺菌的程度。

TASTING NOTES 品嚐筆記
濕潤而易碎，帶有清新檸檬風味，和一絲茵陳蒿(tarragon)和杏仁的氣味。

HOW TO ENJOY 享用方式
切成小塊，像油煎麵包丁(croutons)一樣，加入煮好的熱濃湯裡，如韭蔥和馬鈴薯濃湯。或捏碎加入沙拉裡。

英格蘭 Pylle, Somerset	
熟成期 2 個月	
重量和形狀 500g(1lb 2oz)，圓形	
尺寸 D. 11cm(4½in)，H. 7cm (2¾in)	
原料奶 山羊奶	
種類 軟質白起司	
製造商 White Lake Cheeses	

White Stilton PDO

擁有 PDO 等級，表示產地僅限於德比郡(Derbyshire)、諾丁漢郡(Nottinghamshire)和萊斯特郡(Leicestershire)。其他的規定還包括必須使用本地鮮奶，並經過殺菌。這是很受歡迎的基底起司，可用來作成其他的混合(blended)或加味起司(flavour-added cheese)。

TASTING NOTES 品嚐筆記
這是一款常被低估的起司，帶有新鮮而綿密的溫和風味，質地細緻濕潤而易碎。

HOW TO ENJOY 享用方式
常被用來製作成混合起司(blended cheeses)，適合搭配帶甜味的甜點酒和葡萄。

英格蘭 Derbyshire, Nottinghamshire, 和 Leicestershire	
熟成期 3-4 週	
重量和形狀 8kg(17½lb)，圓柱形	
尺寸 D. 20cm(8in)，H. 25cm(10in)	
原料奶 牛奶	
種類 硬質	
製造商 多家	

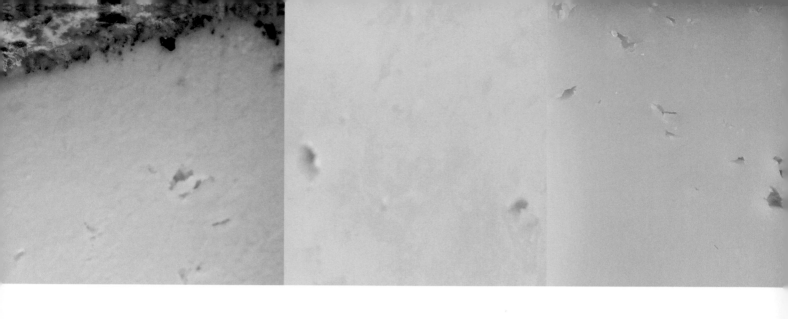

Windrush

以傳統的法國製作方法為基礎，Windrush 的製作者是兩名澳洲人，瑞妮和理察拉文曲（Renee and Richard Loverige）。他們在 2003 年搬到奔雲谷（the Windrush Valley），很快在當地吸引了一批忠實的追隨者。這款起司也有其他口味如香草、胡椒和大蒜。

TASTING NOTES 品嚐筆記
產量很少，質地有奢華的綿密細緻感，帶有清新檸檬的刺激味，和一絲果香和葡萄酒香。

HOW TO ENJOY 享用方式
捏碎加入塔（tarts）裡，或單獨食用，搭配一支冰涼的白蘇維翁（Sauvignon Blanc）。

Woolsery English Goat

這是安妮特李（Annette Lee）致力於傳統手工（artisan）起司製作的心血結晶，多塞特（Dorset）青翠的山坡地，使山羊能自由地啃食豐美的青草和乾草，也貢獻良多。

TASTING NOTES 品嚐筆記
質地濕潤疏鬆，帶有微妙但明顯的山羊味，與一絲松子和青草味。後味帶有海風般的鹹味。

HOW TO ENJOY 享用方式
放在起司盤上，搭配一些蘋果或梨。可作成起司蛋包（omelette），或磨碎代替 Cheddar 用在烹飪上。

Wyfe of Bath

名稱源自喬叟的坎特伯里（the Canterbury Tales）故事，製作者是葛拉翰帕福得（Graham Padfield），他是第三代的農夫，也是製作起司的先驅，在起司製作的世界裡聲譽卓著。

TASTING NOTES 品嚐筆記
天然棕色外皮下的黃色起司，質地平滑有彈性，口味溫和，帶有金鳳花（buttercup）和草原的氣味。

HOW TO ENJOY 享用方式
將這款獲獎起司用來烹飪，似乎太過浪費。可放在起司盤上，搭配香脆麵包和富果香的薄酒萊（Beaujolais）。

英格蘭 Windrush, Oxfordshire	
熟成期 5 天	
重量和形狀 115g(4oz)，圓形	
尺寸 D. 6cm(2½in)，H. 3cm (1¼in)	
原料奶 山羊奶	
種類 新鮮	
製造商 Windrush Valley Goat Dairy	

英格蘭 Up Sydling, Dorset	
熟成期 8-12 週	
重量和形狀 2.2kg(5lb)，圓柱形	
尺寸 D. 14cm(5½in)，H. 13cm (5¼in)	
原料奶 山羊奶	
種類 硬質	
製造商 Woolsery Cheese	

英格蘭 Bath, Somerset	
熟成期 4 個月	
重量和形狀 3kg(6½lb)，籃形	
尺寸 D. 25cm(10in)，H. 38cm (15in)	
原料奶 牛奶	
種類 半軟質	
製造商 Bath Soft Cheese	

Bishop Kennedy

1992 年由 Howgate Creamery 創作出來，現在由 Inverloch Cheese 生產。以 Reblochon 起司為基礎，但以威士忌洗浸，名稱來自創辦聖安祖大學(St Andrews University)的主教。

TASTING NOTES 品嚐筆記
外皮呈紅橙色，內部起司柔軟滑順，帶有辛辣、酵母味的刺激感，味道如體育館裡的臭襪子般濃烈。

HOW TO ENJOY 享用方式
放在起司盤上是不可抗拒的選擇，也可磨碎加在馬鈴薯泥上，或融化在三分熟而多汁的牛排上。

蘇格蘭 Campbeltown, Argyll 和 Bute	
熟成期 3 個月	
重量和形狀 1.7kg(3lb 12oz)，車輪形	
尺寸 D. 23cm(9in)，H. 4cm(1½in)	
原料奶 牛奶	
種類 半軟質	
製造商 Inverloch Cheese	

Blue Monday

以一首紐奧良歌曲為名，由樂團 Blur 的貝斯手艾力克斯詹姆斯(Alex James)和起司專家茱麗葉哈博(Juliet Harbutt)所創作出來。世界上唯一小方塊狀的藍黴起司。

TASTING NOTES 品嚐筆記
質地柔軟綿密，帶有高地草原上落葉和海風的氣息。帶一點麥芽和巧克力的刺激感，是一款意外地溫和的辛辣藍黴起司。

HOW TO ENJOY 享用方式
獨特的外形，適合放在起司盤上，但也可做成很棒的舒芙蕾(soufflé)或藍黴起司慕斯(mousse)，同時也可用在起司魚子醬(cheese caviar)。

蘇格蘭 Tain, Highland	
熟成期 3 個月	
重量和形狀 675g(1½lb)，小方塊形	
尺寸 D. 9cm(3½in)，H. 9cm (3½in)	
原料奶 牛奶	
種類 藍黴	
製造商 Highland Fine Cheeses	

Cairnsmore Ewes

使用農場自家的綿羊奶製成，砂紙般的外皮呈暗紅色，充滿香氣。用紗布包裹後熟成 6 個月以上，因此能發展出完整的風味。

TASTING NOTES 品嚐筆記
帶有一絲舊式焦糖太妃糖的香氣，口感濕潤，帶有鞋油(boot polish)氣味，然後轉變成帶有鹹味的香甜。很令人滿足。

HOW TO ENJOY 享用方式
可放在起司盤上，也可搭配醃洋蔥(pickled onions)和新鮮香脆麵包，當做午餐食用。或是和很多切碎的細香蔥作成鹹派(quiche)。

蘇格蘭 Wigtownshire, Dumfries 和 Gallow	
熟成期 6-8 個月	
重量和形狀 1.5kg(3lb 3oz)，圓桶形	
尺寸 D. 18cm(7in)，H. 23cm(9in)	
原料奶 綿羊奶	
種類 硬質	
製造商 Galloway Farmhouse Cheeses	

Clava Brie

在 Connage Highland Dairy，克拉克(Clark)家族生產出滋味絕佳的起司，使用自家的鮮乳，有十字娟姍種(Jersey Cross)、荷斯登(Holstein)、菲伊申乳牛(Friesian)和挪威紅(Norwegian Red)等品種。這些乳牛放牧於莫利灣(the Moray Firth)河岸的鮮美草地上，並間雜著酢醬草和野生香草。

TASTING NOTES 品嚐筆記
在硬脆的白色外皮下，起司柔軟綿密，帶有香甜草原和蘑菇的微妙氣味，熟成久後，滋味會變得複雜，略帶苦味。

HOW TO ENJOY 享用方式
搭配另一款硬質起司，作為簡便午餐，或是融化在煙燻火腿和烤麵包上，抹上英國芥末醬(English mustard)享用。

蘇格蘭 Ardersier, Inverness	
熟成期 3 週	
重量和形狀 250g(9oz)和 1.5kg (2¼lb)，圓形	
尺寸 D. 11cm(4½in)和 25cm (10in)，H. 3cm(1in)	
原料奶 牛奶	
種類 軟質白起司	
製造商 Connage Highland Dairy	

Crowdie

一般認為由維京人所引進，傳統上由蘇格蘭佃農(crofters)利用脫脂鮮奶來製作。在塞爾特語(Caelic)裡，它的名稱是 Gruth。

TASTING NOTES 品嚐筆記
帶有新鮮檸檬的酸味，口腔上方可以嚐到碎杏仁味，綿密而酥脆的後味，使人聯想到剛烤好的酵母麵包。

HOW TO ENJOY 享用方式
可代替雙倍鮮奶油(double cream)做成蘇格蘭甜點"Cranachan"(以打發鮮奶油、威士忌、烤過的燕麥以及覆盆子層疊製成)，或抹在燕麥餅(oatcakes)上，搭配上等煙燻鮭魚食用。

蘇格蘭 Tain, Highland	
熟成期 2 天起	
重量和形狀 120g(4½oz)，圓木形	
尺寸 L. 8cm(3in)，H. 4cm (1½in)	
原料奶 牛奶	
種類 新鮮	
製造商 Highland Fine Cheeses	

Cuillin Goats

位於天空島(Isle of Skye)的 West Highland Dairy，後方就有雄偉高山聳立，這款起司就是以這些山脈為名。創作者是傳統起司製作者凱西畢斯(Kathy Biss)，她也寫過幾本書教導起司製作的技術。

TASTING NOTES 品嚐筆記
新鮮柔軟，帶一點尖銳口感，含有柑橘香氣和溫和的山羊味，可聞到微妙的高地草原氣味。

HOW TO ENJOY 享用方式
可加入橄欖和紅洋蔥，做成夏日沙拉，也可放在起司盤上，或是捏碎撒在燕麥餅(oatcakes)上，再撒一點黑胡椒和海鹽。

蘇格蘭 Achmore, Highland	
熟成期 1-2 週	
重量和形狀 210g(7oz)，圓形	
尺寸 D. 9cm(3½in)，H. 3.5cm (1in)	
原料奶 山羊奶	
種類 新鮮	
製造商 West Highland Dairy	

Dunlop

在 1980 年代中期由安道渥(Anne Dorward)所重新復興，Dunlop 現在由蘇格蘭各地的少數幾家製造商生產。品質最好者是以傳統的艾爾許(Ayrshire)鮮奶為原料。

TASTING NOTES 品嚐筆記
味道香甜溫和，外皮呈淡黃色，內部起司有 Cheddar 般的奶油味。熟成 6 個月時，質地接近柔軟的奶油牛奶糖(fudge)，12 個月時，質地變結實而富有香氣。

HOW TO ENJOY 享用方式
這是下午茶最佳搭檔，應配上熱司康(scones)和阿薩姆(Assam)紅茶。也可切片放在燕麥餅(oatcakes)上，搭配芥末和少許威士忌。小孩子喜歡放在烤吐司上吃，配熱牛奶。

蘇格蘭 各地	
熟成期 6-12 個月	
重量和形狀 20kg(44lb)，圓柱形	
尺寸 D. 30cm(12in)，H. 30cm(12in)	
原料奶 牛奶	
種類 硬質	
製造商 多家	

Iona Cromage

由馬爾島(Isle of Mull)的瑞得(Reade)家族製作，有黏性的淡橙色外皮，是以附近 Tobermory Distillery(威士忌酒廠)所生產的威士忌洗浸過。

TASTING NOTES 品嚐筆記
質地豐潤帶黏性，奶油般的風味和威士忌取得平衡，後味辛辣而綿密，使人意猶未盡。它的味道使人聯想到在秋陽下烘烤的野生蘑菇。

HOW TO ENJOY 享用方式
這款令人印象深刻的起司可放在起司盤上，搭配蜜思卡(Muscat)麝香葡萄或成熟的土耳其無花果，和一點威士忌。

蘇格蘭 Tobermory, Isle of Mull	
熟成期 4-6 個月	
重量和形狀 500g(1lb 2oz)和 2kg(4½lb)，圓鼓形	
尺寸 D. 11cm(4½in)和 23cm(9in)，H. 4cm(1½in)	
原料奶 綿羊奶	
種類 半軟質	
製造商 Isle of Mull Cheese	

Kebbuck

由位於鄧弗里斯(Dumfries)附近的 Camphill Trust 所製作，這款優質而特殊的起司，先經洗浸再用紗布包裹起來懸掛熟成。2 個月後，外皮呈現棕色的原始樸拙外形。

TASTING NOTES 品嚐筆記
硬脆外皮之下，中央部分的起司有海綿般的質感，帶有微妙的甜味和胡椒味，後味溫和帶蜂蠟味。幾乎可嚐到牛群踩在清晨露珠草原上的味道。

HOW TO ENJOY 享用方式
可放在英國起司盤上，或單獨食用，搭配烈蘋果酒(Scrumpy cider)。也可以加在富奶油的蘋果烤麵屑(crumble)表面餡料上。

蘇格蘭 Dumfries, Dumfriesshire	
熟成期 2 個月	
重量和形狀 800g(1¾lb)，多種	
尺寸 D. 12cm(5in)，H. 6cm(2½in)	
原料奶 牛奶	
種類 半軟質	
製造商 Loch Arthur Creamery	

Caboc
凱伯克起司

在英格蘭起司製作技術的改進上，羅馬人扮演了重大的角色，但這股影響力並未跨過蘇格蘭的邊界。在蘇格蘭，大部分的起司都是由佃農(crofters)自己生產的，而他們的製作方法一般認為是從維京人(the Vikings)傳下來的。

凱伯克(Caboc)起司和克勞地(Crowdie)起司(見208頁)類似。克勞地(Crowdie)起司是一種傳統的蘇格蘭起司，不用凝乳酶，讓其自然凝乳化再行製作。克勞地(Crowdie)起司使用脫脂鮮奶製成，凱伯克(Caboc)起司則添加了額外的乳脂(cream)。它的製作方法據說源自十五世紀島嶼之王－邁克唐那(The Macdonald,Lord of the Isles)的女兒，瑪麗歐特(Mariota de Ile)。她為了逃避坎貝爾人(the Campbells)的綁架和逼婚，逃到愛爾蘭，當她後來回到天空島(Isle of Skye)時，也帶回了製作凱伯克(Caboc)起司的方法，將島上鮮美的牛奶，轉變成質地更濃郁，味道更美味的起司，適合島嶼之王(the Lord of the Isle)和氏族們享用。

像其他偉大的起司製作法一樣，這種起司的製作方法經過數百年的世代傳承，幾乎失傳，一直到1962年才由蘇珊娜史東(Susannah Stone)復興起來，她和原始創作者有遙遠的宗親關係。她使用自家的生乳，決心重新生產出這款起司。今天，在她兒子的Highland Fine Cheese Company裡，使用完全相同的製造方式，鮮奶來自蘇格蘭大陸最北方的凱司內斯(Caithness)。那裡沒有樹木，土地貧脊，地形平坦，暴露在寒冷北風的肆虐之下，因此那裡的乳牛也是忍耐性強的品種，有傳統的菲伊申乳牛(Friesian)和一些艾爾許(Aryshire)品種，為了抵抗寒冷，體內的脂肪也較厚，因此鮮奶具有較多的蛋白質和脂肪，正適合製作成起司。

TASTING NOTES 品嚐筆記

因為原料來自多乳脂的鮮奶，起司的質地非常香濃滑順，帶有堅果般的奶油味，和一絲略為刺激如酸奶般的後味。表面的烤燕麥角(pinhead oats)增添了一股堅果酵母味，與溫和而愉悅的酥脆口感。

HOW TO ENJOY 享用方式

可放在任何一種華麗的起司盤上，可也用來烹飪。可切片，加入血橙或小柳橙沙拉裡，搭配一些苦味沙拉葉。或是加入馬鈴薯泥中，搭配烤豬腿(gammon)和洋蔥甜酸醬(relish)。史東(Stone)家族的最愛是－爐烤後加在本地優質肉販的哈吉斯上，(哈吉斯haggis 編註：蘇格蘭傳統葷餡，羊胃內加入羊雜、辛香料與調味料，燉煮製成。)再搭配一杯格蘭傑(Glenmorangie)威士忌。

適應力強的高地牛

蘇格蘭	Tain, Highland
熟成期	3 個月以上
重量和形狀	110g(3¾oz)，圓木形
尺寸	D. 4cm(1½in)，L. 8cm (3¼in)
原料奶	牛奶
種類	新鮮
製造商	Highland Fine Cheeses

A CLOSER LOOK
放大檢視

和許多傳統手工起司一樣，凱伯克(Caboc)起司的發展仰賴於原料的取得－大量的鮮奶和蘇格蘭燕麥。

MILK CHURNS 牛奶桶 來自凱司內斯(Caithness)兩家奶酪場的乳脂，從牛奶裡脫出後倒入小型圓桶內，加入配方菌(starter culture)，攪拌，靜置，使其自然緩慢熟成，時間可長達3個月。

MANUAL PRESSING 手工擠壓 乳脂和牛奶變酸後，倒入袋子裡，懸掛瀝乾。

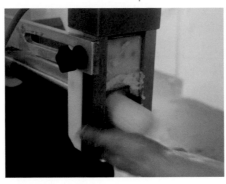

SHAPING 塑型 柔軟的凝乳可塑性大，可輕易地塑成圓木形。

THE OATMEAL 燕麥 將起司滾上烤過的燕麥角是蘇珊娜（Susannah）的發明。她覺得這樣會加強起司的風味，口感也會更豐富。

切片的圓木形起司

質地不像起司，而比較接近雙倍鮮奶油（*double cream*）。

酥脆的燕麥角，和柔軟細緻的起司形成絕妙對比。

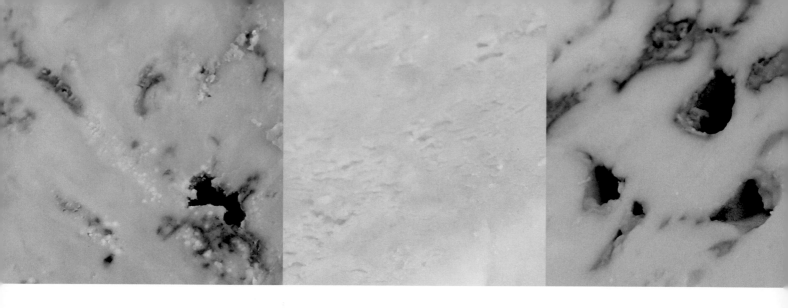

Lanark Blue

翰非艾靈頓(Humphrey Errington)使用洛克福(Roquefort)黴種,再熟成 3 個月,使起司發展出複雜的風味,可感受到綿羊啃食的野生石南花(heather)和天然草原。

TASTING NOTES 品嚐筆記
中央部分柔軟有彈性,外皮硬脆,帶有葡萄柚般的刺激味,以及高山牛熟成肋排的肉味。有時帶有甜味和尖銳藍黴風味。

HOW TO ENJOY 享用方式
適合放在起司盤上,搭配芹菜心和香脆餅乾。也可磨碎加在熱呼呼的冬季沙拉裡,搭配烤洋蔥和多南瓜(winter squash)。

蘇格蘭 Carnwath, Lanarkshire	
熟成期 3 個月	
重量和形狀 1.8kg(4lb),圓鼓形	
尺寸 D. 16cm(6in),H. 12cm (5in)	
原料奶 綿羊奶	
種類 藍黴	
製造商 H J Errington	

Orkney

來自與世隔絕而多強風的奧克尼群島(Orkney Island),由西爾達席塔(Hilda Seator)的農場所生產。質地類似 Wensleydale,但風味截然不同。屬於一款乳酸凝乳化(lactic)起司,不使用凝乳酶。

TASTING NOTES 品嚐筆記
淡黃色的起司質地有彈性,帶有檸檬的酸味。後味帶有一絲奶油南瓜(butternut squash)和酵母味,像一間老舊的釀酒室(brewing room)。

HOW TO ENJOY 享用方式
捏碎放在燕麥餅(oatcakes)上,可搭配單一麥芽威士忌,或搭配傳統的水果蛋糕(fruitcake)和一杯下午茶。這款優質的早餐起司,也可搭配水煮圓片火腿(gammon)和炒蛋。

蘇格蘭 Kirkwall, Orkney Islands	
熟成期 4 週	
重量和形狀 3.5kg(7lb 7oz),擠壓過的圓形	
尺寸 D. 12cm(5in),H. 5cm(2in)	
原料奶 牛奶	
種類 硬質	
製造商 Grimbister Farm	

Strathdon Blue

生產商是 Highland Fine Cheese,他們也生產蘇格蘭最古老的起司之一 Caboc(見 210-211 頁)以及 Blue Monday(見 207 頁)。起司內有銀灰色的黴塊,帶黏性的黃色外皮上有天藍色黴斑。

TASTING NOTES 品嚐筆記
藍紋分佈均勻,帶一點鹹味、胡椒味與辛辣的刺激味。後味有時帶有慕斯般的牛奶巧克力的風味。

HOW TO ENJOY 享用方式
加在可分二次烘烤的舒芙蕾(soufflés)裡,味美無比,搭配核桃和調味好的沙拉葉。適合加在葡萄麵包上,也適合融化在牛排上。

蘇格蘭 Tain, Highland	
熟成期 3 個月	
重量和形狀 2.8kg(6lb),車輪形	
尺寸 D. 30cm(12in),H. 10cm (4in)	
原料奶 牛奶	
種類 藍黴	
製造商 Highland Fine Cheee	

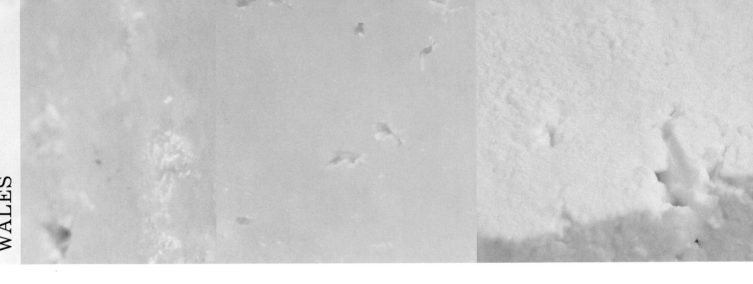

Cerwyn

生產者是位於伯西地(Preseli)山區中心的 Pant Mawr Farm，是詹寧(the Jennings)家族在利比亞(Libya)和北葉門(North Yemen)成立奶酪企業後，在 1983 年回到威爾斯建立的。

TASTING NOTES 品嚐筆記
質地堅硬但未經擠壓，帶有滑順綿密的質地和奶油色澤。熟成後的風味帶有生洋蔥的刺激和堅果後味。

HOW TO ENJOY 享用方式
完美的起司盤選擇，搭配一支濃郁的波爾多(Bordeaux)。搭配新鮮水果和果醬也很美味，亦可製成醬汁，搭配起司通心粉(macaroni cheese)等菜餚，也可放在吐司上爐烤。

威爾斯	Clynderwen, Pembrokeshire
熟成期	6 個月
重量和形狀	1.4kg(3lb)，車輪形
尺寸	D. 18cm(7in)，H. 5cm(2in)
原料奶	牛奶
種類	硬質
製造商	Pant Mawr Farmhouse

Dragons Back

Caws Mynydd Du 代表 Black Mountain Cheese，這家奶酪場是由麥若狄斯(the Meredith)家族所建立的，為了能夠完全利用自家農場生產的綿羊奶，該農場就在黑山(the Black Mountain)山腳下。這款起司是以傳統的 Caerphilly 製法為基礎。

TASTING NOTES 品嚐筆記
外皮樸拙迷人。濃郁的綿羊奶使起司質地結實但綿密細緻，味道香甜，帶一絲柑橘後味。

HOW TO ENJOY 享用方式
作為起司盤十分理想，搭配薩瓦(Soave)或遲摘的(late-harvest)麗絲玲(Riesling)。可磨碎或融化使用。磨碎後加入剛煮好的韭蔥(Leek)和馬鈴薯濃湯中。

威爾斯	Brecon, Powys
熟成期	8 週
重量和形狀	900g(2lb)，小圓桶形或 3kg(6½lb)，車輪形
尺寸	小圓桶形：D. 11cm(4½in)，H. 10cm(4in)；車輪形：D. 20cm(8in)，H. 11cm(4½in)
原料奶	綿羊奶
種類	硬質
製造商	Caws Mynydd Du

Ffetys

奈傑捷佛瑞(Nigel Jefferies)和他的妻子瑞(Rhian)，在 2008 年建立了一家奶酪場，利用自家的 50 頭山羊來生產軟質起司。其中包括菲塔風格(Feta-style)的 Ffetys，和另一款凝乳起司叫做 Peli Pabo。

TASTING NOTES 品嚐筆記
質地柔軟易碎，口感綿密，帶有經典的鹹與酸味，有一點胡椒味與一絲山羊味。

HOW TO ENJOY 享用方式
作成沙拉最好，也可和紅洋蔥與百里香加入鹹味塔(tarts)中，可加入義大利麵和蛋包(omelette)裡，或和迷迭香填塞入自製麵包內。搭配紐西蘭白蘇維翁(Sauvignon Blanc)或不甜的麗絲玲(Riesling)。

威爾斯	Dulas, Isle of Anglesey
熟成期	3 個月
重量和形狀	200g(7oz)，磚形
尺寸	L. 23cm(9in)，W. 15cm(6in)，H. 5cm(2in)
原料奶	山羊奶
種類	新鮮
製造商	Y Cwt Caws

Gorau Glas

瑪格麗特戴維斯(Margaret Davis)為了增加家族農場所生產鮮奶的效益,開始製作起司,接著更上層樓,創造出這款最成功的小圓桶型藍黴起司,上面有藍綠色的黴層。Gorau Glas 為藍月之意。

TASTING NOTES 品嚐筆記
質地細緻綿密而美味,熟成淺的有微妙但明顯的辛辣後味,熟成久後,會在舌間迸出濃烈的藍黴風味。

HOW TO ENJOY 享用方式
這款起司用途很廣,試著捏碎加入苦味沙拉葉裡,加入成熟的梨子切片、烤核桃,搭配新鮮無花果和索甸(Sauternes)或陳年波特酒(Tawny Port)。

威爾斯 Dwyran, Isle of Anglesey	
熟成期 8-10 週	
重量和形狀 350g(12oz),小圓桶形	
尺寸 D. 3.5cm(1in), H. 3.5cm(1in)	
原料奶 牛奶	
種類 藍黴	
製造商 Quirt Farm	

Hafod

山姆何登(Sam Holden),土壤協會(the Soil Association)創辦人之子,在 2008 年於威爾斯歷史最悠久的有機農場創作出 Hafod,使用 Cheddar 的製作法和自家艾爾許(Aryshire)品種的鮮奶。

TASTING NOTES 品嚐筆記
濃郁香醇的鮮奶,使起司帶有飽滿純粹的口味,熟成久後,質地變硬而結實,帶有複雜的刺激味和青草香的後味。

HOW TO ENJOY 享用方式
起司盤的理想選擇,搭配香脆麵包和一杯冰啤酒就很美味。適合融化,可做成焗烤料理(gratin)。

威爾斯 Credigion, West Wales	
熟成期 12 個月	
重量和形狀 10kg(22lb),圓柱形	
尺寸 D. 25cm(10in). H. 25cm(10in)	
原料奶 牛奶	
種類 硬質	
製造商 Holden Dairy Farm	

Pant-Ys-Gawn

製造商是 Abergavenny Fine Foods,威爾斯第一家山羊奶起司的營利生產商。這款起司在全國的超市都很受歡迎,以首度生產的家庭農場命名,有原味也有新鮮香草的版本。

TASTING NOTES 品嚐筆記
純白色的起司味道清新乾淨,口味溫和,帶有平滑綿密的質感,清冽中帶一點溫和的山羊後味。

HOW TO ENJOY 享用方式
厚厚地抹在香脆麵包上。和帶藤番茄一起放在布其塔(bruschetta 義式麵包)上爐烤,也可和新鮮香草作成美味的鹹味起司蛋糕。搭配松塞爾(Sancerre)或粉紅酒(rosé)。

威爾斯 Abergavenny, Monmouthshire	
熟成期 3 週	
重量和形狀 100g(3½oz),圓鼓形	
尺寸 D. 6cm(2½in), H. 3cm(1in)	
原料奶 山羊奶	
種類 新鮮	
製造商 Abergavenny Fine Foods	

Perl Las

來自威爾斯的起司製造師費那亞當斯（Thelma Adams），在 1987 年用自家生產的生乳，開始製作傳統的 Caerphilly 起司。"Perl Las"是威爾斯語，意為藍色珍珠，是 2001 年的創作。

TASTING NOTES 品嚐筆記
帶有土質和黴菌的氣味，這是真正藍黴起司的典型味道，質地滑順綿密。圓潤濃烈的味道裡，辛辣的後味含有一絲草本味（herbaceous）。

HOW TO ENJOY 享用方式
可放在起司盤上、融化在牛排上或作成新鮮爽脆沙拉的調味汁。搭配一支不甜的麗絲玲（Riesling）、陳年波特酒（Tawny Port）或啤酒。

威爾斯 Boncath, Camarthenshire	
熟成期 12-16 週	
重量和形狀 600g(1lb 5oz)和 2.5kg(5½lb)，車輪形	
尺寸 D. 10cm(4in)和 20cm(8in)，H. 8cm(3in)和 10cm(4in)	
原料奶 牛奶	
種類 藍黴	
製造商 Caws Cenarth	

Pont Gar

Carmarthenshire Cheese 是 在 2006 年由史帝文和西恩艾林皮斯(Steve and Sian Elin Peace)所建立的。在奶酪業工作了 25 年之後，他們決定以優質的本地鮮乳為原料，聯手創作出自己的軟質起司。

TASTING NOTES 品嚐筆記
這款布里風格(Brie-style)的軟質白起司，口味溫和，質地滑順，帶有一絲蘑菇味和香甜的奶油味，後味有一絲尖銳。也有煙燻和含有香草的版本。

HOW TO ENJOY 享用方式
起司盤上的經典，搭配當季水果和堅果極為美味。適合搭配新世界的梅洛(Merlot)或蘋果酒(cider)。

威爾斯 Carmarthen, Carmarthenshire	
熟成期 5 週	
重量和形狀 1.4kg(3lb)，車輪形	
尺寸 D. 11cm(4½in)，H. 4cm(1½in)	
原料奶 牛奶	
種類 軟質白起司	
製造商 Carmarthenshire Cheese Company	

Saval

Teifi Farmhouse Cheeses 的約翰薩維其(John Savage)，已創作出數款硬質起司，包括一款傳統的 Caerphilly 和生乳製成的洗浸起司。有些種類是和英國第一位熟成師詹姆斯安德莒(James Aldridge)合作的結果。

TASTING NOTES 品嚐筆記
外形成圓餃型(dumpling)，具有橘紅色的外皮。黃色的內部起司質地豐潤有彈性，帶有明顯而刺激的農場氣味，以及鹹而帶肉味的後味。

HOW TO ENJOY 享用方式
喜愛起司者不可錯過，搭配一支不太甜(off-dry)的格烏茲塔明那(Gewürztraminer)最為美妙。亦可為起司鍋(fondue)增添一點刺激味。

威爾斯 Liandysul, Powys	
熟成期 6-7 週	
重量和形狀 2kg(4½lb)，圓餃形 (dumpling)	
尺寸 D. 26cm(10in)，H. 5cm (2in)	
原料奶 牛奶	
種類 半軟質	
製造商 Teifi Farmhouse Cheese	

Caerphilly
卡菲利起司

唯一和威爾斯有關係的傳統起司,它曾是當地礦工的最愛,在 1800 年代早期到 1914 年之間,許多在格拉摩根(Glamorgan)和蒙茅斯(Monmouth)的小型農場都有生產。

歷史古城卡菲利(Caerphilly)裡的卡菲利堡(Caerphilly Castle)。

第一次世界大戰之後,農場的生存面臨危機,隨著鐵路的發展,農夫能夠將鮮奶運送出去販售,而不必爲了加以保存而製作成起司,因此起司業逐漸蕭條。1954 年之前,農業部停止了所有卡菲利(Caerphilly)起司生產的活動,直到 1980 年代傳統的威爾斯卡菲利(Welsh Caerphilly)起司才重新出現。

幸好在二十世紀初,一些桑摩塞(Somerset)切達(Cheddar)起司的製作商看到有利可圖,便轉往製作卡菲利(Caerphilly)起司,因其數週後即可上市,切達(Cheddar)卻需要熟成 1 年。一些生產商如 Ducketts,在戰後持續生產,但產量越來越少,直到 1980 年代的傳統手工(artisan)起司復興運動才改變,當時也正逢派崔克倫斯(Patrick Rance)大力推廣傳統起司。

今天在威爾斯的山谷裡,有數款農舍(farmhouse)卡菲利(Caerphilly)起司生產,製造商包括 Caws Cenarth、Trethowan's Dairy 和 Nantybwla。大多數都需要數個月來熟成,而不是只有幾天,並且通常出現在倫敦的頂級餐廳中,而不再屬於礦工的午餐。

TASTING NOTES 品嚐筆記

卡菲利(Caerphilly)起司具有美好的新鮮風味,當牛群所啃食的植被最鮮美之時,起司的草本香甜味,會像粗獷版的奶油白醬(béchamel)醬汁一樣,融合了秋雨滋潤後被壓碎歐洲蕨的氣息。

熟成越久,質地會越柔軟綿密而豐潤,外皮會長出藍灰色的黴層,有時會蔓延到起司表面,這代表起司仍然活性十足—食用時將其刮除即可。

HOW TO ENJOY
享用方式

卡菲利(Caerphilly)起司溫和、檸檬般的新鮮風味,用來做成甜鹹料理都很適合,尤其是"Welsh Rabbit 威爾斯烤起司麵包"(也稱爲 Rarebit)。它可融化在起司上或搭配香脆麵包,也可混合啤酒、蛋、伍斯特辣醬油(Worcestershire sauce)和芥末(mustard),作爲一種有趣的搭配。可搭配啤酒、本地蘋果酒(cider)、水果酒,或新興威爾斯葡萄園裡的一支白酒。

A CLOSER LOOK
放大檢視

外觀和口味都很簡單的起司,決定等級的條件就在原料的品質、製作方法和最重要的,製作者的熱情。

RIND 外皮 卡菲利(Caerphilly)起司外皮上的黴斑,創造出一種斑駁外觀。

威爾斯	Dyfed, Ceredigion, Somerset
熟成期	4 天到 4 個月
重量和形狀	4.5kg(9½lb),車輪形
尺寸	D. 25cm(10in),H. 8cm (3¼in)
原料奶	牛奶
種類	硬質
製造商	多家

CUTTING THE CURD 切割凝乳
凝乳使用一種特製的刀加以切割，刀要夠長才能切到鋼槽的底部。因為凝乳緩慢地從鮮奶形成，凝乳切成3等份，產生1公分(½英吋)大小柔軟脆弱的方塊。

DRAINING THE WHEY 濾出乳清
用手攪拌凝乳和乳清直到達到理想的酸度，傳統檢驗的方法是用手壓時，凝乳上會留下手印。乳清濾出後，再切割凝乳一次，然後放入鋪好紗布的模型裡。這些步驟都是手工進行。將模型堆疊至3~4個高，放在由金屬盤分開的擠壓器下，然後施加壓力，長達20~30分鐘。

MATURING 熟成
擠壓後的第二天，起司浸泡在鹽水裡，擦乾後，放在陰涼的房間裡靜置4~7天再上市。

熟成3~4個月的起司，會發展出可觀厚度的灰黴層，風味也會更複雜。

內部起司呈木蘭花般的淡黃色，從內而外帶著灰色，幾乎接近白色的大理石紋狀。

Talley Mountain Goat's Cheese

Kid Me Not 所生產的起司、奶油牛奶糖 (fudge)、優格和冰沙(smoothies)，特別好吃的秘訣是，自家山羊放牧於農場所在地的山丘上，所以鮮奶永遠最新鮮。附近的起司製造商 Carmarthenshire Cheese 爲他們生產起司。

TASTING NOTES 品嚐筆記
蛋糕形狀的起司具有白色薄皮。質地密實白色粉狀質地(chalky)，具有新鮮的乳酸味(lactic)，帶一絲茵陳蒿和蘑菇味。熟成越久會變得越綿密。

HOW TO ENJOY 享用方式
爐烤、捏碎或加在義大利麵裡都很可口。像所有的山羊奶起司一樣，最好的搭檔是白蘇維翁(Sauvignon Blanc)。

威爾斯 Llandeilo, Carmarthenshire	
熟成期 6 週	
重量和形狀 5kg(11lb)，蛋糕形	
尺寸 D. 30cm(12in)，H. 5cm (2in)	
原料奶 山羊奶	
種類 軟質白起司	
製造商 Kid Me Not	

Talley Mountain Mature Cheese

座落於 50 公頃起伏的綠色山巒之間，Cothi Valley Goats 飼養了 240 頭的母山羊，牠們生產的鮮奶細緻芳香，可製作成各式起司，如藍黴(blur)和硬質(hard) Ranscombe，後者具有樸拙的簇狀(tuffty)藍灰色黴層。

TASTING NOTES 品嚐筆記
質地結實而細緻，帶有清新的酸度，和硬質山羊奶起司所特有的杏仁味。

HOW TO ENJOY 享用方式
最適合放在起司盤上，但可爲任何一種簡便午餐、塔(tarts)和鹹派(quiches)等增加風味，最適合搭配清冽的白酒或柔軟的紅酒。

威爾斯 Llandeilo, Carmarthenshire	
熟成期 2 個月	
重量和形狀 5kg(11lb)，圓形	
尺寸 D. 30cm(12in)，H. 6cm (2½in)	
原料奶 山羊奶	
種類 硬質	
製造商 Cothi Vally Goats	

Teifi Farmhouse

來自荷蘭的約翰薩維其(John Savage)，在威爾斯的中心地帶建立了自己的奶酪場，他的第一款起司 Teifi Farmhouse，就是以家鄉的 Gouda 爲基礎發展的。

TASTING NOTES 品嚐筆記
提非谷(Teifi Valley)鮮美的天然草原，賦予這款起司獨特的風味—青草味和果香，帶一絲刺激的鹹味。熟成淺時質地柔細豐潤，熟成久後會變乾，幾乎呈易碎狀。

HOW TO ENJOY 享用方式
經典的起司盤起司，也可用在烹飪上，需要風味濃郁的起司時都可派上用場。完美的搭檔是夏多內(Chardonnay)。

威爾斯 Llandysul, Carmarthenshire	
熟成期 6-12 個月	
重量和形狀 15kg(33lb)，巨石形	
尺寸 D. 10cm(4in)，H. 6cm (2½in)	
原料奶 牛奶	
種類 硬質	
製造商 Teifi Farmhouse	

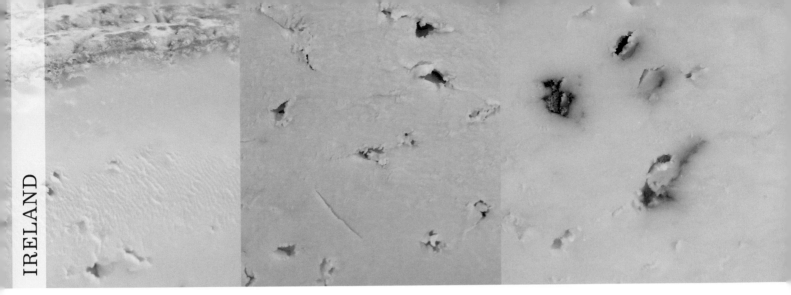

Ardrahan

為了利用自家生產的鮮奶，尤金和瑪麗伯恩
（Eugene and Mary Burns）在 1980 年代
於寇克（Cork）創立了奶酪場。Ardraham
至今仍是愛爾蘭最受歡迎的洗浸起司之一。

TASTING NOTES 品嚐筆記
中央部分呈淡黃色，淡橘色外皮有黏性，質
地豐潤有彈性而綿密，帶有香甜的鹹味和肉
味般的後味，熟成越久，味道越濃。也有煙
燻的版本。

HOW TO ENJOY 享用方式
很適合融化，所以可加在蔬菜上爐烤或做成
蛋包（melette）。也可放在起司盤上，搭配
一杯啤酒。

愛爾蘭 Kanturk, Cork
熟成期 小：4-6 週，大：12-14 週
重量和形狀 1kg（2¼lb），車輪形
尺寸 D. 18cm（7in），H. 10cm（3in）
原料奶 牛奶
種類 半軟質
製造商 Ardrahan Farmhouse

Ardsallagh

珍和傑拉德莫非（Jane and Gerard Murphy）
經營 Ardsallagh 農場和奶酪場，他們的
400 頭山羊所提供的鮮奶，可製作成各式手
工硬質和軟質起司，包括 Crottin，還有優
格及瓶裝鮮奶。

TASTING NOTES 品嚐筆記
熟成淺時，有溫和清新的堅果味。熟成久
後，質地變硬，可磨碎，味道圓潤帶杏仁味，
後味充滿香氣有刺激感。煙燻的版本亦十分
美味。

HOW TO ENJOY 享用方式
放在起司盤上，可搭配紅酒如阿羅佐的蒙
特普爾恰諾（Montepulciano d'Aruzzo），
或蘋果酒（cider）。亦可用來做成鹹派
（quiches）和塔（tarts）。

愛爾蘭 Carrigtwohill, Cork
熟成期 至少 4 個月
重量和形狀 250g-11kg（9oz-24¼lb），圓形
尺寸 D. 8-35cm（3-14in），H. 4-12cm（1½-5in）
原料奶 山羊奶
種類 硬質
製造商 Ardsallagh Goats Products

Bellingham Blue

這是愛爾蘭最好的藍黴起司之一。由專業的
起司製作師彼得湯瑪士（Peter Thomas），
利用 Glyde Farm 裡的菲伊申乳牛（Frie-
sian）乳牛所生產的生乳製成。

TASTING NOTES 品嚐筆記
質地濕潤，含有藍綠色的黴紋。外皮是天然
形成，熟成淺時，口味溫和，熟成久後，變
得濃郁圓潤，帶一絲辛辣感。

HOW TO ENJOY 享用方式
熟成最久的版本，適合搭配一杯巴羅洛
（Barolo）或索甸（Suternes）。可融化在牛
排上、或填塞在雞胸肉裡，也可加入舒芙蕾
（soufflés）和義大利麵裡，或是和西洋梨、
石榴籽和烤堅果一起做成沙拉。

愛爾蘭 Castlebellingham, Louth
熟成期 6-14 個月
重量和形狀 3kg（6½lb），車輪形
尺寸 D. 20cm（8in），H. 7.5cm（3in）
原料奶 牛奶
種類 藍黴
製造商 Glyde Farm

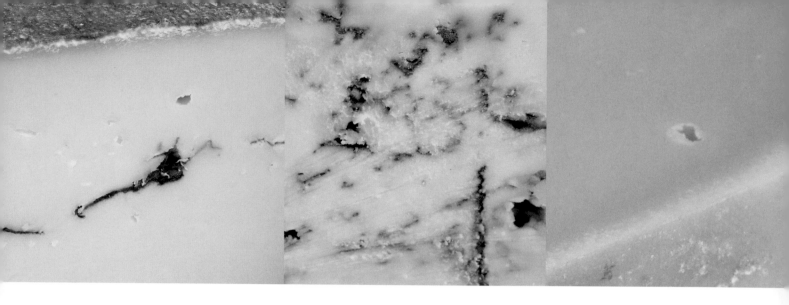

Beenoskee

德國出生的馬吉百得(Maja Binder)，在 Dingle Peninsula Dairy 裡生產出一些愛爾蘭最特別的生乳起司。牛群放牧於靠海的草原之上，因此所生產的鮮乳帶有天然的鹹味，當地的海帶(seaweed)也用來調味。市面上也可買到加味，以及含有海帶絲的版本。

TASTING NOTES 品嚐筆記
硬脆的海帶外皮，在柔軟綿密的口感外，又增添了一絲天然海鹽風味，內部起司含有一股溫暖而辛辣的滋味。

HOW TO ENJOY 享用方式
可放在起司盤上，搭配一杯阿爾薩斯麗絲玲(Alsace Riesling)和一些榲桲糕(quince paste)。

愛爾蘭	Castlegregory, Kerry
熟成期	6-12 個月
重量和形狀	4-9kg(8lb 13oz-19lb 13oz)，車輪形
尺寸	多種
原料奶	牛奶
種類	硬質
製造商	Dingle Peninsula Cheese Dairy

Cashel Blue

這是愛爾蘭最受歡迎的藍黴起司之一，由 Beechmount Farm 的克勞伯(the Grubb)家族生產，他們使用的鮮奶，來自自家的純種英國菲伊申(British Friesian)乳牛。

TASTING NOTES 品嚐筆記
質地柔軟，如絲般滑順綿密，帶有綠藍色的大理石般黴紋，產生一絲辛辣感，口味不致太過強烈。

HOW TO ENJOY 享用方式
要體會完整風味，可回復室溫後放在起司盤上，搭配 1 顆成熟的西洋梨，和一支香甜的塞米雍(Sémillon)或聖艾米隆(St Émilion)。也可融化在爐烤牛排上、捏碎撒入沙拉或質地細緻的芹菜湯裡。

愛爾蘭	Fethard, Tipperary
熟成期	9-35 週
重量和形狀	1.5kg(3lb 3oz)，圓鼓形
尺寸	D. 13cm(5in)，H. 9cm (3½in)
原料奶	牛奶
種類	藍黴
製造商	J & L Grubb

Coolea

這款豪達風格(Gouda-style)的起司，自 1980 年初次生產以來已榮獲不少獎項。現在的生產商，是第二代的起司製作師迪克威廉(Dicky Willems)和妻子席妮(Sinead)。

TASTING NOTES 品嚐筆記
淡金色的起司質地堅硬滑順，含有一些小氣孔。熟成淺時帶有果香味，口味溫和，隨著熟成度加深，則會變得濃郁，帶有堅果與焦糖味的辛辣感。來自山坡草地的濃郁鮮奶，又增添了一絲草本風味(herbaceous)。

HOW TO ENJOY 享用方式
用來磨碎和融化的效果都很好，可加在蛋包(omelette)和沙拉裡。搭配一支酒體飽滿的紅酒或溫暖的陳年波特酒(Tawny Port)。

愛爾蘭	Fermoy, Cork
熟成期	2-24 個月
重量和形狀	4.5kg(10lb)和 9kg (20lb)，巨石形
尺寸	D. 25cm(10in)和 35cm (14in)，H. 10cm(4in)
原料奶	牛奶
種類	硬質
製造商	Coolea Farmhouse Cheese

Cooleeney

這是愛爾蘭版的 Camembert，由位於提普瑞立(Tipperary)的第四代家庭農場手工製作，當地鮮美的草原植被，生產出濃郁香甜的鮮奶。

TASTING NOTES 品嚐筆記
生乳製成的 Cooleeney，質地有奢華的濃郁感，帶有蘑菇和香草的香氣，飽滿的奶油味之外，還含有適度的酸度。

HOW TO ENJOY 享用方式
食用前，應先回復至室溫使其軟化，最好搭配香脆的法國麵包和葡萄。對應的葡萄酒要溫和一點，如清淡的瓦爾波利切拉(Valpolicella)紅酒。

愛爾蘭 Moyne, Tipperary	
熟成期 8-14 週	
重量和形狀 200g(7oz)和 1.7kg (3lb 12oz)，圓形	
尺寸 D. 8cm(3in)和 24cm (9½in)，H. 2.5cm(1in)和 4.5cm (2in)	
原料奶 牛奶	
種類 軟質白起司	
製造商 Cooleeney Cheese	

Corleggy

來自卡文(Cavan)，由席克科普(Silke Cropp)所製作的 Coreleggy，是農舍起司復興運動的產物，因為這股復興風潮，愛爾蘭才能躍上全球美食版圖。山羊和乳牛放牧於附近的冰丘草原上，當地充滿了豐富的香草植被。

TASTING NOTES 品嚐筆記
帶有鮮美青草和野生香草的氣味。天然形成的外皮經鹽水洗浸，滋味豐富。

HOW TO ENJOY 享用方式
非常適合搭配李子(plums)或無花果。也很適合磨碎做成醬汁，或加在舒芙蕾(soufflés)裡。

愛爾蘭 Belturbet, Cavan	
熟成期 2-4 個月	
重量和形狀 400g(14oz)和 1kg (2¼lb)，圓柱形	
尺寸 D. 10cm(4in)和 16cm(6in)，H. 12cm(5in)	
原料奶 山羊奶	
種類 硬質	
製造商 Corleggy Cheeses	

Crozier Blue

創作於 1993 年，這是愛爾蘭的第一款綿羊奶藍黴起司，是 Cashel Blue 的姐妹品，味道類似於 Roquefort(見 82-83 頁)。

TASTING NOTES 品嚐筆記
原料乳來自英國菲伊申(British Friesian)綿羊，牠們放牧的地區為石灰岩土質，為這款柔軟、綿密略呈易碎狀的起司，帶來了一股尖銳而乾的辛辣感，和胡椒般的濃烈風味。

HOW TO ENJOY 享用方式
可搭配熟透的西洋梨、核桃和鮮嫩沙拉葉，作為開胃菜，也可在餐後食用，搭配一杯延遲裝瓶的年份波特酒(late-bottled vintage Port)或多凱貴腐甜酒(Tokaji)。可做成藍黴起司披薩，或加入鹹派(quich)和義式燉飯(risotto)中。

愛爾蘭 Fethard, Tipperary	
熟成期 10-35 週	
重量和形狀 1.5kg(3lb 3oz)，圓鼓形	
尺寸 D. 13cm(5in)，H. 10cm (4in)	
原料奶 綿羊奶	
種類 藍黴	
製造商 J & L Grubb	

Desmond

名稱來自當地一座著名的山峰，本來是農舍(farmhouse)製作爲主的起司，但現在由 Newmarket Creamery 負責生產，由起司製造師來監督。同廠生產的另一款起司 Gabriel，其原料奶經過不同的溫度處理。

TASTING NOTES 品嚐筆記
這款熟成久、瑞士風格的中溫處理(thermophilic)起司，質地堅硬，帶有胡椒般的辛辣感和濃郁綿延的後味。

HOW TO ENJOY 享用方式
放在起司盤上，最適合搭配阿爾薩斯(Alsatian)白酒。可做成起司鍋(fondoues)和醬汁，或加在義大利麵和葉菜沙拉上。

愛爾蘭 Schull, Cork	
熟成期 10 個月 -3 年	
重量和形狀 7kg(15lb 7oz)，車輪形	
尺寸 D. 31cm(12in)，H. 10cm(4in)	
原料奶 牛奶	
種類 硬質	
製造商 West Cork Natural Cheeses	

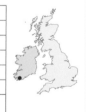

Durrus

這是當地獨特的四大西部寇克(Cork)地方起司之一。30 年後，傑菲吉爾(Jeffa Gill)仍然在鄧馬那斯灣(Dunmanus Bay)生產她的洗浸起司，使用生乳和忠於傳統的製作方法。

TASTING NOTES 品嚐筆記
這款帶橘色調的洗浸外皮起司，內部佈滿小氣孔。質地平滑綿密，富口感，帶有芳香的青草味和溫暖的果香調，熟成久後，變得濃郁，堅果味越濃。

HOW TO ENJOY 享用方式
餐後，搭配松塞爾(Sancerre)或梅洛(Merlot)。"Durrus Melt"是一種起司鍋(fondue)，也是經典的現代愛爾蘭料理。

愛爾蘭 Durrus, Cork	
熟成期 3-8 週	
重量和形狀 250g-1.4kg(9oz-3lb)，圓形	
尺寸 D. 10-17cm(4-6½in)，H. 5-6cm(2-2½in)	
原料奶 牛奶	
種類 半軟質	
製造商 Durrus Cheese	

Glebe Brethan

大衛和瑪瑞提儂(David and Mairead Tiernan)首度在 2004 年，創作出這款堅硬而細緻的美味起司。它的高品質，歸功於蒙貝利亞爾(Montbéliarde)品種乳牛的優質鮮乳。

TASTING NOTES 品嚐筆記
熟成淺時，帶有氣孔而質地滑順的金黃色起司，富果香而細緻。熟成久後，多了一股辛辣和堅果味，帶有一絲刺激的愉悅香氣，後味帶一點清新的酸度。

HOW TO ENJOY 享用方式
用途很廣，可單獨食用，搭配阿爾薩斯灰皮諾(Alsace Pinot Gris)。也可加入迷你塔(tartlets)中，搭配焦糖洋蔥，或是做成質地滑順的起司鍋(fondue)或醬汁。

愛爾蘭 Dunleer, Louth	
熟成期 6-24 個月	
重量和形狀 40-45kg(88lb 3oz-99lb 3oz)，車輪形	
尺寸 D. 60-66cm(23½-26in)，H. 10cm(4in)	
原料奶 牛奶	
種類 硬質	
製造商 Glebe Brethan Farmhouse	

Grace

屬於該農場所生產的一系列有機新鮮起司，以玻璃瓶裝，浸在葵花油裡，並以不同的辛香料和香草調味。

TASTING NOTES 品嚐筆記
味道非常新鮮柔軟而細緻，帶有葵花油的草本青草味。其他產品有不同調味的版本，如橄欖、蕁麻(nettles)、細香蔥或胡椒。

HOW TO ENJOY 享用方式
抹在香脆麵包、餅乾或三明治上，搭配胡椒味的沙拉葉和番茄。適合加在烘烤馬鈴薯(jacket potato)上、當做蘸醬或是煙燻鮭魚抹醬(pâté)的基底。更可做成美味無比的起司蛋糕。

愛爾蘭 Ladestown, Westmeath
熟成期 數天
重量和形狀 150g(5½oz)，玻璃瓶裝
尺寸 無
原料奶 牛奶
種類 新鮮
製造商 Moonshine Dairy Farm

Gubbeen

這是一款農舍(farmhouse)起司，以自家的菲伊申乳牛(Friesian)和凱瑞牛(Kerry Cows)提供原料。外皮上帶有黏性的橙色黴菌被命名為"Gubbeenensis"，現已舉世聞名。

TASTING NOTES 品嚐筆記
以鹽水洗浸過的Gubbeen，質地平滑細密，含有微小氣孔。具有溫和的香草和花香調，後味含肉味(menty)。

HOW TO ENJOY 享用方式
特級熟成煙燻(Extra Mature Smoked)的Gubbeen可搭配聖誕蛋糕(Christmas cake)。餐後食用，可搭配奇揚第(Chianti)或波爾多(Bordeaux)。也可融化加在披薩、馬鈴薯泥和蛋包(omelette)裡。

愛爾蘭 Schull, Cork
熟成期 12-16 週
重量和形狀 500g -4.5kg(1lb 2oz-9lb 15oz)，圓形
尺寸 D. 12-30cm(5-12in)，H. 5-10cm(2-4in)
原料奶 牛奶
種類 半軟質
製造商 Gubbeen Cheese

Knockdrinna Gold

海倫費尼根(Helen Finnegan)在 2004 年才開始製作起司，卻已以山羊奶和綿羊奶起司屢屢獲獎，最近的獲獎紀錄是她的牛奶起司 Lavistown(見 224 頁)。

TASTING NOTES 品嚐筆記
質地綿密帶果味。外皮經過有機白酒洗浸，形成濃郁的金黃色，並產生一絲柑橘香。另外還有一款軟質綿密的山羊奶起司，和半軟質的綿羊奶起司。

HOW TO ENJOY 享用方式
可放在起司盤或綜合起司拼盤上，最好搭配一杯清香的白蘇維翁(Sauvignon Blanc)。也適合用來烘烤山羊奶起司塔(tart)。

愛爾蘭 Stoneyford, Kikenny
熟成期 2 個月
重量和形狀 3kg(6½lb)，圓形
尺寸 D. 23cm(9in)，H. 8cm(3in)
原料奶 山羊奶
種類 半軟質
製造商 Knockdrinna Farmhouse Cheese

Lavistown

25 年前，由奧莉維雅古德威利(Olivia Goodwillie)首度在 Lavistown House 所創作出來的，現在則由 Knockdrinna 的海倫費尼根(Helen Finnegan)製作。

TASTING NOTES 品嚐筆記
這款低脂的 Caerphilly 風格起司，具有淡黃色如皮革般的薄皮，上面佈滿白、灰和粉紅色的黴粉。熟成淺時，帶有清新的酸味，但熟成久後，帶有一絲辛辣感，質地也變得易碎。

HOW TO ENJOY 享用方式
搭配小塊的甜點蘋果和一杯愛爾型啤酒(ale 編註：頂層發酵啤酒的統稱)。可為蘋果派增添一股特殊風味，也可墊在絞肉底下，做成聖誕餡餅(mince pies)。

愛爾蘭 Stoneyford, Kilkenny		
熟成期 3 週 -70 天		
重量和形狀 3.5kg(7lb 11oz)，車輪形		
尺寸 D. 23cm(9in)，H. 9cm(3½in)		
原料奶 牛奶		
種類 硬質		
製造商 Knockdrinna Farmhouse Cheese		

Milleens

這是愛爾蘭的第一款傳統手工農舍起司，由維若妮卡史帝爾(Veronica Steele)創作於 1976 年。維若妮卡(Veronica)將最小型的 Milleens 暱稱為"dote"—愛爾蘭語裡，稱呼被珍愛的事物。

TASTING NOTES 品嚐筆記
這款洗浸外皮起司，有橙粉紅調的外皮，質地柔軟，隨著熟成轉變成流動狀，帶有蘑菇和香草風味，充滿林地氣息。

HOW TO ENJOY 享用方式
搭配上等麵包，尤其是愛爾蘭蘇打麵包，和一杯巴羅洛(Barolo)或淡紅酒(Claret)。可加入剛煮好的義式燉飯，或青花菜和花椰菜等做成的蔬菜濃湯裡。

愛爾蘭 Eyeries, Cork		
熟成期 2-3 個月		
重量和形狀 250g(9oz)和 1.25kg (2¾lb)，圓形		
尺寸 D. 10cm(4in)和23cm(9in)，H. 3cm(1in)和4cm(1½in)		
原料奶 牛奶		
種類 半軟質		
製造商 Milleens Cheese		

Mossfield Organic

這款得獎的有機農舍起司來自奧法利(Offaly)，農場的菲伊申乳牛(Friesian)和羅本品種(Rotbunt)乳牛，放牧於多樣化的植被之上，為起司增添微妙風味。

TASTING NOTES 品嚐筆記
這款豪達風格(Gouda-style)的起司，質地濕潤有彈性，口味優雅圓潤，熟成久後，越趨飽滿而變得易碎。還有番茄與香草，以及大蒜與羅勒的版本。

HOW TO ENJOY 享用方式
可放在起司盤上，搭配一杯紅酒，或做成塔(tarts)和鹹派(quiches)。其他口味的版本可加在烘烤馬鈴薯裡，增添風味。

愛爾蘭 Clareen, Offaly		
熟成期 3-9 個月		
重量和形狀 5kg(11lb)，車輪形		
尺寸 D. 29cm(11½in)，H. 10cm(4in)		
原料奶 牛奶		
種類 半軟質		
製造商 Mossfield Organic Cheese		

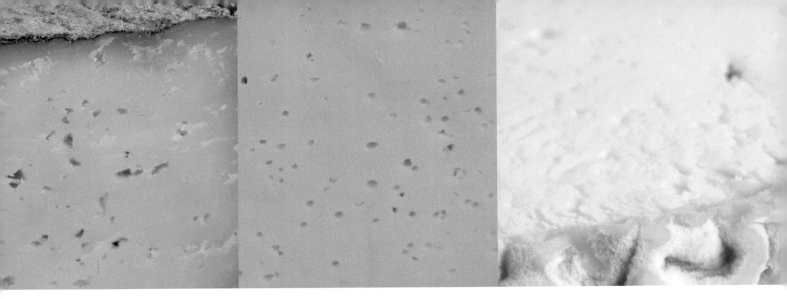

Mount Callan

邁可和露西黑斯(Michael and Lucy Hayes)在2000年時，利用自家的蒙貝利亞爾(Montbéliarde)品種鮮乳，創作出這款起司。這小型的切達風格(Cheddar-style)傳統起司，以起司紗布包裹，再放在熟成石室裡的木架上熟成。

TASTING NOTES 品嚐筆記
堅硬的灰色外皮上的幾道裂縫，代表黃色的內部起司頗為濕潤綿密。帶有飽滿的土質氣味，熟成久後，會發展出辛辣的後味。

HOW TO ENJOY 享用方式
搭配簡便午餐，可增添風格。像Cheddar一樣，適合做成醬汁或磨碎使用，能夠搭配酒體飽滿的紅酒或波特酒(port)。

愛爾蘭 Ennistimon, Clare	
熟成期 9-18 個月	
重量和形狀 4kg(9lb) and 15kg (33lb)，圓柱形	
尺寸 D. 15cm(6cm)和30cm(12in)，H. 13cm(5in)和38cm(15in)	
原料奶 牛奶	
種類 硬質	
製造商 Mount Callan Farmhouse Cheese	

St Gall Extra Mature

位於寇克芬羅伊(Fermoy, Cork)的法蘭克和戈得壯希尼克(Frank and Gudrun Shinnick)，已發展出一系列的優質農舍起司，包括這款以牛奶生乳製成的硬質起司。

TASTING NOTES 品嚐筆記
天然形成的堅硬外皮底下，是濃郁金黃色、質地綿密的起司，佈滿了細小孔洞。香甜的奶味之外，還有圓潤的吐司和餅乾香氣，後味帶一絲清新的辛辣感和酸度。

HOW TO ENJOY 享用方式
不須任何多餘的裝飾，一杯上好紅酒便已足夠。烹飪上，可融化用來做成威爾斯烤起司麵包(Welsh Rarebit)，混合切碎的蔥或番茄。

愛爾蘭 Fermoy, Cork	
熟成期 3-6 個月	
重量和形狀 5kg(11lb)，圓形	
尺寸 D. 30cm(12in)，H. 10cm (4in)	
原料奶 牛奶	
種類 硬質	
製造商 Fermoy Natural Cheeses	

St Tola Log

作為原料的有機山羊奶，來自克萊爾(Clare)的伯恩(Burren)地區，該地的石灰岩地質和高山植被，形成粗曠多岩的自然風貌。Siobhan Ni Ghairbhith 也生產 Crottin 和另一款硬質山羊奶起司。

TASTING NOTES 品嚐筆記
這經典的山羊奶起司風格的圓木形起司，具有淡色的起皺外皮，帶粉紅色調，質地如絲般滑順，但有微妙的堅果和山羊味，後味清冽。

HOW TO ENJOY 享用方式
加以爐烤或趁新鮮食用，搭配天然酵母麵包(sourdough)和葡萄，或是西洋梨切片和一支波爾多(Bordeaux)白酒。捏碎加入沙拉裡，或放在剛出爐的皮力歐許(brioche)麵包上，淋上蜂蜜，搭配一支索甸(Sauternes)。

愛爾蘭 Burren, Clare	
熟成期 3-5 週	
重量和形狀 1kg(2¼lb)，圓木形	
尺寸 L. 21cm(8½in)，H. 8cm (3in)	
原料奶 山羊奶	
種類 熟成過的新鮮起司	
製造商 Inagh Farmhouse Cheese	

LOW COUNTRIES
低地國

BELGIUM 比利時

比利時的奶酪業和小型農場的起司製作，歷史悠久，但在中古時期，起司製作不如絲綢和香料貿易來得興盛，鮮奶和乳脂(cream)通常用來生產奶油和巧克力。到了 1960 年代，傳統手工起司的復興風潮，使許多傳統的起司製作又重新回到舞台上。新時代的趨勢注重在風味和多元性，山羊奶起司的種類也大為增加。

THE NETHERLANDS 荷蘭

史前時代的荷蘭就有起司的生產，但羅馬人引進硬質起司的製作，成為豪達(Gouda)起司和伊丹(Edam)起司的前身。羅馬人也引進了土堤和運河灌溉技術，使廣大的草原成為荷蘭奶酪業的特色。

中古時期起，荷蘭生產的起司就開始進行國內和國際上的貿易，起司製造商也很早懂得，將新發現的異國香料，如小茴香(cumin)、葛縷子(caraway)和丁香(cloves)利用在起司上。

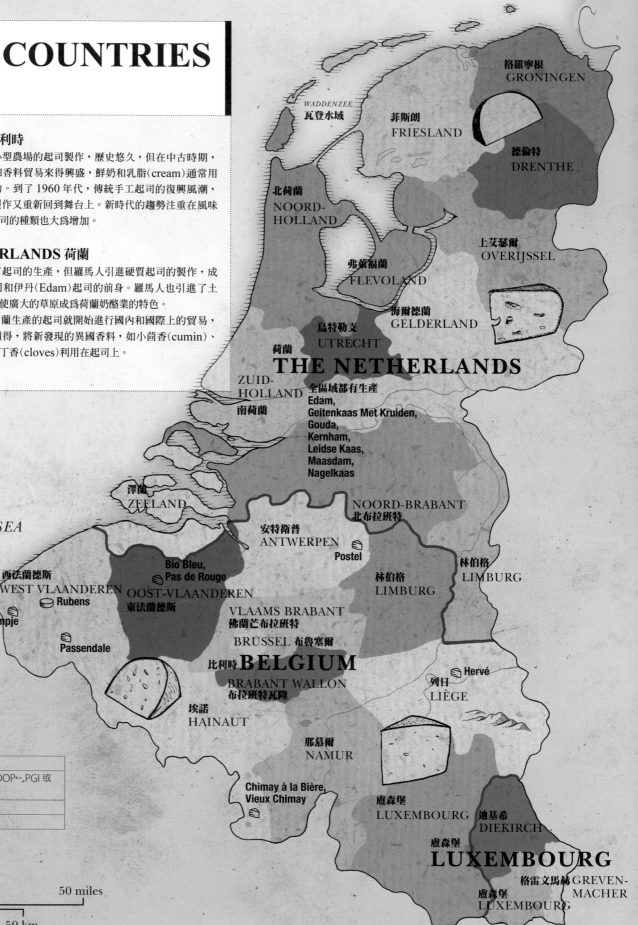

格羅寧根
GRONINGEN

WADDENZEE
瓦登水域

菲斯朗
FRIESLAND

德倫特
DRENTHE

北荷蘭
NOORD-HOLLAND

弗萊福蘭
FLEVOLAND

上艾瑟爾
OVERIJSSEL

海爾德蘭
GELDERLAND

烏特勒支
UTRECHT

荷蘭
THE NETHERLANDS

ZUID-HOLLAND
南荷蘭

全區域都有生產
Edam,
Geitenkaas Met Kruiden,
Gouda,
Kernham,
Leidse Kaas,
Maasdam,
Nagelkaas

澤蘭
ZEELAND

北海
NORTH SEA

NOORD-BRABANT
北布拉班特

安特衛普
ANTWERPEN

Postel

林伯格
LIMBURG

Bio Bleu,
Pas de Rouge

西法蘭德斯
WEST VLAANDEREN

Rubens

OOST-VLAANDEREN
東法蘭德斯

林伯格
LIMBURG

Keiems Bloempje

Passendale

VLAAMS BRABANT
佛蘭芒布拉班特

BRUSSEL 布魯塞爾

比利時 **BELGIUM**

BRABANT WALLON
布拉班特瓦隆

Hervé

列日
LIÈGE

埃諾
HAINAUT

那慕爾
NAMUR

Chimay à la Bière,
Vieux Chimay

盧森堡
LUXEMBOURG

迪基希
DIEKIRCH

LUXEMBOURG

格雷文馬赫 GREVEN-MACHER

盧森堡
LUXEMBOURG

Key 圖例
★ AOC、DOC、DOP、PGI 或 PDO 起司
⬠ 只在本地生產
⬭ 全區域都有生產

N

50 miles

50 km

Bio Bleu

由 the Hinkelspel dairy 奶酪合作社
(cooperative) 所生產(hinkelspel 在英語
中是 hopscotch 跳房子之意)。略帶黏性的
外皮呈淡橘色，帶有灰、藍和白色的黴層。

TASTING NOTES 品嚐筆記
質地綿密的淡黃色起司，有大量均勻擴散
的藍紋。具有濃烈的藍黴風味，味道持久，
有強烈胡椒味，帶有一點刺激的酸度和辛
辣感。

HOW TO ENJOY 享用方式
搭配秋季水果十分味美，如甜葡萄和康蜜斯
品種西洋梨(Doyenné pear)。也可和菊苣
(chicory)和堅果做成沙拉。適合搭配有甜
味的白酒。

比利時 Oost-Vlaanderen	
熟成期 8-10 週	
重量和形狀 800g-1kg(1¾lb-1lb 2oz)，圓鼓形	
尺寸 D. 10cm(4in)，H. 10cm (4in)	
原料奶 牛奶	
種類 藍黴	
製造商 Coöperatieve Het Hinkelspel	

Chimay à la Bière

在 1985 年，一群西妥會(Cistercian)僧侶
開始建立 Scourmont Abbey，並飼養了
一群菲伊申乳牛(Friesian)來生產奶油，
後來也開始製作隱修會風格(Trappist-
style)起司。這就是其中的一款，並以
奇美(Chimay)地區修道院啤酒(Trappist
Beer)洗浸過。今天這款起司的原料奶，來
自該地區的 250 家生產商。

TASTING NOTES 品嚐筆記
如皮革般的外皮質地結實，帶有濃郁的啤酒
花(hops)和農地的氣味，內部起司綿密豐潤
富果香，帶有明顯的烤啤酒花味，後味悠長。

HOW TO ENJOY 享用方式
用來融化十分理想，也可單獨食用，搭配一
支比利時啤酒，最好是產自奇美(Chimay)
地區的。

比利時 Chimay, Hainaut	
熟成期 4 週	
重量和形狀 2kg(4½lb)，車輪形	
尺寸 H. 6cm(2½in)，D. 19cm (7½in)	
原料奶 牛奶	
種類 半軟質	
製造商 Chimay Fromage	

Hervé PDO

大概是比利時起司中最知名的，以生產的城
鎮為名。和 Limburger 起司類似。用鹽水
重複洗浸 3 個月，外皮產生黏性並長出淡
棕色黴菌。有時也有香草調味和雙倍乳脂
(double cream)的版本。

TASTING NOTES 品嚐筆記
淡黃色的起司綿密而有彈性。味道會從不期
然的香甜圓潤，轉成濃烈辛辣，變化很大。

HOW TO ENJOY 享用方式
刺激辛辣的風味需要有力的搭檔，可選擇
黑麵包(dark bread)，配著比利時風格的
修道院啤酒(Trappist Beer)和愛爾型啤酒
(ale 編註：頂層發酵啤酒的統稱)。

227

比利時 Hervé, Liège	
熟成期 至少 3 個月	
重量和形狀 200g(7oz)，磚形	
尺寸 L. 6cm(2½in)，W. 6cm (2½in)，H. 5cm(2in)	
原料奶 牛奶	
種類 半軟質	
製造商 Hervé Société	

Keiems Bloempje

"蓋茲(Keiems)"指的是迪摩德(Dikmuide)城的一部分,該地有由錯綜複雜的運河和土堤所形成的青翠草原,稱為低窪地(polders),而"Bloempje"是瓦隆(Walloon)語花朵之意,指的是起司外表上白色的青黴菌(Penicillium candidum)。有些種類也有以香草和大蒜調味的版本。

TASTING NOTES 品嚐筆記
使用有機生乳製成,質地濃郁細緻,帶有蘑菇香氣和奶味,後味有蘑菇和青草氣息。

HOW TO ENJOY 享用方式
放在麵包上爐烤,或抹在脆餅(crispbread)上,搭配自製甜味甜酸醬(chutney),搭配夏多內(Chardonnay)或清淡的啤酒(light beer)。

比利時	Diksmuide, West Viaanderen
熟成期	4-8 週
重量和形狀	350g(12oz)或 7kg (15½lb),圓形
尺寸	D. 11cm(4¼in),H. 4cm (1½in)
原料奶	牛奶
種類	軟質白起司
製造商	Het Dischhof

Pas de Rouge

它的名稱指的是"a hop in"比利時版跳房子(hopscotch)遊戲裡的一種跳法。這款隱修會風格(Trappist-style)洗浸外皮起司,是以有機生牛乳製成,具有皮革般的橙色外皮,熟成後,上面佈有細絨狀的白色青黴菌(Penicillium)黴層。

TASTING NOTES 品嚐筆記
質地豐潤有奶油味,均勻散佈著細小氣孔。帶一絲農地氣味和榛果清香,充分熟成後,帶有一股肉味。

HOW TO ENJOY 享用方式
像當地人一樣:搭配全麥麵包、奶油和咖啡,或是一支典型的比利時修道院啤酒(Trappist beer)。

比利時	Gent, Oost Viaanderen
熟成期	6-8 週
重量和形狀	2.5kg(5½lb),圓形
尺寸	D. 22cm(8¾in),H. 7cm(2¾in)
原料奶	牛奶
種類	半軟質
製造商	Coöperatieve Het Hinkelspel

Passendale

這款受歡迎的法蘭德式(Flemish)起司,外形像一條麵包,根源於一款古老的修道院製作方法。顯眼的棕色外皮,佈有白色黴粉。名稱來自因第一次世界大戰巴雪戴爾(Passendale)戰役而聞名的城鎮。

TASTING NOTES 品嚐筆記
質地結實但柔軟,帶有細小不規則的氣孔,淡黃色的內部起司質地綿密,帶有奶油味,熟成越久越為圓潤。

HOW TO ENJOY 享用方式
和冷火腿、煙燻肉和香腸,同為歐陸自助式早餐必備項目。可搭配清淡的啤酒(light beer)或白酒。

比利時	Passchendaele, West Viaanderen
熟成期	3-6 個月
重量和形狀	3kg(6½lb),圓形
尺寸	D. 15cm(6in),H. 7cm(2¾in)
原料奶	牛奶
種類	半軟質
製造商	Kaasmakerij Passendale

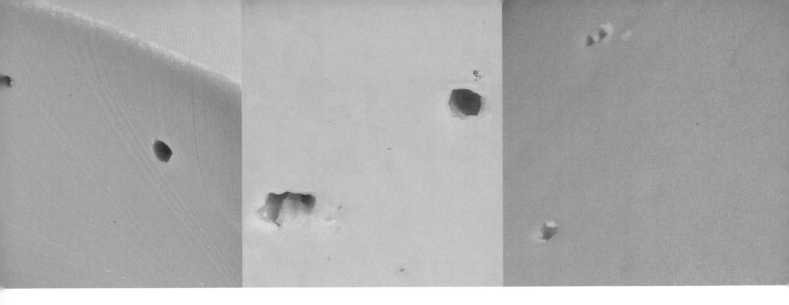

Postel

這款起司具有黃橙色的外皮，由 the Abbey of Postel 的修士手工製作，原料乳來自自家的 160 頭乳牛和附近農場的額外補充。不用說，產量一定不多，但知道的人都十分珍愛。

TASTING NOTES 品嚐筆記
質地堅硬而乾，呈深黃色。堅果風味外還有一絲丁香（cloves）和小茴香（nutmeg）的辛香，熟成越久越明顯。

HOW TO ENJOY 享用方式
當然要搭配一杯波叟（Postel）地區的啤酒。適合用來磨碎、當作點心或加在烘烤馬鈴薯上。

Rubens

這款獨特的洗浸外皮起司，是以十七世紀的法蘭德（Flemish）巴洛克畫家彼得保羅魯本斯（Peter Paul Rubens）爲名，其製作方法在 1960 年代時被復興，現在成爲比利時最受歡迎的起司之一。

TASTING NOTES 品嚐筆記
在紅棕色的保護外皮下，起司的質地結實豐潤，帶有小氣孔。風味濃郁滑順，帶有一絲微妙的甜 - 鹹味。

HOW TO ENJOY 享用方式
像所有的半軟質起司一樣，適合爐烤和烘烤，易於切片當作早餐或點心。搭配新鮮蘋果片和一支蘋果酒（cider），或清淡的紅酒。

Vieux Chimay

和 Chimay à la Bière 起司一樣，來自 Scourmount Abbey。鮮奶中加入了胭脂紅（annatto），使成品帶有溫暖的橙色調。壓扁的球狀外型，和薄薄的金黃色硬皮，使這款起司外型出眾，適合放在起司盤上。

TASTING NOTES 品嚐筆記
雖然屬於硬質起司，質地柔軟有彈性，入口即化。奶油味中帶有一絲榛果味，後味含有一絲明顯而迷人的苦味。

HOW TO ENJOY 享用方式
製作者推薦融化在龍蝦義式燉飯裡，搭配一杯奇美三麥（Chimay Tripel）啤酒。

比利時 Mol, Antwerpen
熟成期 12-24 個月
重量和形狀 4kg（8¾lb），長條形
尺寸 L. 27cm（10¾in），W. 13cm（5¼in），H. 11cm（4¼in）
原料奶 牛奶
種類 硬質
製造商 Abbey of Postel

比利時 West Vlaanderen
熟成期 8-12 週
重量和形狀 3kg（6½lb），橢圓形
尺寸 D. 30cm（12in），H. 9cm（4½in）
原料奶 牛奶
種類 半軟質
製造商 多家

比利時 Chimay, Hainaut
熟成期 6 個月
重量和形狀 3kg（6½lb），壓扁的球形
尺寸 D. 17cm（6¾in），H. 11cm（4¼in）
原料奶 牛奶
種類 硬質
製造商 Chimay Fromage

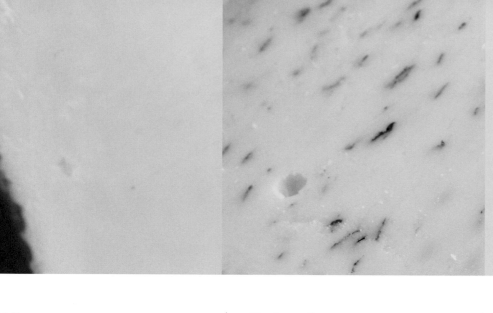

Edam

由脫脂鮮奶製作而成,首度在 1439 年由阿姆斯特丹北方的伊丹港(the Port of Edam)以貨船運送出海。世界各地的起司櫃台都可見到這顯眼的蠟質外皮。荷蘭境內的 Edam 起司大都作為出口貿易,因為荷蘭人偏愛 Gouda 起司。

TASTING NOTES 品嚐筆記
薄皮下的起司,質地平滑有彈性,帶有香甜的鮮奶和奶油味,熟成久後,會變得更結實,滋味越濃。

HOW TO ENJOY 享用方式
這款簡單的起司,可以當成點心、做成三明治、用來爐烤、磨碎、或搭配巧克力和雞蛋當作早餐,這是荷蘭人的道地吃法。

230

荷蘭 各地	
熟成期 1-12 個月	
重量和形狀 1kg(2¼lb),球形	
尺寸 D. 10cm(4in),H. 10cm (4in)	
原料奶 牛奶	
種類 半軟質	
製造商 Friesland Campina	

Geitenkaas Met Kruiden

喜愛起司的人到阿姆斯特丹(Amsterdam)觀光時,一定不能錯過當地的起司商店。較不知名的起司如這款硬質山羊奶起司,絕對值得一試。它的名稱就是「帶有蕁麻(nettles)的山羊奶起司」。

TASTING NOTES 品嚐筆記
質地豐潤,如淺齡的 Gouda 起司,潔白色的內部起司充滿蕁麻碎片。散發出山羊奶微妙的杏仁味,與一絲青草、土質後味。

HOW TO ENJOY 享用方式
當作點心或放在起司盤上,搭配一杯冰涼的啤酒。

荷蘭 各地	
熟成期 3-6 個月	
重量和形狀 8kg(17lb 10oz),巨石形	
尺寸 D. 20cm(8in),H. 10cm (4in)	
原料奶 山羊奶	
種類 加味起司	
製造商 多家	

Kernhem

這款現代荷蘭起司,名稱來自凱門莊園(the Kernhem Estate),傳說這個神祕的地方常可以看到一位白衣女士或是鬼魂。和多數荷蘭起司不同的是,它添加了額外的乳脂(cream),並經過鹽水洗浸,形成帶黏性的橙色外皮。

TASTING NOTES 品嚐筆記
質地柔軟幾乎呈流動狀,帶有明顯的農地氣味,綿密有堅果味,與濃烈的帶鹹後味。

HOW TO ENJOY 享用方式
這款起司必須搭配刺激的醃菜(tangy pickles)、冷肉和一杯白酒。

荷蘭 各地	
熟成期 5-6 週	
重量和形狀 2.5kg(5½lb),圓形	
尺寸 D. 20cm(8in),H. 5cm (2in)	
原料奶 牛奶	
種類 半軟質	
製造商 Friesland Campina	

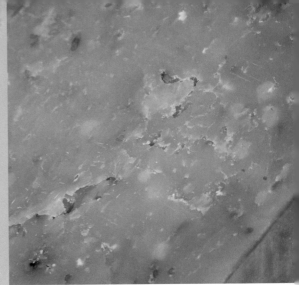

Leidse Kaas

來自萊登(Leyden)，故以此城爲名，它的外皮有交叉鑰匙的圖案，這是萊登(Leyden)的城市標誌。和 Gouda 起司類似，但使用半脫脂鮮奶製成，並佈滿了小茴香(cumin)。小茴香、丁香和胡椒等辛香料，是在 1600 年代由早期的荷蘭探險家所引進的。

TASTING NOTES 品嚐筆記
質地密實，淡黃色的內部起司雖乾但滑順圓潤。充滿香氣的小茴香完美地平衡其風味。

HOW TO ENJOY 享用方式
搭配所有的飲料都很適合，如啤酒和充滿香氣的葡萄酒。亦可爲沙拉、濃湯和蔬菜等增添一股辛香風味。

荷蘭 各地	
熟成期 2-12 個月	
重量和形狀 10g (22lb)，巨石形	
尺寸 D. 30cm(12in)，H. 10cm (4in)	
原料奶 牛奶	
種類 加味	
製造商 多家	

Maasdam

這款瑞士風格的起司，原本只是生產來代替較昂貴的 Emmental 起司，但它香甜的果香、大型氣孔和膨脹的頂部等特質，使其大受歡迎。產量持續增加中，最大的廠牌 Leerdammer 已行銷世界各地。

TASTING NOTES 品嚐筆記
質地富有彈性而豐潤，具有大型氣孔。發酵水果般的香甜味，來自鮮奶裡添加的一種特殊菌種。

HOW TO ENJOY 享用方式
全家大小都會喜歡的點心食材，可做成三明治、沙拉和起司鍋(fondue)。搭配清爽富果香的白酒和粉紅酒(rosé)。

荷蘭 各地	
熟成期 4-12 週	
重量和形狀 10kg (22lb)，巨石形	
尺寸 D. 30-40cm(12-15½in)，H. 15-20cm(6-8in)	
原料奶 牛奶	
種類 半軟質	
製造商 Bel Leerdammer; Friesland Campina	

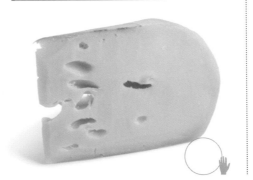

Nagelkaas

源自菲斯朗(Friesland)省，這款豪達風格(Gouda-style)的傳統起司，是以丁香和小茴香製成的。丁香和指甲相似，所以又稱爲 kruidnagels"spicy nails 香料指甲"，這款起司因而稱爲"nail cheese 指甲起司"。不添加丁香的版本，稱爲 Kanterkaas。

TASTING NOTES 品嚐筆記
雖然以脫脂鮮奶製成，脂肪含量只有 23%。味道濃烈，充滿辛辣的香氣，質地結實綿密。熟成越久會轉變成深棕色。

HOW TO ENJOY 享用方式
風味濃郁，應酌量使用，可加在沙拉和帶辛辣的菜餚中。可搭配啤酒。

荷蘭 各地	
熟成期 4-12 個月	
重量和形狀 8kg (17lb 10oz)，巨石形	
尺寸 D. 30cm(12in)，H. 10cm (4in)	
原料奶 牛奶	
種類 加味	
製造商 Friesland Campina	

Gouda
豪達起司

因為荷蘭起司(尤其是豪達 Gouda 起司)耐久藏的特質，和地處歐陸西海岸的地理因素，使當地起司能夠經由海運行銷到法國和其他國家。十二世紀左右，荷蘭起司已聞名全歐洲，此後的航海探險者，無一不把這些起司列為必備購物清單之一。

這些起司的重要性，可從每個城鎮幾乎都有的秤重室和交易市場看出，在豪達(Gouda)，可見到經過修復的完整風貌。建立於 1668 年，這是農夫們將起司秤重、檢查品質，並進而估稅的地方。今日在豪達(Gouda)、阿克瑪(Alkmaar)和伊丹(Edam)等城市，夏季時每週的市集仍有起司秤重的景象。

豪達(Gouda)和伊丹(Edam)起司(見230頁)和其他起司不同的地方在於，鋼槽裡的凝乳經過切割後，部分乳清會以熱水取代，這個步驟稱為清洗凝乳(washing the curd)。目的在於去除凝乳中的乳糖(lactose)，增加其甜味，味道也會較為圓潤，使質地較有彈性。

最上等的豪達(Gouda)起司是名為波巴卡斯(Boerenkaas)，意為"農舍豪達Farmhouse Gouda"，由小型農場使用生乳製成的，產季侷限在牛群能夠放牧於低窪地(the polders 由土堤和風車組成的典型荷蘭美景)，自由啃食新鮮青草的季節。

數百年來，其他的歐洲國家也開始採用這種製作方式，最有名的例子是瑞典。在上個世紀移民到美國、澳洲和紐西蘭的荷蘭人，也開始製作農舍版的荷蘭起司，力求遵循古法—雖然當地法規通常禁止使用生乳來製造。

TASTING NOTES 品嚐筆記

僅熟成數月的豪達(Gouda)起司，質地豐潤，帶有甜味果香，接著質地會變得更為結實，果香也越濃，到了 18 個月，內部起司出現小孔，呈深黃色，質地變硬呈細粒狀，幾乎呈易碎狀。每嚐一口，都可感受到越漸豐富的味覺印象，從果香到一絲可可豆和花生氣息，口感仍然濃郁滑順。波巴卡斯豪達(Boerenkaas Gouda)起司的風味更為突出，可清楚感覺到每家生產農場之間的差異性。

HOW TO ENJOY 享用方式

熟成淺的豪達(Gouda)起司，可做成三明治、點心和沙拉。熟成久的版本，風味較濃，適合放在起司盤上，或做成焗烤料理(gratins)、塔(tarts)和義大利麵等菜餚，再搭配一支上等荷蘭啤酒(Dutch beer)或健壯紅酒，如黑皮諾(Pinot Noir)或巴羅洛(Barolo)。

位於豪達(Gouda)的秤重室(weigh-house)外的浮雕。

荷蘭	各地
熟成期	4 週 -3 年
重量和形狀	200g-20kg (7oz-44lb)，車輪形
尺寸	多種
原料奶	牛奶
種類	硬質
製造商	多家

A CLOSER LOOK
放大檢視

荷蘭生產七億三千萬公斤的起司，其中五億公斤做為出口，豪達(Gouda)起司佔了荷蘭起司生產量的 60%。

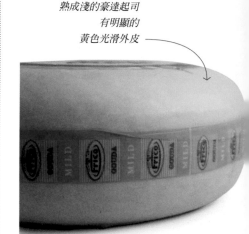

熟成淺的豪達起司有明顯的黃色光滑外皮

熟成淺的豪達（Young Gouda）

WASHING THE CURD 清洗凝乳

清洗凝乳的手續，需先將部分乳清濾出，再加入熱水。同時一邊攪拌，一邊濾出更多已被稀釋的乳清，並再添加清水。清水能夠洗出凝乳中的乳糖。加入熱水時，凝乳會被燙熟，因此排出更多水分。目的是使凝乳的酸度保持低點，使乳酸菌(lactic bacteria)的活動減弱。

ADDING FLAVOUR 加味

十七世紀所成立的荷蘭東印度公司，開啓了香料的貿易。荷蘭人很快地將這些嶄新的口味，帶入起司製作中—尤其是小茴香(cumin)、葛縷子(caraway)、胡椒粒和丁香(cloves)。

VERTICAL PRESS 垂直擠壓

起司脫模後，堆在垂直式的擠壓機上，輕度擠壓數小時到數天之久。

熟成18個月以上，屬於熟成豪達(Aged Gouda)起司，具有黑色的蠟質外皮。

內部起司會隨著熟成，變得堅硬乾燥，呈深黃色。

充分熟成(Mature)的豪達起司

GERMANY, AUSTRIA, AND SWITZERLAND
德國、奧地利和瑞士

N

GERMANY 德國
巴伐利亞(Bavaria)的阿爾卑斯山區(Alpine),起司製作的傳統受到瑞士影響,在這之前,則是羅馬人引進其技術。德國起司產業的中心艾爾圭(Allgäu),出產聞名的艾爾圭艾蒙達(Allgäuer Emmentaler)起司,這是以在1821年引進的瑞士艾蒙達(Emmentaler)起司為基礎。巴伐利亞出產的鮮乳,質優而量多,起司產量佔全國的75%,該區也成為德國最重要的鮮乳和起司工業中心之一。

北部地區所生產的傳統起司,多為新鮮起司或以乳酸酸化(lactic-acidified)後的製品,類似荷蘭、丹麥或隱修會風格(Trappiste)起司。雖然許多種類的起司都出產於巴伐利亞,德國某些最知名的起司如阿爾騰堡的山羊奶起司(Altenburger Ziegenkäse),則來自北部地區。

AUSTRIA 奧地利
奧地利西部(福拉爾貝格 Vorarlberg 和提洛爾 Tirol)的氣候和植被,接近瑞士,因此數世紀以來,靠近邊界的兩國農夫,自然而然地共享交流彼此的起司製作方法。奧地利東部,則受到巴爾幹半島(the Balkans)的影響較深,因此新鮮起司較為普遍。

SWITZERLAND 瑞士
瑞士生產的起司聞名全球,其根源可追溯至羅馬入侵時期。第一個有關起司的記述,是在西元前33年,雷提亞人(the Rhaetians)為了度過漫長而嚴酷的冬天,而開始製作"起司"。資料顯示,中古世紀時,瑞士起司的貿易便擴展到歐陸的大部分地區。

今日,雖然許多起司的生產已工業化,大部分的瑞士起司,仍然由小型奶酪場或合作社進行生產。這和瑞士農業部的目標直接相符一致力維持瑞士引以為傲的天然景色。

石勒蘇益格－荷爾斯泰因 SCHLESWIG-HOLSTEIN
Schichtkäse

梅克倫堡－前波莫瑞 MECKLENBURG-VORPOMMERN

德國 GERMANY

下薩克森 NIEDERSACHSEN
Harzer Käse

全區域都有生產 Tilsiterkäse

勃蘭登堡 BRANDENBURG

北萊茵－威斯特法倫 NORDRHEIN-WESTFALEN

薩克森 - 安哈爾特 SACHSEN-ANHALT
Harzer Käse

薩克森 SACHSEN
Altenburger Ziegenkäse ★

圖林根 THÜRINGEN
Harzer Käse, Altenburger Ziegenkäse ★

黑森 HESSEN

萊茵地法茲 RHEINLAND-PFALZ

SAARLAND 薩爾

巴伐利亞 BAYERN
Allgäuer Bergkäse, Allgäuer Emmentaler ★, Limburger, Weisslacker

巴登 - 符騰堡 BADEN-WÜRTTEMBERG

Tête de Moine ★, Vacherin Mont d'Or ★

Tomme Vaudoise, Vacherin Fribourgeois ★

Sbrinz ★

Appenzeller
Appenzeller

Bavaria Blu

Mondseer

St Severin

奧地利 AUSTRIA

Gruyère ★

Tomme Vaudoise

Hobelkäse

Sbrinz ★

Sbrinz ★

Schabziger

Vorarlberger Bergkäse

Chorherrenkäse, Tiroler Graukäse ★

Tiroler Graukäse ★, Weinkäse

瑞士 SWITZERLAND
全區域都有生產
Emmentaler, Mutschli, Raclette

Valle Maggia

Chorherrenkäse, Tiroler Graukäse ★

LIECHENSTEIN 列支敦斯登

Hobelkäse

100 miles

100 km

Key 圖例
★ AOC、DOC、DOP、PGI 或 PDO 起司
只在本地生產
全區域都有生產

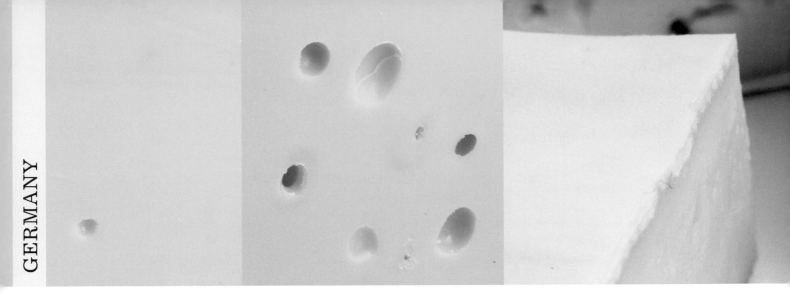

Allgäuer Bergkäse

艾爾圭(Allgäu)以其瑞士風格的起司聞名，這是由兩位瑞士起司製作師在1841年所引進的。"Bergkäse"，即高山起司之意，像小型的 Emmentaler 起司(見242-243頁)，氣孔也較小，生產於晚春和夏季的阿爾卑斯山區小屋。

TASTING NOTES 品嚐筆記
質地密實有小氣孔，香甜的奶油味，會日漸濃郁並帶有鹹味。

HOW TO ENJOY 享用方式
完美的巴伐利亞傳統的"Brotzeit"搭檔，由香腸、培根和黑麵包所組成的晚餐，再搭配一杯上好巴伐利亞啤酒(Bavarian beer)。

Allgäuer Emmentaler PDO

艾爾圭(Allgäu)產區的起司，以棕色品種的艾爾圭(Allgäu)乳牛來生產原料乳，乳牛放牧於春季花開的阿爾卑斯草原上。這款起司以瑞士的 Emmentaler 起司(見242-234頁)為基礎，但體型較小，熟成較快。

TASTING NOTES 品嚐筆記
通常在熟成3個月時販售，質地豐潤，呈金黃色，口味溫和帶一絲榛果味。

HOW TO ENJOY 享用方式
當作早餐、點心、起司盤和用來烹飪。在德國，常切片後放在白麵包上，或當夾心。通常搭配茶、咖啡或啤酒。

Altenburger Ziegenkäse PDO

來自德國東部的薩克森(Sachsen)和圖靈亞(Thüringia)。德國統一前產量很少，但現在全國各地都可買到。

TASTING NOTES 品嚐筆記
柔軟綿密，呈現山羊奶起司典型的純白色。具有迷人而溫和的口味，後味帶有山羊氣息，但不至過於強烈。內部佈有葛縷子(caraway)。

HOW TO ENJOY 享用方式
適合放在起司盤上、加入沙拉或澆上甜芥末醬，以帶出其完整風味。搭配一支利口酒(liqueur)或清淡的白酒。

德國 Bayern
熟成期 3-6 個月
重量和形狀 25kg(55lb 2oz)，車輪形
尺寸 D. 50cm(20in)，H. 10cm (4in)
原料奶 牛奶
種類 硬質
製造商 多家

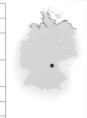

德國 Bayern
熟成期 3-6 個月
重量和形狀 80kg(176lb 6oz)，車輪形
尺寸 D. 90cm(35½in)，H. 110cm (43½in)
原料奶 牛奶
種類 硬質
製造商 多家

德國 Sachsen and Thüringia
熟成期 4 週
重量和形狀 300-500g(10oz-1lb 2oz)，圓形
尺寸 D. 20cm(8in)，H. 10cm (4in)
原料奶 山羊奶和一些牛奶
種類 軟質白起司
製造商 Altenburger Land

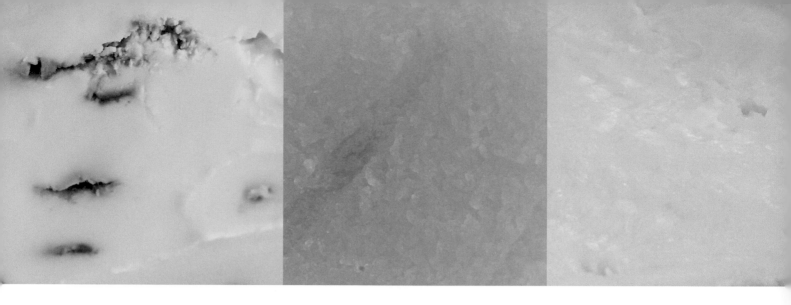

Bavaria Blu

這是 Camembert 起司和 Gorgonzola 起司的混合體：白色有厚度的外皮，內部的藍黴是以人工注入淺齡起司中，這是由德國在 1970 年代發展出來的技術。添加了額外的乳脂(cream)，Bavaria Blu 起司被認為是不喜歡藍黴起司的人也可以接受的一款。

TASTING NOTES 品嚐筆記
比 Gorgonzola 起司或 Camembert 起司都溫和得多，非常濃郁，細緻滑順，帶有一絲微妙的辛辣藍黴後味。零落分佈的細小藍紋，更令人食慾大開。

HOW TO ENJOY 享用方式
適合大部分的德國起司盤，搭配一支萊茵河產區的白酒如麗絲玲(Riesling)，和一塊堅果麵包。

德國 Allgäu, Bayern	
熟成期 4-6 週	
重量和形狀 1.5kg(3lb 3oz)，圓形	
尺寸 D. 30cm(12in)，H. 7cm (3in)	
原料奶 牛奶	
種類 藍黴	
製造商 Käserei Champignon	

Harzer Käse

這款起司在過去的數世紀來，在德國各地的小型農場，都會利用發酸的脫脂鮮奶來製作，但是當時的人們總是認為奶油比起司重要。最知名的種類是 Harzer、Olmützer Quargel(如圖所示)、Handkäse，和 Mainzer。

TASTING NOTES 品嚐筆記
數個小型「錢幣 coins」串成一串販賣，食用時再自行分開。新鮮時，帶有明顯的檸檬味，約三週後轉為圓潤。

HOW TO ENJOY 享用方式
混合醋、鹽和洋蔥，就是所謂的"hard cheese with music" 有音樂的硬質起司。(譯註：當地人用來描述這樣吃法的德語 Handkäs mit Musik)。搭配德國黑麵包和蘋果酒(cider)，就是令人心滿意足的晚餐。

德國 哈爾茲山脈(Niedersachsen, Sachsen-Anhalt, and Thüringen)	
熟成期 2-4 週	
重量和形狀 100g(3½oz)，圓木形	
尺寸 L. 10cm(4in)，D. 5cm(2in)	
原料奶 牛奶	
種類 新鮮	
製造商 多家	

Limburger

這款洗浸外皮起司，首先產自比利時的林伯格(Limbourg)地區。因大受歡迎，1830 年起，大部分都在德國製作，通常使用優質的艾爾圭(Allgäu)本地鮮奶。

TASTING NOTES 品嚐筆記
帶黏性的橙色外皮和強烈的農地氣味，是以一種特別的細菌洗浸的結果。嚐起來的味道相對溫和，但仍有農地氣息和肉味。

HOW TO ENJOY 享用方式
與德國傳統的"brotzeit"(香腸、冷肉、起司與黑麵包)一起上桌，搭配水煮馬鈴薯配奶油，或是油醋汁佐洋蔥片配黑麵包，再搭一杯啤酒或蘋果酒(cider)。

德國 Bayern	
熟成期 6-12 個月	
重量和形狀 150g(5oz)，磚形	
尺寸 L. 12cm(5in)，W. 4cm (1½in)，H. 3.5cm(1in)	
原料奶 牛奶	
種類 半軟質	
製造商 多家	

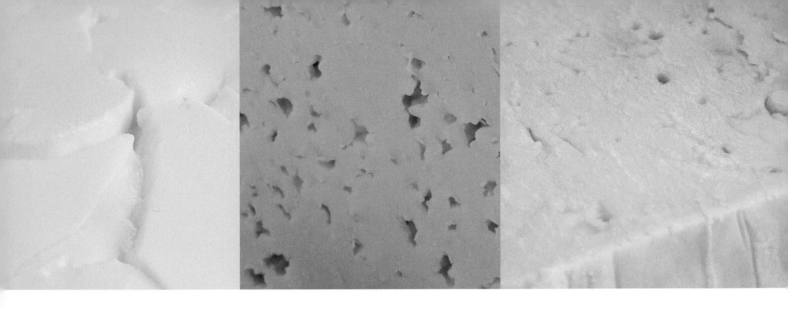

Schichtkäse

這款乳酸(lactic)起司(不用凝乳酶凝乳化的起司)，來自德國北部，根據一款非常古老的製作方法，使用脫脂鮮奶製成。和quark 起司類似，但質地更乾，由數層凝乳組成—最上層和底層是脫脂鮮奶製成；中央部分則來自全脂鮮奶。

TASTING NOTES 品嚐筆記
不是每個人都能輕易接受的口味，帶一點香氣與刺激味，質感接近 cottage 起司。中央部分的那一層顏色偏黃，因為脂肪含量較多。

HOW TO ENJOY 享用方式
可代替 quark 起司或優格當做早餐。也可抹在黑麵包片上當點心。搭配茶和咖啡也很完美。

德國 Schleswig-Holstein	
熟成期 數天	
重量和形狀 100-500g(3½oz-1lb 2oz)，塑膠袋裝或罐裝	
尺寸 多種	
原料奶 牛奶	
種類 新鮮	
製造商 多家	

Tilsiterkäse

以城鎮太爾西特(Tilsit)(即今日俄國的蘇維埃茨克 Sowjetsk)為名，這款起司是由十九世紀中期的荷蘭移民，以著名的 Gouda 起司為基礎而創作出來。呈磚形，有蠟皮和額外添加乳脂的口味，也有香草、胡椒或葛縷子版本。Swiss Tilsit 起司呈圓形，質地較結實，佈有豌豆大小的氣孔。

TASTING NOTES 品嚐筆記
質地有彈性呈奶黃色，易於切片，帶有許多不規則裂縫，口味多變，從溫和、甜鹹到濃烈的肉味(meaty)。

HOW TO ENJOY 享用方式
適合做為早餐、三明治和點心，搭配一杯啤酒、麗絲玲(Riesling)、希爾瓦那(Sylvaner)或富果香的紅酒。

德國 各地		
熟成期 12-18 個月		
重量和形狀 4kg(8½lb)，磚形		
尺寸 L. 30cm(12in)，W. 15cm (6in)，H. 15cm(6in)（如圖所示）		
原料奶 牛奶		
種類 半軟質		
製造商 多家		

Weisslacker

創作於 1874 年，其名稱為"白漆器起司 white lacquer cheese"，因其白色外皮如玻璃般富有光澤。用鹽水浸泡過，和 feta 起司頗為類似。又名為"Bayerische Bierkäse"意指巴伐利亞啤酒起司，因為和啤酒非常搭配。

TASTING NOTES 品嚐筆記
在鹽水裡浸泡 2 天後，質地變得易碎，味道出乎意外地濃烈，刺激風味中帶有一股鹹味。

HOW TO ENJOY 享用方式
切成小塊，搭配德國紐結餅(Bretzels)、油醋調味汁和大量洋蔥。這是令人心滿意足的一餐，最好搭配很多啤酒。也可做成"Maultaschen"(碎肉蔬菜混合製成的餡餅)。

德國 Bayern		
熟成期 3-6 週		
重量和形狀 500g-1kg(1lb 2oz-2¼lb)，磚形		
尺寸 L. 10-12cm(4-5in)，W. 10-12cm (4-5in)，H. 6-10cm(2½-4in)		
原料奶 牛奶		
種類 新鮮		
製造商 多家		

Chorherrenkäse

又名爲 Prälatenkäse，這款特殊的起司在製作時，有時會將白脫鮮奶(buttermilk)混入新鮮牛奶中。傳統產區是提洛爾(Tirol)，做好的起司會浸入白蠟裡，靈感來自隱修會風格(Trappist-style)起司。

TASTING NOTES 品嚐筆記
白脫鮮奶和鮮奶的混合，使起司質地滑順，味道宜人，令人聯想到帶有一絲草原花香的溫暖夏日。

HOW TO ENJOY 享用方式
溫和愉悅的起司盤選擇。可切片當作早餐或自助餐，搭配一支當地的綠菲特麗娜(Gruner Veltliner)葡萄酒。

奧地利 Tirol	
熟成期 4-6 週	
重量和形狀 800g(1¾lb)，長條形	
尺寸 D. 25cm(10in)，H. 18cm (7in)	
原料奶 牛奶	
種類 半軟質	
製造商 Bergland Voitsberg	

Mondseer

首度出現在 1830 年的 Salzberg，名稱來自 Mondsee 修道院，又名爲 Schachtelkäse。創作靈感來自西妥會(Cistercian)僧侶，引進奧地利的隱修會風格(Trappist-style)洗浸外皮起司。薄薄的橙色外皮上，沾有白色黴粉。

TASTING NOTES 品嚐筆記
呈淡黃色的內部起司，帶有甜 - 酸味，與一絲花香和青草香。隨著熟成，味道會變得濃郁，質地也會變得豐潤柔軟。

HOW TO ENJOY 享用方式
用途極廣的優質起司：配茶當早餐、當點心，或放在起司盤上，搭配一支綠菲特麗娜(Gruner Veltliner)葡萄酒。

奧地利 Oberösterreich	
熟成期 6-8 週	
重量和形狀 500g-1kg(1lb 2oz-2¼lb)，圓形	
尺寸 D. 12-25cm(5-10in)，H. 5-9cm(2-3½in)	
原料奶 牛奶	
種類 半軟質	
製造商 多家	

St Severin

在 1920 年，李奧納德修士(Friar Leonhard)將這款起司的製作方法，帶到奧地利北部(Upper Austria)的 Schlierbach 修道院，並以饑荒的保護者－聖塞維罕(St Severin)來命名。這是一款小型的軟質起司，具有類似 Munster 起司的橘黃色洗浸外皮。

TASTING NOTES 品嚐筆記
鮮黃色的起司質地滑順，口味飽滿濃郁。氣味爲典型的隱修會(Trappist)風格起司，濃烈而帶農地味。

HOW TO ENJOY 享用方式
放在起司盤上，搭配香脆麵包，就是舒服的下午點心。可搭配一支金粉黛(Zinfandel)紅酒、梅洛(Merlot)、黑皮諾(Pinot Noir)或酒體飽滿的白酒。

奧地利 Salzburg	
熟成期 3-6 週	
重量和形狀 100g(3½oz)，圓形	
尺寸 D. 9cm(3½in)，H. 6cm (2½in)	
原料奶 牛奶	
種類 半軟質	
製造商 Stift Schlierbach	

Tiroler Graukäse PDO

來自提洛爾(Tirol)，使用脫脂鮮奶，不用凝乳酶，而使用乳酸菌(lactic starter)自然酸化，經過擠壓、絞碎後，再擠壓。還有另一款產自施蒂利亞(Steiermark)的版本。

TASTING NOTES 品嚐筆記
最初幾天，質地像凝乳一般脆弱，在室溫下靜置數天熟成後，質地變得較為柔軟滑順，幾乎呈流動狀。帶有清新的檸檬味。

HOW TO ENJOY 享用方式
在提洛爾(Tirol)，搭配醋、南瓜籽油和洋蔥圈食用。施蒂利亞(Steiermark)產區的版本，則是磨碎加在煎餅(flat cake)或塗了奶油的麵包上。試著加入沙拉或嫩煎馬鈴薯裡。

奧地利 Tirol 和 Steiemark	
熟成期 4 週	
重量和形狀 2kg(4½lb)，大塊狀	
尺寸 L. 15cm(6in)，W. 15cm(6in)，H. 15cm(6in)	
原料奶 牛奶	
種類 硬質	
製造商 多家	

Vorarlberger Bergkäse PDO

福拉爾貝格(Vorarlberg)山脈聳立於康斯坦茨(Constance)湖畔。那裡充滿野花和青草的高山植被，正適合牛群在夏季啃食。牠們所生產的鮮乳滋味甜美濃郁，用來作成這款 bergkäse(高山起司)。

TASTING NOTES 品嚐筆記
有厚度的外皮下，起司濕潤有彈性。豐美的高山植被，使起司呈淡黃色，並帶有野生蜂蜜的滋味，熟成久的版本，可嚐到一股悠長綿延的鹹味。

HOW TO ENJOY 享用方式
可當作點心、作成起司鍋(fondue)或加以爐烤，搭配一支富果香的夏多內(Chardonnay)。

奧地利 Vorarlberg	
熟成期 6-8 個月	
重量和形狀 50kg(110lb)，車輪形	
尺寸 D. 50cm(20in)，H. 12cm(5in)	
原料奶 牛奶	
種類 硬質	
製造商 多家	

Weinkäse

創作於萊布尼茨(Leibnitz)的一家奶酪場，位於斯洛維尼亞(Sloveniar)邊界附近，當時一款新做好的起司，暫時存放在附近的一家酒窖裡，沒想到吸收了芳香誘人的好味道。今天的產區位於附近的恩斯谷(Enns Valley)，經過紅酒洗浸，外皮幾呈黑色，並長滿白色黴粉。

TASTING NOTES 品嚐筆記
嚐起來有發酵水果的味道，帶一絲檸檬刺激味，和茨威格(Zweigelt)葡萄酒香與滑順細緻的口感，正好取得平衡。

HOW TO ENJOY 享用方式
放在起司盤上使人眼睛一亮，搭配香脆麵包。可配上一支茨威格(Zweigelt)紅酒。

奧地利 Steiermark	
熟成期 6-8 週	
重量和形狀 1kg(2¼lb)，圓形	
尺寸 D. 20cm(8in)，H. 5cm(2in)	
原料奶 牛奶	
種類 半軟質	
製造商 Schärdinger Group	

Appenzeller

在瑞士前阿爾卑斯山區(pre-alps)製作，已有 700 多年的歷史，以混合了蘋果酒(cider)、白酒、香草和辛香料等秘密配方的洗浸，外皮因而呈現淡棕色並充滿香氣。某些種類會用鹽水浸泡 2 個月，質地變得更有彈性，味道也更濃郁。

TASTING NOTES 品嚐筆記
熟成 6 個月時，帶有堅果味和明顯的辛辣後味，熟成越久，味道更強烈。

HOW TO ENJOY 享用方式
熟成淺時，適合當作早餐，熟成久後，可放在起司盤上，搭配香脆麵包、蘋果酒(cider)和有活力的紅酒，如多伊(Dôle)或非圖(Fitou)。

瑞士 Appenzell Ausserrhoden, Appenzell Innerrhoden, St Gallen, 和 Thurgau	
熟成期 6-8 個月	
重量和形狀 6-8kg(13¼lb-17lb 10oz)，車輪形	
尺寸 D. 35cm(14in)，H. 12cm (5in)（如圖所示）	
原料奶 牛奶	
種類 半軟質	
製造商 多家	

Gruyère AOC

瑞士最受歡迎的起司，以弗里堡(Fribourg)附近風景如畫的格律耶爾(Gruyère)小鎮為名，它的歷史可追溯到 1072 年。品質最佳者是夏季的高山產區，正當乳牛能夠自由在戶外啃食之時。

TASTING NOTES 品嚐筆記
熟成 4 個月時，質地密實有彈性，帶有堅果味。8 個月時，發展出美妙的複雜風味，濃郁強烈，帶有堅果味和土質味。

HOW TO ENJOY 享用方式
這是起司鍋(fondue)的必備材料，也可磨碎加在義大利麵、沙拉和蔬菜裡，或做成醬汁。搭配核桃、富果香的麵包和一支多伊(Dôle)或勃根地(Burgundy)紅酒。

瑞士 Fribourg	
熟成期 12 個月起	
重量和形狀 30-40kg(66-88lb)，車輪形	
尺寸 D. 70cm(27½in)，H. 15cm (6in)（如圖所示）	
原料奶 牛奶	
種類 硬質	
製造商 多家	

Hobelkäse

在伯恩(Bern)和瓦萊斯(Valais)的夏天，牛群放牧於高山草原上，同時，農夫們分別將幾隻乳牛帶開，進行人工擠奶，再將所有的鮮奶集合起來做成這款起司。到了秋天，農夫回到村莊內，將這款起司拿出來，在一年一度的"Chästeilet"起司節慶中和遊客一同分享。

TASTING NOTES 品嚐筆記
從起司耙(cheese rake)刮下的薄片，可嚐到鮮奶中蘊含的草原和野花芬芳，滋味絕美。

HOW TO ENJOY 享用方式
傳統上，刮成薄片，然後蘸上日內瓦湖(Lake Geneva)葡萄園的白酒捲起來，當作開胃菜。

瑞士 Bern 和 Valais	
熟成期 18 個月	
重量和形狀 8-10kg(17lb 10oz-22lb)，車輪形	
尺寸 D. 50cm(20in)，H. 15cm (6in)（如圖所示）	
原料奶 牛奶	
種類 硬質	
製造商 多家	

Mutschli

在瑞士小村莊裡的奶酪場，會將剩餘的牛奶、山羊奶有時還有綿羊奶混合，做成這款起司。體型比大部分的瑞士起司小得多，有不同的形狀和尺寸。

TASTING NOTES 品嚐筆記
淺棕色的洗浸外皮之下，淡黃色起司的質地柔軟，味道溫和，有時含有數個氣孔。味道宜人，最受小孩子喜愛。

HOW TO ENJOY 享用方式
在瑞士中部，通常用來油煎，搭配水煮馬鈴薯上桌，和 raclette 起司類似。或者，做為早點或點心食用。

瑞士 各地		
熟成期 5 週		
重量和形狀 900g(2lb)，圓形		
尺寸 D. 15cm(6in)，H. 5cm (2in)		
原料奶 牛奶、山羊奶、或綿羊奶		
種類 半軟質		
製造商 多家		

Raclette

名稱源自法語"racler"，即刮削之意，指的是爐烤這款起司時，通常在開放式壁爐前，將起司削片，加入滾燙的馬鈴薯裡。因應大量需求，現在瑞士各地都有生產。若是產自山谷地區並以生乳製成，起司上會有產地戳印，如巴涅(Bagnes)、奧西耶爾(Orsières)、貢斯(Goms)等。

TASTING NOTES 品嚐筆記
皮革般的棕色洗浸外皮下，起司質地滑順豐潤，帶有濃郁和果香般的鹹味。

HOW TO ENJOY 享用方式
爐烤後加在馬鈴薯上，搭配酸黃瓜和洋蔥，以及一支當地的紅酒或白酒。

瑞士 各地		
熟成期 6 個月		
重量和形狀 6kg(13¼lb)，車輪形		
尺寸 D. 45cm(18in)，H. 10cm (4in)		
原料奶 牛奶		
種類 半軟質		
製造商 多家		

Sbrinz AOC

今日的 Sabrinz 起司，和西元前 70 年，羅馬作家普林尼(Pliny)所描述的"Caseus Helveticus" 或稱 "瑞士起司 Swiss Cheese"，差別不大。雖然質地堅硬，但不像 Parmigiano-Reggiano 起司那麼易碎(見 130-131 頁)，因為它是以全脂鮮奶製成的。

TASTING NOTES 品嚐筆記
質地堅硬呈細粒狀，含有獨特的野花草原香氣，與一絲帶鹹味的辛辣感。

HOW TO ENJOY 享用方式
適合磨碎加在義大利麵和濃湯裡，或當作開胃菜，搭配富果香的瑞士或勃根地(Burgundy)紅酒與白酒，也可搭配香檳(Champagne)。

瑞士 Luzern, Obwalden, 和 Nidwalden		
熟成期 18-48 個月		
重量和形狀 30-40kg(66-88lb)，車輪形		
尺寸 . 40cm(15½in)，H. 30cm (12in)(如圖所示)		
原料奶 牛奶		
種類 硬質		
製造商 多家		

Emmentaler
艾蒙達起司

起司世界中最重要的種類之一，它的歷史可追溯至 1293 年，但第一次有名稱的記載是在 1542 年，當其製作方法被傳授給伊門谷(the Emme Valley)的朗吉塔(Langehthal)人民時。

在每年夏季剛開始時，農夫會帶著他們的小群牧牛，遷移到夏季的高山草原，稱爲 "alpage"。因爲距離市集遙遠，所以必須製作一款費時數月才能熟成的起司，他們將自己那一份的鮮奶集中起來，共同製作成大型的慢熟成起司，放在山上的小木屋熟成，一直到秋天來臨，牛群必須返回山谷村莊爲止。

這種作法與傳統，在現代仍無太大的變化。只要在瑞士各地有高山草原的地方，都會看到艾蒙達(Emmentaler)起司的身影，而小型的農民自營合作社，和高山小屋(chalets)也一起開始加入生產的行列。因此，當你來到美麗的阿爾卑斯山區，仍然可以看到那些小木屋、木製陽台以及上面亮麗的盆栽與小小的窗戶，草原上戴著手繪銅鈴的牛群，慵懶地啃食著鮮草、野花和各式香草。這就是瑞士艾蒙達(Swiss Emmentaler)起司的獨特秘方，儘管世界各地都有所謂的艾蒙達(Emmentaler)起司，沒有人能夠複製這眞實的風味。冬季時，牛群必須待在穀倉裡以乾草等爲食，鮮奶也變得較爲濃郁－但起司的體型會較小，且顏色偏淡。

TASTING NOTES 品嚐筆記
切開一片艾蒙達(Emmentaler)起司，就可以感受到一百萬朵草原上鮮花的芳香。用手輕壓，可感覺其中豐潤的彈性。當起司慢慢回復到室溫，你也可以逐漸嗜到阿爾卑斯山草原的清香、發酵中成熟水果的甜味，以及舌尖上殘留的草本(herbaceous)白酒味。如果起司的氣孔裡，有一小滴「眼淚」(殘留的水分)，這就是你所能找到最完美的起司了。

HOW TO ENJOY 享用方式
適合當作點心、夾三明治、當早餐或放在起司盤上，但做成起司鍋(fondue)最爲經典，起司的質地變得濃郁滑順，伸展性極強，還有淡淡香甜堅果味。加熱後伸展性高，所以不像大多數的硬質起司一樣，可融化作成醬汁，反而比較適合磨碎或爐烤－尤其是做成烤火腿起司三明治(Croque Monsieur 直譯爲吐司先生)。

因其風味獨特、質地結實的特質，適合搭配濃郁的紅酒或白酒，清冽富果香的瑞士白酒也很適合。

夏季放牧於阿爾卑斯山草原的牛群。

瑞士 各地	
熟成期 4-18 個月	
重量和形狀 75-100kg(165-220lb)，車輪形	
尺寸 D. 80-100cm(31½-39in)，H. 16-27cm(6-10½in)	
原料奶 牛奶	
種類 硬質	
製造商 多家	

A CLOSER LOOK
放大檢視

一塊起司，需要用到 1,000 公升(1,760 品脫)的鮮奶，因此像其他的歐洲大型高山起司一樣，通常是由共同經營的合作社，而非個人來生產。

RIND 外皮 外皮上獨特的重複性圖案，是對眞正艾蒙達(Emmentaler)起司的品質保證。

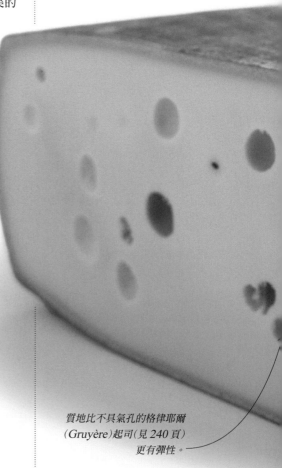

質地比不具氣孔的格律耶爾(Gruyère)起司(見 240 頁)更有彈性。

CUTTING THE CURD 切割凝乳

鮮奶倒入大型處理槽(vat)內加熱，傳統上是銅製的大壺，然後加入 3 種不同的配方菌(starter culture)。接著以大齒梳狀的鋼絲切割。在傳統的半圓形鋼槽裡，必須以 8 字形的動作，才能將凝乳切割成均勻的米粒大小。

KNEADING AND PRESSING
揉捏和擠壓 凝乳經過揉捏，才能裝滿一個大圈模(hoop)，接著放入擠壓器。然後將起司翻面，縮短圈模的直徑，這樣的步驟要重複 6 次以上。

GRADING 分級 經過 6~12 個月，分級師會用一種特別的槌頭，類似調音叉，輕敲每一塊起司。從回聲的震動，就可判斷出內部氣孔的大小、分布情形甚至是形狀，因此而判斷出該塊起司的品質等級。列級上等者，會蓋上紅色的阿爾卑斯山長管喇叭手的圖案戳印(在所有的瑞士起司上都可看到)，和"瑞士(Switzerland)"以及"艾蒙達(Emmentaler)"兩個字。起司的周圍，會印上一個特別號碼，可供追查來源。

四分之一輪的起司

熟成過程中的丙酸菌(propionic bacteria)，會產生二氧化碳氣泡，因無處可去，便形成小型氣孔，成為這款起司的特色。

Schabziger

這款獨特的零脂肪起司，呈特殊的萊姆綠色，製作歷史開始於十一世紀，當地僧侶引進葫蘆巴(fenugreek)開始。脫脂鮮乳形成的凝乳在熟成數週後，攪碎再混和葫蘆巴粉和野生酢醬草(clover)。

TASTING NOTES 品嚐筆記
經過擠壓定型成小截頂圓錐形，嗜起來有幾乎會使人流淚的強烈辛辣味。

HOW TO ENJOY 享用方式
和奶油以 50：50 混合，抹在香脆白麵包上，搭配洋蔥或新鮮細香蔥。可以為烘烤馬鈴薯、起司鍋(fondue)和濃湯，增添一股辛辣味。與蘋果酒(cider)或黑皮諾(Pinot Noir)葡萄酒搭配最好。

瑞士 Glarus	
熟成期 8 週	
重量和形狀 100g(3½oz)，截頂圓錐形	
尺寸 D. 5cm(2in)，H. 10cm(4in)	
原料奶 牛奶	
種類 新鮮	
製造商 Geska	

Tête de Moine AOC

首先由十二世紀 Bellelay 修道院的僧侶製作而成，後來當起司繳納給教堂作為十一稅(tithe)時，生產程序便轉移到修院所擁有的農場。最初以修道院命名為 Bellelay，但因大受歡迎，而重新命名為"僧侶頭 head of the monks"。

TASTING NOTES 品嚐筆記
質地密實滑順，受草原上的野花影響，起司呈鮮黃色，奶油般略鹹的風味，用轉台式起司削切器(girolle machine)將起司削出薄片擠花狀時，就會立即釋放出來。

HOW TO ENJOY 享用方式
讓你的客人，親手使用轉台式起司削切器(girolle machine)將起司削出薄片花瓣狀，再搭配日內瓦湖區(Lake Geneva)生產的白酒和新鮮核桃。

瑞士 Jura	
熟成期 8 個月	
重量和形狀 600-800g(1lb 5oz-1¾lb)，圓柱形	
尺寸 D. 12cm(5in)，H. 18cm(7in)，如圖所示	
原料奶 牛奶	
種類 硬質	
製造商 多家	

Tomme Vaudoise

來自瑞士法語區，薄薄的起皺外皮上覆滿白色黴粉。生牛乳製成的版本稱為 Tomme Fleurette 起司，會長出紅棕色的黴斑，將起司分解成幾乎呈流動狀。山羊奶起司的版本是 Tomme de Chèvre。

TASTING NOTES 品嚐筆記
口味溫和，質地滑順，外皮散發出一股蘑菇氣味，Fleurette 起司在變軟時，會發出更濃烈的鄉村氣味。

HOW TO ENJOY 享用方式
適合搭配香脆麵包如葛縷子(caraway)或核桃麵包，和一杯烏利(Vully)或夏布利(Chablis)。也可沾裹上麵包粉略為油炸，搭配沙拉。

瑞士 Vaud 和 Fribourg	
熟成期 4-6 週	
重量和形狀 100-150g(3½-5oz)，碟形	
尺寸 D. 16cm(6in)，H. 3cm(1in)(如圖所示)	
原料奶 牛奶或山羊奶	
種類 軟質白起司	
製造商 多家	

Vacherin Fribourgeois AOC

小心別和另一款起司 Vacherin Mont d'Or 搞混了。它的質地密實，呈深黃色，產於弗里堡的坎頓（canton of Fribourg），首度聞名是在 1448 年，被呈獻給蘇格蘭國王的女兒，也就是奧地利奇格蒙特公爵（the Duke Sigismund of Austria）的妻子。

TASTING NOTES 品嚐筆記
豐潤而有堅果味，後味溫柔悠長，帶有阿爾卑斯山野花和新收割乾草的香氣。融化後，風味會變得濃郁。

HOW TO ENJOY 享用方式
最適合做成維切林起司鍋（fondue au vacherin），使用 3 款不同熟成度的 vacherins 起司，像是最美味的起司濃湯。可搭配黑皮諾（Pinot Noir）。

瑞士 Fribourg	
熟成期 9 週 -6 個月	
重量和形狀 6-8kg（13¼lb-17lb 10oz），車輪形	
尺寸 D. 45cm（18in），H. 11cm（4½in）（如圖所示）	
原料奶 牛奶	
種類 半軟質	
製造商 多家	

Vacherin Mont d'Or AOC

產季為每年的九月到隔年的三月，正是乳牛從山上回到農夫的穀倉裡過冬的時候。夏季所生產的鮮奶，會被集合起來製作成大車輪形的 Gruyère。

TASTING NOTES 品嚐筆記
以一圈帶有香氣的雲杉木（spruce）片包裝，內部起司幾乎呈流動感，帶有農地、草原野花和白酒的味道，以及一絲木質氣味。

HOW TO ENJOY 享用方式
直接以湯匙舀來吃，或戳出一個小洞，倒入一點白酒，然後將整個木盒送入烤箱，以 220℃（425℉／Gas 7）烤 30 分鐘。搭配不甜的白酒。

瑞士 Vaud	
熟成期 6-10 週	
重量和形狀 400g（14oz）和 1kg（2¼lb），圓形	
尺寸 D. 18cm（7in），H. 8cm（3in）（如圖所示）	
原料奶 牛奶	
種類 半軟質	
製造商 多家	

Valle Maggia

來自瑞士阿爾卑斯山南邊，馬奇阿（Maggia）山谷的小村莊，所有的起司都是圓形，並長有厚厚的灰色黴層。名稱裡帶有產地的山谷名，如維斯扎卡（Verzasca）、皮幽哈（Piora）和貝特貝托（Bedretto）。

TASTING NOTES 品嚐筆記
象牙白色的內部起司，有微小氣孔，帶有奶油般的滑順口味。有時也可聞到一絲微妙的煙燻香氣，是農夫火爐所產生的煙味，飄入了熟成室。

HOW TO ENJOY 享用方式
適合當作爬山健行的點心，搭配豬肉乾或鹿肉（venison）香腸，最好再配上當地的梅洛（Merlot）。

瑞士 Ticino	
熟成期 6 個月	
重量和形狀 6-8kg（13¼lb-17lb 10oz），圓形	
尺寸 D. 40cm（15½in），H. 12cm（5in）（如圖所示）	
原料奶 牛奶，有時會混合山羊奶或綿羊奶	
種類 半軟質	
製造商 多家	

SCANDINAVIA
斯堪地那維亞

斯堪地那維亞地區包括丹麥(Denmark)、挪威(Norway)、瑞典(Sweden)和芬蘭(Finland)，該地的冬日漫長而少陽光，夏季永晝。一年裡有很長的時間與世隔絕，適合戶外放牧的季節極短，因此當地的農夫了解保存珍貴蛋白質來源的重要性，通常做成乳清起司。在最北的拉普蘭(Lapland)，適應力強的馴鹿所生產的鮮奶，也被利用做成起司，由於鮮奶特別濃郁，起司也帶有一種土質般的野獸風味。

Key 圖例
- ★ AOC、DOC、DOP、PGI 或 PDO 起司
- 🔖 只在本地生產
- 🛢 全區域都有生產

芬蘭
FINLAND
全區域都有生產
Juustoleipä,
Oltermanni,
Turunmaa

瑞典
SWEDEN
全區域都有生產
Ädelost,
Grevéost,
Herrgårdsost,
Hushållsost,
Mesost,
Prästost,
Västerbottenost

🔖 Ridder

挪威
NORWAY
全區域都有生產
Jarlsberg,
Nökkelost

Gammelost

Gjetost

丹麥
DENMARK
全區域都有生產
Bla Castello,
Danablu
Danbo
Havarti

Esrom ★

Samsø

DENMARK 丹麥
丹麥是斯堪地那維亞地區最南端的國家，海洋型的氣候溫和，平坦的草原也適合嬌寵的乳牛。該國的奶酪產業發達，起司行銷世界各地。

NORWAY 挪威
除了臨海的一長條狹窄草原外，挪威主要是由森林、崎嶇山脈和北部的苔原(Tundra)所構成的，這就是為甚麼山羊會取代乳牛，成為當地的鮮奶來源。

SWEDEN 瑞典
瑞典的奶酪業十分發達，其歷史可追溯到九世紀時，聖本鐸修會(Benedictine)僧侶來到此地，想要勸服好戰的維京人(the Vikings)採取另一種和平的生活方式，卻同時傳入了起司製作的方式。

FINLAND 芬蘭
三分之一的國土位於北極圈內，但奶酪業卻十分興盛，除了多種歐洲起司外，還生產獨特的、以爐火烤過的馴鹿奶起司"Juustoleipä"。

N

100 miles
100 km

Bla Castello

又名爲 Blue Castello，創作於 1960 年代，以因應對溫和而細緻的藍黴起司的需求，外皮獨特，同時長有紅色和藍綠色的黴層。

TASTING NOTES 品嚐筆記
質地如奶油般濃郁，類似 Brie 起司，藍黴散發出溫和的辛辣味，帶有蘑菇的香氣，後味悠長，而不會過於強烈。

HOW TO ENJOY 享用方式
適合小孩子的口味，可搭配麵包，當然還有丹麥脆餅(crsip-bread)。適合搭配丹麥啤酒。

丹麥 各地		
熟成期 8-10 週		
重量和形狀 150g(5½oz)，半月形，和 1.6kg(2¼lb)，圓形		
尺寸 D. 11.5cm(4½in)和 20cm (8in)，H. 5.5cm(2in)和 6cm (2½in)		
原料奶 牛奶		
種類 藍黴		
製造商 Tholstrup		

Danablu

創作於二十世紀早期，作爲進口法國藍黴起司的替代品，現在世界各地都可看到。又名爲 Danish Blue，這是丹麥國內最受歡迎的起司之一。

TASTING NOTES 品嚐筆記
這款熟成藍黴起司，有深色的紫藍色條紋、平滑濕潤而易碎的質地，和新鮮飽滿的風味，金屬般的藍黴刺激味，尖銳中帶鹹味，後味細緻滑順。

HOW TO ENJOY 享用方式
起司盤上必備要角，搭配葡萄、蘋果或番茄，或是橄欖和醃菜。需要搭配略帶甜味的葡萄酒，或是啤酒花味濃的愛爾型啤酒(ale 編註：頂層發酵啤酒的統稱)，以平衡其刺激鹹味。

丹麥 各地		
熟成期 2-3 個月		
重量和形狀 3kg(6½lb)，圓鼓形或大塊狀		
尺寸 D. 20cm(8in)，H. 10cm (4in)		
原料奶 牛奶		
種類 藍黴		
製造商 Rosenborg		

Danbo

這是口味較爲溫和的 Samsø 起司(見 248 頁)，是丹麥最受歡迎的起司之一，以半脫脂鮮奶製成。幾乎尙未形成的黃色外皮質地平滑，通常以紅色或橘色的蠟質包覆住。在美國，又名爲"King Christian"或"Christian IX"。

TASTING NOTES 品嚐筆記
顏色偏淡，帶有愉悅的香氣。內部起司質地柔韌，帶有小氣孔，略帶甜味與堅果味。

HOW TO ENJOY 享用方式
這款早餐起司也適合拿來作成三明治，或當作一般點心。適合搭配黑麥(Pumpernickel)等黑麵包，以及啤酒、蘋果汁和蘋果酒(cider)。

丹麥 各地		
熟成期 6-12 個月		
重量和形狀 多種		
尺寸 多種		
原料奶 牛奶		
種類 半軟質		
製造商 多家		

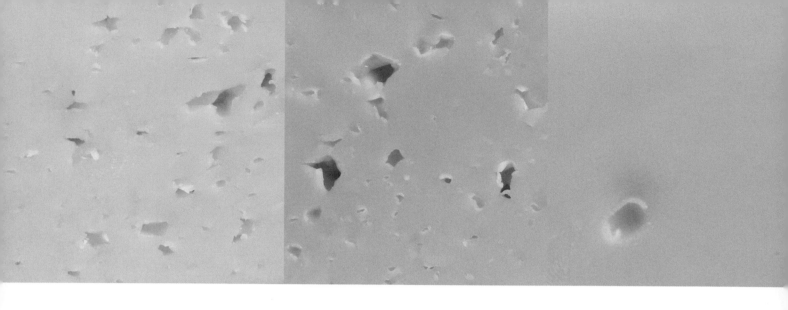

Esrom PGI

最先由西妥會（Cistercian）僧侶在十二世紀時創作出來，在 1951 年由丹麥起司協會（the Danish Cheese Institute）重新引入。原本的名稱是 "Danish Port Salut"，現在以首度生產出來的古老修道院重新命名。1996 年獲得 PGI（受保護原產地名）等級。

TASTING NOTES 品嚐筆記
起司呈淡檸檬色，有小氣孔，嚐起來有甜味和奶油味。熟成越久，味道變得更強烈，但仍保有其甜味。也有大蒜和胡椒調味的版本。

HOW TO ENJOY 享用方式
非常適合作成傳統的丹麥開面三明治（Danish open sandwiches），或搭配冷火腿和肉乾類（charcuterie）。

丹麥 Hovedstaden	
熟成期 21-28 天	
重量和形狀 200g-2kg（7oz-4½lb），磚形	
尺寸 多種。L. 22cm（8½in），W. 12cm（5in），H. 6cm（2½in）（如圖所示）	
原料奶 牛奶	
種類 半軟質	
製造商 多家	

Havarti

這大概是最有名的丹麥起司，由漢娜尼爾森（Hanne Neilsen）在 1800 年代中起創作出來，她是一位來自紐西蘭農夫的妻子。她在歐陸各地旅遊，學習起司製作的方法，後來以添加額外乳脂（cream）的方式，創造出這款傑作。最初的名稱是 Havarthi，以她的農場命名。

TASTING NOTES 品嚐筆記
口味香甜圓潤而細緻，帶有奶油般的香味，會隨著熟成，變得更刺激鹹味越濃，帶有一絲榛果味。也有葛縷子（caraway）調味的版本。

HOW TO ENJOY 享用方式
適合當作點心，做成丹麥開放式三明治，可切片、爐烤或加入沙拉中。

丹麥 各地	
熟成期 4-12 週	
重量和形狀 4.5kg（10lb），大塊形或圓鼓形	
尺寸 多種。L. 11cm（4½in），W. 6cm（2½in），H. 5cm（2in）（如圖所示）	
原料奶 牛奶	
種類 半軟質	
製造商 多家	

Samsø

這款半軟質起司創作於十九世紀早期，當時丹麥國王邀請瑞士的起司製作師，前來和當地農夫分享技術。結果產生的起司就是以 Emmental 起司為基礎，質地有彈性的淡色起司，上面還有不規則的氣孔。它的名稱源自丹麥小島珊索（Samsø），傳統的維京人聚會地點。

TASTING NOTES 品嚐筆記
熟成淺時口味溫和有奶油味。熟成久後，發展出一種甜-酸的刺激味，和明顯的榛果味。

HOW TO ENJOY 享用方式
適合做成起司鍋（fondue），融化在水煮馬鈴薯上，或切片放在黑麥麵包（rye bread）上。

丹麥 Samsø, Mitjylland	
熟成期 8-12 週	
重量和形狀 多種，車輪形或長方形	
尺寸 多種	
原料奶 牛奶	
種類 半軟質	
製造商 多家	

Gammelost

名稱為"old cheese 老起司"之意,因為傳統上這款起司,是用以琴酒和杜松子(gin and juniper)浸泡過的稻草包覆起來,使綠棕色的黴層能夠生長。使用脂肪含量很低的脫脂鮮奶製成,主要產自松恩菲尤拉納(Sogn og Fjordane)和霍達蘭(Hardanger)。

TASTING NOTES 品嚐筆記
口味尖銳富香氣,質地呈易碎的細粒狀,帶有如熟成過的 Camembert 起司或 Danish Blue 起司般的濃烈刺激風味。棕色的內部起司,帶有不規則的藍紋。

HOW TO ENJOY 享用方式
這是餐後起司的首選,風味濃烈,可搭配同樣強烈的餐後酒,如杜松子酒(schnapps)或渣釀白蘭地(grappa)。

挪威 Vestlandet	
熟成期 4-5 週	
重量和形狀 3kg(6½lb),圓鼓形	
尺寸 D. 10cm(4in),H. 20cm (8in)	
原料奶 山羊奶	
種類 硬質	
製造商 多家	

Gjetost

產自古東薩梧谷(Gudbrandsdalen Valley),以鮮奶、乳脂(cream)和乳清製成,帶有法國芥茉醬的顏色,與類似奶油牛奶糖(fudge)的質地。以前只使用山羊奶作為原料─"gjet"是挪威語的山羊之意。為了區分今日不同的種類,純牛乳製成的稱為mysost 起司,純山羊奶製成的則是 ekta gjetost 起司。

TASTING NOTES 品嚐筆記
這不是每個人都會喜歡的口味,但挪威人喜愛它香甜的焦糖味和花生味,以及獨特濃郁的山羊味。

HOW TO ENJOY 享用方式
傳統上,會將 Gjetost 起司削成薄片,放在硬的薄餅(flatbread)上吃,或搭配聖誕節加了辛香料的水果蛋糕。

挪威 Østlandet	
熟成期 數天起	
重量和形狀 250-500g(9oz-1lb 2oz),圓柱形	
尺寸 多種。L. 15cm(6in),W. 6cm (2½in),H. 4cm(1½in)(如圖所示)	
原料奶 山羊奶或牛奶	
種類 新鮮	
製造商 多家	

Jarlsberg

首度在 1860 年代生產於嘉士堡(Jarlsberg)和西福爾(Vestfold)省,1900 年代中期時,再度復興起來。香濃的原料乳,來自鮮美的高山草原,起司佈滿大型氣孔,呈檸檬黃色。

TASTING NOTES 品嚐筆記
創作靈感來自 Swiss Emmental 起司,但 Jarlsberg 起司質地較為柔軟豐潤,甜味更顯著,堅果味也比較不明顯,後味帶有一絲刺激的發酵水果味。

HOW TO ENJOY 享用方式
可試著切片加入沙拉裡,或當作宴會點心。用途極廣,可和醃燻火腿夾在三明治裡、放在吐司上爐烤,或當作 raclette 起司來爐烤,搭配法式蔬菜沙拉(crudités)上菜。

挪威 各地	
熟成期 1-15 個月	
重量和形狀 10kg(22lb),車輪形或大塊狀	
尺寸 多種	
原料奶 牛奶	
種類 半軟質	
製造商 Tine	

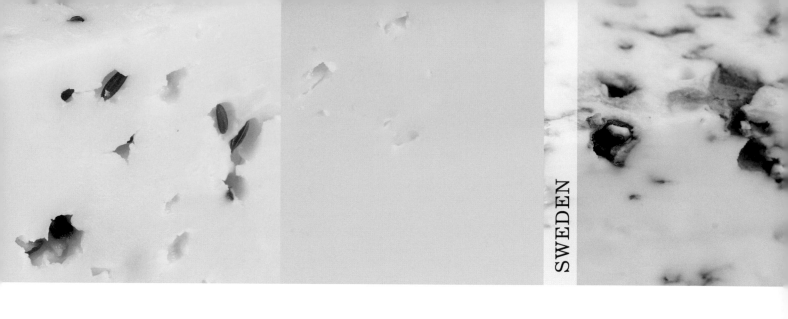

Nökkelost

這是以荷蘭的 Leidse Kaas 起司(見 231 頁)為基礎創作出來的,以半脫脂鮮奶製成,含有切碎的小茴香(cumin seeds)和丁香(cloves)。雖然從十七世紀,就已在挪威開始生產,仍以荷蘭的城市萊登(Leiden)市徽(交錯的鑰匙 nökkel)為名。

TASTING NOTES 品嚐筆記
質地結實有彈性,綿密滑順,帶有使人聯想到聖誕節的溫暖辛辣味。

HOW TO ENJOY 享用方式
可為塔(tarts)和烘烤蔬菜,增添一股溫暖的辛香味。也可簡單地搭配新鮮蘋果、西洋梨、黑麥麵包(pumpernickle)和啤酒。

挪威	各地
熟成期	12 週
重量和形狀	10kg(22lb),車輪形或大塊狀
尺寸	多種
原料奶	牛奶
種類	加味
製造商	Tine

Ridder

這是一款半軟質起司,以參入了胭脂紅(annatto)的鹽水洗浸過,產生帶有黏性的橙色外皮。瑞典的起司製作師西文芬陸斯(Sven Fenelius),在 1969 年創作出這款起司,以挪威語的「武士」命名。

TASTING NOTES 品嚐筆記
帶有鮮香的奶油味和一點堅果味,但含有一絲尖銳感,淡黃色的起司質地密實有彈性。熟成越久,味道越濃烈。

HOW TO ENJOY 享用方式
熟成度淺時,非常適合當作甜點起司,尤其是搭配新鮮夏季莓果時。爐烤或烘烤過,味道會更顯圓潤。

挪威	Vestlandet
熟成期	12-15 週
重量和形狀	3.25kg(7lb),車輪形
尺寸	D. 15cm(6in),H. 5-7cm(2-3in)
原料奶	牛奶
種類	半軟質
製造商	Tine

Ädelost

也就是「高貴的起司」之意,這是瑞典唯一自創的藍黴起司,為了和進口的法國藍黴起司競爭。淡色而質地綿密的起司內,佈滿了藍灰色的氣孔和斷裂狀藍紋。薄薄的淡色外皮,長滿了灰、藍和白色的黴粉。

TASTING NOTES 品嚐筆記
質地濕潤,更強化了尖銳辛辣的藍黴風味,和帶鹹後味。

HOW TO ENJOY 享用方式
捏碎加入沙拉裡,或混合特級初榨橄欖油和巴沙米可醋(balsamic),作成開胃的沙拉調味汁。搭配啤酒花味濃的啤酒,或本地的杜松子酒(schnapps)。

瑞典	各地
熟成期	8-12 週
重量和形狀	2.5kg(5½lb),圓鼓形
尺寸	D. 18cm(7in),H. 10cm(4in)
原料奶	牛奶
種類	藍黴
製造商	多家

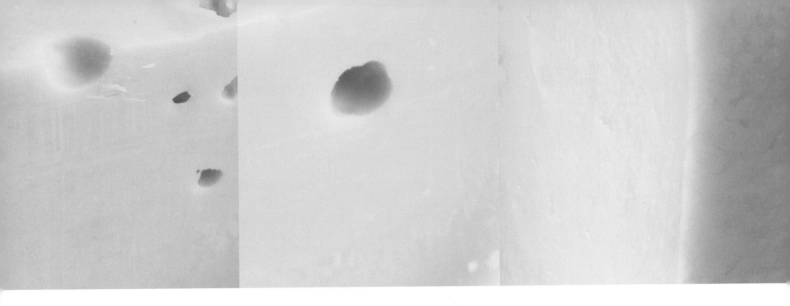

Grevéost

這款工業化生產的起司，是以 Emmental 起司（見 242-243 頁）為基礎發展的。呈淡黃色，質地密實，佈有不規則大小和形狀的氣孔。在瑞典的日常飲食中，有極重要的地位，因其具有老少咸宜，溫和而香甜的口味。

TASTING NOTES 品嚐筆記
具有彈牙般的結實感，質地密實，帶有甜味與堅果味，但缺少了 Emmentale 起司的深度。

HOW TO ENJOY 享用方式
在皮力歐許麵包（brioche）抹上奶油，夾入切成薄片的 Greveéost 起司和煙燻火腿。適合當作點心、用來爐烤或磨碎做成類似奶油白醬風格（béchamel-type）的醬汁。

瑞典 各地	
熟成期 40 週	
重量和形狀 15kg(33lb)，車輪形	
尺寸 D. 35cm(14in)，H. 10-14cm(4-5½in)	
原料奶 牛奶	
種類 半軟質	
製造商 多家	

Herrgårdsost

創作於二十世紀早期，作為 Gruyère 起司（見 240 頁）的本地替代品，它的名稱是瑞典語"莊園 manor house"之意，雖然以 Gruyère 起司為基礎，它的質地較軟，更為豐潤，圓形氣孔的數量也較少。

TASTING NOTES 品嚐筆記
內部起司呈淡黃色，薄薄的外皮通常會加以上蠟。帶堅果味，和溫和的 Cheddar 起司（見 180-181 頁）類似，酸而刺激的後味會隨著熟成而加深。

HOW TO ENJOY 享用方式
像 Gruyère 起司一樣，很適合用來直接食用或烹飪。試著搭配酸黃瓜，可使其刺激味更飽和，可搭配富果香的白酒。

瑞典 各地		
熟成期 4-24 個月		
重量和形狀 2-18kg(33lb-39lb 11oz)，圓形		
尺寸 多種。D. 40cm(15½in)，H. 12cm(5in)（如圖所示）		
原料奶 牛奶		
種類 半軟質		
製造商 多家		

Hushållsost

瑞典語的 Hushållsost 是家庭起司的意思，以其悠久的七百多年歷史，已成為瑞典最知名、最常食用的起司之一。和許多瑞典起司不同的是，它以大無畏的精神，使用全脂鮮奶製成。

TASTING NOTES 品嚐筆記
稻草色的內部起司口味溫和，質地綿密，帶有檸檬般清新的後味，質地稀鬆，帶有小型不規則氣孔和幾乎尚未形成的外皮。

HOW TO ENJOY 享用方式
傳統的自助式早餐常會用到它，也適合作成三明治、披薩、塔（tarts）和融化在砂鍋燉菜（casseroles）裡。

瑞典 各地	
熟成期 4-12 週	
重量和形狀 3kg(6½lb)，圓鼓形	
尺寸 D. 20-25cm(8-10in)，H. 5-8cm(2-3in)	
原料奶 牛奶	
種類 半軟質	
製造商 多家	

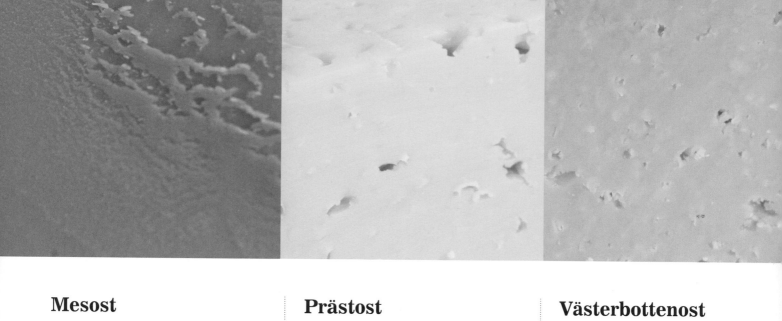

Mesost

對斯堪地那維亞地區的起司製造商來說，一點一滴的鮮奶都不能浪費，因此產生了這款乳清起司。乳清加熱後，蛋白質和脂肪分離，殘留的液體被蒸發，剩下一團棕色有黏性的焦糖化糖分。有時會加入額外的乳脂（cream）或鮮奶，以提高產量。

TASTING NOTES 品嚐筆記
對不習慣的人來說，不是很容易接受。起司帶有綿密、如焦糖般奶油牛奶糖（fudge）的風味，與一絲苦味。

HOW TO ENJOY 享用方式
通常搭配吐司或麵包作爲早餐，或當作點心。

瑞典 各地	
熟成期 數天起	
重量和形狀 1kg-8kg(2lb 4oz-17lb 6oz)，大塊狀	
尺寸 多種	
原料奶 牛奶、山羊奶或綿羊奶	
種類 新鮮	
製造商 多家	

Prästost

"prästost" 也 就 是 "priest cheese 牧師 起司"，起源自十六世紀，當時的農夫必須向地方教堂繳納十一稅（tithe），通常以貨物的形式，包括鮮奶。接著農婦會將與上繳鮮奶等量的起司，拿到市場販售，以補償自己的損失。現代已由工廠製作。

TASTING NOTES 品嚐筆記
質地滋潤柔軟，帶有米粒般微小氣孔，濃郁的甜-酸味，會在舌尖留下尖銳果香的刺激味。

HOW TO ENJOY 享用方式
可撒在濃郁濃湯上，加入香辣肉醬（chilli con carne），或放在起司盤上增添廣度，搭配富果香的紅酒。

瑞典 各地	
熟成期 長達 12 個月	
重量和形狀 12-15kg(26lb 5oz-33lb)，車輪形	
尺寸 多種。D. 10cm(4in)，H. 5-7cm(1-3in)（如圖所示）	
原料奶 牛奶	
種類 半軟質	
製造商 多家	

Västerbottenost

瑞典飲食文化，就在於如何將短暫夏日的收成，製作成可以在漫長冬季好好享受的料理。因此在瑞典各地，自家和小型奶酪場都會製作硬質起司。創作於十九世紀中期的Västerbottenost 起司，就是以這類傳統起司爲基礎而大量生產的種類。

TASTING NOTES 品嚐筆記
和熟成過的 Cheddar 起司一樣，質地堅硬呈細粒狀，帶有不規則小氣孔和果香般的刺激味，熟成越久，鹹味越重。

HOW TO ENJOY 享用方式
這款絕佳的餐後起司，最好搭配啤酒、杜松子酒（schnapps）或紅酒。

瑞典 各地	
熟成期 長達 12 個月	
重量和形狀 20kg(44lb)，車輪形	
尺寸 D. 50cm(20in)，H. 20cm(8in)	
原料奶 牛奶	
種類 硬質	
製造商 多家	

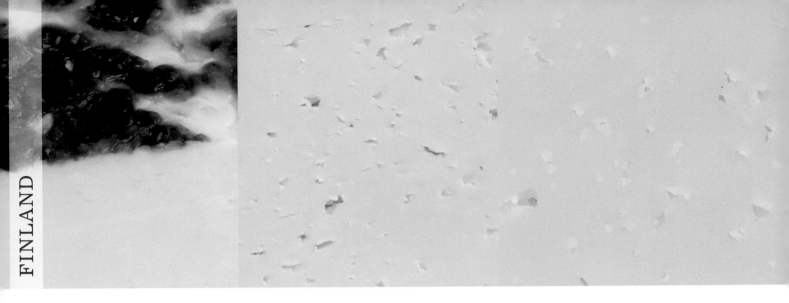

Juustoleipä

Juustoleipä"起司麵包 cheese bread"是一款特別的起司,以前是自家利用牛奶或馴鹿奶所製成的。凝乳裝入扁平的木盤裡壓實,再置於開放式爐火前烘烤,因此產生這個名稱。今天以牛奶為原料,進行商業化生產。

TASTING NOTES 品嚐筆記
在略經烘烤的外皮底下,白黃的內部起司柔軟鬆垮,帶有椰子、鳳梨、香甜鮮奶和雞蛋的風味。

HOW TO ENJOY 享用方式
在芬蘭以外的地區極少看到,當地人通常用來爐烤後,搭配果醬當作早點,或是加入咖啡中但不食用。

芬蘭 各地	
熟成期 數天起	
重量和形狀 800g(28oz),圓形和扁平形	
尺寸 D. 14cm(5½in),H. 1.5cm(½in)	
原料奶 牛奶或馴鹿奶	
種類 新鮮	
製造商 多家	

Oltermanni

這款哈瓦帝風格(Havarti-style)起司,是由 Valio 所生產,這是一家由芬蘭農夫所擁有的大型奶酪場,他們所生產的鮮奶,是全歐盟最乾淨的,因為河水清澈,沒有工業污染。在芬蘭以外的地區,有時以 Baby Muenster 起司或 Finlandia 起司之名銷售。

TASTING NOTES 品嚐筆記
和 Turunmaa 起司類似,外皮幾乎尚未形成,帶有細小不規則的孔洞。

HOW TO ENJOY 享用方式
和許多斯堪地那維亞(Scandinavian)起司一樣,做為早餐食用,切片在黑麥麵包上,或加入爐烤。

芬蘭 各地	
熟成期 1-3 個月	
重量和形狀 1.1kg(2lb 4oz),圓柱形	
尺寸 D. 11cm(4½in),H. 10cm(4in)	
原料奶 牛奶	
種類 半軟質	
製造商 Valio	

Turunmaa

這款起司原來是一種早餐起司,在芬蘭古老的十六世紀首都圖爾庫(Turku)的富麗莊園(manor houses)被創作出來。這款哈瓦帝風格(Havarti-style)的起司,質地疏鬆有彈性,受到當地牛群啃食的植被影響,風味濃郁。

TASTING NOTES 品嚐筆記
質地綿密富咬勁,帶有細小孔洞與濃郁的奶油味,後味含有強烈的鹹味刺激,如爐烤後的 Cheddar 起司。嚐起來像美味但略帶橡膠般口感的蛋包(omelette)。

HOW TO ENJOY 享用方式
在斯堪地那維亞地區,通常當作早餐,適合搭配煙燻火腿片和冷肉。

芬蘭 各地	
熟成期 8-12 週	
重量和形狀 6-10kg(13-22lb),圓鼓形	
尺寸 D. 10-15cm(4-6in),H. 5-7cm(2-3in)	
原料奶 牛奶	
種類 半軟質	
製造商 Valio	

波蘭
POLAND

捷克共和國
CZECH
REPUBLIC

SLOVAKIA 斯洛伐克
全區域都有生產
Bryndza ★,
Oštiepok ★

匈牙利
HUNGARY
全區域都有生產
Kashkaval

羅馬尼亞
ROMANIA

克羅埃西亞
CROATIA

斯洛維尼亞
SLOVENIA

塞爾維亞
SERBIA

保加利亞
BULGARIA

波士尼亞 & 赫塞哥維那
BOSNIA&
HERZEGOVINA

蒙特內哥羅
MONTENEGRO

馬其頓
MACEDONIA

Kaseri ★

ADRIATIC SEA
亞得里亞海

AEGEAN SEA
愛琴海

阿爾巴尼亞
ALBANIA

Galotiri ★

Kaseri ★

希臘 GREECE
全區域都有生產
Anthotyros ★,
Feta ★,
Kefalotyri ★,
Manouri,
Myzithra

Kaseri

Galotiri ★

伊奧尼亞海
IONIAN SEA

N

200 miles

200 km

EASTERN EUROPE
AND THE NEAR EAST
東歐和近東

GREECE 希臘

在希臘神話中，阿波羅的兒子帶給希臘人一份具有「永續價值」的禮物，起司製作的秘密，而起司是屬於眾神的食物。
關於希臘人製作起司的記載，可追溯到西元前十世紀，而今天希臘人對起司的平均消耗量，比法國和義大利都高。

兼具山區和海岸多樣性的天然植被，以及陽光充足的溫暖氣候，提供了當地堅韌的山羊和綿羊理想的地理環境，
也因此產生出全世界某些最古老也最優質的起司。

EASTERN EUROPE 東歐

自西元 552 年以來，東歐地區的國界邊境不斷改變，前後受到不同的政治勢力佔領，因此當地的食物文化，也彼
此交融，其影響來自羅馬到俄羅斯，從土耳其到中亞。因此，市面上除了獨特的本地起司外，也買得到來自立陶宛
(Lithuania)和斯洛維尼亞(Slovenia)的瑞士和丹麥哈瓦帝風格(Havarti-style)起司，還有來自波蘭的一種莫札里拉
版本(version of Mozzarella)起司，稱為 Lubelski，以及許多種近似菲塔(Feta-like)的起司。

戰後的共產制度，使起司進入大量生產的階段，小型生產商完全絕跡，但自鐵幕升起後，傳統手工起司又再度復
甦，東歐的奶酪業目前有欣欣向榮的景象，許多傳統的小型奶酪場，也開始生產各式歐洲和本地起司。

ISRAEL AND THE NEAR EAST 以色列和近東

雖然從西元前七千年的考古遺址的證據顯示，當時還在演化中的綿羊和山羊已被人類利用來畜牧，並可能生產出該地
區第一款起司，但嚴酷的氣候，使這個區域沒有像歐洲一樣，發展出進步的起司產品。

1980 年代開始了一股新興的起司製作浪潮，包括工業化生產和傳統手工的版本，人們開始想要在新鮮加鹽起司
和乾燥起司之外，多一點選擇。在歐洲受過訓練的起司製作師，喚醒人們對傳統起司的興趣，並致力提升其品質，同
時也開始製作歐洲起司。

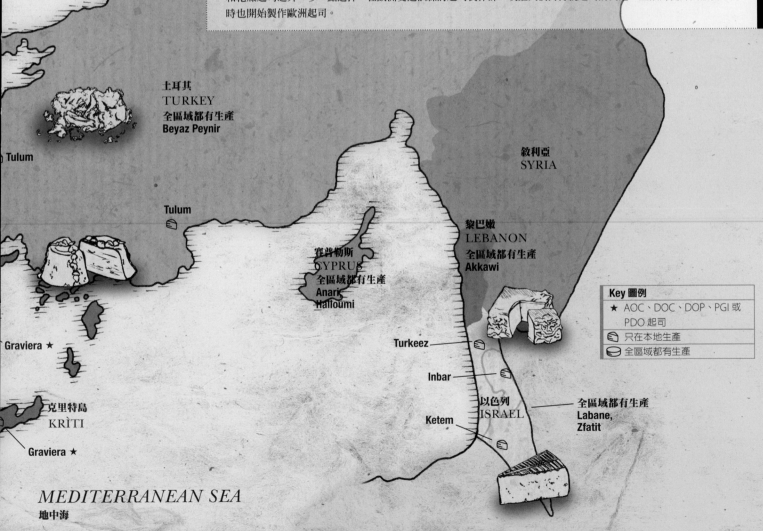

ACK SEA

土耳其
TURKEY
全區域都有生產
Beyaz Peynir

Tulum

Tulum

敘利亞
SYRIA

黎巴嫩
LEBANON
全區域都有生產
Akkawi

賽普勒斯
CYPRUS
全區域都有生產
Anari
Halloumi

Turkeez

Inbar

Graviera ★

以色列
ISRAEL

全區域都有生產
Labane,
Zfatit

Ketem

克里特島
KRÌTI

Graviera ★

Key 圖例	
★	AOC、DOC、DOP、PGI 或 PDO 起司
⌑	只在本地生產
⬭	全區域都有生產

MEDITERRANEAN SEA
地中海

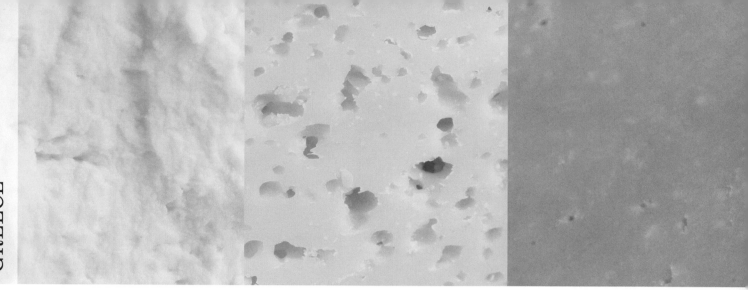

Anthotyros DOC

這款起司已有數世紀的歷史，使用綿羊奶的乳清和山羊奶來製作，或是混合兩者，再添加少量的乳脂（cream）。在希臘各地都很常見，有軟質和硬質的版本。

TASTING NOTES 品嚐筆記
新鮮時，質地綿密，有檸檬味與獨特的花香調；熟成後，會長出灰色的黴層，質地變乾，帶有強烈的鹹味刺激，後味含有一絲煙燻味。

HOW TO ENJOY 享用方式
傳統上用來做成鹹味和甜味的酥皮點心（pasties）。熟成過的版本，可磨碎加在熱食上。搭配新鮮無花果時，格外美味。

希臘	各地
熟成期	2 天至 12 個月之間
重量和形狀	350g(12oz)，球形或截頂圓錐形
尺寸	多種
原料奶	綿羊奶和山羊奶
種類	新鮮和熟成過的新鮮起司
製造商	多家

Graviera DOC

這是最受歡迎的希臘起司之一。以 Gruyère 起司（見 240 頁）爲基礎創作出來的，但原料可使用牛奶、綿羊奶或山羊奶，依季節而定。克里特島（Krìti）所生產的 Graviera 起司使用綿羊奶和一些山羊奶，而 Graviera Naxos 起司則是使用牛奶，混合了一點綿羊奶或山羊奶。

TASTING NOTES 品嚐筆記
克里特島的 Graviera 起司，香甜富果香，如 Emmental 起司，帶有細緻的香氣和焦糖後味。Naxos 起司的版本，較爲濃郁綿密，堅果味也較濃。

HOW TO ENJOY 享用方式
這是經典全能的餐桌起司，亦可做成起司酥餅（pastries）來烘烤。

希臘	Naxos and Krìti
熟成期	3-5 個月
重量和形狀	2-8kg(4½-17½lb)，圓鼓形
尺寸	多種
原料奶	綿羊奶、山羊奶或牛奶
種類	硬質
製造商	多家

Kaseri DOC

世界上最古老的起司之一，混合了山羊奶和綿羊奶製成（綿羊奶需達 80% 以上）。這是一種熟成過的紡絲型起司（pasta filata），和義大利的 Provolone 起司（見 129 頁）類似，加熱後會產生牽絲效果（stringy texture）。

TASTING NOTES 品嚐筆記
質地結實豐潤，無外皮，鹹味中有甜味和酸度的刺激，舌頭上會帶有乾燥感。

HOW TO ENJOY 享用方式
這款餐桌起司，適合用來融化或爐烤。試著加在口袋餅（pitta bread）上，蓋上一層厚厚的新鮮帶藤番茄果肉和橄欖，做出你自己的希臘風格披薩。

希臘	Thessalia, Mitilini isalnd, and Xanthi
熟成期	12 週
重量和形狀	1-9kg(2-20lb)，車輪形
尺寸	多種
原料奶	綿羊奶和山羊奶
種類	半軟質
製造商	多家

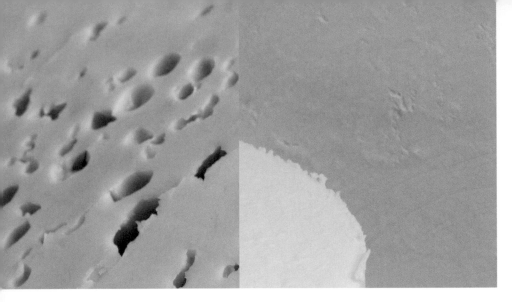

Galotiri DOC

這是最古老的希臘起司之一。主要以綿羊奶製成，通常是供應自家消耗，而不對外販售。將一連數天所收集的新鮮凝乳，放在大圓桶裡，以脂肪封好，或是裝在紗布袋裡，掛在屋椽(rafters)上濾出水分，直到食用時才取下。長出黴菌時，就將其刮除，使乳清能夠濾出，起司得以呼吸。

TASTING NOTES 品嚐筆記
質地柔軟可抹開，帶有略酸的清新微鹹(brakish)味，正是希臘人所喜歡的口味。

HOW TO ENJOY 享用方式
用在數道傳統的菜餚上，尤其是和香草或辛香料作成抹醬。

希臘 Epirus 和 Thessalia	
熟成期 數天到數個月	
重量和形狀 多種，小罐裝	
尺寸 多種	
原料奶 綿羊奶，或綿羊奶混合山羊奶	
種類 新鮮	
製造商 多家	

Kefalotyri DOC

自拜占庭時期(Byzantine era)，便開始在希臘各地生產，一般稱為 male 或 first 起司，這是指以全脂鮮奶製成的起司。female 或 second 起司則是以乳清製成。

TASTING NOTES 品嚐筆記
質地結實但偏乾，帶有許多不規則的氣孔，具有綿羊奶獨特的清新刺激風味。後味帶一股濃烈的青草味，使人聯想到橄欖油。

HOW TO ENJOY 享用方式
傳統上用來做成經典的希臘菜"saganaki"(香煎脆皮起士)，起司切成厚片後，有時還會沾裹上蛋液和麵包粉，進行油炸，要擠上一點檸檬汁食用。

希臘 各地	
熟成期 3-4 個月	
重量和形狀 6-8kg(13-17½lb)，圓鼓形	
尺寸 多種	
原料奶 綿羊奶，綿羊奶和山羊奶混合	
種類 硬質	
製造商 多家	

Manouri

這是一款古老但很受歡迎的新鮮(白色)起司，以製作 Feta 起司(見 258-259頁)時濾出的乳清製成，並額外添加了比 Anthotyros 起司含量更高的鮮奶。

TASTING NOTES 品嚐筆記
和 Feta 類似，但質地較細緻滑順，鹹味也較為溫和。Manouri 起司是用紗布包住後濾出水分，通常以圓木形販售。

HOW TO ENJOY 享用方式
低鹽成分使它能夠用在鹹味和甜味菜餚上，尤其是"spanakopita"(希臘菠菜派)等酥派上，這是一種烘烤過的薄片酥皮(filo pastry pie)，以菠菜和起司為內餡。或者，直接澆上蜂蜜食用。

希臘 各地	
熟成期 數天起	
重量和形狀 500g(1lb)，圓木形	
尺寸 L. 25cm(9½in)，H. 7cm(3in)	
原料奶 綿羊奶或山羊奶	
種類 新鮮	
製造商 多家	

Myzithra

這是所有希臘乳清起司的始祖，由 Feta 起司(見 258-259 頁)和 Kefalotyri 起司(見 257 頁)的剩餘乳清製成，已有數千年的歷史。市面上有兩種版本：新鮮的 Myzithra 起司類似 cottage 起司，不加鹽或是鹽分很少；熟成過的版本，質地乾而結實，鹹味較濃。

TASTING NOTES 品嚐筆記
新鮮時，口味溫和清新，熟成過後，帶有堅果味與鹹味，並形成灰色黴粉外皮。

HOW TO ENJOY 享用方式
新鮮的 Myzithra 起司，可做成美味的甜鹹菜餚，質地較乾的版本則可磨碎，加在鹹味熱食上，如義大利麵和酥皮點心(pastries)上。

希臘 各地	
熟成期 2 天起	
重量和形狀 1-2kg(2.5-4.5lb)(新鮮)，500g-1.5kg(1-3lb)(乾)，西洋梨形	
尺寸 多種	
原料奶 綿羊奶和山羊奶	
種類 新鮮，熟成過的新鮮起司	
製造商 多家	

Feta PDO
受保護原產地名的菲塔起司

根據希臘神話，眾神派遣阿波羅(Apollo)的兒子，來教導希臘人製作起司的技巧。而第一份關於起司製作的記錄，是西元八世紀荷馬的奧德賽(Holmer's Odyssey)，荷馬(Holmer)寫到他看到獨眼巨人(Cyclops)在洞穴裡製作綿羊奶起司的經過，這簡單的配方就成為之後的菲塔(Feta)起司。

菲塔(Feta)起司在 2002 年獲得歐盟保護的 PDO 等級(見 8 頁)，規定只能以綿羊奶或山羊奶製成，並將產區限制在馬其頓(Macedonia)、色雷斯(Thrace)、埃佩魯斯(Epirus)、塞薩利(Thessaly)、希臘中部(Sterea Ellada)、伯羅奔尼撒半島(Peloponnesus)和米蒂利尼(Mytilini)等地的山區，因為只有在這些地區，牧群仍自由地到處啃食。看到輕巧的山羊，和具有無比耐心的綿羊，在崎嶇起伏的山丘間啃食貧瘠多岩的植被，你很容易明白為甚麼習慣舒適的乳牛，從來不曾在希臘繁榮起來！這裡沒有殺蟲劑、昆蟲驅除液或其他汙染源，走在草地上，隨時仍可聽見和看到牧群在村莊間移動，前往下一個草地的身影。

對於習慣看到綿羊放牧於和腳踝等高青草間的人來說，很難想像以野生香草、野花和強韌野草為食的牠們，能夠生存下去，更不用說是生產出足以製作起司的鮮奶

了。然而這卻正是，牠們能夠生產出全世界最濃郁香醇鮮奶的原因。百里香、馬鬱蘭(marjoram)和松樹的香氣，都被捕捉、集中在鮮奶細微的脂肪球(globules)中。

TASTING NOTES 品嚐筆記
質地結實緊密但易碎，無外皮，帶有無數小孔洞。以純山羊奶製成時，呈純白色，帶有新鮮風味，含有野生香草、白酒的氣息，略帶山羊刺激味。綿羊奶製成的 Feta 較為濃郁綿密，接近象牙白色。它的味道使人聯想到烤羊肉、羊脂肪和羊毛脂，像是未清洗過的羊毛。兩者都有帶鹹味的刺激後味，和受到植被影響的味覺深度。

HOW TO ENJOY 享用方式
希臘的一日三餐都會用到菲塔(Feta)起司—如酥皮點心(pastries)和派裡，像是"spanokopitta"(希臘菠菜派)，全希臘都可見到的美味起司和菠菜派。也可加在沙拉裡，通常混合橄欖、番茄、生洋蔥和橄欖油，或是任意和各種新鮮或煮熟的蔬菜混合。烘烤或加熱後，不會完全融解，為無數的希臘料理增添一股輕盈感。

如果你覺得菲塔(Feta)起司太鹹了，可以拿一小塊浸在冷水或鮮奶裡 10~15 分鐘。這樣可以去除多餘的鹽分，但不會掩蓋其風味。

A CLOSER LOOK
放大檢視
菲塔(Feta)起司可在自家、小型家庭奶酪場和大型工業化設備生產，但都必須遵守受到 PDO 保護的傳統製作方法。這是希臘飲食文化中很重要的一部分，和國家歷史與傳統緊密相連。

菲塔(Feta)起司通常在切成小塊後，加一點鹽水真空包裝。以前位處內陸的牧羊人，無法輕易取得鹽分時，會將他們的起司放在橄欖油裡保存。

強韌的山羊，放牧於崎嶇多岩的希臘山區中。

希臘 各地		
熟成期 至少 2 個月		
重量和形狀 多種		
尺寸 多種		
原料奶 山羊奶或綿羊奶		
種類 新鮮		
製造商 多家		

CUTTING THE CURD 切割凝乳 一旦配方菌(strater culture)和凝乳酶產生作用後，柔軟脆弱的凝乳便以像巨大木齒梳或豎琴的鋼絲，切割成 1~2cm(½ 英吋)的小方塊。

DRAINING 濾出乳清 凝乳和乳清倒入四周低矮的大型濾水檯裡。傳統上，應使用蘆葦編成的籃子，但現在的作法是，在接下來的數小時裡，將凝乳翻面 2~3 次，並加鹽，以加速乳清的排除。

顏色與原料乳的比例有關。
山羊奶偏純白色，
而綿羊奶偏象牙白色。

整塊起司

容易捏碎，正好適合加在沙拉裡。

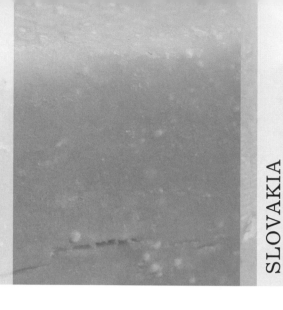

Kashkaval

從羅馬帝國時期起，就開始了 Kashkaval 起司的歷史，類似的起司也都可在東歐和中亞各地見到。這是一款紡絲型起司(pasta filata)，也就是說，凝乳經過加熱與拉扯的手續，再進行加鹽與熟成。它的顏色呈蛋黃至淺棕色，具有天然形成的外皮。

TASTING NOTES 品嚐筆記
有彈性而易碎，帶有尖銳的鹹味，幾乎可以算上是苦味。後味含有一絲焦糖洋蔥味。

HOW TO ENJOY 享用方式
傳統上作爲餐桌起司食用，但也可油煎、放在酥派裡烘烤，或是磨碎加在蔬菜上。

匈牙利 各地	
熟成期 8 週	
重量和形狀 7-9kg(15lb 7oz-19lb 13oz)，不規則的圓形	
尺寸 D. 5-11.5cm(2-4½in)，H. 3-3.5cm(1in)	
原料奶 綿羊奶，或綿羊奶混合牛奶	
種類 硬質	
製造商 多家	

Bryndza PGI

最初來自喀爾巴阡山(the Carpathain)山區，大概是由希臘人所引進的。類似的起司在東歐各地都可見到。

TASTING NOTES 品嚐筆記
和 Feta 起司(見 258-259 頁)類似，但質地較軟，可供塗抹，鹹味較淡。帶有檸檬般的酸味，依熟成度和原料乳的不同，質地有柔軟、結實到易碎的變化。

HOW TO ENJOY 享用方式
抹在溫熱的全麥麵包上，或捏碎加入沙拉葉和番茄裡。作爲傳統菜餚"bryndzové halušky"的一部分(馬鈴薯餃子佐 Bryndza 起司)。

斯洛伐克 各地	
熟成期 4 週以上	
重量和形狀 100-300g(3½-10oz)，塊狀	
尺寸 L. 7.5-12cm(3-5in)，W. 5-10cm(2-4in)，H. 3.5cm(1in)	
原料奶 綿羊奶，山羊奶或牛奶	
種類 新鮮	
製造商 多家	

Oštiepok PGI

一種傳統的綿羊奶起司，和波蘭的 Oszczypek 起司很類似。凝乳壓入手工製作的美麗木製模型裡，使每一塊起司都具有獨特性，然後再存放在房子的屋簷(eaves)，使它能夠吸收底下火爐的煙燻味。

TASTING NOTES 品嚐筆記
有煙燻味，略鹹，帶有鮮奶的焦糖味，外皮呈淡稻草色至橘色，依熟成度和煙燻度而定。

HOW TO ENJOY 享用方式
這是一款餐桌起司，可搭配保存久藏的肉類和香腸。

斯洛伐克 各地	
熟成期 1-4 週	
重量和形狀 150g-2kg(5½oz-4½lb)，形狀各異	
尺寸 多種	
原料奶 綿羊奶	
種類 硬質	
製造商 多家	

TURKEY

CYPRUS

Beyaz Peynir

又稱爲"白色起司"，這款近似菲塔(Feta-like)的起司，在土耳其各地產量頗大，消耗得也快。製作方法會隨著地區而有些微差異，但可以綿羊奶、山羊奶或牛奶爲原料。

TASTING NOTES 品嚐筆記
口味會隨著季節不同，因使用不同的原料乳。味道從鹹到很鹹，質地從堅硬到柔軟，但來自馬爾馬拉海(Marmara)質地較綿密的版本，極受歡迎。

HOW TO ENJOY 享用方式
在土耳其日常飲食中扮演重要角色，可用在早餐、沙拉、點心，或當作蔬菜和酥派的內餡。

土耳其 各地	
熟成期 至少 3 個月	
重量和形狀 250g-1kg(9oz-2¼lb)，多種	
尺寸 多種	
原料奶 綿羊奶、山羊奶或牛奶	
種類 新鮮	
製造商 多家	

Tulum

世界上最古老的起司之一，它是將新鮮凝乳用特別曬(cured)過的山羊皮包起來，熟成數週以上製成的。山羊皮被縫起來，然後熟成 3 個月以後，才被割開，取出起司食用。

TASTING NOTES 品嚐筆記
口味出乎意料的溫和，帶有香氣和甜味，依原料乳和季節的不同，而有不同的風味。最常見的種類是 Erzincan 起司，風味可能會很濃烈，略帶苦味。

HOW TO ENJOY 享用方式
這款有點昂貴的手工(artisan)起司，最好直接澆上橄欖油食用，搭配水果、無花果、橄欖或新鮮蔬菜。

土耳其 Eastern Anatolia 和 Aegean regions	
熟成期 3 個月起	
重量和形狀 500-600g(1lb 2oz-1lb 5oz)，罐裝或塊狀	
尺寸 L. 10cm(4in)，W. 10cm (4in)，H. 10cm(4in)	
原料奶 綿羊奶、山羊奶或兩者混合	
種類 新鮮	
製造商 多家	

Anari

由製作 Halloumi 起司剩下的乳清製成，再添加一點山羊奶或綿羊奶，改善質感與風味。傳統上，若不趁新鮮食用，則進行加鹽後，放在乾燥溫暖的戶外熟成，但現在則改成利用輕度暖氣。

TASTING NOTES 品嚐筆記
這款純白色的起司，質地柔軟濕潤而綿密，帶有細緻的鮮奶味。熟成過的 Anari 起司質地堅硬而帶鹹味。

HOW TO ENJOY 享用方式
新鮮的 Anari 起司，可搭配水果或角豆糖漿(carob-based syrups)。也可用來做成甜鹹兩味的薄片酥皮，稱爲 bourekia 起司。熟成過的版本，可以磨碎，加在沙拉、義大利麵或醬汁裡。

賽普勒斯 各地	
熟成期 數天至數個月	
重量和形狀 多種，罐裝或塊狀	
尺寸 L. 10cm(4in)，W. 10cm (4in)，H. 10cm(4in)	
原料奶 山羊奶和綿羊奶	
種類 新鮮	
製造商 多家	

261

Halloumi
哈魯米起司

冬季時，山羊和綿羊已不再產奶，爲了保存鮮奶，以供應蛋白質所需，賽普勒斯創作出哈魯米(Halloumi)起司，從過去到現在，一直是當地飲食的重要一部分。

哈魯米(Halloumi)起司在世界美食上具有獨特的地位，不只是因爲加熱後能夠保持外形不融化，還因爲製作時使用的原料奶—摩弗倫(Mouflon)品種綿羊在新石器時代就已被引進，經過數千年的演化，已完全適應當地天然環境，而成爲居民生活的一部分。遺憾的是，摩弗倫(Mouflon)品種綿羊現在已被歸類於瀕臨絕種的動物，而其他國家卻仍加以培育作爲打獵和比賽之用。

摩弗倫(Mouflon)品種綿羊的外型出色，帶有紅棕色粗糙的皮毛，和捲曲雄偉的頭角。

有些哈魯米(Halloumi)起司仍然在鄉間，以傳統方式製作，但因應國際市場的大量需求，多數已進行工業化的生產。雖然他們遵守傳統的製作方式，使用綿羊奶和山羊奶，但通常仍會混合一些牛奶，因爲牛奶不受季節性的限制，成本也較低，然而成品的風味的確會受到影響。

賽普勒斯現正爲哈魯米(Halloumi)起司申請 PDO 等級的批准。

TASTING NOTES 品嘗筆記
帶有鹹味和酸味的刺激，質感富有彈性，加熱後，起司裡的乳糖會在表面焦糖化，增添一股甜洋蔥味，仍保留口感，豐潤而十分有彈性(squeaky)。

其風味會依季節和原料乳的不同，而有變化。品質最佳者，是使用春夏時節的綿羊奶和山羊奶生乳，這時牧群能夠在島上多岩的天然植被，肆意地啃食野花、香草和青草。

HOW TO ENJOY 享用方式
這是賽普勒斯式早餐、前菜和午餐的主要食物，通常搭配新鮮水果如甜瓜和無花果，或蔬菜。拜其獨特質感所賜，這是唯一加熱後不會融化的起司，很適合切成厚片炙烤(barbecued)，或油煎做爲開胃小菜(canapé)。

油煎哈魯米(Halloumi)起司時，要記得不要使用油，因爲這會封住起司表面，使乳糖無法逸出，因而失去其香甜焦糖味。

A CLOSER LOOK
放大檢視

哈魯米(Halloumi)起司和義大利紡絲型起司(pasta filata)類似，後者則是經過拉扯(stretch)，哈魯米(Halloumi)起司則是經過揉捏(knead)，因而產生獨特的密實質感。

HEATING 加熱 傳統上，山羊奶或綿羊奶生乳(或兩者混合)，要放在大鍋裡加熱。現在的做法通常會混合一些牛奶，並放在不鏽鋼桶裡高溫殺菌。

在新石器時代所引進的摩弗倫(Mouflon)品種綿羊。

賽普勒斯	各地
重量和形狀	250g(12oz)，塊狀
尺寸	L. 12cm(5in)，H. 6cm (2½in)
原料奶	山羊奶、綿羊奶或牛奶
種類	新鮮
製造商	多家

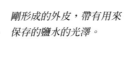
剛形成的外皮，帶有用來
保存的鹽水的光澤。

CUTTING THE CURDS
切割凝乳 凝乳用刀子或鋼齒梳來切
割，再加入熱乳清攪拌，使凝乳變硬並
排出更多乳清。

密實有彈性的質感，
適合切片來油煎或爐烤。

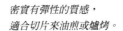

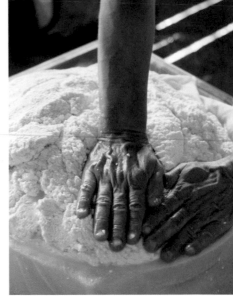

KNEADING 進行揉捏 略呈橡膠狀的凝乳，
裝入塑膠模型裡，經過手工揉捏和擠壓，以排出多
餘乳清並創造其獨特質感。

切了一片的整塊起司

Akkawi

像 Feta 起司(見 258-259 頁)一樣，Akkawi 起司有時會用水浸泡，以去除鹽分，使其可以做成甜味料理。它的名稱來自港都－阿克(Acre)。許多人仍然在家裡自行製作，但在歐洲已逐漸進行商業化的生產，以因應阿拉伯市場。

TASTING NOTES 品嚐筆記
質地結實呈純白色，帶有小氣孔與一股新鮮的鹹味。以牛乳製成時，會帶有一點多脂(fatty)口味。

HOW TO ENJOY 享用方式
用途極廣，是許多黎巴嫩和中東菜餚的基本材料，包括沙拉和酥皮點心(pastries)，或當做零嘴。

黎巴嫩 各地	
熟成期 1-3 個月	
重量和形狀 多種，塊狀	
尺寸 多種。L. 11-15cm(4½-6in)，W. 10-15cm(4-6in)，H. 4cm (1½in)(如圖所示)	
原料奶 綿羊奶或牛奶	
種類 新鮮	
製造商 多家	

Inbar

參觀過一家瑞士奶酪場後，邁珂麥爾梅(Michal Melamed)變得對起司製作著迷。她和丈夫便搬到加利利(Galilee)，在奇伯茲羅夏登(Kibbutz Reshafim)建立起自己的奶酪場，開始製作綿羊奶和山羊奶起司。Inbar 起司是對阿爾卑斯山風格(Alpine-style)起司致敬的作品。

TASTING NOTES 品嚐筆記
質地結實有彈性，具有堅硬乾燥的外皮，帶有細緻富香氣的味道，含有一點堅果味。以黑胡椒、百里香、紅酒、芥末子和辣椒調味過。

HOW TO ENJOY 享用方式
可放在起司盤上，或切薄片夾三明治。也可磨碎或爐烤，加在蔬菜料理中。

以色列 Kibbutz Reshafim, Emek Hama˙ayanot	
熟成期 2 個月起	
重量和形狀 2kg(4½lb)，圓形	
尺寸 D. 25cm(10in)，H. 7-8cm(3-4in)	
原料奶 綿羊奶	
種類 加味	
製造商 Shirat Roim Dairy	

Ketem

丹尼爾和安娜科奈爾(Daniel and Anat Kornmehl)是以色列新興一代的起司製造商，他們在內蓋夫(Negev)沙漠創造了不同種類的歐洲風格山羊奶起司。Ketem(英文的"spot 班點"之意)是以廣受喜愛的法國起司 Pelardon(見 73 頁)為基礎。

TASTING NOTES 品嚐筆記
在起皺的白色外皮下，內部起司結實卻綿密滑順，入口即化。熟成淺時，帶有明顯的山羊味但口味溫和。充分熟成後，口味濃烈尖銳，富香氣，風味獨特。

HOW TO ENJOY 享用方式
最適合放在起司盤上，但也可爐烤或烘烤。

以色列 Tlalim, Ramat HaNegev	
熟成期 2-3 週	
重量和形狀 160g(5½oz)，圓形	
尺寸 L. 10cm(4in)，W. 10cm (4in)，H. 3cm(1in)	
原料奶 山羊奶	
種類 熟成過的新鮮起司	
製造商 Kornmehl Family Dairy	

Labane

在中東各地，許多家庭製作 Lebane 起司，就是把濃郁的全脂優格包在紗布裡，靜置一夜濾出水分。這是地中海東岸料理的基本材料之一。毫無疑問地，以綿羊奶製成的品質最佳，但現在也有以牛乳製成的版本。

TASTING NOTES 品嚐筆記
濃郁如天鵝般滑順的口感，十分美味，帶有溫和的檸檬酸味刺激感。以綿羊奶製成的，帶有一種愉悅的甜味。

HOW TO ENJOY 享用方式
傳統上當做早餐食用，或搭配橄欖、當地的新鮮香草、松子和口袋麵包(pitta bread)。

以色列 各地	
熟成期 數小時	
重量和形狀 250g(9oz)和 500g (1lb 2oz)，罐裝	
尺寸 無	
原料奶 牛奶、綿羊奶、山羊奶或混合乳	
種類 新鮮	
製造商 多家	

Turkeez

建立於 1978 年的 the Barkanit family diary，是以色列最早的奶酪場之一。他們從歐洲學習相關技術。這款迷人的起司是他們最好的產品之一，以自家生產的綿羊奶和山羊奶製成，牧群在哈羅谷(Harod Valley)的草原上自由哨食。

TASTING NOTES 品嚐筆記
質地滑順，帶有清新的酸味與一絲鹹味，正好和核桃帶來的香脆口感和堅果味平衡。熟成久後，帶有類似 Roquefort 起司(見 82-83 頁)的風味。

HOW TO ENJOY 享用方式
放在起司盤上，或分成小塊加入水果沙拉裡，搭配煙燻肉類，或放在西洋梨上爐烤。搭配有甜味的葡萄酒。

以色列 Kfar Yechezke'el, Gilboa	
熟成期 數天起	
重量和形狀 150g 和 500g(5½oz 和 1lb 2oz)，截頂圓錐形	
尺寸 D. 10cm 和 20cm(4in 和 8in)，H. 7cm 和 15cm(3in 和 6in)	
原料奶 綿羊奶和山羊奶	
種類 新鮮	
製造商 Barkanit Dairy	

Zfatit

這款受歡迎的以色列起司，首先是在斯法特(Safed)地區(希伯來文的 Zfat)由漢莫里(the Hame'iry)家族創作出來。起司是放在小型籃子裡濾出乳清，目前在以色列和其他國家都有生產。

TASTING NOTES 品嚐筆記
表面印有籃子的痕跡，略帶海綿的質感，非常溼潤，如絲般滑順。鮮奶的香甜與鹹味的組合，令人難以抗拒。也有香草和辛香料調味的版本。

HOW TO ENJOY 享用方式
最適合在晴朗的早晨享用，澆上一點橄欖油，加入新鮮番茄、羅勒、現磨黑胡椒，搭配天然酵母麵包(sourdough)。

以色列 各地	
熟成期 數天起	
重量和形狀 250g(9oz)，圓形	
尺寸 D. 20cm(8in)，H. 5cm (2in)	
原料奶 牛奶	
種類 新鮮	
製造商 多家	

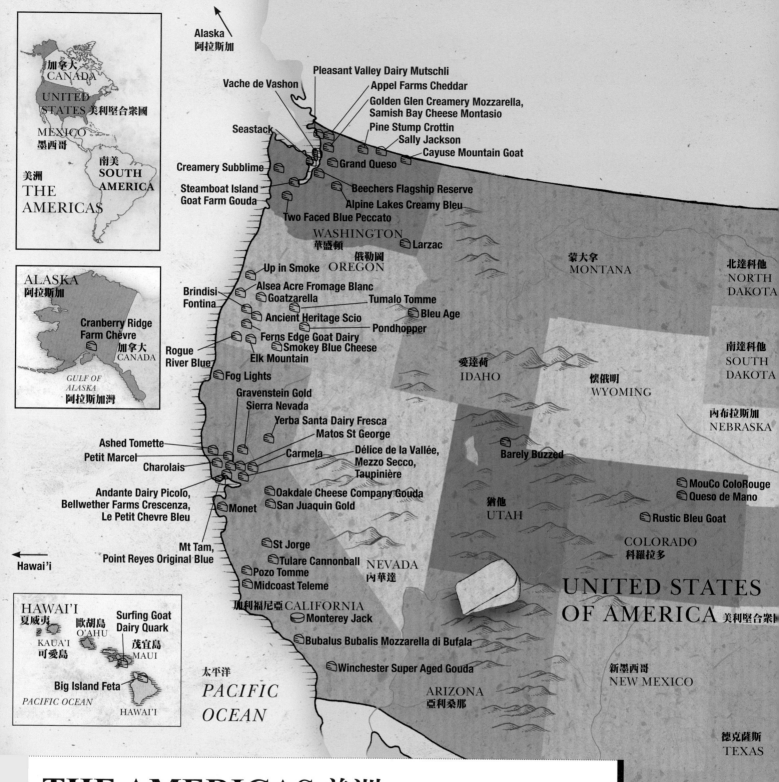

Alaska
阿拉斯加

加拿大
CANADA

UNITED
STATES 美利堅合衆國

MEXICO
墨西哥

南美
SOUTH
AMERICA

美洲
THE
AMERICAS

ALASKA
阿拉斯加

Cranberry Ridge
Farm Chèvre
加拿大
CANADA

GULF OF
ALASKA
阿拉斯加灣

Pleasant Valley Dairy Mutschli
Appel Farms Cheddar
Golden Glen Creamery Mozzarella,
Samish Bay Cheese Montasio
Pine Stump Crottin
Sally Jackson
Cayuse Mountain Goat

Vache de Vashon

Seastack

Grand Queso

Creamery Subblime

Beechers Flagship Reserve

Steamboat Island
Goat Farm Gouda

Alpine Lakes Creamy Bleu

Two Faced Blue Peccato

Larzac

WASHINGTON
華盛頓

俄勒岡
OREGON

蒙大拿
MONTANA

北達科他
NORTH
DAKOTA

Up in Smoke

Brindisi
Fontina

Alsea Acre Fromage Blanc
Goatzarella
Ancient Heritage Scio
Ferns Edge Goat Dairy
Smokey Blue Cheese
Elk Mountain

Tumalo Tomme
Bleu Age

Pondhopper

Rogue
River Blue

Fog Lights

Gravenstein Gold
Sierra Nevada

Yerba Santa Dairy Fresca
Matos St George

Ashed Tomette
Petit Marcel
Charolais

Carmela

Délice de la Vallée,
Mezzo Secco,
Taupinière

Andante Dairy Picolo,
Bellwether Farms Crescenza,
Le Petit Chevre Bleu

Monet

Oakdale Cheese Company Gouda
San Juaquin Gold

Mt Tam,
Point Reyes Original Blue

St Jorge

Tulare Cannonball
Pozo Tomme
Midcoast Teleme

NEVADA
內華達

Barely Buzzed

MouCo ColoRouge
Queso de Mano

Rustic Bleu Goat

COLORADO
科羅拉多

愛達荷
IDAHO

懷俄明
WYOMING

南達科他
SOUTH
DAKOTA

內布拉加
NEBRASKA

猶他
UTAH

UNITED STATES
OF AMERICA 美利堅合衆

加利福尼亞 CALIFORNIA

Monterey Jack

Bubalus Bubalis Mozzarella di Bufala

Winchester Super Aged Gouda

ARIZONA
亞利桑那

新墨西哥
NEW MEXICO

德克薩斯
TEXAS

Hawai'i

HAWAI'I
夏威夷

Surfing Goat
Dairy Quark

歐胡島
O'AHU

茂宜島
MAUI

KAUA'I
可愛島

Big Island Feta

PACIFIC OCEAN

HAWAI'I

太平洋
PACIFIC
OCEAN

THE AMERICAS 美洲

USA 美國

北美洲的起司製作歷史，開始於十七世紀的早期移民，他們知道如何以奶油和起司的形式保存鮮奶，並且具備經營奶酪場的相關知識和技術。隨著越來越多歐洲移民的加入，起司的種類也逐漸增加，包括西班牙、荷蘭、瑞士、法國、英格蘭和義大利等風格的起司，都很受歡迎。到了十八世紀中期，開始商業化的起司生產，尤其是在威斯康辛州（Wisconsin），其廣大鮮美的草原和適合鮮奶生產的氣候，為它贏得了奶酪之州（The Dairyland State）的美名。今日在美國各地，有上百家的工廠和大型生產商，製作各式經典歐洲起司，同時也有數百名傳統手工（artisan）起司製作師，依照獨特的天然環境和個人風格，創造出別具風味的起司。

CANADA 加拿大

加拿大的起司歷史，可追溯到 1635 年，來自法國的殖民者製作出自己的起司。
接下來的數百年間，來自歐洲、中東、甚至還有印度的移民，帶來了自己喜愛的
起司製作方法，因而使當地的起司文化更多元與豐富。

在 1990 年代以前，大部分的起司都是由小型農場生產，以供當地消耗，或
是由大型工廠生產出塊狀的濃郁切達（Cheddar）起司。然而，使用牛奶、綿羊奶
和山羊奶做成的傳統手工起司，經歷再一次的復興，加拿大人也因而發現，國內能
夠製作出獨特優質的起司，並引以為豪，甚至加以宣導。今天加拿大有幾乎 200
家的起司公司，反映出日漸增加的起司消耗量。

Key 圖例

★ AOC、DOC、DOP、PGI 或 PDO 起司

只在本地生產

全區域都有生產

北冰洋
ARCTIC OCEAN

波弗特海
BEAUFORT SEA

巴芬灣
BAFFIN BAY

育空地區
YUKON
TERRITORY

西北地區
NORTHWEST
TERRITORIES

努那武特
NUNAVUT

拉布拉多海
LABRADOR SEA

夏洛特皇后群島
QUEEN
CHARLOTTE ISLANDS

NEWFOUNDLAND
紐芬蘭

加拿大
CANADA

全區域都有生產
Cheddar Curds

哈得遜灣
HUDSON BAY

魁北克
QUÉBEC

紐芬蘭與拉布拉多
NEWFOUNDLAND
AND LABRADOR

亞伯達
ALBERTA

Avonlea Clothbound Cheddar

Sieur de Duplessis

卑詩省
BRITISH
COLUMBIA

薩克其萬
SASKAT-
CHEWAN

曼尼托巴
MANITOBA

安大略
ONTARIO

Le Paillasson de l'isle d'Orléans

Bouquetin de Portneuf,
La Sauvagine

Baby Blue

Old Grizzly

Le Délice des Appalaches

Harvest Moon

Le Cendré des Prés

Allegretto

VANCOUVER
ISLAND

溫哥華島

Le Sabot de Blanchette

PRINCE
EDWARD
ISLAND
愛德華王子島

La Barre du Jour,
Le Cru des Erables

Dragon's
Breath Blue

NOVA
SCOTIA
新思高沙

Seven-Year-Old Orange Cheddar

NEW
BRUNSWICK
新伯倫瑞克

Bleu Bénédictin

Le Cabanon

Prestige

Piacere

Oka Classique

Vicky's Spring Splendour

Comfort Cream

太平洋
PACIFIC OCEAN

500 miles

500 km

大西洋
ATLANTIC OCEAN

N

MEXICO 墨西哥

墨西哥灣
GULF OF
MEXICO

墨西哥起司製作的歷史，可追溯到十六世紀的西班牙征服者（conquistadors），他們引入了乳牛、山羊和綿羊，也傳了相關的農業技術和奶酪知識。許多墨西哥起司都帶有西班牙風格，但也有葡萄牙和義大利的影響。

SOUTH AMERICA 南美洲

南美大陸以生產牛肉聞名，在從前，奶酪業和起司製作並不興盛，一直到最近，受到西班牙、葡萄牙和義大利移民的影響，人們終於開始利用廣大的天然草原來生產起司，並使它成爲當地飲食和經濟重要的一部分。

Key 圖例

★ AOC、DOC、DOP、PGI 或 PDO 起司

只在本地生產

全區域都有生產

墨西哥
MEXICO

PRODUCED
THROUGHOUT
THE COUNTRY

全區域都有生產
Queso Anejo,
Queso Blanco,
Queso Fresco

中美洲
CENTRAL
AMERICA

加勒比海
CARIBBEAN SEA

委內瑞拉
VENEZUELA

圭亞那
GUYANA

蘇利南
SURINAME

法屬奎亞那
FRENCH GUIANA

哥倫比亞
COLUMBIA

厄瓜多爾
ECUADOR

南美
SOUTH
AMERICA

秘魯
PERU

巴西
BRAZIL

玻利維亞
BOLIVIA

巴拉圭
PARAGUAY

Queijo Mineiro

Requeijão Cremoso

太平洋
PACIFIC OCEAN

烏拉圭
URUGUAY

800 miles

800 km

阿根廷
ARGENTINA
全區域都有生產
Sardo

大西洋
ATLANTIC OCEAN

智利 CHILE

N

Aged Green Peppercorn Chevre

Coach Farm 在過去幾年,建立了良好的聲譽,他們的起司已經贏得不少國際獎項。在紐約市的許多農夫市場,都可常常看到他們的身影。

TASTING NOTES 品嚐筆記
質地結實易碎,帶檸檬般的酸味,溫和的綠胡椒味適度地與之平衡,而不會過於強烈。後味乾淨而細緻。

HOW TO ENJOY 享用方式
細緻而複雜,夏季沙拉的理想材料,搭配新鮮嫩葉和成熟的番茄。

美國 Pine Plains, New York	
熟成期 30 天	
重量和形狀 1.35kg(3lb),磚形	
尺寸 L. 30cm(12in), H. 10cm (4in)	
原料奶 山羊奶	
種類 軟質白起司	
製造商 Coach Farm	

Alsea Acre Fromage Blanc

奧瑞岡州(Oregon)溫和的氣候,提供 Alsea Acre 家族農場理想的環境,終年都能生產出歐洲風格的起司。

TASTING NOTES 品嚐筆記
可以嚐到純山羊奶的風味,帶有清新的酸味,與一絲柑橘和松子香。口感綿密,帶有複雜的後味。

HOW TO ENJOY 享用方式
捏碎加在新鮮葉菜沙拉裡,搭配白葡萄、烤杏仁和烤過的垮斯提尼(crostini)。搭配一杯冰涼的胡姍(Roussanne)品種葡萄酒。

美國 Alsea, Oregon	
熟成期 數天起	
重量和形狀 225g(8oz),罐裝	
尺寸 無	
原料奶 山羊奶	
種類 新鮮	
製造商 Alsea Acre	

Andante Dairy Picolo

加州 Andante Dairy 的起司製作師,受到起司製作過程中不同的音樂節奏所啓發。這款豪華的三倍奶脂(cream)起司,混合了娟姍種(Jersey)乳牛鮮奶和法式鮮奶油(crème fraîche)

TASTING NOTES 品嚐筆記
使用新鮮牛奶製成,Picolo 起司帶有春天帶來的愉悅酸味刺激(tart)和甜味。充分熟成後的版本,入口即化。

HOW TO ENJOY 享用方式
在小塊起司上,澆上柑橘調蜂蜜,搭配甜味法國拐杖麵包(baguette),和一杯普西哥(Prosecco)氣泡酒。

美國 Petaluma, California	
熟成期 2-4 週	
重量和形狀 125g(4½oz),圓形	
尺寸 D. 5cm(2in), H. 4cm (1½in)	
原料奶 牛奶	
種類 軟質白起司	
製造商 Andande Dairy	

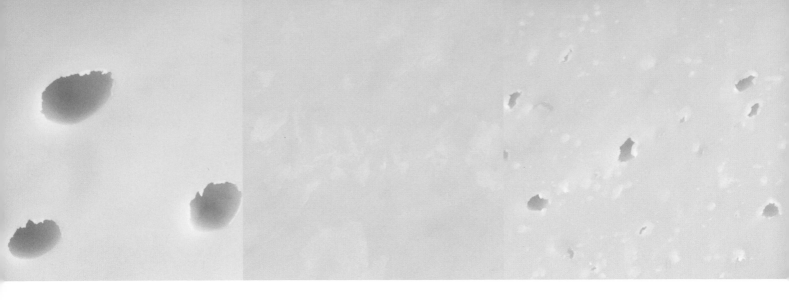

Appalachian

位於維吉尼亞州（Virginia）西南部山區的 Meadow Creek Dairy，從各種歐洲傳統起司尋求靈感。Appalachian 起司有些類似法國的 Tomme 起司（見 90-94 頁）。

TASTING NOTES 品嚐筆記
味道細緻而新鮮（raw），帶有強烈的蔬菜味（vegetal）和辛辣後味。質地密實有彈性，帶有濃郁麝香味（musty）。

HOW TO ENJOY 享用方式
適合融化，是極佳的料理起司。然而其風味夠濃郁，也可以單獨食用。

美國 Galax, Virginia	
熟成期 60 天	
重量和形狀 4.5kg（10lb），車輪形	
尺寸 D. 23cm（9in），H. 5cm（2in）	
原料奶 牛奶	
種類 半軟質	
製造商 Meadow Creek Dairy	

Appel Farms Cheddar

這款起司產自華盛頓州（Washinton）的 Appel Farm，使用真正英格蘭 Cheddar 起司的切達製法技術（Cheddaring），手工製成。原料乳由 300 頭乳牛所生產，牠們所吃的青草和玉米青貯飼料（silage），都是農場自己栽種。也有以黑胡椒調味的版本。

TASTING NOTES 品嚐筆記
需要熟成 3 個月以上，充分熟成時，口味會變得較尖銳。

HOW TO ENJOY 享用方式
可為自製起司通心粉（macaroni and cheese），增添絕佳風味，搭配一杯上好的比爾森式啤酒（Pilsner）。

美國 Ferndale, Washington	
熟成期 3-6 個月	
重量和形狀 2.25kg（5lb），車輪形	
尺寸 D. 25cm（10in），H. 6cm（2½in）	
原料奶 牛奶	
種類 硬質	
製造商 Appel Farms	

Ascutney Mountain Cheese

The Cob Hill 的起司製作師，屬於 23 戶農產品商的一分子。他們使用一小群的娟姍種（Jersey）乳牛，生產出兩款生乳起司。這家農場不使用任何化學肥料、增添劑或餵養（feeds）。

TASTING NOTES 品嚐筆記
雖然以阿爾卑斯山起司為靈感，Ascutney Mountain 起司的質地沒有這麼密實，但仍然具結實感。最初的溫和風味，會逐漸發展成鳳梨般的甜味和帶酸後味。

HOW TO ENJOY 享用方式
起司的甜味，需要搭配一支啤酒花味重的上好啤酒，如印度愛爾式啤酒（IPA），和一些鹹味甜酸醬（chutney）。

美國 Hartland, Vermont	
熟成期 6-10 個月	
重量和形狀 4.5kg（10lb），車輪形	
尺寸 D. 38cm（15in），H. 12cm（5in）	
原料奶 牛奶	
種類 硬質	
製造商 Cobb Hill Cheese	

Ashed Tomette

從 1976 年起，安娜和吉博特寇克斯
（Ana and Gilbert Cox）就開始製作他們
的得獎起司，他們的農場位於門多奇諾郡
（Mendocino County），威勒斯（Wilits）
鎮的北方，原料乳來自自家的阿爾卑斯
（Alpine）品種、曼查（La Mancha）品種和
努比亞（Nubian）品種的山羊。

TASTING NOTES 品嚐筆記
覆滿樹灰（ash），外型出色的碟形起司，質
地結實成片狀，內部呈淡黃色，帶有微妙的
山羊味和一絲堅果味。

HOW TO ENJOY 享用方式
搭配一支飽滿的卡貝納（Cabernet）品種葡
萄酒，與新鮮的當季水果盤，以及溫熱酥脆
的甜味法國拐杖麵包（baguette）。

美國	Willits, California
熟成期	2-4 週
重量和形狀	60g（2oz），碟形
尺寸	多種
原料奶	山羊奶
種類	新鮮
製造商	Shamrock Artisan Goat Cheese

Awe Brie

雖然這款起司受到西歐風格影響，它卻是來
自肯塔基州（Kentucky）起伏山巒間的一家
農場。這是美國第一款以生乳製成的 Brie
起司。事實上，Kenny's 的所有起司都是
以生乳製成，直接來自擠奶場，品質新鮮。

TASTING NOTES 品嚐筆記
需要熟成 60 天。雪白色的外皮下是黃色的
起司，質地滑順，風味強烈。

HOW TO ENJOY 享用方式
放在起司盤上，搭配波本威士忌（Bourbon）
和新鮮西洋梨片。

美國	Austin, Kentucky
熟成期	60 天
重量和形狀	900g（2lb），車輪形
尺寸	多種
原料奶	牛奶
種類	軟質白起司
製造商	Kenny's Farmhouse Cheese

Barely Buzzed

將南美洲和印度的咖啡豆研磨成細粉，混合
法國薰衣草花苞，並和油混合，再以人工抹
在起司上，使乾燥材料能停留在表面。這款
起司是放在猶他藍杉木（Utah blue spruce）
的木架上，再置於洞穴熟成。其特殊的名
稱，是借用了 Beehive Cheese Company
在 2007 年舉辦的一場比賽。

TASTING NOTES 品嚐筆記
這是一款切達風格（Cheddar-style）起司，
質地滑順帶有堅果味。塗抹上的香料和香甜
的娟姍種（Jersey）乳牛鮮奶，散發出奶油糖
（butterscotch）、焦糖和咖啡的香氣。

HOW TO ENJOY 享用方式
搭配司陶特啤酒（stout）和香脆全麥麵包最
適合不過。

美國	Uintah, Utah
熟成期	3-4 個月
重量和形狀	4.1-5kg（9-11lb），車輪形
尺寸	D. 25cm（10in），H. 7.5cm（3in）
原料奶	牛奶
種類	加味
製造商	Beehive Cheese Company

Bayley Hazen Blue

卡爾斯(Kehlers)家族在 2002 年，才開始使用純種的艾爾許(Ayrshire)乳牛來製造起司，但成品的精緻和複雜度，已傳遞出他們為了完美而投入的大量研究和訓練。

TASTING NOTES 品嚐筆記
這款中等強度、質地略乾的藍黴起司，含有複雜的風味。藍黴的風味直接，略帶胡椒辛辣味，起司的後味悠長而綿密。

HOW TO ENJOY 享用方式
適合搭配波特酒(Port)，或其他帶甜味的葡萄酒，放在起司盤上最為理想。

美國 Greensboro, Vermont	
熟成期 4-6 個月	
重量和形狀 1.8kg(4lb)，圓鼓形	
尺寸 D. 15cm(6in)，H. 23cm (9in)	
原料奶 牛奶	
種類 藍黴	
製造商 Jasper Hill Farm	

Belle Chèvre

Fromagerie Belle Chèvre 位於阿拉巴馬州(Alabama)艾爾蒙(Elkmont)，是美國南方少數的起司製造商之一。然而，他們製作的新鮮山羊奶起司，已囊括了 50 多個獎項。

TASTING NOTES 品嚐筆記
這款傳統的法式山羊奶起司質地濃郁滑順，帶有一點刺激味(tangy)，和明顯的草本(herbaceous)後味。

HOW TO ENJOY 享用方式
幾乎和所有種類的果醬、蜜餞(preserve)，都能搭配，也可加入任何需要使用新鮮山羊奶起司(chèvre)的料理中。或者，直接搭配杏仁、核桃和一支清冽白酒上桌。

美國 Elkmont, Alabama	
熟成期 即可享用	
重量和形狀 225g(8oz)，圓木形	
尺寸 D. 2.5cm(1in)，L. 5cm (2in)	
原料奶 山羊奶	
種類 新鮮	
製造商 Fromagerie Belle Chèvre	

Bellwether Farms Crescenza

以知名的義大利起司 Crescenza(見 116 頁)為基礎，連傳統的方形外觀都忠實地複製出來，但有一點不同：加州海岸所帶來的一絲海風味。

TASTING NOTES 品嚐筆記
這款手工製成的起司，熟成一週即可上市。呈鮮奶白色，非常溼潤。香醇的娟姍種(Jersey)乳牛鮮奶，賦予了其香濃綿密的口味，和後味所發散的酵母味與愉悅酸味取得平衡。

HOW TO ENJOY 享用方式
放在新鮮香脆的法國麵包上，搭配一匙自製杏桃果醬，和一支清冽的白皮諾(Pinot Blanc)。

美國 Pataluma, California	
熟成期 1 週	
重量和形狀 1.5kg(3lb 3oz)，方形	
尺寸 D. 30cm(12in)，H. 1cm (½in)	
原料奶 牛奶	
種類 新鮮	
製造商 Bellwether Farms	

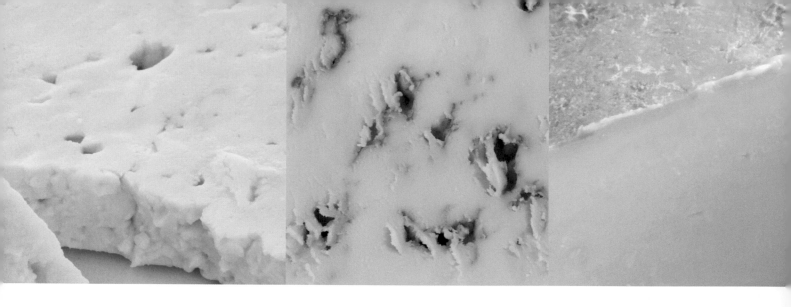

Big Island Feta

迪克特爾弗（Dick Threlfall）是退休的蹄鐵匠（farrier），製作馬蹄鐵已長達 35 年，他現在專注在 feta 起司、牧群和機器設備上，而曾是獸醫的海瑟（Heather），則負責擠奶和製作這款軟質起司。

TASTING NOTES 品嚐筆記
在愉悅的淡淡刺激味中，含有一點不尋常的風味，因為山羊所啃食的植被，在青草之外，還包括了熱帶植物如竹筍和夏威夷豆（macadamia）的樹葉。

HOW TO ENJOY 享用方式
做成夏威夷沙拉：整顆的烤夏威夷豆（macadamia nuts）、現採菠菜、香甜鳳梨，再搭上一支冰涼的 Kona Brewing Big 的海浪金色愛爾型啤酒（Wave golden ale 編註：ale 頂層發酵啤酒的統稱）。

美國 Honokaa, Hawaii	
熟成期 3-12 週	
重量和形狀 450g（1lb），塊狀	
尺寸 多種	
原料奶 山羊奶	
種類 新鮮	
製造商 Hawaiian Island Goat Dairy	

Big Woods Blue

雖然在 2005 年的大火中，損失了許多羊隻，理德（the Reads）家族在地方居民和慢食團體的協助下，逐漸將農場重建起來。他們仍持續地為藍黴起司愛好者，製作這款美味的生乳起司。

TASTING NOTES 品嚐筆記
質地綿密，口味溫和，能讓初試藍黴者接受，其意外複雜的風味也能取悅藍黴行家。口感厚實，鹹味不重，像牛奶巧克力般入口即化。

HOW TO ENJOY 享用方式
這款起司美妙的複雜風味，值得與上好的年份波特酒（vintage port）相匹配。

美國 Nerstrand, Minnesota	
熟成期 4-6 個月	
重量和形狀 3.2kg（7lb），圓形	
尺寸 D. 15cm（6in），H. 12cm（5in）	
原料奶 綿羊奶	
種類 藍黴	
製造商 Shepherd's Way Farms	

Blanca Bianca

寶拉蘭伯特（Paula Lambert）製作起司已有 20 多年的經驗，她常旅遊義大利，並從中汲取靈感。The Mozzarella Company 成立之初，致力於生產新鮮的 mozzarella 起司，但現在的產品已包括許多寶拉（Paula）自己的創作，如這款以白酒洗浸的起司。

TASTING NOTES 品嚐筆記
味道飽滿濃郁，質地有咬勁，一入口即可感受到豐富香甜的花香調。熟成淺時，算是味道溫和的洗浸起司，熟成久後，則會發展出濃烈有力的美妙風味。

HOW TO ENJOY 享用方式
試著搭配葡萄乾核桃黑麵包，和一支淡啤酒（light beer）。

美國 Dallas, Texas	
熟成期 2 個月	
重量和形狀 675g（1½lb），扁平車輪形	
尺寸 D. 18cm（7in），H. 5cm（2in）	
原料奶 牛奶	
種類 半軟質	
製造商 Mozzarella Company	

Bleu Mont Cheddar

威利萊諾（Willie Lehner）是曾在英格蘭和瑞士受訓過的起司製作師第二代。他從當地經過認證的有機鮮奶生產商，購買鮮奶，然後在其他製造商的製作場地製作起司。接著再將做好的起司，搬運到他自己特別設計的洞穴裡熟成。

TASTING NOTES 品嚐筆記
這款手工 Cheddar 起司是以紗布包起來製作的，帶有剛翻土過的愉悅新鮮味，中等強度，具有青草香和悠長後味。

HOW TO ENJOY 享用方式
適合搭配一點甜酸醬（chutney）和乾燥無花果或椰棗，單獨食用，好好品嚐。

美國 Blue Mounds, Wisconsin	
熟成期 12-18 個月	
重量和形狀 3.6kg(8lb)，圓鼓形	
尺寸 D. 15cm(6in)，H. 10cm (4in)	
原料奶 牛奶	
種類 硬質	
製造商 Bleu Mont Dairy	

Blythedale Farm Camembert

Blythedale Farm 位於佛蒙特州（Vermont）科林斯（Corinth），貝琪和湯姆佛特斯（Becky and Tom Loftus）從 1994 年就開始製作卡門貝爾和布里風格（Camembert and Brie-style）起司。他們一直遵循著自己實驗成功的製作方法，使用自家的娟姍種（Jersey）乳牛鮮奶，生產出這款大受好評的起司。

TASTING NOTES 品嚐筆記
具有 Camembert 起司典型的濃郁綿密口味，但外皮較為柔軟溼潤，入口之初，可嚐到一絲酸度。

HOW TO ENJOY 享用方式
用法國麵包做成好吃的火腿和 Camembert 起司三明治，或搭配餅乾和香檳享用。

美國 Corinth, Vermont	
熟成期 4 週	
重量和形狀 225g(8oz)，圓形	
尺寸 D. 12cm(5in)，H. 2.5cm (1in)	
原料奶 牛奶	
種類 半軟質	
製造商 Blythedale Farm	

Bourrée

Dancing Cow Farm 在 2006 年開始生產起司。和許多傳統手工起司製作者不同的是，史帝文和凱倫格斯（Steven and Karen Gets）將做好的起司，交給 Jasper Hill Farm 的專業熟成師置於地窖熟成，因此他們能夠專心致力於維持鮮奶的高品質。

TASTING NOTES 品嚐筆記
雖然是洗浸起司，它的氣味相對柔和，帶有花香調。質地滑順濃郁，口感帶有黏性，後味帶有一絲逐漸增強的花生味。

HOW TO ENJOY 享用方式
適合搭配一支強烈的愛爾型啤酒（ale 編註：頂層發酵啤酒的統稱），和一點甜酸醬（chutney）。

美國 Bridport, Vermont	
熟成期 3 個月	
重量和形狀 450g(1lb)，圓形	
尺寸 D. 10cm(4in)，H. 5cm(2in)	
原料奶 牛奶	
種類 半軟質	
製造商 Dancing Cow Farmstead Cheese	

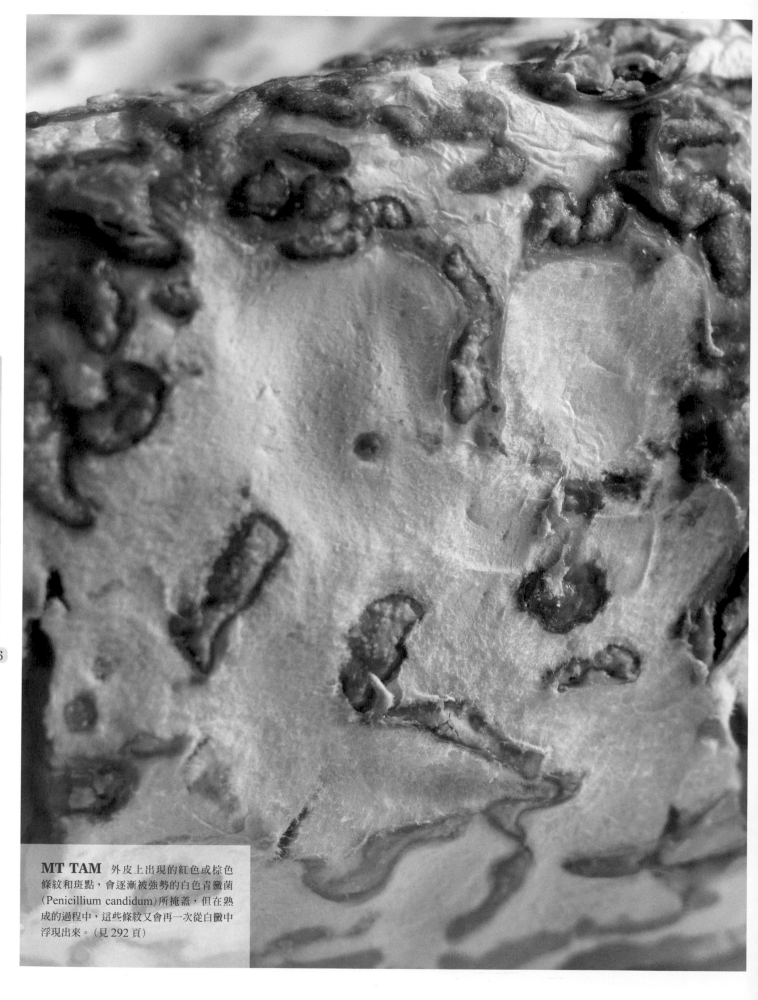

MT TAM 外皮上出現的紅色或棕色
條紋和斑點,會逐漸被強勢的白色青黴菌
(Penicillium candidum)所掩蓋,但在熟
成的過程中,這些條紋又會再一次從白黴中
浮現出來。(見 292 頁)

Bridgewater Round

Zingerman's 已經建立了卓著的聲譽,他們生產以傳統方法製作的美味食品,包括種類繁多的起司。一路走來,他們不但訓練出精良的技術人員,也教育、啓發了不少顧客。生產起司,對他們來說似乎是再自然不過的另一塊里程碑。

TASTING NOTES 品嚐筆記
製作時,添加了額外的乳脂(cream),並混合現磨黑胡椒。口感濃郁滑順,後味帶一絲蘑菇味。

HOW TO ENJOY 享用方式
絕對是起司盤上亮眼的明星,可搭配堅果、乾燥水果和一支清冽富果香的席儂(Chinon)。

美國 Ann Arbor, Michigan	
熟成期 4-8 週	
重量和形狀 225g(8oz),圓形	
尺寸 多種	
原料奶 牛奶	
種類 軟質白起司	
製造商 Zingerman's	

Brigid's Abbey

Cato Corner 是一家小型家庭農場,他們對自家高品質的娟姍種(Jersey)乳牛鮮奶一向引以自豪,Brigid's Abbey 是他們所生產的 12 種起司裡,最受歡迎的。這款洗浸起司,具有真正的農舍(farmhouse)起司風格,其口感會隨著季節而變化。

TASTING NOTES 品嚐筆記
冬季時的口味最爲綿密細緻,香濃帶有土質味,含一絲稻草香氣。夏季時,質地變得結實,味道也偏蔬菜味(vegetal)。

HOW TO ENJOY 享用方式
這是一款修道院風格起司,自然需要搭配啤酒。和法式蔬菜沙拉(crudités)也很搭,也可做成爐烤起司三明治,非常美味。

美國 Colchester, Connecticut	
熟成期 3-4 個月	
重量和形狀 3.6kg(8lb),圓形	
尺寸 D. 30cm(12in),H. 12cm (5in)	
原料奶 牛奶	
種類 半軟質	
製造商 Cato Corner Farm	

Bubalus Bubalis Mozzarella di Bufala

Bubalus Bubalis 是加州唯一生產水牛奶 mozzarella、ricotta 和 scamorza(煙燻過的 mozzarella 起司)的製造商,他們使用傳統的製作方式生產起司。

TASTING NOTES 品嚐筆記
這新鮮、呈雪白色的水牛奶起司,是以手工塑形成球狀,充滿綿密細緻的風味,以及如絲般滑順的後味。

HOW TO ENJOY 享用方式
將新鮮的 mozzarella 起司切片,和新鮮羅勒葉(basil)、烤紅椒、金黃番茄、壓碎的橄欖和烤茄子切片重疊起來,再澆上橄欖油。搭配一杯弗留利(Friulano)葡萄酒。

美國 Gardena, California	
熟成期 1-7 天	
重量和形狀 225g(8oz),球形	
尺寸 多種	
原料奶 水牛奶	
種類 新鮮	
製造商 Bubalus Bubalis	

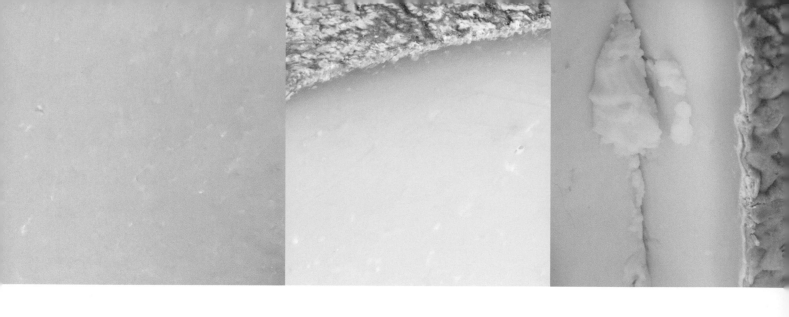

Cabot Clothbound

Cabot Creamery 的歷史可追溯到 1919 年，當時有 94 位農夫在佛蒙特州(Vermont)組成了一個合作社。這款生乳起司，是以傳統的手工包裹方式做成的 Cheddar 起司(見 180-181 頁)，再放在 Jasper Hill Farm 的地窖裡熟成。

TASTING NOTES 品嚐筆記
最初的口感是香甜的奶油味，但後味會變重，帶鹹味。和經典 Cheddar 起司的酸度不同，它帶有更厚重飽滿的刺激酸味。

HOW TO ENJOY 享用方式
簡單地搭配一些新鮮麵包、自製甜酸醬(chutney)和啤酒。味道濃郁飽滿的紅酒也行。

美國 Montpelier, Vermont		
熟成期 12 個月以上		
重量和形狀 5.4kg(12lb)，圓柱形		
尺寸 D. 46cm(18in)，H. 10cm (4in)		
原料奶 牛奶		
種類 硬質		
製造商 Cabot Creamery Cooperative		

Cave Aged Marisa

這家位於威斯康辛州的大型奶酪場，生產 20 多種起司，但每一款都投入了大量的心血，賽德庫克(Sid Cooke)是他們的首席起司製作師。大部分的產品是以牛奶為原料，這款起司則是以綿羊奶製成的。

TASTING NOTES 品嚐筆記
質地密實，中等彈性，具有天然形成的外皮，帶有濃郁的花香，最初的口感十分香甜，逐漸可以嚐到鹹味。後味帶有一絲羊毛脂(lanoline)的味道。

HOW TO ENJOY 享用方式
適合搭配深色水果製成的果醬或榅桲糕(quinch paste)，和上好新鮮黑麵包。

美國 La Valle, Wisconsin		
熟成期 6 個月		
重量和形狀 2.7kg(6lb)，圓形		
尺寸 D. 30cm(12in)，H. 10cm(4in)		
原料奶 綿羊奶		
種類 硬質		
製造商 Carr Valley Cheese Company		

Charolais

這款起司使用阿爾卑斯(Alpine)品種山羊奶製成，特殊的外皮和內部白色起司形成美麗的對比。使用陳放 1~2 天的鮮奶小量製作。

TASTING NOTES 品嚐筆記
熟成 60 天時風味最佳，入口即化，釋放出博德加(Bodega)海岸的微妙細緻風味。

HOW TO ENJOY 享用方式
用香檳(Champagne)來搭配起司盤上的 Charolais 起司，同時擺上新鮮的格拉文施泰因(Gravenstein)品種的蘋果、香烤蜂蜜核桃和香脆甜味的法國拐杖麵包(baguette)。

美國 Bodega, California		
熟成期 至少 60 天		
重量和形狀 115-200g(4-7oz)，圓柱形		
尺寸 D. 5cm(2in)，H. 10cm(4in)		
原料奶 山羊奶		
種類 熟成過的新鮮起司		
製造商 Bodega Artisan Cheese		

City of Ships

這家小型生產商只經營地方上的生意，從附近的農場採購鮮奶，在當地的商店販售起司，但其高品質的鮮奶和專業的熟成技術，使這款起司值得特地尋訪。

TASTING NOTES 品嚐筆記
風味非常複雜，包括了各種味覺。最初的甜味，逐漸被香草和海風鹹味取代，接著發展出濃烈悠長的奶油糖(butterscotch)後味，似乎將整個舌頭包裹住。質地密實有咀嚼感，帶一點酥脆感。

HOW TO ENJOY 享用方式
要完全體會它豐富的味覺經驗，可單獨食用，或搭配其他中等強度的起司，和口感溫和的餅乾。

美國 Phippsburg, Maine	
熟成期 8 個月	
重量和形狀 2.7kg(6lb)，圓的車輪形	
尺寸 D. 28cm(11in)，H. 10cm(4in)	
原料奶 牛奶	
種類 硬質	
製造商 Hahn's End	

Clemson Blue

它的歷史開始於 1941 年，當時利用樹墩房舍山脈(Stumphouse Mountain)下方的廢棄火車隧道來熟成，現在則是由克萊姆森大學(Clemson University)來製作，從 1950 年代晚期起，整個製作和熟成的過程，都在校園裡進行。

TASTING NOTES 品嚐筆記
質地呈中等細粒狀，略呈小塊狀，但一入口很快就會軟化，帶出綿密滑順的口感。屬於中等的藍黴辛辣味，和白脫鮮奶(buttermilk)的甜味平衡得宜。

HOW TO ENJOY 享用方式
中等強度的風味，使它能夠搭配帶甜味的葡萄酒，以及富果香的紅酒如梅洛(Merlot)。

美國 Clemson, South Carolina	
熟成期 6 個月	
重量和形狀 900g(2lb)，扁平碟形	
尺寸 D. 25cm(10in)，H. 2.5cm(1in)	
原料奶 牛奶	
種類 藍黴	
製造商 Clemson University	

Constant Bliss

它的名稱和美國革命史有關，似乎不太適合，因為它的熟成期剛好達到 60 天的最低門檻，在美國很難得看到像這樣的軟質生乳起司。

TASTING NOTES 品嚐筆記
乾燥的薄皮帶有石頭般的氣味，略帶一點苦味，內部起司有鹹味和奶油味，接近爆米花的味道。熟成久後，質地會變得軟而濃郁，但不會呈流動感。

HOW TO ENJOY 享用方式
可和其他高級起司一起放在起司盤上，如果能夠搭配香檳(Champagne)和魚子醬(caviar)更好。

美國 Greensboro, Vermont	
熟成期 60 天	
重量和形狀 225g(8oz)，圓柱形	
尺寸 D. 5cm(2in)，H. 7.5cm(3in)	
原料奶 牛奶	
種類 軟質白起司	
製造商 Jasper Hill Farm	

Coupole

艾麗森胡潑(Allison Hooper)製作起司的歷史，開始於 1970 年代的法國。到了 1985 年，她已經創立了 Vermont Butter and Cheese Company，和鮑伯瑞斯(Bob Reese)一起生產出多款得獎的奶製品。Coupole 起斯上面撒滿樹灰(ash)，具有法式山羊奶起司的一切傑出特色。

TASTING NOTES 品嚐筆記
質地柔軟滑順，但不呈流動感，其中所含的山羊奶風味頗為溫和，足夠提醒你它的存在，但又不至使初嚐此味者卻步。

HOW TO ENJOY 享用方式
放在起司盤上最理想不過了。亦可加入沙拉裡，混合堅果、梨、和具辛辣味的沙拉葉。

美國 Bare, Vermont	
熟成期 45 天	
重量和形狀 225g(8oz)，圓頂形	
尺寸 D. 5cm(2in)，H. 5cm(2in)	
原料奶 山羊奶	
種類 熟成過的新鮮起司	
製造商 Vermont Butter and Cheese	

Cranberry Ridge Farm Chèvre

Cranberry Ridge Farm 是阿西拉(Asilla)僅有的三家起司製造商之一。他們使用阿爾卑斯(Alpine)、曼查(La Mancha)品種、努比亞(Nubian)品種和薩嫩(Saanen)品種的山羊奶，做出法國風格的山羊奶起司(chèvre)。

TASTING NOTES 品嚐筆記
熟成僅一週，這款新鮮起司帶有微妙的山羊味，乾淨清淡，具有細緻的檸檬味。

HOW TO ENJOY 享用方式
搭配新鮮金黃色的覆盆子(raspberries)，做成簡單美味的甜點，並以薄荷葉裝飾，再配上香檳(Champagne)。

美國 Wasilla, Alaska	
熟成期 1 週	
重量和形狀 225g(8oz)，罐裝	
尺寸 無	
原料奶 山羊奶	
種類 新鮮	
製造商 Cranberry Ridge Farm	

Délice de la Vallée

這款起司的名稱，述說了加州索諾馬谷(Sonoma Valley)的美好，也表達了這款起司的美妙風味。

TASTING NOTES 品嚐筆記
混合了新鮮牛奶和山羊奶製成，帶有香甜味，和綿密細緻的口感。

HOW TO ENJOY 享用方式
淋上梅耶(Meyer)品種檸檬和橄欖油調味汁，撒上新鮮羅勒葉，搭配鄉村麵包和一支冰涼的弗留利(Friulano)葡萄酒。

美國 Sonoma, California	
熟成期 1-7 天	
重量和形狀 225g(8oz)和 900g(2lb)	
尺寸 多種	
原料奶 牛奶和山羊奶	
種類 新鮮	
製造商 Sheana Davis	

Dorset

這家奶酪場位於佛蒙特州(Vermont)的香檳谷(Champlain Valley)，其歷史可追溯到十九世紀中期。現在起司製作師彼得·迪克森(Peter Dixon)和他的夥伴，正在努力重新振興其活力，他們使用自家有機的娟姍種(Jersey)乳牛牛奶和波哈斯希拉(Oberhasilis)山羊奶，生產出數款起司。

TASTING NOTES 品嚐筆記
這是一款輕度洗浸起司，具有塔雷吉歐風格(Taleggio-style)。口味不算刺激，柔軟具咀嚼感的起司，充滿娟姍種(Jersey)乳牛鮮奶的獨特奶油味，帶有圓潤香甜的風味。

HOW TO ENJOY 享用方式
將 Dorset 起司回復到室溫後，可以嚐到其完整的風味。適合搭配馬爾貝克(Malbec)葡萄酒和乾燥水果。

美國 West Pawlet, Vermont	
熟成期 60 天	
重量和形狀 900g(2lb)，圓形	
尺寸 D. 20cm(8in)，H. 2.5cm(1in)	
原料奶 牛奶	
種類 半軟質	
製造商 Bardwell Farm	

Eden

在紐約市北方僅一小時處，就是 Sprout Creek Farm，他們擁有不同種類的牧群，使用傳統方法和永續農業經營的觀念，製作出各式起司。鮮奶的生產有季節性。除了起司製作外，該農場還開辦教育性的工作坊，推廣有益的的農場經營技術和概念。

TASTING NOTES 品嚐筆記
以鹽水輕度洗浸過，帶一點蘋果般的酸度，後味飽滿悠長。質地豐潤有咀嚼感。

HOW TO ENJOY 享用方式
搭配蘋果酒(cider)最為完美。

美國 Poughkeepsie, New York	
熟成期 3 個月	
重量和形狀 3.6kg(8lb)，扁平車輪形	
尺寸 D. 35cm(14in)，H. 5cm(2in)	
原料奶 牛奶	
種類 半軟質	
製造商 Sprout Creek Farm	

Everona Piedmont

維吉尼亞的皮埃蒙特(Piedmont)地區，位於古老的藍嶺山脈(Blue Ridge Mountains)山腳下，佩特艾略特博士(Dr Pat Elliot)自 1992 年起，就在此地經營全天候的綿羊奶農場，還在農場裡開設了家庭醫學診所。除了綿羊奶起司 Stony Man 外，他們還生產各式調味過的 Piedmont 起司，以及以葡萄酒洗浸的 Pride of Bacchus 起司。

TASTING NOTES 品嚐筆記
這款綿羊奶起司，充滿了堅果、果香和花香調。後味綿密細緻。

HOW TO ENJOY 享用方式
可搭配清冽的白蘇維翁(Sauvignon Blanc)，佐以新鮮西洋梨切片。

美國 Rapidan, Virginia	
熟成期 3-6 個月	
重量和形狀 675g(1½lb)和 2.7kg(6lb)，車輪形	
尺寸 多種 D. 20cm(8in)，H. 7.5cm(3in)（如圖所示）	
原料奶 綿羊奶	
種類 硬質	
製造商 Everona Dairy	

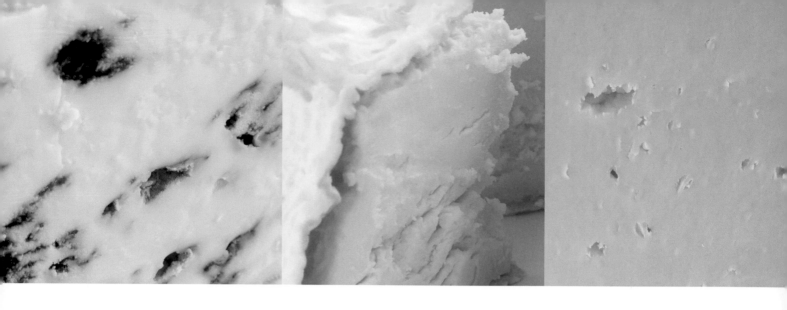

Ewe's Blue

位於紐約州的哈德遜谷(Hudson Valley)，Old Chatham 從 1993 年起，已擴展到全美國最大的綿羊奶酪場之一。它優質的起司和優格產品，可在美國各地購得。

TASTING NOTES 品嚐筆記
風格類似 Roquefort 起司(見 82-83 頁)，質地溼潤綿密，帶有藍-綠色黴菌氣孔，和富果香的奶油味。和 Roquefort 起司相比，多了一點礦物味，鹹味較淡。

HOW TO ENJOY 享用方式
捏碎加入沙拉葉中，或簡單地搭配法國麵包和一杯索甸(Sauterne)葡萄酒。

| 美國 Old Chatham, New York |
| 熟成期 6-8 個月 |
| 重量和形狀 1.8kg(4lb)，車輪形 |
| 尺寸 D. 23cm(9in)，H. 5cm (2in) |
| 原料奶 綿羊奶 |
| 種類 藍黴 |
| 製造商 Old Chatham Sheepherding Company |

Fleur-de-Lis

Bittersweet Plantation Dairy 生產好幾種傳統手工起司，能反映出路易西安那州(Lousiana)豐富的克里奧(Creole)和開眞(Cajun 編註：移居美國路易士安納州的法人後裔)文化及美食遺產。這款三倍乳脂(cream)的娟姍種(Jersey)乳牛牛奶起司，以法國的 fleur-de-lis(鳶尾花徽章)標誌命名，因爲當初是法國人建立了路易西安那的殖民地，直到如今，當地仍充滿濃厚的法國精神。

TASTING NOTES 品嚐筆記
這款具有白色黴粉外皮的起司，熟成 4 週，內部起司如奶油般滑順，是來自路易西安那的完美法國風味。

HOW TO ENJOY 享用方式
可搭配細緻的麗絲玲(Riesling)，和一碗路易西安那胡桃(pecan)。

| 美國 Gonzales, Louisiana |
| 熟成期 4 週 |
| 重量和形狀 225g(8oz)，圓柱形 |
| 尺寸 D. 7.5cm(3in)，H. 5cm (2in) |
| 原料奶 牛奶 |
| 種類 軟質白起司 |
| 製造商 Bittersweet Plantation Dairy |

Fleur de la Terre

位於印第安納波利斯(Indianapolis)外圍的Traders Point，由珍和佛列斯庫司(Jane and Fritz Kunz)所建立，他們不僅想要保護傳統農業的遺產，也要守護這片珍貴的土地，不被都市發展的洪流淹沒。這家有機農場，利用棕瑞士(Brown Swiss)品種的乳牛，全年都有起司的生產。

TASTING NOTES 品嚐筆記
其風格不算複雜，但頗爲有趣。雖然經過長時間熟成，卻帶有清新明亮的風味，後味帶一絲酸度，質感滑順略帶咀嚼感。

HOW TO ENJOY 享用方式
它新鮮的風味是其特色，應搭配新鮮水果和一支西洋梨酒(pear cider)。

| 美國 Zionsville, Indiana |
| 熟成期 4-6 個月 |
| 重量和形狀 5.4kg(12lb)，巨石形 |
| 尺寸 D. 20cm(8in)，H. 12cm (5in) |
| 原料奶 牛奶 |
| 種類 硬質 |
| 製造商 Traders Point Creamery |

Fog Lights

這款美麗的起司，上面覆滿樹灰和白黴，其名稱來自 Cypress Grove 創立時，常常可以透過加州北海岸的洪堡(Humboldt)濃霧，看到光線。

TASTING NOTES 品嚐筆記
每塊具有黴粉外皮的起司，都經過 4 週的熟成，產生優雅濃郁而綿密的山羊後味。

HOW TO ENJOY 享用方式
加入當季新鮮沙拉葉裡，淋上橄欖油和巴沙米可醋，搭配一支佳利釀(Carignane)葡萄酒。也可搭配新鮮蘋果切片，或和烘烤西洋梨做成甜點。

美國 Arcata, California	
熟成期 4 週	
重量和形狀 225g(8oz)，碟形	
尺寸 D. 10cm(4in)，H. 4cm (1½in)	
原料奶 山羊奶	
種類 軟質白起司	
製造商 Cypress Grove Chèvre	

Les Frères

位於威斯康辛州(Winsconsin)滑鐵盧(Waterloo)的這家農場，擁有 950 頭荷斯登(Holsteins)品種乳牛，由 4 個奎弗(Crave)家族的兄弟和其家人共同經營。他們生產的起司，反映出其家族法國和愛爾蘭文化，如 Les Frères 起司和它的小兄弟—Petit Frère，另外還有 mozzarella 和 mascarpone 起司。

TASTING NOTES 品嚐筆記
這款洗浸起司有溫和的黏土香氣。如皮革般的外皮有咀嚼感，內部起司柔軟濃郁，帶有複雜的鹹甜味。

HOW TO ENJOY 享用方式
放在起司盤上，搭配黑啤酒(dark beer)和乾燥水果，或放在馬鈴薯和爐烤洋蔥上融化。

美國 Waterloo, Wisconsin	
熟成期 3 週	
重量和形狀 675g(1½lb)，圓形	
尺寸 D. 18cm(7in)，H.2.5cm(1in)	
原料奶 牛奶	
種類 半軟質	
製造商 Crave Brothers Farmstead Cheese	

Frisian Farms Mature Gouda

以荷蘭的傳統方式製作 framstead Gouda 起司，是 Frisian Far 尊重祖先傳承文化的使命之一。農場位於愛荷華州佩拉(Pella, Iowa)外圍，那裡的荷蘭社區保存了不少傳統文化，包括傳統風車、一個歷史悠久的小村莊，和一年一度的鬱金香花展。這款 Gouda 起司有淺齡、熟成和煙燻的版本。

TASTING NOTES 品嚐筆記
每一輪的起司，都充滿了堅果味和果香，帶有香甜綿密的後味。

HOW TO ENJOY 享用方式
搭配麗絲玲(Riesling)享用，配上新鮮葡萄和全麥餅乾。

美國 Oskaloosa, Iowa	
熟成期 至少 6-8 週	
重量和形狀 9.1kg(20lb)，車輪形	
尺寸 D. 35cm(14in)，H. 15cm (6in)	
原料奶 牛奶	
種類 硬質	
製造商 Frisian Farms	

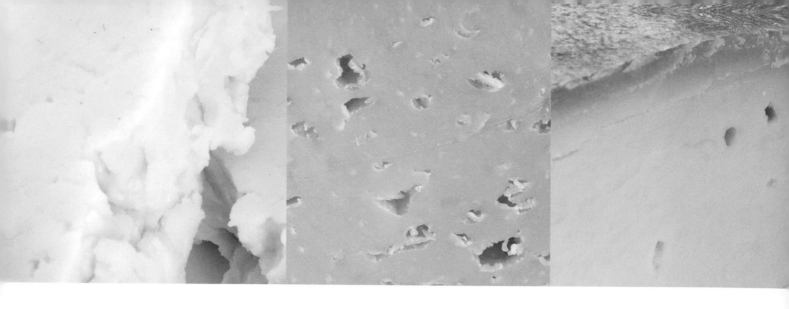

Goatzarella

50 頭阿爾卑斯(Alpine)品種和努比亞
(Nubian)品種的山羊,為這款豐潤有彈
性的莫札里拉風格(morzzarella-style)起
司,提供了有機原料乳。這些山羊也是他們
的寵物,每一隻都記得自己的名字。除了
Goatzarella 起司,Fraga Farm 還生產好
幾種山羊奶起司,包括 chèvre 和 feta 起司。

TASTING NOTES 品嚐筆記
使用素凝乳酶製成,可以嚐到濃郁的乳脂,
帶有青草味,可以感受到如絲般滑順的後味。

HOW TO ENJOY 享用方式
用來烹飪比放在起司盤上適合。適合磨碎
和融化,試著加入新鮮香草佛卡夏(herbed
foccacia),搭配番茄和橄欖油,以及一支
奧瑞岡的黑皮諾(Pinot Noir)。

美國	Sweet Home, Oregon
熟成期	2-6 週
重量和形狀	225g(8oz),方形
尺寸	L. 23cm(9in),W. 23cm (9in),H. 7.5cm(3in)
原料奶	山羊奶
種類	新鮮
製造商	Fraga Farm Goat Cheese

Grand Queso

當魯斯(Ruth)開始在美國生產起司時,他
們的宗旨不是要引進起司,而是利用傳統和
科技。雖然這款起司使人聯想到西班牙的
Manchego 起司(見 162-163 頁),卻有它
自己獨特的風格。

TASTING NOTES 品嚐筆記
口味飽滿圓潤,含有奶油般的香甜氣息,質
地有黏性(gummy),略有油脂感(oily),
但不致過於厚重。

HOW TO ENJOY 享用方式
製作西班牙和墨西哥料理時,若需要一款硬
質、口味飽滿的起司,Grand Queso 起司
就是首選。磨碎加在鋪了日曬番茄乾的義式
麵包(bruschetta)上。

美國	Monroe, Wisconsin
熟成期	6 個月
重量和形狀	2.25kg(5lb),車輪形
尺寸	D.15cm(6in),H. 12cm(5in)
原料奶	牛奶
種類	硬質
製造商	Roth Käse USA

Gravenstein Gold

它的名稱來自一種自家栽種的蘋果,塞巴
基托波(Sebastopol)地區格拉文施泰因
(Gravenstein)品種,這款起司就是用這種
蘋果酒洗浸過,有此可看出它在塞巴基托波
(Sebastopol)當地的歷史和經濟所扮演的
重要角色。

TASTING NOTES 品嚐筆記
隨著起司逐漸熟成,蘋果酒洗浸的風味也變
得更平衡更複雜,帶有蘋果和奶脂的香味。

HOW TO ENJOY 享用方式
當做開胃菜十分理想,尤其適合搭配不甜的
蘋果酒(hard apple cider)、新鮮蘋果汁和
南瓜籽麵包。

美國	Sebastopol, California
熟成期	2-3 個月
重量和形狀	1.35kg(3lb),車輪形
尺寸	多種
原料奶	山羊奶
種類	半軟質
製造商	Redwood Hill Farm

Grayson

Meadow Creek Dairy 位於維吉尼亞州西南方的藍嶺山脈(Blue Ridge Mountains)，海拔 850 公尺處。根據起司製作者的說法，當地的新鮮空氣和水質，以及注重生態的農場概念，造就了高品質的鮮奶。

TASTING NOTES 品嚐筆記
這款味道強烈的洗浸起司，帶有濃烈的蔬菜味(vegetal)。質地結實，入口不會馬上融化，後味意外的乾淨。

HOW TO ENJOY 享用方式
它濃烈的風味，需要搭配味道重的材料，如黑胡椒餅乾，或慢炒濃縮洋蔥(onion confit)佐黑麥麵包。

美國 Galax, Virginia	
熟成期 4 個月	
重量和形狀 3.6kg(8lb)，方形	
尺寸 D. 18cm(7in)，H. 5cm (2in)	
原料奶 牛奶	
種類 半軟質	
製造商 Meadow Creek Dairy	

Great Hill Blue

這家古老的奶酪場，位於波士頓南方，已在家族裡傳承了兩代。他們從附近的農場，採購娟姍種(Jersey)乳牛和荷斯登(Holsteins)鮮奶，但不經過巴氏高溫殺菌或中溫處理(homogenized)。自 1996 年創立後，他們生產的起司已經獲得了不少獎項。

TASTING NOTES 品嚐筆記
質感出乎意料的緊密，像冷奶油一樣在口中綻放開來。帶有良好的藍黴刺激味，鹹味適度，正好能平衡其天然的香甜味。

HOW TO ENJOY 享用方式
單獨食用，或搭配蘋果與培根沙拉，都很美味。搭配富香氣的麗絲玲(Riesling)或維歐尼耶(Viognier)。

美國 Marion, Massachusetts	
熟成期 6 個月	
重量和形狀 3.6kg(8lb)，圓鼓形	
尺寸 D. 23cm(9in)，H. 10cm (4in)	
原料奶 牛奶	
種類 藍黴	
製造商 Great Hill Dairy	

Gruyère Surchoix

魯斯(the Roth)家族在 1990 年從瑞士來到美國，投資威斯康辛所生產的優質鮮奶，他們經營起司製造業已有數代的歷史，結果就是這款美國 Gruyère 起司，品質和瑞士版本不相上下，但擁有自己的獨特風格。

TASTING NOTES 品嚐筆記
淡白色的起司，帶有乾燥蘋果的香氣，和一絲麝香(musiness)。口中的味道持續朝這個方向發展，但悠長的後味轉變成肉味般的鹹味。

HOW TO ENJOY 享用方式
做成起司鍋(fondue)最為理想。也可搭配數種義式沙拉米肉腸(salami)和麗絲玲(Riesling)。

美國 Monroe, Wisconsin	
熟成期 9-19 個月	
重量和形狀 7.3kg(16lb)，車輪形	
尺寸 D. 35cm(14in)，H. 12cm (5in)	
原料奶 牛奶	
種類 硬質	
製造商 Roth Käse USA	

Monterey Jack
蒙特里傑克起司

亦稱為蒙特里索諾馬傑克(Monterey Sonoma Jack)起司，或簡單稱為傑克(Jack)起司，蒙特里傑克(Monterey Jack)起司在 1955 年由美國食品藥品監督管理局(Food and Drug Administration)正式命名，以統整市面上的不同種類。關於誰創作了這款起司，人們一直有熱烈的討論，其中牽涉的人物就像起司本身一樣精彩萬分。

在 1800 年代中期，波羅那(Cota de Boronda)的多娜華那(Dona Juana)製作出一款稱為 Queso del Pais(鄉村起司)，並挨家挨戶地兜售，以維持 15 個孩子的家庭開銷。同時，卡邁谷(Carmel Valley)的多明哥佩拉西(Domingo Pedrazzi)也創造出一款類似的起司，需要利用一種稱為 "housejack" 的機器施壓。他將起司命名為佩拉西的傑克起司(Pedrazzi's Jack Cheese)。

大衛傑克(David Jacks)是地方上唯利是圖的生意人，他將蒙特里傑克(Monterey Jack)起司納為己有，據說是偷取了 Queso del Pais 鄉村起司的創意，並利用自己 14 家奶酪場的原料乳，在 1890 年代開始進行大量生產。

唯一可以確定的是，大衛傑克(David Jacks)是第一個將這款起司進行大量生產的人。然而根據溫蒂摩斯(Wendy Moss)在 1966 的研究顯示，最初的製作方式是由方濟會(Franciscan)僧侶，在 1700 年代從西班牙，再經過墨西哥所帶來的，這柔軟綿密的起司，當時稱為鄉村白色起司(Queso Blanco Pais)。

今天，蒙特里傑克(Monterey Jack)起司是最受歡迎的美國起司之一。佔加州起司生產總量的 10%。

TASTING NOTES 品嚐筆記
熟成淺的傑克(Jack)起司，口味溫和帶有乳酸味(lactic)。有時會以辛香料、西班牙紅椒(pimientos)或墨西哥辣椒(Jalapeño peppers)調味。農場製作的版本(farmstead)，幾乎呈流動狀，帶有土質和蘑菇的香氣，與香甜綿密的口感，榛果香以及柑橘的刺激味。

中等乾燥(Mezzo Secco)是一種質地較為結實的新鮮傑克(Jack)起司。乾傑克(Dry Jack)是所有傑克(Jack)起司中質地最堅硬的，首度出現於 1930 年代，作為帕馬森(Parmesan)起司的替代品。經過 7~12 個月以上的熟成，內部起司呈深黃色，質感呈細粒狀而易碎，口味飽滿濃郁香甜有堅果味，帶一絲刺激感。最好的例子，就是由位於索諾馬(Sonoma)的 Vella Cheeses 製作的乾傑克(Dry Jack)起司，製作者是伊茲達拉(Ig Vella)——在他的一生中，這都會是一款傳奇性的起司。

HOW TO ENJOY
享用方式
淺熟成傑克(Young Jack)起司的豐潤質地，適合用來爐烤、當做點心或做成許多墨西哥菜餚。可以搭配一杯冰涼的啤酒或蘋果酒(cider)。乾傑克(Dry Jack)可做成醬汁、蛋包(omelettes)、舒芙蕾(soufflés)，或磨碎加在義大利麵、墨西哥塔可餅(tacos)和墨西哥玉米餅(enchiladas)。它需要搭配一支深度夠的加州優質紅酒。

車輪形的乾傑克(Dry Jack)起司，放在地窖的木架上熟成。熟成期通常為 7~12 個月。

美國 California	
熟成期 1-12 個月	
重量和形狀 2.5kg(5½lb)，圓鼓形	
尺寸 多種	
原料奶 牛奶	
種類 半軟質(Mnterey Jack)；硬質(Dry Jack)	
製造商 多家	

A CLOSER LOOK
放大檢視
市面上有許多種類的傑克(Jack)起司，調味過的版本也開始受到歡迎。不論是淺熟成(Young)、中等乾燥(Mezzo Secco)或乾傑克(Dry)起司，製作過程都大致相同，差別主要在於熟成度。

MEASURING THE CURD
秤量凝乳 一旦將乳清濾出後，凝乳就經過仔細的秤量，裝進方型的起司紗布中，並在頂端打結，等待塑型。

MATURING 熟成 熟成 5 週後，起司的邊緣開始定型。這時候的起司質地柔軟豐潤，可以上市作為淺熟成傑克（Young Jack）起司販售。要用來熟成更久的起司，需要人工塗抹上一層由蔬菜油、可可（cocoa）、和胡椒組成的特殊混合液，使起司在接下來的 7 個月中緩慢的乾燥。

SHARPING 塑型 將重達 5 公斤的凝乳，塑形成統一的球狀，而不擠壓出太多的乳清，需要高度的技巧。

熟成度淺的傑克（Young Jack）起司，呈淡象牙白色，口味很溫和，質地滑順有橡膠感，帶有微小不規則的氣孔。

經過長時間的鹽水浸泡，產生幾乎尚未形成的薄薄外皮，接著可能會加以上蠟。

一整塊的淺熟成蒙特里傑克（Young Monterey Jack）起司。

熟成度淺的傑克（Jack）起司，切成對半。

Hartwell

在佛蒙特州(Vermont)和其他許多優秀的起司製造師一起受訓後,瑪瑞莎莫柔(Marisa Mauro)和萍西斯麥克連(Princess MacLean)在 2008 年創辦了 Ploughgate Creamery。她們很快地就掌握要領,進入狀況,製作出數款優質的軟質牛奶、綿羊奶和混合奶起司。

TASTING NOTES 品嚐筆記
這款傳統的布里風格(Brie-style)起司,具有特別完整的外皮,和內部起司的質感與風味平衡得恰到好處,帶有甜味,口味飽滿而不過於厚重。

HOW TO ENJOY 享用方式
Hartwell 的風味飽滿,可加熱後淋上蜂蜜,並撒上核桃食用。

美國 Craftsbury Common, Vermont	
熟成期 30 天	
重量和形狀 225g(8oz),圓形	
尺寸 D. 12cm(5in),H. 4cm (1½in)	
原料奶 牛奶	
種類 軟質白起司	
製造商 Ploughate Creamery	

Hoja Santa

寶拉蘭伯特(Paula Lambert)的奶酪場,位於達拉斯(Dallas)附近,她製作 morzzarella 起司已有 20 多年的歷史,並開發出一系列義大利風格的起司產品。這款新鮮起司,和法國的 Banon(見 34 頁)類似,但以墨西哥的胡椒葉(hoja santa)包裹起來。

TASTING NOTES 品嚐筆記
凝乳的質地細緻,口感清淡而乾淨。葉片所散發的天然木質黃樟(sassafras)氣味,使這款起司有別於其他的新鮮 chèvre 起司。

HOW TO ENJOY 享用方式
抹在吐司上十分美味,若是要完整體會 hoja santa 起司的風味,可搭配一些夏多內(Chardonnay)。

美國 Dallas, Texas	
熟成期 4 週	
重量和形狀 225g(8oz),圓鼓形	
尺寸 D. 5cm(2in),H. 4cm (1½in)	
原料奶 山羊奶	
種類 新鮮	
製造商 Mozzarella Company	

Hooligan

這款洗浸起司是放在籃子裡塑型的,製作者馬克吉爾曼(Mark Gillman)本來是學校教師,他也常出現在紐約聯合廣場(Union Square)的農夫市集。Cato Corner 擁有 40 頭娟姍種(Jersey)乳牛,完全不施打荷爾蒙和抗生素。

TASTING NOTES 品嚐筆記
這是該農場最知名、味道最濃烈的起司,濃郁的氣味帶一點酵母味,質地結實滋潤,入口即化,後味香甜綿密,外皮帶有一點砂礫般的口感。

HOW TO ENJOY 享用方式
加一點番茄,融化在吐司非常可口,也可單獨享用,搭配一支上好的比利時愛爾型啤酒(Belgian ale 編註:頂層發酵啤酒的統稱)。

美國 Colchester, Connecticut	
熟成期 60 天	
重量和形狀 450g(1lb),車輪形	
尺寸 D. 15cm(6in),H. 7.5cm (3in)	
原料奶 牛奶	
種類 半軟質	
製造商 Cato Corner Farm	

Hubbardston Blue

Wstfield Farm 自 1971 年起，便開始生產高品質的山羊奶，包括各式種類、形狀和尺寸，現在的經營者為克摩耶(the Kilmoyers)家族。這是一款表面熟成的藍黴起司：藍黴生長在起司外部，而非內部，隨著熟成，藍黴會被獨特的鐵灰色黴菌所逐漸掩蓋。

TASTING NOTES 品嚐筆記
質地非常柔軟綿密，有時呈流動狀，口味不會特別刺激濃烈，帶有蘑菇味以及溫和的藍黴後味。

HOW TO ENJOY 享用方式
這款口味溫和的藍黴，可搭配全麥餅乾、新鮮無花果和香甜白酒。

美國 Hubbardston, Massachusetts	
熟成期 30-40 天	
重量和形狀 225g(8oz)，圓形	
尺寸 D. 7.5cm(3in)，H. 2.5cm(1in)	
原料奶 山羊奶	
種類 藍黴	
製造商 Westfield Farm	

Kunik

Nettle Meadow 現在擁有 100 多頭山羊，還有許多其他農場動物，都是在近年被拯救出來的。這款起司頗為特殊，是混合了山羊奶和娟姍種(Jersey)乳牛鮮奶的乳脂(cream)，所做成的三倍乳脂(triple-cream)起司。

TASTING NOTES 品嚐筆記
這款極為甜美、如蜂蜜般的起司，口感會因熟成度而異，熟成淺時如卡士達(custard)，熟成久後，水分散失，則接近奶油般風味。

HOW TO ENJOY 享用方式
Kunik 起司非常適合搭配黑麵包，如黑麥麵包，起司裡的甜味會更顯突出，適合搭配一杯香檳(Champagne)。

美國 Warrensburg, New York	
熟成期 2-4 週	
重量和形狀 300g(10oz)，圓形	
尺寸 D. 10cm(4in)，H. 5cm(2in)	
原料奶 山羊奶混合牛奶奶脂(cream)	
種類 軟質白起司	
製造商 Nettle Meadow Goat Farm	

Larzac

這是第一款根據法國南部起司的製作方法，所創作出的農場(farmstead)綿羊奶起司，產地是華盛頓州西南部瓦拉瓦拉谷(Walla Walla Valley)，土什(Touchet)河邊的奶酪場。內部起司裡有細細的一層樹灰(ash)，十分獨特迷人。

TASTING NOTES 品嚐筆記
每一批起司都是以手工製成，以創造出細緻柔軟的質地，接著再置於地窖熟成 1 個月，使每塊起司裡的新鮮香甜山羊味得以突顯。

HOW TO ENJOY 享用方式
適合切片，加入新鮮沙拉葉中，混合烤金黃甜菜根(golden beetroot)和橄欖油，搭配一杯清洌的皮爾森式啤酒(Pilsner beer)。

美國 Dayton, Washington	
熟成期 4-6 週	
重量和形狀 225g(8oz)，截頂圓錐形	
尺寸 D. 底部 10cm(4in)，頂部 5cm(2in)，H. 7.5cm(3in)	
原料奶 山羊奶	
種類 熟成過的新鮮起司	
製造商 Monteillet Fromagerie	

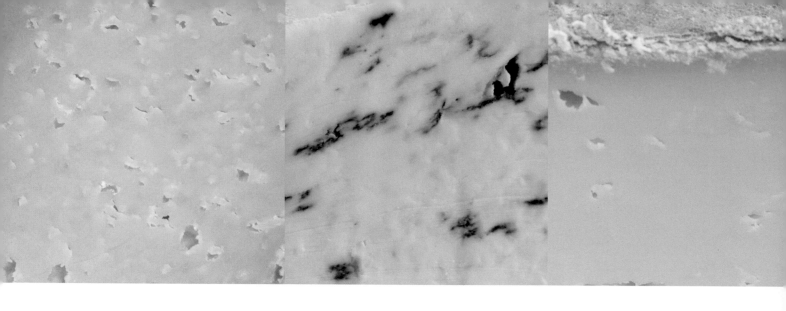

Matos St George

這款起司是為了紀念瑪麗和喬治馬托(Mary and George Matos)的出生地,位於亞述爾群島(the Azores)的小島－聖喬治(São Jorge)。馬托(the Matos)家族現在在加州的聖塔羅莎(Santa Rosa, California)製作葡萄牙風格的農場(framstead)起司。

TASTING NOTES 品嚐筆記
密實綿密的質地,和濃郁的風味,取得美妙的平衡,如 Cheddar 起司般結實的口感,釋放出土質草原的香氣,熟成久後味道越濃,細粒狀結晶含有娟姍種(Jersey)乳牛乳脂的飽滿風味。

HOW TO ENJOY 享用方式
製作起司通心粉(marcaroni cheese)的首選,搭配日曬番茄乾和橄欖油,以及一杯巴貝拉(Barbera)葡萄酒。

美國 Santa Rosa, California
熟成期 3-6 個月
重量和形狀 4.1-7.3kg(9-16lb),車輪形
尺寸 多種
原料奶 牛奶
種類 硬質
製造商 Matos St George

Maytag Blue

這絕對是美國最本土、也最知名的一款起司,歷史悠久,創作於 1941 年,雖然需求量大,如今還是和當初一樣手工製作。雖然經過洞穴熟成,起司仍呈現潔白色澤。

TASTING NOTES 品嚐筆記
這款類似 Roquefort 的藍黴起司,以牛奶製成,帶有謎樣的風味。初入口時綿密而如金屬般的藍黴味,轉變成檸檬般的甜-酸後味。

HOW TO ENJOY 享用方式
除了放在起司盤上外,這款風味飽滿的起司也可作成沙拉、融化在牛排上、或是用來烘烤成水果點心。

美國 Newton, Iowa
熟成期 4 個月
重量和形狀 1.8kg(4lb),圓鼓形
尺寸 D. 18cm(7in),H. 10cm (4in)
原料奶 牛奶
種類 藍黴
製造商 Maytag Dairy Farms

Menuet

史帝文和凱倫格斯(Steven and Karen Gets)在 2006 年開始生產起司,他們使用 20 頭娟姍種(Jersey)乳牛和更賽種(Guernsey)乳牛所生產的有機鮮奶。他們的生乳起司,全都是手工製成的,新鮮的原料乳直接從擠奶場,輸送到製作起司的大鋼槽裡。

TASTING NOTES 品嚐筆記
Menuet 起司捕捉到傳統 tomme 起司的原味。帶有麝香(musty),但具有鹹味和肉味,與特別的蔬菜湯般的後味。

HOW TO ENJOY 享用方式
不論如何搭配,這款起司獨特的撫慰風味都能彰顯出來。可以試試看搭配燕麥脆餅(Oat crackers)和茶。

美國 Bridport, Vermont
熟成期 4 週至 3 個月
重量和形狀 900g(2lb),圓鼓形
尺寸 多種,D. 20cm(8in),H. 7.5cm(3in)(如圖所示)
原料奶 牛奶
種類 半軟質
製造商 Dancing Cow Farm

Mezzo Secco

不如乾蒙特里傑克(dry Monterey Jack)起司堅硬，但比熟成度淺而柔軟的傑克(Jack)起司結實。首度創作於 1920 年代，當時冷藏技術還不發達，容易腐敗的食物必須儲存在當時的「冰盒」裡，起司也必須經得起存放。

TASTING NOTES 品嚐筆記
豐潤密實、呈黃金色的起司，帶有濃郁飽滿的風味，含堅果味，由黑胡椒和蔬菜油形成的外皮，更增強其風味。

HOW TO ENJOY 享用方式
仍然是外出野餐理想的選擇，也可切片加在碳烤羊肉漢堡上，搭配一杯加州的黑皮諾(Pinot Noir)。

美國 Sonoma, California
熟成期 4-6 個月
重量和形狀 4.1-5kg(9-11lb)，車輪形
尺寸 多種。D. 28cm(11in)，H. 10cm(4in)（如圖所示）
原料奶 牛奶
種類 硬質
製造商 Vella Cheese Company

Mona

這家合作社創立於 1997 年，目的是爲了幫助小型綿羊奶酪場，協調將鮮奶運送到起司製造廠之間可能面臨的複雜規定。現在已有 15 家奶酪場加入，並以自家廠牌開始生產數款產品。

TASTING NOTES 品嚐筆記
口感細緻，略帶細粒狀，味道十分香甜飽滿，富鹹味，其特色在於悠長的後味，可在舌上和口腔兩邊持續數分鐘。

HOW TO ENJOY 享用方式
很適合磨碎加在義大利麵上。美國的黑皮諾(Pinot Noir)會是不錯的搭配。

美國 River Falls, Wisconsin
熟成期 6 個月
重量和形狀 5.4kg(12lb)，車輪形
尺寸 D. 35.5cm(14in)，H. 12cm(5in)
原料奶 綿羊奶和牛奶
種類 硬質
製造商 Wisconsin Sheep Dairy Cooperative

Monet

以新鮮的金盞花、琉璃苣和紫羅蘭作爲裝飾，這款由迪哈利(Dee Harley)所生產的法式山羊奶風格(French chèvre-style)起司，彷彿是畫家的調色盤般繽紛，也反映出位於加州海岸的奶酪場，四週如畫的花園景色。

TASTING NOTES 品嚐筆記
這款新鮮乾淨的 chèvre 起司，質地柔軟滑順，是溫柔地處理新鮮山羊奶的結果，終年帶有春天草原的香氣。

HOW TO ENJOY 享用方式
美麗鮮花的裝飾，使其成爲起司盤上耀眼的主角，亦可搭配花園裡現採的沙拉，和一杯清冽的灰皮諾(Pinot Grigio)。

美國 Pescadero, California
熟成期 1-3 週
重量和形狀 225g(8oz)，球形
尺寸 D. 7.5cm(3in)，H. 2.5cm(1in)
原料奶 山羊奶
種類 新鮮
製造商 Harley Farms Goat Dairy

MouCo ColoRouge

這家製造商特別享受季節變換之趣。起司裡的風味會隨著熟成度而變化。ColoRouge起司經過鹽水混合液的塗抹，因而形成紅橙色的外皮，上面帶有獨特的白黴圖案。

TASTING NOTES 品嚐筆記
凝乳以手工舀入模型內，以創造出塗抹外皮（smear rind）下柔軟綿密的質感，溫和的奶油味，會發展成複雜而辛辣的風味。

HOW TO ENJOY 享用方式
將起司抹在香脆吐司上，搭配一支濃烈的陳年波特酒（tawny port）以及切半的新鮮紅、白葡萄。

美國 Fort Collins, Colorado	
熟成期 3-8 週	
重量和形狀 225g(8oz)，圓形	
尺寸 D. 7.5cm(3in)，H. 2.5cm(1in)	
原料奶 牛奶	
種類 半軟質	
製造商 MouCo Cheese Company	

Mt Tam

這款三倍乳脂起司是 Cowgirl Creamery 的招牌作品，使用 the Straus Family Dairy 的有機牛奶製成。其名稱來自一座提馬佩斯(Mt Tamalpais)小山，位於加州北部的瑪玲郡(Marine County)海岸，舊金山灣(San Francisco Bay)的北方。

TASTING NOTES 品嚐筆記
在有厚度的白黴粉狀外皮下，起司的質地緊實綿密，風味濃郁，帶有愉悅的果香後味。

HOW TO ENJOY 享用方式
和金黃色的皮爾森式啤酒(Pilsner beer)非常搭配，或者試試看一支白芙美(Fumé Blanc)，配上乾燥杏桃，和剛出爐的香脆普耶里麵包(Pugliese 編註：義大利東南部特產的麵包)。

美國 Point Reyes, California	
熟成期 3-4 週	
重量和形狀 60g(2oz)，圓形	
尺寸 D. 7.5cm(3in)，H. 5cm(2in)	
原料奶 牛奶	
種類 軟質白起司	
製造商 Cowgirl Creamery	

Mountain Top Bleu

Firefly Farms 本來擁有自己的山羊牧群，但為了能夠專注在起司的製造上，他們決定向賓州(Pennsylvania)當地的阿米什(Amish)社區合作社購買鮮奶。他們有好幾款起司，但這款小型藍黴尤其不同。

TASTING NOTES 品嚐筆記
特殊的金字塔造形，暗示了 Mountain Top Bleu 起司的非凡風味。微妙的藍黴味，和愉悅明亮帶青草香的山羊味取得平衡。質感柔軟如絲般滑順。

HOW TO ENJOY 享用方式
生產商建議搭配糖煮無花果食用。一支白色波特酒(white port)是完美的組合。

美國 Bittinger, Maryland	
熟成期 5 週	
重量和形狀 225g(8oz)，金字塔形	
尺寸 D. 10cm(4in)，H. 7.5cm(3in)	
原料奶 山羊奶	
種類 藍黴	
製造商 FireFly Farms	

Oakdale Cheese Company Gouda

在荷蘭出生的華特和蘭尼奇包克(Walter and Lenneke Bulk)在加州中部,重新創作出家鄉的 Gouda 起司(見 232-233 頁)和 Edam 起司(見 230 頁)。除了原味,也有以胡椒粒、大蒜、芥末(mustard)或墨西哥(jalapeño)辣椒調味的版本。

TASTING NOTES 品嚐筆記
熟成 10 週,使起司達到完美的狀態,帶有奶油糖(butterscotch)和烤杏仁的風味。

HOW TO ENJOY 享用方式
加入一片火腿,用法國麵包做出金黃色的爐烤三明治。搭配山吉歐維榭(Sangiovese)和新鮮或乾燥水果享用。

美國	Oakdale, California
熟成期	2-4 個月
重量和形狀	4.1-5kg(9-11lb),巨石形
尺寸	D. 23cm(9in),H. 7.5cm(3in)
原料奶	牛奶
種類	硬質
製造商	Oakdale Cheese Company

O'Cooch

位於威斯康辛州佳福勒斯區(Driftless Area)的 Hidden Springs,使用傳統的永續經營方式,和附近的阿米什(Amish)社區維持著緊密的合作關係。高品質的鮮乳,來自當地東弗斯蘭(East Friesland)品種乳牛和拉卡恩(Lacaune)品種的綿羊。

TASTING NOTES 品嚐筆記
質地非常結實,帶有易碎、略帶細粒狀的口感。口味香甜多脂,有堅果味。帶有愉悅的香氣,使人聯想到在寬闊草原上放牧的綿羊。

HOW TO ENJOY 享用方式
搭配蜂蜜和杏仁十分美味,或單獨食用,配上一支勃根地(Burgundy)紅酒。

美國	Westby, Wisconsin
熟成期	4 個月
重量和形狀	900g(2lb),車輪形
尺寸	D. 12cm(5in),H. 6cm(2½in)
原料奶	綿羊奶
種類	硬質
製造商	Hidden Springs Creamery

Old Kentucky Tome

生產商是由茱蒂和賴瑞夏德(Judy and Larry Schadd)所創立的 Capriole,這款起司是以歐洲的山區 tommes 起司為基礎,但外皮較薄,覆有細緻的粉狀白黴。其高品質反映出夏德(the Schadds)家族管理 400 多頭山羊的大量心力。

TASTING NOTES 品嚐筆記
純白色的起司質地滑順,口感輕盈,帶一點山羊氣味,後味帶有一絲烤核桃香。

HOW TO ENJOY 享用方式
風味濃郁飽滿,可以搭配許多不同的選擇,但茱蒂(Judy)推薦搭配一顆黃番茄和糖漬薑(ginger preserve)。可搭配黑皮諾(Pinot Noir)或其他柔軟的紅酒。

美國	Greenville, Indiana
熟成期	4-8 個月
重量和形狀	1.8kg(4lb),圓鼓形
尺寸	D. 25cm(10in),H. 10cm(4in)
原料奶	山羊奶
種類	軟質白起司
製造商	Capriole Farmstead Goat Cheeses

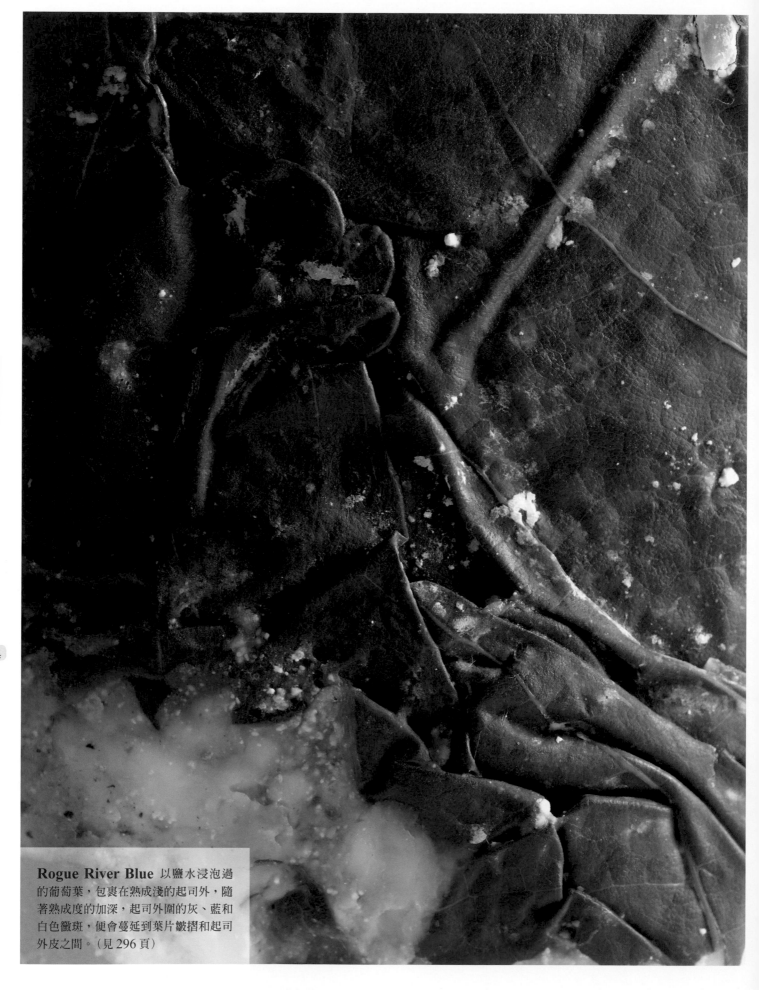

Rogue River Blue 以鹽水浸泡過的葡萄葉，包裹在熟成淺的起司外，隨著熟成度的加深，起司外圍的灰、藍和白色黴斑，便會蔓延到葉片皺摺和起司外皮之間。（見 296 頁）

Pecan Chèvre

位於喬治亞洲南部的 Sweet Grass Dairy，在自家農場內生產各式牛奶和山羊奶起司。有些種類屬於傳統風格，但這款添加了舉世聞名的喬治亞州胡桃（pecan）的作品，則是獨一無二。

TASTING NOTES 品嚐筆記
起司外表沾覆上磨碎的胡桃，增添了酥脆口感與迷人的堅果味。起司本身質地綿密，口味濃烈，外皮帶有一絲刺激感。

HOW TO ENJOY 享用方式
這款起司最好趁熟成期淺時享用，會比等到熟成久後來的好。製造商建議搭配當季新鮮而芳香的蜜桃（peaches）。

Le Petit Chèvre Bleu

位於加州索諾馬郡（Sonoma County）的 Marin French，是美國持續生產的起司廠中，歷史最悠久的。它生產的起司，都帶有濃郁的法式風格。

TASTING NOTES 品嚐筆記
這款三倍乳脂的布里風格（Brie-style）起司，經過 30 天的熟成，濃郁的風味完美地平衡了細緻的藍黴刺激味。質地綿密，帶有溫和而微妙的白胡椒辛辣味。

HOW TO ENJOY 享用方式
當作早餐，抹在塗了奶油的吐司上，搭配杏桃果醬和新鮮梨子汁。也可搭配酒體飽滿的卡貝納蘇維翁（Cabernet Sauvignon）。

Pleasant Ridge Reserve

為了表現他們所生產的高品質鮮奶，格瑞曲和潘那德（the Gingrich and Patenaude）家族通力合作，創作出這款手工阿爾卑斯草原風格（Alpine-style）起司。產季侷限在春季至秋季之間，正是草原最為鮮美之時，每天牛群都移動到新鮮的草地上自由啃食。

TASTING NOTES 品嚐筆記
每日的洗浸產生了濃烈氣味。熟成度淺時，甜味中富果香，充分熟成後轉變成帶鹹味，具輕微酸味。

HOW TO ENJOY 享用方式
這款優質起司適合融化，可代替 Gruyère 起司（見 240 頁）使用，做成起司鍋（fondue）或加在法式洋蔥湯裡。

美國 Thomasville, Georgia	
熟成期 3 週	
重量和形狀 175g(6oz)，截頂金字塔形	
尺寸 D. 7.5cm(3in)，H. 5cm (2in)	
原料奶 山羊奶	
種類 熟成過的新鮮起司	
製造商 Sweet Grass Dairy	

美國 Petaluma, California	
熟成期 30 天以上	
重量和形狀 115g(4oz)，圓形	
尺寸 D. 5.5cm(2¼in)，H. 4cm (1¾in)	
原料奶 山羊奶	
種類 藍黴	
製造商 Marin French Cheese Company	

美國 Dodgeville, Wisconsin	
熟成期 8-12 個月	
重量和形狀 5.4kg(12lb)，車輪形	
尺寸 D. 30cm(12in)，H. 7.5cm (3in)	
原料奶 牛奶	
種類 硬質	
製造商 Uplands Cheese Company	

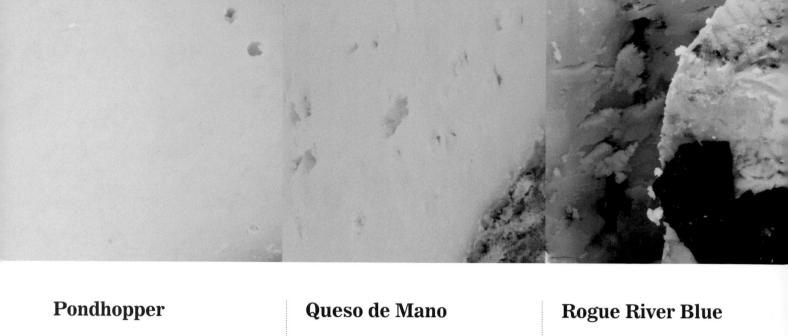

Pondhopper

位於卡斯克德(the Cascade Mountain Range)的 Tumalo Farms，融合了荷蘭和義大利的傳統方法，生產出獨特的山羊奶起司。

TASTING NOTES 品嚐筆記
淡色的黃-白色起司，帶有一些微小的氣孔，質地平滑豐潤而綿密，啤酒花風味，和帶堅果味的山羊奶刺激味，能夠彼此平衡。

HOW TO ENJOY 享用方式
搭配具堅果味的愛爾型啤酒(ale 編註：頂層發酵啤酒的統稱)，是天作之合，再配上一條酵母麵包(yeasty bread)，最好是乾燥櫻桃和核桃口味的。

美國 Bend, Oregon	
熟成期 2-12 週	
重量和形狀 4.1kg(9lb)，車輪形	
尺寸 D. 25cm(10in)，H. 7.5cm (3in)	
原料奶 山羊奶	
種類 硬質	
製造商 Tumalo Farms	

Queso de Mano

起司製作師提姆夏特(Jim Schott)一手創辦了他的起司企業，從 1989 年開始，雖然歷經不少挫折，該農場現在生產數款殺菌乳起司以及獲獎的生乳起司。Queso de Mano 是他們的第一款生乳起司。

TASTING NOTES 品嚐筆記
質地非常結實，略具細粒狀。鹹味不重，帶有中度的乾燥口感(mediuim dry)，以及濃郁的烤榛果味與辛辣後味。

HOW TO ENJOY 享用方式
可搭配烤杏仁或櫻桃。生產商建議搭配薄酒萊(Beaujolais)，效果果然十分出色。

美國 Longmont, Colorado		
熟成期 4-6 個月		
重量和形狀 2.7kg(6lb)，圓鼓形		
尺寸 D. 15cm(6in)，H. 10cm(4in)		
原料奶 山羊奶		
種類 硬質		
製造商 Haystack Mountain Goat Dairy		

Rogue River Blue

由美國最優秀的起司製造師之一，湯馬斯達拉(Thomas Vella)，在 1930 年代所創立的 Rogue Creamery，仍然持續地屢創佳績。在大衛格蘭莫(David Gremmels)的帶領下，Rogue River 起司在 2008 年成為美國第一款核准出口的生乳起司。

TASTING NOTES 品嚐筆記
以葡萄葉包裹，並以梨子白蘭地浸泡，風味強烈而富深度。質地結實，但口感滋潤滑順，鹹味比許多藍黴來得淡，口味香甜綿密帶有辛辣後味。

HOW TO ENJOY 享用方式
搭配甜點酒和西洋梨，或做成甜點，如糖煮西洋梨或蘋果蒸餾白蘭地舒芙蕾(calvados soufflé)。

美國 Central Point, Oregon	
熟成期 6-8 個月	
重量和形狀 2.25kg(5lb)，圓鼓形	
尺寸 D. 15cm(6in)，H. 10cm (4in)	
原料奶 牛奶	
種類 藍黴	
製造商 Rogue Creamery	

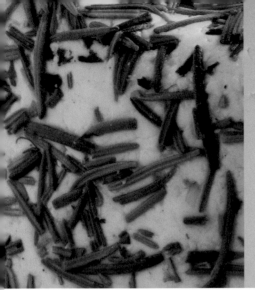

Rosemary's Waltz

珍妮佛比特克(Jennifer Betencourt)在康乃爾(Cornell)學習起司製作的技術後，於 2003 年創立了 Silvery Moon Creamery，並和 Smiling Hill Farm 合夥。雖然位於緬因州的商業地區，該農場所擁有的草原，從 1700 年代起屬於同一家族，今日仍然維持著和當時相同的原始風貌。

TASTING NOTES 品嚐筆記
口味新鮮乾淨，質地易碎。外皮上的迷迭香和杜松子味，融入起司的風味中，而不致過於濃烈。

HOW TO ENJOY 享用方式
口味溫和，適合入菜。可削片加在烤地瓜片上。

美國 Westbrook, Maine		
熟成期 1 個月		
重量和形狀 1.35kg(3lb)，車輪形		
尺寸 D. 18cm(7in)，H. 7.5cm (3in)		
原料奶 牛奶		
種類 新鮮		
製造商 Silvery Moon Creamery		

R&R Cheddar

創立於 1700 年代的 Smiling Hill Farm，以美國的標準來說，算是十分古老的。他們的荷斯登(Holsteins)乳牛，放牧於不含化學肥料與殺蟲劑的草原上。在 2003 年，開始和 Silvery Moon Creamery 合夥，在現存的奶酪業基礎上，增加了傳統手工(artisan)起司的產品。

TASTING NOTES 品嚐筆記
這款溫和的起司，充滿微妙的風味，質地富咀嚼感而密實。味道香甜飽滿。後味的鹹味不重，帶有明顯的土質礦物味。

HOW TO ENJOY 享用方式
這款起司的質感和熟成期長等因素，使它適合加入三明治裡融化。也可單獨食用，搭配一支強烈的拉格啤酒(lager 編註：低溫發酵的啤酒)。

美國 Westbrook, Maine		
熟成期 至少 6 個月		
重量和形狀 7.7kg(17lb)，圓鼓形		
尺寸 D. 35cm(14in)，H. 10cm (4in)		
原料奶 牛奶		
種類 硬質		
製造商 Silvery Moon Creamery		

St Jorge

伊莎貝爾費岡德斯(Isabel Fagundes)在 1800 年代晚期，曾在亞述爾群島(the Azores)（葡萄牙西方的小型群島）生產起司，The Fagundes 現在所生產的起司，就是以這些傳統起司為基礎。在 2000 年所創作出來的 St Jorge，是他們的第一款起司，和他們其他的產品一樣，只使用自家生產的早晨鮮奶製成。

TASTING NOTES 品嚐筆記
質地介於 Cheddar 和 Gouda 起司之間，這款生乳起司風味悠長，熟成期長。初入口時，口感尖銳，接著則轉變為綿密香甜、富果香的酸度。

HOW TO ENJOY 享用方式
適合磨碎，搭配一杯卡貝納蘇維翁(Cabernet Sauvignon)當作點心也很棒。

美國 Hanford, California		
熟成期 長達 3 年		
重量和形狀 2.7-3.6kg(6-8lb)，車輪形		
尺寸 D. 25cm(10in)，H. 10cm (4in)		
原料奶 牛奶		
種類 硬質		
製造商 Fagundes Old World Cheese		

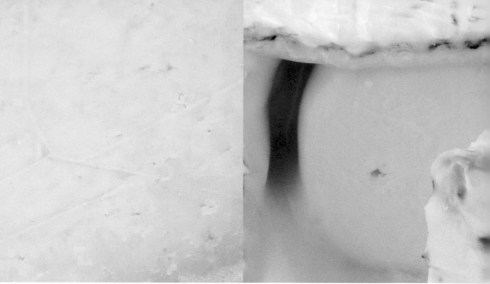

Sally Jackson

這款半軟質起司的生產商,是美國唯一使用木材火爐來手工製作起司的。這種傳統方法,賦予這款起司獨特的風味和質地。

TASTING NOTES 品嚐筆記
以栗樹葉包覆,熟成 2~4 個月,以更賽種(Guernsey)乳牛鮮奶製成的淡黃色起司,散發出迷人花香,與富乳脂的口感。

HOW TO ENJOY 享用方式
每塊起司都值得搭配一杯香檳(Champagne)或富果香的愛爾型啤酒(ale 編註:頂層發酵啤酒的統稱),適合和好友一同在大餐的尾聲享用。

美國 Oroville, Washington	
熟成期 2-4 個月	
重量和形狀 900g(2lb),車輪形	
尺寸 多種	
原料奶 牛奶	
種類 半軟質	
製造商 Sally Jackson Cheeses	

San Juaquin Gold

以加州的聖華金谷(the San Juaquin Valley)命名,這款美國本土起司,受到瑞士山區起司的啓發,以荷斯登農莊(Holsteins Farmstead)乳牛的鮮乳爲原料,符合歐洲起司製作的傳統。

TASTING NOTES 品嚐筆記
熟成 16~24 個月,以發展出風味飽滿、呈奶油黃金色、質地易碎的起司,熟成越久,堅果和青草組成的複雜風味更顯突出。

HOW TO ENJOY 享用方式
磨碎在奶油義大利麵上,搭配酒體飽滿的聖華金的希哈(San Juaquin Syrah)葡萄酒。

美國 Modesto, California	
熟成期 16-24 個月	
重量和形狀 13.6kg(30lb),車輪形	
尺寸 多種	
原料奶 牛奶	
種類 硬質	
製造商 Farmstead Cheese	

Seastack

位於華盛頓州的 the Mt Townsend Creamery,從西北太平洋的岩岸地形,取得生產起司的靈感。

TASTING NOTES 品嚐筆記
熟成前所沾裹上蔬菜樹灰(ash)和海鹽,是這款軟質白起司平衡風味的關鍵。質地如絲般滑順,土質般的風味會隨著熟成變得辛辣,風格獨一無二。

HOW TO ENJOY 享用方式
完美的野餐與登山起司,可搭配新鮮香脆的法國麵包、維歐尼耶(Viognier)葡萄酒和乾燥水果。也可作爲和好友共享大餐後的完美句點。

美國 Port Townsend, Washington	
熟成期 4-6 週	
重量和形狀 225g(8oz),圓形	
尺寸 多種	
原料奶 牛奶	
種類 軟質白起司	
製造商 Mt Townsend Creamery	

Sierra Nevada

以加州的 the Sierra Nevada Mountains 爲名的這家起司製造商，生產各式天然有機起司，包括 Cheddar 和各種調味過的 Jack 起司。然而他們最好的產品，還是這些風味道地、具有舊式風格的奶香起司。

TASTING NOTES 品嚐筆記
帶有飽滿的乳脂風味和質感，含有青草的香甜、溫熱奶油味和海風鹹味的後味。

HOW TO ENJOY 享用方式
抹在貝果(bagel)上，或加入蛋包(omelette)中，混合煙燻鮭魚和細香蔥的花，搭配一杯加州的白蘇維翁(Sauvignon Blanc)。

美國 Willows, California	
熟成期 1-3 週	
重量和形狀 200g(7oz)，容器裝	
尺寸 無	
原料奶 牛奶	
種類 新鮮	
製造商 Sierra Nevada	

Smokey Blue Cheese

Rogue Creamery 起司以洛克福式(Roquefort-style)的洞穴來熟成起司，他們的 Oregon Blue 是西海岸第一款藍黴起司，在其大獲成功後，生產商決定要接著創作出第一款煙燻藍黴，Smokey Blue 於焉誕生。

TASTING NOTES 品嚐筆記
以當地的榛果殼所生的火來煙燻，使這款濃烈而辛辣的藍黴，帶有細緻的焦糖味，和煙燻後味。

HOW TO ENJOY 享用方式
搭配一支巧克力色司陶特啤酒(Chocolate stout)，和以石磨小麥粉製成的法國麵包切片，就是度過一個晴朗午後的完美方式。

美國 Central Point, Oregon	
熟成期 3 個月	
重量和形狀 2¼kg(5lb)，車輪形	
尺寸 多種	
原料奶 牛奶	
種類 藍黴	
製造商 Rogue Creamery	

Soft Wheel

邁可李(Michael Lee)本來是起司經銷商，但自 2005 年起開始，用 25 頭山羊來生產起司。他尊重起司製作的季節性，常從附近的農場購買牛奶，來補充自家的羊奶。

TASTING NOTES 品嚐筆記
這是氣味刺鼻的洗浸起司，外皮有厚度，柔軟有黏性，內部起司濃郁帶山羊味，含有一絲栗子味。

HOW TO ENJOY 享用方式
抹在溫熱的香脆麵包上，搭配乾燥水果和堅果，以及一支阿爾薩斯風格(Alsace-style)、香氣足的白酒，或小麥啤酒(wheat beer)。

美國 West Cornwall, Vermont	
熟成期 80 天	
重量和形狀 675g(1½lb)，車輪形	
尺寸 D. 12cm(5in)，H. 5cm (2in)	
原料奶 山羊奶和牛奶	
種類 半軟質	
製造商 Twig Farm	

Surfing Goat Dairy Quark

該農場位於毛伊島的哈雷阿卡拉火山口(Maui's Haleakala Crater)，日曬充足的夏威夷山坡地上，他們的山羊得以享用當地本土植被及草原，鮮奶裡也多了一股獨特的地方風味。

TASTING NOTES 品嚐筆記
口感滑順，口味香甜綿密，含有愉悅的山羊奶刺激後味。

HOW TO ENJOY 享用方式
搭配新鮮芒果和夏威夷豆(macadamia nuts)，作成葉菜沙拉。若要享受真正的熱帶風情，可配上一支 Kona Brewing Co. 的夏威夷火山愛爾型啤酒(Fire Rock Pale Ale)(編註：ale 頂層發酵啤酒的統稱)。

美國	Kula, Maui, Hawaii
熟成期	數天
重量和形狀	225g(8oz)，瓶裝
尺寸	無
原料奶	山羊奶
種類	新鮮
製造商	Surfing Goat Dairy

Tarentaise

帕納斯(the Putnams)家族，曾在法國的上薩瓦地區(Haute-Savoie)受訓過，使用阿爾卑斯山區起司製作的設備和技術，以及自家的有機娟姍種(Jersey)乳牛鮮奶，成功地創造出美國版的阿爾卑斯山起司。

TASTING NOTES 品嚐筆記
內部起司呈深黃色，似乎也反映出其中風味，帶有溫暖的烤焦糖香氣，後味含有一絲酸度。剛切下一塊起司時，可以聞到濃郁的櫻桃香氣。質地本為中度乾燥(medium dry)，入口後則輕易軟化。

HOW TO ENJOY 享用方式
搭配薩瓦地區的葡萄酒(Vin de Savoie)和一些新鮮蘋果。亦可做成絕佳的起司鍋(fondue)。

美國	North Pomfret, Vermont
熟成期	8 個月
重量和形狀	8.2kg(18lb)，車輪形
尺寸	D. 50cm(20in)，H. 10cm(4in)
原料奶	牛奶
種類	硬質
製造商	Thistle Hill Farm

Taupinière

來自歷史小城索諾馬(Sonoma)，這款起司是以法國普瓦圖夏朗德(Poitou-Charentes)地區，傳統的 taupinière 起司為基礎。它的名稱在法語裡是"土撥鼠丘"之意，反映出該起司的外形。

TASTING NOTES 品嚐筆記
稍微熟成過，質地密實，帶有愉悅的奶脂味。上面撒有藍與灰色的煤炭粉，以創造出起司的柔軟質地。

HOW TO ENJOY 享用方式
在烤箱裡加熱一下，搭配新鮮香脆麵包，和濃郁富果香的紅酒，如金粉黛(Zinfandel)。

美國	Sonoma, California
熟成期	2-6 週
重量和形狀	175g(6oz)，土撥鼠丘形
尺寸	D. 7.5cm(3in)，H. 5cm(2in)
原料奶	山羊奶
種類	軟質白起司
製造商	Laura Chenel's Chèvre

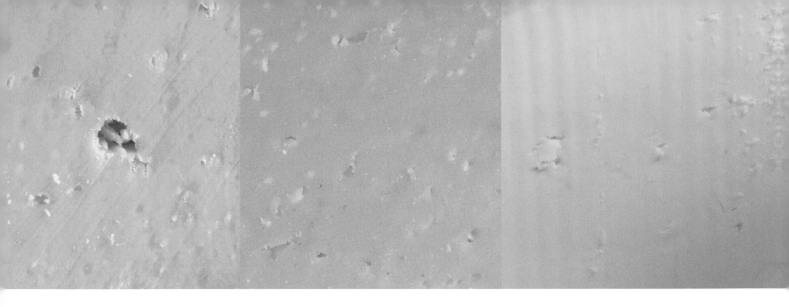

Telford Reserve

在位於費城外圍的 Hendricks Fram，他們相信永續經營的農業傳統，包括使用拉曳馬(draught horses)來耕田。他們生產約 10 款的起司，以及許多傳統農產品，主要用來供應當地社區的需求。

TASTING NOTES 品嚐筆記

滋味美妙而複雜，帶有傳統 Cheddar 常見的刺激味，以及優質熟成 Gouda 起司所特有的悠長奶油糖(butterscotch)後味。質地結實但不會易碎。

HOW TO ENJOY 享用方式

啤酒，尤其是上等拉格啤酒(lager 編註：低溫發酵的啤酒)，是最佳拍檔。搭配天然酵母麵包(sourdough)、鄉村火腿和辛辣芥末。

美國 Philadelphia, Pennsylvania
熟成期 10 個月
重量和形狀 3.6kg(8lb)，車輪形
尺寸 D. 40cm(16in)，H. 12cm(5in)
原料奶 牛奶
種類 硬質
製造商 Hendricks Farm 和 Dairy

Thomasville Tomme

Sweet Grass Dairy 位於喬治亞州南方，美麗的林地地形上。利托斯(the Littles)家族擁有一小群的山羊和娟姍種(Jersey)乳牛，用牠們所生產的鮮乳，製作出數款起司。這一款是以庇里牛斯山區傳統的 tommes 起司為基礎。

TASTING NOTES 品嚐筆記

雖然口味相對溫和，這款起司簡單迷人的風味來自新鮮的原料乳：乾淨、濃郁、略帶甜味、完美平衡。半軟質的質感富咀嚼感。

HOW TO ENJOY 享用方式

圓潤的風味，適合作成起司通心粉(marcaroni and cheese)等菜餚，增添濃郁，而又不致搶味。

美國 Thomasville, Georgia
熟成期 3-6 個月
重量和形狀 4.1kg(9lb)，車輪形
尺寸 D. 30cm(12in)，H. 12cm(5in)
原料奶 牛奶
種類 半軟質
製造商 Sweet Grass Dairy

Triple Cream Wheel

Coach Farm 擁有大群的阿爾卑斯(Alpine)品種山羊，他們所生產的優質鮮奶，便用來製作成多款產品。產量不大，每一滴奶脂(cream)都用來製作成這款 75% 脂肪含量的三倍乳脂山羊奶起司。

TASTING NOTES 品嚐筆記

質地密實、香甜濃郁，帶奶油味，以及一絲微妙的刺激後味，幾乎察覺不出山羊奶的特殊味道。和一般的三倍乳脂起司不同的是，它毫無轉變成流動感的可能性。

HOW TO ENJOY 享用方式

質地太過嬌貴，不適合烹飪。最好搭配香檳(Champagne)，要奢侈一點，可以抹在吐司角(toast points)上，然後加上魚子醬。

美國 Pine Plains, New York
熟成期 20-30 天
重量和形狀 2kg(4½lb)，車輪形
尺寸 D. 18cm(7in)，H. 7.5cm (3in)
原料奶 山羊奶
種類 軟質白起司
製造商 Coach Farm

BLUE CHEESE 由不鏽鋼棒所穿透的孔洞,清晰可見。因此形成的細小隧道,使空氣能夠進入起司內部,使加入鮮奶裡的藍黴菌能夠轉變成藍色。

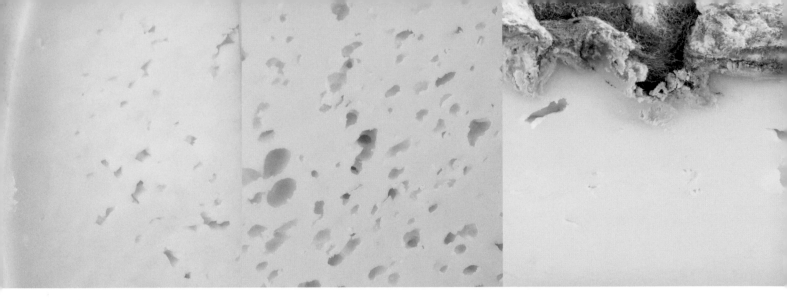

Tulare Cannonball

使用娟姍種(Jersey)乳牛鮮奶製成，並採用具500年歷史的荷蘭 Edam 起司(見230頁)傳統方法。它的名稱來自該奶酪場所在地的土拉爾郡(Tulare County)，在那裡鮮奶是最珍貴的農產品。

TASTING NOTES 品嚐筆記
具有典型的 Edam 起司質感，質地綿密，帶有辛辣的香氣和略鹹的後味。熟成期至少為5個月，使其風味達到完美狀況。

HOW TO ENJOY 享用方式
可作為午後的野餐，搭配各式新鮮甜瓜切片，撒上松子，搭配一支富果香的薄酒萊(Beaujolais)。

Tumalo Tomme

這款起司是以奧瑞岡州的喀斯喀特山(Cascade Mountains)的圖馬婁(Tumalo)來命名的，"tomme"指的是主要產自法國阿爾卑斯山的一種傳統手工(artisan)起司。以阿爾卑斯(Alpine)品種、曼查(La Mancha)品種和薩嫩(Saanen)品種山羊所提供的生乳製成。

TASTING NOTES 品嚐筆記
用來熟成的木板，使起司也散發出松香，這款洗浸起司還帶有田園般與土質的風味。後味帶有花香調。

HOW TO ENJOY 享用方式
西洋梨酒(pear cider)可增強Tumalo Tomme起司的風味，特別是搭配糖煮西洋梨(pear compote)和香脆核桃麵包時。

Twig Farm Square Cheese

因為無法完全仰賴山羊奶的足夠產量，Twig Farm 有時也會根據傳統，使用牛奶來補充。然而有少數起司，包括這一款，它們只使用自家生產的鮮奶。以起司紗布包裹濾出乳清，因此形成不規則的方形外觀。

TASTING NOTES 品嚐筆記
明顯的榛果味，逐漸轉變成意外的圓潤、香甜後味。外皮帶有刺激味，但並未穿透至質地結實緊密的起司內部。

HOW TO ENJOY 享用方式
完美搭配是以堅果或香草花朵提煉出的蜂蜜。

美國 Visalia, California
熟成期 5-6 個月
重量和形狀 1.35-2.25kg(3-5lb)，球形
尺寸 D. 12cm(5in) , H. 15cm(6in)
原料奶 牛奶
種類 半軟質
製造商 Bravo Farms

美國 Redmond, Oregon
熟成期 6 個月
重量和形狀 1.8-2kg(4-4½lb)，車輪形
尺寸 D. 17cm(6½in) , H. 7.5cm(3in)
原料奶 山羊奶
種類 半軟質
製造商 Juniper Grove Fram

美國 West Cornwall, Vermont
熟成期 2-3 個月
重量和形狀 900g(2lb)，扁平方形
尺寸 L. 10cm(4in) , W. 10cm(4in) , H. 5cm(2in)
原料奶 山羊奶
種類 硬質
製造商 Twig Farm

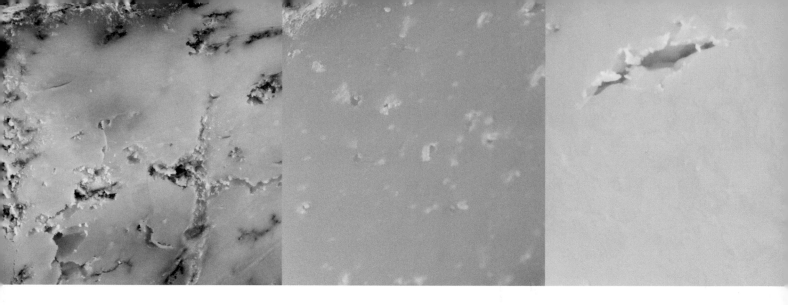

Vaquero Blue

這家有機農場，生產多種手工綿羊奶，或綿羊奶和牛奶混合的起司。許多種類，包括這一款，都是以自家的洞穴熟成的。他們嚴格遵守季節性生產的準則，因此許多產品的流動率都很大，但願意等的顧客，則有機會嚐到風味獨具的上等起司。

TASTING NOTES 品嚐筆記
它的外觀清楚地可看到洞穴熟成的痕跡，但這款強度中等、略帶麝香味(musty)的藍黴起司，帶有奶油般滑順的口感。

HOW TO ENJOY 享用方式
捏碎加入沙拉裡，或放在美味牛排上爐烤。搭配梅洛(Merlot)或不甜的麗絲玲(Riesling)。

美國 Milton, Vermont	
熟成期 6 個月	
重量和形狀 1.8kg(4lb)，圓柱形	
尺寸 D. 12cm(5in)，H. 15cm (6in)	
原料奶 綿羊奶和牛奶	
種類 藍黴	
製造商 Willow Hill Farm	

Vermont Ayr

這家製造商位於佛蒙特州(Vermont)的香檳谷(Champlain Valley)，農場擁有日漸稀少的艾爾許(Ayrshire)乳牛。他們的起司都是小批製作，稍微以鹽水浸泡過，再放到地窖熟成。

TASTING NOTES 品嚐筆記
牛群啃食的貓尾草(timothy)、雀麥草(brome)、酢醬草(clover)和紫花苜蓿(alfalfa)，都可從起司裡直接感受到。質地密實帶果味，但入口後則軟化變得綿密，風味逐漸增強，延伸成悠長的後味。

HOW TO ENJOY 享用方式
和其他強度中等或輕度溫和的起司，一起放在起司盤上，或搭配希哈(Syrah)葡萄酒。

美國 Champlain Valley, Vermont	
熟成期 3 個月	
重量和形狀 900g-1.35kg(2-3lb)，圓形	
尺寸 D. 12cm(5in)，H. 7.5cm(3in)	
原料奶 牛奶	
種類 硬質	
製造商 Crawford Family Farm	

Vermont Shepherd

除了生產這款優質的洞穴熟成綿羊奶起司外，Pathcn Farm 還是許多有抱負的起司製作者的受訓地。為了強調風土(terroir)的重要，每一輪起司都附有證明書，寫上生產日當天牧群的活動情形。

TASTING NOTES 品嚐筆記
香甜味美，滋味濃郁，質地密實，但入口則立即軟化。真實呈現庇里牛斯山區風格(Pyrenean)，後味悠長，帶甜-鹹味與一絲羊毛味。

HOW TO ENJOY 享用方式
經典搭配是黑櫻桃果醬，但也可選擇榲桲糕(quince paste)。

美國 Putney, Vermont	
熟成期 6 個月	
重量和形狀 1.35kg(3lb)，凸面圓鼓形	
尺寸 D. 15cm(6in)，H. 9cm(3½in)	
原料奶 綿羊奶	
種類 硬質	
製造商 Vermont Shepherd Cheese	

Wabash Cannonball

由茱蒂夏德（Judy Schadd）所創立的Capriole，生產一系列法式山羊奶起司，風格獨具，並不斷推陳出新。Wabash Cannonball 數年來都極受歡迎，並在1995年榮獲美國起司協會獎（American Cheese Society award）。

TASTING NOTES 品嚐筆記
質地結實略乾，白色的薄外皮覆有樹灰。這款表面熟成的起司帶有山羊味，和一點酸度，外皮散發出愉悅的麝香味。後味濃郁，帶白脫鮮奶味（buttermilky）。

HOW TO ENJOY 享用方式
搭配乾燥水果和氣泡酒最為理想。麵包和餅乾會分散其風味，最好是單獨享用。

美國 Greenville, Indiana	
熟成期 3-10 週	
重量和形狀 115g(4oz)，扁平球形	
尺寸 D. 4cm(1½in)	
原料奶 山羊奶	
種類 熟成過的新鮮起司	
製造商 Capriole Farmstead Goat Cheese	

Winchester Super Aged Gouda

朱爾衛斯雷克（Jules Wesselink）在荷蘭出生長大，也在那裡學習到製作起司的荷蘭傳統方法。他利用所學，創作出這款熟成期長的"boere kaas"（也就是 farmhouse 起司之意）Gouda 起司。

TASTING NOTES 品嚐筆記
內部起司含有許多氣孔及微小鈣結晶，增加了酥脆口感，上面有光滑而厚的外皮保護。熟成15個月後，香甜奶油般的口味，會轉變成尖銳濃烈，帶有一絲太妃糖（toffee）味。

HOW TO ENJOY 享用方式
放在起司盤上，搭配杏仁、香脆麵包和蘋果，以及一支冰涼的拉格啤酒（lager 編註：低溫發酵的啤酒）。

美國 Winchester, California	
熟成期 15 個月	
重量和形狀 5-5.4kg(11-12lb)，車輪形	
尺寸 D. 30cm(12in)，H. 15cm(6in)	
原料奶 牛奶	
種類 硬質	
製造商 Winchester Cheese Company	

Winnemere

只在多季中期至春季之間生產，這款起司仍然值得耐心地等待，不同的年分會帶來些微風味上的差異，更增添了令人興奮期待的心情。和 Jasper Hill 其它的起司一樣，這款以啤酒洗浸的 Winnemere 起司反映出歐洲起司的製作技術。

TASTING NOTES 品嚐筆記
在刺激風味中帶有甜味，但也嚐得到潮濕石頭的味道。口味香甜飽滿，可以嚐到一點培根般的煙燻味。內部起司的質地如此柔軟滑順，幾乎察覺不到柔軟外皮的存在。

HOW TO ENJOY 享用方式
最好搭配帶甜味的啤酒或蘋果酒（cider）。放在稍微烤過的法國麵包切片上，也十分可口。

美國 Greensboro, Vermont	
熟成期 2 個月	
重量和形狀 550g(1¼lb)，圓形	
尺寸 D. 15cm(6in)，H. 5cm(2in)	
原料奶 牛奶	
種類 半軟質	
製造商 Jasper Hill Farm	

More Cheeses of the USA
更多的美國起司

以下所列出的起司極爲稀有，因爲只在固定季節生產，或是產地極為偏遠。總之，使我們無法取得其相片，但因仍屬於美國起司中重要且精采的種類，因此列表如下。

那麼，請您好好欣賞、享受與尋訪。

5 Spoke Creamery Browning Gold

它的名稱來自兩個朋友單車環遊世界的經驗，現在他們也把探險的精神發揮在起司製作上。所有的起司都是以農場起司（farmstead）的傳統，在自家農場手工製作，原料乳來自餵食青草的圈牧乳牛所提供的生乳。

TASTING NOTES 品嚐筆記
這款硬質起司歷經 24 個月的熟成，充滿濃郁的奶油味，質地如 Cheddar 起司般結實。

HOW TO ENJOY 享用方式
搭配烤杏仁、現烤法國麵包和金色愛爾型啤酒（Golden Ale 編註：ale 頂層發酵啤酒的統稱）。

美國 Port Chester, New York	
熟成期 24 個月	
重量和形狀 4-4.9kg（9-11lb），圓柱形	
尺寸 D. 16cm（6in），H. 19cm（7½in）	
原料奶 牛奶	
種類 硬質	
製造商 5 Spoke Creamery	

Alpine Lakes Creamy Bleu

原料乳來自東弗斯蘭（East Friesland）品種和拉卡恩（Lacaune）品種的綿羊。接著在鮮奶裡加入傳統的洛克福青黴菌（Penicillium roqueforti），以創造出眞正藍黴風味和拙樸外觀。

TASTING NOTES 品嚐筆記
這款起司在熟成 60 天後上市販賣。質地濃郁滑順綿密，象牙白的內部起司帶有藍紋。熟成越久，風味越濃烈。

HOW TO ENJOY 享用方式
放在起司盤上，搭配新鮮李子（plums）、櫻桃和香脆核桃麵包（Walnut Lavaine），以及一支香氣足而清冽的白色波特酒（white port）。

美國 Leavenworth, Washington	
熟成期 2-3 個月	
重量和形狀 225g（8oz），圓形	
尺寸 D. 6cm（2½in），H. 5cm（2in）	
原料奶 綿羊奶	
種類 藍黴	
製造商 Alpine Lakes Sheep Cheese	

Ancient Heritage Scio

Ancient Heritage Dairy 的起司製作師，對歐洲傳統綿羊奶起司的口味和質地大爲傾倒，因此決定在奧瑞岡重新複製。這款起司，是爲了向舊世界的起司製作師致敬所創造的。

TASTING NOTES 品嚐筆記
這款經過 2 個月熟成的生乳綿羊奶起司，風味獨具，帶有溼潤香甜而質地密實的口感。後味含一絲烤堅果香氣。

HOW TO ENJOY 享用方式
搭配杏仁、現烤全麥麵包和富堅果味的棕色愛爾型啤酒（Brown Ale 編註：ale 頂層發酵啤酒的統稱），無比美味。

美國 Scio, Oregon	
熟成期 60 天	
重量和形狀 2.25kg（5lb），車輪形	
尺寸 D. 23cm（9in），H. 7.5cm（3in）	
原料奶 綿羊奶	
種類 半軟質	
製造商 Ancient Heritage Dairy	

Bad Axe

Hidden Sprins Farm 座落於威斯康辛州西部的起伏山巒間，這是一家採取永續農業經營法的奶酪場，使用舊式、純天然的農場製作（farmstead）傳統方法，搭配少量的現代機器和科學技術，以提升產品品質。這款起司的名稱，來自流經鄰西谷（Westby Valley）的一條河流。

TASTING NOTES 品嚐筆記
這是一款香甜綿密、滋味美妙的半軟質起司。口中綿羊奶的奶脂香，久久徘徊不去。

HOW TO ENJOY 享用方式
搭配新鮮法國拐杖麵包，裡面夾入芝麻葉（rocket）和番茄，就是令人滿足的午後野餐。

美國 Westby, Wisconsin	
熟成期 8-12 週	
重量和形狀 2.7kg（6lb），車輪形	
尺寸 D. 15cm（6in），H. 7.5cm（3in）	
原料奶 綿羊奶	
種類 半軟質	
製造商 Hidden Springs Creamery	

Beechers Flagship Reserve

這些美麗的車輪形起司，是以紗布包裹住濾出乳清，再以 Reserve Cheddar 起司的方式熟成，其靈感來自傳統的英格蘭 Cheddar 起司（見 180-181 頁）。製作方法類似，因此外皮在熟成期能夠得到保護。原料乳是荷斯登（Holsteins）和娟姍種（Jersey）乳牛的混合乳。

TASTING NOTES 品嚐筆記
熟成 13 個月時，發展出 Cheddar 起司般的風味，口感綿密而乾淨，質地結實，略呈易碎狀，後味帶有果香。

HOW TO ENJOY 享用方式
切片，搭配鄉村風格肉醬（pâté）、香脆酵母麵包，和富堅果味的棕色頂層發酵啤酒（Brown Ale）。

美國 Seattle, Washington	
熟成期 12-16 個月	
重量和形狀 7.2kg（16lb），圓柱形	
尺寸 D. 20cm（8in），H. 23cm（9in）	
原料奶 牛奶	
種類 硬質	
製造商 Beechers Handmade Cheese	

Bleu Age

Rollingstone Chevre 是愛達荷州的第一家農場製作(farmstead)的山羊奶起司製造商。他們購買第一頭山羊時,是為了提供自家消耗的鮮奶,現在已擴充到 300 多頭,並用來製造多款優質起司,包括這款特殊的外部藍黴起司。

TASTING NOTES 品嘗筆記
在午夜藍的洛克福青黴菌(Penicillium roqueforti)厚黴層下,是幾乎呈液體狀的薄層香甜起司,接著才是質地較結實、帶堅果味的內部起司。具有明顯的山羊味,但不會過於強烈,以及辛辣的藍黴風味。

HOW TO ENJOY 享用方式
搭配核桃、新鮮西洋梨切片和不甜的麗絲玲(Riesling)。

美國 Parma, Idaho	
熟成期 30 天	
重量和形狀 175g(6oz),圓形	
尺寸 D. 7.5cm(3in), H. 5cm (2in)	
原料奶 山羊奶	
種類 藍黴	
製造商 Rollingstone Chevre	

Brindisi Fontina

Brindisi 起司是起司製作師羅德佛貝達(Rod Volbeda)母親的婚前姓氏,Fontina 起司(見117頁)是義大利最好的起司之一,從十二世紀開始就在阿爾卑斯山區生產。這款美國的版本,使用百分之百的娟姍種(Jersey)乳牛鮮奶製成。

TASTING NOTES 品嘗筆記
娟姍種(Jersey)乳牛鮮奶使起司呈溫暖的金黃色,口感濃郁滑順,帶有十足的香氣和風味。具有堅果味與刺激味,以及微妙的香甜奶脂後味。

HOW TO ENJOY 享用方式
可做成絕佳的白蘭地起司鍋(Brandy Fondue),搭配黑麵包、烤馬鈴薯和蘋果,以及一杯蘋果白蘭地。

美國 Salem, Oregon	
熟成期 3-9 個月	
重量和形狀 3.6-4.5kg(8-10lb),車輪形	
尺寸 多種	
原料奶 牛奶	
種類 半軟質	
製造商 Willamette Valley Cheese Company	

Carmela

製造商的名稱為 Goat's Leap,正好反映了農場上曼查(La Mancha)品種山羊的活力和特質,以及牠們在加州的納帕谷(Napa Valley)的山丘間所度過的逍遙生活。

TASTING NOTES 品嘗筆記
這款優雅細緻的山羊奶乳起司,是以手工加鹽、撒上匈牙利紅椒粉(paprika)。帶有甜味,以及乾淨的山羊奶脂後味。熟成 12 個月時,品質最佳。

HOW TO ENJOY 享用方式
週日早午餐的優雅選擇,搭配蜂巢(honeycombs)、新鮮櫻桃和拉比克櫻桃啤酒(Lambic Cherry Beer)。

美國 St Helena, California	
熟成期 12 個月	
重量和形狀 2.2kg(5lb),車輪形	
尺寸 D. 20cm(8in), H. 10cm (4in)	
原料奶 山羊奶	
種類 硬質	
製造商 Goat's Leap Cheese	

Cayuse Mountain Goat

克萊兒巴麗絲(Clare Paris)製作山羊奶和綿羊奶的生乳起司,包括 Shepherd's Gem,一款硬質綿羊奶起司;以及 Rosa Rugosa,半軟質綿羊奶和山羊奶混合起司;還有 Cayuse,以奧卡諾根郡(Okanogan County)境內的一座山峰命名。

TASTING NOTES 品嘗筆記
質地緊實綿密,帶有複雜而微妙的風格,以及硬質山羊奶起司所擁有的一切堅果味和香草味特質,然而卻沒有法式 Chèvre 常見的狂野山羊味。

HOW TO ENJOY 享用方式
最好放在起司盤上,搭配肉乾製品(charuterie)、香草橄欖和美味的金粉黛(Zinfandel)。

美國 Tonasket, Washington	
熟成期 5-7 個月	
重量和形狀 1.8-2.25kg(4-5lb),車輪形	
尺寸 D. 20cm(8in), H. 7.5cm(3in)	
原料奶 綿羊奶和山羊奶	
種類 半軟質	
製造商 Lakhaven Farmstead Cheeses	

Claire de Lune

這款半軟質起司,是 Pure Luck Texas 所生產有機農場製作(farmstead)山羊奶起司的一款。她們的企業目標,是由莎拉波騰(Sara Bolton)在 1979 年所確立的,現在由她的 3 個女兒繼續地堅持其理想。她們現在所擁有的 100 頭努比亞(Nubian)品種和阿爾卑斯(Alpine)品種山羊,仍然在莎拉當初所購置的那 5 英畝草地上哨食。

TASTING NOTES 品嘗筆記
熟成 2~6 個月時,質地豐潤的內部起司,充滿了香甜綿密的山羊味,在刺激後味的對比下更為突出。

HOW TO ENJOY 享用方式
搭配一杯卡貝納弗朗(Cabernet Franc)、醋栗和新鮮核桃麵包。

美國 Dripping Springs, Texas	
熟成期 2-6 個月	
重量和形狀 1.1kg(2½lb),圓形	
尺寸 D. 15cm(6in), H. 7.5cm (3in)	
原料奶 山羊奶	
種類 半軟質	
製造商 Pure Luck Texas	

Creamery Subblime

這款起司的名稱不只是暗示其風味,還和農場上一頭名叫"Subby 潛水艇"的曼查(La Mancha)品種母山羊有關,牠有一次扭傷了頸部,在復原期間像是一艘潛水艇。Estrella Family Creamery 所生產的所有起司,都是用生乳製造的,牧群哨食的也是有機草原。

TASTING NOTES 品嘗筆記
熟成 2 個月後,達到半軟質的完美風味,帶有細緻的山羊味,後味含有刺激的海風鹹味。

HOW TO ENJOY 享用方式
最好搭配法國麵包和蘋果片,澆上一點野生蜂蜜和一支華盛頓州的夏多內(Chardonnay),以突出其優雅風味。

美國 Montesano, Wshington	
熟成期 60 天	
重量和形狀 225g(8oz),圓形	
尺寸 多種	
原料奶 山羊	
種類 半軟質	
製造商 Estrella Family Creamery	

Elk Mountain

這款半軟質起司的製作方法，是根據 Tomme des Pyrénées(見91頁)等歐洲山區起司而來。這款美國的版本，是以艾爾克山(Elk Mountain)命名，這座山位於奧瑞岡州紅河(the Rogue River)附近，正是這款起司的生產地。

TASTING NOTES 品嚐筆記
熟成6個月時品嚐最佳。以當地的奧瑞岡野山啤酒(Wild Mountain Oregan beer)洗浸過，質地結實，帶有極濃的奶油味。

HOW TO ENJOY 享用方式
無花果果醬，是這款奧瑞岡起司的最佳拍檔。配酒選用艾爾克山愛爾型啤酒(Elk Mountain Ale 編註：ale 頂層發酵啤酒的統稱)。

美國 Rogue River, Oregon	
熟成期 6 個月	
重量和形狀 3.6kg(8lb)，車輪形	
尺寸 D. 23cm(9in)，H. 11cm (4½in)	
原料奶 山羊奶	
種類 半軟質	
製造商 Phoila Farm	

Ferns Edge Goat Dairy

Ferns Edge Dairy 位於奧瑞岡州的卡斯卡德丘(the Cascade Hills)，就在錫安崗(Mount Zion)的山腳下。這款同名的新鮮傳統手工(artisan)起司，使用自家有機農場的山羊奶製作，並以自家栽種的香草調味。

TASTING NOTES 品嚐筆記
這款帶有新鮮風味的 Chèvre 起司，是以手工製作，以創造出細緻柔軟的質感，後味香甜綿密。

HOW TO ENJOY 享用方式
搭配新鮮西洋梨、一點去皮杏仁，和一條甜味法國麵包，以及一支清冽的維歐尼耶(Viognier)。

美國 Lowell, Oregon	
熟成期 1-3 週	
重量和形狀 115g(4oz)，圓木形	
尺寸 多種	
原料奶 山羊奶	
種類 新鮮	
製造商 Ferns Edge Goat Dairy	

Goldern Glen Creamery Mozzarella

Goldern Glen Creamery 是華盛頓州海岸唯一以手工製作、拉扯新鮮 mozzarella 起司的農場製作(farmstead)商。

TASTING NOTES 品嚐筆記
入口時感覺溼潤綿密，風味濃郁，質地細緻，可感受到手工製作的溫柔。

HOW TO ENJOY 享用方式
加入芝麻葉(rocket)沙拉裡、澆上一點新鮮青醬當作點心，或是加入新鮮的番茄和大蒜義大利麵中。搭配一支濃郁的華盛頓州希哈(Syrah)，就是豐盛的一餐。

美國 Bow, Washington	
熟成期 2-10 天	
重量和形狀 225g(8oz)，球形	
尺寸 多種	
原料奶 牛奶	
種類 新鮮	
製造商 Golden Glen Creamery	

Midcoast Teleme

最初的 Teleme 起司是由奇瓦納帕魯索(Giovanna Peluso)所創作出來，但由於第三代起司製作師法蘭奇帕魯索(Frankin Peluso)的努力，這款起司的傳統一直持續到今天。在加州，這款起司仍然像從前一樣，用米粉(rice flour)沾裹。

TASTING NOTES 品嚐筆記
這款新鮮、砧板狀的起司，經過1週的熟成，質地平滑柔順而濕潤，帶有新鮮而乾淨的風味。

HOW TO ENJOY 享用方式
義大利沙拉米肉腸片(salami)、Teleme起司和天然酵母(sourdough)法國拐杖麵包(baguette)的組合，就是經典的舊金山北灘三明治。搭配一杯陳年的金粉黛(Zinfandel)。

美國 San Louis Obispo, California	
熟成期 1 週	
重量和形狀 3kg(6½lb)，塊狀	
尺寸 L. 20cm(8in)，W. 20cm (8in)，H. 7.5cm(3in)	
原料奶 牛奶	
種類 新鮮	
製造商 Franklin's Cheeses	

Ouray

生產這款半軟質起司的 Sprout Creek Farm，屬於非營利組織 Society of the Sacred Heart，他們教導數千名兒童，農場的運作方式，並提供和動物一起工作的機會。

TASTING NOTES 品嚐筆記
如皮革般的薄皮，佈滿灰色黴粉。質地緊實綿密的內部起司，充滿土質和奶油般的風味，以及香甜的花香調。

HOW TO ENJOY 享用方式
這款優質起司，適合搭配新鮮醋栗和核桃麵包，以及一支上等蘋果酒(cider)。

美國 Poughkeepsie, New York	
熟成期 2-4 個月	
重量和形狀 3kg(6½lb)，圓鼓形	
尺寸 多種	
原料奶 牛奶	
種類 半軟質	
製造商 Sprout Creek Farm	

Petit Marcel

Pugs Leap Farm 致力於實踐「慢食運動」的原則和方法，也就是：「購買本土產品，會爲本地居民帶來健康，以及經濟上、環境上和社會上的益處」。

TASTING NOTES 品嚐筆記
這款軟質白起司，帶有柔軟新鮮而滑順的風味與愉悅的刺激味，從頭到尾都可以感受到濃郁而細緻的山羊奶味，鹹味恰到好處。

HOW TO ENJOY 享用方式
可搭配自製肉醬(pâte)、現烤麵包，和一支清冽淡雅的麗絲玲(Riesling)。

美國 Healdsburg, California	
熟成期 2 週	
重量和形狀 10-100g(2-3½oz)，圓形	
尺寸 D. 6cm(2½in)，H. 4cm (1½in)	
原料奶 山羊奶	
種類 軟質白起司	
製造商 Pugs Leap Farm	

Pine Stump Crottin

這款 Crotti 起司是以傳統的法國方法製成，凝乳輕柔地舀入模型內，不經擠壓而濾出乳清。隨著時間便形成雪白色圓鼓形起司，帶有白色的薄薄外皮。

TASTING NOTES 品嘗筆記
熟成度淺時，這款山羊奶起司的質地柔軟，口味細緻。熟成久後，質地變得密實，風味轉濃，但仍帶有最初的土質味。

HOW TO ENJOY 享用方式
溫熱過的 Crottin 起司，撒上現磨黑胡椒和橄欖油，加入捲葉沙拉中，再搭配一支富果香的瑪珊（Marsanne）葡萄酒，就是令人感覺美好的一餐。

美國	Omak, Washington
熟成期	60 天以上
重量和形狀	115-225g(4-8oz)，圓鼓形
尺寸	D. 9-10cm(3½-4in)，H. 7.5cm(3in)
原料奶	山羊奶
種類	熟成過的新鮮起司
製造商	Pine Stump Farms

Pleasant Valley Dairy Mutschli

這款來自華盛頓州的本土起司，是使用這家農場自家的牛奶製成。Mutschli 起司最初用來作為瑞士起司的美國版本，具有同樣的平滑質地，但不含氣孔。

TASTING NOTES 品嘗筆記
含有生乳具有的溫和香甜奶味，後味帶有一絲烤核桃味。

HOW TO ENJOY 享用方式
用來作成濃郁溫暖的焗烤馬鈴薯（potato au gratin），加入新鮮巴西里、紅洋蔥和烤核桃。一支富堅果味的棕色愛爾型啤酒（brown ale 編註：ale 頂層發酵啤酒的統稱），可增強其風味。

美國	Ferndale, Washington
熟成期	8-12 週
重量和形狀	900g-2.7kg(2-6lb)，圓形
尺寸	多種
原料奶	牛奶
種類	硬質
製造商	Pleasant Valley Dairy

Point Reyes Original Blue

自從 2000 年首度上市以來，這款由 Point Reyes 所生產的 Original Blue 起司，就成為起司盤上的常備一員，並獲得不少起司獎項。

TASTING NOTES 品嘗筆記
這款藍黴起司，帶有一股迷人的刺激味，隨著藍 - 灰色黴紋在滑順綿密的白色車輪形起司裡熟成，一股海風鹹味也逐漸擴散出來。熟成越久，風味愈濃烈。

HOW TO ENJOY 享用方式
捏碎加在綠色青豆和義式燻肉（pancetta）菜餚上，細心品嘗其風味，同時享受一杯加州的卡貝納（Cabernet）葡萄酒。

美國	Point Reyes, California
熟成期	6-8 個月
重量和形狀	2.7kg(6lb)，車輪形
尺寸	多種
原料奶	牛奶
種類	藍黴
製造商	Point Reyes Cheese

Pozo Tomme

當吉姆和克麗絲汀馬奎爾（Jim and Christine Macquire）在 1999 年搬到聖路易斯歐畢斯波（San Luis Obisbo）附近的小型牧場時，他們開始認真地經營起司製作生意，他們有一批綿羊和山羊，不久便創作出代表性起司 Pozo Tomme。

TASTING NOTES 品嘗筆記
這款半軟質起司，有天然形成的薄皮，帶有舊世界的風味，包括內斂的土質味和明顯的堅果味。熟成久後，質地會變結實，並帶有濃郁的奶油糖（butterscotch）風味。

HOW TO ENJOY 享用方式
單獨食用，或將充分熟成的起司磨碎，加在爐烤蔬菜或義大利燉飯上，搭配一支灰皮諾（Pinot Grigio）。

美國	Santa Margarita, California
熟成期	2-4 個月
重量和形狀	2.25-2.7kg(5-6lb)，車輪形
尺寸	多種
原料奶	綿羊奶
種類	半軟質
製造商	Rinconada Dairy

Rustic Bleu Goat

Jumpin Good Goats 在 2009 年時遷往科羅拉多州，並持續生產他們的得獎農場起司（framstead）產品，以及其他的地方性新起司。

TASTING NOTES 品嘗筆記
這款特別的山羊奶洗浸外皮藍黴起司，經過 4~6 週的熟成，形成濃郁而飽滿的強烈藍黴風味。

HOW TO ENJOY 享用方式
捏碎加入糖漬核桃和當季沙拉葉裡，或搭配新鮮西洋梨，澆上香檳油醋汁（Champagne vinaigrette）。

美國	Buena Vista, Colorado
熟成期	4-6 週
重量和形狀	2.7kg(6lb)，車輪形
尺寸	多種
原料奶	山羊奶
種類	藍黴
製造商	Jumpin Good Goats

Samish Bay Cheese Montasio

雖然這款美國起司，是以來自義大利東北部的同名起司為基礎，受到三尾灣（Samish Bay）當地植被和海風的影響，它還是具有自己獨特的風味和特色。原料乳來自自家擁有的有機牛群，包括娟姍種（Jersey）乳牛、荷蘭腰帶（Dutch Belted）品種和短角（Shorthorn）品種。

TASTING NOTES 品嘗筆記
質感結實，帶有濃郁綿密的風味，熟成越久，風味越濃越複雜。

HOW TO ENJOY 享用方式
磨碎加在剛煮好的義大利餃（ravioli）或菠菜義大利麵上，搭配一杯山吉歐維樹（Sangiovese）。

美國	Bow, Washington
熟成期	6-9 個月
重量和形狀	4kg(8lb, 13oz)，車輪形
尺寸	D. 25cm(10in)，H. 9cm(3½in)
原料奶	牛奶
種類	硬質
製造商	Samish Bay Cheese

COUPOLE 幾乎尚未形成的黃綠色外皮，佈有細小的樹灰黑點。白色的霜狀結晶，是白色的青黴菌（Penicillium candidum）的菌絲，其他的黴斑也開始形成。（見280頁）

Steamboat Island Goat Farm Gouda

傑森茱爾(Jason Drew)是慢食運動的支持者，他在 2006 年創辦了 Steamboat Island Goat Farm。他的目標是要製作出可靠的手工山羊奶起司，能夠供應當地社區所需，並支持他的家庭農場。

TASTING NOTES 品嚐筆記
Farm Gouda 起司是一款切達風格(Cheddar-style)的起司，帶有山羊奶的飽滿風味，以及平衡的草原和花香調，和堅果後味。

HOW TO ENJOY 享用方式
搭配天然酵母小麵包，或當作牛奶製 Cheddar 起司的替代品。搭配皮爾森式啤酒(Pilsner beer)，效果出色。

美國 Steamboat Island, Washington	
熟成期 2-6 個月	
重量和形狀 900g-4.5kg(2-10lb)，圓形	
尺寸 多種	
原料奶 山羊奶	
種類 硬質	
製造商 Steamboat Island Goat Farm	

Two Faced Blue Peccato

它的名稱的由來，是因為使用了兩種原料乳，綿羊奶和牛奶的混合生乳。這家百年歷史的穀倉，位於威哈李斯河(the Chehalis River)河畔，還生產其他數款藍黴起司。

TASTING NOTES 品嚐筆記
受到起司製作的音符啓發，每塊車輪形起司上，都有音樂般的藍紋穿梭。天然形成的柔軟外皮，呈藍灰色，下方的內部起司混合了土質和花香味。

HOW TO ENJOY 享用方式
搭配新鮮無花果、蜂蜜和烤核桃麵包，作成午後的起司盤，搭配一支華盛頓州的黑皮諾(Pinot Noir)。

美國 Doty, Washington	
熟成期 3 個月	
重量和形狀 4.5kg(10lb)，車輪形	
尺寸 多種	
原料奶 綿羊奶和牛奶	
種類 藍黴	
製造商 Willapa Hills Farmstead Cheese	

Up in Smoke

River's Edge Chevre 的牧群，放牧於斯皮茲河(the Spletz River)河岸和附近林地的豐美草原上，因此他們所生產的各式起司，也因此帶有獨特風格。就像其名稱所暗示的，Up in Smoke 這款起司是先經過煙燻，再以煙燻過、撒上波本威士忌(Bourbon)的楓葉包裹起來。

TASTING NOTES 品嚐筆記
煙燻味、楓葉和波本威士忌(Bourbon)的香氣，對起司的清新檸檬味和綿密質感，提供了優雅不凡的對比。

HOW TO ENJOY 享用方式
搭配香脆麵包或以楓糖烤過的核桃，以及煙燻愛爾型啤酒(smoked ale 編註：ale 頂層發酵啤酒的統稱)。

美國 Logsden, Oregon	
熟成期 1-3 週	
重量和形狀 140g(5oz)，球形	
尺寸 D. 7cm(3in)，H. 5cm(2in)	
原料奶 山羊奶	
種類 新鮮	
製造商 River's Edge Chevre	

Vache de Vashon

受到法國、義大利和瑞士阿爾卑斯山區的影響，Sea Breeze 也創造出他們自己獨特的地窖熟成起司，包括地區性和原創的生乳起司。

TASTING NOTES 品嚐筆記
可以嗅到蘋果和梨子的香味，帶有香甜細緻而濃郁的綿密後味。

HOW TO ENJOY 享用方式
搭配一支不甜的蘋果酒(cider)或白蘇維翁(Sauvignon Blanc)，以及一塊香甜的奶油磅蛋糕(butter pound cake)當甜點。

美國 Vashon Island, Washington	
熟成期 2-4 個月	
重量和形狀 900g-1.35kg(2-3lb)，車輪形	
尺寸 多種	
原料奶 牛奶	
種類 半軟質	
製造商 Sea Breeze Farm	

Widmers Cellars Aged Brick Cheese

喬威莫(Joe Widmer)是住在威斯康辛州特瑞莎(Theresa, Wisconsin)第三代的起司製作師，他製作各式起司，包括這款熟成塊狀起司，這是威斯康辛州的本土起司，首度創作於 1877 年，經過洗浸或擦抹，以創造出帶黏性的橘色外皮。

TASTING NOTES 品嚐筆記
這款質地滑順豐潤的起司，風味從溫和香甜、帶微妙堅果味，轉變爲成熟後的濃烈刺激。也有起司抹醬(spread)的版本。

HOW TO ENJOY 享用方式
切片，和芥末、洋蔥薄片一起作成黑麥麵包(Pumpernickle)三明治。也可創薄片加在烤過的根莖蔬菜上，搭配一支淡色頂層發酵啤酒(pale ale)。

美國 Theresa, Wisconsin	
熟成期 8-12 週	
重量和形狀 2.25kg(5lb)，磚形	
尺寸 多種	
原料奶 牛奶	
種類 半軟質	
製造商 Widmers Cellars	

Yerba Santa Dairy Fresca

這個家族來自秘魯，在祖國就曾經製作過起司。當他們搬到美國後，於 1986 年購買了一個農場，從此致力於創造永續農業模範，以及優質的山羊奶起司。

TASTING NOTES 品嚐筆記
這款易碎的菲塔風格(Feta-style)起司，是每日現作，再運送到市場販賣。帶有綿密的口感和鹽水的風味。

HOW TO ENJOY 享用方式
和橄欖、烤紅椒，一起做成新鮮的主廚三明治。搭配一支加州的金粉黛(Zinfandel)。

美國 Lakeport, California	
熟成期 1-2 週	
重量和形狀 115g(4oz)和 225g(8oz)，容器裝。	
尺寸 多種	
原料奶 山羊奶	
種類 新鮮	
製造商 Yerba Santa Dairy	

Allegretto

這款洗浸外皮起司,產於魁北克省極北方的阿比蒂彼(Abtibi)地區,可說是經營綿羊奶酪業頗不尋常的地點。生產商認為,該地草原的短暫生長期,以及接近北極的天然環境,使得他們的鮮奶額外濃郁香甜。

TASTING NOTES 品嚐筆記
這些大車輪形的起司,呈米白色,帶有一些氣孔。富有堅果般的香氣,味道香甜飽滿,容易使人上癮。

HOW TO ENJOY 享用方式
使用特殊的起司烤爐(raclette grill)來融化,或使用普通的方式來爐烤,再抹在香脆的法國麵包上。也可加入清蒸的蘆筍裡。搭配一支琥珀色愛爾型啤酒(amber ale 編註:ale 頂層發酵啤酒),或不甜的麗絲玲(Riesling),或金粉黛(Zinfandel)。

加拿大 La Sarre, Québec	
熟成期 60-75 天	
重量和形狀 3.5kg(7½lb),車輪形	
尺寸 D. 30cm(12in),H. 10cm (4in)	
原料奶 綿羊奶	
種類 半軟質	
製造商 Fromagerie La Vache à Maillotte	

Avonlea Clothbound Cheddar

以美味冰淇淋,和酷嗆的乳牛 T 恤聞名的 Prince Edward Island Dairy,現在也開始生產起司了,他們使用的是以紗布包裹濾水的傳統 Cheddar 起司方式。

TASTING NOTES 品嚐筆記
灰綠色的外皮,帶有紗布的印痕。具有水果和堅果的香氣,以及悠遠的香草味。因熟成期長,內部起司的質地密實而易碎。

HOW TO ENJOY 享用方式
融化在開放式烤牛肉三明治上、磨碎加入蘋果酒和楓糖濃湯裡,或混入馬鈴薯泥中。搭配愛爾型啤酒(ale 編註:頂層發酵啤酒的統稱)或梅洛(Merlot)。

加拿大 Charlottetown, Prince Edward Island	
熟成期 12-18 個月	
重量和形狀 8kg(17½lb),高圓柱形	
尺寸 D. 24cm(9½in),H. 20cm(8in)	
原料奶 牛奶	
種類 硬質	
製造商 Cows Inc.	

Baby Blue

葛瑞絲(Grace)姐妹使用生乳和殺菌過的鮮乳,製作出各式藍黴、硬質、新鮮和軟質白起司,其中包括這款布里風格(Brie-style)的藍黴起司。她們的農場位於鹽泉島(Salt Spring Island)。

TASTING NOTES 品嚐筆記
細緻微妙的藍黴風味中,帶有香甜的鮮奶味、如奶油滑順的質地,以及略帶菌味的綿密後味。鮮黃的起司色澤,和濃郁風味,是娟姍種(Jersey)乳牛鮮奶的特色。

HOW TO ENJOY 享用方式
搭配一支皮爾森式啤酒(Pilsner beer)、白蘇維翁(Sauvignon Blanc)或冰酒(Icewine)。要作成一道特別的點心,可以融化在糖煮西洋梨上,搭配烤核桃。

加拿大 Salt Spring Island, British Columbia	
熟成期 30-45 天	
重量和形狀 160g(5½oz),圓形	
尺寸 D. 5cm(2in),H. 5cm(2in)	
原料奶 牛奶	
種類 藍黴	
製造商 Moonstruck Organic Cheese	

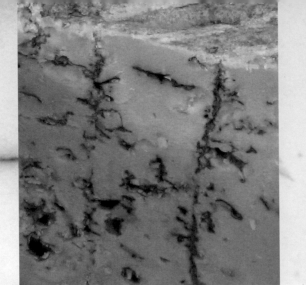

La Barre de Jour

魁北克省(Québec)的起司製作師，現在
正在重新詮釋歐洲經典起司。這是瑞士
的 Raclette 起司(見 241 頁)的山羊奶版
本。它的中間有一層細細的伊斯普列紅
辣椒(Espelette chili)，就像是辛辣版的
Morbier 起司(見 69 頁)。

TASTING NOTES 品嚐筆記
風味細緻溫和一直到舌頭觸碰到那層辣椒的
火辣滋味。

HOW TO ENJOY 享用方式
這款適合融化的美味起司，可以當作辛辣版
的 raclette 起司使用，加入蒸煮蔬菜、爐烤
香腸或蝦子裡。黑啤酒或梅洛(Merlot)都
可搭配。

加拿大 Mont-Laurier, Québec	
熟成期 45-60 天	
重量和形狀 1.7kg(4lb)，車輪形	
尺寸 D. 20cm(8in)，H. 4cm (1½in)	
原料奶 山羊奶	
種類 加味	
製造商 Fromagerie Le P'tit Train du Nord	

Bleu Bénédictin

由 Abbaye Saint-Benoît-du-Lac 所生產，
這是一家位於湖畔林地的聖本鐸修會
(Benedictine) 修道院。這款藍黴起司
在 2000 年的加拿大起司競賽(Canadian
Cheese Grand Prix) 中獲得超級冠軍
(Grand Champion)殊榮。

TASTING NOTES 品嚐筆記
在米黃色的起司中，佈滿了明顯的藍綠色條
紋和氣孔，帶有黴菌和鹽的氣味，以及悠長
的辛辣刺激鹹味。

HOW TO ENJOY 享用方式
融化在多汁的紅酒醬牛排上。許多加拿大的
侍酒師，會搭配另一樣加拿大特產：冰酒
(Icewine)。冰酒的香甜，完美地平衡了這
款起司的濃烈鹹味。

加拿大 Saint-Benoit-du-Lac, Québec	
熟成期 3-5 個月	
重量和形狀 1.8kg(4lb)，車輪形	
尺寸 D. 20cm(8in)，H. 10cm(4in)	
原料奶 牛奶	
種類 藍黴	
製造商 Abbaye Saint-Benoît-du-Lac	

Bouquetin de Portneuf

這款傳統手工農場製作(artisanal farmstead)
起司，是以著名的 Crottin de Chavignol
起司(見 54 頁)爲基礎。熟成 10 天至 2 個
月之間，即可上市。其風味上所歷經的變
化，十分令人驚艷。

TASTING NOTES 品嚐筆記
熟成度淺時，質地綿密，帶有濃郁悠長的風
味，和一絲香草與農地般的氣息。熟成久
後，質地變得密實，外皮帶有淡棕色和灰色
黴層，後味變得刺激。

HOW TO ENJOY 享用方式
熟成度淺的起司，可融化在加了細香蔥的炒
蛋裡。也可搭配雞油蕈(chanterelles)、韭
蔥和大蒜泥。夏多內(Chardonnay)或皮爾
森式啤酒(Pilsner beer)都可搭配。

加拿大 Saint-Raymond de Portneuf, Québec	
熟成期 10-60 天	
重量和形狀 95g(3½oz)，圓柱形	
尺寸 D. 5cm(2in)，H. 5cm(2in)	
原料奶 山羊奶	
種類 熟成過的新鮮起司	
製造商 Ferme Tourilli	

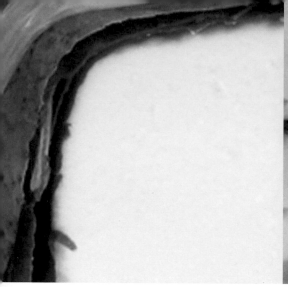
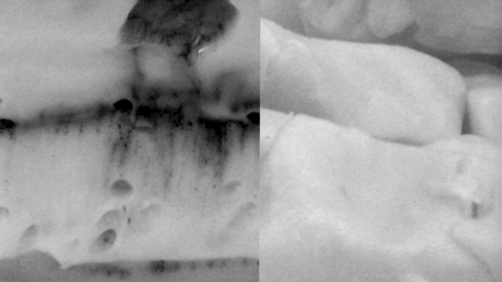

Le Cabanon

這款傳統手工農場製作(artisanal far-mstead)的起司,是由 Fromagerie La Moutonnière 所生產的,他們是魁北克省(Québec)製作綿羊奶起司的先驅之一。起司外面,以事先用酒(如白蘭地 eau de vie)浸泡過的楓葉和葡萄葉包裹起來。

TASTING NOTES 品嚐筆記
打開這款小型起司的葉片包裝後,可以看到象牙白色、無外皮的內部起司。先聞到一絲香草味,接著嚐到一口悠遠的青草芳香,融化在舌頭上,可以感受到柔軟細緻的風味。

HOW TO ENJOY 享用方式
搭配一支清冽的維歐尼耶(Viognier)白酒、烤整顆大蒜和切片的法國麵包。或是捏碎加入拌了清爽油醋汁的沙拉裡。

加拿大 Sainte-Hélène-de-Chester, Québec	
熟成期 30 天	
重量和形狀 130g(4½oz),圓形	
尺寸 D. 10cm(4in),H. 4cm (1½in)	
原料奶 綿羊奶	
種類 熟成過的新鮮起司	
製造商 Fromagerie La Moutonnière	

Le Cendré des prés

這款卡門貝爾風格(Camembert-style)起司,是首度在 2001 年由 Fromagerie Domaine Féodal 所創作出來。原料乳來自當地的有機艾爾許(Ayrshire)品種牛奶,起司中央有一層裝飾性的楓樹樹灰。

TASTING NOTES 品嚐筆記
米黃色的起司,質地柔軟綿密,帶有香甜氣息與蘑菇味。切開起司,可以展露出美麗的樹灰。外皮柔軟,略帶海綿般彈性。

HOW TO ENJOY 享用方式
製造商建議,將起司塞入起酥派皮所包裹的(filo-wrapped)炙燒豬里脊肉內。送入烤箱烘烤到派皮變成金黃色。麗絲玲(Riesling)、薄酒萊(Beaujolais)和皮爾森式啤酒(Pilsner beer)是最好的搭配。

加拿大 Berthierville, Québec	
熟成期 45-55 天	
重量和形狀 1.5kg(3lb 3oz),車輪形	
尺寸 D. 20cm(8in),H. 4cm (1½in)	
原料奶 牛奶	
種類 軟質白起司	
製造商 Fromagerie Domaine Féodal	

Cheddar Curds

加拿大東部的起司製造商發現,新鮮未經擠壓的凝乳,不但味美,而且一口咬下會發出吱吱聲(squeaky),作為鹹味零食,很受到常客的喜愛。現在市面上也開始出現綿羊奶和山羊奶的版本。

TASTING NOTES 品嚐筆記
凝乳呈現白色或黃色,用牙齒咬下時,一定要會發出吱吱的聲響,才代表品質合乎標準。也有以大蒜粉、烤肉粉、蘇夫拉奇(souvlaki)辛香粉、香草或楓糖調味的版本。

HOW TO ENJOY 享用方式
趁剛從鋼槽取出還是溫熱時,當作點心食用。也可作成魁北克地方菜"poutine 普亭"—炸薯條搭配白色的切達凝乳(Cheddar curds),澆上棕色的肉骨汁(vlouté)。搭配一支愛爾型啤酒(ale 編註:頂層發酵啤酒的統稱)。

加拿大 各地	
熟成期 最好在 48 小時內食用	
重量和形狀 250g(9oz),袋裝,手指形	
尺寸 無	
原料奶 牛奶、山羊奶或綿羊奶	
種類 新鮮	
製造商 多家	

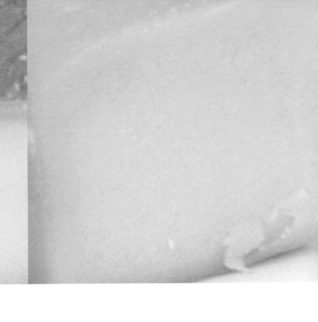

Comfort Cream

在最近流行的傳統手工起司復興風潮中，位於尼加拉半島（Niagara Peninsula）的 Upper Canada Cheese Company，是安大略省（Ontario）的第一位先驅。他們使用當地同一牧群的更賽種（Guernsey）乳牛牛奶，製作出這一款卡門貝爾風格起司。

TASTING NOTES 品嘗筆記
內部起司呈暖黃色，帶有微妙的蘑菇香氣。濃郁的更賽種（Guernsey）乳牛牛奶，使豐潤的起司帶有細緻的奶油風味。

HOW TO ENJOY 享用方式
搭配當地的葡萄酒果凍，包在奶油味濃的起酥派皮（filo dough）內烘烤。切除外皮，和其他的起司一起融化，創造出諾曼地海鮮起司鍋（fondue）的另一種版本。搭配出產於尼加拉半島（Niagara Peninsula）的夏多內（Chardonnay）。

加拿大 Jordan Station, Ontario	
熟成期 30-45 天	
重量和形狀 300g（10oz），車輪形	
尺寸 D. 12cm（5in），H. 4cm（1½in）	
原料奶 牛奶	
種類 軟質白起司	
製造商 Upper Canada Cheese Company	

Le Cru des Erables

這款洗浸外皮起司，是在一家老舊的楓糖小棚裡製造的—也就是將楓樹膠（sap）經過煮沸後，濃縮成濃稠香甜糖漿的地方—因此吸收了周遭環境的香氣，接著再以當地的楓樹利口酒洗浸。

TASTING NOTES 品嘗筆記
在淡橘的外皮下，淡黃色的內部起司質地滑順細緻，口味飽滿而悠長，帶有一絲牛肉味和穀倉氣息。

HOW TO ENJOY 享用方式
和大蒜一起融化在嫩煎蘑菇上，或是放在爐烤法國麵包片上，當作極佳的冬日點心。可和琥珀色愛爾型啤酒（amber ale 編註：ale 頂層發酵啤酒的統稱），或黑巴可（Baco Noir）品種的紅酒搭配。

加拿大 Mont-Laurier, Québec	
熟成期 45-60 天	
重量和形狀 1kg（2¼lb），車輪形	
尺寸 D. 20cm（8in），H. 3cm（1in）	
原料奶 牛奶	
種類 半軟質	
製造商 Les Fromages de l'Érablière	

Le Délice des Appalaches

以附近的阿巴拉契亞（Appalaches）山脈命名，這款起司是以蘋果冰酒（ice cider）洗浸。蘋果冰酒是一種特別的魁北克飲料。讓蘋果在戶外冷凍後，再擠壓釀造出這種當地名產。

TASTING NOTES 品嘗筆記
外皮呈淡橙色，質地豐潤滑順，帶有蘋果和堅果的香氣，口味溫和，含有一絲乳酸（lactic）後味。

HOW TO ENJOY 享用方式
搭配以蘋果為基底的酒精飲料，如蘋果蒸餾白蘭地（Calvados）或蘋果冰酒。很適合融化，可做成起司鍋（fondue）和奶油白醬（béchamel），來搭配豬肉料理。

315

加拿大 Plessisville, Québec	
熟成期 45-60 天	
重量和形狀 200g（7oz），方形	
尺寸 L. 12cm（5in），W. 20cm（8in），H. 5cm（2in）	
原料奶 牛奶	
種類 半軟質	
製造商 Fromagerie Éco-Délices	

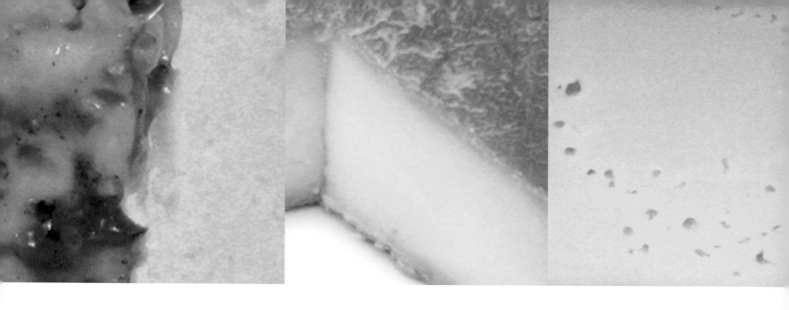

Dragon's Breath Blue

這款黑色的小鐘形藍黴起司，外表覆上了一層厚厚的黑蠟。生產者是馬嘉和威廉文丹侯（Maja and Willem van den Hoek），他們建議可將頂部的外皮切除，然後深吸一口氣，如果發現蠟皮下有黴，就一起混入起司內享用。

TASTING NOTES 品嚐筆記
在黑蠟皮下的白色起司，帶有一些氣孔。帶有辛辣的藍黴香氣，和微妙而綿密的鹹味，後味悠長，但不帶苦味和尖銳感─縱使它的名字暗示了完全不同的口味。

HOW TO ENJOY 享用方式
和韭蔥一起做成義大利餃（ravioli）的內餡，或拌入剛煮好的義大利麵。也可放在乾燥杏桃上食用。搭配冰酒（Icewine），啤酒或不甜的麗絲玲（Riesling）。

加拿大 Upper Economy, Nova Scotia
熟成期 30-45 天
重量和形狀 200g(7oz)，圓柱形
尺寸 D. 6cm(2½in)，H. 7.5cm (3in)
原料奶 牛奶
種類 藍黴
製造商 That Dutchman's Farm

Harvest Moon

戈塔索德蘭（Gitta Sutherland）只在月圓時，製作這款洗浸外皮起司。Poplar Grove 位於英屬哥倫比亞的奧哥那根谷（Okanagan Valley），以其生產的蘋果、堅果和葡萄聞名。

TASTING NOTES 品嚐筆記
淡黃色的內部起司，帶有奶油般的香氣，質地豐潤，如絲般滑順，口味細緻綿密。洗浸起司常見的橘色外皮，散發出一股淡鹹味。

HOW TO ENJOY 享用方式
放在起司盤上，搭配冷凍葡萄和糖漬或辛香核桃。可搭配小麥啤酒（wheat beer）或奧哥那根（Ohkanagan）地區的夏多內（Chardonnay）。

加拿大 Penticton, British Columbia
熟成期 30-40 天
重量和形狀 190g(7oz)，車輪形
尺寸 D. 10cm(4in)，H. 2.5cm (1in)
原料奶 牛奶
種類 半軟質
製造商 Poplar Grove Cheese Company

OKA Classique

加拿大最知名的起司之一，最初來自位於魁北克省（Québec）奧卡（Oka）的修道院（Trappist），它的製作方法，是由一位從法國 the Abbaye Port-du-Salut 前來訪問的僧侶，所傳授下來的。現在則由該省最大的奶酪合作社─Agropur Cooperative，進行販售。

TASTING NOTES 品嚐筆記
以鹽水洗浸過，亮橘色的外皮帶有黏性，內部的淡黃色起司有小氣孔。帶有鹹味與堅果般的香氣。熟成越久，肉味越濃，並帶有辛辣味和農地味。

HOW TO ENJOY 享用方式
可放在起司盤上、做成塔（tarts）或融化在馬鈴薯裡。一支比利時風格的啤酒，會是不錯的搭配。

加拿大 Oka, Québec
熟成期 45-75 天
重量和形狀 2.5kg(5lb)，車輪形
尺寸 D. 25cm(10in)，H. 5cm (2in)
原料奶 牛奶
種類 半軟質
製造商 Agropur Cooperative

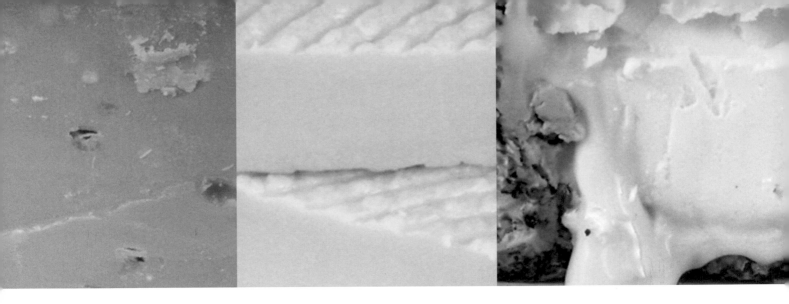

Old Grizzly

這款熟成過的傳統豪達風格（Gouda-style）起司，是由曾經獲獎的荷蘭傳統起司生產商所創作的，該處可以看到艾伯塔省的洛磯山脈（Alberta's Rocky Mountains）。他們所有的起司，都是以自家生產的鮮乳製成。

TASTING NOTES 品嚐筆記
在兩年的熟成期中，牛奶裡的蛋白質焦糖化成淡棕色。從大車輪形的起司敲下一片時，可以聞到一股明顯優雅的乳脂甜香。

HOW TO ENJOY 享用方式
磨碎加在馬鈴薯、濃湯、義大利麵和砂鍋燉菜（casseroles）裡，或做成醬汁。搭配一支濃郁飽滿的紅酒，或濃烈的啤酒（strong beer）。

加拿大 Red Deer, Alberta	
熟成期 2 年	
重量和形狀 10kg(22lb)，車輪形	
尺寸 D. 36cm(14in)，H. 10cm (4in)	
原料奶 牛奶	
種類 硬質	
製造商 Sylvan Star Cheese	

Le Paillasson de l'isle d'Orléans

這款簡單的新鮮起司是在 1635 年，由登上魁北克市附近的奧良島（Ile d'Orléans）的第一批法國移民所引進的。本來幾乎早已絕跡，在 2003 年時由喬瑟林拉比（Jocelyn Labbe）重新復興起來。

TASTING NOTES 品嚐筆記
檸檬般的清新味，混合著鮮奶的香甜，還帶有一絲鹹味。它的質地結實但濕潤，適合用來爐烤。

HOW TO ENJOY 享用方式
趁新鮮時搭配水果食用，或是油煎後，搭配以楓糖焦糖化的蘋果、煙燻鮭魚和綜合沙拉葉（mesclun）。試著搭配嫩煎洋蔥和椎茸（shiitake mushrooms）。一支清淡的白酒可搭配這款鹹味起司。

加拿大 Ile d'Orléans, Québec	
熟成期 3-10 天	
重量和形狀 115g(4oz)，碟形	
尺寸 D. 7cm(3in), H. 1cm(½in)	
原料奶 牛奶	
種類 新鮮	
製造商 Les Fromages de l'isle d'Orléans	

Piacere

和科西嘉島的 Fleur du Maquis 起司（見 59 頁）類似，這款熟成過的新鮮起司，表面覆有迷迭香、香薄荷（savory）、杜松子、辣椒和一點灰綠色黴斑，它是使用當地門諾教派的農夫所生產的綿羊奶製成。

TASTING NOTES 品嚐筆記
白色的內部起司帶有細緻略甜的風味，和外皮的香草、辛香味可以完美平衡。熟成久後，起司會軟化並呈流動狀。

HOW TO ENJOY 享用方式
放在起司盤上十分理想，但也適合融化，可用來烘烤或爐烤。富果香的白酒或梅洛（Merlot）都可搭配。

加拿大 Millbank, Ontario	
熟成期 30-45 天	
重量和形狀 750g(1lb 10oz)，車輪形	
尺寸 D. 20cm(8in), H. 2.5cm (1in)	
原料奶 綿羊奶	
種類 加味	
製造商 Monforte Dairy	

Prestige

Fromages Chaput 使用法國傳統手工
(artisan)起司的製作方法，生產出一系列
頗有意思的牛奶和山羊奶生乳起司。這是一
款大型熟成的新鮮起司，主要是針對那些喜
歡濃郁山羊味的顧客。

TASTING NOTES 品嚐筆記
質地滑順緊密的白色起司，被黑色的橄欖樹
灰所覆蓋，上面生長著白色和灰色的黴斑，
為新鮮富香氣、略帶胡椒味的口感，增添了
複雜風味。

HOW TO ENJOY 享用方式
可放在起司盤上，或放在香脆麵包上爐
烤，搭配小黃瓜薄片或沙拉葉上桌。白蘇
維翁(Sauvignon Blanc)和不甜的麗絲玲
(Riesling)，都是適合的搭配。

加拿大 Châteauguay, Québec	
熟成期 45-60 天	
重量和形狀 1.8kg(4lb)，車輪形	
尺寸 D. 17.5cm(7in)，H. 12.5cm (5in)	
原料奶 山羊奶	
種類 熟成過的新鮮起司	
製造商 Fromages Chaput	

Le Sabot de Blanchette

古托斯(the Guitels)家族從 1995 開始，
就利用自家的乳牛和山羊，以來自家鄉法
國和瑞士的製作方式，生產出生乳和殺菌
乳起司。其中包括了這款 La Sabot 起司，
是以羅亞爾河地區(the Loire)的起司為基
礎製作。

TASTING NOTES 品嚐筆記
質地柔軟滑順，帶有細緻的甜味，可和乳酸
(lactic)山羊氣味抗衡。熟成久後，起皺的
薄外皮上會有藍黴出現。

HOW TO ENJOY 享用方式
放在起司盤上非常迷人，也可爐烤和烘烤，
尤其是做成鹹派(quiches)和塔(tarts)。
搭配清冽的白酒、粉紅酒(rosé)或淡啤酒
(light beer)。

加拿大 Saint-Roch-de-l'Achigan, Québec	
熟成期 30-45 天	
重量和形狀 150g(5½oz)，金字塔形	
尺寸 D. 4cm(1½in)，H. 7cm(3in)	
原料奶 山羊奶	
種類 熟成過的新鮮起司	
製造商 Fromagerie La Suisse Normande	

La Sauvagine

由 La Fromagerie Alexis de Portneuf 所
生產，他們是一家大型製造商，擁有許多種
類的起司。這款起司是以鹽水洗浸的雙倍乳
脂(cream)起司，在 2006 年的加拿大起司
競賽(Canadian Cheese Grand Prix)中獲
得超級冠軍(Grand Champion)殊榮。

TASTING NOTES 品嚐筆記
額外添加的乳脂，使其質地如奶油般濃郁，
幾乎呈流動狀，帶有一絲蘑菇香氣。帶有白
黴粉的淡橙色洗浸外皮，具有鄉村農場氣味。

HOW TO ENJOY 享用方式
單獨食用風味絕佳，但其豐潤的質地表示也
適合融化，特別是用來爐烤。香濃而綿密的
風味，可搭配愛爾型啤酒(ale 編註：頂層
發酵啤酒的統稱)或卡奧爾(Cahors)地區的
美味紅酒。

加拿大 Saint-Raymond-de-Portneuf, Québec	
熟成期 30-45 天	
重量和形狀 1kg(2¼lb)，車輪形	
尺寸 D. 20cm(8in)，H. 3cm (1in)	
原料奶 牛奶	
種類 半軟質	
製造商 La Fromagerie Alexis de Portneuf	

Seven-Year-Old Orange Cheddar

位於休倫湖(Lake Huron)附近的同名河流旁，Pine River 是一家農夫自營的合作社，於 1885 年成立，今日主要生產 Cheddar 起司。這款起司以胭脂紅(annatto)染色過，使起司呈現亮橘色，再經過 7 年的熟成。

TASTING NOTES 品嚐筆記
緩慢漫長的熟成過程，使鈣結晶形成，並產生濃烈而尖銳的風味。質地堅硬而乾，呈易碎狀。

HOW TO ENJOY 享用方式
這款用途極廣的硬質起司，常和蘋果派一起上桌，這是安大略省的地方名菜。可搭配強烈的愛爾型啤酒(ale 編註：頂層發酵啤酒的統稱)、司陶特啤酒(stout)或波特啤酒(porter)。

加拿大 Pine River, Ontario	
熟成期 7 年	
重量和形狀 2.5kg(5½lb)，塊狀	
尺寸 L. 30cm(12in), W. 25cm (10in), H. 45cm(18in)	
原料奶 牛奶	
種類 硬質	
製造商 Pine River Cheese 和 Butter Co-op	

Sieur de Duplessis

先經過擠壓，再以鹽水洗浸，接著經過長達 9 個月的熟成，這款起司是加拿大大西洋岸地區，唯一的綿羊奶生乳起司。

TASTING NOTES 品嚐筆記
在斑駁的淺棕色外皮下，是質地結實緊密的淡黃色起司，帶有綿羊奶的香甜堅果味，以及草原的花香調。隨著起司的熟成，味道會更強烈，後味帶有濃郁的肉味。

HOW TO ENJOY 享用方式
雖然這款起司用來烹飪是太可惜了，但它仍然具有硬質起司的多用途特色，可為料理增添香甜風味。搭配酒體飽滿的白酒、富果香的紅酒或印度愛爾型啤酒(Indian Pale Ale 編註：ale 頂層發酵啤酒的統稱)。

加拿大 Sainte-Marie-de-Kent, New Brunswick	
熟成期 3-9 個月	
重量和形狀 2kg(4½lb)，車輪形	
尺寸 D. 20cm(8in), H. 10cm (4in)	
原料奶 綿羊奶	
種類 硬質	
製造商 La Bergerie aux 4 Vents	

Vicky's Spring Splendour

所有 Fifth Town 所生產的起司，都是以當地的山羊奶或綿羊奶製成，並在地下洞穴內熟成，以增添起司的風味。這款起司的外表覆滿各式香草，並以這些有機香草的栽種者為名。

TASTING NOTES 品嚐筆記
白色外皮上的香草，其獨特風味一直蔓延到柔軟、略呈白色粉質狀(chalky)的內部起司。後味帶一絲清冽的酸度和蔬菜味。

HOW TO ENJOY 享用方式
放在起司盤上優雅迷人，捏碎加在沙拉上或放入新鮮無花果內烘烤，則增添另一層味覺深度。搭配一支金粉黛(Zinfandel)或印度愛爾型啤酒(Indian Pale Ale)。

加拿大 Waupoos, Ontario	
熟成期 30 天	
重量和形狀 120g(4½oz)，圓木形	
尺寸 L. 10cm(4in), H. 5cm(2in)	
原料奶 山羊奶	
種類 軟質白起司	
製造商 Fifth Town Artisan Cheese	

Queso Anejo

Queso Anejo 起司是一種熟成過的 Queso Fresco(新鮮起司),本來是以純山羊奶製成,但現在爲了滿足市場需求,多以山羊奶和牛奶混合製成。

TASTING NOTES 品嚐筆記
熟成過後,質地變得結實,帶咀嚼感而易碎。口味溫和,有香草味,加熱後這種風味更爲突出。以匈牙利紅椒粉(paprika)調味的版本,帶有刺激的鹹味與辛辣。

HOW TO ENJOY 享用方式
磨碎加入墨西哥辣肉醬(Chilli con carne)、墨西哥塔可餅(tacos)和墨西哥玉米餅(enchiladas)等料理上。捏碎加入沙拉裡也十分不錯。

墨西哥	各地
熟成期	2-8 個月
重量和形狀	5-10kg(6½lb-11lb),圓形或塊狀
尺寸	多種
原料奶	山羊奶,或牛奶混合山羊奶
種類	硬質
製造商	多家

Queso Blanco

其名稱意思爲"白色起司",這款脫脂牛奶起司在墨西哥和拉丁美洲十分普及。彷彿是鹹味重的 cottage 起司,和 Mozzarella 起司的混合體,製作時是以檸檬汁促使凝乳生成,再經熱水燙過,最後進行擠壓和揉捏的手續。

TASTING NOTES 品嚐筆記
帶有清新檸檬味與溫和的奶油味,口感結實有彈性。

HOW TO ENJOY 享用方式
作爲辣味菜餚如加在墨西哥玉米餅(enchiladas)上,或是墨西哥餡餅(empanadas)的內餡,或捏碎加入濃湯和沙拉裡。在秘魯,當地人將它和辛香料一起融化,做成水煮馬鈴薯的冷醬汁。

墨西哥	各地
熟成期	數天起
重量和形狀	多種
尺寸	多種
原料奶	牛奶
種類	新鮮
製造商	多家

Queso Fresco

由西班牙人所引進,它的名稱就是新鮮起司之意,通常在數天內趁其含有大量水分時食用。當牛奶和山羊奶的凝乳形成後,略經擠壓即成,自家和大型工場都有生產。

TASTING NOTES 品嚐筆記
顏色雪白,質地綿密有彈性,略呈細粒狀,口味溫和,帶有新鮮檸檬的酸味,以及介於 ricotta 和 feta 起司之間的鹹度。

HOW TO ENJOY 享用方式
捏碎加入墨西哥玉米餅(enchiladas)中,或做成許多墨西哥菜的餡料。加熱後會軟化變得滑順綿密,但不會融化。

墨西哥	各地
熟成期	1-5 天
重量和形狀	多種
尺寸	L. 9cm(3½in),W. 9cm(3½in),H. 2.5cm(¾in)
原料奶	牛奶或山羊奶
種類	新鮮
製造商	多家

Queijo Mineiro

在巴西生產最多咖啡和鮮奶的一州，多丘陵的米納斯吉拉斯(Minas Gerais)地區，這款起司是每家必備的。總共有上千家小型生產商，當初是由葡萄牙探險家，在西元1500年所引進的。

TASTING NOTES 品嚐筆記

柔軟而濕潤，帶有非常溫和的刺激鹹味，可以感受到一絲檸檬味。熟成久後，起司會轉變成黃色，中央部分仍維持白色，風味也會變得濃烈，並帶一點苦味。

HOW TO ENJOY 享用方式

通常搭配法國麵包，當做早餐食用。也可當作傳統菜餡"Pão de queijo"的填充內餡(以起司填餡的麵包球)。

巴西 Minas Gerais	
熟成期 4-10 天(熟成過的版本，長達數月)	
重量和形狀 多種	
尺寸 D. 9cm(3½in)，H. 5cm(2in)	
原料奶 牛奶	
種類 新鮮和熟成過的新鮮起司	
製造商 多家	

Requeijão Cremoso

這款非常受歡迎的起司，現在已大量生產，它的歷史可追溯到 1911 年，由一位名叫馬瑞歐西瓦塞里尼(Mario Silvestrini)的義大利移民所創作出來。它的製作方法是商業機密，現代已成爲大型製造商 Catupiry 的同義詞。

TASTING NOTES 品嚐筆記

這款柔軟的白色起司，風味刺激，質地綿密，很容易抹開來，具有奶油起司(cream cheese)的質感，但不含其甜味。

HOW TO ENJOY 享用方式

很棒的點心起司，可以抹在麵包和餅乾上，或做成鹹味派皮酥的內餡，甚至可放在披薩上。也可當作甜點。

巴西 Minas Gerais	
熟成期 4-10 天(用來熟成時，可長達數月)	
重量和形狀 多種	
尺寸 D. 12cm(5in)，H. 4cm(1½in)	
原料奶 牛奶	
種類 新鮮	
製造商 Laticínios Catupiry® Ltda	

Sardo

它的名稱和基本製作方法，來自著名的義大利綿羊奶起司 Pecorino Sardo，並意欲在市場上與之競爭，雖然它堅硬、呈細粒狀的質地頗爲相似，但它是以牛奶製成，並在薄皮上覆有紅色或黑色的蠟質。

TASTING NOTES 品嚐筆記

質地堅硬，但其顆粒狀質感不如義大利的 Pecorino 起司明顯，口感濃郁，帶有尖銳的鹹味，後味悠長，具有生洋蔥的刺激味。

HOW TO ENJOY 享用方式

極佳的磨碎用起司，可以撒在許多當地菜餚上，也可加入義大利麵和沙拉裡。也可切成薄片當作點心。

阿根廷 各地	
熟成期 9-18 個月	
重量和形狀 3-5kg(6½lb-11lb)，圓鼓形	
尺寸 D. 16cm(6in)，H. 11cm(4½in)	
原料奶 牛奶	
種類 硬質	
製造商 多家	

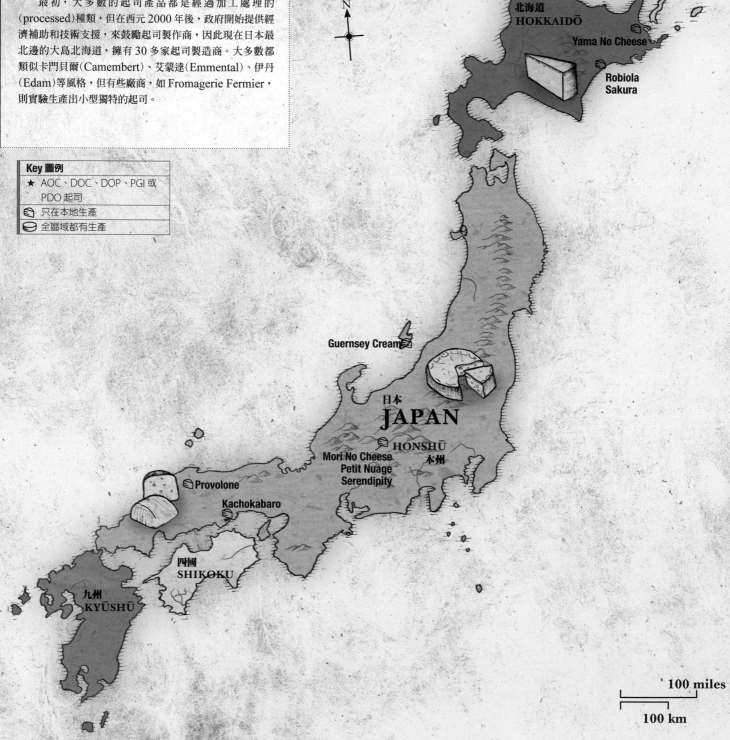

JAPAN 日本

由於優酪乳的引進、1964 年東京奧運、1970 年的大阪國際博覽會，西式餐廳數量的增加，以及 1980 年代有越來越多的日本人出國旅遊 ... 等因素影響，一般被認為不適合日本人食用的乳製品，已成為曾經以米飯為主食的日本飲食文化的一部分。

　　最初，大多數的起司產品都是經過加工處理的（processed）種類，但在西元 2000 年後，政府開始提供經濟補助和技術支援，來鼓勵起司製作商，因此現在日本最北邊的大島北海道，擁有 30 多家起司製造商。大多數都類似卡門貝爾（Camembert）、艾蒙達（Emmental）、伊丹（Edam）等風格，但有些廠商，如 Fromagerie Fermier，則實驗生產出小型獨特的起司。

Key 圖例

★	AOC、DOC、DOP、PGI 或 PDO 起司
	只在本地生產
	全區域都有生產

N

北海道
HOKKAIDŌ

Yama No Cheese

Robiola
Sakura

Guernsey Cream

日本
JAPAN

HONSHŪ
本州

Mori No Cheese
Petit Nuage
Serendipity

Provolone

Kachokabaro

四國
SHIKOKU

九州
KYŪSHŪ

100 miles

100 km

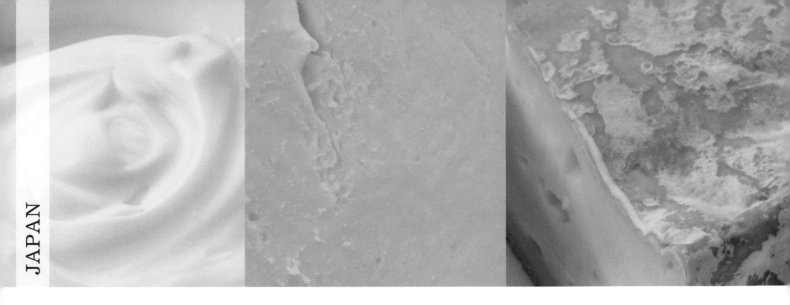

Guernsey Cream

來自佐度島(Sado Island)，這裡曾經是政治犯和退位王親的流放之地，現在卻成爲悠閒的度假小島，島上飼養著一群更賽種(Guernsey)乳牛。原產自英格蘭南方的更賽(Guernsey)小島，這群乳牛在島上的青翠草原上十分興旺。

TASTING NOTES 品嚐筆記
濃郁香甜，帶一點黃色調，是更賽種(Guernsey)乳牛鮮奶的特色，使這款綿密起司質地滑順而滋潤。

HOW TO ENJOY 享用方式
搭配醃梅子，稱爲紀州南高梅(Kishu no Umeboshi)，和烤貝果(bagels)，可帶出鮮奶的特色。

日本 Sado, Niigata	
熟成期 2-10 天	
重量和形狀 100g(3½oz)，罐裝	
尺寸 D. 7cm(3in)，H. 6cm (2½in)	
原料奶 牛奶	
種類 新鮮	
製造商 J.A. Sado Milk Kobo	

Kachokabaro

大聲念出這個名字，你會發現原來這就是葫蘆瓜(Caciocavallo)，呈葫蘆瓜形的義大利起司。由日本最富盛名的起司製造商之一，Yoshida Farm 所製造，他們也有Camembert、ricotta、新鮮 mozzarella和 rakoret(raclette)起司。

TASTING NOTES 品嚐筆記
外皮堅硬可食，稻草色的內部起司，質地結實，帶有纖維般的口感，剛熟成時，帶一點酸味和濃郁悠長的鮮奶味。熟成越久，質地變得密實，帶有鮮味(umami)。

HOW TO ENJOY 享用方式
切成小塊，插在竹籤上(brochette)爐烤，或磨碎做成不同的菜餚。

日本 Kaga-gun kibi Chuo, Okayama	
熟成期 2-3 個月	
重量和形狀 500g-850g(1lb 2oz-1lb 14oz)，淚滴形或洋梨形	
尺寸 D. 11cm(4½in)，L. 15cm(5⅞ in)，	
原料奶 牛奶	
種類 半軟質，紡絲型	
製造商 Yoshida Farm	

Mori No Cheese 森のチーズ

這是一款日本的本土洗浸外皮起司，帶黏性的橙色外皮上，佈滿藍灰色的黴斑，原料乳來自放牧於高山草原上，單一牧群瑞士棕色乳牛，因此起司的色澤較深，味道也較濃郁。Mori 是日文森林之意，因此其名稱就是「森林的起司」。

TASTING NOTES 品嚐筆記
質地豐潤，帶有許多細小氣孔，氣味和味道都使人聯想到森林裡的落葉，帶有濃烈而迷人的滋味。

HOW TO ENJOY 享用方式
可搭配酒體飽滿或中等強度的紅酒，或日本清酒。

323

日本 Matsumoto, Nagano	
熟成期 3-8 週	
重量和形狀 250-300g(9-10½oz)，圓形	
尺寸 多種，D. 10.5cm(4½in)，H. 3.5cm(1½in)（如圖所示）	
原料奶 牛奶	
種類 半軟質	
製造商 Shimizu Farm	

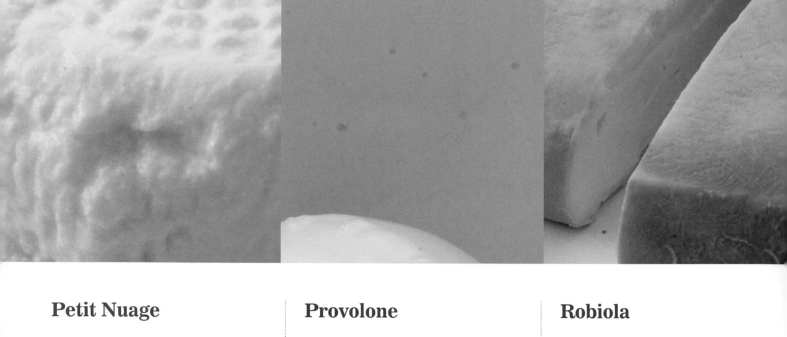

Petit Nuage

以科西嘉島起司 Brocciu 爲基礎，這款起司是以瑞士棕牛（Swiss Brown）的鮮乳乳清所製成的。它的名稱是法文「小雲朵」之意，指的是它的嬌小體型和外觀。濾水脫模後的起司，帶有籃狀模型的印痕。

TASTING NOTES 品嚐筆記
將新鮮乳清加熱後製成，顏色雪白，口味溫和，帶有鮮奶甜味。清淡細緻的凝乳，幾乎呈慕絲狀，的確有雲朵般的口感。

HOW TO ENJOY 享用方式
當做甜點，搭配果醬或蜂蜜，十分美味。也可加入鹹味料理中，如義大利麵或鹹派（quinche）。

日本 Matsumoto, Nagano	
熟成期 2-10 天	
重量和形狀 200g(7oz)，扁平圓形	
尺寸 D. 9cm(3½in)，H. 3.5cm (1in)	
原料奶 牛奶	
種類 新鮮	
製造商 Shimizu Farm	

Provolone

進口起司十分昂貴，因此促成許多本土優質替代性起司的生產，如這一款起司，是以聞名的義大利同名，延伸凝乳起司爲基礎。

TASTING NOTES 品嚐筆記
帶有香甜的融化奶油味，細緻的蠟質外皮，略帶煙燻味，具有微妙的煙燻氣息。

HOW TO ENJOY 享用方式
加熱後，味道會更濃烈。可嘗試放在米糕（rice cake）上烘烤，特別是以當地稻米－仁多米（Nitamai）做成的，或放在當地的奧出雲（Oku-Izumo）牛肉上，搭配醬油。加上蜂蜜烘烤也不錯。

日本 Unnan, Shimane	
熟成期 1-3 個月	
重量和形狀 380g(13oz)，圓鼓形	
尺寸 D. 8cm(3in)，H. 4.5cm (2in)	
原料奶 牛奶	
種類 半軟質	
製造商 Kisuki Nyugyo	

Robiola

以受歡迎的同名義大利起司爲基礎（見 136 頁），"Robiola"是義大利文變成紅色之意，指的是經過渣釀白蘭地（Grappa）或其他葡萄烈酒洗浸後，外皮所產生的紅色調。Shiranuka Farm 位於北海道的東海岸附近。

TASTING NOTES 品嚐筆記
濃郁香甜的鮮奶，轉變成味道濃烈刺鼻（pungent）、帶肉味的起司，帶有洗浸外皮起司典型的豐潤質地。

HOW TO ENJOY 享用方式
放在生蠔上爐烤，十分美味，搭配馬鈴薯和酒體飽滿的紅酒，或當地製造的葡萄果醬。

日本 Shiranuka Gun, Hokkaido	
熟成期 4-8 週	
重量和形狀 1-1.5kg(2¼lb-3lb 3oz)，圓形	
尺寸 D. 22cm(8½in)，H. 3.5cm (1in)	
原料奶 牛奶	
種類 半軟質	
製造商 Shiranuka Farm	

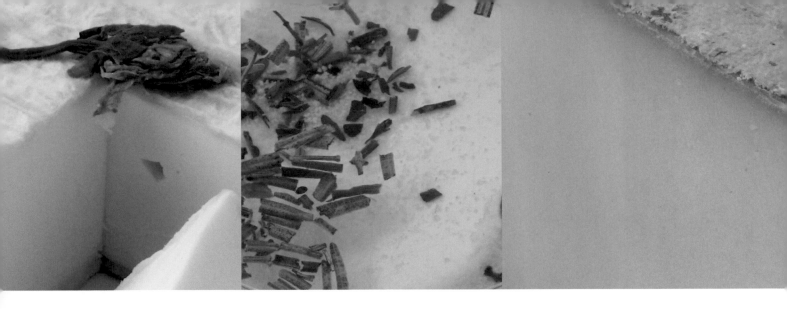

Sakura さくら

櫻花,日文稱為 Sakura,每年都短暫地綻放一週時間,將全國渲染成綿花糖般的粉紅色,製造商受到它的靈感啓發,製作出日本第一款原創起司。生產商是合作社 Kyodo Gakusha Shintoku Farm。

TASTING NOTES 品嘗筆記
口味溫和,帶檸檬味,入口即化。熟成後,柔軟外皮下的起司質地變得綿密滑順,香氣變濃。

HOW TO ENJOY 享用方式
這款優雅的起司,可點綴在起司盤上,搭配綠茶或紅酒,如黑皮諾(Pinot Noir)。與爐烤神戶(Kobe)牛肉一起享用,亦十分美味。

Serendipity

原料乳來自放牧於白馬(Hakuba)村莊日本阿爾卑斯山(Japan Alps)的山羊,產期僅限於春天到秋季。一旦定形後,即從小圓模型裡脫模,放入玻璃罐內,以米油和本地香草浸泡保存。

TASTING NOTES 品嘗筆記
口味溫和,能與香草和微妙的米油味平衡,米油的味道清淡,可帶出起司的細緻風味。

HOW TO ENJOY 享用方式
最好混合一點油,抹在新鮮麵包或米果(rice crackers)上,搭配一杯粉紅酒(rosé),在烹調和作成沙拉的用途上也很廣。

Yama No Cheese
山のチーズ

Yama 即「山區起司」之意,大致以法國阿爾卑斯山的起司為基礎。來自北海道的最東部,日本最北的島嶼。

TASTING NOTES 品嘗筆記
漫長的熟成期使其質地結實緊密,風味和氣息複雜濃郁而悠長,帶堅果味。鮮黃色的起司,是鮮美翠綠的夏季草原的影響。

HOW TO ENJOY 享用方式
放在起司盤上,可佐咖啡、煎茶(roasted green tea)、沙拉,或搭配男爵(Hakushaku)品種馬鈴薯。

日本	Shiranuka Gun, Hokkaido
熟成期	2-4 週
重量和形狀	90g(3oz),圓形
尺寸	D. 6.5cm(2¾in),H. 3cm(1in)
原料奶	牛奶
種類	軟質白起司
製造商	Kyodo Gakusha Shintoku Farm

日本	Matsumoto, Nagano
熟成期	從 10 天到數個月
重量和形狀	160g(5½oz),罐裝
尺寸	D. 5.2cm(2in),H. 3.5cm(1in)
原料奶	山羊奶
種類	新鮮
製造商	Kaze No Tani Farm Hakuba

日本	Shibetsu Gun, Hokkaido
熟成期	6-18 個月
重量和形狀	10-11kg(22½-24¾lb),車輪形
尺寸	D. 36cm(14in),H. 10cm(4in)
原料奶	牛奶
種類	硬質
製造商	Mitomo Farm

北領地
NORTHERN TERRITORY

昆士蘭
QUEENSLAND

澳大利亞
AUSTRALIA

南澳大利亞
SOUTH AUSTRALIA

新南威爾斯州
NEW SOUTH WALES

GREAT AUSTRALIAN BIGHT
大澳洲灣

N

200 miles

200 km

Woodside Edith
Washington Washrind

Holy Goat La Luna,
Holy Goat Pandora

維多利亞
VICTORIA

Richard Thomas Fromage Blanc,
Yarra Valley Dairy Persian Fetta

Meredith Blue

Shaw River
Buffalo Mozzarella

Ironstone Extra

Gunnamatta Gold

Gippsland Blue,
Jenson's Red Washed Rind
Strzelecki Blue

Roaring Forties,
Stormy

巴斯海峽
BASS STRAIT

Healey's Pyengana

Heidi Farm Gruyère,
Heidi Farm Raclette

TASMANIA 塔斯馬尼亞

Bruny Island C2,
Bruny Island Lewis

INDIAN OCEAN
印度洋

NORTHERN
TERRITORY

珊瑚海
CORAL SEA

AUSTRALIA

WESTERN
AUSTRALIA
西澳大利亞

SOUTH
AUSTRALIA

QUEENSLAND

太平洋
PACIFIC OCEAN

NEW SOUTH
WALES

VICTORIA

塔斯馬海
TASMAN SEA

TASMANIA

NEW ZEALAND
紐西蘭

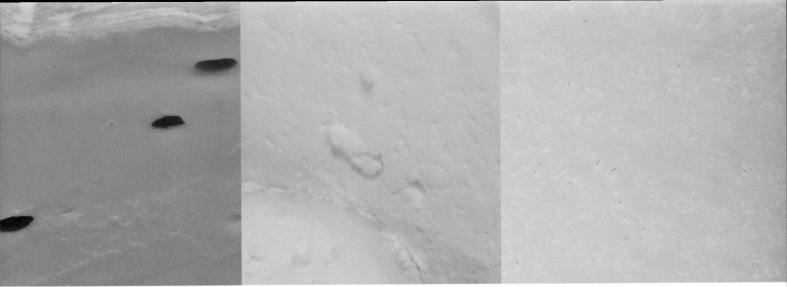

Gunnamatta Gold

由崔佛和珍布萊登（Trevor and Jan Brandon）所創作，他們的小型 Red Hill Cheesery 位於維多利亞州的摩寧頓半島（Mornington Peninsula）。這款手工起司的有機鮮乳，來自位於吉普斯蘭島上魚溪（Fish Creek,Gippsland）的一家農場。他們的起司廠對外開放，距墨爾本只有 1 小時，以這座半島上最佳的沖浪地點之一命名。

TASTING NOTES 品嚐筆記
在略帶黏性的淡橘色外皮下，內部起司柔軟綿密，帶有美味的濃郁後味，和一絲煙燻味。

HOW TO ENJOY 享用方式
像所有濃烈的洗浸外皮起司一樣，需要搭配一支辛辣富香氣的葡萄酒，如摩寧頓半島（Mornington Peninsula）的黑皮諾（Pinot Noir），和一塊香脆麵包。

澳洲 Mornington Peninsula, Victoria	
熟成期 4-5 週	
重量和形狀 250g（9oz），圓形	
尺寸 D. 10cm（4in），H. 3cm（1in）	
原料奶 牛奶	
種類 半軟質	
製造商 Red Hill Cheese	

Gympie Farmhouse Chèvre

坎美爾莫圖（Camille Mortaud）曾前往法國普瓦圖夏朗德（Poitou-Charentes）地區學藝，該地以其熟成過的新鮮起司聞名。現在他在昆士蘭州東南方陽光海岸（the Sunshine Coast）後方的克門代爾（Conondale）內陸地區，繼續傳承起司製作的傳統，鮮奶來自附近的金格羅伊（Kingaroy）。

TASTING NOTES 品嚐筆記
熟成越久，灰色黴粉狀的外皮轉變成藍色，味道也會變得十分濃烈，內部起司含迷人鹹味，帶有美味悠長的山羊後味。

HOW TO ENJOY 享用方式
搭配香脆麵包和一支清冽不甜的白酒，十分理想，或爐烤後搭配野生芝麻葉（rocket）沙拉。

澳洲 Gympie, Queensland		
熟成期 3-4 週		
重量和形狀 110g（4oz），圓木形		
尺寸 D. 5cm（2in），L. 6cm（2½in）		
原料奶 山羊奶		
種類 熟成過的新鮮起司		
製造商 Gympie Farm Cheese		

Healey's Pyengana

這款珍貴的起司，來自青翠的喬治河谷（George River Valley），這是澳洲現存最古老的傳統紗布熟成起司，可追溯至 1901 年。本來是由一家合作社所生產，這種「洗浸凝乳」Colby 起司製作方法，後來被希利（the Healey）家族所採用，現在以自家荷斯登菲伊申（Holstein Friesian）品種乳牛所生產的鮮乳手工製造。

TASTING NOTES 品嚐筆記
大車輪形起司須熟成 1 年以上，使溼潤疏鬆的起司發展出草原和蜂蜜般的香草風味。

HOW TO ENJOY 享用方式
搭配香脆麵包和一支塔斯馬尼亞蘋果酒（Tasmanian cider）十分理想，或是黑皮諾（Pinot Noir）。

澳洲 Pyengana, Tasmania	
熟成期 9-18 個月	
重量和形狀 18.5kg（40½lb），車輪形	
尺寸 D. 30cm（12in），H. 20cm（8in）	
原料奶 牛奶	
種類 硬質	
製造商 Pyengana Cheese Factory	

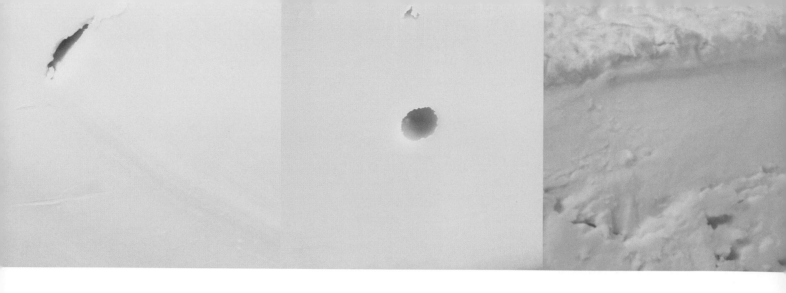

Heidi Farm Gruyère

這是澳洲最大型的傳統手工(artisan)起司,重達 30 公斤,在由瑞士移民兼起司製作師法蘭克馬夏(Frank Marchand)發表後,便贏得許多嘉獎。Heidi Farm 現在歸 National Foods 所有,但這款起司仍是手工製作。

TASTING NOTES 品嚐筆記
在不同的熟成階段都可上市販售,但品質最佳,是在熟成一年以上。平滑密實的質地,會發展出非常濃郁的風味,略帶堅果味與一絲蜂蜜氣息。

HOW TO ENJOY 享用方式
很適合融化或爐烤,作成起司通心粉(macaroni cheese)的基底,可搭配酒體飽滿的紅酒。

澳洲	Exton, Tasmania
熟成期	9-12 個月
重量和形狀	30kg(66lb),車輪形
尺寸	D. 46cm(18in),H. 10cm(4in)
原料奶	牛奶
種類	硬質
製造商	Heidi Farm

Heidi Farm Raclette

在 1980 年代,由農夫兼首席起司製作師法蘭克馬夏(Frank Marchand),成功地以傳統瑞士 raclette 起司為基礎改造而來。使用當地數家農場的菲伊申(Friesian)品種乳牛的鮮奶,並且已經獲得不少全國獎項。

TASTING NOTES 品嚐筆記
在略帶黏性與臭味的橘色外皮下,內部起司綿密有彈性,帶有多種農場與青草風味,與一絲香甜。

HOW TO ENJOY 享用方式
美味的餐桌起司,亦可切成對半,在熱烤爐前以傳統方式爐烤(grill)。搭配粉紅色(Pink Eye)馬鈴薯,和一支不甜的麗絲玲(Riesling)。

澳洲	Exton, Tasmania
熟成期	2-4 個月
重量和形狀	4kg(8lb 13oz),車輪形
尺寸	D. 30cm(12in),H. 7cm(3in)
原料奶	牛奶
種類	半軟質
製造商	Heidi Farm

Holy Goat La Luna

當卡拉米爾(Carla Meurs)和安瑪麗孟達(Anne-Marie Monda)從歐洲見習傳統手工(artisan)山羊奶起司歸來後,便在 2001 年建立了 Sutton Grange Organic Farm。所有的起司都是在她們的小型奶酪場裡手工製作,使用 60 隻嬌寵山羊的有機羊奶。

TASTING NOTES 品嚐筆記
外皮頗為特殊,覆滿了起皺的灰色黴層,下方則是純白色的凝乳,含有美味複雜而悠長的堅果風味。

HOW TO ENJOY 享用方式
搭配香脆麵包和一杯白蘇維翁(Sauvignon Blanc)十分理想,也適合用來烘烤和爐烤。

澳洲	Sutton Grange, Victoria
熟成期	4-6 週
重量和形狀	1.4kg(3lb),碟形
尺寸	D. 23cm(9in),H. 4cm(1½in)
原料奶	山羊奶
種類	熟成過的新鮮起司
製造商	Holy Goat Organic Cheeses

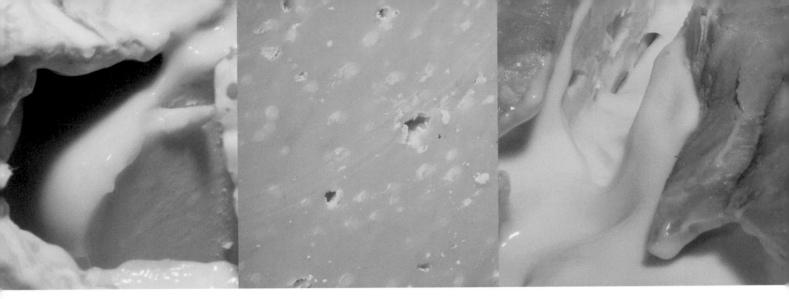

Holy Goat Pandora

它的名稱就道盡了一切。這款小圓鼓形起司，是以多種黴菌來熟成的。這是由卡拉米爾(Carla Meurs)和安瑪麗孟達(Anne-Marie Monda)所創作出來，讓人可以一次享用完畢，她們的顧客說這可以搭配所有食物，而且總是使人滿足。

TASTING NOTES 品嚐筆記
白色細緻的內部起司，不可抗拒的柔軟綿密，奢華的口感和清新溫和的山羊味，絕少使人不感到心滿意足。

HOW TO ENJOY 享用方式
切開頂部，像凝結的奶油(clotted cream)一樣，用湯匙舀出一大塊的起司享用，搭配一杯白蘇維翁(Sauvignon Blanc)或粉紅酒。

澳洲 Sutton Grange, Victoria	
熟成期 2-3 週	
重量和形狀 200g(7oz)，圓柱形	
尺寸 D. 5cm(2in)，H. 5cm(2in)	
原料奶 山羊奶	
種類 熟成過的新鮮起司	
製造商 Holy Goat Organic Cheeses	

Ironstone Extra

在海外見習過後，史帝文布朗(Steven Brown)回到吉普斯蘭島南迪倫(Neerim South, Gippsland)附近的家庭農場，創立一家小型的奶酪場。這款起司是以傳統的荷蘭 Boerenkaas 起司為基礎，在每年的春季至秋季之間製作，並使用自家一小群的荷斯登菲伊申(Holstein Friesian)乳牛所生產的鮮乳為原料，以確保起司內含有濃郁草原的氣息。

TASTING NOTES 品嚐筆記
熟成期可長達兩年，Ironstone Extra 起司發展出一種如奶油般濃郁的焦糖風味，使人聯想到卡士達奶油醬(custard creams)。

HOW TO ENJOY 享用方式
可放在起司盤上，或分成小塊，當作開胃菜。

澳洲 Drouin West, Victoria	
熟成期 18-24 個月	
重量和形狀 5kg(11lb)，巨石形	
尺寸 D. 23cm(9in)，H. 11cm (4½in)	
原料奶 牛奶	
種類 硬質	
製造商 Piano Hill	

Jensen's Red Washed Rind

這款大圓盤狀的軟質起司，來自吉普斯蘭島南迪倫(Neerim South, Gippsland)附近的塔瓦哥河(Tarago River)，以這家奶酪場的創始者之一來命名—起司製作者羅瑞詹森(Laurie Jensen)。使用菲伊申荷斯登(Friesian Holstein)鮮奶在農場製作，然後放在木架上熟成，並以手工洗浸，直到形成亮橘色的外皮。

TASTING NOTES 品嚐筆記
外皮的氣味刺鼻，帶有酵母和尤加利(eucalyptus)的氣息，內部起司濃郁如奶油牛奶糖(fudge)，口味溫和綿密。

HOW TO ENJOY 享用方式
放在起司盤上，可保留或去除外皮，搭配香脆麵包和氣泡白酒。

澳洲 Neerin South, Victoria	
熟成期 4-5 週	
重量和形狀 1.3kg(3lb)，圓形	
尺寸 D. 20cm(8in)，H. 3cm (1in)	
原料奶 牛奶	
種類 半軟質	
製造商 Tarago River Cheese	

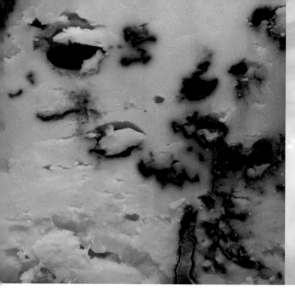
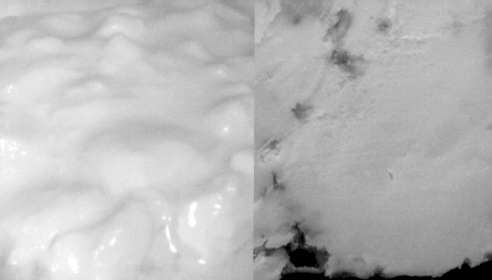

Meredith Blue

澳洲的第一款綿羊奶藍黴起司，創作於
1990 年的卡麥隆（Cameron）家庭奶酪場，
原料乳來自澳洲最大的一群奶酪綿羊。這款
手工起司，仍然以奶酪場隔壁的老舊船運桶
來熟成。他們所生產的山羊奶、綿羊奶起司
和優格，也都極富盛名。

TASTING NOTES 品嚐筆記
因爲綿羊奶是高度季節性的產物，所以起司
品質最佳時，也是在初春，柔軟的象牙白起
司，會發展出具有鹹味的深色藍黴氣孔。

HOW TO ENJOY 享用方式
搭配烤核桃麵包，或澆上當地蜂蜜。

澳洲 Meredith, Victoria	
熟成期 8-12 個月	
重量和形狀 1kg(2¼lb)，圓鼓形	
尺寸 D. 14cm(5½in)，H. 7cm (3in)	
原料奶 綿羊奶	
種類 藍黴	
製造商 Meredith Dairy	

Richard Thomas Fromage Blanc

這款來自 Richard Thomas 出品的柔軟牛
奶凝乳，質地細緻，以手工舀入模型內，
是新鮮起司最簡單而美味的版本。原料乳
來自亞拉谷（the Yarra Valley），盛裝在自
動濾水的容器裡販賣，以確保乳清不會使
起司變酸。

TASTING NOTES 品嚐筆記
質地如絲般滑順細緻，高度溼潤，帶有香甜
的乳酸味（lactic），與溫和清新的檸檬酸味。

HOW TO ENJOY 享用方式
最好趁冰涼時單獨食用，也可搭配自製果醬
或新鮮莓果作早餐。

澳洲 Yarra Valley, Victoria	
熟成期 1-2 天	
重量和形狀 100g(3½oz)，罐裝	
尺寸 D. 7cm(3in)，H. 8cm(3in)	
原料奶 牛奶	
種類 新鮮	
製造商 Richard Thomas	

Roaring Forties

這款風味飽滿的藍黴起司，是以侵襲國王島
（King Island）的狂暴西風爲名，該島位於
巴斯海峽（Bass Strait），遺世獨立的海岸
常發生船難。據說，島上生長的青草，就是
來自被沖上岸的草蓆，同時也進而影響了鮮
奶的品質。

TASTING NOTES 品嚐筆記
濃郁綿密的鮮奶、洛克福特（roqueforti）青
黴和深藍色的蠟皮，使這款美味起司永保溼
潤，並帶有香甜的刺激鹹味。

HOW TO ENJOY 享用方式
搭配黑麥麵包（dark rye bread），與一支甜
味的加烈酒（fortified wine）葡萄酒。

澳洲 Loorana, King Island, Tasmania	
熟成期 10-12 週	
重量和形狀 1.3kg(3lb)，圓鼓形	
尺寸 D. 19cm(7½in)，H. 4cm (1½in)	
原料奶 牛奶	
種類 藍黴	
製造商 King Island Dairy	

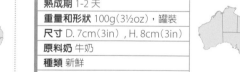

Shaw River Buffalo Mozzarella

儘管手續繁瑣、風險不小，羅傑海汀（Roger Haldene）在1996年進口了澳洲的第一批奶酪水牛。現在牠們放牧於青翠的海岸草原上，由女婿安德魯羅瑞爾（Andrew Royal）擔任起司製作師。

TASTING NOTES 品嚐筆記
和歐洲不同的是，這批水牛終年都可待在草原上哨食，不過最濃郁香甜的鮮奶，還是生產於溫暖的季節，尤其是夏末秋初。

HOW TO ENJOY 享用方式
略帶結實感的質地，適於做成披薩。搭配帶藤番茄、新鮮羅勒和特級初榨橄欖油也很美味。

澳洲 Yambuk, Victoria	
熟成期 生產數天內	
重量和形狀 50g（1oz），球形	
尺寸 D. 9cm（3½in），H. 6.5cm（2½in）	
原料奶 水牛奶	
種類 新鮮	
製造商 Shaw River Buffalo Cheese	

Stormy

這是另一款優質澳洲洗浸起司，以飽受狂風吹襲的塔斯馬尼亞（Tasmania）國王島暴風灣（Stormy Bay, King Island）來命名。最初是由起司製作師法蘭克貝爾林（Frank Beurain）利用北歐傳統洗浸起司的技巧所創作出來。

TASTING NOTES 品嚐筆記
在氣味強烈的橙色外皮下，起司的質地如奶油般柔軟，口味溫和綿密，後味帶有一絲海風鹹味。

HOW TO ENJOY 享用方式
可放在起司盤上、和現磨黑胡椒融化在披薩上或搭配烘烤馬鈴薯和啤酒。

澳洲 Loorana, King Island, Tasmania	
熟成期 4-5 週	
重量和形狀 150g（5½oz），磚形	
尺寸 L. 10cm（4in），W. 4cm（1½in），H. 3cm（1in）	
原料奶 牛奶	
種類 半軟質	
製造商 King Island Dairy	

Strzelecki Blue

保羅史索拉奇（Paul Strzelecki）是第一個在1835年發現澳洲黃金的人，因此用他來命名這款驚人的藍黴起司，似乎也很恰當。原料乳來自附近的單一農場，並以奶酪場底下的地窖來熟成。

TASTING NOTES 品嚐筆記
這是一款季節性起司，以春季或秋季鮮奶製成時，品質最佳。熟成期短，當柔軟綿密的內部起司，佈滿金屬色藍紋時，是最佳享用時機，略甜的風味裡帶有明顯的刺激鹹味。

HOW TO ENJOY 享用方式
放在起司盤上十分完美，搭配一杯甜點酒或一支吉普斯蘭島皮諾（Gippsland Pinot）。

澳洲 Neerim South, Victoria	
熟成期 2-3 個月	
重量和形狀 2kg（4½lb），圓鼓形	
尺寸 D. 20cm（8in），H. 19cm（7½in）	
原料奶 山羊奶	
種類 藍黴	
製造商 Tarago River Cheese	

Washington Washrind

維多利亞馬庫勒（Victoria McClurg）在歐洲各處見習製酒技術後，在 2003 年於安格斯特（Angaston）的商店街上，成立了 Barossa Valley Cheese Company。這家奶酪場，利用牛奶和山羊奶，生產出各式洗浸起司。風味最強烈者為 Washinton 起司。

TASTING NOTES 品嚐筆記
這小圓型的橙色起司，具有非常明顯而濃烈的氣味。帶黏性的外皮下，起司的質地如絲般滑順，口味溫和綿密。

HOW TO ENJOY 享用方式
放在起司盤上十分理想，外皮上的酵母味可搭配當地的庫珀愛爾型啤酒（Coopers ale 編註：ale 頂層發酵啤酒的統稱），和木柴窯烤（wood-fired）天然酵母麵包（sourdough）。用在烹飪上時，要酌量！

澳洲 Angaston, South Australia	
熟成期 4-5 週	
重量和形狀 220g（8oz），圓形	
尺寸 D. 10cm（4in），H. 3cm（1in）	
原料奶 牛奶	
種類 半軟質	
製造商 Barossa Valley Cheese Company	

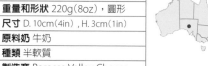

Woodside Edith

克利斯羅爾（Kris Lloyd）生產數十種原創牛奶和山羊奶起司。Edith 起司是其中歷史最悠久的，名稱是為了紀念當初提供製作法的一位女士。它的秘訣在於鮮奶的品質與處理，以及緩慢的隔夜發酵法，同時將起司覆蓋上黑色的葡萄藤樹灰（ash）來熟成。

TASTING NOTES 品嚐筆記
剛熟成時，帶有美味的堅果味，熟成的過程優雅，白色粉質狀（chalky）的內部起司會逐漸分解成平滑的凝結（clotted）質地。

HOW TO ENJOY 享用方式
放在起司盤上很理想，搭配香脆麵包和白蘇維翁（Sauvignon Blanc）。充分熟成時，最好不要食用十分辛辣的外皮。

澳洲 Woodside, South Australia	
熟成期 3-4 週	
重量和形狀 200g（7oz），圓鼓形	
尺寸 D. 6cm（2½in），H. 4cm（1½in）	
原料奶 山羊奶	
種類 熟成過的新鮮起司	
製造商 Woodside Cheese Wrights	

Yarra Valley Dairy Persian Fetta

在澳洲有數十種醃漬菲塔風格（feta-style）起司，但第一款是由理查湯馬士（Richard Thomas）在 1994 年所創作出來的，以一種波斯起司製作法所啓發，並使用 Yarra Valley Dairy 的荷斯登菲伊申（Holdstein Friesian）鮮奶。

TASTING NOTES 品嚐筆記
塊狀凝乳，浸泡在大蒜味濃烈的油裡醃漬，裡面含有壓碎的大蒜、新鮮百里香（thyme）和辛香料等風味。

HOW TO ENJOY 享用方式
令人意外的是，這款起司的用途極廣。可直接從罐裡舀出，加在吐司和餅乾上，或是澆在蒸煮蔬菜上，或是當做速成沙拉調味汁。

澳洲 Yarra Valley, Victoria	
熟成期 1-2 個月	
重量和形狀 250g（9oz），錫罐裝	
尺寸 D. 7.5cm（3in），H. 8cm（3in）	
原料奶 牛奶	
種類 新鮮	
製造商 Yarra Valley Dairy	

Barry's Bay Cheddar

自從 1989 年起,沃克(the Walkers)家族就延續著早期英格蘭移民,在班克斯半島(Banks Peninsular)製作紗布熟成 Cheddar 起司的傳統。現在這是紐西蘭唯一的紗布熟成外皮 Cheddar 起司。當唐(Don)在 2008 年退休時,麥克和凱薩琳凱瑞(Mike and Catherine Carey)熱情地接手這項事業。

TASTING NOTES 品嚐筆記
這龐大的圓形起司(36 公斤)經過上蠟後,熟成 5 年之久,品質最佳時,質地變得堅硬成細粒狀,帶有香甜但尖銳的芥末味。

HOW TO ENJOY 享用方式
最適合搭配上好麵包和甜酸醬(chutney),或是蘋果和一瓶手工製坎特布里啤酒(Canterbury beer)。

紐西蘭 Barry's Bay, Canterbury	
熟成期 2-5 年	
重量和形狀 圓桶形:1.5kg(3lb 3oz) 和 4.5kg(9½lb);圓形:36kg(79lb)	
尺寸 圓桶形:D. 11cm(4½in)和 17cm (6½in),H. 14cm(5½in)和 17cm (6½in);圓形:D. 40cm(15½in), H. 35cm(14in)	
原料奶 牛奶	
種類 硬質	
製造商 Barry's Bay Traditional Cheeses	

Blue River Curio Bay Pecorino

Blue River 從自家放牧於南島(Southland)各處的三千頭混種的東菲伊申(East Friesians)綿羊,收集鮮奶。這款特別的起司,是當地獨特植被和首席起司製作師,溫尼羅伯森(Wayne Robertson)才能的共同展現。

TASTING NOTES 品嚐筆記
稻草黃色的起司,質地堅硬呈細粒狀,幾乎呈易碎感。香甜略帶野獵味(gamy),含有一絲鹹味,熟成一年時品質最佳,質地仍維持濕潤濃郁。

HOW TO ENJOY 享用方式
分成小塊,搭配香脆麵包和榲桲糕(quince paste)。磨碎加入義大利麵、義式燉飯或玉米糕(polenta)裡。也可削薄片加入沙拉。富果香的紅酒,是絕佳搭檔。

紐西蘭 Invercargill, Southland	
熟成期 10-14 個月	
重量和形狀 2kg(4½lb),圓形	
尺寸 D. 13cm(5in),H. 10cm (4in)	
原料奶 綿羊奶	
種類 硬質	
製造商 Blue River Dairy Products	

Blue River Tussock Creek Sheep Feta

Blue River 從另一家南島(Southland)的起司製造商 Chobani 手裡,接下了這款傳統菲塔風格(feta-style)起司的生產權,使用同樣的製造方法,繼續生產出紐西蘭的最佳起司,並出口到中東地區。

TASTING NOTES 品嚐筆記
這款純白色而多脂的綿羊奶起司,會浸泡在鹽水裡直到上市,這股鹹味可和起司本身的風味平衡。質地易碎但溼潤。

HOW TO ENJOY 享用方式
可做成經典希臘沙拉,澆上富果香的特級初榨橄欖油。搭配帶柑橘味的小麥啤酒(wheat beer),或一杯粉紅酒(rosé)。

紐西蘭 Invercargill, Southland	
熟成期 10-24 個月	
重量和形狀 2kg(4½lb),大塊狀	
尺寸 L. 21cm(8in),W. 11cm (4½in),H. 8cm(3in)	
原料奶 綿羊奶	
種類 新鮮	
製造商 Blue River Dairy Products	

Canaan Labane

珊查和艾倫土察(Simcha and Ilan Tur-Shalom)在 2003 年從以色列移民來到紐西蘭，他們決心要創作出最好的地中海風格起司。結果就是一系列不可抗拒的 kosher 起司，每款都充滿了獨特風格，尤其是 the Labane，一種優格爲基底的起司。

TASTING NOTES 品嚐筆記
這款清淡、幾乎如羽毛般的起司，入口即化，口感濃郁，但事實上脂肪量偏低。像優格一樣，帶有清新檸檬味，風味微妙細緻，卻絕不平淡。

HOW TO ENJOY 享用方式
混合橄欖油和薩塔(za'atar 中東香料)，做成一種很棒的傳統蘸醬，搭配口袋麵包(pitta bread)和洋蔥，佐一支清冽的白酒或粉紅酒。

紐西蘭 Auckland, Auckland	
熟成期 數天	
重量和形狀 200g(7oz)，罐裝	
尺寸 D. 10cm(4in)，H. 5cm (2in)	
原料奶 牛奶	
種類 新鮮	
製造商 Canaan Cheese	

Crescent Dairy Farmhouse

Crescent Dairy Goats 是紐西蘭最小的起司製造商，只有 17 頭山羊，一天只生產 2 公斤(4½ 磅)的起司。然而這款硬質起司，卻是每年紐西蘭起司獎(New Zealand Cheese Awards)的常勝軍。

TASTING NOTES 品嚐筆記
每天的風味都有變化。有時可聞到一絲椰奶，有時是肉桂和百里香的氣味，但不變的是一般清新、土質的山羊味。品質最佳是在質地仍保持濕潤、帶點柔軟時。

HOW TO ENJOY 享用方式
這款珍貴的起司，當做三明治夾心就太浪費了。應搭配一支白蘇維翁(Sauvignon Blanc)好好享用。

紐西蘭 Auckland, Auckland	
熟成期 6-12 個月	
重量和形狀 2kg(4½lb)，圓形	
尺寸 D. 17cm(6½in)，H. 8cm (3¼in)	
原料奶 山羊奶	
種類 硬質	
製造商 Crescent Dairy Goats	

Evansdale Farmhouse Brie

Evansdale 在 1979 年由學校教師柯林丹尼森(Colin Dennison)所創立，由兒子保羅(Paul)經營管理，爲了利用家庭乳牛多餘的鮮奶，這家奶酪場仍維持小規模、實際操作的生產模式，並保有其奇特風格。他們生產的 Farmhouse Brie 起司已成爲紐西蘭的象徵之一。

TASTING NOTES 品嚐筆記
比傳統 Brie 起司來得小，但含有兩倍的濃郁感，這款起司具有白色的(candidum)黴粉外皮。內部起司滑順具奶油味，風味香甜兼具優格般的尖銳感。

HOW TO ENJOY 享用方式
搭配奶油般的夏多內(Chardonnay)或氣泡香檳都很理想。可嘗試搭配新鮮水果拼盤，如杏桃、甜桃(nectarines)和水蜜桃。

紐西蘭 Waikouaiti, Otago	
熟成期 5-10 週	
重量和形狀 1.3kg(3lb)，圓形	
尺寸 D. 16cm(6in)，H. 7cm (3in)	
原料奶 牛奶	
種類 軟質白起司	
製造商 Evansdale Cheese	

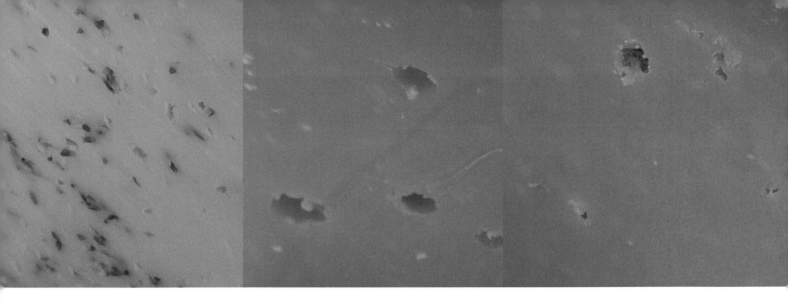

Karikaas Vintage Leyden

在 1984 年，兩名復興了紐西蘭傳統起司製作的荷蘭起司師傅，瑞特和凱倫瑞馬（Rients and Karen Rypma），成立了 Karikaas Dairy，現在的所有者是黛安娜豪金（Diane Hawkins）。

TASTING NOTES 品嚐筆記
以小茴香（cumin）調味，這款淡黃色的起司質地結實豐潤，帶有甜味、辛辣味和一絲咖哩味。熟成兩年時，質地變乾，味道變得較尖銳，帶有焦糖甜味。

HOW TO ENJOY 享用方式
融化在馬鈴薯上風味絕佳，搭配風味強烈而辛辣的醃肉。小茴香風味，可搭配聖誕節的熱香料紅酒（mulled wine），或是深色頂層發酵啤酒（dark ales），和司陶特啤酒（stout beer）。

紐西蘭	Loburn, Canterbury
熟成期	6-36 個月
重量和形狀	10kg(22lb)，巨石形
尺寸	D. 32cm(12½in)，H. 12cm(5in)
原料奶	牛奶
種類	加味
製造商	Karikaas Dairy

Mahoe Vintage Edam

紐西蘭最北邊的營利起司製造商，位於青翠的奧羅馬霍伊島嶼灣（Oromahoe, the Bay of Islands）。羅斯維（the Rosevears）家族從 1986 年起就開始利用自家的牛奶製作起司。這款低脂起司口味溫和，帶橡膠般質感，但熟成後，會接近 Parmigiano-Reggiano 起司（見 130-131 頁）的風味。

TASTING NOTES 品嚐筆記
帶有奶油糖（butterscotch）和焦糖的味道，與一絲乳酸（lactic）酸味，口感酥脆（crunchy），後味帶有 Edam 風格起司不常見的刺激味。

HOW TO ENJOY 享用方式
搭配富香氣的白酒或甜點酒，十分適合，也可搭配酒體飽滿的紅酒或啤酒。

紐西蘭	Kerikeri, Northland
熟成期	18-24 個月
重量和形狀	5kg(11lb)和 10kg (22lb)，圓形
尺寸	D. 23cm(9in)和 33cm(13in)．H. 10cm(4in)和 11cm(4½in)
原料奶	牛奶
種類	硬質
製造商	Mahoe Farmhouse Cheese

Mahoe Vintage Gouda

羅斯維（the Rosevears）家族從每年的八月到四月，利用自家小群的菲伊申乳牛（Friesian）所生產的鮮奶，來製作起司。在過去的 22 年來，這家奶酪場仍維持小規模家庭經營的方式，生產出紐西蘭的優質起司。他們的 Gouda 起司和來自荷蘭的版本，風味一樣正宗。

TASTING NOTES 品嚐筆記
帶有奶油牛奶糖（fudge）般的質感，熟成久後會略呈易碎狀，但不會變乾，帶有太妃糖與焦糖的濃郁香甜，與一絲刺激後味。

HOW TO ENJOY 享用方式
削成薄片，加入夏季沙拉裡，或是作為午餐拼盤的主角。搭配帶甜味或泥煤味（peaty）的單一麥芽威士忌，風味絕佳。

紐西蘭	Kerikeri, Northland
熟成期	18-24 個月
重量和形狀	5kg(11lb)和 10kg (22lb)，巨石形
尺寸	D. 23cm(9in)和 33cm(13in)，H. 10cm(4in)和 11cm(4½in)
原料奶	牛奶
種類	硬質
製造商	Mahoe Farmhouse Cheese

Meadowcroft Farm Goat's Cur

位於南島頂端的黃金灣(Golden Bay)，是全紐西蘭陽光最充足之地，艾兒譚布(Aerill Turnbull)在此製作簡單卻無比美味的起司。她的50頭山羊都受到細心的照料，擠奶的程序也很仔細—她相信這就是自家起司美味的秘訣。

TASTING NOTES 品嚐筆記
無論是原味、沾裏上新鮮香草或以油醃漬的版本，凝乳都帶有細緻而平衡的酸度和鹹味，質地溼潤，略帶細粒感。

HOW TO ENJOY 享用方式
抹在香脆麵包上就很完美，搭配一支白蘇維翁(Sauvignon Blanc)或香檳(Champagne)，或是加在新鮮水果和蜂蜜上。

紐西蘭 Golden Bay, Tasman	
熟成期	長達 5 週
重量和形狀	200g(7oz)，袋裝
尺寸	無
原料奶	山羊奶
種類	新鮮
製造商	Meadowcroft Farm

Mercer Maasdam

紐西蘭好幾家的荷蘭起司生產商，都有製作Maasdam起司，其中包括Mercer Cheese的艾伯特艾凡克(Albert Alfrink)。他的起司店空間雖小，裡面擺滿了上百種荷蘭風格起司。

TASTING NOTES 品嚐筆記
加入鮮奶裡的丙酸菌(Proprionic acid bacteria)，在質地柔軟呈橡膠狀的內部起司裡，形成了小型氣孔，並產生一種獨特的發酵水果甜味，會隨著熟成轉為圓潤，並接近 Emmental 起司的風味。

HOW TO ENJOY 享用方式
適合搭配醃製過的肉類，尤其是火腿。適合融化，也可放在披薩上或起司鍋(fondue)裡。可搭配一支不太甜的麗絲玲(off-dry Riesling)。

紐西蘭 Hamilton, Wailato	
熟成期	4-7 個月
重量和形狀	10kg(22lb)，大巨石形
尺寸	D. 33cm(13in)，H. 11cm(4½in)
原料奶	牛奶
種類	半軟質
製造商	Mercer Cheese

Meyer Vintage Gouda

在茱麗葉哈博(Juliet Harbutt)舉辦2003年紐西蘭起司獎(New Zealand Cheese Awards)裡，被選為"Cheese of the Decade 10 年中最佳起司"，這款 vintage Gouda 起司從 1980 年代起，就由荷蘭起司製作師梅爾(Meyers)手工製作。使用傳統的製作方式，利用小牛凝乳酶和自家生產的鮮奶。

TASTING NOTES 品嚐筆記
質地滑順帶咀嚼感，含有焦糖般的香甜、刺激鹹味和許多鈣結晶。熟成 3 年後，變得和任何一種荷蘭 Boerenkaas 起司一樣濃烈堅硬。

HOW TO ENJOY 享用方式
搭配大量天然酵母麵包(sourdough)塊，或是和洋蔥夾在烤三明治裡。搭配清爽紅酒或拉格啤酒(lager 編註：低溫發酵的啤酒)。

紐西蘭 Hamilton, Waikato	
熟成期	18-24 個月
重量和形狀	10kg(22lb)，巨石形
尺寸	D. 33cm(13in)，H. 12cm(5in)
原料奶	牛奶
種類	硬質
製造商	Meyer Gouda Cheese

Mt Eliza Red Leicester

起司製作師查爾斯和吉兒威利（Chris and Jill Whalley）在 2007 年開始製作起司。這款 Red Leicester 的凝乳，切割得很細，並經過 2 次磨碎（milled），使其質地緊密，接近獨特的真實風味。胭脂紅（annatto）使起司呈現亮橙色。

TASTING NOTES 品嚐筆記
質地密實滑順，略帶甜味，舌後部份比較明顯。接近外皮處，帶有土質味，風味濃郁。

HOW TO ENJOY 享用方式
搭配黑啤酒和愛爾型啤酒（real ale 編註：頂層發酵啤酒），可搭配生洋蔥或胡椒味的西洋菜（watercress）做成三明治。也適合做成威爾斯烤起司麵包（Welsh rarebit）。

紐西蘭 Katikati, Bay of Plenty	
熟成期 8-10 個月	
重量和形狀 8kg（17½lb），車輪形	
尺寸 D. 24cm（9½in），H. 16cm（6in）	
原料奶 牛奶	
種類 硬質	
製造商 Mt Eliza Cheese	

Mt Hector Kapiti

Kapiti Cheese 創立於 1985 年，對紐西蘭的起司業有巨大的影響。Mount Hector 起司的青地菌（Penicillium geotrichum）和白色的青黴菌（Penicillium candidum）菌種，以及金字塔的外型，說明了這是一款法國風格的起司。

TASTING NOTES 品嚐筆記
品質最佳時內部起司具白色粉質狀（chalky），接近外皮處呈流動狀，有乾草和堅果香氣。略帶杏仁味和一絲尖銳的檸檬酸味，如果留在包裝裡太久可能會過度熟成，產生濃烈的山羊味。

HOW TO ENJOY 享用方式
熟成淺時，這款多用途的起司可做成糖煮水果（compotes）、用來爐烤或抹在香脆的法國麵包上，搭配一支不甜的白酒。

紐西蘭 Paraparaumu, Wellington	
熟成期 4-6 週	
重量和形狀 120g（4oz），截頂金字塔型	
尺寸 D. 5cm（2in），H. 6cm（2½in）	
原料奶 山羊奶	
種類 軟質白起司	
製造商 Kapiti Fine Foods	

Neudorf Richmond Red

這是紐西蘭的第一款綿羊奶起司，由凱特萊特（Kate Light）創作於 1990 年代晚期。她的鮮奶供應商布萊恩布特（Brian Beuke），現在接手繼續生產這款優質起司。

TASTING NOTES 品嚐筆記
熟成 8 個月時，質地緊實綿密，帶有堅果和焦糖的香甜。熟成 20 個月時，質地堅硬，風味變得濃烈，但不像義大利 Pecorino 起司一般富於綿羊味和鹹味。

HOW TO ENJOY 享用方式
質地柔軟的版本，可搭配洋梨切片或榅桲糕（quince paste）；質地堅硬的版本，可磨碎加在義式燉飯和義大利麵上，搭配一支黑皮諾（Pinot Noir）或灰皮諾（Pinot Gris）。

紐西蘭 Upper Moutere, Nelson	
熟成期 10-20 個月	
重量和形狀 1.5kg（3lb 3oz），圓形	
尺寸 D. 13cm（5in），H. 6cm（2½in）	
原料奶 綿羊奶	
種類 硬質	
製造商 Neudorf Dairy	

Te Mata Irongate

創立於 2005 年，還附有參觀通道（viewing gallery）和很棒的咖啡座，製作各式軟質和牛奶製藍黴、綿羊奶和山羊奶起司。其中包括了這款 Irongate 起司，大致上以 Pont I'Évéque 起司（見 78 頁）為基礎。

TASTING NOTES 品嚐筆記
帶有白色青黴菌（penicillium）的洗浸外皮起司，比大多數的紐西蘭 Brie 起司都來得味道濃烈，但比典型的洗浸起司溫和。品質最佳時，是在外皮變軟，帶絨毛狀，內部起司濃郁滑順，略帶臭味。

HOW TO ENJOY 享用方式
搭配香脆麵包、蘋果和洋梨切片。或與煎洋蔥一起融化。試著搭配蘋果或洋梨酒（pear cider），或甚至是蘋果蒸餾白蘭地（Calvados）。

紐西蘭 Havelock North, Hawkes Bay	
熟成期 6-10 週	
重量和形狀 1.3kg（3lb），方形	
尺寸 L. 19cm（7½in），W. 19cm（7½in），H. 3cm（1in）	
原料奶 牛奶	
種類 半軟質	
製造商 Te Mata Cheese	

Te Mata Pakipaki

霍克斯灣（Hawkes Bay）炎熱乾燥的夏天，提供了山羊理想的啃食植被，進而生產出滋味豐富而富香氣的鮮奶，製作出這款布里風格（Brie-style）起司、金字塔型菲塔風格（feta-style）的 Mt Erin 起司，和帶檸檬味的新鮮山羊奶凝乳 Summerlee 起司。

TASTING NOTES 品嚐筆記
Pakipaki 起司達到了完整山羊奶風味的細緻平衡，對剛開始發展起司文化的紐西蘭人來說又不致太過濃烈。過度熟成時，可能會呈流動狀，變得帶有黏性和風味強烈。

HOW TO ENJOY 享用方式
做成山羊奶起司塔（tarts），或是搭配薄片薑餅。可搭配白蘇維翁（Sauvignon Blanc）或一支清淡的麥芽威士忌。

紐西蘭 Havelock North, Hawkes Bay	
熟成期 8-10 週	
重量和形狀 1.3kg（3lb），圓形	
尺寸 D. 22cm（8½in），H. 3cm（1in）	
原料奶 山羊奶	
種類 軟質白起司	
製造商 Te Mata Cheese	

Te Mata Port Ahuriri

Te Mata 使用牛奶和綿羊奶，製作出 3 款藍黴起司，但是 Port Ahuriri Blue 起司和紐西蘭其他已經過剩的「綿密細緻」藍黴起司不同，它沒有添加額外的乳脂，使完整的藍黴風味得以形成。

TASTING NOTES 品嚐筆記
起司的強烈風味，被一絲帶鹹味的香甜堅果味所平衡。質地幾乎如奶油牛奶糖（fudge）般，略呈易碎狀。

HOW TO ENJOY 享用方式
可搭配乾燥水果，如椰棗或無花果，或搭配帶黏性的甜點酒、雪莉酒（sherry）或波特酒（port）。風味濃烈，因此也可捏碎加入沙拉裡。

紐西蘭 Havelock North, Hawkes Bay	
熟成期 6-8 個月	
重量和形狀 3kg（6½lb），圓形	
尺寸 D. 22cm（8½in），H. 9cm（3½in）	
原料奶 牛奶	
種類 藍黴	
製造商 Te Mata Cheese	

Waimata Camembert

瑞克和卡羅索普(Rick and Carol Thorpe)在1995年建立了Waimata Cheese Company，這是紐西蘭最大的獨立起司製造商，每年生產300多噸的軟質和藍黴起司。雖然如此，他們的大型Camembert起司，仍是以傳統的黴菌熟成(mould-ripened)來製作，是紐西蘭同風格起司中品質最佳之一。

TASTING NOTES 品嚐筆記
剛熟成時，口味溫和帶鮮奶味，充分熟成後，可能會呈流動狀，帶香草味(vanilla)，或是氣味變得濃烈而有農地味(farmy)。

HOW TO ENJOY 享用方式
搭配上等新鮮法國麵包，最好也來一支氣泡酒或清淡白酒。

紐西蘭 Gisborne, East Cape	
熟成期 4-7 週	
重量和形狀 800g(1¾lb)，圓形	
尺寸 D. 19cm(7½in)，H. 2.5cm (1in)	
原料奶 牛奶	
種類 軟質白起司	
製造商 Waimata Cheese Company	

Whitestone Windsor Blue

在1980年代中期由鮑伯貝瑞(Bob Berry)所創建，Whitestone是另一家紐西蘭起司復興運動中的早期先鋒。Windsor Blue起司，是他們的招牌藍黴，遵循該公司的一貫宗旨：「維持獨特風格，如同孕育我們的這塊大地。」

TASTING NOTES 品嚐筆記
額外添加的乳脂(cream)，使得起司質地像奶油一樣。剛熟成時，帶果香味而尖銳，熟成久後，帶有甜味與一絲鹹味和辛辣感。

HOW TO ENJOY 享用方式
抹在餅乾或是法國麵包上，加入剛煮好的義大利麵裡，或是搭配西洋梨和薑餅(gingerbread)當作點心。搭配一支略帶甜味的氣泡白酒。

紐西蘭 Oamaru, Otago	
熟成期 3-8 個月	
重量和形狀 3.8kg(8½lb)，圓形	
尺寸 D. 21cm(8in)，H. 12cm (5in)	
原料奶 牛奶	
種類 藍黴	
製造商 Whitestone Cheese	

Zany Zeus Halloumi

邁可馬提斯(Mike Matsis)對起司的熱情，和他在賽普勒斯(Cyprus)出生的母親有關，她教導了他製作halloumi起司的方法，就像她自己的母親曾經做過的。邁可(Mike)因此對起司製作感到著迷，並決心成為起司製作師，現在他生產出多款真正的地中海風格起司。

TASTING NOTES 品嚐筆記
加熱後，嚐起來有芳香的鹹味，略帶嚼勁，像是質地密實的mozzarella起司。鮮奶裡的糖分在表面被焦糖化，因此帶來一股焦糖甜味。

HOW TO ENJOY 享用方式
油煎或插在竹籤上炙烤(barbeque)，使表面酥脆而內部柔軟幾乎融化。搭配富果香的白酒或紅酒。

紐西蘭 Petone, Wellington	
熟成期 數天起	
重量和形狀 250g(9oz)，塊狀	
尺寸 L. 6cm(2½in)，W. 4cm (1½in)，H. 4cm(1½in)	
原料奶 牛奶	
種類 新鮮	
製造商 Zany Zeus	

Glossary
專業用語解說

ANNATTO 胭脂紅
橙紅色的天然染料，由胭脂樹的種籽提煉而成（Bixa orellana）。

BACTERIA LINENS 菌種
以前稱爲 bacillus linens，這種細菌是用來形成洗浸起司的帶黏性橙色外皮。

BRINE 鹽水
一種強烈的鹽水混和液，可用來封住某些起司的表面，避免不適合的黴菌生成。

BUTTERMILK 白脫鮮奶
鮮奶經過攪拌形成奶油後，所剩下略帶酸味的液體。

CAROTENE 胡蘿蔔素
青草裡所含有的一種呈現黃至紅色的天然色素，可經過肝臟轉變成維他命 A。

CASEIN 酪蛋白
鮮奶裡的主要特殊蛋白質，在製作起司的過程中，受到酸化（acid development）和凝乳酶酵素的作用，沉澱下來，形成凝乳。

COAGULATION 凝乳化
亦稱爲 curdling 指的是鮮奶受到酸化、加溫與酵素作用後，固體和液體分離的現象。

COOKED CHEESES 加熱起司
這種種類的起司，在製作時，會將經過切割的凝乳和乳清一起加熱（heated or "cooked"），使凝乳變得更有彈性，並排出更多乳清。

CURDS 凝乳
當鮮奶凝乳化時，所形成的固體狀蛋白質。這是起司的基本成分。（參見 Whey 乳清）

ESTERS 酯類
植物裡所含的脂肪酸和甘油。動物食用花朵後，裡面所含的芳香酯類會形成起司的香氣和風味。

EYES 氣孔
某些起司在發酵過程中，內部形成的小型眼狀孔洞。尺寸通常很小，並且一致，但在格律耶爾（Gruyère）風格的起司裡，如艾蒙達（Emmentaler）起司氣孔呈圓形，通常稱爲氣洞（holes）。

FAT CONTENT 脂肪含量
脂肪是傳遞風味的媒介，口感柔軟綿密。如果將鮮奶裡的脂肪減少或去除，則會改變風味的深度，和口感。然而，傳統上以脫脂或半脫脂鮮奶製成的起司，已經過長久的研究，使鮮奶中的特質得以發揮出來，因此我們幾乎嚐不出它們的脂肪量較低。

FERMENTATION 發酵
在等待起司熟成的過程中，因爲溫度、溼度、細菌和酵素的影響，造成生物化學（biochemical）的變化，使起司內的脂肪、蛋白質和碳水化合物開始分解，進而影響熟成後起司的質地、風味和香氣。

FULL FAT 全脂
鮮奶在製成起司前，沒有經過脫脂。大多數的起司都是以全脂鮮奶製成的。然而要注意的是，各種鮮奶的脂肪含量不一，牛奶含有最低的 3.8%，馴鹿奶則有 16%。一般起司的脂肪含量介於 20~34% 之間，比大多數人想像得低很多。

GLOBULES 脂肪球
脂肪在鮮奶裡所呈現的狀態。脂肪球的大小，和動物的品種有關。

HOOP 圈模
新鮮凝乳經過加鹽後，所倒入的一種容器，通常底部和周圍都有細孔，頂部無蓋。開放式的開口。（參見模型 Mould）

LACTATION 產乳季
母牛的泌乳期，也就是鮮奶的產季，從生產小牛後到乳汁乾竭爲止。

LACTIC ACID 乳酸
細菌對鮮奶裡的乳糖產生作用後所形成。在 3 個月內，起司的天然酸性會殺死所有殘餘的細菌，只剩下酵素繼續發揮熟成作用。

LACTIC FERMENTATION 乳酸發酵
只使用配方菌（a starter culture）來促使鮮奶的乳糖轉變成乳酸，使凝乳生成（也就是不使用凝乳酶），傳統上，將前一天的鮮奶或乳清酸化而製成，現在通常都是在實驗室完成這項手續。亦稱爲乳酸起司（Lactic Cheese）。

LACTOSE 乳糖
一種可溶解的醣分，所有哺乳動物所分泌的乳汁裡特有的成分。在乳酸發酵過程中（the Lactic Fermentation），經過某些微生物的酵素作用，被轉換成乳酸。

MARBLING 大理石般條紋
參見 Veining 藍紋。

MOULD 模型／黴菌
1. 新鮮凝乳在進行加鹽後，裝入的容器。底部和四周通常有細孔，無蓋。底部是固定的，無法取出。（參見圈模 Hoop）
2. 屬於眞菌（mycota）家族的微生物，生長在起司的表面或內部，屬於麴菌屬（aspergillus）、毛黴屬（mucor）和青黴屬（penicillium）。

MOULD-RIPENING 黴菌熟成
起司外皮上的黴菌，通常爲白色、灰藍色和橙色，加速凝乳分解的過程。

ORGANIC CHEESES 有機起司
生產起司的農場，經過官方機構的認定，遵守有機製作過程的規定，如不在土地上、奶酪場內或動物上，使用殺蟲劑或化學藥劑。

PASTA FILATA 紡絲形起司
亦稱爲延伸凝乳（Stretched Curd），這種起司製作的技巧，是將凝乳浸泡在熱的酸性乳清中，以增加彈性，再放在熱水中加以揉捏（kneaded）或拉扯延伸（stretched），如莫札里拉（Mozzarella）和波羅弗隆尼（Provolone）起司。

PASTEURIZATION
高溫殺菌（巴氏殺菌法）
生乳經過加熱處理，以 73℃（163°F）加熱至少 1 分鐘，以殺死可能有害的微生物。不幸的是，這樣也會摧毀許多增添風味的微生物。

PASTE 內部起司
在描述歐洲起司時，指的是起司的內部。亦稱爲 Pâte。

PENICILLIUM CANDIDUM
白色的青黴菌
一種白色黴菌，帶有蘑菇的氣息和口味。生長在軟質白起司上，如卡門貝爾（Camembert）和布里（Brie）起司。

PIERCING 穿刺
將棒針穿透起司，使藍黴易於進入起司內部，並助於其生長。

PROCESSED CHEESE 加工起司
起司混合了乳化劑、油和水，一起加熱並趁熱塑型，立即密封在上市的包裝裡。

PROTEOLYSIS 蛋白質水解
蛋白質受到酵素、酸（acids）、鹼或熱度的影響而分解。

RANCID 有腐臭味
泛指油脂中所散發的令人不悅的味道。

RAW MILK 原料乳（生乳）
天然原始狀態的鮮乳（未經高溫殺菌處理）。

RENNET 凝乳酶
一種萃取自哺乳動物胃壁的酵素，可將鮮奶中的固體分解成可消化的形式，因而促進凝乳化。

RIPENING 熟成
1.（指鮮奶）在添加凝乳酶前，提升酸度，使鮮奶自然熟成（mature），而不添加配方菌（a starter culture）。
2.（指起司）凝乳酶酵素的持續作用、細菌在凝乳上的作用和之後的酵素作用。

SERUM 乳清
參見 Whey 乳清。

SILAGE 青貯飼料
以真空儲存的方式，將草類和豆科植物保存下來，經過某種程度的發酵。

SMEAR-RIPENED 塗抹熟成
起司的外皮塗抹上(rubbed or smeared)鹽水和菌種(bacillus linens)的混合液，通常以紗布為之，使起司形成帶黏性的橙色外皮。

STARTER CULTURE 配方菌
通常是一組在實驗室培育出來的乳酸細菌，用來將乳糖轉變成乳酸，使鮮奶凝乳化。通常都會和凝乳酶搭配使用。

TABLE CHEESE 餐桌起司
義大利人對某些硬質起司的稱呼，能夠直接食用、當作點心或用來烹調。傳統總是留在餐桌上。

THERMIZED CHEESES 中溫處理過的起司
在起司的製作過程中，凝乳連同乳清加熱到54℃(129 ℉)，比高溫殺菌(巴氏殺菌)的溫度低。

TURNING 翻面
在熟成過程中，定期將整塊起司翻面的手續，可確保起司內的水分均勻分佈，黴菌也能平均生長。

VAT 作業鋼槽
存放鮮奶的容器，以供起司製作之用。

VEGETARIAN CHEESES 素起司
捨棄傳統的動物凝乳酶，而使用非動物性的替代品來凝乳鮮奶，所製成的起司。通常在口味上嚐不出有什麼不同。

VEINING 條紋
亦稱為大理石紋(Marbling)，指的是所有藍黴起司內部可見的藍黴條紋或紋路。義大利人說 erborinatura；法國人說 persille(兩者都是"parsley 巴西利、荷蘭芹")，都是用來描述該國傳統起司裡的藍黴紋路。

WASHED RIND 洗浸外皮
在一段期間內，以鹽水混合液定期洗浸的起司(不是只有一次或兩次)，通常也混合了辛香料或酒精，以形成有黏性的橙色外皮。

WHEY 乳清
當鮮奶裡大部分的固體物質，包括脂肪，都形成凝乳後，剩下的液體殘餘物。有時稱為 Serum。

Cheese-tasting terms
品嚐起司的用語

在描述起司的香氣、質感和風味時，常會用到以下所列出的詞彙：

Acidity 酸度 和葡萄酒一樣，用來描述起司時，只要不過度，可以是一個正面的形容詞—在口中留下一股清新(有時帶有刺激味)的口感。

Aromatic 富香氣 各種不同、有趣的氣味—可能是辛辣、帶有花香、草本清香或是果香。

Bite 刺激味 一種明顯、尖銳、強烈的初入口滋味，通常會持續到後味。

Bitter 苦味 某些起司所具有的特色：可以是正面的形容詞，如用來描述風味濃烈的切達(Cheddar)起司，但也可能是負面的，如用來描述布里(Brie)起司。

Body 酒體 在口中所感受到的重量感和整體感，如紅酒或波特酒。

Dry 口感偏乾 缺乏溼潤度的口感。

Earthy 土質味 剛翻過土的氣味。

Elastic 有彈性的 質地結實但有彈性，稍微擠壓會回復原狀，通常帶有可撕開的多層結構。

Finish 後味 將起司吞下後，留在舌頭上的感覺或後味(aftertaste)。

Friable 易碎的 形容起司的質地，容易破碎成細粒狀的小塊。

Fruity 富果香 形容味道，使人聯想到成熟的新鮮水果的香氣和味道，如西洋梨、蘋果、甜瓜和芒果。

Grainy 細粒狀 形容起司質地，幾乎看不見的細粒可以被嚐出來—通常是鹽或鈣結晶。

Grassy 新鮮草味 剛割過草的味道。

Green Grass 青草味 一種清新愉悅的尖銳青草味。

Herbaceous 草本味 野花、灌木和青草的草本香氣。

Lactic 乳酸味 略為發酸的鮮奶味。

Lactose 乳糖 鮮奶中的糖分，當鮮奶發酸時則會轉變成乳酸。

Metallic 金屬般的 藍黴起司裡的黴菌，可能是溫和略帶果香；使人聯想到茵陳蒿(tarragon)和百里香(thyme)，或是味道濃烈，發展出獨特的尖銳礦物或金屬味。

Moist 滋潤 像形容蛋糕一樣，是"dry"的相反。

Pungent 刺激味 一種有力、愉悅，有時幾乎是苦味的風味，使人聯想到菊苣(chicory)或新鮮的嫩草。

Rubbery 橡膠感 一種有彈性、可維持原狀的感覺，而不是容易破碎的質地。

Smooth 滑順 缺乏結構，如雙倍鮮奶油(double cream)或卡士達(custard)的質地。

Soft 柔軟 會隨著壓力變形的質感，如馬鈴薯泥或起司蛋糕。

Squeaky 發出吱吱聲 當凝乳經過清洗，質地變得平滑，發出光澤，感覺俐落乾淨。

Supple 豐潤 比"Rubbery 橡膠感"的質地更密實，因其帶有一種內部結構。

Tangy 刺激味 一種帶酸的味道，使嘴巴起皺、刺痛。通常用來描述熟成過的硬質起司，如切達(Cheddar)。

Unctuous 油脂感 對英國人來說，是帶有油膩和脂肪的味道；但對歐洲人來說，可能代表質地綿密濃郁而奢華。

Velvety 如天鵝絨般滑順 質地厚重但柔軟，沒有結構，如加工起司(processed cheese)。

Resources
資源

如果你想進一步探索起司的世界，茱麗葉哈博(Juliet Harbutt)的網站有很多的資源。
www.thecheeseweb.com.

要探買起司，以下列出世界各地的供應商，可從這裡開始。

ENGLAND 英格蘭
Barrington's Delicatessen
www.barringtonsdeli.co.uk
60 High Street, Bishops Waltham, Hampshire SO32 1AB
Tel: +44 (0)1489 896600

The Borough Cheese Company
www.boroughcheesecompany.com
At Borough Market, 8 Southwark Street, London SE1 1TL

Brindisa Warehouse (Wholesale)
www.brindisa.com
9B Weir Road, London SW12 OLT
Tel: +44 (0)20 8772 1600

The Cheeseboard
1 Commercial Street, Harrogate, North Yorkshire HG1 1UB
Tel:+44 (0)1423 508837

The Cheese Gig
www.thecheesegig.com
Tel: +44 (0)1460 234581
This mail order service delivers to UK addresses.

Cheese at Leadenhall
www.cheeseatleadenhall.co.uk
4–5 Leadenhall Market, London EC3V 1LR
Tel: +44 (0)20 7929 1697

Cheese Please
www.cheesepleaseonline.co.uk
46 High Street, Lewes, East Sussex, BN7 2DD
Tel: +44 (0)1273 481048

The Cheese Shop
www.chestercheeseshop.co.uk
116 Northgate Street, Chester CH1 2HT
Tel: +44 (0)1244 346240

The Cheese Society
www.thecheesesociety.co.uk
1 St Martin's Lane, Lincoln LN2 1HY
Tel: +44 (0)1522 511003

The Cheeseworks
www.thecheeseworks.co.uk
5 Regent Street, Cheltenham, Gloucestershire GL50 1HE
Tel: +44 (0)1242 255022

The Cheese Yard
www.thecheeseyard.com
Tel: +44 (0)20 7207 0927
This mail order company delivers nationwide.

Colston Bassett Dairy Shop
www.colstonbassettdairy.com
Colston Bassett Dairy, Harby Lane, Colston Bassett, Nottingham NG12 3FN
Tel: +44 (0)1949 813221/2

The Cotswold Delicatessen
www.cotswolddelicatessen.co.uk
2 Middle Row, Chipping Norton, Oxfordshire OX7 5NH
Tel: +44 (0)1608 642843

The Fine Cheese Company
www.finecheese.co.uk
29 & 31 Walcot Street, Bath, Somerset BA1 5BN
Tel: +44 (0)1225 483407

Harrods
www.harrods.com
87–135 Brompton Road, London SW1X 7XL
+44 (0)20 7730 1234

KäseSwiss
www.kaseswiss.co.uk
At Borough Market, 8 Southwark Street, London SE1 1TL

Mr Christian's
www.mrchristians.co.uk
11 Elgin Crescent, Notting Hill, London W11 2JA
Tel: +44 (0)20 7229 0501

Mortimer and Bennet
www.mortimerandbennett.co.uk
33 Turnham Green Terrace, London W4 1RG
Tel: +44 (0)20 8995 4145

Neal's Yard Dairy
www.nealsyarddairy.co.uk
17 Shorts Gardens, London WC2H 9AT
Tel: +44 (0)20 7240 5700

Paxton & Whitfield
www.paxtonandwhitfield.co.uk
Mail Order: +44 (0)1608 650660
1 John Street, Bath, Somerset BA1 2JL
Tel: +44 (0)1225 466403
93 Jermyn Street, London SW1Y 6JE
Tel: +44 (0)20 7930 0259
13 Wood Street, Stratford-upon-Avon, Warwickshire CV37 6JF
Tel: +44 (0)1789 415544

Rick Stein's Delicatessen
www.rickstein.com
South Quay, Padstow, Cornwall PL28 8BY
Tel: +44 (0)1841 533486

Rippon Cheese Stores
www.ripponcheese.com
26 Upper Tachbrook Street, London SW1V 1SW
Tel: +44 (0)20 7931 0628/0668

Scandinavian Kitchen
www.scandikitchen.co.uk
61 Great Titchfield Street, London W1W 7PP
Tel: +44 (0)20 7580 7161

Wensleydale Cheese Shop
www.wensleydale.co.uk
Wensleydale Creamery, Gayles Lane, Hawes, North Yorkshire DL8 3RN
Tel: +44 (0)1969 667664

Yellowwedge Cheese
www.yellowwedge.com
6 Crown Road, Twickenham TW1 3EE
Tel: +44 (0)20 8891 2003

WALES 威爾斯
Blas ar Fwyd
www.blasarfwyd.com
Heol yr Orsaf, Llanrwst, Cymru LL26 0BT
Tel: +44 (0) 1492 640215

Le Gallois Deli
231 Cathedral Road, Cardiff, Gwent CF11 9PP
Tel: +44 (0) 2920 235483

Madame Fromage
www.madamefromage.com
21-25 Castle Arcade, Cardiff, CF10 1BU
Tel: +44 (0) 2920 644 888

SCOTLAND 蘇格蘭
Gourmet's Lair
www.gourmetslair.co.uk
Tel: +44 (0) 1349 882540
Highland produce specialists.

Ian J Mellis
www.ijmellischeesemonger.com
30a Victoria Street, Edinburgh EN1 2JW
Tel: +44 (0) 1312 266215
492 Great Western Road, Glasgow G12 8EW
Tel: +44 (0) 1413 398998

McDonalds Cheese Shop
Balmoral Road Westfield, Rattray, Blairgowrie PH10 7HY
Tel: +44 (0) 1250 872493

The Scottish Deli
www.scottish-deli.co.uk
Unit 2, 8 West Moulin Road, Pitlochry, Perthshire PH16 5AD
Tel: +44 (0) 1796 473322

Valvona & Crolla
www.valvonacrolla.co.uk
19 Elm Row, Edinburgh EH7 7AA
Tel: +44 (0) 131 556 6066

NORTHERN IRELAND 北愛爾蘭
Clydesdale & Morrow
581 Lisburn Road, Belfast BT9 7GS
Tel: +44 (0) 2890 662790

REPUBLIC OF IRELAND 愛爾蘭共和國
Matthews Cheese Cellar
17 Upper Baggot Street, Dublin
Tel: +353 (0)1 6685275

Sheridan's Cheesemongers
www.sheridanscheesemongers.com
11 South Anne Street, Dublin
Tel: +353 (0)1 679 3143
14–16 Church Street, Galway
Tel: +353 (0)91 564 829
Ardkeen Quality Food Store, Dunmore Road, Waterford
Tel: +353 (0)51 874 620

AUSTRALIA 澳洲
Maleny Cheese & The Cheese Stop Café and Shop
www.malenycheese.com.au
1 Clifford St, Maleny, QLD 4552
Tel: +61 (0) 7 5494 2207

Rosalie Gourmet Market
www.rosaliegourmet.com.au
Rosalie Village, Paddington, Brisbane
Tel: +61 (0) 7 3876 6222

Simon Johnson
55 Queen Street, Woollahra, Sydney NSW 2025
Tel: +61 (0)2 8244 8255
12–14 Saint David Street, Fitzroy, Melbourne VIC 3065
Tel: +61 (0)3 9644 3630

The Smelly Cheese Shop
www.smellycheese.com.au
Shop 44 Adelaide Central Market, Gouger Street, Adelaide
Phone: +61 (0) 8 8231 5867

NEW ZEALAND 紐西蘭
Canterbury Cheesemongers
www.cheesemongers.co.nz
44 Salisbury St, Christchurch, Canterbury
Tel: +64 (0) 3 379 0075

Cheese Shop
www.cheeseshop.co.nz
54 Korepo Road, RD1, Upper Moutere, Tasman 7173
Tel: +64 (0) 3 540 3034

Dixon Street Deli
www.dixonstreetdeli.co.nz
45 Dixon Street, Te Aro, Wellington
Tel: +64 (0) 4 384 2436

Evansdale Cheese
www.evansdalecheese.co.nz
1 RD Waikouaiti, Otago
Tel: +64 (0) 3 465 8101

Gibbston Valley Wines & Cheese
www.gvcheese.co.nz
1820 Gibbston Highway, RD1, Queenstown, Otago
Tel: +64 (0) 3 441 1388

ITALY 義大利
La Baita del Formaggio
www.labaitadelformaggio.it
Via Foppa 5, Milan 20144
Tel: +39 (0)2 481 7892

Casa del Parmigiano
www.famigliagastaldello.it
Piazza Castello, 25, 36063 Marosica, Vicenza
Tel: +39 (0) 4 247 5071

FRANCE 法國
Androuët
www.androuët.com
134, rue Mouffetard - 75005 Paris
Tel: +33 (0) 1 45 87 85 05
37, rue de Verneuil - 75007 Paris
Tel: +33 (0) 1 42 61 97 55

Fauchon
www.fauchon.com
24–26 Place de la Madeleine, Paris
Tel: +33 (0) 1 70 39 38 00

Fromagerie Barthélémy (Sté)
Ad51 Rue de Grenelle, 75007 Paris.
Tel: +33 (0) 1 42 22 82 24, +33 (0) 1 45 48 56 75
Quatrehomme
62 Rue Sèvres, 75007 Paris
Tel: +33 (0) 1 47 34 33 45

SPAIN 西班牙
Poncelet
www.poncelet.es
Calle Argensola, 27, 28004-Madrid
Tel: +34 (0) 91 308 02 21

BELGIUM 比利時
Kaasaffineurs Michel Van Tricht & zoon
www.kaasmeestervantricht.be
Fruit Hoflaan 13-15, 2600 Berchem
Tel: +32 (0) 3440 7212

THE NETHERLANDS 荷蘭
De Kaaskammer
Runstraat 7, Jordaan, 1016, Amsterdam
Tel: +31 (0) 20 623 3483

FINLAND 芬蘭
Juusto Kauppa Tuula Paalanen
www.juustokauppq.com
Wanha Kauppahalli 73-74, 00130 Helsinki
Tel: +358 (0)9 627323

USA 美國
Murray's Cheese Shop
www.murrayscheese.com
254 Bleecker St. New York, NY 10014
Tel: +1 212 243.3289
43rd St. & Lexington, New York, NY 10017
Tel: +1 212 922.1540

St James Cheese Company
www.stjamescheese.com
5004 Prytania Streer, New Orleans, LA 70118
Tel: +1 504 899 4737

JAPAN 日本
Fermier
www.shopping.fermier.fm
1 F Atago AS Building, 1-5-3, Atago, Minato-ku, Tokyo 105 0002

ISRAEL 以色列
Ran Buck's Cheese Cellar
www. gvina.co.il
81 Sokolov St. Ramat Hasharon
Tel: +972 3 547 2332

TAIWAN 臺灣
city'super
www.citysuper.com.tw

遠企店 遠企購物中心 B1&B2
台北市敦化南路二段 203 號 B1&B2
Tel：0809-088-680

復興店 SOGO 復興館 B3
台北市忠孝東路三段 300 號 B3
Tel：0809-070-010

天母店 SOGO 天母店 B1
台北市中山北路六段 77 號 B1
Tel：0809-080-966

板橋店 Mega City 板橋大遠百 B1
新北市板橋區新站路 28 號 B1
Tel：0809-092-700

台中店 Top City 台中大遠百 B2
台中市台中港路二段 105 號 B2
Tel：0809-090-520

新竹店 Big City 巨城購物中心 B1
新竹市中央路 229 號 B1
Tel：0809-098-855

聯馥食品股份有限公司
www.gourmetspartner.com
台北市北投區立功街 77 號
Tel：(02) 2898-2488 F：(02) 2898-6455

囍食藝 Gourmet Plus Delicatessen Shop
大葉高島屋　地下 1 樓　Jasons Market Place
台北市士林區忠誠路二段 55 號 B1
Tel / Fax ：(02) 2832-6488

囍食藝 Gourmet Plus Delicatessen Shop
板橋遠東百貨公司 B1 Jasons Market Place
新北市板橋區中山路一段 152 號 B1
Tel / Fax ：(02) 2956-2655

Breeze Super 微風超市
http://www.breezecenter.com/guide_b2f.htm
台北市松山區復興南路一段 39 號 B2
Tel：0809-008888

固德威歐式美食（GOODWELL）
http://www.g-well.com.tw/

遠企旗艦館(遠企購物中心)
台北市敦化南路二段 203 號 B2
Tel：02-27391458

誠品信義旗艦館
台北市信義區松高路 11 號 B2
Tel：02-87893388#1917

101 國際館(101 購物中心)
台北市信義區市府路 45 號 B1
Tel：02-28920365

Bellavita 時尚館
台北市信義區松仁路 28 號 B2
Tel：02-87292756

Sogo 復興館
台北市忠孝東路三段 300 號
Tel：0932262471

寶慶館(遠東百貨公司)
台北市寶慶路 32 號
Tel：02-23317405

京站館(京站購物中心)
台北市承德路一段 1 號 B3
Tel：02-25525329

南湖館(大潤發量販店內湖二館)
台北市內湖區舊宗路一段 188 號 3F
Tel：02-27967121

中原店(家樂福量販店 - 中原店)
中壢市中華路二段 501 號 B1
Tel：02-28920365

特力樂活館
桃園縣蘆竹鄉中正路 1 號 5F
Tel：02-28920365

金典綠園道典藏館
台中市健行路 1049 號 B1
Tel：04-23269636

中友店(台中中友百貨超市 A 棟)
台中市三民路 3 段 167 號之 1 A 棟 B2
Tel：02-28920365

安平店(家樂福量販店 - 安平店)
台南市中華西路 2 段 16 號
Tel：02-28920365

漢神店(漢神百貨成功館)
高雄市前金區成功一路 266-1 號 B3
Tel：02-28920365

巨蛋店(漢神百貨巨蛋館)
高雄市左營區博愛二路 767 號 B1
Tel：02-28920365

Index
索引

A

A Casinca 32
A Filetta 32
Abbaye de Cîteaux 30
Abbaye du Mont des Cats 30
Abbaye Notre-Dame de Belloc 30
Abbaye de la Pierre-qui-Vire 31
Abbaye de Tamié 31
Abbaye de Troisvaux 100
Abondance AOC 31
Ädelost 250
Affidélis (Plaisir au Chablis) 77
affineurs 7
Afuega'l Pitu DOP 148
Aged Fresh cheeses 8, 12–13, 24, 25
Aged Green Peppercorn Chèvre 270
Agrì di Valtorta 142
Ahumado de Pría 148
Aisy Cendré 48
Akkawi 264
Allegretto 312
Allerdale 172
Allgäuer Bergkäse 235
Allgäuer Emmentaler 234, 235
Almkäse 104
Alpine Lakes Creamy Bleu 306
Alsea Acre Fromage Blanc 270
L'Alt Urgell y La Cerdanya DOP 148
Altenburger Ziegenkäse PDO 234, 235
Ami du Chambertin 32
Anari 261
Ancient Heritage Scio 306
Andante Dairy Picolo 270
Angelot (Pont-l' Evêque AOC) 78
Anthotyros DOC 256, 257
AOC 8
Appalachian 271
Appel Farms Cheddar 271
Appenzeller 240
Ardi-Gasna 33
Ardrahan 219
Ardsallagh 219
Argentina 269, 321
Arômes au Gêne de Marc 33
Arzúa-Ulloa DOP 149
Ascutney Mountain Cheese 271
Ashed Tomette 272
Asiago PDO 104
Asiago d'Allevo 104
Asiago Pressato 104
Australia 326–34
Austria 234, 238–9
Avonlea Clothbound Cheddar 312
Awe Brie 272
Ayr (Vermont Ayr) 304
Azeitão DOP 167

B

Baby Blue 312
Baby Muenster (Oltermanni) 253
Bad Ax 306
Bagòss 104
Baguette Laonnaise 33
Banon
    Banon AOC 34
    Banon aux Baies Roses 34
    Banon à la Sarriette 34
    Hoja Santa 288
Barely Buzzed 272
Barkham Blue 172
Barossa Valley Washington Washrind 334

La Barre du Jour 313
Barry's Bay Cheddar 335
Bastardo del Grapa 105
Bastelicaccia 100
Bath Soft Cheese 172
Bath, Wyfe of 206
Bauernkäse (Lagundo) 143
Bauma Carrat 149
Bavaria Blu (Bavarian Blue) 21, 236
Bayerische Bierkäse (Weisslacker) 237
Bayley Hazen Blue 273
Beato de Tábara 149
Beaufort AOC 18, 19, 38–9
Beaufort d'Alpage 38
Beaufort d'Hiver 38
Beechers Flagship Reserve 306
Beenleigh Blue 173
Beenoskee 220
Beira Baxta (Castelo Branco DOP) 167
Bel Paese 119
Bela Badia 143
Belgium 226, 227–9
Bella Italia 119
Bella Milano 119
Belle Chèvre 273
Bellelay (Tête de Moine AOC) 244
Bellingham Blue 219
Bellwether Farms Crescenza 273
Benabarre 150
Benasque 150
Bergkäse (Pusteria) 144
Bergues 35
Berkswell 25, 173
Bernardo 143
Berrichon 35
Bethmale 35
Bettelmatt 105
Beyaz Peynir 261
Big Island Feta 274
Big Woods Blue 274
Bio Bleu 227
Birdwood Blue Heaven 173
Bishop Kennedy 207
Bitto DOC PDO 105
Bla Castello 247
Black-eyed Susan 174
Blacksticks Blue 174
Blanca Bianca 274
Bleu Age 307
Bleu d'Auvergne AOC 36
Bleu Bénédictin 313
Bleu des Causses AOC 36
Bleu de Chèvre 36
Bleu de Gex Haut-Jura AOC 37
Bleu Mont Cheddar 275
Bleu de Termignon 37
Bleu du Vercors-Sassenage AOC 37
Blissful Blue Buffalo 174
Blue Castello (Bla Castello) 247
Blue cheeses 8, 20–1, 25, 302
Blue Monday 207, 212
Blue Moon (Gorau Glas) 214
Blue Pearl (Perl Las) 215
Blue River Curio Bay Pecorino 335
Blue River Tussock Creek Sheep Feta 335
Blue Vinney, Dorset 178
Blythedale Farm Camembert 275
Bonde de Gâtine 40
Boulette d'Avesnes 40, 100
Boulette de Cambrai 40
Boulette de Papleux 100
Bouquetin de Portneuf 313
Bourrée 275
Bouton-de-Culotte 41
Bouyguette des Collines 41
Bra DOC PDO 107
Bra Duro 107
Bra Tenero 107
Braculina (Paglierine) 124
Branzi 107

Brazil 269, 321
Brebis du Lochois 41
Bridgewater Round 277
Brie & Brie-style
    Awe Brie 272
    Baby Blue 312
    Bath Soft Cheese 172
    Bla Castello 247
    Brie de Meaux AOC 14, 15, 46–7
    Brie de Melun AOC 15, 42
    Brie de Nangis 42
    Clava Brie 208
    Coulommiers 53
    Evansdale Farmhouse Brie 336
    Fougerus 60
    Hartwell 288
    Le Petit Chèvre Bleu 295
    Pont Gar 215
    St Endellion 195
    Sharpham 15, 195
    Te Mata Irongate 340
    Te Mata Pakipaki 340
Brigid's Abbey 277
Brillat-Savarin 42
Brindamour (Fleur du Maquis) 59
Brindisi Fontina 307
Brique du Forez 43
Brocciu
    Brocciu AOC 43
    Brocciu Pasu 43
    Petit Nuage 324
Brossauthym 43
Bruny Island C2 328
Bruny Island Lewis 328
Bryndza PGI 260
Bubulus Bubalis Mozzarella di Bufala 277
Buchette Pont d'Yeu 44
Buffalo Blue 175
buffalo milk cheeses 6
    Blissful Blue Buffalo 174
    Buffalo Blue 175
    Pendragon 189
    Ricotta di Bufala Campana (PDO transitory list) 144
    see also Caciocavallo; Mozzarella
Burrata 107, 145

C

C2 (Bruny Island C2) 328
Le Cabanon 314
Cabécou de Rocamadour (Rocamadour AOC) 80
Caboc 210–11, 212
Cabot Clothbound 278
Cabra Rufino 151
Cabra Transmontano DOP 167
Cabrales DOP 150, 153
Cabri Ariégeois 44
Cacio Reale 119
Caciocavallo 108
    Caciocavallo Occhiato 108
    Caciocavallo Podolico 108
    Caciocavallo Silano PDO 109
    Kachokabaro 323
Cacioricotta 143
Caciotta 109
Caciotta di Pecora (Toscanello) 145
Caerphilly & Caerphilly-style 171, 204, 215, 216–17
    Caws Cenarth 215, 216
    Dragons Back 213
    Lavistown 223, 224
Cairnsmore Ewes 207
Calcagno 109
Camembert & Camembert-style 322
    Bavaria Blu (Bavarian Blue) 21, 236
    Blythedale Farm Camembert 275
    Camembert de Normandie AOC 6, 14, 15, 25, 44, 46
    Le Cendré des Prés 314

Comfort Cream 315
Cooleeney 221
Farleigh Wallop 182
Little Ryding 185
St Eadburgha 194
Tunworth 202
Waimata Camembert 341
Camerano DOP 151
Campscott 175
Canaan Labane 336
Canada 268, 312–19
Cañarejal 151
Canestrato Foggiano (Pecorino Dauno) 125
Canestrato Moliterno 106, 112
Canestrato di Pecora 143
Canestrato Pugliese PDO 112
Canestrato di Vacca 143
Cantabria DOP 152
Cantal AOC 45
Capri Lezeen 45
Capricorn Goat 14, 15, 175
Caprino Fresco 112
Caprino Stagionato 113
Carmela 307
Carnia 113
Carré de l'Est 45
Carré Saint Domnin 84
Casatella Trevigiana 113
Casciotta d'Urbino PDO 115
Caseus Helveticus (Sbrinz AOC) 241
Cashel Blue 220, 221
Casín DOP 152
Casolet 115, 134
Castellano 152
Castelmagno PDO 115
Castelo Branco DOP 167
Cathare 48
Cave Aged Marisa 278
Caws Cenarth 215, 216
Cayuse Mountain 307
Cebreiro 153
Cendré Lochois 41
Cendré de Niort 48
Le Cendré des Prés 314
Cendré de Vergy 48
Cerney Pyramid 176
Cerwyn 213
Chabichou du Poitou AOC 49, 52, 92
Chalet d'Alpage 38
Chaource AOC 15, 49
Charolais
    Charolais (France) 49
    Charolais (USA) 278
    Racotin 79
Cheddar & Cheddar-style 19, 47, 180–1, 327
    Appel Farms Cheddar 271
    Avonlea Clothbound Cheddar 312
    Barely Buzzed 272
    Barry's Bay Cheddar 335
    Beechers Flagship Reserve 306
    Bleu Mont Cheddar 275
    Cabot Clothbound 278
    Cantal AOC 45
    Daylesford Cheddar 177, 197
    5 Spoke Creamery Browning Gold 306
    Hafod 214
    Lincolnshire Poacher 185
    Mount Callan 225
    Pendragon 189
    Quickes Hard Goat 190
    R&R Cheddar 297
    Seven-Year-Old Orange Cheddar 319
Cheddar Curds 314
Cheeseboard selections 24–5
Cheesemaking,
    history & techniques 6–7
    see also specific cheeses (eg Gouda); specific types (eg Soft White cheeses)
Cheshire 176

Chevrotin des Aravis AOC 51
Chevrotin des Bauges AOC 51
Chimay
    Chimay à la Bière 227, 229
    Vieux Chimay 229
Chorherrenkäse 238
Christian IX (Danbo) 247
Ch'ti Roux 51
Cîteaux (Abbaye de Cîteaux) 30
City of Ships 279
Clacbitou 49
    Mini Clac 41
Claire de Lune 307
Clava Brie 208
Clemson Blue 279
Clochette 12, 13, 52
Coeur de Neufchâtel AOC 52
Coeur de Rollot 80
Coeur de Touraine 52
Colonel (Livarot AOC) 66
ColoRouge, MouCo 292
Comfort Cream 315
Comté AOC 56–7
Constant Bliss 279
Coolea 220
Cooleeney 221
Corleggy 221
Cornish Blue 176
Cotherstone 177
Cottage Cheese 11
Coulommiers 53
Coupole 280, 310
Crabotin 100
Cranberry Ridge Farm Chèvre 280
Crayeux de Roncq 53
Creamery Subblime 307
Crémet du Cap Blanc-Nez 100
Crémeux du Puy 53
Crescent Dairy Farmhouse 336
Crescenza 116
    Bellwether Farms Crescenza 273
Crottin 219, 225
    Bouquetin de Portneuf 313
    Crottin de Chavignol AOC 13, 35,
        54, 92
    Pine Stump Crottin 309
Crowdie 208, 210
Crozier Blue 221
Le Cru des Erables 315
Cuillin Goats 208
curds
    Cheddar Curds 314
    Meadowcroft Farm Goat's Curd
        338
    Peli Pabo 213
    Schichtkäse 237
    Te Mata Summerlee 340
Curé Nantais 54, 58
Curio Bay Pecorino (Blue River
Curio Bay Pecorino) 335
Curworthy 177
Cyprus 255, 261–3

D

Danablu 247
Danbo 247
Danish Blue (Danablu) 247
Danish Port Salut see Esrom PGI
Dauphin 54
Daylesford Cheddar 177, 197
Daylesford Creamery Penyston 189
Deauville 55
Le Délice des Appalaches 315
Délice des Cabasses 55
Délice de la Vallée 280
Denmark 246, 247–8
Denomination & Designation of
    Origin 8
Derby 194
Desmond 222
Dobbiaco 116

DOC 8
Doddington 178
Dôme de Vézelay 55
Dorset 281
Dorset Blue Vinny 178
Double Gloucester 178
    see also Snodsbury Goat
Dragons Back 213
Dragon's Breath Blue 316
Dry Jack 18, 286, 287
Duddleswell 179
Dunlop 209
Durrus 222

E

Edam & Edam-style 17, 22, 230, 232
    Mahoe Vintage Edam 337
    Mimolette 19, 68
    Tulare Cannonball 303
Eden 281
Edith (Woodside Edith) 334
Eiffel Tower (Pouligny-Saint-Pierre
    AOC) 78
Ekta Gjetost 249
Elk Mountain Tomme 308
Embruns aux Algues 58
Emmentaler & Emmentaler-style 322
    Allgäuer Bergkäse 235
    Allgäuer Emmentaler 234, 235
    Danbo 247
    Emmental de Savoie 58
    Emmentaler 19, 242–3
    Fontal 117
    Grevéost 251
    Jarlsberg 249
    Maasdam 231
    Samsø 248
England 171, 172–206
Epoisses & Epoisses-style
    Abbaye de la Pierre-qui-Vire 31
    Epoisses Affinée 64
    Epoisses de Bourgogne AOC 48,
        64–5
    Epoisses Frais 64
    Langres AOC 16, 17, 63, 86
    Palet de Bourgogne 71
    Plaisir au Chablis 77
    Soumaintrain 88
Erzincan 261
Esrom PGI 248
Evansdale Farmhouse Brie 336
Everona Piedmont 281
Évora DOP 168
Ewe's Blue 282
Exmoor Blue PGI 179
Extra Mature Smoked Gubbeen 223

F

Fairlight 179
Farleigh Wallop 182
Ferns Edge Goat Dairy Chèvre 308
Feta & Feta-style
    Beyaz Peynir 261
    Big Island Feta 274
    Blue River Tussock Creek Sheep
        Feta 335
    Bryndza PGI 260
    Feta PDO 11, 257, 258–9
    Ffetys 213
    Te Mata Mt Erin 340
    Weisslacker 237
    Yarra Valley Dairy Persian Fetta
        334
Feuille de Dreux 58
Ffetys 213
Figuette 59
Finland 246, 253
Finlandia Cheese (Oltermanni) 253
Finn 182

Fiore Sardo PDO 116
Fium'Orbu 59
5 Spoke Creamery Browning Gold
306
Flavour-added cheeses 8, 22–3, 24,
25
Fleur-de-Lis 282
Fleur du Maquis 59
    see also Piacere
Fleur de la Terre 282
Flor de Guîa 153
Flower Marie 182
Fog Lights 283
Fontal 117
Fontina
    Brindisi Fontina 307
    Fontina PDO 117
Forest Blue (Fowlers Forest Blue)
183
Formaggella del Luinese 117
Formaggio di Fossa 118
Formaggio Primo Sale 126, 129
Formaggio Ubriaco 118
Formai de Mut dell' Alta Val
Brembana PDO 118
Forme d'Antoine 60
Fort de Béthune 101
Fouchtra 60
Fougerus 60
Fourme d'Ambert AOC 61
Fourme de Laguiole (Laguiole AOC)
63
Fourme de Montbrison AOC 61
Fowlers Forest Blue 183
France 26–101
Les Frères 283
Fresh cheeses 8, 10–11, 25
Frisian Farms Mature Gouda 283
Fromage Blanc (Richard Thomas
    Fromage Blanc) 332
fromage fort, Pot Corse 78
Fromage Frais 11
Fromage du Pays Nantais dit du
    Curé (Curé Nantais) 54, 58
Fruité du Boulonnais 61

G

Gabriel 222
Galotiri DOC 257
Gammelost 249
Gamonedo DOP 153
Gamonedo del Valle 153
Gaperon 62
Garrotxa 156
Geitenkaas Met Kruiden 230
Germany 234–7
Géromé (Munster AOC) 70
Gippsland Blue 328
Gjetost 249
Glebe Brethan 222
Gloucester
    Double Gloucester 178
    Single Gloucester PDO 197
    see also Snodsbury Goat
Goatzarella 284
Golden Cross 183
Golden Glen Creamery Mozzarella
308
Goldilocks 174
Gorau Glas 214
Gorgonzola & Gorgonzola-style
    Bavaria Blu (Bavarian Blue) 21,
        236
    Cornish Blue 176
    Gippsland Blue 328
    Gorgonzola DOP 20, 21, 110–11,
        138
Gouda & Gouda-style 19, 22, 230,
232–3
    Coolea 220
    Frisian Farms Mature Gouda 283

Ilha Graciosa 168
Kanterkaas 231
Leidse Kaas 231
Mahoe Vintage Gouda 337
Meyer Vintage Gouda 338
Mossfield Organic 224
Nagelkaas 23, 231
Northumberland 187
Oakdale Cheese Company Gouda
293
Old Grizzly 317
Ribblesdale Original Goat 191
São Jorge DOP 169
Steamboat Island Goat Farm
Gouda 311
Teifi Farmhouse 218
Tilsiterkäse 237
Winchester Super Aged Gouda
305
Gour Blanc 62
Gour Noir 62
Grace 223
Graciosa (Ilha Graciosa) 168
Grana 130
Grana Padano PDO 19, 119, 138
Grand Queso 284
Gratte-Paille 62
Gravenstein Gold 284
Graviera DOC 256
Grayson 285
Great Hill Blue 285
Greece 254–9
Grevéost 251
Gruyère & Gruyère-style
    Bettelmatt 105
    Graviera DOC 256
    Gruyère AOC 19, 240, 243
    Gruyère Surchoix 285
    Heidi Farm Gruyère 330
    Herrgårdsost 251
    Pleasant Ridge Reserve 295
Gubbeen 223
Guernsey Cream 323
Gunnamatta Gold 329
Gympie Farmhouse Chèvre 329

H

Hafod 214
Halloumi 10, 11, 262–3
    Zany Zeus Halloumi 341
Handkäse 236
Hard cheeses 8, 18–19, 25
Hartwell 288
Harvest Moon 316
Harzer Käse 236
Havarti & Havarti-style
    Havarti (Havarthi) 17, 248
    Oltermanni 253
    Turunmaa 253
Healey's Pyengana 329
Heidi Farm Gruyère 330
Heidi Farm Raclette 330
Hereford Hop 22, 183
Herreño 156
Herrgårdsost 251
Hervé 227
Hobelkäse 240
Hocpustertaler (Pusteria) 144
Hoja Santa 288
Holland 226, 230–3
Holy Goat La Luna 330
Holy Goat Pandora 331
Hooligan 288
Hubbardston Blue 289
Hungary 254, 255, 260
Hushållsost 251

I

Ibérico 156
Ibores DOP 157
Icklesham 179
Idiazábal DO 23, 157
Ilha Graciosa 168
Inbar 264
Innes Button 25, 184
Iona Cromag 183
Ireland 170, 219–25
Irongate (Te Mata Irongate) 340
Ironstone Extra 331
Isis (Oxford Isis) 188
Isle of Wight Blue 184
Israel 255, 264–5
Italico 119
Italy 102–45

J

Jack see Monterey Jack
Jacks'Cheese 286
Japan 322–5
Jarlsberg 249
Jensen's Red Washed Rind 331
Jersey Shield 187
Juustoleipä 253

K

Kachokabaro 323
Kanterkaas 231
Kapiti (Mt Hector Kapiti) 339
Karikaas Vintage Leyden 337
Kaseri DOC 256
Kashkaval 260
Kebbuck 209
Kefalotyri DOC 257
Keiems Bloempje 228
Keltic Gold 184
Kernhem 230
Ketem 13, 264
King Christian (Danbo) 247
King Island Roaring Forties 332
King Island Stormy 333
Knockdrinna Gold 223
Kunik 289

L

La Aulaga Camerano DOP 151
La Barre du Jour 313
La Luna (Holy Goat La Luna) 330
La Peral 161
la Pierre-qui-Vire (Abbaye de la Pierre-qui-Vire) 31
La Sauvagine 318
Labane 265
  Canaan Labane 336
Laguiole AOC 63
Lagundo 143
L'Alt Urgell y La Cerdanya DOP 148
Lanark Blue 212
Lancashire 185
Langres AOC 16, 17, 63, 86
Larzac 289
Latteria 119
Lavistown 223, 224
Lavort 63
Le Cabanon 314
Le Cendré des Prés 314
Le Cru des Érables 315
Le Délice des Appalaches 315
Le Paillasson de l'isle d'Orléans 317
Le Petit Chèvre Bleu 295
Le Sabot de Blanchette 318
Lebanon 255, 264
Leicester see Red Leicester
Leidse Kaas 231

Nökkelost 250
Les Frères 283
Lewis (Bruny Island Lewis) 328
Leyden (Karikaas Vintage Leyden) 337
Liébana DOP 157
Limburger 236
  Hervé 227
Lincolnshire Poacher 185
Lingot de la Ginestarie 66
Little Ryding 185
Little Wallop 186
Livarot AOC 66
  see also Deauville
Lord of the Hundreds 186
Los Montes de Toledo 158
Losange de Saint-Paul 100
Lou Rocaillou 66
Lou Sotch 67
Lubelski 255
Lucullus 67

M

Maasdam 231
  Mercer 338
Mâconnaise AOC 67
  Bouton-de-Culotte 41
Mahoe Vintage Edam 337
Mahoe Vintage Gouda 337
Mahón DO 154–5
Mainzer 236
Maiorchino (Piacentinu Ennese) 128
Majorero DOP 158
Manchego
  Grand Queso 284
  Manchego DOC 18, 19, 162–3
Manouri 257
Marisa (Cave Aged Marisa) 278
Maroilles & Maroilles-style
  Baguette Laonnaise 33
  Boulette de Papleux 100
  Dauphin 54
  Fort de Béthune 101
  Maroilles AOC 6, 68
  Rollot 80
  Vieux-Lille 99
Marzolino 122
Mascare 101
Mascarpone 11, 122, 283
Matos St George 290
Maytag Blue 290
Meadowcroft Farm Goat's Curd 338
Menuet 290
Mercer Maasdam 338
Meredith Blue 332
Mesost 252
Mexico 269, 320
Meyer Vintage Gouda 338
Mezzo Secco 286, 287, 291
Midcoast Teleme 308
Milleens 170, 224
Mimolette 19, 68
Mini Clac 41
Mona 291
Monastery-style see Trappist-style
Mondseer 238
Monet 291
Mont des Cats (Abbaye du Mont des Cats) 30
Mont d'Or & Mont d' Or-style
  Cabri Ariégeois 44
  Mont d'Or AOC 68
  Pechegos 73
Mont Ventoux 101
Montasio
  Montasio PDO 122
  Samish Bay Cheese Montasio 309
Monte Enebro 158
Monte Veronese PDO 123
Monterey Jack 286–7
  Dry Jack 18, 286, 287

Mezzo Secco 286, 287, 291
  Young Jack 286, 287
Los Montes de Toledo 158
Morbier AOC 69
  see also La Barre du Jour
Mori No Cheese 323
Morlacco 123
Morn Dew 190
Morvan 69
Mossfield Organic 224
Mothais-sur-Feuille 69
MouCo ColoRouge 292
Mount Callan 225
Mt Eliza Red Leicester 339
Mt Erin (Te Mata Mt Erin) 340
Mt Hector Kapiti 339
Mt Tam 276, 292
Mountain Top Bleu 292
Mozzarella & Mozzarella-style 10, 11, 274, 283, 288
  Bubulus Bubalis Mozzarella di Bufala 277
  Burrata 107, 145
  Goatzarella 284
  Golden Glen Creamery Mozzarella 308
  Lubelski 255
  Mozzarella di Bufala 120–1, 144
  Mozzarella Passita (Scamorza) 137
  Shaw River Buffalo Mozzarella 333
Mt see Mount
Munster
  Munster AOC 70, 101
  St Severin 238
Murazzano PDO 123
Murcia al Vino DOP 159
Mutschli 241
  Pleasant Valley Dairy Mutschli 309
Mysost 249
Myzithra 257

N

Nagelkaas (Nail cheese) 23, 231
Natural smoked cheeses see Smoked cheeses
Neal's Yard Creamery Finn 182
Neal's Yard Creamery Perroche 189
Neal's Yard Creamery Ragstone 191
The Netherlands 226, 230–3
Neudorf Richmond Red 339
Neufchâtel 52
New Forest Blue 186
New Zealand 327, 335–41
Nîmois 101
Nisa DOP 168
Nökkelost 250
Norsworthy 187, 190
Northumberland 187
Norway 246, 249–50
Notre-Dame de Belloc (Abbaye Notre-Dame de Belloc) 30
Nut Knowle Farm Wealden 203
Nut Knowle Farm Wealdway 204

O

Oakdale Cheese Company Gouda 293
O'Cooch 293
Ogleshield 187
Oka Classique 316
Old Grizzly 317
Old Kentucky Tome 293
Old Sarum 188
Old Smales (Old Winchester) 188
Old Winchester 188
Olivet 70
Olivet Cendré 70

Olivet au Foin 70
Olivet Poivre 70
Olmützer Quargel 236
Oltermanni 253
organic cheeses
  Baby Blue 312
  Bath Soft Cheese 172
  Birdwood Blue Heaven 173
  Bleu Mont Cheddar 275
  Campscott 175
  Le Cendré des Prés 314
  Claire de Lune 307
  Creamery Sublime 307
  Daylesford Cheddar 177, 197
  Fairlight 179
  Fleur de la Terre 282
  Grace 223
  Gunnamatta Gold 329
  Holy Goat La Luna 330
  Holy Goat Pandora 331
  Keiems Bloempje 228
  Little Ryding 185
  Menuet 290
  Mossfield Organic 224
  Mt Tam 292
  Pas de Rouge 228
  Pavé de la Ginestarie 72
  Penyston 189
  St Tola Log 225
  Sussex Slipcote 198
  Tarentaise 300
  Vaquero Blue 304
Original Blue (Point Reyes Original Blue) 309
Original Goat (Ribblesdale Original Goat) 191
Orkney 212
Ossau-Iraty AOC 70
  see also Tomme de Brebis Corse
Ossolano 124
Oštiepok PGI 260
Oszcypek 260
Ouray 308
Oxford Blue 188
Oxford Isis 188

P

Paglierine 124
Paglietta (Paglierine) 124
Le Paillasson de l'isle d'Orléans 317
Pakipaki (Te Mata Pakipaki) 340
Palermo DOP 159
Palet de Bourgogne 71
Pandora (Holy Goat Pandora) 331
Pannarello 124
Pannerone 125
Pant-Ys-Gawn 214
Parmigiano-Reggiano (Parmesan) & Parmigiano-Reggiano-style
  Dry Jack 18, 286, 287
  Mahón DO 154–5
  Parmigiano-Reggiano DOC 6, 18, 19, 130–1
  Sbrinz AOC 241
Pas de Rouge 228
Pasiego de las Garmillas 159
Passendale 228
pasta filata cheeses
  Kashkaval 260
  Ragusano PDO 133
  Stracciata 145
  Vastedda della Valle del Belice 145
  see also Caciocavallo; Mozzarella; Provolone
Pata de Mulo 160
  Monte Enebro 158
Pavé d'Auge 71
Pavé Blésois 71
Pavé de la Ginestarie 72
Pavé de Moyaux 71

Pavé du Nord 72
Pavé du Plessis 71
Pavé de Roubaix (Pavé du Nord) 72
Pavin 72
Payoyo 160
PDO 8
Peasmarsh 179
Pecan Chèvre 295
Pechegos 73
Pecorino 18
　Blue River Curio Bay Pecorino 335
　Pecorino Crotonese 125
　Pecorino Dauno 125
　Pecorino delle Crete Senesi (Pecorino di Pienza) 127
　Pecorino di Filiano PDO 143
　Pecorino Laticauda 144
　Pecorino di Pienza 127
　Pecorino Romano PDO 127
　Pecorino Sardo PDO 127
　Pecorino Sardo Dolce 127
　Pecorino Sardo Maturo 127
　Pecorino Siciliano PDO 9, 128
　Pecorino Toscano PDO 128
　Sardo 321
Pedrazzi's Jack Cheese 286
Pélardon AOC 73
Pélardon d'Altier 73
Pélardon d'Anduze 73
Pélardon de Cévennes 73
Peli Pabo 213
Peña Blanca de Corrales 160
Pendragon 189
Penyston 189
Pérail 73
La Peral 161
Perl Las 215
Perroche 189
Persian Fetta, Yarra Valley Dairy 334
Persillé des Aravis 101
Persillé des Grand-Bornand 101
Persillé des Thônes 101
Persillé de Tignes 50, 76
Le Petit Chèvre Bleu 295
Petit Fiancé des Pyrénées 76
Petit Frère 283
Petit Marcel 308
Petit Nuage 324
Piacentinu Ennese 128
Piacere 317
Piano Hill Ironstone Extra 331
Piave 129
Picodon AOC 76
Picón Bejes Tresviso DOP 161
Picos de Europa (Valdeón DO) 166
Picurino (Primo Sale) 126, 129
Piedmont (Everona Piedmont) 281
Pierre-qui-Vire (Abbaye de la Pierre-qui-Vire) 31
Pierre-Robert 77
Pine Stump Crottin 309
Pithiviers 77
Plaisir au Chablis 77
Pleasant Ridge Reserve 295
Pleasant Valley Dairy Mutschli 309
Point Reyes Original Blue 309
Pondhopper 296
Pont Gar 215
Pont-l'Évêque & Pont-l'Évêque-style
　Deauville 55
　Pavé d'Auge 71
　Penyston 189
　Pont-l'Évêque AOC 78
　Te Mata Irongate 340
Port Ahuriri (Te Mata Port Ahuriri) 340
Port-du-Salut style
　Abbaye du Mont des Cats 30
　Esrom PGI 248
　Oka Classique 316
Portugal 146–7, 167–9
Posbury 190
Postel 229

Pot Corse 78
Pouligny-Saint-Pierre AOC 78, 92
Pozo Tomme 309
Prälatenkäse (Chorherrenkäse) 238
Prästost 252
Prestige 318
Pride of Bacchus 281
Primo Sale 126, 129
Provolone & Provolone-style
　Kaseri DOC 256
　Provolone (Italy) 129
　Provolone (Japan) 324
　Provolone del Monaco (PDO transitory list) 132
　Provolone Valpadana PDO 132
　Provolone Valpadana Dolce 132
　Provolone Valpadana Piccante 132
Puant de Lille (Vieux-Lille) 99
Pusteria 144
Pustertaler (Pusteria) 144
Puzzone 115
Puzzone di Moena 132
Pyengana (Healey's Pyengana) 329

Q

Quark
　Surfing Goat Dairy Quark 300
　see also Schichtkäse
Quartirolo Lombardo PDO 133
　see also Salva Cremasco
Quattrofacce (Ragusano PDO) 133
Queijo Mineiro 321
Queso Anejo 320
Queso Blanco 320
Queso Blanco Pais 286
Queso de Cabra Rufino 151
Queso Fresco 320
Queso de Mano 296
Queso Nata de Cantabria DOP 152
Queso del Pais 286
Quickes Hard Goat 190

R

R&R Cheddar 297
Rachel 190
Raclette & Raclette-style
　La Barre du Jour 313
　Heidi Farm Raclette 330
　Ogleshield 187
　Raclette (Switzerland) 241
　Raclette fumée 79
　Raclette la moutarde 79
　Raclette de Savoie 79
　Raclette au vin blanc 79
　Tomme de Chartreux 91
Racotin 79
Ragstone 191
Ragusano PDO 133
Ranscombe 218
Raschera PDO 133
Re-formed cheeses 22, 23
Reblochon & Reblochon-style
　Abbaye de Tamié 31
　Bishop Kennedy 207
　Chevrotin des Aravis AOC 51
　Chevrotin des Bauges AOC 51
　Crémeux du Puy 53
　Reblochon de Savoie AOC 51, 74–5
Red Hill Gunnamatta Gold 329
Red Leicester 191
　Mt Eliza Red Leicester 339
Red Washed Rind (Tarago River Jensen's Red Washed Rind) 331
reindeer milk cheese 6, 246
　Juustoleipä 253
Requeijão Cremosa 321
Ribblesdale Original Goat 191

Richard Thomas Fromage Blanc 332
Richmond Red (Neudorf Richmond Red) 339
Ricotta 11, 277
　Ricotta Affumicata 114, 135
　Ricotta di Bufala Campana (PDO transitory list) 144
　Ricotta di Pecora 135
　Ricotta Romana PDO 144
Ridder 250
Rigotte de Condrieu AOC 79
Rind-flavoured cheeses 22, 23
Roaring Forties 332
Robiola
　Murazzano PDO 123
　Robiola (Japan) 324
　Robiola d' Alba 135
　Robiola di Roccaverano PDO 136
　Robiola della Valsassina 136
Rocaillou (Lou Rocaillou) 66
Rocamadour AOC 67, 80
Rocha Uverani (Robiola di Roccaverano PDO) 136
Rogue River Blue 294, 296
Rollot 80
Roncal DOP 161
Roquefort & Roquefort-style
　Alpine Lakes Creamy Bleu 306
　Bleu d'Auvergne AOC 36
　Bleu des Causses AOC 36
　Crozier Blue 221
　Ewe's Blue 282
　Lanark Blue 212
　Maytag Blue 290
　Roquefort AOC 8, 20, 21, 82–3
　Turkeez 265
Rosa Camuna 134
Rosary Plain 194
Rosemary's Waltz 297
Rouelle du Tarn 80
Rove Cendré 81
Roves des Garrigues 81
R&R Cheddar 297
Rubens 229
Rustic (Sharpham Rustic) 196
Rustic Bleu Goat 309

S

Sablé de Wissant 81
Le Sabot de Blanchette 318
Sage Derby 194
Saint-Christophe 84
Saint Domnin 84
St Eadburgha 194
St Endellion 195
Saint Félicien 84
Saint-Florentin 85
St Gall Extra Mature 225
Saint-Jacques 85
St Jorge 297
Saint-Marcellin 85
　see also Saint Felicien
Sainte-Maure & Sainte-Maure-style
　Golden Cross 183
　Ketem 264
　Saint-Christophe 84
　Sainte-Maure de Touraine AOC 24, 92–3
Saint-Nectaire AOC 87
Saint-Nicolas-de-la-Dalmerie 87
St Oswald 195
St Severin 238
St Tola Log 13, 225
Sakura 325
Sally Jackson 298
Salva Cremasco (PDO transitory list) 136
Samish Bay Cheese Montasio 309
Samsø 248
　Danbo 247
San Juaquin Gold 298

San Simón da Costa 164
Sancerrois (Berrichon) 35
Santa Agata's Nipple (Tétoun e Santa Agata) 89
São Jorge DOP 169
　see also Ilha Graciosa
Sardo 321
Sarments d'Amour 87
La Sauvagine 318
Saval 215
Sbrinz AOC 241
Scamorza 137
Scamorza Affumicata 137
Schabziger 244
Schachtelkäse (Mondseer) 238
Schichtkäse 237
Scotch (Lou Scotch) 67
Scotland 170, 207–12
Seastack 298
Selles-sur-Cher AOC 88, 92, 98
Semi-soft cheeses 8, 16–17, 24, 25
Serendipity 325
Serpa DOP 169
Serra da Estrela DOP 169
Seven-Year-Old Orange Cheddar 319
Sharpham 15, 195
Sharpham Rustic 196
Sharpham Ticklemore Goat 199
Shaw River Buffalo Mozzarella 333
Shepherd (Vermont Shepherd) 304
Shipcord 196
Shropshire Blue 196
Sierra Nevada 299
Sieur du Duplessis 319
Signal 88
Silter 144
Single Gloucester PDO 197
Slipcote (Sussex Slipcote) 198
Slovakia 254, 260
Smear-ripened cheeses 17
Smoked cheeses 22, 23
　Ahumado de Pría 148
　Extra Mature Smoked Gubbeen 223
　Gamonedo DOP 153
　Herreño 156
　Idiazábal DO 23, 157
　Liébana DOP 157
　Oštiepok PGI 260
　Palmero DOP 159
　Pendragon 189
　Raclette fumée 79
　Ricotta Affumicata 114, 135
　San Simón da Costa 164
　Scamorza Affumicata 137
　Smokey Blue Cheese 299
　Up in Smoke 311
Smokey Blue Cheese 299
Snodsbury Goat 197
Soft Wheel 299
Soft White cheeses 8, 14–15, 25
Sora 137, 140
Soumaintrain 88
Spain 146–66
Spressa delle Giudicarie PDO 137
Spretz Tzaorì (Puzzone di Moena) 132
Squacquarone 144
Steamboat Island Goat Farm Gouda 311
Stelvio PDO 145
Stichelton 197
Stilfser (Stelvio PDO) 145
Stilton & Stilton-style
　Shropshire Blue 196
　Stichelton 197
　Stilton PDO 20, 21, 192–3
　White Stilton PDO 205
Stinking Bishop 17, 197, 198
Stony Man 281
Stormy 333
Stracchino di Gorgonzola (Gorgonzola DOP) 20, 21, 110–11, 138

Stracciata 145
Strachitunt 141
Strathdon Blue 212
Strzelecki Blue 333
Suffolk Gold 198
Summerlee (Te Mata Summerlee) 340
Surfing Goat Dairy Quark 300
Sussex Slipcote 198
Swaledale Goat 199
Sweden 246, 250–2
Swiss Tilsit 237
Switzerland 234, 237, 240–5

T

Taleggio
    Dorset 281
    Taleggio DOP & PDO 17, 24, 138–9
Talley Mountain Goat's Cheese 218
Talley Mountain Mature Cheese 218
Tamié (Abbaye de Tamié) 31
Tarago River Gippsland Blue 328
Tarago River Jensen's Red Washed Rind 331
Tarago River Strzelecki Blue 333
Taramundi 22, 164
Tarentais 89
Tarentaise 300
Taupinette Charentaise 89
Taupinière 300
Te Mata Irongate 340
Te Mata Mt Erin 340
Te Mata Pakipaki 340
Te Mata Port Ahuriri 340
Te Mata Summerlee 340
Teifi Farmhouse 218
Teleme (Midcoast Teleme) 308
Telford Reserve 301
terroir 7, 8
Tête de Moine AOC 244
Tetilla DO 164
Tétoun e Santa Agata 89
Thermized cheeses 19
thistle rennet cheeses 147
    Cañarejal 151
    Castelo Branco DOP 167
    Évora DOP 168
    Flor de Guîa 153
    Nisa DOP 168
    Serpa DOP 169
    Serra da Estrela DOP 169
    Tortas Extremeñas 165
Thomasville Tomme 301
Ticklemore Beenleigh Blue 173
Ticklemore Goat 199
Tickton 199
Tilsit (Swiss Tilsit) 237
Tilsiterkäse 237
tipicità 7, 8
Tiroler Graukäse 239

Toma Piemontese PDO 141
Tome & Tomini 141
Tome des Bauges AOC 90
Tomette (Ashed Tomette) 272
Tomino di Melle 141
Tommes
    Appalachian 271
    Elk Mountain Tomme 308
    Old Kentucky Tome 293
    Pozo Tomme 309
    Shipcord 196
    Thomasville Tomme 301
    Tomme à l'Ancienne 90
    Tomme de Bargkass 101
    Tomme de Brebis Corse 90
    Tomme Caprine des Pyrénées 91
    Tomme de Chartreux 91
    Tomme de Chèvre 244
    Tomme de Chèvre des Charentes 91
    Tomme Fleurette 244
    Tomme aux Herbes 94
    Tomme de Savoie 91, 94
    Tomme Vaudoise 244
    Tumalo Tomme 303
Tommettes
    Ashed Tomette 272
    Tommette Brebis des Alpes 94
    Tommette de Chèvre des Bauges 95
Tortas
    Cabra Rufino 151
    Cañarejal 151
    Los Montes de Toledo 158
    Torta de Barros 165
    Torta del Casar 165
    Torta la Serena 151, 165
    Tortas Extremeñas 165
Toscanello 145
Tou del Til.lers 165
Trappe de Beval 100
Trappe d'Echourgnac 95
Trappist-style 6, 16
    Abbaye de Cîteaux 30
    Abbaye de Troisvaux 100
    Chimay à la bière 227, 229
    Chorherrenkäse 238
    Losange de Saint-Paul 100
    Mondseer 238
    Oka Classique 316
    Pas de Rouge 228
    St Severin 238
    Trappe de Beval 100
Trèfle 95
Trentingrana PDO 142
Triple Cream Wheel 301
Trois Cornes de Vendée 96
Troisvaux (Abbaye de Troisvaux) 100
Tronchón 165
Trouville 71
Truffe de Valensole 96
Tulare Cannonball 303
Tulum 261
Tumalo Tomme 303

Tunworth 202
Tupí 166
Turkeez 265
Turkey 255, 261
Turunmaa 253
Tussock Creek Sheep Feta, Blue River 335
Twig Farm Square Cheese 303
Two Faced Blue Peccato 311
Tymsboro 202

U

U Bel Fiuritu 96
U Pecurinu 97
Up in Smoke 311
USA 266–7, 270–311

V

Vache de Vashon 311
Vacherin Fribourgeois AOC 245
Vacherin Mont D'or AOC 17, 245
Valdeón DO 25, 166
Valençay
    Cerney Pyramid 176
    Valençay AOC 13, 92, 97
Valle D'Aosta Fromadzo PDO 145
Valle Maggia 245
Valtellina Casera PDO 145
Vaquero Blue 304
Vastedda della Valle del Belice (PDO transitory list) 145
Västerbottenost 252
Vaudoise 244
Venaco 97
Ventadour 99
Vermont Ayr 304
Vermont Shepherd 304
Vezzena 115, 142
Vicky's Spring Splendour 13, 319
Vieux-Boulogne 99
Vieux Chimay 229
Vieux-Lille 99
Village Green 202
Vorarlberger Bergkäse 239
Vulscombe 203

W

Wabash Cannonball 305
Waimata Camembert 341
Wales 171, 213–18
Washed-curd cheeses 19
    Healey's Pyengana 329
    Murcia al Vino DOP 159
    Norsworthy 187, 190
    see also Edam; Gouda
Washed-rind cheeses 16, 17
Washington Washrind 334
Waterloo 203

Wealden 203
Wealdway 204
Wedmore 204
Weinkäse 239
Weisslacker 237
Wensleydale 204
    Wensleydale with Cranberries 22
whey cheeses
    Anthotyros DOC 256
    Kefalatyri DOC 257
    Manouri 257
    Mesost 252
    Myzithra 257
    Petit Nuage 324
    see also Ricotta
White Nancy 205
White Stilton PDO 205
Whitehaven 205
Whitestone Windsor Blue 341
Widmers Cellars Aged Brick Cheese 311
Wild Garlic Yarg 200
Winchelsea 179
Winchester Super Aged Gouda 305
Windrush 206
Windsor Blue (Whitestone Windsor Blue) 341
Wine choices 25
    see also specific cheeses (eg Roquefort AOC); specific types (eg Soft White cheeses)
Winnemere 305
Woodside Edith 334
Woolsery English Goat 206
Wyfe of Bath 206

Y

Yama No Cheese 325
Yarg Cornish Cheese 22, 24, 200–1
Yarra Valley Dairy Persian Fetta 334
Yerba Santa Dairy Fresca 311
yogurt-based cheeses
    Canaan Labane 336
    Labane 265
Young Jack 286, 287

Z

Zamorano DO 166
Zany Zeus Halloumi 341
Zfatit 265

Contributors
撰文專家

法國 FRANCE：
Stéphane Blohorn 是道地的南法人，受到普羅旺斯精神的深厚薰陶，他熱愛大自然、動物和土地帶給人類的恩賜。在 2005 年，Stéphane 接管了 Androuët's house，在 2006 年，他進入了 the Guilde des Fromagers(法國的高等起司協會)。希望能夠為下一代，保存並進一步提升起司的品質和多樣性。

義大利 ITALY：
Vincenzo Bozzetti 在 1960 年成為奶酪場的主管，經過 40 年的產業磨練後，他開始為商展和起司競賽訓練並教育起司評審。今天，他是 *Il Latte* 的經理和專欄作家，這是一份義大利的奶酪雜誌。Vincenzo 曾經出版過數本奶酪專書，並為義大利和國際奶酪雜誌撰文。

西班牙和葡萄牙 SPAIN AND PORTUGAL：
Monika Linton 在 21 年前創辦了 Brindisa，一家聲譽卓著的倉庫和商店，將西班牙食品帶給英國顧客。她有多年教授西班牙語的經驗，也曾和西班牙和加達蘭人(Catalan people)相處過，她的商店從一開始只販售西班牙農舍(farmhouse)起司，逐漸擴展到今日的成功規模。

英格蘭 ENGLAND：
Joe Warwick 曾在 Leith's 當過侍者，一邊受訓當記者，那裡獲獎的起司盤使他成為推廣英國起司的先鋒部隊。他創立了 The World's 50 Best Restaurants Awards，他也出版了 Hg2 Eat London，同時也為多家報章雜誌，如 *The Observer*、*Waitrose Food Illustrated* 和 *Square Meal* 等撰文報導餐廳、美食和旅遊等相關資訊。

Katie Jarvis 對起司的興趣從八歲就開始了，當時她在巴黎待了一年。她是傳統手工(artisan)起司製造商的支持者，為 *Cotswold Life* 雜誌撰文報導美食和餐廳評價。她也是英國起司獎(The British Cheese Awards)的評審之一。

蘇格蘭 SCOTLAND：
Kevin John Broome 曾是烹飪業的全職見習生，後來在他和他人共資的 Channel Islands 餐廳當主廚，並獲得米其林兩顆星。Kevin 新鮮獨特的料理，選用當地食材，並榮獲不少獎項肯定。他現在和伴侶 Liz 和兒子 Jerome，在蘇格蘭的高地區居住與工作。

威爾斯 WALES：
Angela Gray 是美食作家、美食顧問，以及為名人與富人服務過的前任大廚。她對食物的經驗豐富，並充滿熱情，她擔任過 BBC 烹飪節目的主持人、出書，並參與現場烹飪的節慶活動。同時，她也是威爾斯第一家美食與美酒學校的課程總監，她在那裡教導小孩子和成人如何做菜。

愛爾蘭 IRELAND：
Dianne Curtin 是特約美食作家、風格編輯、廣播節目主持人和作家，她對愛爾蘭傳統手工(artisan)食品的製作特別有興趣。在 2006 年，她創立了傳統手工食品的每週市集，在 2007 年，她出版了第一本書 *The Creators, Individuals of Irish Food*。Dianne 和好幾個組織都保持緊密的合作關係，以推廣愛爾蘭的地方產品。

比利時、丹麥、挪威、瑞典、芬蘭、希臘、匈牙利、斯洛伐克、墨西哥、巴西和阿根廷 BELGIUM, DENMARK, NORWAY, SWEDEN, FINLAND, GREECE, HUNGARY, SLOVAKIA, MEXICO, BRAZIL, AND ARGENTINA：
Jim Davies 曾經協助籌辦英國起司嘉年華(The Great British Cheese Festival)和英國起司獎(The British Cheese Awards)。他對有季節性、高品質的本地食物有極大熱情，後來成為 The Cotswold Brewing Company 的總監，這是一家傳統手工(artisan)啤酒釀造廠，生產新鮮、無添加物的低溫發酵啤酒和小麥啤酒。

荷蘭 THE NETHERLANDS：
Aad Vernooij 從 1980 年起，就在 the Information Department of the Dutch Dairy Association 工作。他曾經寫過一本關於荷蘭高級起司的書。

德國、奧地利和瑞士 GERMANY, AUSTRIA, AND SWITZERLAND：
Hansueli Renz 一出生，就註定和起司結緣，他的父親和祖父都專精製作軟質起司。進入 Neufchâtel 的 the Commerical School 就讀後，他從學徒晉升到主管(master)，再到專家(expert)。在自己軟質起司廠工作 15 年後，他將工廠賣掉，和妻子開了一家起司店。在 2007 年，將店賣掉，進入退休生活。

土耳其、賽普勒斯、黎巴嫩和以色列 TURKEY, CYPRUS, LEBANON, AND ISRAEL：
起司專家和主廚 **Ran Buck** 曾就讀於 the French Culinary Institute，並在 the New York Ideal Cheese Shop 專攻起司。回到以色列後，Ran 開創了兩家起司進口公司，和一家起司概念商店。他寫了一本書，叫做 Gvinot — 這是以希伯來文書寫最詳盡最完整的起司專書。

Sagi Cooper 在 2002 年開始美食寫作生涯。他為數家雜誌社撰文，也在網路上發表文章，包括以色列的 www.ynet.co.il (和 Ran Buck 共同負責起司專欄)。

美國東岸 USA(East Coast)：
Sheana Davis 是 The Epicurean Connection 的創立者和所有人，她在過去 20 年曾擔任過主廚、外燴廚師(caterer)和美食教育家。她常旅遊到 Sonoma, California 和 New Orleans, Louisiana 提供她的美食經驗和服務，最近並在美國發表了新款起司 Délice de la Vallée。

美國西岸 USA(West Coast)：
Richard Sutton 對起司有終生的熱愛，他曾在倫敦的 Paxton & Whitfield 工作過，在那裡得到不少和起司有關的訓練。2006 年，他搬到曾和妻子曾一起上大學的城市，New Orleans, Louisiana，成立了 St James Cheese Company，供應當地許多餐廳起司，成為美國南部最大的起司商之一。

加拿大 CANADA：
Gurth Pretty 是網站 www.CheeseofCanada.ca 的發起人、這本書 *The Definitive Guide to Canadian Artisanal and Fine Cheese* 的作家 (獲得 World Gourmand Cookbook award 獎項肯定)、另一本書 *The Definitive Canadian Wine and Cheese* Cookbook 的作者之一。他在加拿大的起司產業十分活躍，身為 the Ontario Cheese Society 的主席，並是 La Société des fromages du Québec 的會員。

日本 JAPAN：
在 1986 年，**Rumiko Honma** 在東京創立了 Fermier 一家主要販售法國起司的公司。Rumiko 很注重起司的來源，因此常常遊訪各地，參觀起司製作的過程，因此在日本已成為傳播歐洲起司文化的重要人物。

Rie Hijikata 從研究歷史、產地、製作方法和風土(terroir)，來探所起司的世界。當他訪問瑞士的一家有機奶酪場時，他感覺自己的知識更上一層樓。Rie 現在在 Fermier 的進口部工作。

澳洲 AUSTRALIA：
Will Studd 從事專業起司的事業，已有 30 多年的歷史。在倫敦創立數家起司專賣店後，他搬到澳洲。他曾寫過好幾本書，並製作、主持國際性的起司電視節目 Cheese Slices。他曾大力呼籲澳洲允許生乳起司正式核准上市，接著成為 the Guilde des Fromagers 的唯一推廣大使(Ambassadeur)，並榮獲 the Ordre Mérite Agricole 殊榮。

紐西蘭 NEW ZEALAND：
Martin Aspinwall 和起司的不解之緣，開始於社會工作(social work)的一年學術休假(sabbatical)，結果卻在倫敦的 Neal's Yard Dairy 延長到好幾年。移民到紐西蘭後，Marti 和他的當地妻子 Sarah 開始在 Christchurch 的市集販售起司。在 2002 年他們創立了 Canterbury Cheesemongers，一家社區麵包店和起司店。

Acknowledgments 致謝

茱麗葉哈博(Juliet Harbutt)的致謝

要出版這樣的一本書,其中所牽涉的寫作、編輯、研究工作等,都必須要依靠每個團隊成員的全心投入,本書作者要對所有相關人員致上謝意,尤其感謝倫敦 Dorling Kindersley 出版社工作人員的鼎力支持。

當我曾經感覺這本書是完成不了的任務時,幸虧有這些朋友不斷地鼓勵我、安慰我、給我回饋,我要對你們致上特別的謝意。
the Cotswold Consultancy 的 Linda Slide、Sue Taylor and Casper、特約記者 Katie Jarvis、撰稿者和研究者 Jim Davis、Miles 和 Emily Lampson of the Kingham Plough、Diana Tietjens 和 Sarah Aspinwall(New Zealand), Kate Arding, Richard Sutton 和 Cowgirl Creamery(USA), Kevin John Broome 以及 Rory Stone(Scotland).

出版這樣一本書所需的知識和靈感,除了我在這個產業擔任過銷售店家、熟成師、訓練師和講師等將近 30 年的經驗外,更受到這些起司英雄的啓發。他們是二十和二十一世紀最具影響力和啓發性的起司專家,他們的共同特質就是對起司有無比的熱愛,願意將智慧和他人共享。Patrick Rance, Pierre Androuet, James Aldridge, Eurwen Richards, Carole Faulkner, Mariano Sanchez, Eugene Burns, 和其他所有曾和我共享起司夢想的偉大製作師。

Dorling Kindersley的致謝

Will Heap, Alex Havret, Sara Essex, Kelsie Parsons, Andrew Harris, Stephen Goodenough, Sean McDevitt, Oded Marom, and Cath Harries for photography; Danaya Bunnag, Mandy Earey, Pamela Shiels for design assistance; Amy Sutton and Todd Webb for illustrations; Dawn Bates, Siobhan O'Connor, Helena Caldon, Tarda Davison-Aitkins for editorial assistance; Jenny Faithfull for picture research; Susan Bosanko for the index; Rupert Linton and Katie Jarvis for food research and writing; Jane Ewart for art direction in Paris; Susan Varajanant for food styling in New York; François at Androuët's, Paris; Charles Martell at Dymock for allowing us to photograph the Stinking Bishop process; Rebecca Warren, Michelle Baxter, Liza Kaplan, of the New York office; Rita Costa and Cynthia Gilbert, of DK IPL; Rebecca Amarnani, Blaine Williams, Terri Moore, Gillian Morgan.

And the following for generously supplying cheese for photography: Rachael Sills at KäseSwiss, Jonas Aurell at Scandinavian Kitchen, Monika Linton at Brindisa, Rippon Cheese Stores, Neal's Yard Dairy, Harrods, Sue Cloke at Cheese at Leadenhall, Dominic at The Borough Cheese Company, Mortimer & Bennett, Valio, Rick Stein's Delicatessen, Mr. Christian's Delicatessen, Jeroboam's, Rick Stein's Delicatessen, Swara Trading International Ltd, Nigel Jefferies at Y Cwt Caws, Loraine Makowski-Heaton at Kid Me Not, Cynthia Jennings at Pant Mawr Cheeses, Kathy Biss at West Highland Dairy, Margaret Davies at Quirt Farm, Kellys Organic, Mossfield Organic Farm, Silke Croppe at Corleggy Cheese, De Kaaskammer, Poncelet, Kaasaffineurs Michel Van Tricht & zoon, FrieslandCampina Cheese & Butter; Dries Debergh at Het Hinkelspel; Adbdij van Postel; Chimay Fromages; Murray's Cheese, New York; Luigi Guffanti, Italy; Jose Luis Martin, Spain; Rainha Santa; Iberica.

Picture Credits

The publisher would like to thank the following for their kind permission to reproduce their photographs:
(Key: a-above; b-below/bottom; c-centre; l-left; r-right; t-top)
6 Alamy Images: INTERFOTO. 11 Alamy Images: CuboImages srl (ca) (clb); geogphotos (cla). Prof David B Fankhauser, University of Cincinnati Clermont College, http://biology.clc.uc.edu/fankhauser: (tc). 13 Syndicat du Crottin de Chavignol: (tc) (ca) (cla) (clb). 15 Fromagerie Gillot: (tc). Fromagerie Réaux: (cla) (ca) (cb) (clb). 19 Alamy Images: CuboImages srl (tc); Jeff Morgan food and drink (clb). Photoshot: UPPA (cla) (ca) (cb). 21 Alamy Images: CuboImages srl (tc); jack sparticus (cb). Colston Bassett Dairy Ltd: Noriko Maegawa (cla). Cropwell Bishop Creamery Ltd: (clb). Stilton Cheese Makers' Association - www.stiltoncheese.com: (ca). 38 Alamy Images: John Eccles (l). 39 Stéphane Godin: (tr) (cr). 46 Alamy Images: 19th era (tl). Fromageries de Blâmont - Renard Gillard - Les Courtenay: (tr). 47 Fromageries de Blâmont - Renard Gillard - Les Courtenay: (tl) (tr). 56 Alamy Images: guichaoua (l). 57 Thierry Petit: (tl) (tr). 64 Alamy Images: Per Karlsson, BKWine 2 (br). Fromagerie Berthaut: (l). 65 Fromagerie Berthaut: (tl) (tr). 74 Alamy Images: Art Kowalsky (l). Syndicat Interprofessionnel du Reblochon: (tr). 75 Alamy Images: sébastien Baussais (cr); Photononstop (tl). Photolibrary: Tips Italia / Stefano Scata (tr). 82 Science Photo Library: Dr Jeremy Burgess (bc). 83 Roquefort Société: (tl) (tr). 92 Fromagerie P Jacquin & Fils: (l). 93 Fromagerie P Jacquin & Fils: (tl) (br) (cr) (tr). 110 Photo courtesy of the Consorzio per la tutela del formaggio Gorgonzola: (bl) (tr). 111 Photo courtesy of the Consorzio per la tutela del formaggio Gorgonzola: (tc) (tr). StockFood.com: Martina Meuth (tl). 120 Alamy Images: CuboImages srl (tc). Photolibrary: Tips Italia / Mauro Fermariello (tr). 121 Corbis: Cesare Abbate / epa (tr). Photolibrary: DEA / G Sosio (br); Tips Italia / Mauro Fermariello (tl). 122 Consejo Regulador Queso Manchego: (br). TipsImagesUK: (bl). 123 Consejo Regulador Queso Manchego: (tr). 130 Consorzio del Formaggio Parmigiano-Reggiano: (l) (tr). StockFood.com: Picture Box / Ouddeken (br). 138 Foto Galizzi - www.valbrembanaweb.com. 139 Arrigoni Valtaleggio SpA: (tl) (cl). Photolibrary: Fresh Food Images / Jason Lowe (tr). 154 Alamy Images: Bartomeu Amentual (br). Getty Images: Manfred Mehlig (l). 155 Photolibrary: age fotostock / Lluis Real (tr). 180 Alamy Images: Adam Burton (l). 181 The Cheddar Gorge Cheese Company: (tc). Photolibrary: Cephas Picture Library / Neil Phillips (tr). 192 Alamy Images: Elmtree Images (l). 193 Colston Bassett Dairy Ltd: Noriko Maegawa (tl) (cr) (tc) (tr). 200 Alamy Images: Mike Greenslade (tr). 201 Lynher Dairies Cheese Company Ltd: (tl) (tr). 210 Alamy Images: David Langan (l). S N McGillivray: (r). 211 S N McGillivray: (tl) (tc) (tr). 216 Alamy Images: The Photolibrary Wales (l). 217 Caws Cenarth Cheese: (tl) (ca). 232 Alamy Images: Peter Horree (l). 233 Marjan van Rijn, Warmond, Netherlands: (tl) (tc) (tr). 242 Alamy Images: E J Baumeister Jr (l). 243 Syndicat de l' Emmental Grand Cru - France: (tl) (tc) (tr). 258 Alamy Images: superclic (bl). 259 Christakis SA: Dimitrios Koukos: (tl) (tc). 262 Corbis: Paul Edmondson (l). 263 StockFood.com: Michael Schinharl (tl) (br) (tr). 286 Frankeny Images: (l) (r). 287 Frankeny Images: (tl) (tc)

All other images © Dorling Kindersley. For further information see: www.dkimages.com